U0179913

手性识别材料

(第二版)

袁黎明　编著

科学出版社

北京

内 容 简 介

本书从色谱、膜、萃取、重结晶、电泳、电位传感器以及分子光谱法等角度，较深入全面地阐述了手性识别材料的种类、性能、合成及其应用。内容包括四个部分，第一部分是手性识别方法；第二部分是小分子手性材料，包括有机酸、有机碱、离子液体、表面活性剂、氨基酸、小分子肽、寡糖、联萘、金属络合物、配体交换剂、环糊精、冠醚、杯芳烃、环果糖、大环抗生素等；第三部分是高分子手性材料，包括手性侧链高分子、树枝状化合物、分子印迹聚合物、人工合成单手螺旋高分子、多糖、聚肽、蛋白质、核酸适体等；第四部分是手性多孔材料，包括金属-有机框架材料、共价有机框架材料、多孔笼状材料、无机介孔材料、纳米粒子等。重点介绍已经广泛应用的和具有一定实用前景的代表性材料及其原始文献，以便读者在尽可能短的时间内系统了解手性识别方法，掌握手性识别材料的概况、重要手性分离材料种类、典型材料的合成以及详细的实验操作步骤。本书是对近数十年手性识别材料的归纳和总结，各部分和各章节之间紧密相联，但也相对独立。全书内容丰富、层次清楚、重点突出，具有很强的可操作性和实用性。

本书适合手性分离、分析化学、药物化学、不对称合成、功能材料、高分子化学等领域的读者，也可供有机化学、精细化工、农药、环境等不同领域的科研人员、研究生、大学生学习或参考。

图书在版编目(CIP)数据

手性识别材料/袁黎明编著. —2版. —北京：科学出版社，2020.6
ISBN 978-7-03-065558-5

Ⅰ. ①手… Ⅱ. ①袁… Ⅲ. ①不对称有机合成–化工材料 Ⅳ. ①O621.3

中国版本图书馆CIP数据核字(2020)第105513号

责任编辑：黄 海/责任校对：杨聪敏
责任印制：张 伟/封面设计：许 瑞

科 学 出 版 社 出版
北京东黄城根北街 16 号
邮政编码：100717
http://www.sciencep.com

涿州市般润文化传播有限公司 印刷
科学出版社发行 各地新华书店经销
*

2010 年 6 月第 一 版 开本：B5 (720 × 1000)
2020 年 6 月第 二 版 印张：23 1/4
2022 第 1 月第四次印刷 字数：470 000

定价：169.00 元
（如有印装质量问题，我社负责调换）

袁黎明 重庆云阳人,获北京理工大学博士学位,日本名古屋大学博士后(JSPS)出站,二级教授,博士生导师。承担研究生"分离科学"、本科生"分析化学""高分子化学""药物化学"教学。专注于手性分离分析研究,尤其是手性色谱和手性高分子膜。先后担任 *Journal of Separation Science*、*Separation Science Plus*、《色谱》、《膜科学与技术》、《化学教育》、《冶金分析》杂志编委。以第一或单一通信作者在包括 *J. Am. Chem. Soc.*、*Anal. Chem.*、*Chem. Commun.*、*J. Membr. Sci.*等在内的期刊发表学术论文 270 余篇,出版《手性识别材料》《色谱手性分离技术及应用》《制备色谱技术及应用》3 部学术著作,获授权发明专利 10 余项。曾获教育部"高校青年教师奖"、多个省级自然科学和人才奖,享受国务院政府特殊津贴。

第二版前言

1848 年 Pastour 用镊子分离出左旋和右旋的酒石酸钠铵盐的晶体，通常被认为是首例手性拆分。20 世纪 50 年代末药物沙利度胺造成上万名婴儿畸形，引起人们对手性药物的高度重视，大大加快了手性合成、分离以及分析等领域的发展。手性科学现正在向更精准、更高效、多层次、多学科的方向发展。

1858 年 Pastour 用灰绿青霉菌将酒石酸铵盐中的右旋体转化得到左旋体，1890 年 Fischer 等实现了首例不对称反应，1899 年 Marckwal 用天然薄荷醇手性拆分了扁桃酸，1938 年 Henderson 等用乳糖作为手性剂进行了手性色谱拆分，1944 年 Prelog 等利用乳糖拆分了特格罗尔碱，1951 年 Kotake 等报道将纸色谱用于氨基酸的手性分离，1952 年 Dalgliesh 提出三点作用原理，1966 年 Gil-Av 等将 N-三氟乙酰基-D-异亮氨酸月桂醇酯用于气相色谱手性分离，1968 年 Davankov 等提出手性配体交换用于高效液相色谱分析，从此手性识别材料与技术开始了它的快速发展。

现对一些手性识别技术和材料已达成共识。在分析检测方面，主要是高效液相色谱、开管柱气相色谱、超临界流体色谱、高效毛细管电泳，材料多是多糖、环糊精、冠醚、大环抗生素、氨基酸类，测试方法基本上都是直接法；化学拆分法目前仍是手性药物及中间体工业级拆分的主要方法；手性膜分离将是最有前景的工业级手性分离技术。虽然手性识别得到了长足发展，但还有一些手性分子难于拆分，更无普适性的手性识别材料或者方法，新型手性识别材料的创新仍然在路上。

本书第二版增加了第一版中未涉及的联萘、环果糖、纳米材料以及多孔材料，修改、添加、甚至重写了原来的部分内容，补充了近 10 年的新文献，替换了一些原有资料，使其更加系统、更加全面。为了方便不同学科方向的读者阅读，第二版将书中内容分为手性识别方法、小分子手性材料、高分子手性材料、多孔手性材料四个部分。在本版的编著中，袁晨撰写了手性多孔材料中的一些内容，并参与了其余部分的修订。

本书得益于 1996 年以来多个国家自然科学基金资助课题(如 No. 21675141、91856123 等)以及科技部、教育部、省重点等项目的资助。感谢团队中谌学先、艾萍、字敏和段爱红 4 位教授的长期合作，以及谢生明、张美、章俊辉 3 位博士和 20 多年来王帮进等百余名硕士研究生的先后工作。

敬请各位专家和读者对书中的错误和不足批评指正。

袁黎明

2020 年 1 月于昆明

第一版前言

一个分子，如果不能与其镜像叠合，即分子本身与其镜像不同，则此分子称手性分子。手性是生物系统的基本特征，组成蛋白质的天然氨基酸为什么是 L-构型，而天然的糖类大多数为 D-构型？蛋白质和 DNA 的螺旋构型为什么是右旋的？人们也发现海螺的螺纹和缠绕植物通常也都是右旋的。

研究手性识别的最主要原动力来自于手性药物。在近 2000 种常用药物中，有 400 多种是以外消旋体存在的。在外消旋体药物中，它们往往一种立体异构体有药效，而它的镜像分子则具有毒副作用、或具有相反的药效或根本就没有药效。除此之外，其在生命、环境、农药、食品、香料、材料等方面也有非常广阔的应用前景。

手性物质的化学识别需要创造手性环境，手性环境的创造离不开手性材料。手性识别技术包括萃取、重结晶、色谱、膜分离等多种拆分方法，手性识别材料包括从无机到有机、从小分子到大分子、从天然到合成等多种类型的物质。合成是一门艺术，手性识别材料的制备、表征及其应用更是一门综合性很强的技术。

目前各种商品化的手性分离柱其选择性仍存在一定的局限性。手性药物的膜分离生产具有巨大的经济价值，但国内外尚无商品手性膜。很多重要的手性化合物还难于产业化生产，已有手性药物的生产技术也还有待进一步提升。开展新型手性识别材料的研究，具有重要的学术意义和广阔的应用前景。

本书是在作者二十多年的科研和教学实践基础上写成的，部分内容得到国家自然科学基金、教育部第三届"高校青年教师奖"课题、云南省重点和面上项目等的资助。书中较多素材直接取材于作者的研究、或者与作者研究密切相关的文献。

作者衷心感谢其硕士生导师——云南大学宋文俊教授、博士生导师——北京理工大学傅若农教授、博士后导师——日本名古屋大学 Y. Okamoto 教授，是他们将其带入"手性识别材料及技术"领域，进行探索性的研究工作。感谢天津大学王世昌教授、北京理工大学顾峻岭教授、云南大学徐其亨教授、刘松愈教授、北京市新技术应用研究所张天佑教授、重庆三峡学院倪童节、谭天富老师、重庆云阳袁丰莲、叶伯俊、李东来、张祖民、余宗玉、葛中华、杨松寒等老师曾经给予作者的热心教导，感谢责任编辑的辛勤工作。

　　本书的撰写得益于多年来谌学先、艾萍、字敏、段爱红、李正宇、桂世鸿等同事的合作以及课题组数十位研究生的研究，在此一并表示衷心的感谢。

　　由于作者水平的限制，书中错误和不足在所难免，敬请专家和读者给予批评指正。

袁黎明

2010 年 1 月于昆明

目　录

第二部分　小分子材料

第三部分　高分子材料

第一部分　手性识别方法

识别是指辨认、鉴别。手性识别是指对手性物质的手性进行辨认。在本书中，将与手性识别紧密相连的分离、分析技术也归于该识别的范畴。本部分的手性识别方法主要包括手性结晶、萃取、色谱、膜分离、光分析、电分析、核磁、质谱等。在这些方法中，所使用的手性物质被称为手性识别材料。

第1章 手性化合物

1.1 手 性

手性(chirality)一词是从希腊语"*cheir*"(手)衍生而来的,它相当于左、右手的关系。例如:右旋甘油醛和左旋甘油醛两者互为镜像,但分子本身都不能与其自身镜像叠合,彼此正像右手和左手的关系一样(见图 1.1a),故为手性分子。又如:甘油分子能与其镜像叠合,分子本身和其镜像相同(见图 1.1b),故称为非手性分子[1]。

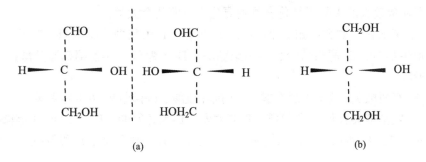

(a)   (b)

图 1.1　甘油醛分子(a)及甘油分子(b)

分子与其镜像是否相互叠合决定于它本身的对称性,即是否缺少某些对称元素。手性分子中的手性中心可以是碳,也可以是碳以外的原子,如硅、氮、硫、磷、过渡金属原子等。但判断分子有无手性的可靠方法是看有没有对称面或对称中心。手性可分为中心手性、轴手性、面手性和螺旋手性。手性的化学识别需要手性环境,就像识别左右手可用分左右的手套一样。实验室常用的识别手性的手段是测定旋光,手性分子具有一定旋光度。

1.2 手 性 物 质

对映异构体具有很强的立体专一性,就好像两人握手时一人伸出右手而另一个人也只能伸出右手才能相握一样。手性与我们的日常生活密切相关,它涉及药物、材料、催化剂、农业化学、食品添加剂等诸多领域[2]，牵涉到生命以及各种动植物的生存和演化。如香料化学中(R)-型的香芹酮具有薄荷香味，但(S)-型的却是香菜味；(R)-型的柠檬油具有橙子香味，但(S)-型的却是柠檬味。在食品添加剂中(R,R)-型的天冬氨酰苯丙氨酸甲酯具有甜味，但(S,R)-型的却是苦味。如食物中D-氨基酸的含量增加，使氨基酸总量的代谢和生物可利用率降低，可使食物的营养价值变差。

人类的新陈代谢过程是由一系列相互衔接的化学反应组成的，从分子水平来看，手性代表着生命过程中最本质的性质。氨基酸具有手性，小分子糖具有手性，多肽具有手性，蛋白质具有手性，多糖也具有手性，我们常常可以观察到生物系统中不同的对映体在代谢与调节过程中具有明显的不同的生理活性，而且生命体中的每一步反应都是在高度立体专一性的催化剂——酶的催化下进行的。所有这些问题的探索和进展，无疑将为分子水平上揭开生命中的种种奥秘铺筑道路，手性研究已经成为科学研究和很多高科技新产品开发的热点。

天然存在的手性化合物品种较多，并且其中一种对映体常常占绝大多数。自然界存在量较大的天然手性化合物主要分为下面几个大类：

(1) 碳水化合物类：如 D-葡萄糖、D-果糖、L-山梨糖、D-木糖、D-半乳糖。糖的衍生物有：D-葡萄糖酸、D-山梨糖醇、D-木糖醇、D-葡萄糖胺盐酸盐、D-甘露糖醇。

(2) 有机酸类：如(+)-酒石酸、(+)-抗坏血酸、(+)-乳酸、(−)-苹果酸。

(3) 氨基酸类：如 L-谷氨酸、L-亮氨酸、L-天冬氨酸、L-蛋氨酸、L-赖氨酸、L-苯丙氨酸、L-酪氨酸、L-缬氨酸、L-精氨酸、L-半胱氨酸、L-谷氨酰胺、L-组氨酸。

(4) 萜类化合物：如(+)-宁烯、(+)-α-蒎烯、(+)-樟脑、(+)-胡薄荷酮、(−)-香芹酮、(+)-樟脑酸、(−)-薄荷醇、(+)-樟脑磺酸。

(5) 生物碱类：如(−)-番土鳖碱、(+)-辛可宁碱、(−)-辛可宁碱、(−)-马钱子碱、(−)-麻黄碱。

1.3 手性药物

世界上用于临床的原料药总共有 3500~4000 种，其中约 50%是合成药物。在合成药物中，又约有 40%是外消旋体。天然及半合成药物中绝大多数具有手性。在外消旋体药物中，它们往往一种立体异构体有药效，而它的镜像分子则具有毒副作用、或具有相反的药效或根本就没有药效。如氯霉素现在临床上只用其左旋体，其外消旋体的产品现在已被淘汰；巴比妥酸盐(S)-(−)异构体具有抑制神经活动的作用，而(R)-(+)异构体却具有兴奋作用；苯并吗啡烷的两个对映体都有镇痛作用，但(–)的异构体服用后会成瘾，而(+)的异构体则不会；右旋甲状腺素钠可作为降血脂药物应用，但左旋体对心脏具有严重的副作用；抗菌药氧氟沙星的右旋体能损害肝、肾功能，但左旋的氧氟沙星药效很高，且毒性较小。由于手性制备性分离等方面的不便，很多手性药物的两个对映异构体表现出的不同的药理和药代特性还未被深入研究[3,4]。

随着生活水平的日益提高，人们越来越要求高效低毒药品的使用，现在已极其重视对类似的上述外消旋体药物的拆分[5]，生产单一的手性化合物药物，减少无效体在器官上的负担，避免对映体或其代谢产物的毒副作用的危害，提高单位重量药物的药效，延长人类的寿命。1990 年，美国食品药品管理局(FDA)做出第一个政策性规定：凡研制具有不对称中心的药物，必须对其各个对映体进行测定和评价。1992 年美国 FDA 明确规定对于新药专利必须分别给出外消旋体药物左旋体及右旋体的药效及药动学的有关资料。

单一手性药物的销售呈连续增长的趋势，1995 年为 620 亿美元，1998 年为880 亿美元，2000 年达到 1300 亿美元，2005 年达到 1700 亿美元，2010 年为 2500亿美元。目前世界在研药物中，手性药物约占总数的 70%以上。手性药物正成为药物研究、开发和销售的热点。

我国每年生产农药 300 余万吨，绝大部分都是化学合成品，它们也存在与药物类似的情况。如溴氰菊酯，它有三个手性中心、八个异构体，活性最高的异构体的杀虫活性是最差的七十多倍；除草剂 Fluazifop-butyl 的(R)-构型有效，(S)-构型无效；杀虫剂 Asana 中有二个手性中心，有四个异构体，只有一个异构体是强力杀虫剂，而另外三个则对植物有毒。三唑类杀菌剂 Paclobutrazol(2R, 3R)-构型有高杀菌作用、低等植物生长控制作用，而另一(2S, 3S)-构型则作用相反。全球商品化农药中手性农药约占 25%，销售额约占 35%。如果全部采用单一异构体农药，每年将减少数十万吨无效异构体的生产，其环境效应巨大。

1.4　手性化合物的来源

手性化合物主要从天然来源、不对称合成和外消旋体拆分三个方面得到。

由天然来源获得手性化合物，原料丰富、价廉易得，生产过程简单，产品的纯度一般都较高。化学拆分法和不对称合成中都要使用手性试剂，而利用天然存在的手性化合物作起始原料，制备其他手性化合物，无需经过繁复的对映体拆分，以其原有的手性中心，并在分子的适当部位引进新的活性功能团，可以制成许多有用的手性化合物。

在药物工业中由于对手性药物的要求不断增加，大大激发了不对称有机合成的发展，也使一些生物技术、生物催化剂等迅速扩展到该领域生产纯的手性中间体和手性产品。但到目前为止，尽管已有大量的不对称合成的研究报道[6]，但仍有较多有待进一步研究解决的问题，如一些手性产品的产率较低，在合成时也需手性配体，有时会导致重金属杂质的引入，不对称合成的成本较高等，使得现在真正实现了工业级生产的还较少。

1.5 中国学者与手性识别

中国学者在手性识别材料与技术方面也进行了大量的研究，一些工作在国际上是属于开创、引领性的：

傅若农团队在特殊选择性气相色谱混合固定相的研究中，发现其不遵从加合效应规律，1997 年由傅若农和袁黎明[7]提出了气相色谱特殊选择性混合固定相的协同效应(synergistic effect)概念，其对手性识别材料研究具有指导意义。

2011 年，袁黎明、谢生明等[8]将手性金属-有机骨架材料用于石英毛细管气相色谱固定相的研究，其也是率先用于现代手性色谱技术。

2012 年，崔勇等[9]合成手性金属-有机笼用于手性光分析。

2012 年，金万勤等[10]将手性金属-有机框架材料用于手性分离膜的研究。

2014 年，袁黎明、章俊辉等[11]将手性无机介孔硅用于耐高温的气相色谱手性固定相。

2015 年，刘虎威[12]将手性金属-有机框架材料生长于含磁性核的硅球表面用于手性固相萃取。

2015 年，袁黎明、章俊辉等[13]将手性有机笼状分子用于高分辨气相色谱研究，其是目前手性选择性最广的气相色谱手性固定相。

2016 年，严秀平等[14]采用"bottom-up"方法首次将手性二维共价有机框架材料原位生长在开管毛细管柱内壁，制备出了气相色谱手性柱。

2016 年，袁黎明等[15]提出了"吸附-缔合-扩散"的手性膜分离机理，其是第一个建立在实验数据基础之上的手性固膜的拆分机理。

2017 年，崔勇等[16]合成出三维手性共价有机框架材料并用于高效液相色谱手性识别材料研究。

2018 年，宛新华等[17]报道手性结晶过程自显示材料。

2018 年，谢生明、袁黎明等[18]将手性金属-有机笼用于气相色谱固定相。

2019 年，崔勇团队[19]报道手性共价有机框架手性传感器。

参 考 文 献

[1]　叶秀林. 立体化学. 北京: 北京大学出版社, 1999

[2]　向小莉, 袁黎明. 手性化合物. 化学教育, 2003, (5): 3

[3]　曾苏, 王胜浩, 杨波. 手性药理学与手性药物分析. 北京: 科学出版社, 2009

[4]　尤启东, 林国强. 手性药物-研究与评价. 北京: 化学工业出版社, 2011

[5]　袁黎明, 刘虎威. 色谱手性分离技术及应用. 北京: 化学工业出版社, 2020

[6]　林国强, 孙兴文, 陈耀全, 李月明, 陈新滋. 手性合成-不对称反应及其应用. 5 版. 北京: 科学出版社,
　　　2013

[7]　Yuan L M, Fu R N, Gui S H, Xie X T, Dai R J, Chen X X, Xu Q H. Chromatographia, 1997, 46(5/6): 291

[8]　Xie S M, Zhang Z J, Wang Z Y, Yuan L M. J. Am. Chem. Soc., 2011, 133: 11892

[9]　Xuan W M, Zhang M N, Liu Y, Chen Z J, Cui Y. J. Am. Chem. Soc., 2012, 134: 6904

[10]　Wang W J, Dong X L, Nan J P, Jin W Q, Hu Z Q, Chen Y F, Jiang J W. Chem. Commun., 2012, 48(56):
　　　7022

[11]　Zhang J H, Xie S M, Zhang M, Zi M, He P G, Yuan L M. Anal. Chem., 2014, 86: 9595

[12]　Chang C L, Qi X Y, Zhang J W, Qiu Y M, Li X J, Wang X, Bai Y, Sun J L, Liu H W. Chem. Commun.,
　　　2015, 51: 3566

[13]　Zhang J H, Xie S M, Chen L, Wang B J, He P G, Yuan L M. Anal. Chem., 2015, 87: 7817

[14]　Qian H L, Yang C X, Yan X P. Nat. Commun., 2016, 7: 12104

[15]　袁黎明, 苏莹秋, 段爱红, 郑莹, 艾萍, 谌学先. 高等学校化学学报, 2016, 37(11): 1960

[16]　Han X, Huang JJ, Yuan C, Liu Y, Cui Y. J. Am. Chem. Soc. 2018, 140, 892

[17]　Ye X C, Cui J X, Li B W, Li N, Zhang J, Wan X H. Angew. Chem. Int. Ed., 2018, 57: 8120

[18]　Xie S M, Fu N, Li L, Yuan B Y, Zhang J H, Li Y X, Yuan L M. Anal. Chem., 2018, 90: 9182

[19]　Wu X W, Han X, Xu Q S, Liu Y H, Yuan C, Yang S, Liu Y, Jiang J W, Cui Y. J. Am. Chem. Soc., 2019,
　　　141: 7081

第2章 手性分离分析方法

对手性化合物的识别主要有结晶、萃取、色谱、膜分离、光分析、电分析、核磁、质谱等方法。在这些方法中，手性拆分仍是最常规使用的方法。用于对映异构体分离的技术可以用图 2.1 表示。

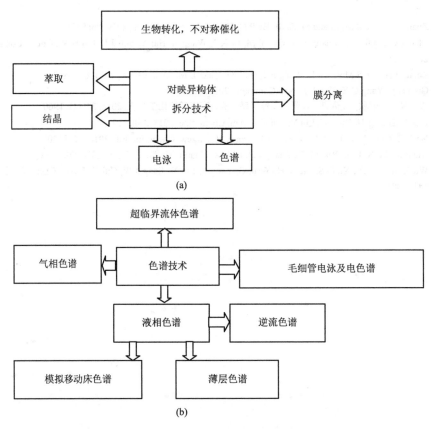

图 2.1 对映异构体分离技术(a)及手性拆分的色谱技术(b)

色谱分离法由于具有非常优秀的识别能力，成为目前应用最广的手性拆分方法，尤其在分离分析和纯度检测方面。手性识别现在属于色谱研究领域的热点和前沿，在这方面有大量的文献报道，主要分布在高效液相色谱、毛细管气相色谱、高效毛细管电泳、超临界流体色谱四个方面，在薄层色谱、高速逆流色谱、模拟移动床色谱等方面也有一定的报道[1,2]。

2.1 结 晶

手性化合物的结晶拆分主要包括机械拆分法、晶体接种拆分法、化学拆分法。在拆分过程中，获得好的晶型是分离的基础。晶型沉淀直径>0.1 μm；非晶沉淀直径<0.02 μm；凝乳状沉淀直径介于二者之间。结晶过程中首先是形成晶核，其又分为均相成核和异相成核两种。溶液中的构晶物质向晶核表面扩散将使晶核逐渐长大。晶体生长中构晶粒子的聚集速度和定向速度的相对大小将影响晶体的类型和大小。合适的溶剂也是结晶的关键，可通过将如 0.1 g 待结晶物溶解在 1~4 mL 不同溶剂中的情况筛选结晶条件。分析化学中关于"热、稀、搅、慢、陈"的晶型沉淀条件控制也有利于良好晶体的获得。

外消旋体在晶体状态下可有 3 种情况：一种是外消旋混合物，另一种是外消旋化合物，第三种是外消旋固体溶液。前者是两个纯对映体晶体的物理状混合物，约占整个外消旋体的 8%；第二种是两种对映异构体等量和有序地排列在同一晶体中；第三种是第二种的一种特殊情况，两种对映异构体以非等量无序地存在于晶体中。机械拆分法只能拆分外消旋混合物，当对映体以晶体形式析出，不同构型对映体的晶体形状互呈镜像，因此可以在放大镜帮助下，将对映体晶体进行分别拣出，达到拆分的目的。很显然，这种方法费时费力，不适合大量的拆分，并且此种外消旋体也很限。

晶体接种拆分法是向外消旋体饱和溶液中加入某一对映体的微晶，该构型的对映体就可以优先结晶出来，且结晶量远大于种晶量。将晶体滤出后，滤液中就含有过量的另一对映体，将滤液升温后，加入外消旋体，冷却，接着加入另一对映体的种晶，该对映体就会结晶出来。反复多次，就可把外消旋体分开。这种拆分方法只需要对映体的少量晶种即可完成。该方法明显优于机械拆分法，能用于工业级拆分。但很显然，此种方法与机械拆分方法一样，也只能适用于外消旋混合物，能分离的外消旋体种类也较少。

化学拆分法是如果外消旋体的分子含有某些活性基团，如羧基、氨基、羟基和双键等，可让其与某种旋光活性的化合物进行反应，生成两种非对映异构体。利用非对映异构体的物理性质、主要是溶解度上的差别，将两个非对映异构体分开。很显然该方法适用范围较机械拆分法和晶体接种拆分法广，该法主要用于酸碱拆分，天然生物碱、酸如麻黄碱、喹啉、酒石酸、樟脑磺酸等是常用的拆分试剂。在羟基化合物和双键化合物的分离中，还用到手性试剂与金属离子形成的配位化合物作拆分试剂。化学拆分法是目前工业上多种手性药物和中间体的主要拆分方法。

2.2 萃　　取

(1) 溶剂萃取

萃取是利用物质在两种互不相溶的溶剂中溶解度的不同来达到分离的一种操作[3,4]。组分在液、液相之间的平衡关系是萃取过程的热力学基础，它决定过程的方向、推动力和过程的极限。在一定温度、一定压力下，溶质分配在两个互不相溶的两相里达到平衡后，其浓度比为一常数 K，这个常数称为分配系数。

$$K=C_L/C_R=萃取相浓度/萃余相浓度$$

产物在萃取相中的浓度越大，则 K 分配系数越大，越有利于萃取。

萃取过程中，有些杂质也会溶解到萃取相中，为了表示目的物与杂质的分离效果，可用分离因素 β 表示。β 值定义为产物与杂质分配系数之比，其值越大，目的物与杂质的分离效果越好，得到的产品越纯。其表示式为：

$$\beta=K_{产物}/K_{杂质}$$

萃取过程的分离效果主要表现为被分离物质的萃取率和分离产物的纯度。

以上萃取主要适合一些有机物的萃取操作。在很多情况下，还需在萃取溶剂中加入萃取剂，让亲水性的待萃物与萃取剂作用生成疏水性的物质。常见的萃取剂主要有下面三大类：

1) 中性磷萃取剂：其通式是 $(G)_3P=O$，其中基团 G 代表烷基 R、烷氧基 RO 或芳香基，—P=O 是萃取功能基团，它和金属盐类形成的萃合物是通过氧原子上的孤对电子和金属原子生成配位键。配位键 O→M 越强，则 $(G)_3P=O$ 的萃取能力越强。由于烷氧基中的氧有较大的电负性，所以中性磷萃取剂的萃取能力是按下列顺序增加的：

$$(RO)_3P=O < (RO)_2RP=O < (RO)R_2P=O < R_3P=O$$

如果将 $(RO)_3P=O$ 中的 R 由烷基改为吸电子能力较强的芳香基，则其萃取能力减弱。中性磷萃取剂的萃取反应都是通过 $\equiv P=O$ 键的氧原子与金属原子或 H 配位或生成氢键 $(G)_3P=O→M$，$(G)_3P=O\cdots H—O—H$，$(G)_3P=O→H+X$。

2) 酸性萃取剂：其基本反应可以简单地概括如图 2.2。

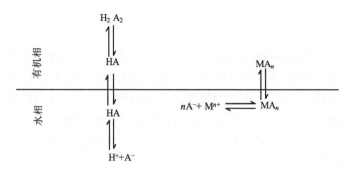

图 2.2　酸性萃取剂的基本反应

HA 萃取 M^{n+} 的反应可表示为

$$n\mathrm{HA(o)} + \mathrm{M}^{n+} = \mathrm{MA}_n\mathrm{(o)} + n\mathrm{H}^+$$

$$K=[\mathrm{MA}_n\mathrm{(o)}][\mathrm{H}^+]^n/[\mathrm{HA(o)}]^n[\mathrm{M}^{n+}]$$

$$D=K[\mathrm{HA(o)}]^n/[\mathrm{H}^+]^n$$

$$\log D=\log K+n\log[\mathrm{HA(o)}]+n\mathrm{pH}$$

它们为酸性萃取体系最基本的关系式，其中 K 为萃合平衡常数，D 为分配比，用它们可确定萃取体系的萃取机理。

3) 胺性萃取剂：其可看作是氨的烷基取代物，氨分子中三个氢逐步地被烷基取代，生成三种不同的胺及季铵盐：$\mathrm{RNH_2}$、$\mathrm{RR'NH}$、$\mathrm{RR'R''N}$、$[\mathrm{RR'R''R'''N}]^+\mathrm{X}^-$，用作萃取剂的有机胺的分子量通常在 250～600 之间。分子量小于 250 的烷基胺在水中的溶解度较大，使用时将导致萃取剂在水相中的溶解损失。分子量大于 600 的烷基胺则往往是固体，在有机溶剂中的溶解度较小，萃取时分相困难，萃取容量低。伯、仲、叔胺属于中等强度的碱性萃取剂，它们必须与强酸作用生成胺盐阳离子才能萃取阴离子，并且在伯、仲、叔胺萃取剂中以叔胺应用较多，这主要是叔胺在水中溶解度较小的缘故。

通过使用手性的溶剂、或者在液液萃取的两相中添加手性的萃取剂，可以实现一些物质不同程度的手性分离。

(2) 液相微萃取技术

液相微萃取方法是 20 世纪 90 年代提出来的，最开始是用 Teflon 小管或微量进样器针头悬挂 1~2 μL 有机溶剂液滴，萃取样品中的分析物。现在该技术分为静态液相微萃取和动态液相微萃取两大类。静态液相微萃取目前应用最多，又分为直接液相微萃取、液-液微萃取、顶空液相微萃取、载体转运模式液相微萃取等多种模式。

(3) 固相萃取技术

固相萃取法又称固相提取法或液固萃取法，是一种基于液相色谱分离原理的提取技术[5]。该方法是将待测试样品溶液通过预先填充固定相填料的微型小柱，待测组分通过吸附、分配、离子交换等原理被截留，然后用适当的溶剂洗脱，达到分离、净化和富集的目的。该方法与常规的液-液萃取方法相比，引入的杂质少，不会出现乳化现象，提取效率高，处理速度快，所用样品量少，适用于挥发性和热不稳定性的物质。

常用的固相萃取剂有以下几类。吸附型：硅胶、氧化铝、硅镁吸附剂、活性炭等；键合型：键合硅胶固相萃取剂种类很多，包括反相硅胶、正相硅胶以及离子交换基团等；非极性和离子交换大网络树脂和高聚物等。

(4) 固相微萃取技术

固相微萃取是 20 世纪 90 年代初发展起来的一种样品前处理技术。其装置类似于色谱微量注射器，由手柄和萃取头两部分组成。萃取头是一根长约 1cm、涂有不同固相涂层的熔融石英纤维，石英纤维一端连接不锈钢内芯，外套是细的不锈钢针管，以保护石英纤维不被折断。手柄用于安装和固定萃取头，通过手柄的推动，萃取头可伸出不锈钢针管。固相微萃取主要是通过萃取头表面的涂层对样品中的待萃取分子进行萃取和富集的[6]。

当用含有手性识别材料的固相萃取或者固相微萃取技术时，其可优先吸附一些对映体。如果该材料对不同对映体过剩值(e.e.)的待分离原料液吸附达到平衡后，溶液中剩余的对映体总浓度与原溶液的不同 e.e.之间具有一定斜率的直线关系，则可以进行对映体 e.e.的定量测定[7]。

2.3　毛细管气相色谱

1903 年茨维特在华沙自然科学学会生物学分会会议发表的题为"一种新型吸附现象及其在生化分析上的应用"一文中提出了应用吸附原理分离植物色素的新方法。三年后，他将这个方法命名为色谱法(chromatography)。

现代色谱技术主要有气相色谱、高效液相色谱、高效毛细管电泳、超临界流体色谱等，且各具特色。气相色谱可以分为填充柱气相色谱和毛细管气相色谱，也可分为气-液色谱和气-固色谱。由于手性化合物拆分困难以及毛细管气相色谱的高柱效，在绝大多数情况下利用气相色谱分离手性化合物都是在毛细管柱上进行[8,9]。

　　填充柱是马丁等在发明气相色谱的同时提出并付诸实现的，毛细管色谱的概念最早也是由马丁提出来的，他预言色谱柱如采用内径很细小的柱子，则色谱分离的效率将大大提高。1957 年马丁的预言由戈雷实现，其成功地在内径为 250 μm 的金属毛细管内壁，用 1% 的聚乙二醇的二氯甲烷溶液涂渍了一层很薄的固定液，用热导池检测器实现了毛细管气相色谱分离。随着玻璃毛细管柱拉制、涂渍技术的进展，毛细管色谱法不断完善。1979 年柔性石英毛细管柱的出现又把其推向一个新高潮。

　　在毛细管内壁直接涂渍色谱固定液的称壁涂层毛细管柱；在其内壁均匀涂敷载体，并进一步在其上涂渍固定液的称载体涂层毛细管柱；在内壁均匀涂敷吸附剂如氧化铝、石墨烯、分子筛、金属-有机骨架材料等的称多孔层毛细管柱；在毛细管内均匀、紧密填充色谱载体或吸附剂的称微型填充柱；在毛细管内均匀但较松散地充填色谱固定相的称填充毛细管柱[10,11]。

　　气-液色谱中毛细管柱的理论塔板高度可用著名的戈雷方程表示：

$$H = \frac{2D}{u} + \frac{2}{3} \frac{k}{(1+k)^2} \cdot \frac{d_f^2}{D_l} u + \frac{1+6k+11k^2}{24(1+k)^2} \cdot \frac{r_0^2}{D} u$$

等式右边第一项称分子扩散项，第二项称液相传质项，第三项称流型扩散项或气相传质项。由于毛细管中载气流动呈抛物线形分布，因此溶质分子在径向的不同位置其移动速度各不相同；同时不同的径向位置要到达管壁和液膜交换所需的时间也各不相同，从而使原来进样时在同一起点的溶质分子被逐步拉开。管径越粗，扩散越慢，其影响就越大。和填充柱相比，液相传质项常系数有差别，这是因为填充柱中假设填充颗粒为球形的，而在毛细管柱中则假设其液膜为一平面。

　　毛细管色谱柱由于是空心的，渗透性好，因此它可以使用很长的柱长。另外毛细管柱由于气相所占的比重很大，它的气相传质项对整个理论板高的贡献也发生了很大的变化。有数据表明：当液膜厚度小于 0.2 μm 时，液相传质和气相传质相比，它对理论板高的贡献仅占百分之几，因此一般情况下都可以忽略。气相传质项随管径的增加而增加；液相传质项随液膜厚度的增加而增加；当 $K=1$ 时，液相传质项有最大值，其后随 K 值增大而下降。气相传质相随 K 值的增加缓慢增加。对毛细管气相色谱而言，传质过程的控制因素是气相传质。早期使用的柱材料有聚乙烯、尼龙、金属不锈钢、铜及玻璃等，现在使用最普遍的是石英毛细管。常用的毛细管柱的规格为内径 250、320、530 μm，长度为 15~50 m。根据文献统计，在毛细管中用得最多的固定液是聚甲基硅氧烷、聚甲基苯基硅氧烷、聚三氟丙基甲基硅氧烷、PEG-20M，大部分常规分析任务仅用三支毛细管柱 OV-1、PEG-20M、OV-210 就能完成。另外，还有一些特殊固定液如高分子液晶、高分子冠醚、环糊精衍生物、杯芳烃、离子液体以及高温用的固定液等[12,13]。固定相的色谱分离特性常用 McReynold 常数来表征。

为了改变固定液对原料管内表面的润湿性，多年的经验表明必须对其改性。其一是化学改性，改造内壁的化学性质，以利于形成一个均匀的膜，并使内表面去活惰性化。另一则是物理改性，使内壁表面粗糙化，增大其表面积，以使固定液能较均匀地在其上面形成一层膜。改性好的空柱子可以进行固定液的涂渍，其分动态和静态两种，目前更多的是静态涂渍法。动态涂渍法早在 1958 年就已提出，方法是将要涂渍的固定液配制成一定浓度的溶液，通常是 10%~30%(质量分数)。一定量的溶液在气流的推动下，流经要涂的毛细管柱，控制涂渍液的线速度(一般小于 1 cm/s)，待溶液流出毛细管柱后继续通以小气量的气流使溶剂挥发，待溶剂完全挥发后，在毛细管柱内表面就会留下一层很薄的液膜。静态涂渍法是先用涂渍液充满整个要涂渍的柱子，然后将柱子一端封死，另一端在外力作用下使溶剂挥发，这样在毛细管内壁就留下一层均匀的液膜。静态涂渍时涂渍液的浓度一般为 0.2%~2%(体积分数)，戈雷的第一根毛细管色谱柱就是采用静态法制备的。一般静态涂渍的涂渍效率较高，但它的缺点是费时较长，一根内径 250 μm、长 20 m 的柱子约需 30 h。所以有学者又提出了自由逸出法。

固定液固载化的概念是 1981 年提出的。固定液的固载化有多层含义，一是固定液分子中的功能基团和柱内表面产生化学结合，形成一个稳定的液膜，称固定相的键合；另一是固定液分子之间化学结合，交联生成一个网状的大分子覆盖在毛细管的内表面，成为一个不可抽提的液膜，称固定液的交联；最后一种情况是固定液分子既和内表面形成化学结合，其自身又交联成网状的大分子，即键合交联法。

一个好的毛细管柱应该是选择性好、柱效高、热稳定、柱子惰性。柱子的选择性主要通过要分离的对象进行考察，不同的柱子会有不同的要求。柱效的评价则是测定一定 K 值组分的单位长度的理论塔板数,即每米理论塔板数和涂渍效率。一个好的非极性柱，它的涂渍效率在 90%以上。热稳定性可通过程序升温时基线漂移信号进行测定，也可通过升温处理后再降到一定的温度，进行升温前后柱保留值、柱效和峰对称性测量，以判断柱子是否能承受一定温度的考验。柱子惰性的评价，一般都采用 Grob 试剂和条件进行考核，但也有采用极性组分如苯胺、苯酚、脂肪酸酯等对正构烷烃的峰面积比是否恒定进行考核。

常规毛细管柱要求的色谱系统有：① 分流气路：毛细管柱内径很细，样品容量很小，要把这样极微量样品瞬间引进毛细管柱，一般只能采用特殊的进样技术，如分流进样、不分流进样、柱头进样、直接进样、程序升温蒸发进样等。其中最常见的是分流进样，即在气化室出口接上分流装置，使样品绝大部分放空，极小部分进入柱子，这两部分比例叫分流比。② 尾吹气路：因毛细管柱流量很低，低于 10 mL/min，一般为 0.5~2 mL/min，为了减少毛细管柱到检测器之间空间死体积对柱效的影响，以及调节检测器的灵敏度，在色谱柱后、进样器前加一个补充气路，或叫尾吹气路。③ 检测器：毛细管气相色谱主要用氢火焰离子化检测器(FID)相匹配。也可用其他高灵敏度的检测器，但一般的热导池(TCD)因灵敏度太低而不能应用。④ 记录与数据处理系统：与填充柱气相色谱不同的是要求记录系统有较快的响应速度，因为毛细管色谱峰的出峰时间有时小于 1 s，因此记录和数据处理系统的时间常数要小，如一般要求色谱工作站每秒至少应该采集 5 个点，有时甚至要求能每秒采集 20 个点。

目前商品化的手性气相色谱柱主要集中在环糊精衍生物如全甲基-*β*-环糊精柱等，拆分氨基酸主要采用缬氨酸衍生的聚二甲基硅氧烷商品柱。

2.4　高效液相色谱

高效液相色谱与经典液相色谱没有本质的差别，不同点仅仅是现代液相色谱比经典液相色谱有较高的柱效和实现了自动化操作[14-17]。这是因为：① 色谱柱是以特殊的方法用小颗粒的填料填充而成，从而使柱效大大高于经典液相色谱；② 在仪器方面，采用了高压泵输送流动相，同时在色谱柱后连有检测器，可以对流出物进行连续检测。在高效液相色谱中考虑各种谱带加宽过程对柱板高 H 的影响，Knox 得到下面的表达式[18]：

$$H = Au^{0.33} + B/u + C \cdot u + D \cdot u$$

填充良好的粒径较小的多孔填料柱子的固定相厚度 d_f 很小，故 $D=0$，B/u 一项也很小，所以上式还可继续简化。

色谱柱是高效液相色谱的心脏部分，色谱柱的填充主要有干法和匀浆法，由于其填充技术性很强，一般需专业人员填充[19]。色谱分离过程中使用的检测器主要有紫外检测器和示差折光检测器。示差折光检测器属通用型检测器，但其灵敏度较低。压力泵在仪器中价格较高，其最大压力往往需达到 500 大气压。

(1) 键合相色谱

在现代液相色谱中应用最为广泛的柱填料是经化学键合的有机固定相。现约 80%的分析任务是在键合相色谱柱上进行的。键合相色谱柱的使用与液-液色谱柱差别很大，并且键合相色谱柱的分离基础与液-液色谱相比显然不同。

在硅胶表面键合极性有机基团的称为极性键合相，最常见的有氰基、氨基、二醇基键合相。极性键合相一般都作正相色谱，即用比键合相极性小的非极性或弱极性有机溶剂如己烷或庚烷作流动相，并在其中加入一定量的极性溶剂如异丙醇、乙醇、乙腈等以调节其洗脱强度。有人认为正相键合相色谱的分离机制更趋向于分配色谱。溶质的保留存在以下一些经验规律：① 溶质分子极性大的保留值大；② 流动相的强度随极性增大而增大；③ 极性键合相的极性越大或极性配合基的浓度越大，则溶质保留值越大。

在硅胶表面键合烃基，所得到的就是非极性键合相。目前商品化的非极性键合填料主要有：甲基、丙基、己基、辛基、十六烷基、十八烷基、二十二烷基及苯基等键合相。其中以十八烷基键合相(简称 ODS 或 C_{18})应用最广。非极性键合相通常都作反相色谱，反相色谱一般用水做基础溶剂，加入与水互溶的称为有机调节剂的有机溶剂如甲醇、乙腈、四氢呋喃等。在反相系统中，固定相是非极性的，流动相是极性的，样品的保留顺序是非极性的组分保留值大，极性组分先流出。水是极性很强的溶剂，也是反相色谱中最弱的溶剂。对反相色谱的保留机制还没有一致的看法，大致有两种论点：一种认为属于分配色谱，另一种认为属于吸附色谱。也有人认为对单分子层固定相是以吸附为主，对多分子层固定相则偏向是分配色谱的作用机制。在键合相色谱中反相色谱大约又占了整个其分析任务的 80%，所以反相键合相色谱是高效液相色谱中最重要的分析方法，反相色谱技术主要有如表 2.1 所示几种。

表2.1　反相色谱技术

技术	典型的流动相
常规反相技术	A=H_2O+MeCN,MeOH 等
控制离子化技术	B=A+缓冲溶液
离子抑制技术	对于酸，A+酸
	对于碱，A+碱
离子对色谱	对于阳离子，B+烷基磺酸盐等
	对于阴离子，B+季铵盐
非水反相技术	MeOH，MeCN+THF，CH_2Cl_2 等

(2) 液固吸附色谱

液固吸附色谱适用于分离中等分子量的油溶性的样品，对具有不同官能团的化合物和异构体有较高的选择性，其对强极性分子或离子型化合物有时会发生不可逆吸附，分离同系物的能力也较差。

现代液固色谱使用的填料主要是全多孔型球形硅胶填料。在色谱分离过程中，硅胶表面上起吸附作用的是游离型硅羟基，溶质分子从溶剂中被吸附剂所吸附，是通过取代被吸附剂吸附的溶剂分子而达到的。在液固吸附色谱中，复杂混合物的分离很难以纯溶剂来实现，而必须采用二元或三元的混合溶剂体系来提高分离的选择性。在混合溶剂的选取过程中，溶剂强度能随其组成而连续变化，在保持一定的溶剂强度的情况下，可以选择低黏度溶剂体系，以降低柱压和提高柱效。使用不同的混合溶剂，还可以提高选择性，改善分离。值得注意的是，硅胶柱的减活处理是十分必要的，若在装柱前已对硅胶进行减活处理，那在使用过程中需要维持硅胶含水量恒定，即溶剂必须含有一定量的水。若用干燥硅胶装柱，则必须用含水溶剂平衡柱子，控制硅胶的含水量。可以利用薄层色谱作为吸附色谱溶剂选择的先导。

(3) 离子交换色谱

离子交换色谱以离子交换剂为固定相，借助于试样中电离组分对固定在交换剂基体上带相反电荷的离解部位亲和力的不同，使其彼此分离。在此过程中，为了维持固定相和流动相的电中性，与试样离子交换到活性部位的同时，必须取代相当量的原来与该部位相缔合的配衡离子。在离子交换过程中，溶质也可能与交换剂的基体部位相互作用，尤其当溶质是有机化合物时。影响溶质保留的另一个因素与 Donnan 平衡有关，Donnan 电势是离子交换剂内部溶液与外部溶液之间的电势差。Donnan 电势的存在阻止了与固定在树脂上的功能基具有相同电荷的离子进入到树脂内部，这种现象被称之为离子排阻。

常用的离子交换剂有两类：以交联聚苯乙烯为基体的离子交换树脂和以硅胶为基体的键合离子交换剂。以硅胶为基体的离子交换剂和树脂型相比较，具有耐压、高效率等优点，但从 pH 操作范围和交换容量考虑，则不如树脂交换剂。离子交换剂可以分为强弱两类，弱离子交换功能团的电离度在 pH = 4~8 之间有急剧的变化，而强离子交换剂在很宽的 pH 范围内功能团完全电离。

影响离子交换色谱中保留的因素有：① 离子交换容量，离子交换容量越大，分配系数和容量因子越大。离子交换容量还可能引起选择性的显著变化。② 溶质离子的保留和选择性一般随树脂交联度的加大而提高。③ 流动相的组成和 pH 也是影响溶质离子保留的重要参数。强离子交换剂的交换容量在很宽的范围内不随流动相的 pH 变化。④ 一般而言，配衡离子的价数越高，水合体积越小，越易极化，则它对离子交换剂的亲和力就越高。⑤ 向流动相中加入有机溶剂，明显地改变有机溶质的保留。

Small 于 1975 年提出了将离子交换色谱与电导检测器相结合分析各种离子的方法，并称之为离子色谱法。该法的特征是在分离柱和检测器之间串联一个抑制柱以消除洗脱液本身的背景电导，通过电导检测器指示出来。离子色谱可以定义为：离子色谱是离子交换色谱的一个分支，其特点是以低容量的离子交换剂为固定相。离子色谱包括两个类型：带有抑制柱的离子色谱(双柱离子色谱)和单柱离子色谱。

(4) 分子排阻色谱

分子排阻色谱适用于分离较大分子量的样品，特别是高聚物。其包括了凝胶过滤和凝胶渗透两个方面。分子排阻色谱的分离机理是立体排阻，样品组分与固定相之间不存在相互作用的现象。色谱柱的填料是多孔性凝胶，凝胶表面的孔大小不同且有一定的分布，仅允许直径小于孔开度的溶质分子进入，有些孔对于溶剂分子来说是相当大的，以致溶剂分子可以自由地扩散出入。高聚物在液相中呈无规则线团的形式，线团有一定大小，对不同大小的溶质分子，可分别渗入到凝胶孔内不同的深度，大个的溶质分子可以渗入到凝胶的大孔内，但进不了小孔，甚至完全进不去。小个的溶质，大孔、小孔都可以渗进去，甚至进入很深，一时不易被洗出来。显然，大的溶质分子在色谱柱中停留的时间较短，很快被溶剂洗出，它的洗脱体积(即保留时间)很小。小的溶质分子在色谱柱中停留时间较长，洗脱体积(即保留时间)较大，直到进入所有孔内的最小分子流出柱出口。

分子排阻色谱所用的填料有交联聚苯乙烯、多孔硅胶、多孔玻璃及亲水性凝胶等。分子排阻色谱中所用的流动相，仅仅作为试样的载体，而不应与试样或填料有任何相互作用。分子排阻色谱通常不需要梯度洗脱，也不常用混合溶剂体系。分子排阻色谱的负荷能力比其他液相色谱大 1~2 个数量级。有机凝胶在不同的有机溶剂中，都有不同程度的溶胀，故不应随意更换溶剂，即便在进样时，也不应带入大量的其他溶剂。但无机填料如多孔硅胶可以直接更换溶剂。分子排阻色谱柱的填装是一项技术性很强的工作，极少有这方面的研究报道。

亲水性分子排阻色谱又叫凝胶过滤色谱，应用于水溶性样品的分析。在实际应用中，交联的有机凝胶填料很受欢迎，柱效可达 20000 ~ 35000/m，洗脱液为缓冲液。典型的缓冲液有磷酸盐、三羟甲基氨基甲烷乙酸盐、柠檬酸盐和乙酸盐，氯化钠、硫酸钠、乙酸铵和甲酸铵则作为盐类加入到缓冲溶液中。

疏水性分子排阻色谱一般是指传统使用的交联聚苯乙烯填料，洗脱液则为四氢呋喃、氯仿、乙酸乙酯、二甲基甲酰胺和甲苯等有机溶剂，其又叫凝胶渗透色谱，这类高效柱的柱效可达 25000/m。

除此之外，还有亲水作用色谱(又叫含水正相色谱，水含量 3%~40%)、疏水作用色谱、胶束液相色谱、亲和色谱等一些高效液相色谱的分离类型。在手性液相色谱中，主要有直接法和间接法两种。间接法是将对映体与手性试剂作用，然后在非手性柱上拆分，由于该法衍生化的烦琐不便，目前实际上已很少使用。在直接法中，又分为手性柱法和在流动相中添加手性选择剂法，其中手性柱法占绝对主导地位。在液相色谱手性柱法中，分离模型主要涉及分配色谱、吸附色谱以及离子交换色谱，通常是将手性材料固载在支撑体如硅胶上，也有制备成整体柱的。另外使用的硅胶又区分为全多孔型和薄壳型，硅胶的粒径、孔径以及纯度都将对拆分产生影响。由于商品手性柱价格昂贵，所以流动相一般都使用色谱纯的溶剂，且根据样品的酸、碱性，常在流动相中要加入少量的酸和碱。

　　在整个高效液相色谱领域中，通常应：① 保持高柱效：流速宜采用 0.5~2.0 mL/min，进样体积一般为 20 μL，绝对进样量不大于 1 μL。② 保持重复性：尽量用等强度洗脱；使用预先混合的溶剂；溶剂及样品溶液要充分脱气。③ 提高使用寿命：过滤溶剂及样品；使用保护柱；流动相不应腐蚀仪器零件和损害柱子；使用缓冲溶液后应将系统冲洗干净，不要留置过夜；色谱柱长期不用时，应用甲醇等充满其间并保存之，不可让色谱柱填充床干掉。

2.5　超临界流体色谱

　　超临界流体色谱是以超临界流体作为流动相、以固体吸附剂或键合到载体上的功能化合物为固定相的一项色谱技术，由 Klesper 等于 1962 年首先提出来、20 世纪 80 年代重新兴起的。所谓超临界流体是指在高于临界压力和临界温度时的一种物质的状态，它既不是气体、也不是液体，但是它兼有气体的低黏度、液体的高密度以及介于气、液之间较高的扩散系数等特征。被分离混合物在超临界流体色谱上的分离的机理和气相及液相色谱一样，是基于各化合物在两相之间分配系数的不同而得到分离的。从理论上说该技术既可以分离气相色谱难于处理的高沸点、不挥发性样品，又有比高效液相色谱更高的柱效和更短的分析时间。因此该技术同时具有气相色谱和液相色谱的很多优点。

　　超临界流体色谱的分离柱分为填充柱和毛细管柱两种类型，其手性固定相基本上是在 HPLC 和 GC 中广泛使用的手性固定相，实际使用中主要以填充柱为主。在填充柱手性固定相中大多为以下几种：多糖、键合环糊精、键合大环抗生素、键合小分子等。二氧化碳是该色谱中最常用的溶剂。超临界流体色谱的压力对溶质保留和手性选择性有较大的影响，但选择的压力必须在临界压力之上。柱效随温度的升高而增加，但操作温度需要低于临界温度。超临界流体改性剂可以与手性固定相和溶质作用，因此将影响手性分离的柱效、峰型、分离因子、保留因子以及分离度。最常用的改性剂为甲醇、乙醇、异丙醇及乙腈等，加入浓度在 50% 以下。在超临界流体中也常加入 2% 以下的添加剂，常见的添加剂有乙酸、三氟乙酸、二乙胺及三乙胺等，在分离酸性化合物时常加入少量的酸、在分离碱性化合物时常加入少量的碱以改善色谱峰形，这样既可覆盖固定相表面的活性位点，又可增加流动相的洗脱强度和选择性。

2.6 高效毛细管电泳

高效毛细管电泳是离子或荷电粒子以电场为驱动力，在毛细管中按其淌度或/和分配系数不同进行高效、快速分离的一种电泳新技术。1967 年，Hjerten 用内径 3 mm 的石英管在高电场下进行电泳分离，试图克服焦耳热效应，可算是毛细管电泳的前身。1979 年，Mikkers 和 Everaerts 用 200 μm PTFE 毛细管以区带电泳方式分离了 16 种有机酸，获得满意的柱效，可谓是毛细管电泳的开创性工作。1981 年 Jorgenson 和 Lukacs 进一步使用内径 75 μm 毛细管进行区带电泳，分离丹磺酰化氨基酸，理论塔板数超过 400000/m，获得从未有过的极高的柱效和十分快速的分离，充分展现了窄孔径毛细管电泳的巨大潜力。由于毛细管具有良好的散热效能，允许在毛细管两端加上高至 30 kV 的高电压，分离毛细管的纵向电场强度可达到 400 V/cm 以上，因而分离操作可以在很短的时间(多数< 30 min，最快可在几秒钟)完成，达到非常高的分离效率，塔板数最高达 10^7/m 数量级[20]。

在电泳中常用淌度(mobility, μ)而不用速度来描述荷电离子的电泳行为与特性。电泳淌度(μ_{ep})定义为单位场强下离子的平均电泳速度，即 $\mu_{ep} = v/E$。在毛细管电泳中，使用的毛细管一般是熔融二氧化硅毛细管，已经证明，在碱性和微酸性(pH>2.5)溶液中，熔硅表面的硅羟基(Si-OH)电离成 SiO$^-$，使表面带负电荷。负电荷表面在溶液中积聚相反电荷的对离子，形成双电层。按照近代双电层模型，在双电层溶液一侧由两层组成，第一层称吸附层，又称 Stern 层或紧密层；第二层为扩散层。处于扩散层的阳离子，在负电荷表面形成一个圆筒型的阳离子鞘，在外电场作用下，朝向阴极与 Stern 层作相对运动。由于这些阳离子是溶剂化的，当它们作相对运动时，携带着溶剂一齐向阴极迁移，便形成电渗流(electroosmotic flow，EOF)。对于 EOF 速度也常用电渗流系数或电渗淌度表示 EOF 的大小：$\mu_{eo} = v_{eo}/E$。虽然电渗是伴随电泳产生的一种电动现象，但多数情况下，EOF 速度比电泳速度快 5~7 倍。柱的内表面变化对 EOF 非常敏感，EOF 的细小变化将严重影响 CE 分离的重现性(迁移时间和峰面积)。如能有效地控制 EOF，对提高分离效率，改善分离度，特别是提高 CE 分离重现性具有非常重要意义。

流体力学进样方式是应用最广泛的一种方式，可以通过虹吸、在进样端加压或在检测端抽空等方法来实现。电动进样是将进样端的缓冲溶液池换上样品管并施加一定电压来实现的，通常所加场强为分离场强的 1/5~1/3。

(1) 毛细管区带电泳

① 毛细管区带电泳(CZE)的外加电压对分离将会产生重要影响：在毛细管电泳中，溶质迁移时间、柱效和分离度都可以从升高外加电压而获益，应该使用尽

可能高的电压以达到最大柱效、最高分离度和最短的分析时间，但焦耳热是一个限制因素。所以在 CZE 分离条件优化时，除了采取有效的散热措施外，选择一个合适的条件，使在此条件下允许使用较高电压，而不致产生过高的电流，不产生过多的焦耳热，是非常重要的。② 毛细管电泳柱：在毛细管电泳中，目前所用的基本上是圆形弹性熔融石英毛细管，俗称熔硅毛细管，其使用的内径一般在 25～100 μm 之间，最常用的是 50 μm 和 75 μm 两种。有效地控制柱壁表面对 EOF 的影响和消除内壁对样品溶质的吸附一直是分离条件优化的重要方面。③ CZE 中的缓冲溶液：与柱壁表面化学一样，缓冲溶液从另一个侧面在 CZE 柱化学中扮演着重要角色。缓冲溶液类型、浓度(离子强度)和 pH 不仅影响 EOF，亦影响样品溶质的电泳行为，决定着 CZE 分离效率、选择性和分离度的好坏，以及分析时间的长短，在 CZE 分离条件中具有重要意义。④ 缓冲溶液添加剂：在 CZE 分离中，除了背景电解质外，常常还在缓冲溶液中添加某种成分，通过它与管壁或与样品溶质之间的相互作用，改变管壁或溶液相物理化学特性，进一步优化分离条件，提高分离选择性和分离度。常用添加剂有表面活性剂(如季铵盐等)、有机溶剂(如甲醇、乙腈等)、两性离子、金属盐(如 K_2SO_4、LiCl 等)、手性试剂(如环糊精、冠醚等)、其他(如尿素、线形聚丙烯酰胺等)。⑤ CZE 中的温度效应：在毛细管电泳中，电流通过毛细管产生的焦耳热是外加电压、毛细管内径和缓冲溶液的函数。虽然小孔径毛细管可有效地散失所产生的焦耳热，但在外加高电压时，焦耳热导致的柱温升高仍然是不可忽视的，如在没有冷却系统的 CE 仪中，毛细管内的温度可超过 70 ℃，与环境温差达 45 ℃。在施加更高电压时如 40 kV，可使毛细管内溶液沸腾，甚至击穿。CZE 中柱温既引起分离参数如 EOF、迁移时间、测量精度的改变，也引起生物大分子的结构和生物特性变化、样品溶质化学平衡、缓冲溶液 pH 的变化。从以上讨论可见，柱温控制是必要的。如果仅仅为了加速毛细管中焦耳热的散发，在毛细管分离室中用一个小电扇进行强制通风就可以达到一定的效果。如果需要恒温控制，可安上加热器，通过吹进热风进行恒温，温度调节范围可从室温至 40～60 ℃。在有些实验装置中，采用循环气体或液体来控温，但也有固体恒温方式。

在 CZE 中，也可采用类似于色谱中的梯度淋洗，动态调节毛细管中背景电解质的组成、浓度或 pH，使其在 CE 分离中形成梯度变化，或局部动态变化，即在非稳定介质中和非均匀电场中进行 CZE 分离。

(2) 胶束电动毛细管色谱

1984 年 Terabe 等在 CE 电解质溶液中加入了表面活性剂，在溶液中形成离子胶束作假固定相，实现了中性分子的分离，这个模式称为胶束电动色谱(MEKC)。MEKC 能很快且很容易地通过改变流动相和胶束相组成来增加分离选择性，非常适合于手性化合物的分离。但是，MEKC 对样品分子大小局限在分子量小于 5000，而 CZE 则无此限制。

(3) 毛细管凝胶电泳

1983 年 Hjerten 首先将充聚丙烯酰胺凝胶毛细管用于 CE 分离，发展了毛细管凝胶电泳(CGE)，它综合了 CE 和平板凝胶电泳的优点，成为当今分离度极高的一种电泳分离技术。在 CGE 中，毛细管内充有凝胶或其他筛分介质，应用最多的介质是交联和非交联聚丙烯酰胺凝胶(polyacrylamide gel, PAG)。除 PAG 外，琼脂糖、甲基纤维素和它的衍生物，以及葡聚糖、聚乙二醇等也被用作 CE 分离介质。CGE 技术的发展和广泛应用，要求制备性能优良、稳定性高的充凝胶毛细管。可惜，在充凝胶毛细管的制备和应用中存在两个主要的问题，一是丙烯酰胺单体在毛细管中聚合成凝胶极易形成气泡，另一是在电泳期间毛细管凝胶内亦常常形成气泡，这妨碍了 CGE 技术发展和广泛应用。目前已有少数几家公司可以提供充凝胶毛细管商品，但多数情况下还是要靠实验工作者自己制备。

与交联的 PAG 不同，线性 PAG 不仅有较大的凝胶孔隙，可用于分子量更大的生物高聚物的分离，而且，它还有柱制备简单，聚合时不形成气泡；每次电泳后可将凝胶从毛细管内排出，重新装柱，增加了重现性；样品成分不会潴留于柱内污染分离体系等优点，是一个较理想的筛分介质。PAG 是目前最优良的 CGE 介质，它们所获得的高达 $3 \times 10^7/m$ 的分离效能，是现在任何其他方法都难以企及的。毛细管凝胶电泳和毛细管电动色谱属于区带电泳范畴，目前应用最多的是 CZE、MEKC 和 CGE 三种模式。除毛细管区带电泳分离模式外，还有毛细管等速电泳(CITP)和毛细管等电聚焦(CIEF)二种基本分离模式。

(4) 毛细管电色谱

毛细管电色谱(CEC)同时具有电泳的高效性和高效液相色谱的高选择性，是备受关注的高效分离分析技术。目前使用的毛细管电色谱主要有三种类型：毛细管填充柱、毛细管开管柱、毛细管整体柱。填充柱容量大但存在制备较困难、分离过程易产生气泡等缺点；开管柱无封口问题，制备简单，但柱容量低，应用受到一定的限制。整体柱(monolithic column)是用原位聚合的方法，在色谱柱空柱管内或不用柱管所形成的整体、连续的柱体，而不需要细粒径的填料去填装。其制柱过程简单，柱容量大，渗透性好，且在分离过程不易产生气泡。毛细管电泳已在向芯片技术方向发展。

毛细管电泳目前还没有商品手性柱，电色谱柱主要出现在研究文献中，手性添加剂法目前实用性更强一些。

2.7 平 面 色 谱

(1) 纸色谱

R. Consden、A. H. Gorden 和 A. J. P. Martin 于 1944 年发表了第一篇纸色谱法的论文，宣布了此种方法的诞生，不久就得到了广泛的应用。1951 年 Kotake 等报道了将纸色谱用于氨基酸的手性分离。

纸色谱法是以纸为载体的液相色谱法，其分离机制属于分配范畴。适用于纸色谱的滤纸，其组成中的纤维素能吸收 20%~25%的水分，其中有 6%左右的水分通过氢键与纤维素上的羟基相结合，形成液-液色谱中的固定液。纸本身是惰性的，不参与分离组分的过程，只是起到负载水分的作用。因此在纸色谱中组分在二相中的分配系数起主要作用，组分的移动情况通常以比移值(R_f)来表示，其定义为：R_f=原点至组分点中心的距离/原点至流动相前沿的距离。

但也需指出，纸纤维有时也可能对某些化合物有吸附作用，有时也会因其含有一些羧基而显示出有弱离子交换作用，从而使某些组分的 R_f 值与由分配系数计算所得的数值有所差别。通常的纸色谱都是正相操作，但有时也将滤纸用极性较小的液体(如烃类)处理作为固定液，而以极性大的含水溶剂为流动相，这种操作即为反相纸色谱法。有时滤纸以甲酰胺或缓冲液等液体处理，以有机溶剂为流动相，这时仍属于正相分配，因为还是流动相的极性小。

需要注意的是，不同厂家、不同牌号的纸，由于生产方法与条件不尽相同，吸收水分量不完全相同，有时 pH 也可能不同。因此虽然按同一条件分离，同一组分的 R_f 值也会不完全相等，有时且可能有较大差别。所以在用纸色谱法进行定性鉴定时，也尽量将样品与已知标准品在同一纸上进行展开，然后比较其 R_f 值，这样可避免由于纸的来源不同所引起的差别。

纸色谱的实验操作为点样、溶剂选择、展开、显色、定性及定量。溶解样品的溶剂应避免用水，因为水溶液点样时斑点易扩散，且不易挥发。一般用甲醇、乙醇、丙酮、氯仿等易挥发的有机溶剂，如果可能最好使用与展开剂极性相似的溶剂。常用点样品量为几至几十μg，样品溶液点在纸上的大小最好是直径 1~2 mm 的圆点。一般在选择展开剂时，可将对所分离的各化合物溶解度相差最大的溶剂组成不同比例的展开剂，优先进行实验。也可查找文献，必要时再加以改进，就可以较快地找到合适的展开剂。展开的方式常有上行、下行两种。此外还有圆形展开、双向展开等技术。在展开前将纸用展开剂蒸气饱和有时是必要的。展开时温度对纸色谱的影响也较大。一般纸色谱用的滤纸条较长，有时可达到 30 cm，常用的展开距离为整条滤纸的长度。

(2) 薄层色谱

薄层色谱始于 1938 年 N. A. Izmailov 和 M. S. Schraiber 使用在显微镜玻片上涂铺的氧化铝薄层进行圆心式展开，分离酊剂的成分，但其后进展不大。1949 年 J. E. Meinhard 和 N. F. Hall 报道了以淀粉为黏合剂的氧化铝和硅藻土板进行无机离子的分离，启发了 J. G. Kirchner 等使用硅胶为吸附剂，煅石膏为黏合剂，制成较牢固的薄层板，并用类似于纸色谱的上行展开方式，进行了挥发油成分的分离，它将柱色谱与纸色谱的优点结合在一起，奠定了薄层色谱的基础。1951 年到 1954 年发表了一些薄层色谱的研究报告，尤其在 Stahl 的《薄层色谱手册》一书于 1965 年出版以后，此法从此被广泛使用[21]。

薄层色谱属于液相色谱的范畴，对制作薄层色谱的材料适当处理或选择也可进行吸附、分配、离子交换或排阻等色谱分离。在吸附薄层色谱法中，R_f 值与吸附系数 K_a 也有类似于纸色谱中 R_f 值与分配系数的关系。对于具有直线型的吸附等温线的吸附，薄层分离后斑点对称；对于 Langmuir 型等温线，出现斑点拖尾，这种情况最多；而对于 Freundlich 型，则斑点出现伸舌头。

目前最常用的吸附剂是硅胶，其次是碳十八硅胶，其余吸附剂薄层板的应用越来越少。典型的色谱用硅胶的表面积约为 500 m^2/g，平均孔径为 10 nm，粒度范围常在 10 ~ 40 μm，高效薄层色谱用硅胶常在 5 ~ 10 μm。吸附剂颗粒度小和颗粒分布范围窄可以大大提高薄层色谱的检出灵敏度和分离度。分离度与吸附剂微粒半径的平方成反比，100 μm 左右颗粒制成的薄层板的理论塔板数为 200 左右，用小于 20 μm 的颗粒，理论塔板数可增至数千。高效薄层板厚度为 100 ~ 200 μm，吸附剂颗粒直径为 5 ~ 7 μm，吸附剂颗粒的分布范围很窄。商品硅胶常用一些字母符号以表示其性质，如硅胶 H 表示不含黏合剂的硅胶，硅胶 G 表示含有煅石膏黏合剂，F 为含有荧光物质(如以锰盐活化的硅酸锌)，F_{254} 表示在紫外线 254 nm 照射下发荧光，F_{365} 则用 365 nm 波长激发，P 表示制备用硅胶，用 R 表示经过特殊纯化处理，RP 为键合相硅胶。

薄层板的制备分干法制板和湿法制板。湿法制板目前广泛使用，常用的湿法制板方法有倾注法、平铺法和涂铺法三种。湿法铺层中常用的黏合剂有加入 10% ~ 15%的煅石膏、0.2% ~ 10%的羧甲基纤维素钠水溶液、5%的聚丙烯酸水溶液或 5%的淀粉中的一种。铺成的薄层板在室温下自然干燥后，一部分可以直接使用。如吸附力太弱，可在 105 ~ 120 ℃烘箱中活化。

薄层操作中样品溶液的点样一般用易挥发的有机溶剂，点样量一般为几至几十μg，点样斑点的直径一般 1 ~ 2 mm。展开方式有近水平展开、上行展开、下行展开和双向展开等。由于水蒸气及溶剂蒸气对分离有很大的影响，展开槽及薄层板在展开前需要用溶剂饱和。在用脂溶性展开剂时，可在玻璃展开槽口和盖的边缘磨砂处涂以甘油淀粉糊使其密闭，当用水溶性展开剂时则应涂抹凡士林，展开过程中在盖上应压一重物，以免展开剂蒸气将槽盖顶起，改变槽内饱和情况而影响分离。常规薄层最长距离为 20 cm，高效薄层展距最长为 10 cm。一般情况下温度对薄层色谱的影响不明显。

选择展开剂的方法首先是根据文献资料就可以较快地找到合适的展开剂。在没有合适的展开剂系统供参考时，可应用微量圆环技术。另外还有一种初步选择展开剂的方法是用微型薄层板。为了正确地将化合物的极性、吸附剂的活度及展开剂的极性配合起来，Stahl 设计了一个用以选择薄层条件的简图。

在混合展开剂中占比例较大的主要溶剂在展开剂中起溶解物质和基本分离的作用，占比例较小的溶剂起调整改善分离物质的 R_f 值及对某些物质的选择作用，中等极性的溶剂往往起着使极性相差较大溶剂混合均匀的作用。在展开剂中加入少量酸、碱可以使某些极性物质的斑点集中，提高分离度。用黏度太大的溶剂时需要加入一种溶剂以降低展开剂的黏度、加快展开速度。一般主要溶剂选用不易形成氢键的溶剂，或极性比分离物质低的溶剂，否则将使被分离物质的 R_f 值太大或甚至跟随溶剂前沿移动。总之在展开剂的选择中一般 R_f 值要在 0.1～0.7 的范围内为宜，展开剂极性强度等于组成该展开剂各溶剂组分的极性强度与体积分数乘积之和。极性值选定后，即可进一步考虑选择性，如某一物质对用某一具有适合极性值的流动相不能分离，则可改用具有相同极性值但选择性强的其他展开剂。在展开剂中极性较大的组分浓度(体积分数)<5%或>50%时常常选择性最大。

薄层色谱的定位方法一般常用物理检测法和化学检测法。在物理检测法中首先有紫外线法，紫外线常用两种波长 254 nm 与 365 nm，可根据具体情况选择。其次是碘蒸气显色法，元素碘是一种非破坏性显色剂，能检出的化合物很多，价廉易得，显色迅速、灵敏。化学检出法通常进行直接喷雾，显色剂有通用显色剂和专用显色剂。通用显色剂最常见的是硫酸-乙醇或甲醇(1:1)溶液，喷雾后，有的化合物立即反应，但大多数化合物需加热至 105～130 ℃历数分钟才显色，不同化合物的反应不同，所显颜色也往往各异，即使是同一种化合物随加热温度与时间不同，有时显色也不同。专用显色剂是指对某个或某一类化合物显色的试剂，利用化合物本身的特有性质，或利用其所含的某些官能团的特殊反应。

R_f 值在一定条件下为一常数，用其可以定性。但 R_f 值会受一些因素的影响：① 吸附剂的影响，特别是吸附剂的活性对分离的影响很大。② 薄层厚度的影响，一般说来，增加薄层厚度，由于展开剂的流速减慢，物质的 R_f 值减少。但这种影响不是绝对的，主要还与槽内蒸气饱和程度有关，薄层厚度一般控制在 0.25 mm。③ 展开剂的纯度与蒸气的影响，如溶剂中有少量极性不同的杂质存在，会对 R_f 值产生较大的影响。特别在使用混合溶剂时，由于溶剂组分的蒸发难易不尽相同，造成展开剂组成变化，致使 R_f 值很难重现。试验表明，点样位置以及展开剂在展开槽中是否水平，对 R_f 值都会有影响，有人建议展开剂标准化深度为 0.5 cm，样品位于离薄层下端 1.5 cm 为宜。④ 温度的影响，一般来说，温度对吸附色谱影响不显著。⑤ 展开的距离，通常展开距离对 R_f 值的影响较小，但展开的方式、点样的大小对 R_f 值会带来不同程度的影响。鉴于以上原因，鉴定化合物时，最好采用在同一薄层板上随行对照，这样实验条件基本相同，可靠性大。展开后斑点中的化合物可进一步定量，其测定方法可分为两类：一类为洗脱测定法，另一类为直接测定法。

由于平面色谱的板或者纸一般是一次性使用，为了降低成本，以简单地将手性材料添加到平面色谱的固定相或者流动相中较好。为了保证手性拆分是在一个手性的环境下进行，当手性拆分时，一定要让对映体比在固定相中添加的手性剂的 R_f 值大，而比在流动相中添加的手性剂的 R_f 值小。另外，由于平面色谱中手性识别材料的添加，会造成一些平面色谱中的显色剂在手性平面色谱中难于使用。

2.8　逆流色谱

逆流色谱是一种不用固态支撑体或载体的液液分配色谱技术。它有两大突出优点：① 分离柱中固定相不需要载体，消除了液固色谱由于使用载体而带来的吸附现象，特别适合于分离极性物质和具有生物活性的物质；② 特有的分离方式尤其适用于制备性分离，每次进样量及进样体积较大，同时具有高样品回收率。根据该技术的发展以及实际得到应用的情况，可以粗略地将逆流色谱的发展分为三个阶段[22,23]。

(1) 液滴逆流色谱

液滴逆流色谱装置可由 100～1000 根分离管组成，分离管的直径一般为 2 cm 左右，长为 20～40 cm，材料可以是玻璃、聚四氟乙烯以及金属，但玻璃分离管能较好地观察分离管中的液滴形成情况。分离管之间一般用直径为 0.5 mm 的聚四氟乙烯管连接。在分离管的前面连接有进样阀，在进样阀前面是恒流泵；在分离管的后面可以连接检测器和样品的分步收集器。实验前先要选择好互不相溶的两相溶剂系统，此系统的两相要能在液滴逆流色谱装置中形成液滴。当两相溶剂系统充分混合、平衡和静置后，先将下相利用恒流泵输入分离管中，从进样阀进行进样，最后利用恒流泵将上相稳定地输入设备中。由于上相的比重比下相轻，流动相就会在分离管中形成液滴，带着样品从下向上上升，液滴上升的过程中，样品连续地在两相中分配。由于不同的组分在两相中的分配比不一样，因此它们在分离管中移动的速度也不一样，对于一个复杂的样品，在该设备中，经过一定时间的分配，最后可达到分离。其是较早时候的逆流色谱，现在已被淘汰。

(2) 旋转小室逆流色谱

旋转小室逆流色谱实验装置的中心部分是由多根装设在转轴周围的玻璃分离柱组成，每根柱之间利用 1 mm 直径的聚四氟乙烯管串联连接，这些柱的倾斜度可以调节，旋转的速度也可以变化。每根分离柱长 50 cm 左右，直径为 1.2 cm 左右，在管内应用聚四氟乙烯的小圆盘将空柱分成多个小室，这些小室少则可为几十个，多则可上百个。小圆盘的中心有一个直径大约为 1 mm 的小孔，其作用是可以让流动相通过分离柱。

该方法与液滴逆流色谱一样，首先要选取互不相溶的两相，并让其预先混合、平衡、静置、分层。但该方法不要求流动相在固定相中一定能形成小的液滴，所以其大大扩展了流动相的选择范围，也拓展了该法的应用领域。如果选取下相作为固定相，先将分离柱保持在垂直状态，然后利用恒流泵将固定相泵入到分离柱中，同时分离柱开始转动；接着进行上样，并将分离柱调节到同水平线呈 20~40° 的倾斜程度；最后就可利用恒流泵将流动相输入到系统中。各分离管绕中心轴转动的速率一般控制在 60~80 r/min，流动相输入的流量一般为 15~50 mL/h。当流动相进入分离管后，由于流动相的密度比固定相轻，因此就会沿着分离管从下向上流动，使每一个分离小室含有一定量的流动相，同时由于分离管在不停地转动，其与液滴逆流色谱相比，大大增加了两相溶剂系统的相互接触，也就增加了溶质在两相中的分配次数，使得该法的分离效果得到了较大程度的提高。但该法仍不能与现代逆流色谱相媲美，也被淘汰。

(3) 离心逆流色谱

离心逆流色谱分为两个大类：一个大类是分离柱直接绕中心轴高速旋转的模式，即是只具有公转的模式；而另一个大类是分离柱除了绕中心轴旋转外，分离柱本身还在作自转运动，即既有公转又有自转的模式，就像我们的地球在绕太阳作公转的同时，本身也在做自转一样。

1) 非行星式逆流色谱仪

非行星式的逆流色谱仪也有多种类型，主要包括分离柱是螺旋管式和非螺旋管式。在众多的这些种类中，代表性的主要是匣盒式离心逆流色谱。

匣盒式离心逆流色谱仪由日本的 Sanki Engineering 公司生产，它又叫离心液滴逆流色谱。在该仪器的典型装配中，对称地安装有 12 个匣盒，在每个匣盒中安置有几十到几百个小的分离管，整台仪器分离管的总体积可从 200 mL 到数千毫升，每个匣盒之间用聚四氟乙烯小管串联，在每个匣盒内的小分离管之间仍然利用聚四氟乙烯小管首尾相连。如果待分离物比较容易分离，则可以减少匣盒的数目，但一定要保持仪器内匣盒的对称，使仪器内的转子处于平衡状态。仪器工作前仍然是选择好互不相溶的两相溶剂系统，彼此混合、平衡、静置、分层。然后选取其中的一相作为固定相，利用恒流泵将其泵入仪器中。通过进样阀上样后，让仪器的转子转动，同时流动相利用恒流泵连续稳定地泵入，让流动相载着样品穿过固定相，使其在两相间不断地分配。不同的组分分配系数不同，在分离管中移动的速度也不一样，最后使得一个复杂的混合物在该过程中达到分离。

2) 行星式逆流色谱仪

在行星式逆流色谱中，色谱仪的种类非常繁多，代表性的是高速逆流色谱。它主要由恒流泵、进样阀、主机、检测器、记录仪以及馏分收集器组成。

高速逆流色谱的主机是它的核心。如北京市新技术应用研究所曾经生产的主机的外壳通常是一个铝合金的金属箱，该箱的上面可以打开，供观察、配重、上润滑油以及主机的检查和修理等用。在该主机箱的内部中央有一根中空的转轴，在该转轴两边分别是分离柱(a)与平衡器(b)。分离柱(a)是由 100～200 m 长、内径为 1.6 mm 左右的聚四氟乙烯管沿具有适当内径的内轴共绕成十多层而成的分离柱，柱上绕成的线圈一般称 Ito 多层线圈，它的管内总体积可达 300 mL 左右。平衡器(b)是一个金属制成的转轴，通过向上面增减金属配件可以调节它的重量，它的作用是让 a、b 相对于中心轴两边重量平衡。当仪器工作时，电动机的轴直接带动主机中心轴转动，使仪器做离心公转运动，但该转速和转动方向又可以通过速度控制器调节。同时主机中心轴通过齿轮传动装置又使 a、b 绕自转轴作顺时针或反时针的自转运动，此时 a、b 本身既在自转，同时又在绕中心轴公转，公转转速可从 0～4000 r/min，大多数情况下控制在 600～900 r/min。从 Ito 线圈分离柱中通过中空的中心轴还同时牵引出了线圈的两端，一端供泵入液体，一端输出液体。

高速逆流色谱是建立在单向性流体动力平衡体系之上的一种逆流色谱分离方法。当螺旋管在慢速转动时，管中主要是重力作用，螺旋管中的两相都从一端分布到另一端。用某一相作移动相从一端向另一端洗脱时，另一相在螺旋管里的保留值大约是管柱容积的 50%，但这一保留量会随着移动相流速的加大而减小，使分离效率降低。前面的液滴逆流色谱以及旋转小室逆流色谱就是基于这个原理进行分离的。当使螺旋管的转速加快时，离心力在管中的作用占主导，两相的分布发生变化。当转速达到临界范围时，两相就会沿螺旋管长度完全分开，其中一相全部占据首端的一段，我们称这一相为首端相，另一相全部占据尾端的一段，我们称为尾端相。高速逆流色谱正是利用了两相的这种单向性分布特性，在高的螺旋管转动速度下，如果从尾端送入首端相，它将穿过尾端相而移向首端，同样，如果从首端送入尾端相，它会穿过首端相而移向螺旋管的尾端。分离时，在螺旋管内首先注入其中的一相(固定相)，然后从适合的一端泵入移动相，让它载着样品在螺旋管中无限次的分配。仪器转速越快，固定相保留越多，分离效果越好，这极大地提高了逆流色谱的分离速度，故将此种分离方法称为"高速逆流色谱"。

仪器工作需要互不相溶的两相液体，一相作固定相，一相作移动相。仪器工作前，先将作固定相的液体通过恒流泵压入 Ito 线圈，然后用进样器将待分离的样品进样，最后用恒流泵压入移动相，同时启动主机部分运转直到转速大于 600r/min。此时，固移两相在 Ito 线圈中具有相对运动之势。由于移动相源源不断地输入，而恒流泵的单向阀又阻止了固定相的逆向流出，移动相就带着样品在 Ito 线圈中进行无限次的分配而使复杂样品因在两相中的分配系数不同而得到分离。当移动相经过检测器时，由于不同的样品组分会产生不同大小的信号，用记录仪或者色谱工作站就能得到逆流色谱图谱，同时用馏分收集器分步收集流出的液体就会得到复杂样品被分开的组分。

pH-区带-精制逆流色谱是于 20 世纪 90 年代初期 Ito 博士提出后逐渐发展起来的，属于高速逆流色谱中的一项特殊技术，它是在一般的高速逆流色谱仪上完成的。如对于某些少量酸性物质的样品溶液中加入一定浓度的某些有机酸时，可以产生一个非同寻常的窄而尖的峰，当样品量增大时，每个组分将在柱中形成一个高度浓缩的等值 pH-区带，并以一个矩形峰被洗脱出来，当样品量继续增大，矩形峰也随着增宽，而并不影响组分之间的分离效果，这就使该方法能在一般高速逆流色谱法的基础上成十倍地增加样品进样量，而不用对常见设备作任何改进。

逆流色谱拆分手性物质最大的不便是或多或少会混杂一些手性识别材料在被分开的对映体中，其需要进一步利用其他方法分离手性选择剂。面对目前制备液相色谱以及超临界流体色谱的强大制备能力，留给手性逆流色谱的空间非常有限。

2.9　模拟移动床色谱

模拟移动床色谱是 20 世纪 60 年代美国 UOP 公司首先用于石油化学工业的一种色谱技术。1992 年第一次将模拟移动床色谱用于手性分离，其与经典柱色谱相比，对于同样量的分离材料，模拟移动床的生产力可增加 60 倍，而冲洗溶剂的消耗量可减至 1/80。每天每千克分离材料可拆分 10～1000 g 量的外消旋体。该技术尤其适用于两组分的分离[24]。

移动床分离技术是在色谱柱中让分离固体材料在重力作用下自上而下地移动，而另一相气体或者液体逆着固体材料运动的方向向上流动，分离材料连续地与逆流上升的另一相相遇，使之发生分离过程，达到循环操作。为了克服分离材料的运动使床层的填充状态不断改变、造成材料本身的磨损、磨损产生的残渣还会堵塞管道及阀门等不足，因此产生了模拟移动床色谱。在该色谱系统中分离材料不再在分离柱中移动，而是运用了一个旋转阀，通过定时逆时针转动该阀，导致系统中的两个进口和两个出口的位置每隔一定的时间同时向下移动一次。由于转动阀的逆时针旋转造成的进口和出口的不断向下变动，柱中的分离材料相对于进出口发生了相对移动，故将该系统称之为模拟移动床色谱。目前已有手性药物利用模拟移动床色谱进行吨量级的制备性拆分生产。

2.10 膜 分 离

膜分离过程以选择性透过膜为分离介质。当膜两侧存在某种推动力如压力差、浓度差、电位差等时，原料侧组分选择性地透过膜，以达到识别、提纯的目的。目前微滤、超滤、纳滤、反渗透、电渗析、透析、气体分离、渗透气化等为常见的膜分离技术。膜是膜技术的核心。膜材料的化学性质和膜的结构对膜分离的性质起着决定性的影响[25-28]。

膜可分为液膜和固膜。液膜按结构可分为乳化液膜、支撑液膜以及厚体液膜，可用于气体混合物及液体混合物的分离。液膜技术是 20 世纪 60 年代发展起来的，与溶剂萃取过程十分相似。大多数乳化液膜为一种"水-油-水"型，是通过高速搅拌或超声波处理将内相水液以液滴分散在膜相中制成乳状液，然后将乳化液以液滴形式分散到外相水相中，就形成了乳化液膜体系。通常内包相和连续的外相是互溶的水相，膜相则以膜溶剂为基本成分，内含表面活性剂、流动载体、增稠剂或稳定剂等。待分离物质由连续相(外侧)经膜相向内包相传递，是在膜的两侧同时进行萃取和反萃取的过程。传质结束后，乳化液通常采用静电凝聚等方法破乳，膜相可以反复使用，内包相经进一步处理后回收浓缩的溶质。支撑液膜是将膜相溶液牢固地吸附在多孔支撑体的微孔中，在膜的两侧则是与膜相互不溶的料液相和反萃相，待分离的溶质自液相经多孔支撑体中的膜相向反萃相传递。膜相溶液一般是由有机溶剂和载体组成，由于膜相溶液是依据表面张力和毛细管作用吸附于支撑体的微孔之中的，因此一般认为聚乙烯和聚四氟乙烯制成的疏水微孔膜效果较好，聚丙烯膜次之，聚砜膜作为支撑的液膜稳定性较差。厚体液膜与支撑液膜十分类似，只是在膜相中无固体支撑体存在，膜的两侧同时进行着萃取和反萃取。

固膜可分为对称膜及非对称膜两类，其发展至今可分为三个阶段。第一阶段是对称膜。对称膜可分为致密膜或多孔膜，其在膜截面方向(即渗透方向)的结构都是均匀的，致密膜的特点是通透量较低。第二阶段，Loeb、Sourirajan 发明浸没沉淀相转化法。它是将一种均匀的高聚物溶液倾浇在一个平板上，用刮刀使它成一均匀薄层，然后连溶液带板放入一个液体槽中。槽中液体对高聚物不溶而与溶剂能互相溶解。在槽中，高聚物溶液中的溶剂不断进入凝固液中，而凝固液也扩散进入高聚物溶液中。当高聚物溶液中含有的凝固液逐渐增多，由于它虽与溶剂能互相溶解，但对高聚物是不溶的，所以到一定程度后高聚物就从原来溶液中变成固相沉析出来。原来在板上的一层高聚物溶液就转变成一张高聚物固体薄膜了。在沉淀过程中形成液膜的聚合物分为两相，富聚合物的固相形成膜的骨架，富溶剂的液相形成膜孔。如果沉淀过程迅速，形成孔的液滴趋于细小，形成的膜呈明显的非对称性；如果沉淀过程缓慢，形成孔的液滴趋向聚凝，最终膜孔较大，这种膜有较对称的结构。因此，这种非对称膜的截面方向结构是非对称的，其表面为极薄的、起分离作用的致密表皮层，或具有一定孔径的细孔表皮层，皮层下面是多孔的支撑层。其通透量比致密膜提高了近一个数量级。但是，试图用相转化再进一步减少皮层厚度时，效果不显著，一般只能达到 100～200 nm。

1963 年 Riley 首先研制出支撑层与皮层分开制备的复合膜制造新技术。用这种制膜技术，皮层厚度一般为 100 nm 以下，甚至可达到 30 nm 以下。这种膜的皮层和支撑层一般是二种材料。为了与一般的非对称膜(相转化膜)相区别，称之为复合膜。像这种通过在支撑层上进行界面聚合、原位聚合、复合浇铸、等离子聚合等方法形成的超薄表皮层膜，属第三代分离膜。复合膜制造的难点在于要在宽 1.1～1.6 m、长为几百 m 的商品膜生产中，表面均匀形成厚度为几十纳米、不允许有针孔缺陷的复合膜。涂厚了，膜的高透量保持不住；涂薄了，会形成局部缺陷。一般认为多孔膜的分离机理是筛分作用,致密膜的分离机理是溶解-扩散作用。图2.3 是固体膜的常规的一些制备方法。

微滤和超滤都是在压差推动力作用下进行的筛孔分离过程，从原理上说并没有什么本质上的差别。当含有不同大小溶质的混合溶液流过膜表面时，溶剂和小于膜孔的低分子溶质透过膜，成为透过液被收集；大于膜孔的溶质则被截留而作为浓缩液被回收。当然，膜孔径在分离过程中不是唯一的决定因素，膜表面的化学性质也很重要。

表征超滤膜性能的参数主要是膜的截留率、截留分子量范围和膜的纯水透过率。截留率是指对一定分子量的物质来说，膜所能截留的程度。通过测定具有相似化学性质的不同分子量的一系列化合物的截留率所得的曲线称为截留分子量曲线，根据该曲线求得截留率大于 90% 的分子量即为截留分子量。显然，截留率越高、截留范围越窄的膜越好。测定截留率和截留范围常用的试剂为蛋白质类、聚乙二醇类和葡聚糖类，即已知分子量的球状和链状分子。超滤膜的纯水透过率一般是在 0.1～0.3 MPa 压力下来测定。

渗透是指纯溶剂分子通过半透膜，向由同一溶剂和某种不能透过半透膜的溶质所组成的溶液中移动；或由稀溶液中的溶剂分子通过半透膜向浓溶液中移动的现象。进行反渗透的二个必要条件是：选择性透过溶剂的膜；膜两边的静压差必须大于其渗透压。在实际反渗透过程中膜两边静压差还必须克服透过膜的阻力。

反渗透膜的性能参数有纯水渗透系数、反映系数和溶质渗透系数。纯水渗透系数为单位时间、单位面积和单位压力下纯水的渗透量。它是在一定压力下，测定通过给定膜面积的纯水渗透量来求得。反映系数为膜两侧无流动时，一侧渗透压力与另一侧外压之比，是膜完美程度的标志之一。它是在膜一侧加入已知渗透压的盐水溶液，另一侧加外压，当两侧无流动时，用外压与渗透压之比来求得。溶质渗透系数为膜两侧无流动时，溶质的渗透性。它是在一定的时间间隔中，分别测定浓度的变化和渗透压变化计算求出的。反渗透膜主要用于海水淡化等领域，一般为聚间苯酰胺复合膜，少量为乙酸纤维素的相转化膜。

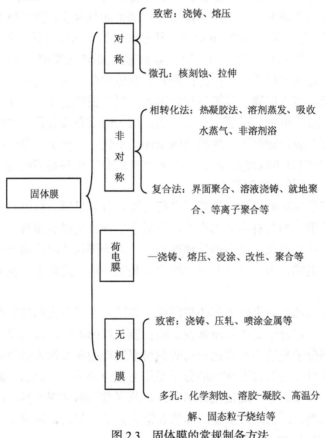

图 2.3 固体膜的常规制备方法

纳滤膜，又称超低压反渗透膜或疏松型反渗透(loose RO)膜。顾名思义，这类膜截留的分子为纳米级，一般可透过单价离子而截留 2 价和高价离子及分子量大于 200 的有机化合物，可见其截留组分介于超滤和反渗透之间。纳滤膜为薄层复合膜，可荷电或不荷电。其通常是以聚砜为基膜，通过界面聚合制备的薄层复合膜，它们的皮层结构常为聚哌嗪酰胺。这些膜对单价离子的截留率一般为 2%~8%，对 2 价离子及分子量大于 200 的有机物的截留率一般为 95% ~ 99%，因此可适用于水中染料及总有机碳脱除，降低水的硬度，减少总固含量，食品和制药工业中某些有价值的化学试剂的浓缩、酶的浓缩等。

膜组件是将一定面积膜以某些形式组装成的器件。目前已经工业化应用的膜组件主要有中空纤维、卷式、板框式、管式。中空纤维和卷式组件膜填充密度高，造价低，组件内流体力学条件好。但这两种组件对制造技术要求高，密封困难，使用中抗污染能力差，对料液预处理要求高。而板框式及管式组件则相反，虽然膜填充密度低，造价高，但组件清洗方便，耐污染。因此卷式和中空式纤维组件多用于大规模反渗透脱盐、气体膜分离、人工肾；板框式和管式组件多用于中小型生产。在膜分离中当单级过程不能达到所要求的纯度时，可采用"级联操作"。一般在级联操作中，前一级的透过液为后一级的进料液，每一级中的进料液又可并联和串联成锥形和矩形。

手性膜分离技术无疑具有巨大的应用前景，但目前还无商品化的手性膜，手性膜分离技术也远未工业化。由于液膜容易流失，其在手性分离中的文献报道很少。手性固膜现面临的主要瓶颈是膜的手性选择性低以及膜制备的再现性差等问题，这些都还有待于我们去解决。

2.11　酶　拆　分

用酶拆解外消旋体比化学拆解法有明显的优越性。酶催化的反应通常具有高度的立体专一性，副反应少，产率高，得到的产物旋光纯度很高，产品的分离提纯简单。酶催化的反应大多在温和的条件下进行，酶常无毒或低毒，易降解，造成的环境污染小。用酶法拆解外消旋氨基酸尤其具有特别的重要性。

不幸的是，在工业生产中能利用的酶制剂品种还非常有限，酶容易中毒，酶的价格也相对较高，所以该方法在一定程度上受到了很大的限制。

2.12　分子光谱分析

分子光谱分析法分为分子吸收光谱和分子发射光谱分析法。在分子吸收光谱法中，主要是紫外-可见分光光度法测定手性化合物的研究报道；而在分子发射光谱分析法中，主要是分子荧光光谱法应用于手性分析的研究。

紫外-可见分光光度法是基于物质对光的选择性吸收而建立起来的分析方法，它定量分析的理论基础是朗伯-比尔定律[29]。

分子荧光光谱法是某些物质被紫外线照射后，物质分子吸收了辐射而成为激发态分子，然后在回到基态的过程中发射出比入射光波长更长的荧光。该方法是基于测量荧光强度和波长而建立起来的分析方法[30]。

2.13　离子选择电极

电位分析法是一种在零电流下测量电极电位的方法，它将指示电极和参比电极浸入试液中，组成化学电池[31]。在某确定的电化学体系中，参比电极的电极电位和液接电位为常数，指示电极的电极电位与电活性物质的关系服从 Nernst 方程：

$$\varphi_{\text{指}} = \varphi^0 + \frac{RT}{nF} \ln \frac{\alpha_{\text{Ox}}}{\alpha_{\text{Red}}}$$

离子选择性电极又称电位型传感器，敏感膜是它的关键组成部分，该膜一方面将两种电解质溶液分开，另一方面对某种电活性物质产生选择性响应，形成膜电位。如果在电极膜中引入手性识别材料，则有可能制备成手性电位传感器。

2.14　核磁共振谱

利用核磁共振谱(NMR)技术分析对映体过剩值具有快速、简便、较高的准确度等优点，尤其适合对合成的新手性化合物对映体过剩值的测定。其主要有手性衍生物化试剂法、手性溶剂化试剂法以及手性位移试剂法。手性衍生物化试剂法即通过对映体纯的手性衍生化试剂将被拆分分子转化为相应的非对映体，然后根据非对映体的差别用于 NMR 谱识别，其测定对映体过剩值能得到较好的分析结果，但涉及的步骤烦琐费时。手性溶剂化试剂法是用手性的溶剂溶解样品进行测定，其操作简便，有较高的准确度，应用相对广泛。手性位移试剂法其原理是被测定的手性化合物和用于分析的手性试剂造成的手性环境间的非对映性相互作用，使被测对映体化合物像非对映体一样在谱图上表现出来，其能得到较大的化学位移差值，但由于线宽问题的存在，对分析结构的精确度可有一定的影响。

2.15　质　　谱

质谱分析是一种测量离子质荷比的分析方法，其基本原理是使试样中各组分在离子源中发生电离，生成不同荷质比的带电荷的离子，经加速电场的作用，形成离子束，进入质量分析器。在质量分析器中，再利用电场和磁场将它们分别聚焦而得到质谱图，从而确定其质量。对映体之间的质谱行为一般不存在任何手性差别，质谱对于单纯的对映体不具有识别能力。因此采用质谱进行手性识别的机理通常是首先在体系中引入手性环境，如添加某种具有单一手性的识别分子，使其与对映体通过相对较弱的非共价相互作用如氢键、静电作用、范德华力、π-π作用等形成非对映异构体复合物。含有手性对映体的非对映异构体复合物因具有不同的离子化效率和裂分行为，而在质谱图中表现出手性的差异。

2.16 其　　他

除了上述内容外，还有部分其他的关于手性识别的方法，如外消旋体的化学动力学拆分、手性传感器、超分子手性作用等。由于作者在这些方面掌握的资料较少，对相关的知识理解有限，也缺乏这些方面的研究，因此本书将较少涉及这些方面的手性识别材料内容，请各位读者谅解。

参 考 文 献

[1] 傅若农. 色谱分析概论. 2 版. 北京: 化工出版社, 2005
[2] 袁黎明, 刘虎威. 色谱手性分离技术及应用. 北京: 化学工业出版社, 2020
[3] Xie S M, Zhang M, Wang Z Y, Yuan L M. Analyst, 2011, 136: 3988
[4] 徐光宪, 袁承业. 稀土的溶剂萃取. 北京: 科学出版社, 1987
[5] 江桂斌. 环境样品前处理技术. 北京: 化学工业出版社, 2004
[6] 李攻科, 胡玉铃, 阮贵华. 样品前处理仪器与装置. 北京: 化学工业出版社, 2007
[7] Tang B, Zhang J H, Zi M, Chen X X, Yuan L M. Chirality, 2016, 28: 778
[8] 刘虎威. 气相色谱方法及应用. 2 版. 北京: 化学工业出版社, 2007
[9] Supina W R. The Packed Column in Gas Chromatography. Supelco. Inc., 1974
[10] 许国旺. 现代实用气相色谱法. 北京: 化学工业出版社, 2004
[11] Lee M L, Yang F J, Bartle K D. Open Tubular Column Gas Chromatography. New York: John Wiley & Sons Inc., 1984
[12] Yuan L M. Synergistic Effects of Mixed Stationary Phase in GC//Cazes J. Encyclopedia of Chromatography. NY: Marcel Dekker, Inc., 2003
[13] Yuan L M, Ren C X, Li L, Ai P, Yan Z H, Zi M, Li Z Y. Anal. Chem., 2006, 78: 6384
[14] 卢佩章, 戴朝政, 张祥民. 色谱理论基础. 北京: 科学出版社, 1997
[15] Snyder L R, Kirkland J J, Dolan J W. Introduction to Modern Liqiud Chromatography. 3rd Edition. New York: John Wiley & Sons Inc., 2010
[16] 于世林. 高效液相色谱方法及应用. 3 版. 北京: 化学工业出版社, 2019
[17] 牟世芬, 朱岩, 刘克纳. 离子色谱方法及应用. 3 版. 北京: 化学工业出版社, 2018
[18] 刘国诠, 余兆楼. 色谱柱技术. 2 版. 北京: 化学工业出版社, 2006
[19] 欧俊杰, 邹汉法. 液相色谱分离材料—制备与应用. 北京: 科学出版社, 2016
[20] 陈义. 毛细管电泳技术与应用. 3 版. 北京: 化学工业出版社, 2019
[21] 周同惠. 纸色谱和薄层色谱. 北京: 科学出版社, 1989

[22] Yuan L M. Separation of Flavonoids by Countercurrent Chromatography//Cazes J. Encyclopedia of Chromatography. NY: Marcel Dekker Inc., 2004

[23] Ito Y, Conway W D. High-Speed Countercurrent Chromatography. New York: John Wiley & Sons, 1996

[24] 林炳昌. 模拟移动床色谱技术. 北京: 化学工业出版社, 2008

[25] 袁黎明. 膜科学与技术，2012, 32: 1

[26] 时钧, 袁权, 高从堦. 膜技术手册. 北京: 化学工业出版社, 2001

[27] 徐又一, 徐志康. 高分子膜材料. 北京: 化学工业出版社, 2005

[28] 邢卫红, 顾学红. 高性能膜材料与膜技术. 北京: 化学工业出版社, 2017

[29] 罗庆尧, 邓延倬, 蔡汝秀, 曾云鹗. 分光光度分析. 北京: 科学出版社, 1992

[30] 许金钧, 王尊本. 荧光分析法. 3 版. 北京: 科学出版社, 2006

[31] 鞠熀先. 电分析化学与生物传感器技术. 北京: 科学出版社, 2006

第二部分　小分子材料

　　用化学的方法识别手性分子是从小分子识别材料的使用开始的。无论是1899年Marckwal用天然薄荷醇手性拆分扁桃酸，还是1938年Henderson等用乳糖作为手性固定相，以及1966年Gil-Av等将 N-三氟乙酰基-D-异亮氨酸月桂醇酯用于气相色谱手性分离，1968年Davankov等提出手性配体交换用于高效液相色谱，这些手性识别材料都是小分子的手性材料。近50多年来，新的小分子识别材料层出不穷，丰富多彩。

第3章 手性有机酸碱

L. Pasteur 在 1848 年制备了外消旋酒石酸的铵钠盐，将其水溶液慢慢蒸发，两个对映体便分别结晶成较大的晶体。利用这些晶体的非对称性，将两种互为实物-镜像关系的半面晶拣出分开。这是外消旋体的第一次拆分，叫晶体机械分离法。该方法要求外消旋体形成外消旋体混合物，并且要求生成的晶体较大，外观上直接能看出差别。实际上能符合这些要求的例子较少，即便是能找到这种例子，操作也很烦琐，故应用很少。

在一个外消旋混合物的热饱和溶液中加入一种纯对映体的晶种，然后冷却，则同种的对映体将附在晶体上析出；滤去晶体后，母液重新加热，并补加外消旋体使之达到饱和，然后加入另一种对映体的晶种，冷却使另一对映体析出。这样交替进行，可方便地获得大量纯对映体结晶。该方法称为接种晶体析解法[1,2]。该种拆分方法简单，成本较低，而且效果也较好。在不断探索下，现在已知可用这种方法拆分的外消旋体有两百多种，并且有一些产品已经用这种方法大量拆分[3]。该方法的缺点是需要纯的对映体晶种，但在没有纯对映体晶种的情况下，有时用结构相似的其他手性化合物作晶种，也能获得成功[4]。有些外消旋混合物用合适的手性溶剂通过结晶的方法也能拆分[5]。

在经典的拆分外消旋体的方法中，最常用的是通过化学反应的方法，用手性试剂将外消旋体中的两种对映异构体转化为非对映异构体，然后利用非对映异构体之间的物理性质和化学性质都不相同的原理将外消旋体分开，该方法可用图 3.1 的关系图表示[6]。

$$\text{对映体}(\pm)\text{-A} + (-)\text{-B} \longrightarrow \left\{ \begin{array}{c} (+)\text{-A} \cdot (-)\text{-B} \\ \\ (-)\text{-A} \cdot (-)\text{-B} \end{array} \right\}$$

非对映立体异构体

图 3.1 非对映异构体拆分法

在该方法中所使用的识别材料主要包括手性有机酸、手性有机碱以及一些其他的手性化合物。

3.1 手性有机酸

用于拆分外消旋体的酸性拆分剂主要有(+)-酒石酸、(+)-樟脑酸、(+)-樟脑-10-磺酸、L-(+)-谷氨酸等。

3.1.1 酒石酸

酒石酸分子中有两个相同的不对称碳原子，(2*R*,3*R*)-(+)-酒石酸氢钾存在于葡萄中，酿制葡萄酒时，在酒桶中沉淀出来，称为酒石。(2*R*,3*R*)-(+)-和(2*S*,3*S*)-(−)-酒石酸的熔点为 180℃，在加热时容易外消旋化。酒石酸是酿酒工业的副产物，常用于食品工业中，特别是加在饮料中。在手性识别中，由于(+)-酒石酸的价格非常便宜，实际应用中往往可以放弃回收。酒石酸的构型式为图 3.2。

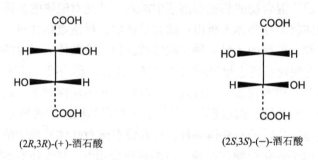

$(2R,3R)$-(+)-酒石酸 $(2S,3S)$-(−)-酒石酸

图 3.2 酒石酸的对映体结构

肾上腺素是内源性活性物质，能兴奋心脏，收缩血管，松弛支气管平滑肌。临床上用于过敏性休克、支气管哮喘、心脏骤停的急救，与局部麻醉药合用可以延缓局麻药的扩散及吸收，延长作用时间，并能减少中毒危险。但该药物右旋体的效力为左旋体的 1/15，在生产过程中利用(+)-酒石酸将其外消旋体进行拆分(图 3.3)。

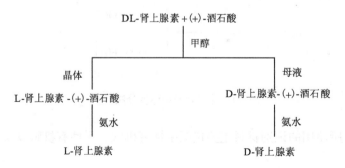

图 3.3 肾上腺素外消旋体的酒石酸拆分

氯霉素含有两个手性碳原子，有四个旋光异构体，但其中只有(1*R*,2*R*)-(–)的异构体有抗菌活性。在其化学合成法生产中，DL-氯霉素的母体氨基醇通常利用诱导结晶法进行分离，或者利用(+)-酒石酸进行拆分(图 3.4)。

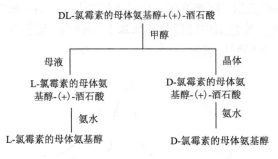

图 3.4　氯霉素外消旋体的酒石酸拆分

乙胺丁醇是抗结核药物，其抗分枝杆菌活性右旋异构体比左旋体大 200～500 倍，临床用其右旋体。该产品合成是以消旋的 DL-2-氨基丁醇与 D-酒石酸反应，拆分后生成 D-2-氨基丁醇-D-酒石酸盐，在乙醇中用氢氧化钠碱化，得 D-2-氨基丁醇。与二氯乙烷缩合，再与盐酸成盐，即得盐酸乙胺丁醇(图 3.5)。

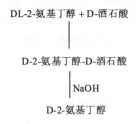

图 3.5　2-氨基丁醇外消旋体的酒石酸拆分

利用(+)-酒石酸与硅胶制备薄层板，可以用于手性拆分阿替洛尔和普托洛尔[7]、青霉胺[8]、氯胺酮和赖诺普利[9]。手性酒石酸二环己酯固载的薄层板能拆分盐酸克伦特罗。

以(+)-酒石酸作手性识别剂,利用高速逆流色谱能对手性化合物氧氟沙星进行拆分[10]。当两相溶剂系统为氯仿/甲醇/水=4：3：1时,制备性分离苯乙胺的手性选择性较好[11,12]，图 3.6 是一次进样 120 mg 苯乙胺的高速逆流色谱手性分离图。

1982 年 Hostettman 等[13]用旋转腔室逆流色谱仪，首次在逆流色谱中使用手性添加剂(*R,R*)-酒石酸二壬基酯[14]，用1,2-二氯乙烷/水作溶剂系统拆分了 200 mg (±)-麻黄碱。在分离过程中，0.3 mmol/L 手性试剂被加在作为移动相的有机相中，水相中加入缓冲溶液六氟磷酸钠盐 0.5 mmol/L，样品用水相溶解。虽然一次分离花了 3 ~ 4 天，但其向人们展示了利用逆流色谱实现对旋光异构体分离的良好潜力[15]。进一步的研究表明，硼酸能促进酒石酸二烷酯在高速逆流色谱中的手性分离能力，硼酸+酒石酸二丁酯能拆分普罗帕酮(propafenone)[16]，硼酸+酒石酸二己酯能拆分普萘洛尔、品脱洛尔、阿普洛尔、托利洛尔等[17,18]。酒石酸二异丁基酯+羟丙基-β-环糊精在高速逆流色谱中能拆分开苯基丁二酸[19]，酒石酸二异丁基酯+磺丁基-β-环糊精拆分开苯磺酸氨氯地平[20]。

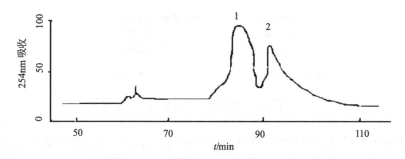

图 3.6   一次进样 120mg 苯乙胺的高速逆流色谱手性分离图

以酒石酸二戊酯+硼酸的混合物作为反相液相色谱中的手性流动相添加剂，包括克伦特罗、特布他林、美托洛尔、艾司洛尔、比索洛尔等 9 个氨基醇得到了基线对映体分离，索他洛尔和阿替洛尔获得部分拆分[21]。普萘洛尔、克伦特罗和环克伦特罗也能被含酒石酸二丁酯+硼酸的流动相拆分[22]。使用手性剂 L-酒石酸正己酯，同样能对普萘洛尔、艾司洛尔、美托洛尔、比索洛尔和索他洛尔进行手性分离[23]。这些酒石酸烷基酯+硼酸体系还能用于手性毛细管电泳[24-27]，酒石酸衍生物与硼酸以 2:1 的比例结合，且硼酸结合的位点是两个酒石酸上的四个羟基。类似物砷酸钠-(L)-酒石酸钠(Na$_2$[As$_2$(L)-tart$_2$]·3H$_2$O)也能用于毛细管电泳对包括伯胺、仲胺和叔胺的一些阳离子分析物进行对映体拆分[28]。

以(R,R)-二乙酰酒石酸酐为原料，合成其对-氯苯基的二酰胺衍生物，并将其键合到硅胶基质上能作为手性固定相[29]，其对 1,2-氨基醇的对映异构体显示出一定的识别能力(图 3.7)。

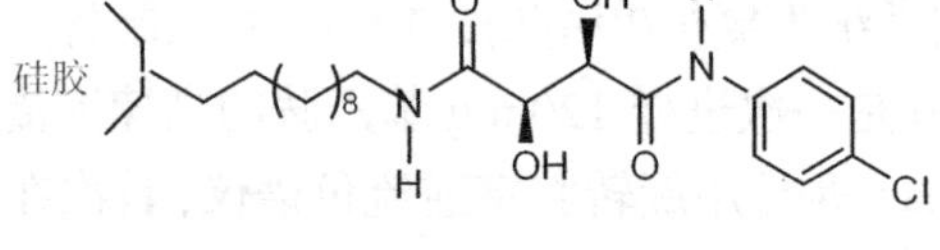

图 3.7   酒石酸衍生物手性固定相

酒石酸还可衍生见图 3.8 的结构后键合，R 可为多种含取代基的芳环[30-32]。酒石酸上的羟基除可以用酰氯反应外，也可与异氰酸酯反应生成另外的衍生物，键合方法还可利用点击反应固载[33]。

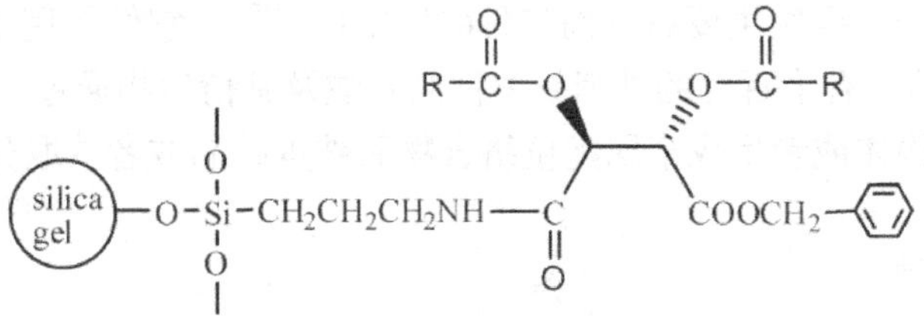

图 3.8　酒石酸衍生物手性固定相

　　将 D-(–)-酒石酸二苄酯和 D-(–)-酒石酸二苄胺分别与对苯二甲酰氯和对苯二异氰酸酯进行聚合得到聚酯和聚氨酯型手性选择体，将其分别单独或者混合固载在硅胶上后，也显示出较好的手性分离特性[34]。

　　在萃取分离中 D-酒石酸对(S)-氨氯地平表现出手性识别能力[35]。L-酒石酸的二戊酯[36]和二己酯[37]能识别布洛芬。L-酒石酸十二烷基酯能识别萘普生[38]。L-酒石酸二辛酯和色氨酸二元手性选择剂能识别氟比洛芬[39]。 酒石酸的己酯用于中空纤维支撑液膜技术对一些外消旋体也能进行手性识别和有效拆分[40]。为了改进酒石酸的手性识别能力，其除可衍生为酯外，还可被衍生成为(R)-(–)-二乙酰酒石酸和(R)-(–)-二苯甲酰酒石酸后作为手性拆分剂。O,O'-二苯甲酰基-(2R,3R)-酒石酸能分离麻黄素、手性醇和手性胺[41,42]。二(2-乙基己基)磷酸是液相膜的优秀载体，它具有化学性质稳定、高络合能力、水溶液中极低的溶解性、广泛的适应性和在氨基酸分离中的高效率等优点，有研究报道将酒石酸与其结合起来，实现了对DL-Trp 外消旋体的很好分离(图 3.9)[43]，类似体系还能应用于氧氟沙星[44,45]、氨氯地平[46,47]、沙丁胺醇[48]、苄基和脂肪族的仲醇[49]、西布曲明药物[50]。酒石酸衍生物还能用于手性介孔硅的制备[51]。

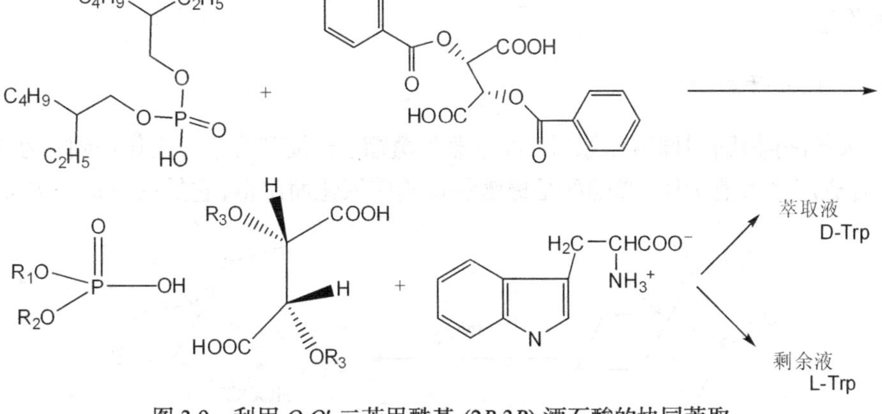

图 3.9　利用 O,O'-二苯甲酰基-(2R,3R)-酒石酸的协同萃取

D-酒石酸二环己酯+硼酸也被作为美托洛尔的手性萃取剂[52,53]。除酒石酸的烷基酸酯外,它的衍生物主要有下面三种(图 3.10)[54-56],它们能用于扁桃酸等的手性萃取[57]。目前已有上百种的外消旋体被酒石酸及其衍生物通过生成主-客体络合物的非对映异构体或者生成金属配位络合物而被重结晶或者萃取分离[59,60]。

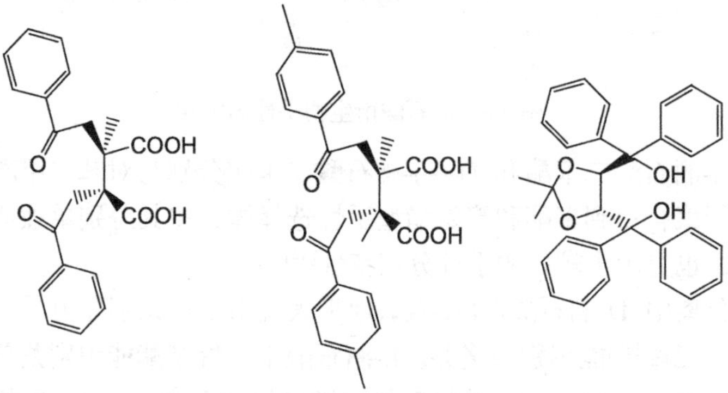

图 3.10　酒石酸衍生物结构图

酒石酸烷基酸酯的有机合成操作为[61]:0.3 mol 的 L-酒石酸和 0.75 mol 醇溶于 1000 mL 甲苯中,加热并电动搅拌,待 L-酒石酸完全溶解后,缓慢滴加 2.0 mL 甲磺酸,回流反应一定时间,分出理论体积量水后,停止反应。待反应混合物冷却至室温,反应液用等体积的饱和碳酸氢钠溶液洗涤 2 次和等体积的蒸馏水洗涤 1 次,无水硫酸钠干燥,然后用减压蒸馏除去溶剂甲苯和过量的醇,再在一定温度和真空度下,蒸出目的产物 L-酒石酸酯。

对于手性酒石酸包覆的金纳米颗粒(直径约 13 nm),19 种右旋 α-氨基酸都能引起该溶液由红到蓝的变化,而所有的左旋氨基酸(半胱氨酸除外)都不能,利用肉眼和简单的分光光度计可以实现手性识别[62],该纳米颗粒也同样能识别扁桃酸[63]。

3.1.2　(+)-樟脑酸

天然(+)-樟脑用樟树作原料,经水蒸气蒸馏、分馏和升华等操作得到,为右旋体,合成产物为消旋体。樟脑酸是樟脑经过硝酸氧化而制得,它的反应式如图 3.11。

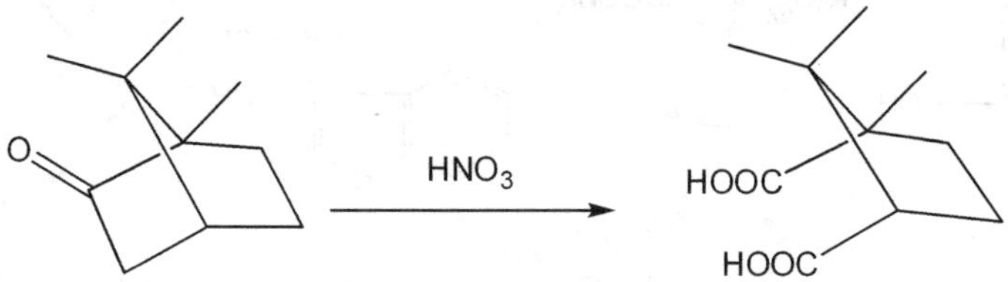

图 3.11　樟脑酸的合成

赖氨酸、组氨酸等碱性氨基酸可以用樟脑酸直接拆开而不需先进行酰化。

3.1.3　(+)-樟脑-10-磺酸

(+)-樟脑-10-磺酸是(+)-樟脑经过磺化反应而得到的，化学反应如图3.12。

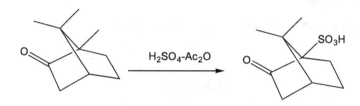

图 3.12　樟脑-10-磺酸的合成

D-(–)-氨苄青霉素钠为第一个临床应用的半合成广谱抗生素，主要用于肠球菌、痢疾杆菌、伤寒杆菌、大肠杆菌和流感杆菌等引起的感染，如心内膜炎、脑膜炎、败血症和伤寒等。合成方法可用苯甲醛为原料与氰化钠和碳酸铵作用，生成乙内酰脲中间体，用碱水解，酸化后得(±)-α-氨基苯乙酸，以(–)-樟脑磺酸拆分得 D-(–)异构体，用五氯化磷处理生成酰氯，最后与 6-APA 缩合得氨苄青霉素。

D-(–)-羟氨苄青霉素钠的生产过程中，中间体 D-(–)-对羟基-α-氨基苯乙酸同样是通过 D-樟脑磺酸拆分而得到。

将(+)-樟脑-10-磺酸用于薄层色谱中能识别美托洛尔、普萘洛尔手性药物[64]。

3.1.4　N-对甲苯磺酰-L-(+)-谷氨酸

L-(+)谷氨酸钠盐俗称味精，大量用作调味剂。L-(+)-谷氨酸是将植物蛋白质如麦麸等或动物蛋白质经水解后再经脱色、浓缩、结晶而得。也可由糖或淀粉用发酵法制得。L-(+)-谷氨酸常被衍生成 N-对甲苯磺酰-L-谷氨酸作为手性拆分剂(图3.13)。

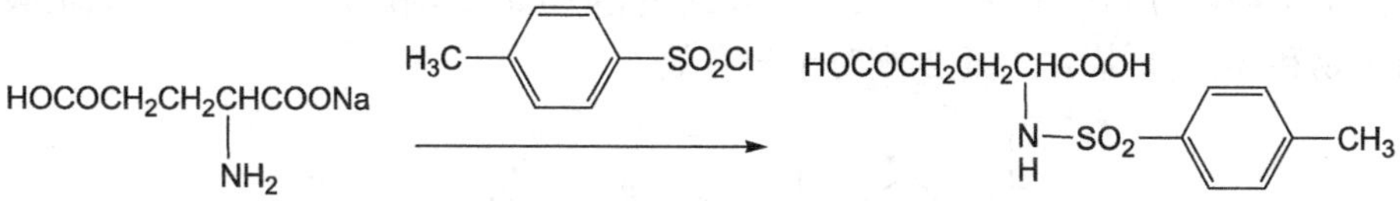

图 3.13　N-对甲苯磺酰-L-谷氨酸的合成

驱肠线虫药盐酸四咪唑又名驱虫净，是由左右混旋体组成，但抗虫药效主要是由(S)-(–)-异构体产生，而副作用则是由药效低的(R)-(+)异构体引起，且毒副反应大，故临床已由左旋盐酸咪唑代替了四咪唑。左旋盐酸咪唑的生产一般先是合成盐酸四咪唑的混旋体，然后可采用 N-对甲苯磺酰-L-谷氨酸拆分得左旋咪唑。其也可以利用拆分剂 D-樟脑磺酸、L-(+)-二苯甲酰酒石酸进行分离。

　　将(S)-谷氨酸(或 L-精氨酸)用作薄层色谱的手性分离剂，其可识别阿替洛尔、倍他洛尔、间羟异丙基肾上腺素等[65,66]。

3.1.5　(S)-苹果酸

　　苹果酸含有一个不对称碳原子，其构型见图 3.14。

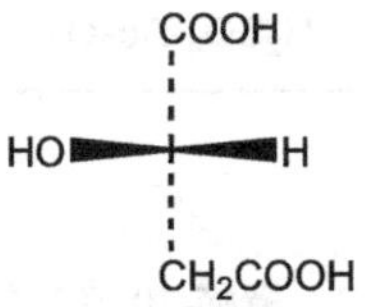

COOH

HO━━┊━━H

CH$_2$COOH

图 3.14　(S)-苹果酸的分子结构

　　(S)-苹果酸存在于苹果中，熔点为 100.5℃。由于其价格较贵，并且在水中的溶解度较大，难于回收，所以其实际识别应用较少。L-苹果酸能对手性吡喹酮进行化学拆分[67]。

3.1.6　扁桃酸

　　扁桃酸是一种苯基羟基酸，其多种单晶结构被研究[68]。利用(R)-扁桃酸与硅胶制备薄层板，可以用于拆分阿替洛尔和普托洛尔[69]，还能拆分青霉胺[70]以及氯胺酮和赖诺普利[71]。扁桃酸的对映异构体还能用于一些手性碱的化学拆分。

3.1.7　胆汁酸和去氧胆汁酸

　　胆汁酸和去氧胆汁酸的衍生物可用作手性识别剂，如胆汁酸的衍生物通过键合臂连接到硅胶基质上[72](图 3.15a)，其对胺、氨基酸、醇、乙内酰脲和 2,2′-二羟基-1,1′-二萘基的衍生物的对映异构体的分离因子 α 的值可以达到 1.83。去氧胆汁酸的衍生物也可制成手性固定相[73]，该固定相(图 3.15b)在分离胺、酸、氨基酸、衍生物和 3-羟基-苯并二氮-2-酮时十分有效。

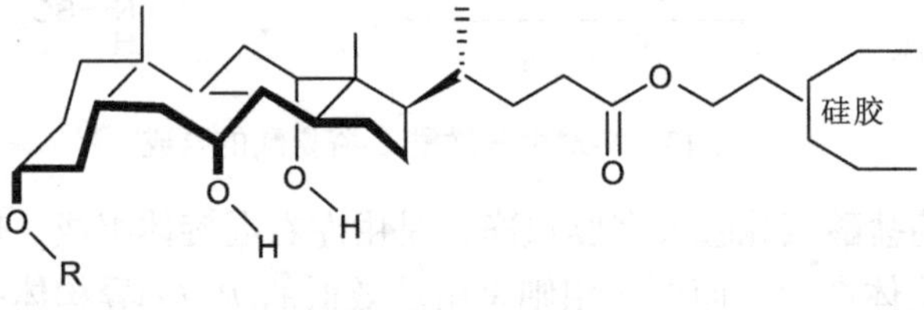

(a)

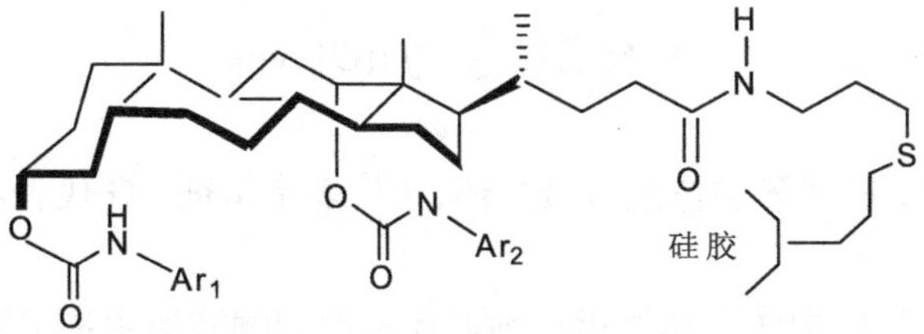

(b)

图 3.15　胆汁酸(a)和去氧胆汁酸(b)手性固定相

除上述的酸以外，还有一些其他的酸性拆分剂，如利用脱氢枞酸化学拆分法能分离普萘洛尔[74]。

3.1.8　硼酸衍生物

硼酸属于非手性的无机弱酸，但其手性有机衍生物却较广泛地用于对映异构体选择性指示剂取代测定。

在超分子化学中，常用光谱滴定法表征配合物的稳定性，它是指固定光谱活性组分(主体)的浓度，改变非光谱活性组分(客体)的浓度，则由于主体与客体间形成超分子配合物时会引起主体的光谱变化，根据这种光谱变化可以计算超分子配合物的稳定常数，该方法又称为差光谱法[75]。

竞争键合法测定已经应用于医学和临床化学中[76]，典型的竞争键合法测定是由一个主体和一个可以产生检测信号的分子构成，该信号物质具有容易观察和能用于定量的性质，它可以被参加竞争的客体分子部分取代，从而引起信号大小的变化。使用率较高的信号分子通常是具有较大可见吸收或者荧光发射的物质，使用这些信号物质的测定方法特指为指示剂-取代测定。由于指示剂的参加，该方法的灵敏度和选择性都可以被调整。该方法通常是固定主体和光谱探针的浓度，向其中加入一定量的客体分子，这时混合溶液里不但存在主体与光谱探针间的平衡，还存在主体与客体分子间的平衡。因此，对于指示剂取代测定有：

$$H{:}I\ +\ G\ \Longleftrightarrow\ H{:}G\ +\ I$$

$$\Delta Abs 或者 \frac{F}{F_1} = f([G]_t)$$

指示剂取代测定法已经用于对映异构体的测定，称为对映异构体选择性指示剂取代测定，它们之间具有下面的平衡：

$$H^*{:}I\ +\ G_R\ \Longleftrightarrow\ H^*{:}G_R\ +\ I\qquad H^*{:}I\ +\ G_S\ \Longleftrightarrow\ H^*{:}G_S\ +\ I$$

$$\Delta Abs \text{或者} \frac{F}{F_1} = f([G]_t, ee)$$

上述等式中，H 代表主体或者接受体，I 代表指示剂，G 代表客体或者被测定物质[77]。

目前用于对映异构体选择性指示剂取代法中的硼酸衍生物主体 H 见图 3.16a，用于该法中的指示剂见图 3.16b，被测定的客体对映异构体见图 3.16c。化学反应示意图可表示见图 3.17，(a)表示吸收光谱法[78]，(b)表示荧光光谱法[77]。

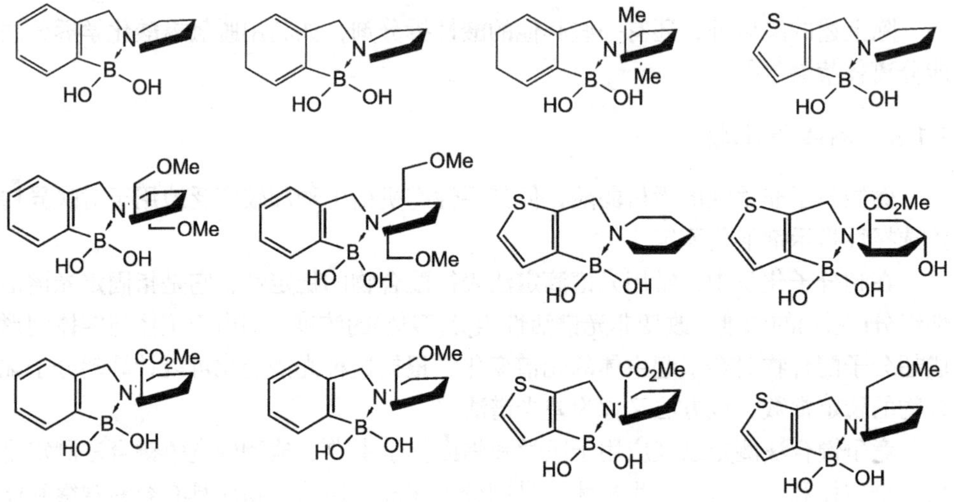

(a)

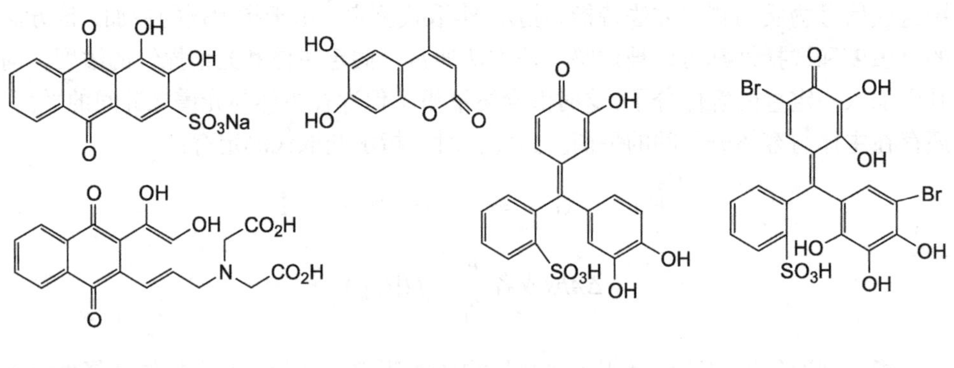

(b)

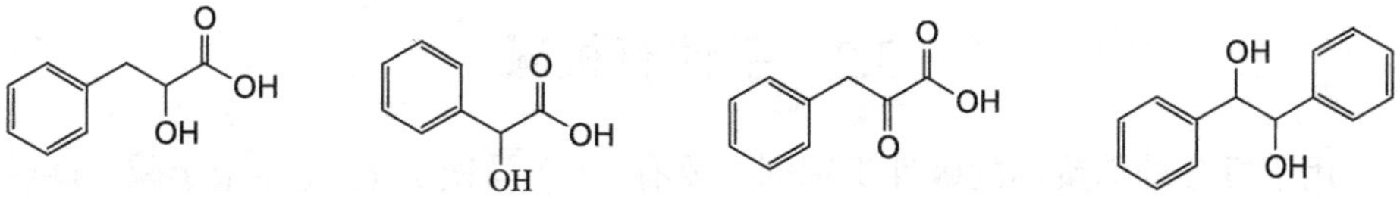

(c)

图 3.16　硼酸衍生物对映异构体选择性指示剂取代测定法识别对映异构体

(a)硼酸衍生物; (b)指示剂; (c)待测对映异构体

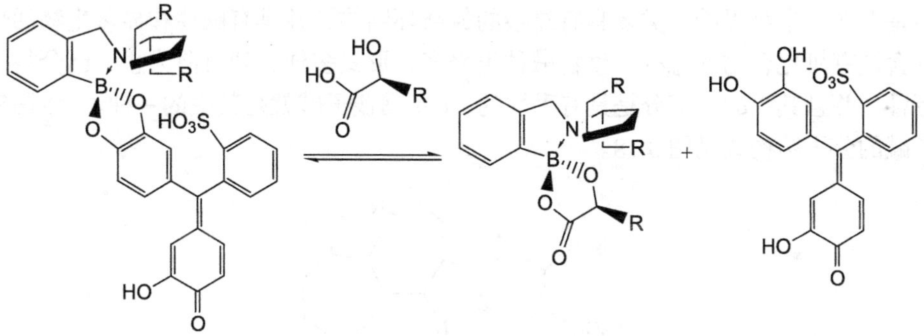

(a)

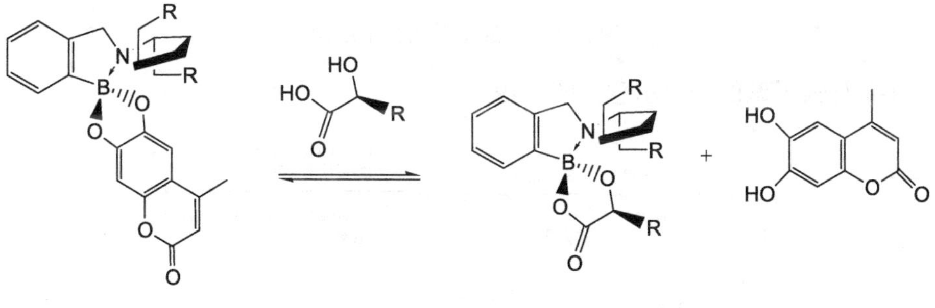

(b)

图 3.17　对映异构体选择性指示剂取代反应

(a) 吸收光谱法；(b) 荧光光谱法

　　二丙酮-D-甘露醇-硼酸配合物能用于毛细管电泳中克仑特罗及其类似物的手性分离[79]。新型的硼的手性识别材料还在不断被报道[80,81]，基于硼酸的光学化学传感器的研究可参见综述[82]。

3.2 手性有机碱

用于拆分外消旋体的碱性识别剂主要有：(–)-马钱子碱、(–)-奎宁碱、D-(–)-麻黄碱、(+)或(–)- α-苯乙胺等。

3.2.1 (–)-马钱子碱

(–)-马钱子碱是一种天然的生物碱，它存在于马钱子属许多植物中。所谓生物碱是存在于生物界的一类多具有复杂的氮杂环结构，并具有碱性和显著生物活性的含氮有机化合物的总称。生物碱种类繁多，形式多样，到目前为止，已分得上万种，并且其中的一部分是具有手性的，(–)-马钱子碱就是其中的一种。(–)-马钱子碱的分子结构式见图 3.18。

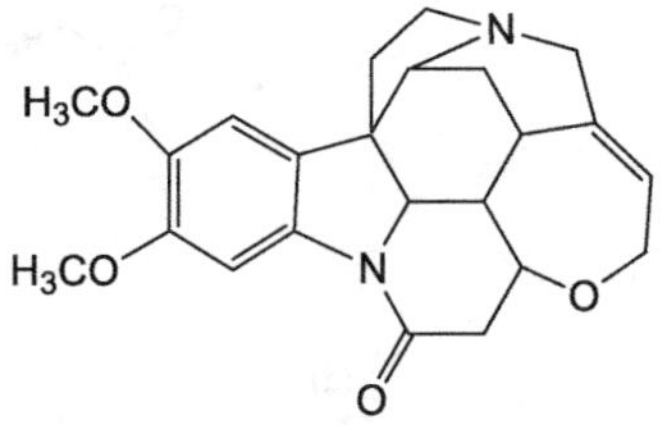

图 3.18 马钱子碱的分子结构

(–)-马钱子碱的分离示意见图 3.19。

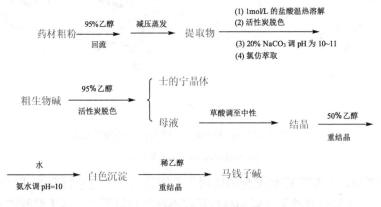

图 3.19 马钱子碱的分离示意图

图 3.20 是利用(–)-马钱子碱拆分 DL-丙氨酸的流程图。

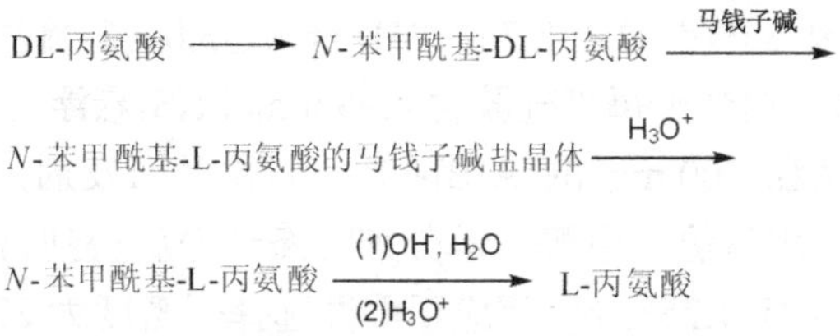

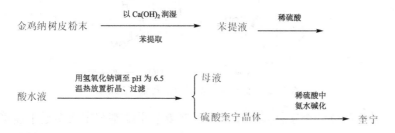

DL-丙氨酸 ⟶ N-苯甲酰基-DL-丙氨酸 ──马钱子碱──▶

N-苯甲酰基-L-丙氨酸的马钱子碱盐晶体 ──H₃O⁺──▶

N-苯甲酰基-L-丙氨酸 $\xrightarrow[(2)H_3O^+]{(1)OH,H_2O}$ L-丙氨酸

图 3.20 马钱子碱拆分丙氨酸的外消旋体

将马钱子碱用于薄层色谱可拆分布洛芬、氟比洛芬等手性药物[83,84]。

3.2.2 (−)-奎宁和喹啉碱

奎宁是一种天然的具有手性的生物碱，典型的例子是从金鸡纳树皮中分离得到。分离流程见图 3.21。

金鸡纳树皮粉末 ──以 Ca(OH)₂ 润湿／苯提取──▶ 苯提液 ──稀硫酸──▶

酸水液 ──用氢氧化钠调至 pH 为 6.5／温热放置析晶、过滤──▶ {母液；硫酸奎宁晶体 ──稀硫酸中氨水碱化──▶ 奎宁}

图 3.21 奎宁的分离流程图

奎宁分子结构中含有五个手性中心，奎宁与奎尼丁的分子结构分别是在(8S, 9R)和(8R, 9S)位上的空间构型不一样，它们是立体异构体。奎宁可以对扁桃酸进行手性化学拆分[85]。其 1-位的 N 原子上通过氯甲基蒽连接上荧光基团可以制备成为手性荧光材料，能测定一些手性羧酸类化合物[86]。在奎宁类手性固定相的研究中，W. Lindner 课题组[87-90]在 1996 年就首先将奎宁制备成为色谱手性固定相[88]。目前商品化的一种该类手性柱是将叔丁基氨基甲酰基奎宁或奎尼丁通过其双键连接到巯基丙基硅胶上(图 3.22)，固定相中含有阳离子，可用于酸性化合物的离子交换手性拆分，如分离 N-3,5-二硝基苯甲酰亮氨酸和苯丙氨酸，在缓冲水介质中其分离因子 α 分别达到了 15.87 和 10.78[91]。叔丁基氨基甲酰基奎宁连接到巯基丙基硅胶上的手性固定相的制备为[90,91]：将奎宁碱(9 mmol)溶解在甲苯中，加 3 滴二月桂酸二丁锡和叔丁基异氰酸酯(9.9 mmol)回流反应 4h，蒸发掉溶剂后加入正己烷，环己烷重结晶得白色产品(产率 70%)。IR (KBr): 1718, 1622, 1593, 1532, 1508, 1267, 1035 cm⁻¹。H-NMR (200 MHz, CD₃OD): δ 1.2~1.4 (s, 9H); 1.5~1.7 (m, 2H); 1.7~2.0 (m, 3H); 2.25~2.45 (m, 1H); 2.55~2.8 (m, 2H); 3.0~3.2 (m, 1H); 3.2~3.4 (m, 3H); 4.01 (s, 3H); 4.9~5.1 (m, 2H); 5.7~5.9 (m, 1H); 6.5 (d, 1H); 7.4~7.5 (m, 1H);

7.5~7.65 (m, 2H); 7.9~8.0 (d, 1H); 8.7 (d, 1H) ppm。3.0 g 3-巯基丙基改性二氧化硅 (4.58% C，1.12% H，相当于每克硅胶含 0.95 mmol HS)悬浮在 100 mL 的氯仿中，加入 2.0 g 上面产品和 200 mg 的 AIBN 作为自由基引发剂，在氮气保护下回流 12 h，将沉降物取出用氯仿、甲醇、苯分别洗涤干燥后得到目标固定相，元素分析为 12.7% C, 1.89% H, 1.25% N，相应于手性选择剂密度为 271μmol/g CSP (基于 C)或 298 μmol/g (基于 N)。奎宁的二聚体通过双功能间隔臂也已经被合成作为手性识别材料[92,93]。

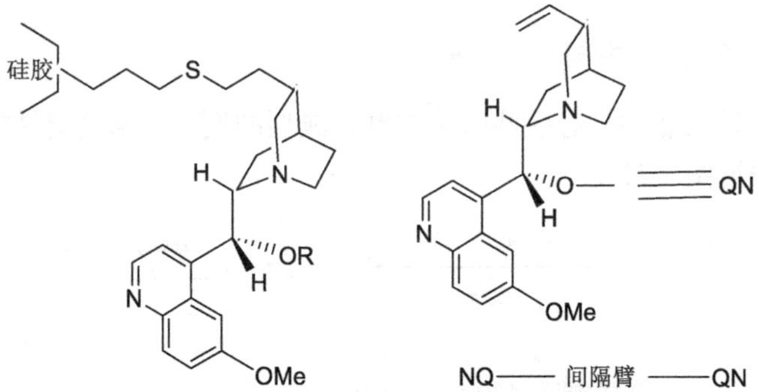

图 3.22　奎宁手性固定相以及奎宁二聚体

另一种商品化的奎宁柱是将磺酸环己基氨基甲酰基奎宁或奎尼丁连接到巯基丙基硅胶上，其相对于第一种是固定相同时含有阴离子和阳离子，适用于氨基酸、多肽类两性化合物的离子交换手性分离[94,95]。与上述两类结构相似的手性固定相还有多个[96,97]，不同的冠醚也可连接到奎宁的 9-位上制备成固定相[98-100]。奎宁以及奎尼丁可以利用点击反应固载在硅胶基质上[101]，也可通过其 9-位上的羟基固载在硅胶表面作为手性材料[102,103]。

侧链含奎宁的手性聚甲基丙烯酸酯已有合成[104]，其氨基甲酸酯型的手性选择剂与硅胶的键合方式也进行了实验和理论分析[105]，以叔丁基氨基甲酰基奎宁为手性离子交换选择剂的整体柱研究，进一步拓展了该类固定相的应用范围[106]。并且还不断有新的奎宁衍生物材料出现[107]，其可参考综述性文献[108]。

当奎宁和奎尼丁衍生物用作逆流色谱的手性识别剂时(图 3.23)，它们易于接受和失去质子，在分离氨基酸时立体选择性好。通过使用高速逆流色谱[109]，用 0.1 mmol/L 氨基乙酸缓冲液(pH 6.0)/三戊基乙醇/甲醇/庚烷/(10/5/1/5)作溶剂系统，含 10.6 mmol/L 的手性添加剂，很好地分离了 DNB-Leu, DNZ-β-Phe。用 0.1 mol/L 氨基乙酸缓冲液(pH 8.0)/丙酮/MIBK(2/1/2)最大分离了 300 mg 的 DNB-Leu。用 pH-区带提取逆流色谱，含 TFA(10 mmol/L)和奎宁衍生物的 MIBK 溶液作固定相，含氨(20 mmol/L)的水作移动相，最大分离了 1.2 g 的 DNB-Leu [110,111]。

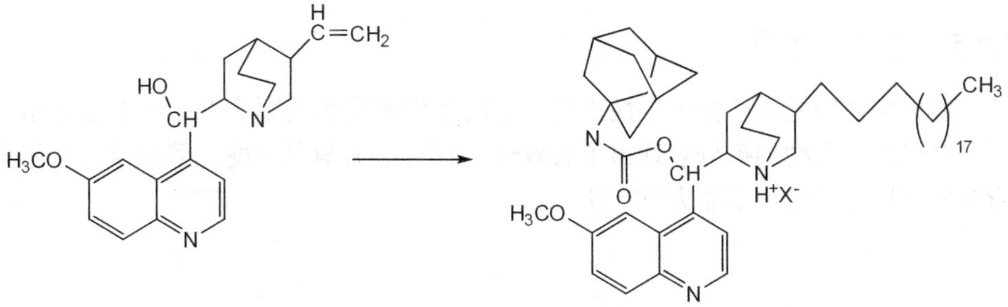

图 3.23　奎宁及其衍生物的化学结构式

采用 8-羟基喹啉对 β-环糊精硅胶固定相进行衍生化，喹啉基衍生化提高了固定相对苯丙酸类药物的分离能力[112]。含甲氧基喹啉配体的固定相也能成功地识别芳基烷基取代醇和联萘酚的手性异构体[113]。还有基于吖啶的手性荧光传感器的合成及其对酒石酸的识别性能研究报道[114]。

3.2.3　D-(−)-麻黄碱

D-(−)-麻黄碱是草麻黄和木贼麻黄中生物碱的主要成分，一般占它们总生物碱的 60%以上，有的甚至可多到 80%～90%。从麻黄中提取麻黄碱是我国主要的生产方法。麻黄碱也可发酵法制取，即苯甲醛和乙醛在顶酵母存在下，生成(−)-1-苯基-1-羟基丙酮，再与甲胺缩合，钯碳催化氢化得(−)-麻黄碱。利用 L-(−)-二苯甲酰基酒石酸可以拆分外消旋的麻黄碱[115]，麻黄碱的结构式见图 3.24。

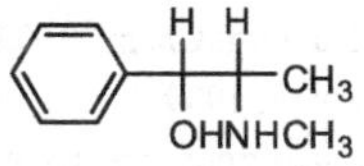

图 3.24　麻黄碱的分子结构

3.2.4　苯乙胺

苯乙胺是一种有机碱(图 3.25)，是制备精细化工产品的一种重要中间体，在酸性外消旋化合物的拆分中，是首选的拆分剂之一[11]，其萃取特性类似于麻黄碱等物质。其能用串联结晶法拆分 3,3,3-三氟乳酸[116]。(R)-(+)-N-苄基-1-苯乙胺也可以用于化学拆分法分离 2-氯扁桃酸[117]。

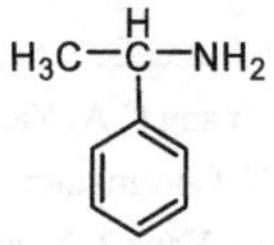

图 3.25　苯乙胺的分子结构

3.2.5　麦角生物碱

麦角生物碱能用于分子手性识别，它的手性固定相见图 3.26，其在缓冲水介质中对酸性化合物的拆分表现出了有效性，在对 2-芳氧基丙酸、菊酸以及布洛芬的拆分中具有好的识别能力[118-120]。

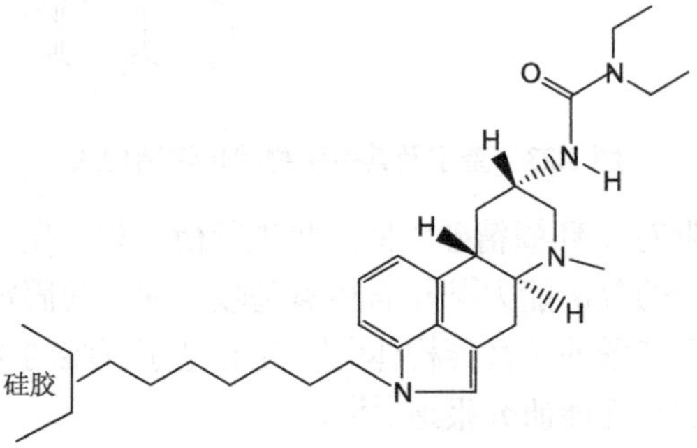

图 3.26　麦角生物碱手性固定相

参 考 文 献

[1]　尤田耙. 手性化合物的现代研究方法. 合肥: 中国科学技术大学出版社, 1993, 29

[2]　Controulis J, Rebstock M C, Crooks H M. J. Am. Chem. Soc., 1949, 71(7): 2458

[3]　周锡瑞. 化学通报, 1979, (1): 24

[4]　Addadi L, Berkovitch Y Z, Weissbuch I, Mil J V, Shimon L J W, Lahav M, Leiserowitz L. Angew. Chem. Int. Ed., 1985, 24: 466

[5]　Croen B M, Schadenberg H, Wynberg H. J. Org. Chem., 1971, 36: 2797

[6]　叶秀林. 立体化学. 北京: 北京大学出版社, 1999, 87

[7]　Bhushan R, Tanwar S. Biomed. Chromatogr., 2008, 22: 1028

[8]　Bhushan R, Agarwal C. Biomed. Chromatogr., 2008, 22: 1237

[9]　Bhushan R, Agarwal C. Chromatographia, 2008, 68: 1045

[10]　Lv Y C, Yan Z H, Ma C, Yuan L M. J. Liq. Chromatogr. Relat. Tech., 2010, 33: 1328

[11]　Cai Y, Yan Z H, Zi M, Yuan L M. J. Liq. Chromatogr. Relat. Tech., 2007, 30(9): 1489

[12]　Yuan L M, Liu J C, Yan Z H, Ai P, Meng X, Xu Z G. J. Liq. Chromatogr. Relat. Tech., 2005, 28: 3057

[13]　Domon B, Hostettmann K, Kovacevic K, Prelog V. J. Chromatogr., 1982, 250: 149

[14]　Shinomiya K, Kabasawa Y, Ito Y. J. Liq. Chromagr., 1989, 463: 317

[15]　Ai P, Liu J C, Zi M, Deng Z H, Yan Z H, Yuan L M. Chin. Chem. Lett., 2006, 17(6): 787

[16]　Tong S Q, Shen M M, Zheng Y, Chu C, Li X N, Yan J Z. J. Sep. Sci., 2013, 36: 3101

[17]　Tong S, Zheng Y, Yan J Z, Guan Y X, Wu C Y, Lei W Y. J. Chromatogr. A, 2012, 1263: 74

[18]　Lv L Q, Bu Z S, Lu M X, Wang X P, Yan J Z, Tong S Q. J. Chromatogr. A, 2017, 1513: 235

[19]　Sun G L, Tang K W, Zhang P L, Yang W J, Sui G Q. J. Sep. Sci., 2014, 37: 1736

[20]　Zhang P L, Sun G L, Tang K W, Zhou C S, Yang C A, Yang W J. Sep. Purif. Tech., 2015, 146: 276

[21]　Zou Y N, Wang L J, Liu Q, Liu H Y, Li F N. Chromatographia, 2015, 78: 753

[22]　Wang L J, Liu X F, Lu Q N, Zou Y N, Liu Q, Yang J, Yang G L. Anal. Methods, 2014, 6: 4107

[23]　杨娟, 王利娟, 郭巧玲, 杨更亮. 色谱, 2012, 30(3): 280

[24]　Hu S Q, Chen Y L, Zhu H D, Shi H J, Yan N, Chen X G. J. Chromatogr. A, 2010, 1217: 5529

[25]　Wang L J, Hu S Q, Guo Q L, Yang G L, Chen X G. J. Chromatogr. A, 2011, 1218: 1300

[26]　Wang L J, Guo Q L, Yang J, Zhang L Y, Yang G L, Chen X G. Chromatographia, 2012, 75: 181

[27]　Wang L J, Liu X F, Lu Q N, Yang G L, Chen X G. J. Chromatogr. A, 2013, 1284: 188

[28]　Tong M Y, Payagala T, Perera S, MacDonnell F M, Armstrong D W. J. Chromatogr. A, 2010, 1217: 1139

[29]　Machida Y, Nishi H, Nakamura K, Nakai H, Sato T. J. Chromatogr. A, 1997, 757: 73

[30]　Chen J, Li M Z, Xiao Y H, Chen W, Li S R, Bai Z W. Chirality, 2011, 23: 228

[31]　Wei W J, Deng H W, Chen W, Bai Z W, Li S R. Chirality, 2010, 22: 604

[32]　张娟, 魏文娟, 陈伟, 吴元欣, 柏正武. 色谱, 2010, 28(10): 971

[33]　Wu H B, Ji S Y, Yang B, Yu H, Jin Y, Ke Y X, Liang X M. J. Sep. Sci., 2012, 35: 351

[34]　何保江, 陈文斌, 陈伟, 柏正武. 高分子学报, 2015, (9): 1107

[35]　Lai S Z, Tang S T, Xie J Q, Cai C Q, Chen X M, Chen C Y. J. Chromatogr. A, 2017, 1490: 63

[36]　Zhang F, He L C, Sun W, Cheng Y Q, Liu J T, Ren Z Q. RSC Adv., 2015, 5: 41729

[37]　Ren Z Q, Zeng Y, Hua Y T, Cheng Y Q, Guo Z M. J. Chem. Eng. Data, 2014, 59: 2517

[38]　Gumi T, Palet C, Ferreira Q, Viegas R M C, Crespo J G, Coelhoso I M. Sep. Sci. Tech., 2005, 40: 773

[39]　Chen Z, Zhang W, Wang L P, Fan H J, Wan Q, Wu X H, Tang X Y, Tang J Z. Chirality, 2015, 27: 650

[40]　Keurentjes J T F, Nabuurs L J W M, Vegter E A. J. Membr. Sci., 1996, 113: 351

[41]　Kmecz I, Simandi B, Szekely E, Fogassy E. Tetrahedron: Asymmetry, 2004, 15: 1841

[42]　Nemak K, Acs M, Jaszay Z M, Kozma D, Fogassy E. Tetrahedron, 1996, 52: 1637

[43]　Tan B, Luo G S, Qi X, Wang J D. Sep. Purif. Technol., 2006, 49: 186

[44]　Li L, Jiao F P, Jiang X Y, Tian L X, Chen X Q. Chromatographia, 2011, 73: 423

[45]　Jiao F P, Yang W J, Huang D D, Yu J G, Jiang X Y, Chen X Q. Sep. Sci. Tech., 2012, 47: 1971

[46]　Sunsandee N, Pancharoen U, Rashatasakhon P, Ramakul P, Leepipatpiboon N. Sep. Sci. Tech., 2013, 48: 2363

[47]　Sunsandee N, Rashatasakhon P, Ramakul P, Pancharoen U, Nootong K, Leepipatpiboon N. Sep. Sci. Tech., 2014, 49: 1357

[48]　Kong D L, Zhou Z Y, Zhu H Y, Mao Y, Guo Z M, Zhang W D, Ren H Q. J. Membr. Sci., 2016, 499: 343

[49]　Kodama K, Sekine E, Hirose T. Chem. Eur. J., 2011, 17: 11527

[50]　Hu Y, Yuan J J, Sun X X, Liu X M, Wei Z H, Tuo X, Guo H. Tetrahedron: Asymmetry, 2015, 26: 791

[51]　García R A, Grieken R, Iglesias J, Morales V, Gordillo D. Chem. Mater., 2008, 20: 2964

[52]　Zhang P L, Wang S C, Tang K W, Xu W F, He F, Qiu Y R. Chem. Eng. Sci., 2018, 177: 74

[53]　Zhang P L, Wang S C, Tang K W, Dai G L, Jiang P, Qiu Y R. Process Biochemistry, 2017, 52: 276

[54]　Kozma D, Bocskei Z, Kassai C, Simon K, Fogassy E. J. Chem. Soc. Chem. Commun., 1996, 753

[55]　Toda F, Tanaka K. Tetrahedron Lett., 1988, 29: 551

[56]　Seebach D, Beck A K, Hechel A. Angew. Chem. Int. Ed., 2001, 40: 92

[57]　王珍, 陈晓青, 焦飞鹏, 杨玲, 李益声. 化学通报, 2009, (6): 554

[58]　Mravik A, Bocskei Z, katona Z, Markovits I, Fogassy E. Angew. Chem. Int. Ed., 1996, 36: 1534

[59]　Kassai C, Juvancz Z, Balint J, Fogassy E, Kozma D. Tetrahedron, 2000, 56: 8355

[60]　袁黎明, 宋文俊. 应用化学, 1989, 6(6): 22

[61]　Heldin E, Lindner K J, Pettersson C, Lindner W, Rao R. Chromatographia, 1991, 32(9/10): 407

[62]　Song G X, Zhou F L, Xu C L, Li B X. Analyst, 2016, 141: 1257

[63]　Song G X, Xu C L, Li B X. Sensors and Actuators B, 2015, 215: 504

[64]　罗丹, 马玲, 梁冰. 化学研究与应用, 2008, 20(5): 642

[65]　Nagar H, Martens J, Bhushan R. J. Planar Chromatogr., 2017, 30: 350

[66]　Bhushan R, Agarwal C. J. Planar Chromatogr., 2008, 21: 129

[67] Obdulia S G, Fabiola M N, Alberto C C, Helgi J C, Jenniffer I A G, Alejandra D D, Dea H R, Hugo M R, Herbert H. Cryst. Growth Des., 2016, 16: 307

[68] Hylton R K, Tizzard G J, Threlfall T L, Ellis A L, Coles S J, Seaton C C, Schulze E, Lorenz H, Morgenstern A S, Stein M, Price S L. J. Am. Chem. Soc., 2015, 137: 11095

[69] Bhushan R,Tanwar S. Biomed. Chromatogr., 2008, 22: 1028

[70] Bhushan R,Agarwal C. Biomed. Chromatogr., 2008, 22: 1237

[71] Bhushan R, Agarwal C. Chromatographia, 2008, 68: 1045

[72] Vaton-Chanvrier L, Peulon V, Combret Y, Combret J C. Chromatographia, 1997, 46: 613

[73] Iuliano A, Salvadori P, Felix G. Tetrahedron: Asymmetry, 1999, 10: 3353

[74] Ge L, Zhao Q Q, Yang K D, Liu S S, Xia F. Chirality, 2015, 27: 131

[75] 刘育, 尤长城, 张衡益. 超分子化学. 天津: 南开大学出版社, 2001, 616

[76] Perry M J. Monoclonal antibodies: Principles and application. New York: Wiley-Liss, 1995, 107

[77] Zhu L, Zhong Z L, Anslyn E V. J. Am. Chem. Soc., 2005, 127: 4260

[78] Zhu L, Anslyn E V. J. Am. Chem. Soc., 2004, 126: 3676

[79] Lv L L, Wang L J, Li J, Jiao Y J, Gao S N, Wang J C, Yan H Y. J. Pharma. Biomed. Anal., 2017, 145: 399

[80] Wong L W Y, Kan J W H, Nguyen T H, Sung H H Y, Li D, Yeung A S F A, Sharma R, Lin Z Y, Williams I D. Chem. Commun., 2015, 51: 15760

[81] Kawai M, Hoshi A, Nishiyabu R, Kubo Y. Chem. Commun., 2017, 53: 10144

[82] Wu X, Chen X X, Jiang Y B. Analyst, 2017, 142: 1403

[83] Bhushan R, Thiongo G T. Biomed. Chromatogr., 1999, 13: 276

[84] Bhushan R, Gupta D. Biomed. Chromatogr., 2004, 18: 838

[85] Bathori N B, Nassimbenia L R, Oliver C L. Chem. Commun., 2011, 47: 2670

[86] Akdeniz A, Mosca L, Minami T, Anzenbacher P. Chem. Commun., 2015, 51: 5770

[87] Maier N M, Schefzick S, Lombardo G M, Feliz M, Rissanen K, Lindner W, Lipkowitz K B. J. Am. Chem. Soc., 2002, 124: 8611

[88] Lammerhofer M, Lindner W. J. Chromatogr. A, 1996, 741: 33

[89] Piette V, Lammerhofer M, Bischoff K, Lindner W. Chirality, 1997, 9: 157

[90] Maier N M, Nicoletti L, Lammerhofer M, Lindner W. Chirality, 1999, 11: 522

[91] Mandl A, Nicoletti L, Lammerhofer M, Lindner W. J. Chromatogr. A, 1999, 858: 1

[92] Franco P, Lammerhofer M, Klaus P M, Lindner W. J. Chromatogr. A, 2000, 869: 111

[93] 杜祖银, 肖如亭. 应用化学, 2005, 22 (12): 1372

[94] Pell R, Sić S, Lindner W. J. Chromatogr., 2012, 1269: 287

[95] Lajkó G, Ilisz I, Tóth G, Fülöp F, Lindner W, Péter A. J.Chromatogr. A, 2015, 1415: 134

[96] Wu H B, Wang D Q, Song G J, Ke Y X, Liang X M. J. Sep. Sci., 2014, 37: 934

[97] Woiwodea U, Ferri M, Maier N M, Lindner W, Lämmerhofer M. J. Chromatogr. A, 2018, 1558: 29

[98] Wang D Q, Zhao J C, Wu H X, Wu H B, Cai J F, Ke Y X, Liang X M. J. Sep. Sci., 2015, 38: 205

[99] Zhao J C, Wu H X, Wang D Q, Wu H B, Cheng L P, Jin Y, Ke Y X, Liang X M. J. Sep. Sci., 2015, 38: 3884

[100] 吴海霞, 王东强, 赵见超, 柯燕雄, 梁鑫淼. 色谱, 2016, 34: 62

[101] M. Kacprzak K M, Lindner W. J. Sep. Sci., 2011, 34: 2391

[102] Hettegger H, Kohout M, Mimini V, Lindner W. J. Chromatogr. A, 2014, 1337: 85

[103] Kohout M, Wernisch S, Tůma J, Hettegger H, Pícha J, Lindner W. J. Sep. Sci., 2018, 41:1355

[104] Lee Y K, Yamashita K, Eto M, Onimura K, Tsutsumi H, Oishi T. Polymer, 2002, 43: 7539

[105] Krawinkler K H, Gavioli E, Maier N M, Lindner W. Chromatographia, 2003, 58: 555

[106] Lubda D, Lindner W. J. Chromatogr. A, 2004, 1036 : 135

[107] Noguchi H, Takafuji M, Maurizot V, Huc I, Ihara H. J. Chromatogr. A, 2016, 1437: 88

[108] Ilisz I, Bajtai A, Lindner W, Péter A. J. Pharm. Biomed. Anal., 2018, 159: 127

[109] 袁黎明. 制备色谱技术及应用. 2 版. 北京: 化学工业出版社, 2011, 130

[110] Franco P, Blanc J, Oberleitner W R. Anal. Chem., 2002, 74: 4175

[111] Yuan L M, Chen X X, Ai P, Qi S H, Li B F, Wang D, Miao L X, Liu Z F. J. Liq. Chromatogr. Relat. Tech., 2004, 27(2): 365

[112] 冯钰锜, 谢敏杰, 达世禄. 高等学校化学学报, 1999, 20 (11): 1708

[113] Rosini C, Bertuccui D, Altemura P, Salvadori P. Tetrahedron Lett., 1985, 3361

[114] 宋盼, 王超玉, 王鹏, 刘晓燕, 徐括喜. 有机化学, 2016, 36: 782

[115] 聂爱华, 李松. 中国药物化学杂志, 2008, 18: 195

[116] Wong L W Y, Vashchenko E V, Zhao Y, Sung H H Y, Vashchenko V V, Mikhailenko V, Krivoshey A I, Williams I D. Chirality, 2019, 31: 979

[117] Peng Y F, He Q, Rohani S, Jenkins H. Chirality, 2012, 24: 349

[118] Messina A, Girelli A M, Flieger M, Sinibaldi M, Sedmera P, Cvak L. Anal. Chem., 1996, 68: 1191

[119] Dondi M, Flieger M, Olsovska J, Polcaro C M, Sinibaldi M. J. Chromatogr. A, 1999, 859: 133

[120] Olsovska J, Flieger M, Bachachi F, Messina A, Sinibaldi M. Chirality, 1996, 11: 291

第4章 手性离子液体

4.1 离 子 液 体

离子液体又称室温离子液体(room temperature ionic liquid)或室温熔融盐(room temperature molten salt)。组成离子液体的阳离子主要有季铵离子、咪唑阳离子、吡啶阳离子等类，它们的熔点在 0 ~ 100℃的范围，其大小主要决定于阴离子和阳离子的种类和结构。它们无显著的蒸气压，由于阴、阳离子的半径较大，离子间的作用力相对较弱，但仍比一般分子溶剂中的分子间作用力大得多。因此，即使在较高的温度下，它们也不易挥发，可用于高真空体系，而且对环境污染较低[1]。

离子液体的应用领域包括多个方面[2]，在分离过程中做气体吸收剂和液体萃取相[3,4]；在化学反应中作反应介质，有时同时作催化剂[5,6]；在电化学中作为电解质；也可溶解纤维素[7]，还有人将其作为高选择性转运膜[8,9]。

Barber 等首次将熔融盐作为气相色谱固定相 [10]，1980 年 Poole 等发表了关于有机熔融盐作为 GC 固定相的应用论文[11,12]，1999 年 Armstrong 等[13]将六氟磷酸 1-丁基-3-甲基咪唑及相应的氯化物用作毛细管气相色谱固定相。对离子液体用作气相色谱固定相的研究随着将含有[(CF$_3$SO$_2$)$_2$N]$^-$(简称 NTf$_2$)阴离子的离子液体的应用而得以深入[14]，2003 年三氟甲烷磺酸化 1-苄基-3-甲基咪唑和三氟甲烷磺酸 1-(4-甲氧基苯基)-3-甲基咪唑两种新型离子液体被作为气液色谱固定相[15]，也显示了好的色谱特性[16]。

最早报道离子液体在液相色谱中用作流动相是在 C$_{18}$柱上研究 pH=3.0 时不同浓度的四氟硼酸 1-丁基-3-甲基咪唑作流动相分离麻黄碱的色谱行为[17]，将浓度为 0.5% ~ 1.5%(体积分数)的四氟硼酸咪唑类离子液体用作液相色谱流动相添加剂，对强碱性物质具有好的分离效果[18]。其还可作为尺寸排阻色谱的流动相[19]。用离子液体作高效液相色谱的固定相能较好地分离包括联苯胺、苄胺、N-乙基苯胺和 N, N-二甲基苯胺等在内的一些胺类物质[20,21]。

自将季铵盐用于毛细管电泳以来[22]，目前采用较多的离子液体是烷基咪唑类离子液体[23]，用 1-烷基-3-甲基咪唑类离子液体分别作电解质溶液分离了多酚化合物、溶菌酶、细胞色素 C、胰蛋白酶原和 α-糜蛋白酶原 A 等物质。其他采用的离子液体是四氟硼酸 1-乙基-3-甲基咪唑和四氟硼酸四乙基铵，也有人将离子液体用在非水毛细管电泳和涂层毛细管电泳中。到目前为止，手性离子液体[24]已经比较广泛地应用于手性分离[25-27]。

4.2 含有手性阳离子的手性离子液体

含有手性阳离子的手性离子液体主要有手性咪唑、手性氨基酸、手性吡啶、手性铵盐、手性噻唑、手性噁唑的手性离子液体[28,29]，在手性识别材料中已经有报道的主要是铵盐和氨基酸手性离子液体[30]。

2004 年 Armstrong 等将含双三氟甲烷磺酰亚胺(NTf₂)阴离子的麻黄碱及伪麻黄碱手性离子液体作为气相色谱固定相[31]，其对映异构体选择识别性能至少可用于手性醇类、手性磺酸类、手性环氧酸类、乙酰胺类四类化合物。这两种手性离子液体的合成方法为[32]：将 N-甲基麻黄碱或者 N-甲基伪麻黄碱溶解于二氯甲烷，并慢慢滴加等摩尔的二甲基硫酸盐，在减压条件下将溶剂去掉，将残余物溶于水中，然后加入等摩尔的 Li[(CF₃SO₂)₂N]，促使离子溶液相的分离，最后用水洗三次，将产物在减压和 100 ℃下加热去残留水。^{1}H-NMR (300 MHz, DMSO)：δ=1.16 (3H, d, J=6.4Hz)，3.22 (9H, s)，3.65 (1H, d, J=6.4 Hz, J=6.8 Hz)，5.41 (1H, d, J=6.8 Hz)，6.06 (1H, s)，7.19 ~ 7.31 (5H, m)。手性离子液体的分子结构见图 4.1。该麻黄碱类离子液体在核磁共振手性识别中也有应用[33]，尼古丁[34]、奎宁和氨基酸[35]的离子液体也已用于核磁共振的手性识别中。

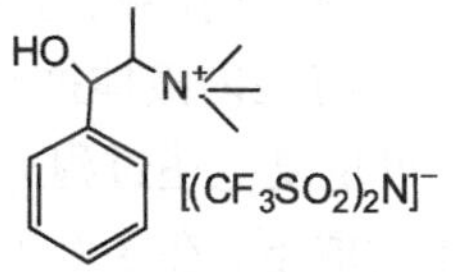

图 4.1 手性离子液体的分子结构

作者课题组按文献[32]合成了一种氨基醇的手性离子液体，其阳离子上有手性中心，被应用于气相色谱固定相、高效液相色谱流动相中的手性添加剂和高效毛细管区带电泳中的手性添加剂，进行外消旋体的识别，得到了良好的手性拆分效果[36]。手性毛细管气相色谱柱的制备采用静态涂渍的过程[37-39]。先是固定相液的准备，固定相液在毛细管内壁的厚度(d_f)近似地根据下式计算：

$$d_f = \frac{1}{4}DC$$

式中：D 是毛细管的内径，C 是固定液的浓度(mg/mL)，该研究采用了 4.5 mg/mL 的浓度，制得柱的膜厚为 0.28 μm。实验选取了二氯甲烷为溶剂，选择的溶剂要能很好地溶解固定液，与毛细管内壁的润湿性好。色谱柱在充液前用过滤后的溶剂进行了冲洗，配好的溶液在使用前先进行超声脱气，脱好气的固定相溶液用0.45 μm 孔径以下的过滤器进行过滤，柱在充满后小心地用白乳胶密封其中的一端并不可留有任何气泡。柱内某处不洁净或有固体微粒，有可能导致下一步减压蒸发溶剂时液柱在该处产生气泡，致使其前段的液柱全部被推出，使此段内壁的固定液几乎为零涂渍而失败。减压蒸出溶剂时提高蒸发温度不仅可以缩短柱子涂渍的时间，同时还增大了固定相的溶解度，但溶剂蒸发温度低可以获得高些的柱效，生产中常设在略高于室温的温度，该实验中的蒸发温度选为 35 ℃。溶剂蒸发的速度会随着涂渍过程的进行而减慢，蒸发过程的平静是至关重要的，任何强烈的振动或对管柱的碰撞，都有可能导致固定相溶液内部产生气泡溢出，使前段的固定相溶液在短时间内与气泡一起被带走。制备好的毛细管柱在大于分离条件的载气流量下进行老化处理，柱的老化常可使柱效得到补偿，老化处理后的色谱柱在放大镜(约 7 倍)下观察内壁无小液滴、透明、均匀，则柱效较高。

在毛细管气相色谱柱的涂渍过程中，为了增加固定液的润湿性，提高色谱柱效，常常将色谱柱内壁粗糙化，方法之一是在色谱柱内壁沉积氯化钠晶体，具体的操作为：① 取 8 mL 三氯甲烷于 100 mL 烧杯中，在电磁搅拌器高速搅拌下，迅速倾入 6 mL 饱和的氯化钠甲醇溶液和 0.6 mL 甲醇溶剂，此时溶液为半透明乳白液，搅拌 5 min 后再加入 4 ~ 8 mL 三氯甲烷，继续搅拌 2 min 后停止搅拌，取下待用。② 将制备的氯化钠液移入洁净干燥的储液管里，在 1 ~ 2 cm/s 线速度的氮气流下使溶液通过毛细管柱，待流出的溶液与管内溶液的浑浊度相同时，将毛细管柱入口端抽出液面，用氮气流将柱内液体推出并吹干，第一遍沉积结束。然后将毛细管柱入口与出口调换，再重复上述过程进行反沉积。第二遍沉积结束后，用小量氮气将毛细管柱彻底吹干后取下，在 300 ℃左右通氮气加热 1 ~ 2 h 使之重结晶，此时毛细管柱的粗糙化完毕。粗糙化过程中：① 制备沉积液时的烧杯及粗糙化时所用的器皿等必须洁净干燥；② 粗糙化时沉积液的流速应保持恒定，毛细管柱最好不要晃动，以免破坏沉积面的均匀性；③ 用氮气吹干柱时，氮气流速不能太快，以免将刚沉积好的沉积液吹掉；④ 粗糙化时毛细管柱的入口应高于沉积液出口 1 ~ 2 cm，以防沉淀的氯化钠小颗粒将柱子堵塞[40]。

图 4.2 中手性离子液体的合成方法为：在装有回流冷凝管的圆底烧瓶中加入 9.5 mL (R)-(−)-2-氨基-1-丁醇，在冰冷却下经过冷凝管加入 22.2 mL 的 85%甲酸，然后将 15 mL 甲醛溶液(37%~40%)加入烧瓶中。混合物以水浴(80 ℃)加热，反应 8~12 h，直至不再放出 CO_2 为止。溶液用浓盐酸酸化到刚果红试纸变蓝，水浴加热减压蒸干。将残余物溶于少量冷水中，加入 25% NaOH 溶液使胺游离出来。用乙醚提取三次，醚提取液用固体 NaOH 干燥，蒸去乙醚，剩余物用油浴(100 ℃)

干燥 2~4 h，制得(−)-*N,N*-二甲基-2-氨基-1-丁醇。将(−)-*N,N*-二甲基-2-氨基-1-丁醇
3 mL 在冰浴和搅拌下加入 12 mL 二氯甲烷，混合均匀后，用恒压滴液漏斗缓慢滴
加硫酸二甲酯 2.24 mL。然后，用水浴(40~60 ℃)加热，减压抽干其中的二氯甲烷，
得黄色黏稠状液体，向其中加入一定量蒸馏水溶解。另用少量蒸馏水溶解 7.56 g
的 Li[(CF₃SO₂)₂N]，加入到前者中，立即产生白色浑浊，静置分层。取下层液体
用蒸馏水(共 10 mL)洗涤三次，将洗涤后的液体真空油浴(100 ℃)干燥 3~4 h，得到
黄色油状黏稠液体，称得质量 5.02 g。^{1}H-NMR (300MHz, CD₃CN): δ=1.03(3H, t),
1.83(2H, m), 3.06(9H, s), 3.09(1H, m), 3.4(1H, s), 3.83(1H, m), 4.2(1H, m)。

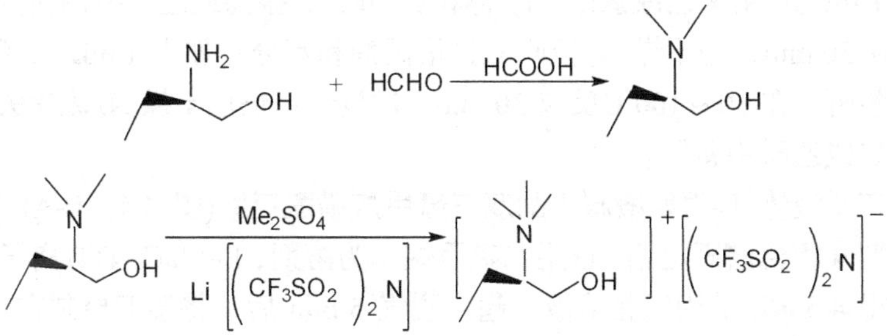

图 4.2 手性离子液体的合成路线

将该手性离子液体和纤维素三(3,5-二甲基苯基氨基甲酸酯)混合后作为气相
色谱手性固定相展示了良好的色谱性能和手性识别效果[41]，将其作为毛细管电泳
中的手性添加剂与环糊精一起使用，在手性识别中还能产生协同效应[42]。

作者实验室还按照文献[43]对图 4.3 含氨基醇的手性离子液体进行了合成，具
体的步骤为：称取(*S*)-(−)-(3-氯-2-羟丙基)三甲基铵氯 0.94 g 溶于 2 mL 蒸馏水中，
双三氟甲烷磺酰亚胺锂 1.47 g 溶于 1 mL 蒸馏水中，将两种溶液混合在室温下搅
拌 2 h，所得产物用蒸馏水洗五次后真空干燥 12 h，得到[CHTA⁺][NTf₂⁻]离子液体。

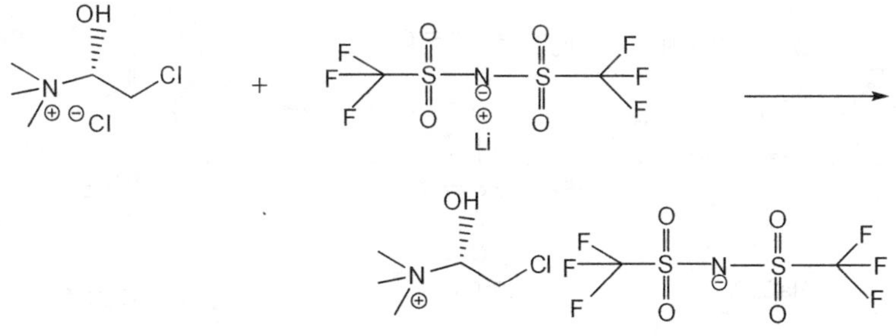

图 4.3 [CHTA⁺][NTf₂⁻]的合成

将该手性离子液体作为毛细管气相色谱的手性固定相，其对衍生为 *N*-三氟乙

酰基亮氨酸异丙酯的外消旋体成功地实施了拆分。将该离子液体用于毛细管电泳中的手性添加剂成功地对多个手性化合物进行了识别[44]。

在气相色谱分离中，由于氨基酸挥发性差，一般难以直接进行气相色谱分析，必须将其转变成挥发性较大的衍生物后才能满足气相色谱分析要求。现在常用的方法是将氨基酸中的氨基和羧基分别进行衍生化，一般是将氨基进行三甲基硅烷或三氟乙酰化，将羧基酯化，即氨基酸转化为 N-三甲基硅烷基或者 N-三氟乙酰基氨基酸甲酯、乙酯、正(异)丙酯、正(异)丁酯等挥发性衍生物，就可以用气相色谱法进行分析。较常用的 N-三氟乙酰基氨基酸异丙酯的制法为[45]：将氨基酸样品(< 10 mg)与 1 mL 异丙醇-乙酰氯(3：1，体积比)混合，振荡或超声振荡使其溶解，在 110 ℃反应 30 min，用干燥 N₂ 流吹去过量试剂和水分；加入 1 mL 二氯甲烷和少量三氟乙酸酐，在 80～100℃反应 30 min，过量试剂仍用干燥 N₂ 流吹去，产物溶于二氯甲烷或乙醚中备用。

手性离子液体 L-丙氨酸叔丁酯双三氟甲烷磺酰亚胺(图 4.4，L-AlaC₄NTf₂)也能用作新型气相色谱固定相。选用二氯甲烷作为溶剂，L-AlaC₄NTf₂ 离子液体作固定相，配得 4.5 g/L 的固定相溶液，超声脱气 5 min 后，将温度控制在 35 ℃，用静态涂渍法制备毛细管色谱柱[46,47]。将制备好的色谱柱先用 N₂ 吹 60 min 后老化，从 50 ℃升温，每升高 20 ℃保持 1 h，最后在 175 ℃保持 6 h，制成色谱柱。该离子液体作为手性固定相的热稳定性高于 175 ℃；平均 McReynolds 常数为 665；其对烷烃、醇类、酮类、芳香族化合物、位置异构体以及一些手性化合物具有良好的分离效果[48]。该手性离子液体的合成步骤为[49]：称取 0.5 g (2.75mmol) L-丙氨酸叔丁酯盐酸溶于 1 mL 蒸馏水中，0.79 g (2.75 mmol) 双三氟甲烷磺酰亚胺锂溶于 1 mL 蒸馏水中，将两种溶液混合，室温下搅拌 2 h。静置分层，将下层用蒸馏水洗 3 次，真空干燥 12 h，即得无色的 L-AlaC₄NTf₂ 手性离子液体。

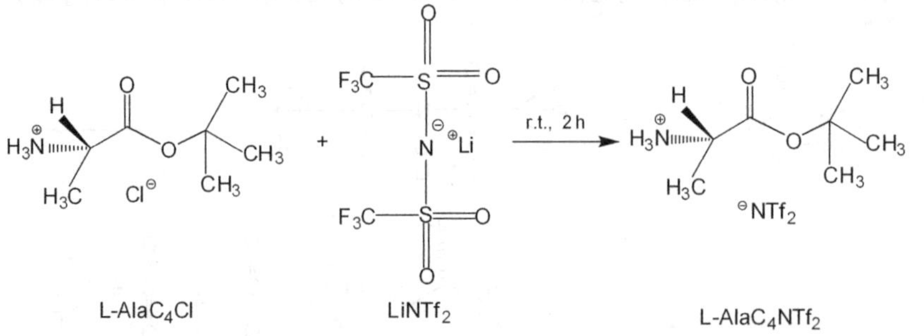

图 4.4　L-丙氨酸叔丁酯双三氟甲烷磺酰亚胺手性离子液体的合成

以 L-丙氨酸酯为阳离子的离子液体能用于毛细管电泳的手性分离[50,51]，该类

离子液体与 β-环糊精衍生物在毛细管电泳中拆分萘普生、普萘洛尔和华法林等药物时可产生协同效应[52-55]。基于苯丙氨酸的离子液体可以制备出具有对映选择性的纳米孔碳[56]。以溴为阴离子的 L-谷氨酸咪唑离子液体能调节氧化石墨烯膜的层间距而进行多巴胺的手性分离[57]。

含薄荷醇的咪唑离子液体已用于液相色谱的手性添加剂[58]。咪唑的手性衍生物能被固载在硅胶表面制备成高效液相色谱手性柱(图 4.5)[59,60]。将咪唑类与单-6-脱氧-6-甲苯磺酰基-环糊精反应制备出离子液体功能化的环糊精,并与硅胶键合得到手性固定相,用于高效液相色谱对手性芳基醇、黄酮等显示出良好的分离能力[61,62]。[L-Pro][CF$_3$COO]、[L-Pro][NO$_3$]、[L-Pro]$_2$[SO$_4$]和[L-Phe][CF$_3$COO]在 Cu^{2+}作用下,能用于色氨酸对映体的配体交换色谱分离[63]。

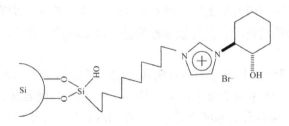

图 4.5 固载在硅胶表面的咪唑手性衍生物固定相

手性离子液体还能用于分光光度分析。L-苯丙氨酸乙酯双三氟甲烷磺酰亚胺(L-PheC$_2$-NTf$_2$)用于手性分析测量时同时用作溶剂、手性选择剂和荧光试剂,不同分析物的对映体如葡萄糖、甘露糖具有不同的结构,其荧光强度随波长和分析物的变化而变化[64]。L-苯丙氨醇的荧光离子液体能测定手性氨基醇[65]。D-苯丙氨酸甲酯中的氨基与 3-氯丙基异氰酸酯反应后再用 N-甲基咪唑或吡啶衍生,生成的离子液体在 Cu^{2+}和 Cl$^-$的参与下还能用于色氨酸的可见手性识别[66]。

4.3 含有手性阴离子的手性离子液体

含有手性阴离子的手性离子液体主要有手性乳酸[67]、手性氨基酸[68]、手性樟脑[69]、手性酒石酸[70]等。作者实验室参照文献[68]合成了含脯氨酸阴离子的手性离子液体,具体合成路线如图 4.6 所示。

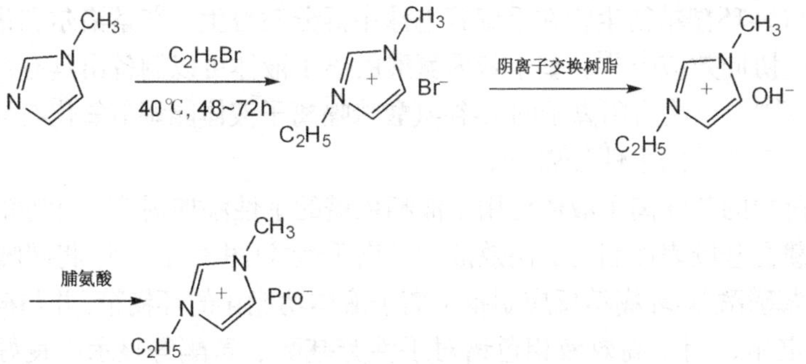

图 4.6   脯氨酸手性离子液体合成路线图

将合成出的脯氨酸离子液体作为气相色谱固定相并考察其色谱性能，实验表明氨基酸离子液体成膜性不太好。用 OV-1701 溶解，考察二者混合后作为手性固定相分离手性物质的情况，但比较遗憾的是，该毛细管气相色谱柱没有表现出明显的手性识别特性。

2009 年出现将氨基酸作为手性阴离子的离子液体用于配体交换识别氨基酸外消旋体的报道，所用离子液体是 1-烷基-3-甲基咪唑-L-脯氨酸，配体交换是通过 Cu(II)离子完成，所拆分氨基酸无需衍生，在 HPLC 以及毛细管电泳两种技术中皆有较大的分离因子，展示了氨基酸离子液体良好的手性识别前景[71]。该离子液体也可同时作为溶剂和手性选择剂用于手性萃取[72]，还能固载在磁纳米微球上用于逆流色谱拆分手性氨基酸[73]。研究表明双阳离子咪唑 L-脯氨酸离子液体对苯丙氨酸具有高手性萃取效率[74]。三甲胺、N-甲基吡咯烷、N-甲基咪唑和托品碱的阳离子分别与 L-脯氨酸负离子形成的离子液体还能对苯丙氨酸进行手性选择性络合沉淀[75]。N-乙烯基烷基咪唑 L-脯氨酸还能作为分子印迹的功能单体，所得材料对苯丙氨酸显示出高的手性吸附能力[76]。

1-丁基-3-甲基咪唑-L-色氨酸在溶剂萃取中对氟比洛芬也显示出手性识别能力[77]。以 L-鸟氨酸[78]、L-赖氨酸[79]为阴离子的离子液体作为手性配体与 Zn(II)配位能应用于手性配体交换毛细管电泳体系中。四甲基铵分别与 L-精氨酸、L-羟脯氨酸、L-异亮氨酸、乳糖苷衍生物生成的离子液体也能用于毛细管电泳中麻黄碱、伪麻黄碱、甲麻黄碱等手性药物的对映体分离[80-83]。

参 考 文 献

[1] 李汝雄. 绿色溶剂－离子液体的合成与应用. 北京: 化学工业出版社, 2004, 1
[2] 顾彦龙, 石峰, 邓友全. 科学通报, 2004, 49(6): 515
[3] Yuan L M, Ren C X, Li L, Ai P, Yan Z H, Zi M, Li Z Y. Anal. Chem., 2006, 78: 6384
[4] Huddleston J S, Willauer H D, Swatloski R P, Visser A E, Rogers R D. Chem. Commun., 1998, 1765
[5] Welton T. Chem. Rev., 1999, 99: 2071

[6]　Wasserscheid P, Keim W. Angew. Chem. Int. Ed., 2000, 39: 3772

[7]　Zhang H, Wu J, Zhang J, He J S. Macromolecules, 2005, 38: 8272

[8]　Branco L C, Crespo J G, Afonso C A M. Angew. Chem. Int. Ed., 2002, 41: 2771

[9]　Lozano L J, Godínez C, Ríos A P D L, Fernández F J H, Segadoa S S, Alguacil F J. J. Membr. Sci., 2011, 376: 1

[10]　Barber D W, Phillips C S G, Tusa G F, Verdin A. J. Chem. Soc., 1959, 18

[11]　Pachole F, Butler H T, Poole C F. Anal. Chem., 1982, 54: 1938

[12]　Furton K G, Poole C F. Anal. Chem., 1987, 59: 1170

[13]　Armstrong D W, He L F, Liu Y S. Anal. Chem., 1999, 71: 3873

[14]　Anderson J L, Ding J, Welton T, Armstrong D W. J. Am. Chem. Soc., 2002, 124: 14253

[15]　Anderson J L, Armstrong D W. Anal. Chem., 2003, 75: 4851

[16]　孙晓杰, 邢钧, 翟毓秀, 李兆新. 化学进展, 2014, 26(4): 647

[17]　He L J, Zhang W Z, Zhao L, Liu X, Jiang S X. J. Chromatogr. A, 2003, 1007: 39

[18]　Kaliszan R, Marszall M P, Markuszewski M J, Baczek T, Pernak J. J. Chromatogr. A, 2004, 1030: 263

[19]　Fukaya Y, Tsukamoto A, Kuroda K, Ohno H. Chem. Commun., 2011, 47: 1994

[20]　Xiao X H, Zhao L, Liu X, Jiang S X. Anal. Chim. Acta, 2004, 519: 207

[21]　邱洪灯, 胡云雁, 刘霞, 蒋生祥. 色谱, 2007, 25(3): 293

[22]　Yanes E G, Gratz S R, Stalcup A M. Analyst, 2000, 125: 1919

[23]　Yanes E G, Gratz S R, Baidwin M J, Robison S E, Stalcup A M. Anal. Chem., 2001, 73: 3838

[24]　Payagala T, Armstrong D W. Chirality, 2012, 24: 17

[25]　Sun X J, Xu J K, Zhao X J, Zhai Y X, Xing J. Chromatographia, 2013, 76: 1013

[26]　Christodoulou C P K, Stavrou1 I J, Mavroudi M C. J. Chromatogr. A, 2014, 1363: 2

[27]　Hussain A, Alajmi M F, Hussain I, Alic I. Critical Rev. Anal. Chem., 2019, 49: 289

[28]　仇深杰, 刘庆彬, 胡进勇, 张占辉, 张福军. 化学通报, 2007, (6): 409

[29]　孙洪海, 高宇, 翟永爱, 张青, 刘凤歧, 高歌. 化学进展, 2008, 20(5): 698

[30]　李莉, 字敏, 任朝兴, 袁黎明. 化学进展, 2007, 19(2/3): 393

[31]　Ding J, Welton T, Armstrong D W. Anal. Chem., 2004, 76: 6819

[32]　Wasserscheid P, Bosmann A, Bolm C. Chem. Commun., 2002, 200

[33]　Rooy S L D, Li M, Bwambok D K, Zahab B E, Challa S, Warner I M. Chirality, 2011, 23: 54

[34]　Heckel T, Winkel A, Wilhelm R. Tetrahedron: Asymmetry, 2013, 24: 1127

[35]　Sintra T E, Gantman M G, Ventura S P M, Coutinho J A P, Wasserscheid P, Schulz P S. J. Mol. Liq., 2019, 283: 410

[36]　Yuan L M, Han Y, Zhou Y, Meng X, Li Z Y, Zi M, Chang Y X. Anal. Lett., 2006, 39: 1439

[37]　金恒亮. 手性气相色谱法-环糊精衍生物的固定相. 北京: 化学工业出版社, 2006, 39

[38]　Yuan L M, Fu R N, Chen X X, Gui S H, Dai R J. Chem. Lett., 1998, 141

[39]　Yuan L M, Fu R N, Chen X X, Gui S H, Dai R J. Chin. Chem. Lett., 1999, 10(3): 223

[40]　黄爱今, 南楠, 陈敏, 卜欣, 唐航, 孙亦梁. 北京大学学报(自然科学版), 1988, 24(4): 419

[41]　任朝兴, 艾萍, 李莉, 字敏, 孟霞, 丁惠, 袁黎明. 分析化学, 2006, 34(11): 1637

[42]　Francois Y, Varenne A, Juillerat E, Villemin D, Gareil P. J. Chromatogr. A, 2007, 1155: 134

[43]　Chieu D T, Daniel O, Yu S F. Anal. Chem., 2006, 78: 1349

[44]　Tran C D, Mejac I. J. Chromatogr. A, 2008, 1204: 204

[45]　周良模. 气相色谱新技术. 北京: 科学出版社, 1994, 51

[46]　Yuan L M, Fu R N, Chen X X, Gui S H. Chromatographia, 1998, 47(9/10): 575

[47]　袁黎明, 凌云, 傅若农. 高等学校化学学报, 2000, 21(2): 213

[48]　李芙蓉, 宋卿, 赵丽, 袁黎明. 高等学校化学学报, 2009, 30(2): 258

[49] Bwambok D K, Marwani H M, Fernand V E, Fakayode S O, Lowry M, Negulescu I, Strongin R M, Warner I M. Chirality, 2008, 20: 151
[50] Stavrou I J, Christodoulou C P K. Electrophoresis, 2013, 34: 524
[51] Mavroudi M C, Kapnissi-Christodoulou C P. Electrophoresis, 2014, 35: 2573
[52] Zhang J J, Dua Y X, Zhang Q, Chen J Q, Xu G F, Yu T, Hu X Y. J. Chromatogr. A, 2013, 1316: 119
[53] Ma X F, Du Y X, Sun X D, Liu J, Huang Z F. J. Chromatogr. A, 2019, 1601: 340
[54] Liu R J, Du Y X, Chen J Q, Zhang Q, Du S J, Feng Z J. Chirality, 2015, 27: 58
[55] Zhang Q, Qi X Y, Feng C L, Tong S S, Rui M J. J. Chromatogr. A, 2016, 1462: 146
[56] Fuchs I, Fechler N, Antonietti M, Mastai Y. Angew. Chem. Int. Ed., 2016, 55: 408
[57] Meng C C, Chen Q B, Li X X, Liu H L. J. Membr. Sci., 2019, 582: 83
[58] Flieger J, Feder-Kubis J, Tatarczak-Michalewska M, Płazińska A, Madejska A, Swatko-Ossor M. J. Sep. Sci., 2017, 40: 2374
[59] Kodali1 P, Stalcup A M. J. Liq. Chromatogr. Relat. Tech., 2014, 37: 893
[60] He S S, He Y C, Cheng L P, Wu Y L, Ke Y X. Chirality, 2018, 30: 670
[61] Zhou Z M, Li X, Chen X P, Hao X Y. Anal. Chim. Acta, 2010, 678: 208
[62] Rahim N Y, Tay K S, Mohamad S. Chromatographia, 2016, 79: 1445
[63] Qing H Q, Jiang X Y, Yu J G. Chirality, 2014, 26: 160
[64] Bwambok D K, Challa S K, Lowry M, Warner I M. Anal. Chem., 2010, 82: 5028
[65] Cai P F, Wu D T, Zhao X Y, Pan Y J. Analyst, 2017, 142: 2961
[66] Wu D T, Yin Q H, Cai P F, Zhao X Y, Pan Y J. Anal. Chim. Acta, 2017, 962: 97
[67] Earle M J, McCormae P B, Seddon K R. Green Chem., 1999, 1: 23
[68] Fukumoto K, Yoshizawa M, Ohno H. J. Am. Chem. Soc., 2005, 127: 2398
[69] Machado M Y, Dorta R. Synthesis, 2005, 2473
[70] Zgonnik V, Zedde C, Genisson Y, Mazieres M R, Plaquevent J C. Chem. Commun., 2012, 48: 3185
[71] Liu Q, Wu K K, Tang F, Yao L H, Yang F, Nie Z, Yao S Z. Chem. Eur. J., 2009, 15: 9889
[72] Tang F, Zhang Q L, Ren D D, Nie Z, Liu Q, Yao S Z. J. Chromatogr. A, 2010, 1217: 4669
[73] Liu Y T, Tian A L, Wang X, Qi J, Wang F K, Ma Y, Ito Y, Wei Y. J. Chromatogr. A, 2015, 1400: 40
[74] Huang X X, Wu H R, Wang Z X, Luo Y J, Song H. J. Chromatogr. A, 2017, 1479: 48
[75] Zang H M, Yao S, Luo Y J, Tang D, Song H. Chirality, 2018, 30: 1182
[76] Chen S Y, Huang X X, Yao S, Huang W C, Xin Y, Zhu M H, Song H. Chirality, 2019, 31: 824
[77] Cui X, Ding Q, Shan R N, He C H, Wu K J. Chirality, 2019, 31: 457
[78] Mu X Y, Qi L, Shen Y, Zhang H Z, Qiao J, Ma H M. Analyst, 2012, 137: 4235
[79] Zhang H Z, Qi L, Shen Y, Qiao J, Mao L Q. Electrophoresis, 2013, 34: 846
[80] Wahl J, Holzgrabe U. J. Pharma. Biomed. Anal., 2018, 148: 245
[81] Xu G F, Du Y X, Du F, Chen J Q, Yu T, Zhang Q, Zhang J J, Du S J, Feng Z J. Chirality, 2015, 27: 598
[82] Zhang Q, Du Y X, Du S J, Zhang J J, Feng Z J, Zhang Y J, Li X Q. Electrophoresis, 2015, 36: 1216
[83] Sun X D, Liu K, Du Y X, Liu J, Ma X F. Electrophoresis, 2019, 40: 1921

第5章 手性表面活性剂

表面活性剂是指某些有机化合物，它们不仅能溶于水或其他有机溶剂，同时又能在相界面上定向并改变界面的性质[1]。理论上可作为表面活性剂的化合物已有数千种，最常用的分类方法是按分子结构中带电的特征首先分为阳离子型、阴离子型、非离子型和两性表面活性剂四大类，然后在每一类中再按官能团的特性加以细分。如阴离子型可分为胺盐和季铵盐，阳离子型可分为—COONa、—SO₄Na、—SO₃Na 等，非离子型可分为聚乙烯醇、聚环氧乙烷等。阳离子型表面活性剂的亲水基团带有负电荷，阴离子型表面活性剂亲水基团带有正电荷，非离子型表面活性剂分子中并没有带电荷的基团，而两性表面活性剂分子中同时具有可溶于水的正电性和负电性基团。

作为手性识别材料的表面活性剂主要分为两个大类：一类是天然的手性表面活性剂，另一类是合成的手性表面活性剂[2-4]。在手性识别中，手性表面活性剂用得最多的领域是毛细管区带电泳和毛细管胶束电动色谱[5-10]。在毛细管胶束电动色谱中，从理论上讲，不同的手性胶束对不同的样品有不同的选择性，纯粹的手性胶束有利于提高手性分离的选择性，但可选的手性表面活性剂不多。实际中也常采用混合胶束的方法[11,12]，即以 SDS(十二烷基硫酸钠或磺酸钠)为胶束主体，掺入手性表面活性剂。如使用该法利用非离子型手性表面活性剂成功地分离了氨基酸和芳烃等手性异构体[13]。胆酸盐的极性较强，如同时加入 SDS 可以改善分离效果并缩短分离时间[14]。在缓冲溶液中加入有机溶剂或尿素等也是改善分离的办法之一。

5.1 天然手性表面活性剂

5.1.1 胆酸盐

胆汁是脊椎动物特有的从肝脏分泌出来的分泌液。胆汁经胆道流入十二指肠，并在胆道中途胆囊中滞留储存，在储存过程中被浓缩(部分脊椎动物无胆囊，但有一至数条胆管)。胆汁酸是结合的各种胆酸类物质的总称。胆汁酸经水解释放出各种游离胆酸类物质，习惯称为胆酸类。至今发现的胆酸类物质超过 100 种，其中最常用的不过数种，如胆酸、去氧胆酸、鹅去氧胆酸、猪去氧胆酸、熊去氧胆酸等。胆酸盐含有手性碳原子，其具有表面活性剂的性质。在毛细管电泳中将其作为手性识别剂时，在 210 nm 以下波长会有很强的背景吸收，其钠盐的电导率也高，不宜高浓度操作。胆酸类又叫作胆甾酸类，其基本结构为胆基酸。目前常见的用于手性识别的有[15-17]：胆酸钠(SC)、脱氧胆酸钠(SDC)、牛胆酸钠(STC)、牛脱氧胆酸钠(STDC)等，它们的分子结构式如图 5.1 所示。

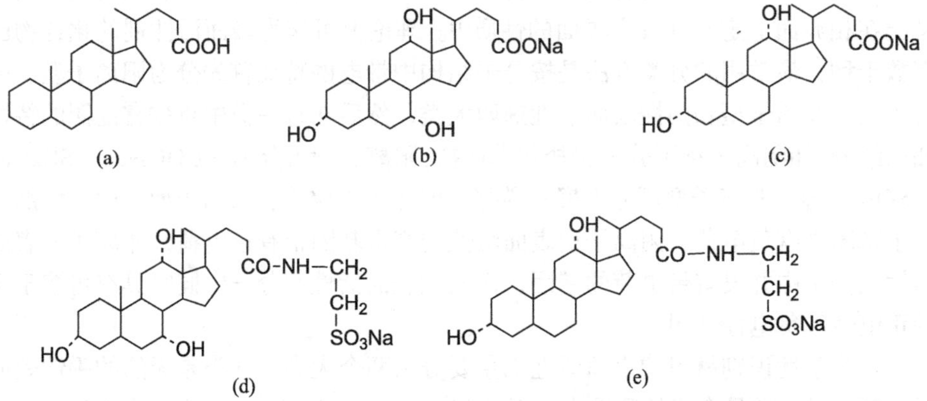

图 5.1   胆酸类物质的化学结构式

(a)胆基酸; (b)胆酸钠; (c)脱氧胆酸钠; (d)牛胆酸钠; (e)牛脱氧胆酸钠

从胆汁中提取胆汁酸时，加 5 倍量以上的无水乙醇沉淀，将滤液蒸发至干，残渣经氯化钙真空干燥器干燥，用 3～4 倍轻石油醚除去脂肪和胆固醇，不溶物用甲醇提取，蒸干，得粗胆汁酸。在胆汁酸中常加碱皂化使胆甾酸游离，加无机酸如盐酸、硫酸酸化析出游离的胆甾酸[18]。胆甾酸的进一步分离通常可以采用制备色谱技术[19]。

5.1.2 皂苷类

植物中含有丰富的化学成分[20-22]，其中的皂苷也被用作手性识别材料[23]。大多数皂苷是由皂苷元和糖或者醛糖酸组成。组成皂苷的糖常见的是葡萄糖、半乳糖、鼠李糖、阿拉伯糖、木质糖以及其他戊糖类，常见的醛糖酸有葡萄糖醛酸、半乳糖醛酸等；皂苷元属于甾或者三萜的衍生物。甾式皂苷的皂苷元是甾体衍生物，除个别外，都是由 27 个碳原子所组成，大部分中性皂苷属于此类。三萜式皂苷的皂苷元是三萜的衍生物，除个别外，都由 30 个碳原子组成，多数酸性皂苷属于此类。

皂苷广泛存在于植物界，尤以蔷薇科、石竹科和无患子科等植物内分布最普遍，含量也最多。大多数皂苷由于分子比较大而呈白色或乳白色无定形粉末，一般不溶于乙醚、苯、氯仿等亲酯性强的有机溶剂，在冷酒精中溶解度也小，绝大多数均可溶于水。当将皂苷混合水振摇时可生成胶体溶液，所以能代替肥皂作为清洁剂用，致有皂苷的名称。皂苷的表面活性与其分子内部亲水性和亲酯性结构的比例相关，只有当二者比例适当时，才能较好地发挥出这种表面活性。某些皂苷由于亲水性强于亲酯性或亲酯性强于亲水性，就不呈现这种活性。

三萜皂苷常用醇类溶剂提取，若皂苷含有羟基、羧基极性基团较多，亲水性强，用稀醇提取效果较好。提取液减压浓缩后加适量水，必要时先用石油醚等亲酯性溶剂萃取，除去亲酯性杂质，然后用正丁醇萃取，减压蒸干，通过大孔吸附树脂，先用少量水洗去糖和其他水溶性成分，后改用 30% ~ 80%甲醇或乙醇梯度洗脱，洗脱液减压蒸干，得粗制总皂苷。由于皂苷难溶于乙醚、丙酮等溶剂，可将粗制总皂苷溶于少量甲醇，然后滴加乙醚或乙酸乙酯或丙酮或乙醚-丙酮(1∶1)等混合溶剂，混合均匀，皂苷即析出。如此数次处理，可提高皂苷纯度，再进行分离[24]。

甾体皂苷的提取与分离方法基本与三萜相似，只是甾体皂苷一般不含羧基，呈中性，因此甾体皂苷俗称中性皂苷，亲水性较弱。甾体皂苷元如薯蓣皂苷元、剑麻皂苷元、海柯皂苷元为合成甾体激素和甾体避孕药的重要原料。甾体皂苷目前研究较多，主要使用甲醇或稀乙醇作溶剂，提取液回收溶剂后，用水稀释，经正丁醇萃取或大孔吸附树脂纯化，得粗皂苷，最后用硅胶柱色谱进行分离制备，得到纯品，常用的洗脱剂有不同比例的氯仿∶甲醇∶水混合溶剂与水饱和的正丁醇[25]。

图 5.2 是两个已经用于毛细管电泳手性分离的皂苷类表面活性剂[23]，一个是七叶皂苷，另一个是甘草酸。

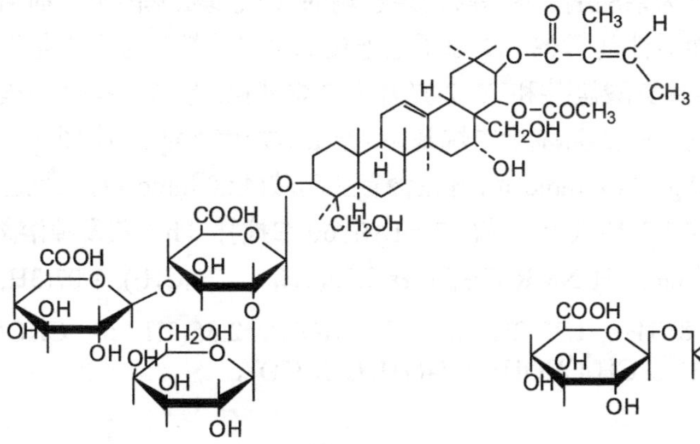

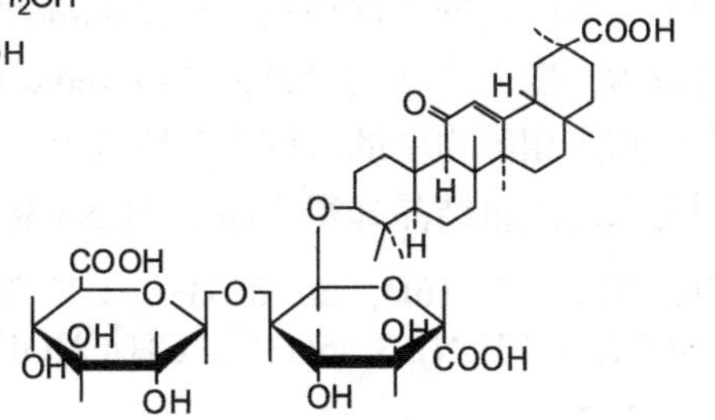

图 5.2　七叶皂苷(a)和甘草酸(b)

5.1.3　强心苷

　　洋地黄强心苷是典型的强心苷，是现代临床应用的一类主要的强心药物，也较多地用作毛细管电泳中的手性识别材料[26]。洋地黄的品种很多，都含有比较复杂的皂苷成分，它的基本化学结构式见图 5.3。

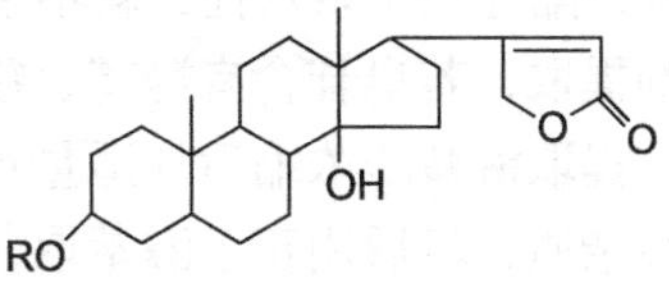

图 5.3　洋地黄皂苷的化学结构式

　　由洋地黄叶中提制洋地黄毒苷：取紫花洋地黄叶粉加等量水充分混匀，于 28 ~ 31℃处放置 8 ~ 10h 以促进酶解完全，然后用 70%乙醇温热(50℃左右)提取数次，合并提取液，回收乙醇至总体积的 1/2(内仍含乙醇约 20%左右)量时，于 35℃处放置 4 ~ 6h，使胶质充分沉淀，用氯仿自滤液中提取数次，合并氯仿液，脱水后，蒸发至干。残余物自丙酮中重结晶，并经脱色，可得纯洋地黄毒苷。在其他强心苷的提纯中，将分配柱色谱结合纸色谱或薄层色谱的应用，是分离混合强心苷类常用而有效的一种方法，尤以分离亲酯性弱的苷类的效果较其他方法好[27]。

5.2　合成手性表面活性剂

5.2.1　*N*-烷基氨基酸

　　人工合成的以烷基链为亲酯端、氨基酸为亲水端的 *N*-烷基氨基酸类表面活性剂被广泛地用作手性表面活性剂[28-32]，N 原子上连接的可以是烷基也可以是烷酰基，例如 *N*-十一酰基-L-缬氨酸盐[33]和 *N*-(2-羟基十二烷基)-L-苏氨酸盐[34]都被用作毛细管电泳的手性识别。*N*-(2-羟基十二烷基)-L-苏氨酸盐表面活性剂(图 5.4)的合成为：取 L-苏氨酸(5.0 g，42.0 mmol)溶解在含有三乙胺(42.0 mmol)的 65%乙醇中，加入相等物质的量的 1,2-环氧十二烷(9.2 mL)在 60 ℃搅拌 8 h。蒸发掉溶剂，用无水乙醇重结晶即得产品。^{1}H NMR (D$_2$O)：δ=0.75(3H, t, CH$_3$CH$_2$)，1.07(3H, d, CH$_3$CH)，1.16(16H, m, 8CH$_2$)，1.32(2H, m, CH$_2$CHOH)，2.35(2H, m, CHOH)，2.56(2H, t, CH$_2$N)，3.55(1H, s, CH$_2$CHOH)，3.74(1H, CHCOO)。

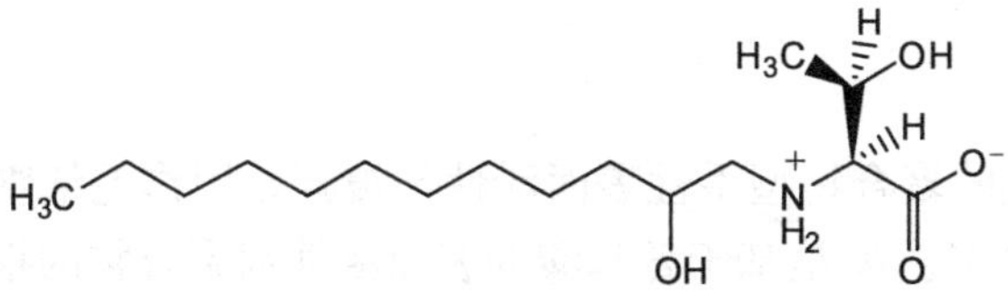

图 5.4　N-(2-羟基十二烷基)-L-苏氨酸表面活性剂

　　将一种手性氨基酸表面活性剂，结构为丙烯酰胺-不同链长的烷基(C_8~C_{12})-氨基甲酸酯-亮氨酸，与乙二醇二甲基丙烯酸酯进行"一锅"反应，可制备出用于毛细管电色谱的整体柱进行手性分离[35]。

5.2.2　烷基苷

　　烷基苷作为手性选择剂已经引起人们的广泛注意[36-39]。苷类又称配糖体，是糖或糖的衍生物与另一非糖物质通过糖的端基碳原子连接而成的化合物，因而有 α-苷和 β-苷之分。寡糖具有手性识别作用[40-43]，以寡糖为亲水端的烷基苷表面活性剂能作为手性识别材料[44-46]。烷基苷属于手性中性表面活性剂，如烷基麦芽糖苷[47,48]。将糖中的羟基衍生化则可成为阴离子或者阳离子表面活性剂，图 5.5 中的表面活性剂的合成为：在路易斯酸作用下将全乙酰化的单糖与 1-十二烷基硫醇反应制备十二烷基硫苷，除去剩下的乙酰基保护基团后，磺酸基的引入可采取两种方法：一种是利用三氧化硫吡啶的复合物直接磺化；另一种是用二丁基氧化锡作用后用三氧化硫三乙胺复合物反应，产物利用柱色谱纯化[49]。除此之外，还有类似的其他烷基苷表面活性剂的报道[50]。

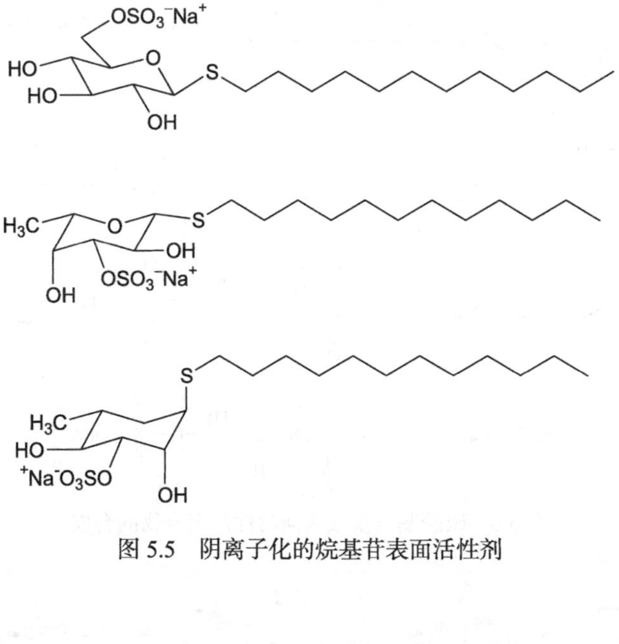

图 5.5　阴离子化的烷基苷表面活性剂

5.2.3 聚合物

1994 年合成的聚合物型手性表面活性剂被开始用作毛细管电泳中的手性识别材料[33,51,52]，并且主要是基于氨基酸的表面活性剂聚合物的报道。聚合物表面活性剂在电泳过程中避免了单体和胶束之间的平衡，增加了手性识别能力；以聚合物为手性识别剂时不需要达到临界胶束浓度，可以使用较低浓度的识别剂，常常可以达到高效快速分析的目的。氨基酸表面活性剂聚合物主要有单体中只含一个氨基酸的聚合物如聚癸酰基-L-缬氨酸钠[53,54]以及单体中含两个氨基酸的聚二肽表面活性剂如聚癸酰基-L,L-缬氨酰-缬氨酸钠、聚癸酰基-L,L-苏氨酰-缬氨酸钠、聚癸酰基-L,L-丝氨酰-缬氨酸钠、聚癸酰基-L,L-丙氨酰-缬氨酸钠[55-58]。它们的合成主要是用十一碳烯酸的 N-羟基琥珀酰亚胺酯与对应的氨基酸或者二肽反应生成 N-十一碳烯基的表面活性剂，然后利用 ^{60}Co 的 γ 射线引发聚合而得到手性识别产物[59,60]。图 5.6 是一个磺酸基氨基酸表面活性剂聚合物的合成过程[61]：① 首先在二氯甲烷中让十一碳烯醇在吡啶存在下与三光气反应 96 h，逐滴加入等摩尔的手性氨基醇的碳酸钠水溶液。反应 2 h 后，用二氯甲烷萃取反应混合物两次，收集的二氯甲烷萃取液重复地用水洗涤后用硫酸钠干燥，真空浓缩(产率为 91% ~ 95%)。② 把上述产物溶解在吡啶和二氯甲烷的混合溶剂中，在 1h 内逐滴加入氯磺酸，反应混合物用水稀释，加入 6 mol/L 的 HCl 使 pH 为 1 左右，然后用二氯甲烷萃取。所得产物溶解在等摩尔的碳酸钠水溶液中，该溶液用乙酸乙酯萃取，冷冻干燥得聚合单体。③ 利用 ^{60}Co 的 γ 射线照射 100 mmol 的单体水溶液 30 h 即完成单体的聚合。

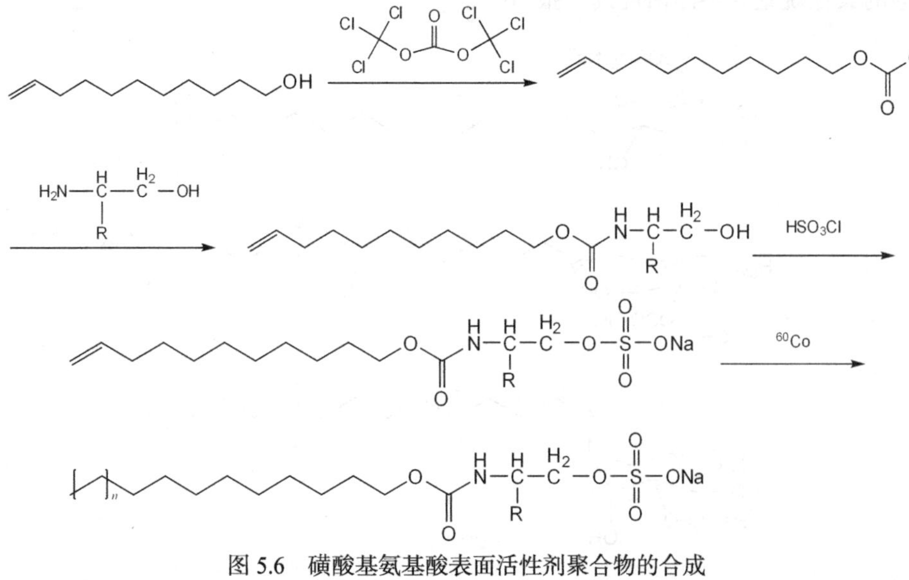

图 5.6 磺酸基氨基酸表面活性剂聚合物的合成

在高效液相色谱中，非离子表面活性剂聚氧乙烯(23)十二烷基醚(Brij 35)、聚氧乙烯(10)十六烷基醚(Brij 56)、聚乙二醇叔辛基苯基醚(Triton x-100)、聚氧乙烯山梨醇酸单酯(吐温 20)和聚氧乙烯山梨酯单硬脂酸酯(吐温 60)能改进以 *N,N*-二甲基-L-苯丙氨酸+铜(Ⅱ)配合物为手性添加剂的配体交换色谱对映体选择性[62]。

5.2.4　其他

酒石酸是典型的外消旋体的拆分剂[63]，在酒石酸分子上引入烷基可以合成出基于酒石酸的表面活性剂，该表面活性剂在毛细管电泳中具有良好的手性识别作用[64,65]。也有将纤维素纳米晶体制备成表面活性剂的报道[66]。

一些半合成的甾体衍生物也可作为手性识别材料[67]。以左松脂酸为原料合成的表面活性剂(合成路线见图 5.7)，对氨基酸的外消旋体显示了较好的手性识别能力[68]，该研究为合成新型的手性表面活性剂提供了新的思路。

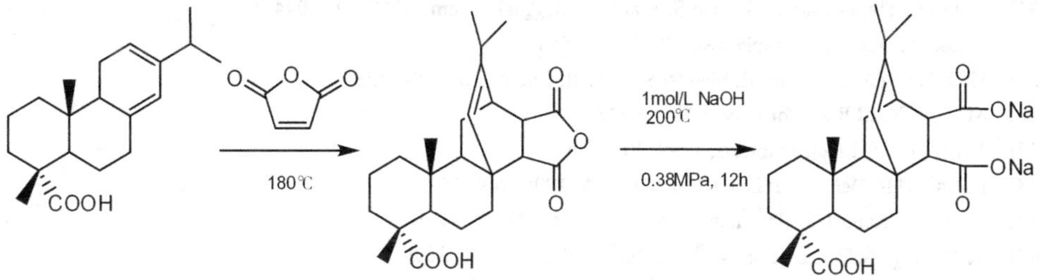

图 5.7　左松脂酸的马来酸钠盐衍生物

参 考 文 献

[1]　苑再武, 苑敬, 吕鑫, 张健, 徐桂英. 物理化学学报, 2013, 29: 449

[2]　Gubitz G, Schmid M G. Electrophoresis, 2000, 21: 4112

[3]　Blanco M, Valverde I. Trends Anal. Chem., 2003, 22: 428

[4]　Riekkola M L, Wiedmer S K, Valko I E, Siren H. J. Chromatogr. A, 1997, 792: 13

[5]　Palmer C P, McCarney J P. J. Chromatgr. A, 2004, 1044: 159

[6]　Eeckhaut A V, Michotte Y. Electrophoresis, 2006, 27: 2886

[7]　Kahle K A, Foley J P. Electrophoresis, 2007, 28: 2503

[8]　Preinerstorfer B, Lammerhofer M. Electrophoresis, 2007, 28: 2527

[9]　Ward T J, Baker B A. Anal. Chem., 2008, 80: 4363

[10]　Scriba G K E. J. Sep. Sci., 2008, 31: 1991

[11]　Yuan L M, Fu R N, Chen X X, Gui S H. Chromatographia, 1998, 47(9/10): 575

[12]　Yuan L M, Ai P, Zi M, Dai R J. J. Chromatogr. Sci., 1999, 37: 395

[13]　Dobashi A, Ono T, Hara S, Yamaguchi J. Anal. Chem., 1989, 61: 1984

[14]　Okafo N G. J. Chem. Soc. Chem. Commun., 1992, 17: 1189

[15]　Cole R O, Sepaniak M J, Hinze W L, Gorse J, Oldiges K. J. Chromatogr., 1991, 557: 113

[16]　Nishi H, Fukuyama T, Matsuo M, Terabe S. J. Microcolumn Sep., 1989, 1: 234

[17] Nishi H, Fukuyama T, Matsuo M, Terabe S. J. Chromatogr., 1990, 515: 233
[18] 张豁中, 温玉麟. 动物活性成分化学. 天津: 天津科学技术出版社, 1995, 1580
[19] 袁黎明. 制备色谱技术及应用. 2 版. 北京: 化学工业出版社, 2011, 22
[20] Yuan L M, Zi M, Ai P, Chen X X, Li Z Y, Fu R N, Zhang T Y. J. Chromatogr. A, 2001, 927: 91
[21] 袁黎明, 傅若农, 张天佑, 邓锦辉, 李西宁. 色谱, 1998, 16: 361
[22] 袁黎明, 吴平, 夏滔, 谌学先. 色谱, 2002, 20: 185
[23] Ishihama Y, Terabe S. J. Liq. Chromatogr., 1993, 16: 933
[24] 林启寿. 中草药成分化学. 北京: 科学出版社, 1977, 449
[25] 姚新生. 天然药物化学. 3 版. 北京: 人民卫生出版社, 2001, 278
[26] Otsuka K, Terabe S. J. Chromatogr., 1990, 515: 221
[27] 徐任生, 叶阳, 赵维民. 天然产物化学. 北京: 科学出版社, 1993, 690
[28] Yarabe H H, Shamsi S A, Warnr I M. Anal. Chem., 1999, 71: 3992
[29] Dobashi A, Ono T, Hara S, Yamaguchi J. J. Chromatogr., 1989, 480: 413
[30] Otsuka K, Karuhaka K, Higashimori M, Terable S. J. Chromatogr. A, 1994, 680: 317
[31] Otsuka K, Kawakami H, Tamaki W, Terable S. J. Chromatogr. A, 1995, 716: 319
[32] Mazzeo J R, Grover E R, Swartz M E, Petersen J S. J. Chromatogr. A, 1994, 680: 125
[33] Billiot E, Thibodeaux S, Shamsi S, Warner I M. Anal. Chem., 1999, 71: 4044
[34] Ghosh A, Dey J. Electrophoresis, 2008, 29: 1540
[35] He J, Wang X C, Morill M, Shamsi S A. Anal. Chem., 2012, 84: 5236
[36] Mechref Y, El R Z. Chirality, 1996, 8: 518
[37] Ju M, El R Z. Electrophoresis, 1999, 20: 2766
[38] Fulchic C E, Desbene P L. J. Chromatogr. A, 1996, 749: 257
[39] Tran C D, Kang J. J. Chromatogr. A, 2002, 978: 221
[40] 周玲玲, 孙文卓, 王剑瑜, 袁黎明. 化学学报, 2008, 66: 2309
[41] Sun W Z, Yuan L M. J. Liq. Chromatogr. Relat. Tech., 2009, 32: 553
[42] Wang J Y, Zhao F, Zhang M, Peng Y, Yuan L M. Chin. Chem. Lett., 2008, 19: 1248
[43] 赵峰, 迟绍明, 袁黎明. 分析化学, 2009, 37(2): 259
[44] Tickle D C, Okafo G N, Camilleri P, Jones R F D, Kirby A J. Anal. Chem., 1994, 66: 4121
[45] Mechref Y, El R Z. Electrophoresis, 1997, 18: 912
[46] Tickle D, George A, Jennings K, Camilleri P, Kirby A J. J. Chem. Soc., Perkin Trans., 1998, 2: 467
[47] El R Z. J. Chromatogr. A, 2000, 875: 207
[48] Mechref Y, El R Z. J. Chromatogr. A, 1997, 757: 263
[49] Tano C, Son S H, Furukawa J, Furuike T, Sakairi N. Electrophoresis, 2008, 29: 2869
[50] Tano C, Son S H, Furukawa J, Furuike T, Sakairi N. Electrophoresis, 2009, 30: 2743
[51] Wang J, Warner I M. Anal. Chem., 1994, 66: 3773
[52] Dobashi A, Hamada M, Dobashi Y, Yamagushi J. Anal. Chem., 1995, 67: 3011
[53] Shamsi S A, Akbay C, Warner I M. Anal. Chem., 1998, 70: 3078
[54] Rizvi S A A, Akbay C, Shamsi S A. Electrophoresis, 2004, 25: 853
[55] Yarabe H H, Billiot E, Warner I M. J. Chromatogr. A, 2000, 875: 179
[56] Shamst S A, Macossay J, Warner I M. Anal. Chem., 1997, 69: 2980
[57] Billiot F H, Billiot E J, Warner I M. J. Chromatogr. A, 2001, 922: 329
[58] Billiot E, Warner I M. Anal. Chem., 2000, 72: 1740
[59] Constantina P K, Bertha C V, Isiah M W. Anal. Chem., 2003, 75: 6097
[60] Billiot E, Billiot F, Warner I M. J. Chromatogr. Sci., 2008, 46: 757
[61] Rizvi S A A, Zheng J, Apkarian R P, Dublin S N, Shamsi S A. Anal. Chem., 2007, 79: 879

[62]　Dimitrova P, Bart H J. Anal. Chim. Acta, 2010, 663: 109

[63]　Cai Y, Yan Z H, Zi M, Yaun L M. J. Liq. Chromatogr. Relat. Tech., 2007, 30(9): 1489

[64]　Dalton D D, Taylor D R, Waters D G. J. Chromatogr. A, 1995, 712: 365

[65]　Dalton D D, Taylor D R. J. Microcolum Sep., 1995, 7: 513

[66]　Liu X B, Shi S W, Li Y N, Forth J, Wang D, Russell T P. Angew. Chem. Int. Ed., 2017, 56: 12594

[67]　Mechref Y, El R Z. J. Chromatogr. A, 1996, 724: 285

[68]　Wang H S, Zhao S L, He M, Zhao Z C, Pan Y M, Liang Q. J. Sep. Sci., 2007, 30: 2748

第6章 氨 基 酸

羧酸分子中烃基链上的氢原子被-NH$_2$取代后所形成的化合物，叫做氨基酸，它既含有氨基，又含有羧基。氨基酸是形成蛋白质的基石，现在已分离出来的氨基酸将近百种，但是主要的蛋白质，大都是由 20 种氨基酸组成的。这 20 种氨基酸，都在羧基的 α-位连有一个氨基，属于 α-氨基酸。这些氨基酸除甘氨酸外，α-碳原子都是手性碳原子，具有旋光性。在手性识别中，它们常常被用作手性识别材料来创造识别的手性环境[1-5]。

氨基酸是氢键型手性识别材料。氢键型手性材料识别机理一般认为必须满足同时有三个相互作用点，这些作用中至少一个是立体化学决定的，这个原理 1952 年首次由 Dalgleish 提出[6]，可用下面的图 6.1 加以说明。

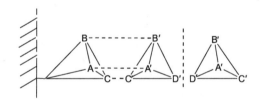

图 6.1　三点作用原理

手性材料中含有 A、B、C 三个作用点，能与溶质相应的三个点 A'、B'、C' 作用，虽然溶质中两对映体都有两点能与手性材料作用，但只有其中一种对映体可以同时有三点作用，而另一个不能。同时三点与手性材料有作用的对映体被保留的时间较长。如果第三点作用不是吸引，而是排斥，被保留的时间反而短。"三点作用"的作用力可以是氢键、偶极-偶极相互作用、范德华力、包合作用以及立体阻碍等。由于材料(相当于溶剂)和对映体(相当于溶质)都是光活性的，它们之间的作用点可以有两点相同，但第三作用点存在差别，使溶质和溶剂之间相互作用所形成的缔合物在稳定性上有差别，在通过多次的作用后，达到对映体的识别[7]。

6.1　亮氨酸与异亮氨酸

异亮氨酸最先成功用于气相色谱中手性化合物的拆分。利用气相色谱分离手

性化合物的研究始于 20 世纪 50 年代末期，但真正第一次成功地分离是在 1966
年，Gil-Av 等[8]首次将 N-三氟乙酰基-D-异亮氨酸月桂醇酯(图 6.2)涂渍在一根毛细
管柱上分离 N-三氟乙酰基-氨基酸烷基酯对映异构体。1967 年 Gil-Av 等又用填充
柱气相色谱实现了氨基酸的半制备分离[9]。尽管气相色谱较早地应用于手性识别，
但其在随后的年代里发展较慢，主要是该类固定相热不稳定性的原因。为了改善
这种固定相的热稳定性，Gil-Av 又研究了在此固定相中引入长的烷基链，但该固
定相仍然对热不稳定，在该固定相熔点之上其固定液产生严重的流失。

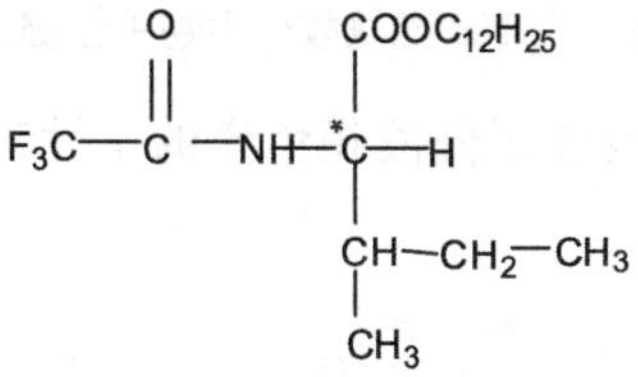

图 6.2　N-三氟乙酰基-D-异亮氨酸月桂醇酯

在低分子量的液相色谱合成手性固定相中，Pirkle 研究组的贡献无疑是最杰
出、最重要的。该研究组在该方向上的研究起于 70 年代后期，他们研究的手性固
定相主要有三代，其中第二代几乎全部是氨基酸的衍生物。Pirkle 研究组在其第
二代固定相中合成了亮氨酸的 DNB 衍生物(图 6.3)[10,11]。

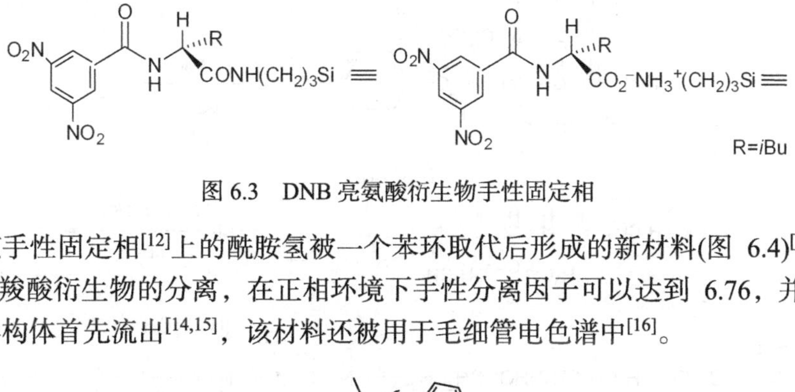

图 6.3　DNB 亮氨酸衍生物手性固定相

该手性固定相[12]上的酰胺氢被一个苯环取代后形成的新材料(图 6.4)[13]用于
2-羟基羧酸衍生物的分离，在正相环境下手性分离因子可以达到 6.76，并且(S)-
型的异构体首先流出[14,15]，该材料还被用于毛细管电色谱中[16]。

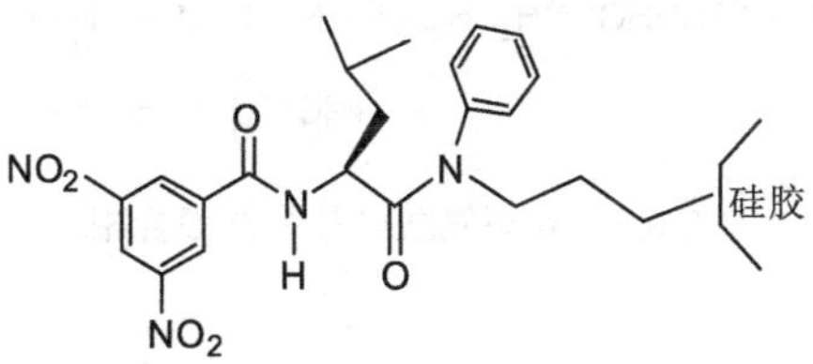

图 6.4　酰胺氢被取代的 DNB 亮氨酸衍生物手性固定相

图 6.5 固定相对 N-(2-萘基)-丙氨酸二乙基酰胺的手性分离因子 $\alpha=20$，并在过

载情况下对该化合物进行了分离研究[17]。

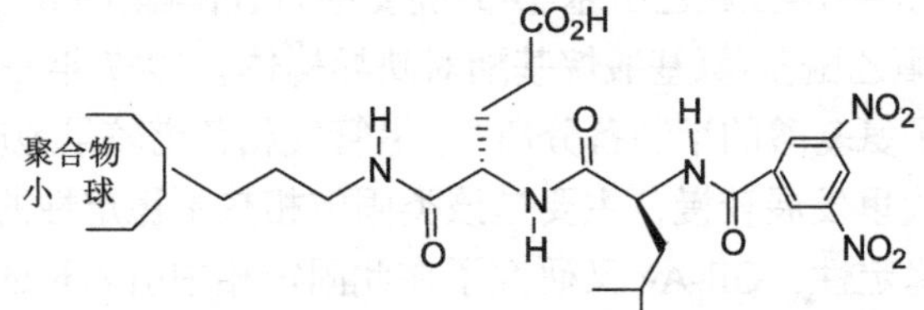

图 6.5　DNB 亮氨酸衍生物手性键合相

(R)-(+)-异亮氨酸酰胺也被用做液相色谱的手性键合相，它的合成路线见图 6.6[18]。

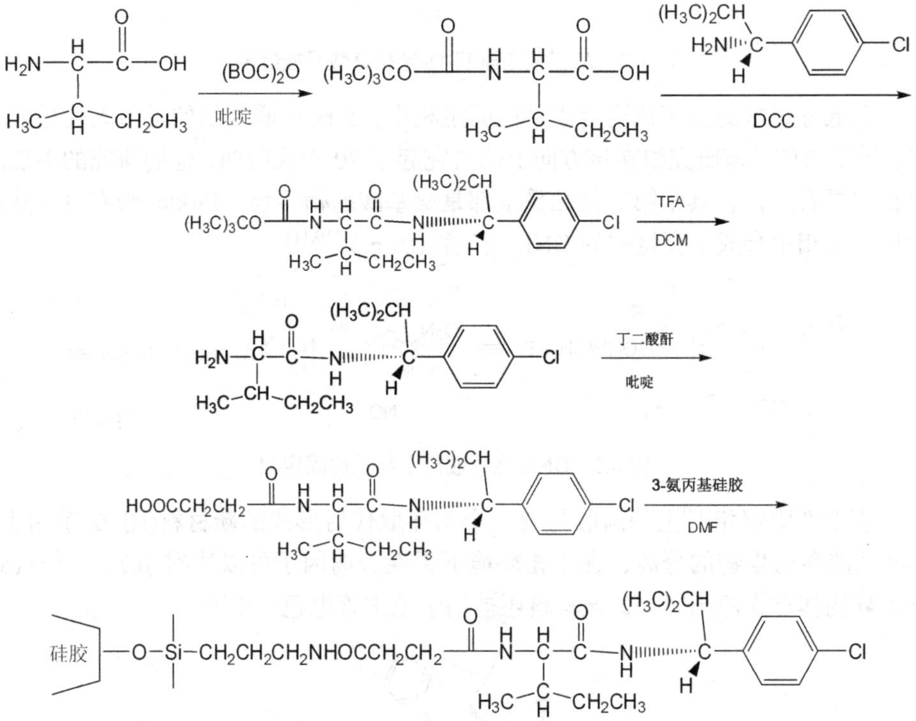

图 6.6　异亮氨酸酰胺手性键合相

6.2　缬　氨　酸

缬氨酸是在气相色谱中最广泛使用的氨基酸手性材料。缬氨酸固定相分子结构[19]如图 6.7 所示，该固定相已有商品出售，用于短装柱拆分 *N*-三氟乙酰基-氨基酸酯显示了非常好的拆分性。经仔细纯化制备的 *N*-十二烷酰基-缬氨酸-特丁酰胺[20]和有关的衍生物[21,22]显示了可达 190℃的操作温度，由于其对一些对映异构体的拆分因子很大，故也可以作小规模的制备性拆分。

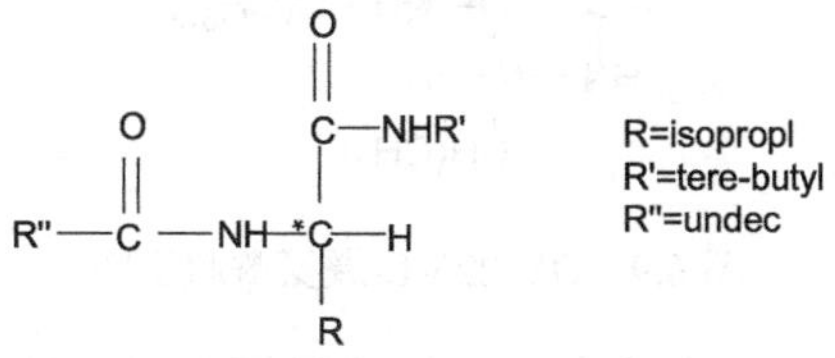

R=isopropl
R'=tere-butyl
R''=undec

图 6.7 *N*-十二烷酰基-缬氨酸-特丁酰胺

　　1977 年，Frank 等将二甲基硅氧烷、L-缬氨酸-叔丁基胺和(2-羧丙基)甲氧基硅烷进行共聚，产生了一种新的材料，该材料远较 Gil-Av 气相色谱固定相稳定，可以在 230℃的温度下使用[23,24]，分析速度较 Gil-Av 柱快很多，在此温度下没有观察到固定相的流失。由于 Frank 聚硅氧烷手性固定相的引入，气相色谱手性分离获得了真正的新生。该固定相的商品名叫 Chirasil-Val(图 6.8)，其使原手性固定相的性能得到改善，将该固定相涂渍在石英毛细管柱上，如采用程序升温方法，在 30 min 内可一次分离所有的蛋白质氨基酸.Chirasil-Val 柱可以分离很多类型的手性物质，包括芳基乙二醇、2-或 3-位的羟基羧酸、2-卤代羧酸和其他一些没有衍生化的物质如醇、二酮、羟基内酯等。

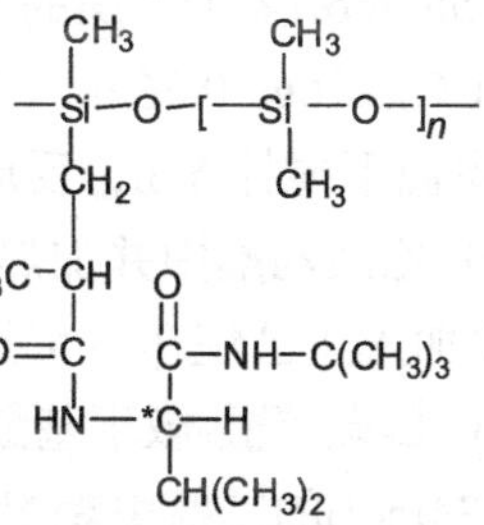

图 6.8 Chirasil-Val 手性固定相

　　手性聚硅氧烷固定相仍然能通过 OV-225 来制备。方法是将其氰基转化成 Chirasil-Val 类型聚合物中的羧基，然后使其与 L-缬氨酰叔丁胺中的胺基结合，就可合成与之类似的 OV-225-L-缬氨酰叔丁胺(图 6.9)[25,26]。

　　Konig 等还原 OV-225 中的氰基为胺基后，让其与 *N*-乙酰基-L-缬氨酸中的羧基作用，所生成的手性固定相应用仍然十分广泛[27]。

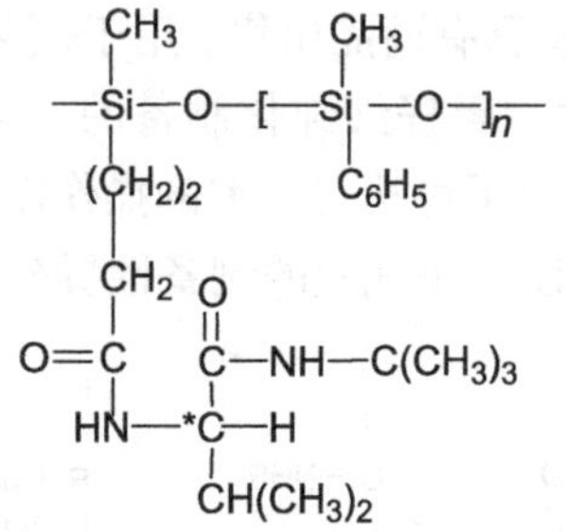

图 6.9　OV-225-L-缬氨酰叔丁胺

在该类手性固定相中，手性中心一般选择缬氨酰叔丁胺，主要因为它的对映体选择能力强，外消旋趋势小。研究表明，手性中心的含量也影响固定相的对映体选择性和耐温性，较理想的含量是 13%～25%，含量太高使固定相的软化点升高，含量太低又会降低固定相的对映体选择能力。因此，通常选择含 13%～25% 氰基的聚硅氧烷作键合固定相的基质，通过水解、缩合等反应，把手性中心连接到聚硅氧烷骨架上。

缬氨酸手性固定相的详细合成方法为：① 将 92 mL 三乙胺(0.658 mol)加入 500 mL 缬氨酸(70.0 g, 0.598 mol)的水溶液中，逐滴滴加 400 mL 叔丁氧基酸酐 (157 g, 0.722 mol)的二噁烷溶液，在室温下反应过夜，减压浓缩一倍后用 3 mol 的 HCl 调 pH=2，混合物用 800 mL 乙酸乙酯分 4 次萃取，合并有机萃取相用盐水洗涤后用无水硫酸钠干燥，过滤浓缩得到无色油状的 N-Boc-L-缬氨酸 122 g(产率 94%)。② 将 122 g 该产物(0.56 mol)溶于干燥的 250 mL 二氯甲烷中，慢慢加入 100 mL 二环己基碳二亚胺(DCC)(116g, 0.56mol)二氯甲烷溶液。在 5 ℃逐滴滴加 68 mL 叔丁基胺(0.56 mol)，室温下搅拌 5 h，反应液用二氯甲烷稀释，析出的脲过滤除去。产物溶解在 200 mL 乙酸乙酯中并加热到 60 ℃，残余的脲进一步过滤除去。该过程重复两次，接着加入正己烷在 5 ℃过夜。用正己烷洗涤析出的晶体沉淀、真空干燥得无色的 N-Boc-L-缬氨酸-叔丁基酰胺。③ 在 0 ℃100 mL N-Boc-L-缬氨酸-叔丁基酰胺(63.8g, 0.234mol)的二氯甲烷溶液中加入 112 mL 三氟乙酸(1.45 mol)，室温下搅拌 2.5 h，真空除去溶剂和过剩的酸，残渣溶于水中并用乙醚洗涤。水相用碳酸氢钠中和后用二氯甲烷萃取，萃取相用硫酸钠干燥除去溶剂得 L-缬氨酸-叔丁基酰胺的无色晶体 22.3 g(产率 67%)[28]。④ 在一个 100 mL 双颈烧瓶中，将 1.11 g(6.43 mmoL)L-缬氨酸-叔丁基酰胺溶解于 5 mL 无水四氢呋喃中，再将 1.35 mL(19.29 mmoL)甲基环氧乙烷加入溶液中[29]。反应过后的混合物冷却到 0 ℃，在 5 mL 无水四氢呋喃中，逐滴滴加 1.45 mL(6.75 mmoL)10-十一烯酰氯，混合物在室温下反应 1 h，在减压下蒸发掉溶剂。油状产物在乙酸乙酯中溶解，用水洗涤五次。产物经干燥、浓缩、色谱纯化后，得到 2.1 g 纯净产物[30]。⑤ 在氮气保护下将 0.1 mL 六氯合铂酸 THF 溶液(1 mg/mL)加到含氢聚甲基硅氧烷和含双键的缬氨酸衍生物的无水 THF 混合物中，在 50 ℃超声反应 24 h。反应混合物先用活性炭处理，然后利用 Sephadex LH-20 纯化即得最终产品 [31,32]。

Konig 等利用(S)(或(R))-α-苯乙胺作为另外的手性成分，合成了类似的手性固定相 XE-60-L-缬氨酰-(S)(或(R))-α-苯乙胺[33,34]，也具有较好的涂渍性能和较宽的使用温度。该固定相的合成路线见图 6.10：将 XE-60 在 10%氢氧化钾的二氧杂环己烷-水(1：1，体积比)溶液中加热回流 10h，水解完全后，用盐酸酸化至 pH=1，用乙醚萃取。除去溶剂后得到 XE-60-COOH。XE-60-COOH 与 L-缬氨酸-α-甲基苄胺在二氯甲烷中经二环己基碳二亚胺(DCC)脱水，经柱色谱纯化即得到手性固定液。

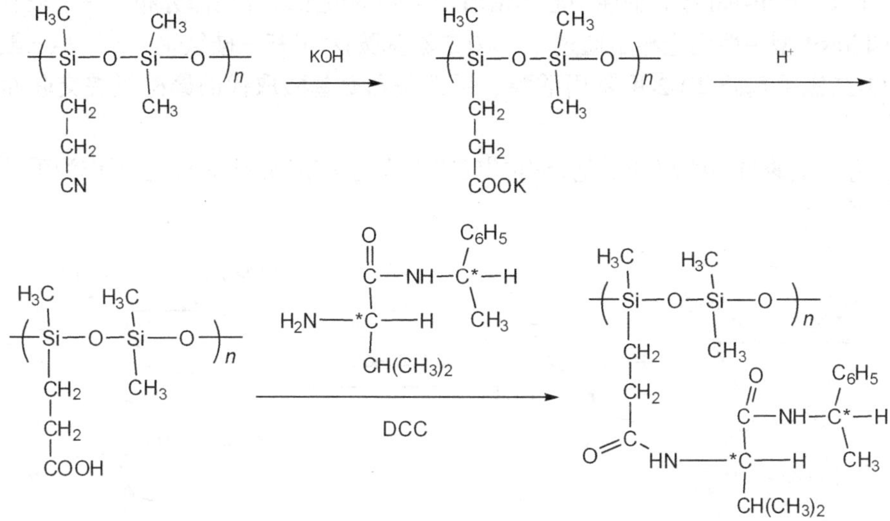

图 6.10　XE-60-L-缬氨酰-(S)(或(R))-α-苯乙胺的合成路线

由于交联毛细管柱具有耐溶剂冲洗、耐高温、寿命长、柱效高等特点，并可在超临界流体色谱条件下使用，因此手性交联毛细管柱的研制也备受人们的重视。但是，手性固定相的交联与非手性固定相也有一定差别，交联条件不当，会引起固定相的外消旋化及其他的副反应，使固定相的对映体选择性降低。文献报道的交联方法有热交联法、过氧化物法和偶氮化物法等，手性固定相的交联一般采用过氧化物引发法。交联时，要控制过氧化物的用量，过氧化物用量过大会造成手性中心的外消旋化，用量过小有可能交联不够。交联手性固定相虽然提高固定相的稳定性，但由于受手性中心外消旋化的限制，仍不能在较高温度下使用。文献报道的交联手性毛细管柱的制备不多，主要有 Chirasil-Val，OV-225-L-缬氨酰叔丁胺、XE-60-L-缬氨酰-(*S*)(或(*R*))-α-苯乙胺、乙烯基氰乙基聚硅氧烷-L-缬氨酰叔丁胺等，上述 4 种二酰胺手性固定相是以过氧化苯甲酰为引发剂而交联的。

在十一烯碳酰-L-缬氨酰-(*S*)-α-苯乙胺中，虽然含有易交联的双键结构，但分子量较小，要交联成耐溶剂冲洗的大分子，需使用某些色谱固定液，如 PEG-20M 和 SE-54 等过渡，但这些固定液加入后，手性固定液的对映体选择性会降低。OV-225-L-缬氨酰叔丁胺和 XE-60-L-缬氨酰叔丁胺，前者间隔臂过长，交联时会发生严重的消旋化；后者分子中没有双键，交联度又不高。只有乙烯基氰乙基聚硅氧烷-L-缬氨酰叔丁胺分子中既具有聚硅氧烷骨架和乙烯基，又有合适的间隔臂长度，因而具有较好的交联性能，即具有较好的交联度和低的消旋化率。这一交联手性柱在实践中已较多地使用。

在 Chirasil-Val 中，手性中心是沿着聚合物的链按统计规律分布。一个较有序的 Chirasil 型手性固定相是通过 1,5-双(二乙基胺)六甲基三硅氧烷、2',2',2'-三氟乙基-(3-二氯甲基硅基)-2-甲基丙酸酯、手性胺和氨基酸取代的聚硅氧烷交联而产生[35-37]。

将缬氨酸与一些超分子化合物[38]反应生成的衍生物(图 6.11)也可作为手性识别材料[39-41]。

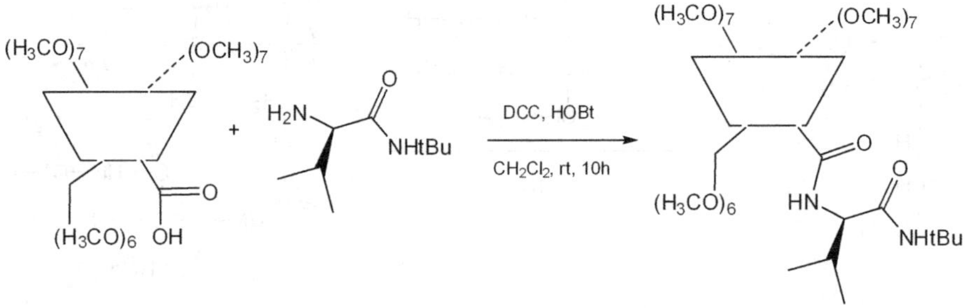

图 6.11 缬氨酸环糊精手性固定相

缬氨酸除了在气相色谱中有广泛应用外，Pirkle 研究组也合成了缬氨酸的 DNB 衍生物[10,11]用做液相色谱的手性固定相(图 6.12)。

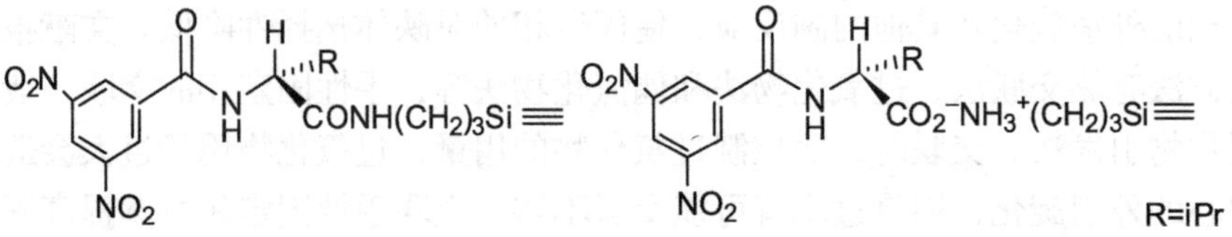

图 6.12 DNB 缬氨酸手性固定相

缬氨酸经不同的 Bucherer 反应[42,43]来制备 *N*-(2-萘基)缬氨酸酯，这种手性固定相(图 6.13)可以拆分范围很广的不同 DNB 衍生物，如 3,5-二硝基苯基脲和 3,5-二硝基苯基氨基甲酸酯化合物。其属于 Pirkle 手性固定相第三代中的第三种类型。这类手性固定相容易从来源方便的手性起始物质制备，已经得到应用。

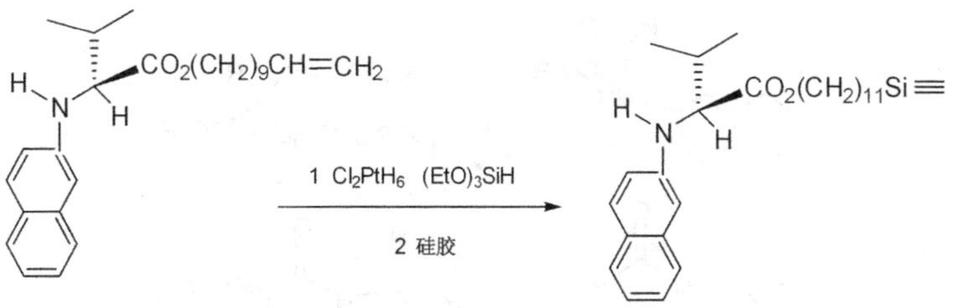

图 6.13 缬氨酸衍生物手性固定相

6.3 苯 甘 氨 酸

Pirkle 研究组合成了(R)-苯甘氨酸的 DNB 衍生物[10,11]，该固定相(图 6.14)与前述的亮氨酸、缬氨酸的 DNB 衍生物构成了第二代 Pirkle 型手性固定相，已经发现有二十几类不同的光活性物质可以在这些固定相上进行拆分[44-47]。在苯甘氨酸的 DNB 衍生物材料的分析柱上已经成功地分析了很多手性化合物的对映体纯度。

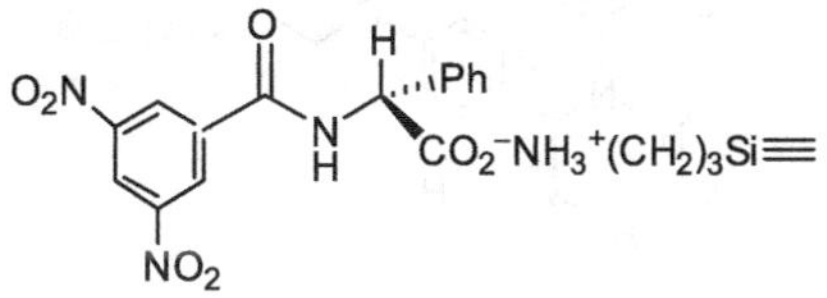

图 6.14 DNB-苯甘氨酸衍生物手性固定相

DNB 苯甘氨酸的制备可以将其 DNB 衍生物以离子键结合到γ-氨基丙基衍生化的硅胶上，离子键结合的手性酸不会被常用的有机溶剂洗脱下来，利用氨丙基化的硅胶色谱柱可以方便廉价地制备这种手性固定相色谱柱。因为这些手性固定相上拆分的化合物类型多、范围广且 α 值都比较大，所以是较好的制备性拆分用的手性材料[48]，Pirkle 等用一根 6 in × 40 in (非法定单位，1 in = 2.54 cm)、装 13kg 该手性固定相的色谱柱一次成功地拆分了 50g 的外消旋 N-(2-萘基)-丙氨酸甲酯[49]。

第二代 Pirkle 型手性固定相是成功的,图 6.15 中的几类化合物很容易在 Pirkle 第二代手性固定相上拆分[50-52]。通过分析它们之间的手性识别机理，可见一种被拆分物可以有几种不同的识别，增加功能基或原有功能基的改变都有可能把原有一种属次要的机理的重要性提高，变成主要机理，从而改变对映体的洗脱顺序。这为第三代 Pirkle 型手性固定相的制备提供了理论指导。Pirkle 研究组从以上各类手性化合物中选择拆分效果最好的几类手性化合物作为第三代 Pirkle 型手性固定相的候选者，先后合成了多种性能优异的新手性固定相，第三代 Pirkle 型手性固定相又主要被分为三个小类。

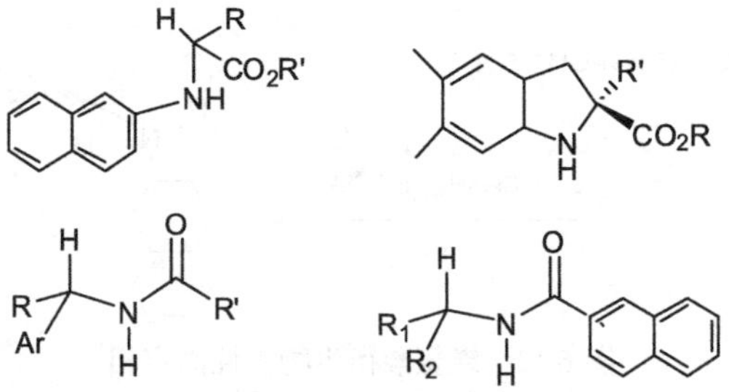

图 6.15　在 Pirkle 型第二代手性固定相上易拆分的对映体

　　基于 Pirkle 以及合作者们前面所述的研究工作[12]，将 N-丁酰基-(R)-p-羟苯基甘氨酸丙基酰胺通过它的酚氧基键合到硅胶上(图 6.16)[53]，其对 N-(3,5-二硝基苯甲酰基)-氨基酸酰胺显示出了很高的识别能力，在用正己烷/异丙醇为流动相时，对衍生化的亮氨酸对映异构体的立体选择性分离因子高达 26.59，对 S 型的手性化合物具有更强的保留。

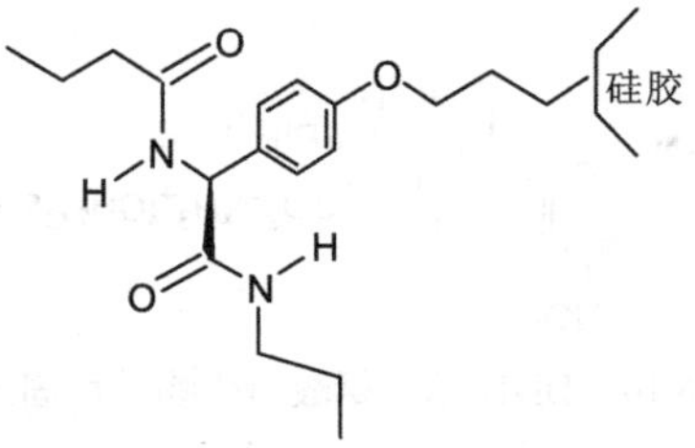

图 6.16　N-丁酰基-(R)-p-羟苯基甘氨酸丙基酰胺手性固定相

　　C3-对称的以均苯三甲酰氯与氨基酸或者氨基醇如(R)-苯甘氨酸或者(R)-苯甘氨醇反应，通过键合臂将其固载在硅胶表面，所得手性柱具有拆分能力[54]。

　　自 1980 年 Regis 公司生产商品手性柱以来，最广泛使用的 Pirkle 型手性固定相之一就是 N-(3,5-二硝基苯甲酰基)苯甘氨酸(DNBPG)手性固定相。该固定相终端有一个π-电子受体，与具有π-电子给体的芳香对映异构体产生π-π作用。该材料还含有两个酸性氢原子和两个碱性羰基，它们能与一些溶质分子如酰胺、胺或羟基生成氢键，这种柱称π-电子接受柱。该手性材料(图 6.17)的详细合成步骤为[10]：
① 将 50 g 硅胶(58 μm, 600 m^2/g)悬浮在 500 mL 甲苯中回流直到水全部共沸除去，然后加入 100 g 3-氨丙基三乙氧基硅烷反应 18 ~ 36 h。过滤分离硅胶，分别用甲苯、甲醇、乙醚以及戊烷洗涤，干燥后称重，硅胶增重约 40%，元素分析为 C, 10.91%; H, 2.53%; N, 2.78%; Si, 39.28%。② 在室温下 50 g 的 D-(−)-苯甘氨酸和 72 g 的 3,5-

二硝基苯甲酰氯在 600 mL THF 中搅拌一周，真空除去 THF，残渣用 5%的碳酸氢钠溶解，用 200 mL 乙醚分两次洗涤。水液酸化到 pH=5.3，用乙醚多次萃取直到无溶质再进入乙醚中。合并乙醚萃取相用硫酸镁干燥、真空除去乙醚得 57.72 g 无色产物(产率为 54%)，其对映体纯度为 96%，利用甲醇重结晶可以提高其对映体纯度。③ 将 10 g 苯甘氨酸的上述衍生物溶解在 200 mL 的干燥 THF 中，加入 10 g 干燥的氨丙基硅胶，在搅拌下加入 7.9 g 的 EEDQ。室温反应 8 h 后，硅胶被过滤并用甲醇、丙酮以及乙醚分别洗涤、干燥，得到大约 12 g 的最终产物。元素分析为：C, 14.64%; H, 2.28%; N, 3.09%; Si, 31.39%，根据碳的含量计算得手性选择剂的键合量为：0.51 mmol/g。值得注意的是在最后一步的合成中部分消旋化可以发生。

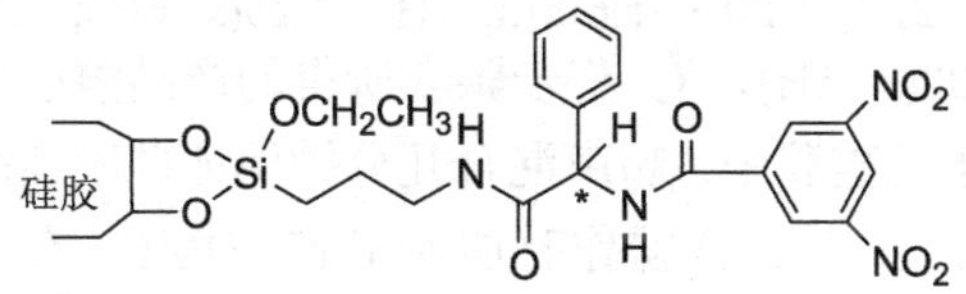

图 6.17　DNBPG 商品手性固定相

6.4　脯　氨　酸

脯氨酸衍生物的液相色谱手性材料较多[55-58]，部分已用于对映异构体的制备性分离[59]，脯氨酸-杯芳烃[4]衍生物对扁桃酸对映异构体具有手性识别[60]。图 6.18 中固定相的合成为：① 11.5 g 脯氨酸(0.099 mol)溶解在 50 mL 2 mol/L NaOH 溶液中，在 0 ℃将 16 mL 氯甲酸苄酯和 50 mL 2 mol/L NaOH 溶液在搅拌下在 1 h 内加入其中，在 0 ℃下反应 30 min，室温下继续反应 30 min。反应混合物用 150 mL 乙醚分两次洗涤，水相用 6 mol/L HCl 酸化到刚果红试纸变蓝，用乙醚萃取三次，合并的乙醚相用硫酸镁干燥、真空浓缩后得到 23.4 g 无色固体，产率为 95%。② 将 6.91 g N-苄氧酰基-L-脯氨酸(0.027 mol)、7.34 g EEDQ(0.030 mol)和 50 mL 干 DMF 混合搅拌成为均相，加入 3.70 g 新蒸馏的 3,5-二甲基苯胺，反应一夜后分别加入 75 mL 乙酸乙酯以及水萃取，有机层分别用 150 mL 水、100 mL 2 mol/L HCl、100 mL NaHCO₃ 洗涤两次，硫酸镁干燥、过滤、真空浓缩得 8.08 g 白色固体，产率 85%。③ 将 6.0 g N-(苄氧酰基)-L-脯氨酸-3,5-二甲基苯胺(0.017 mol)溶解在 50 mL 干燥乙醇中，加入 0.6 g 20% Pd(OH)₂ 催化剂和 2 滴冰醋酸，在 2 kg 的氢气压力下反应 12 h，过滤反应混合物，滤液减压浓缩得到 3.71 g 白色固体。④ 1.98 g L-脯氨酸-3,5-二甲基苯胺(0.009 mol)和 1.25 mL 三乙胺(0.009 mol)溶解在干燥的 THF 中，在 0 ℃将 2.02 g 10-烯十一酰氯(0.010 mL)在 15 min 内加入其中，在室温下继续反应 2 h，过滤除去三乙胺盐酸盐，减压除去溶剂后残渣用 75 mL 乙醚溶解，分别每次用 50 mL 5%碳酸氢钠和 2 mol HCl 洗涤，有机层用硫酸镁干燥、真空浓缩得 3.40 g 浅黄色浆状产物。⑤ 将 5 mL 二甲基氯硅烷、2.9 g N-(10-烯十一酰基)-L-脯氨酸-3,5-二甲基苯胺溶解在 10 mL 干燥的含有 30 mg H$_2$PtCl$_6$ 的氯仿中，回流反应 6 h 后减压除去溶剂，剩余的二甲基氯硅烷用两个 25 mL 的干燥二氯甲烷清除，所得的黑色油状物体用 30 mL 无水乙醚提取，然后用 10 mL 三乙胺 - 无水乙醇(1∶1)处理，回流该混合物 10 min，过滤除去三乙胺盐酸盐沉淀，沉淀用 30 mL 乙醚洗涤两次，合并洗涤液及滤液减压浓缩，残渣以含 1.5%甲醇的二氯甲烷为冲洗剂在硅胶柱上分离，得到黄白色的油状产品 1.67 g，产率为 47%。
^{1}H NMR(CDCl$_3$)：δ= 9.2(br s, 1H); 7.15(s, 2H); 6.70(s, 1H); 4.80(d, 1H); 3.65(q, 2H); 3.50(m, 2H); 2.30(m, 2H); 2.20 ~ 1.60(m, 4H); 2.25(s, 6H); 1.30(br s, 16H); 1.00(t, 3H); 0.50(t, 2H); 0.00(s, 6H)。⑥ 将步骤⑤所得的产品溶解到二氯甲烷中，加入 5.0 g 用苯共沸除掉水的硅胶中，超声混合几分钟保证硅胶表面被硅烷衍生物完全覆盖，该过程重复两次，第二次操作时加入 1 mL DMF，在减压下在 100 ℃将该混合物加热 24 h，用多个 50 mL 甲醇洗涤数次，所得材料用六甲基二硅烷的二氯甲烷溶液封尾。根据元素分析的含碳量测得手性识别剂的键合量为 0.22 mmol/L。

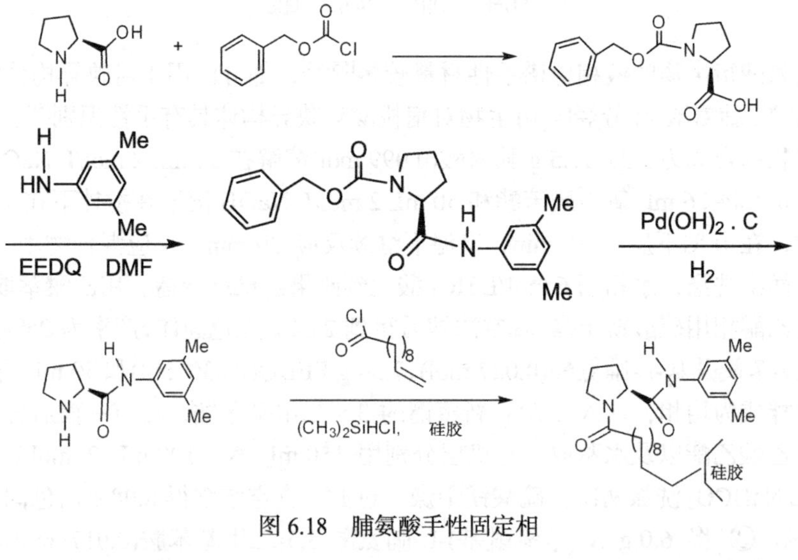

图 6.18 脯氨酸手性固定相

图 6.19 中的固定相对 N-3,5-二硝基苯甲酰亮氨酸二乙烯基酰胺的分离因子高达 α=23[61]。

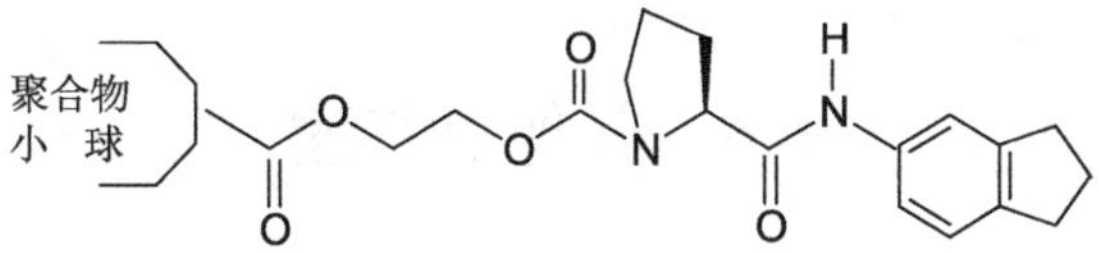

图 6.19 脯氨酸衍生物手性固定相

N-十二酰基-L-脯氨酸-3,5-二甲基苯胺是较早使用的逆流色谱手性识别剂，因为它能提供 π 电子，易于对具有相似电荷特征的手性化合物进行拆分[62]。Pirkle 使用高速逆流色谱采用这类手性识别剂[63]，以庚烷/乙酸乙酯/甲醇/水(3/1/3/1)为溶剂系统，在 80 min 内拆开了两种 DNB 氨基酸。随后，Ito 等使用这类具有 π 电子的手性识别剂[64]，同样使用 HSCCC，选用了两种溶剂系统：正己烷/乙酸乙酯/甲醇/10 mmol/L 的盐酸(8/2/5/5)和正己烷/乙酸乙酯/甲醇/10 mmol/L 的盐酸(6/4/5/5)，成功分离了(±)-DNB-苯甘氨酸、(±)-DNB-苯丙酸等[65]，并通过改变手性添加剂在固定相中的量和浓度，一次进样最多能分离 1 g 量的手性样品[66,67]。*N*-全氟十一酰基-L-脯氨酸-3,5-二甲基苯胺也被用于 DNB-亮氨酸及其酯的逆流色谱手性分离中[68]。

N-十二烷基-L-羟基脯氨酸是液液萃取中的手性萃取剂，合成是先将 0.2 mol 的 *N*-十二醛溶解在 15 mL 的乙醇中，0.1 mol 的 L-羟基脯氨酸和 1.5 g 含 5%的 Pd 的活性炭悬浮在该溶液中，室温下通氢气几天直到混合溶液中用 TLC 检测不出 L-羟基脯氨酸。过滤除去催化剂，滤液减压浓缩，残渣用乙醚洗涤和重结晶即得产品[69,70]，其他 *N*-烷基-L-脯氨酸也可以用类似的方法合成。新的脯氨酸识别材料还在不断出现[71]。

6.5 半 胱 氨 酸

固态表面手性分子的吸附和组装[72]已成为一个很有前景的研究领域，形成手性表面最普遍方法是在金属表面上形成手性分子的自组装，文献[73]研究了在半胱氨酸自组装薄膜上谷氨酸的手性结晶化。该研究取金基片浸渍于 10 mmol/L 的(+)-L 或(−)-D 的半胱氨酸水溶液中，生成的半胱氨酸/自由组装多层金片被垂直地放置于谷氨酸外消旋体的过饱和溶液中，则手性晶体在手性表面和在该表面附近发生选择性的结晶化。在相同的实验条件下，研究 D-半胱氨酸自组装膜对 D-或 L-天冬氨酸结晶行为的影响，显微镜图像和高效液相色谱结果都表明，D-或 L-天冬氨酸在 D-半胱氨酸自组装膜上的结晶数量却有明显不同，L-天冬氨酸的结晶数量远远大于 D-天冬氨酸的结晶数量[74]。类似的研究还有在自组装的亮氨酸手性表面上选择性结晶出亮氨酸的对映异构体[75]。

6.6 其他氨基酸

精氨酸被较多地用于薄层色谱的手性选择剂拆分一些手性药物如普萘洛尔、萘普生、布洛芬、酮洛芬等[76-79]。Baczuk 等[80]用三聚氯化腈(CNCl)₃，将 L-精氨酸交联到载体上，获得早期合成的手性固定相，它能成功地拆分β-3,4-二羟基苯基丙氨酸对映体(分离因子 α=1.6)。含咪唑的键合臂固载天冬氨酸的衍生物能制备液相色谱手性柱[81]。基于谷氨酸、苯丙氨酸、苏氨酸的手性球形纳米粒子可对天冬氨酸进行对映体选择性结晶[82]。也有将丙氨酸的衍生物链接到聚砜上，所得手性固膜对谷氨酸显现出手性识别能力[83]。

在 Pirkle 商品化的手性柱中[84]，萘基丙氨酸被使用，其在手性固定相中含一个萘环(少量的是含有苯环)，是强的π-电子给予体。π-电子给予体手性固定相被合理地设计去拆分胺、氨基醇、氨基酸、醇、羧酸和硫醇。这些手性固定相尤其擅长拆分醇和胺的 3,5-二硝基苯基氨基甲酰基或脲衍生物。图 6.20 是萘基丙氨酸固定相。

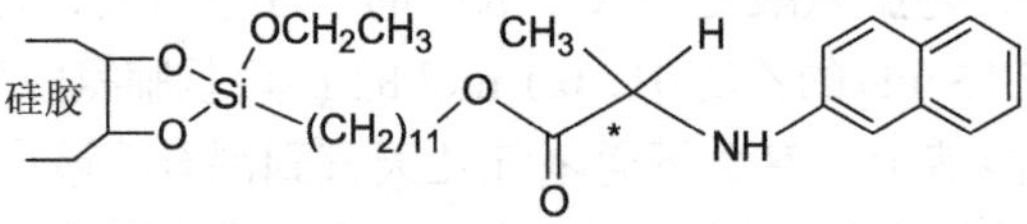

图 6.20 萘基丙氨酸手性固定相

商品 Whelk-01 柱(图 6.21)是"杂化"了π-电子给体-受体的手性固定相，当初是为分离萘普生的对映异构体而设计的，是很少几个能直接分离非衍生化的萘普生对映异构体的手性固定相之一。由于该固定相中含有π-酸和π-碱，因此其可以拆分含有π-酸或π-碱的对映异构体。

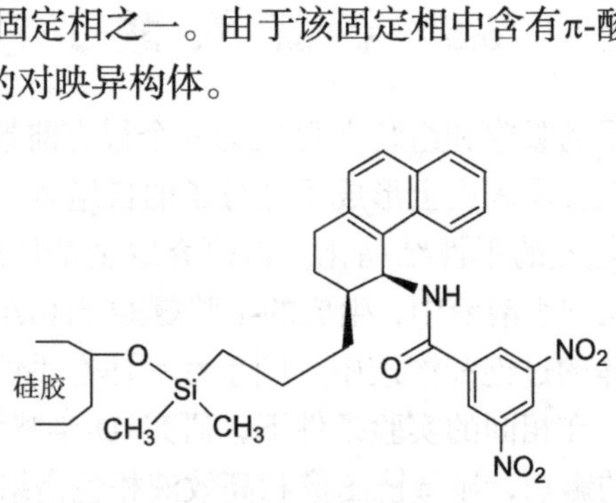

图 6.21 Whelk-01 手性固定相

一个商品名叫 α-Burke 1 的固定相(图 6.22)具有较宽的选择性，尤其是对非衍生化的β-受体阻断剂的拆分具有较好的效果。

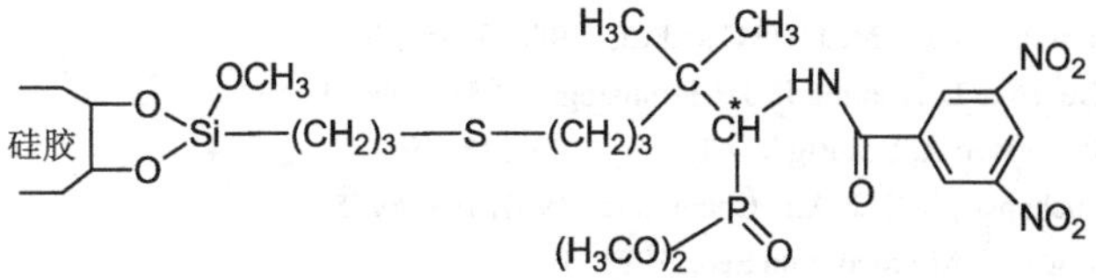

图 6.22　α-Burke 1 手性固定相

在商品化的 Pirkle 型的手性固定相中，使用频率较高的四种手性固定相为：Whelk-01>α-Burke 1>DNBPG>萘基丙氨酸，前两种可以对对映异构体进行直接拆分，后两种要将对映异构体衍生化。

Pirkle 型手性固定相通常使用正相的溶剂系统，如正己烷和异丙醇的混合溶剂，但在少数情况下，使用乙醇、乙酸乙酯、二氯甲烷或氯仿的效果比异丙醇好。在手性拆分中，固定相起主要作用，溶剂的影响较小。该固定相也可用于反相，但效果比正相溶剂系统差。乙酸能促进酸的对映异构体的分离，三乙胺有益于碱的对映异构体的分离。该类固定相使用环境范围较宽，且寿命也较长。

参 考 文 献

[1]　Yuan L M, Fu R N, Tan N H, Ai P, Zhou J, Wu P, Zi M. Anal. Lett., 2002, 35(1): 203
[2]　Bocian S, Skoczylas M, Buszewski B. J. Sep. Sci., 2016, 39: 83
[3]　Bhushan R, Dixit S. Biomed. Chromatogr., 2012, 26: 962
[4]　Gasparrini F, Misiti D, Villani C. J. Chromatogr. A, 2001, 906: 35
[5]　王晓东, 姚金水, 魏明星, 武光, 罗存. 有机化学, 2006, 26(7): 912
[6]　Dalglish C E. J. Chem. Soc., 1952, 137: 3940
[7]　尤田耙. 手性化合物的现代研究方法. 合肥: 中国科学技术大学, 1993, 85
[8]　Gil-Av E, Fiebush B, Charles-Sigler R. Tetrahedron Lett., 1966, 10: 1009
[9]　Gil-Av E, Fiebush B. Tetrahedron Lett., 1967, 8: 3345
[10]　Pirkle W H, House D W, Finn J M. J. Chromatogr., 1980, 192: 143
[11]　Pirkle W H, Finn J M. J. Org. Chem., 1981, 46: 2935
[12]　Welch C J. J. Chromatogr. A, 1994, 666: 3
[13]　Hyun M H, Lee J B, Kim Y D. J. HRC, 1998, 21: 69
[14]　Hyun M H, Kang M H, Han S C. J. Chromatogr. A, 2000, 868: 31
[15]　Tan X L, Hou S C, Bian Q H, Wang M. Chin. Chem. Lett., 2007, 18: 461
[16]　Kim I W, Hyun M H, Gwon J, Jin J, Park J H. Electrophoresis, 2009, 30: 1015
[17]　Welch C J, Bhat G A, Protopopova M N. Enantiomer, 1998, 3: 471
[18]　Pirkle W H, Burke J A. J. Chromatogr., 1991, 557: 1
[19]　Feibush B, Gil-Av E. Tetrahedron, 1970, 26: 1361
[20]　Charles R, Beitler U, Feibush B, Gil-Av E. J. Chromatogr., 1975, 112: 121
[21]　Charles R, Gil-Av E. J. Chromatogr., 1980, 195: 317
[22]　Chang S C, Charles R, Gil-Av E. J. Chromatogr., 1980, 202: 247
[23]　Frank H, Nicholson G J, Baye E. J. Chromatogr. Sci., 1977, 15: 174
[24]　Frank H, Nicholson G J, Bayer E. Angew. Chem. Int. Ed., 1978, 17: 363
[25]　Saeed T, Sandra P, Verzele M. J. Chromatogr., 1979, 186: 611

[26] Saeed T, Sandra P, Verzele M. J. HRC and CC, 1980, 3: 35

[27] Konig W A, Benecke L, Bretting L. J. Chromatogr., 1981, 209: 91

[28] Levkin P A, Ruderisch A, Schurig V. Chirality, 2006, 18: 49

[29] Pirkle W H, Pochapsky T C. J. Am. Chem. Soc., 1987, 109: 5975

[30] Jung M, Schurig V. J. Microcolumn Sep., 1993, 5: 11

[31] Levkin P A, Levkina A, Schurig V. Anal. Chem., 2006, 78: 5143

[32] 周喜春, 张立峰, 吴采樱, 卢雪然, 陈远荫. 分析化学, 1995, 23(9): 1003

[33] Konig W A, Benecke I, Bretting H. Angew. Chem. Int. Ed., 1981, 20: 693

[34] 杨正华, 张桂琴, 丁孟贤. 分析化学, 1996, 24(8): 869

[35] Frank H, Abe I, Fabian G. J. HRC and CC , 1992, 15: 444

[36] Abe I, Terada K, Nakahara T. J. HRC, 1996, 19: 91

[37] Abe I, Terada K, Nakahara T, Frank H. J. HRC, 1998, 21: 592

[38] 袁黎明, 傅若农, 戴荣继, 李正宇, 谌学先, 徐其亨. 分析化学, 1997, 25(12): 1365

[39] Stephany O, Dron F, Tisse S, Martinez A, Nuzillard J M, Agasse V P. J. Chromatogr. A, 2009, 1216: 4051

[40] Rousseau A, Chiap P, Ivanyi R, Crommen J, Fillet M, Servais A C. J. Chromtogr. A, 2008, 1204: 219

[41] Stephany O, Tissea S, Coadoub G, Bouillona J P, Peulon-Agassea V P, Cardinael P. J. Chromatogr. A, 2012, 1270: 254

[42] Pirkle W H, Pochapsky T C. J. Am. Chem. Soc., 1986, 108: 352

[43] Pirkle W H, Pochapsky T C. J. Org. Chem., 1986, 51: 103

[44] Pirkle W H, Finn J M, Schreinei J L, Hamper B C. J. Am. Chem. Soc., 1981, 103: 3964

[45] Wainer I W, Doyle T D, Breder C D. J. Liq. Chromatogr., 1984, 7: 731

[46] Pirkle W H, Hyun M H, Bank B. J. Chromatogr., 1984, 316: 585

[47] 周玲玲, 李国祥, 王剑瑜, 袁黎明. 分析化学, 2007, 35(9): 1301

[48] Pirkle W H, Tsipouras A, Sowin T J. J. Chromatogr., 1985, 319: 392

[49] Pirkle W H, Finn J M. J. Org. Chem., 1982, 47: 4037

[50] Pirkle W H, Pochapsky T C, Mahler G S, Field R E. J. Chromatogr., 1985, 348: 89

[51] Pirkle W H, Welch C J, Hyun M H. J. Org. Chem., 1983, 48: 5022

[52] Pirkle W H, Welch C J. J. Org. Chem., 1984, 49: 138

[53] Hyun M H, Min C S. Tetrahedron Lett., 1997, 38: 1943

[54] Yu J, Armstrong D W, Ryoo J J. Chirality, 2018, 30: 74

[55] Pirkle W H, Murray P G. J. Chromatogr., 1993, 641: 11

[56] 陈玲, 李扬, 农蕊瑜, 艾萍, 赵慧玲, 袁黎明. 分析试验室, 2015, 34: 1365

[57] Pirkle W H, Murray P G, Wilson S R. J. Org. Chem., 1996, 61: 4775

[58] 常银霞, 候志林, 黎其万, 高天荣, 袁黎明. 分析化学, 2006, 34(增刊): S100

[59] Pirkle W H, Koscho M E. J. Chromatogr. A, 1999, 840: 151

[60] 李正义, 周坤, 来源, 孙小强, 王乐勇. 有机化学, 2015, 35: 1531

[61] Murer P, Lewandowski K, Svec F, Frechet J M J. Anal. Chem., 1999, 71: 1278

[62] Foucault A P. J. Chromatogr. A, 2001, 906: 365

[63] Pirkle W H, Murray P G. J. Chromatogr., 1993, 641: 11

[64] Ma Y, Ito Y, Foucault A. J. Chromatogr. A, 1995, 704: 75

[65] Ma Y, Ito Y. Anal. Chem., 1995, 67: 3069

[66] Ma Y, Ito Y. Anal. Chem., 1996, 68: 1207

[67] Ma Y, Ito Y, Berthod A. J. Liq. Chromatogr., 1999, 22: 2945

[68] Pérez A M, Minguillón C. J. Chromatogr. A, 2010, 1217: 1094

[69] Takeuchi T, Horikawa R. Anal. Chem., 1984, 56: 1152

[70]　Ding H B, Carr P W, Cussler E L. AIChE J., 1992, 38: 1493

[71]　Shi G, Wang S, Guan X Y, Zhang J, Wan X H. Chem. Commun., 2018, 54: 12081

[72]　Yuan L M, Ren C X, Li L, Ai P, Yan Z H, Zi M, Li Z Y. Anal. Chem., 2006, 78: 6384

[73]　Dressler D H, Mastai Y. Chirality, 2007, 19: 358

[74]　洪传敏, 王海水. 化学学报, 2014, 72: 739

[75]　Banno N, Nakanishi T, Matsunaga M, Asahi T, Osaka T. J. Am. Chem. Soc., 2004, 126: 428

[76]　Sajewicz M, Pietka R, Kowalska T. J. Liq. Chromatogr. Relat. Tech., 2005, 28: 2499

[77]　Sajewicz M, Pietka R, Drabik G, Kowalska T. J. Liq. Chromatogr. Relat. Tech., 2006, 29: 2071

[78]　Sajewicz M, Grygierczyk G, Gontarska M, Kowalska T. J. Liq. Chromatogr. Relat. Tech., 2007, 30: 2185

[79]　Sajewicz M, Gontarska M, Wróbel M, Kowalska T. J. Liq. Chromatogr. Relat. Tech., 2007, 30: 2193

[80]　Baczuk R, Landram G, Dubois R, Dehm H. J. Chromatogr., 1971, 60: 351

[81]　Sakamoto T, Furukawa S, Nishizawa T, Fukuda M, Sasaki M, Onozato M, Uekusa S, Ichiba H, Fukushima T. J. Chromatogr. A, 2019, 1585: 131

[82]　Preiss L C, Werber L, Fischer V, Hanif S, Landfester K, Mastai Y, Muñoz-Espí R. Adv. Mater., 2015, 27: 2728

[83]　Mizushima H, Yoshikawa M, Robertson G P, Guiver M D. Macromol. Mater. Eng., 2011, 296: 562

[84]　陈立仁. 液相色谱手性分离. 北京: 科学出版社, 2006, 48

[85]　张美, 奚文汇, 字敏, 彭雅, 谢生明, 袁黎明. 分析化学, 2010, 38: 181

第7章 小分子肽和糖

7.1 二 肽

　　氨基酸分子之间的氨基和羧基缩合脱水而形成的产物，叫做肽。由两个氨基酸分子缩合而形成的肽，叫做二肽。在气相色谱中，为了增加氨基酸手性固定相的操作温度，考察了二肽型的手性识别材料，在一根填充柱上利用 N-三氟乙酰基-L-缬氨酸基-L-缬氨酸-环己烷酯(图 7.1)分离了氨基酸的衍生物[1]。

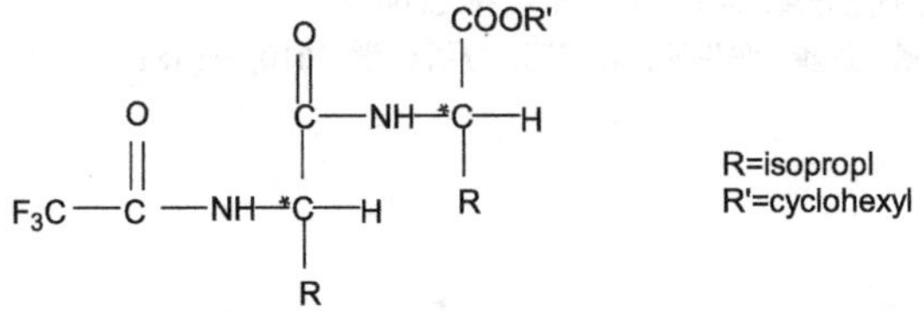

图 7.1　N-三氟乙酰基-L-缬氨酸基-L-缬氨酸-环己烷酯

　　二肽型手性识别材料的挥发性较小，具有两个手性中心，增大了它的手性选择性。当增加二肽材料中手性碳原子上 R 的长度时，3 ~ 4 个碳原子长度则达到最高作用力。考察三肽型的手性材料，研究表明三肽化合物的高熔点严重地影响它作为手性气相色谱固定相的有效性。在三肽中，N-端的氨基酸具有高的手性选择性，但 C-端的氨基酸中的氨基却很难发生氢键作用。

　　外消旋体的氨基酸与二肽类三点作用的示意见图 7.2。

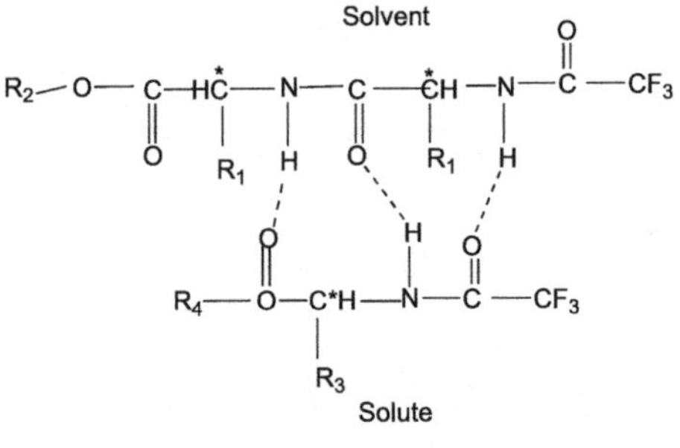

图 7.2　氨基酸与二肽类三点作用

氢键型的二酰胺和二肽等手性识别材料，它们与溶质之间可形成"C₅-C₅""C₅-C₇""C₇-C₇"等氢键相互作用(图 7.3)，由于对映体之间在空间排布方式不同，所形成的缔合物的空间阻力不同，稳定性不同，从而使对映体得以分离[2]。

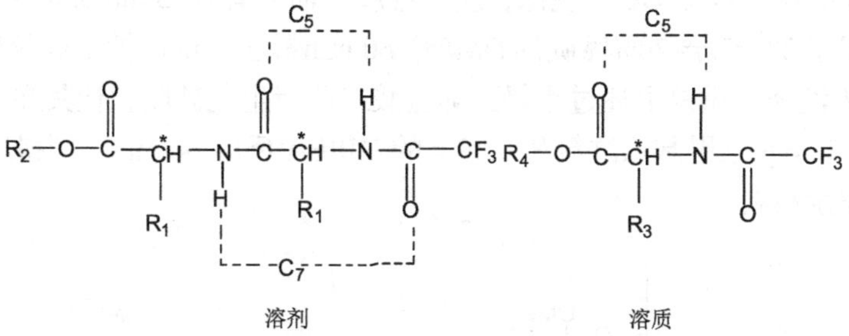

图 7.3 C₅、C₇的位置示意图

当溶质的分子构型与溶剂的分子构型相类似时，则溶质分子与溶剂分子之间比较容易吻合和接近，作用力较强，色谱保留时间较长。反之，作用力较弱，色谱保留时间短。

W. A. Koenig 等使用 N-三氟乙酰基-L-脯氨酰-L-脯氨酸环己酯(图 7.4)作手性固定相，分离了 N-三氟乙酰基-L-脯氨酸酯，在此情况下，由于氮原子上均无氢原子，溶质和溶剂之间没有氢键作用，可以推测，偶极-偶极相互作用和色散力等，在对映体的手性拆分中，可能具有与氢键作用同样的重要性。

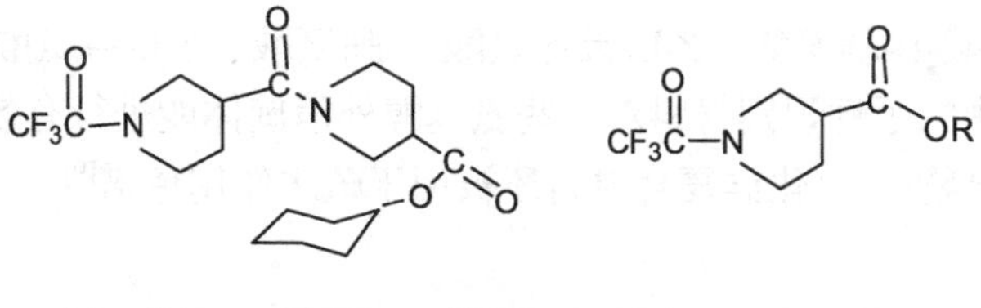

图 7.4 N-三氟乙酰基-L-脯氨酰-L-脯氨酸环己酯和 N-三氟乙酰基-L-脯氨酸酯

对于单酰胺类手性固定相，Weinstein 等提出了"嵌合机理"，其基本要点是：固定相即使在液态时，仍部分保留了固态时的晶体排布，溶质分子嵌合在两个溶剂分子之间，由于对映体的不同构型，造成嵌合物的稳定性有差别，从而达到对映体的分离[3]。

二肽类也能用作液相色谱的手性识别材料，图 7.5 中的两个脯氨酸构成的二肽显示出较好的手性识别性能。它的合成操作为[4]：① 在氮气保护下将 4.0 g 酸洗后的硅胶于 40 mL 的甲苯中回流 5 h 除去共沸水，慢慢加入 10 mL 双(三甲氧硅丙基)胺，在 140 ℃反应 24 h。分离硅胶并用甲苯、甲醇、正己烷以及 DCM 洗涤，

60 ℃干燥 10 h，元素分析为 6.25% C、1.85% H、1.09% N，根据 N 的含量计算得硅胶表面的二丙基胺为 0.78 mmol/g。② 2.47g 的 Fmoc-Pro-OH (7.32 mmol)、2.78 g 的 HATU(7.32mmol)、944 mg 的 DIPEA(7.32mmol)溶于 15 mL 的 DMF 中，加入 3.13 g 上述硅胶(含 2.44 mmol 的 NH 基团)，搅拌反应 18 h 后，过滤硅胶并用 DMF、DCM、IPA、DCM 洗涤，所得硅胶表面含有 0.33 mmol 的 Fmoc 基团。将该硅胶置于20 mL 含20%哌啶的DMF中60 min除去Fmoc，抽干硅胶后用DMF、IPA、DCM 洗涤。重复上述过程得到脯氨酸二肽衍生化硅胶，让其在 8 mL 的干DCM 中与 0.36 g 三甲基乙酰氯和 0.39 g 的 DIPEA 反应 60 min，则得所需的液相色谱手性识别材料。

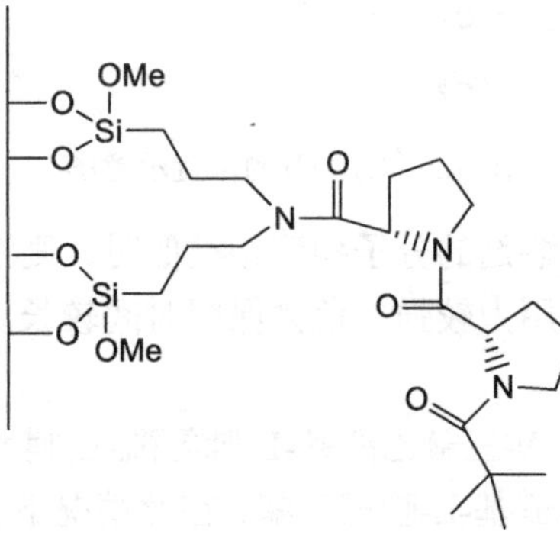

图 7.5 脯氨酸二肽手性识别材料

L-脯氨酸-L-脯氨酸改性的聚合物手性固定相显示了良好的手性分离能力[5]。二肽类 Z-甘氨酸-L-脯氨酸、Z-L-天冬氨酸-L-脯氨酸、Z-L-谷氨酸-L-脯氨酸等用作毛细管电泳中的手性识别材料对一些氨基醇外消旋体能进行有效的拆分[6-8]。麦芽糖改性的聚合物-二氧化硅复合材料还被用于疏水作用色谱[9]。

7.2 寡 肽

酶和生物受体分子具有手性结构，通过它们用不同的方式可以将外消旋化合物的对映体吸收、活化和钝化。一些由脯氨酸或者缬氨酸组成的寡肽制成的手性识别柱，具有相对较强的手性选择性，并且在很多移动相的条件下，它们依然很稳定[10]。图 7.6 为有较好手性识别能力的液相色谱固定相[11]。

选择苯丙氨酸、脯氨酸和缬氨酸作为三肽的手性结构，得到的两个手性固定相也能有效地识别和分离含酰胺或萘环的肾上腺素受体激动剂和分析物[12]。

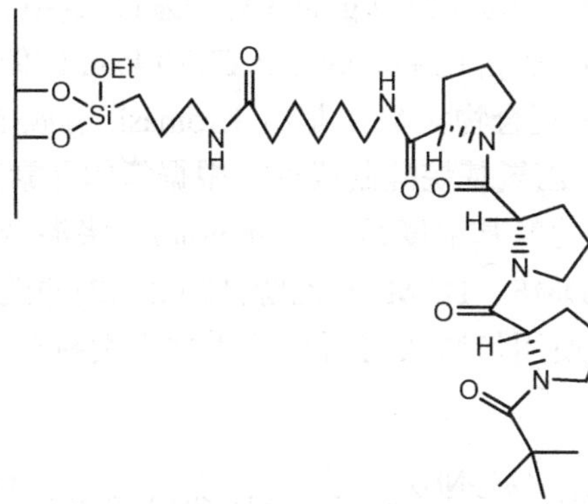

图 7.6 脯氨酸三肽衍生物手性识别材料

四脯氨酸寡肽衍生物可以用固相[13]或者液相[14]合成方法，图 7.7 中固定相的固相合成操作为：① 在搅拌下将 3.90 g 6-溴己酸(20 mmol)逐滴加入 20 mL 70%的甲胺(0.25 mol)水溶液中，室温反应 24 h，溶剂及过剩的甲胺真空除去。残渣加 10 mL 含有 40 mmol 氢氧化钠的水溶液搅拌 30 min，除去溶剂，真空干燥过夜后溶于 100 mL 水中，逐滴加入 100 mL 含有 6.75 g 的 Fmoc-OSu(20 mmol)的 THF 溶液，室温反应 8 h，将反应混合物用浓盐酸酸化到 pH=2，用 3 个 100 mL 的乙酸乙酯萃取三次，合并后的有机相用水洗涤，用无水硫酸钠干燥，蒸发掉溶剂后的粗产品以含 10%甲醇的 DCM 为冲洗剂、硅胶快速色谱纯化，得无色的油状化合物 Fmoc-(Me)-Ahx-OH。② 在用 DCM(20mL, 30 min)溶胀后的酸性树脂(100～200 目，3.0 g，0.43 mmol/g)中加入 10 mL 的含有 Fmoc-(Me)-Ahx-OH(1.42 g，3.87 mmol)、DMAP(0.16 g，1.29 mmol)、NMM(0.39 g，3.87 mmol))和 DIC(0.49 g，3.87 mmol)的 DCM-DMF(1∶1，体积比)混合溶液。搅拌 6 h 后，过滤树脂，用 DMF、DCM 和甲醇(20 mL×3)冲洗。在 DMF 中用哌啶处理 30 min，移走 Fmoc 基团，收集(Me)-Ahx-O 树脂，然后用 DMF，DCM 和乙醇(20 mL×3)冲洗。③ 在 20 mL 无水 DMF 中，将混合的 Fmoc-Pro-OH(1.31 g，3.87 mmol)、HATU(1.47 g，3.87 mmol)和 DIPEA(0.50 g，3.87 mmol)加到上面制好的(Me)-Ahx-O-Rink 树脂中，搅拌 3 h，过滤树脂，用 DMF、DCM 和乙醇(20mL×3)冲洗。除去 Fmoc 基团，第二、第三和第四个 Fmoc-Pro-OH 以相同的步骤操作连接，得到期望的 Fmoc-(Pro)₄-(Me)Ahx-O-Rink 树脂。④ 多次在 DCM(20 mL, 10 min)中用 1%的 TFA 处理上述树脂，确保反应能完全进行，以将 Fmoc-(Pro)₄-(Me)-Ahx-OH 从树脂上分离出来。粗产品用快速硅胶色谱柱纯化，移动相为含 5%乙醇的 DCM，得白色固体物 Fmoc-(Pro)₄-(Me)-Ahx-OH。HNMR(CD₂Cl₂)：δ 1.2～1.7(m, 6H)，1.9～2.4(m, 18H)，

2.80(s, 3H)，3.2～3.6(m, 10H)，4.2～4.7(m, 7H)，7.1～7.6(m, 8H)，9.6(br, 1H)。
ESI-MS: *m/z* 756.0 (M+H$^+$)。⑤ 向 0.7 g 的 3-氨丙基硅胶(APS)中加入 8 mL 的含有
Fmoc-(Pro)$_4$-(Me)-Ahx-OH(0.9 g, 1.19 mmol)、HATU(0.45 g, 1.19 mmol)和 DIPEA(0.15 g,
1.19 mmol)的无水 DMF 混合物。APS 是由 Kromasil 硅胶(5 μm 球型硅, 100 Å,
298 m^2/g)和 3-氨丙基三乙氧基烷硅制成的，根据氮的元素分析数据(C, 3.11; H,
0.83; N, 0.93)测得表面的氨基浓度是 0.66 mmol/g。将混合物搅拌 4 h 后，固定
相通过过滤收集，用 DMF、DCM 和乙醇(10 mL×3)冲洗，测得表面的 Fmoc
浓度是 0.27 mmol/g。使用匀浆法将所得的手性识别材料装到 50×4.6 mm 的
HPLC 柱中。

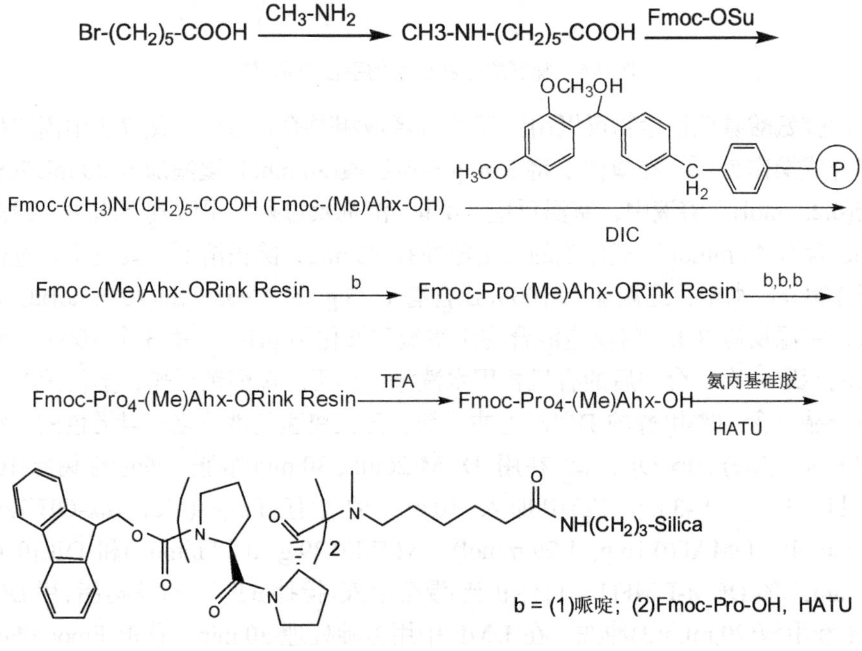

图 7.7 脯氨酸四肽衍生物手性识别材料的合成路线

另一种羟基脯氨酸衍生物的寡肽手性识别材料[15,16]的合成路线见图 7.8。

还有一些类寡肽的手性固定相[17-19]。有些寡肽固定相还能用作疏水作用色谱
固定相，如 BOC-Tyr-Ala-Tyr-OH 结构中的酪氨酸有一个酚类 OH 基团，其能改变
二氧化硅颗粒的表面性质[20]，类似研究还在不断地延伸[21]。

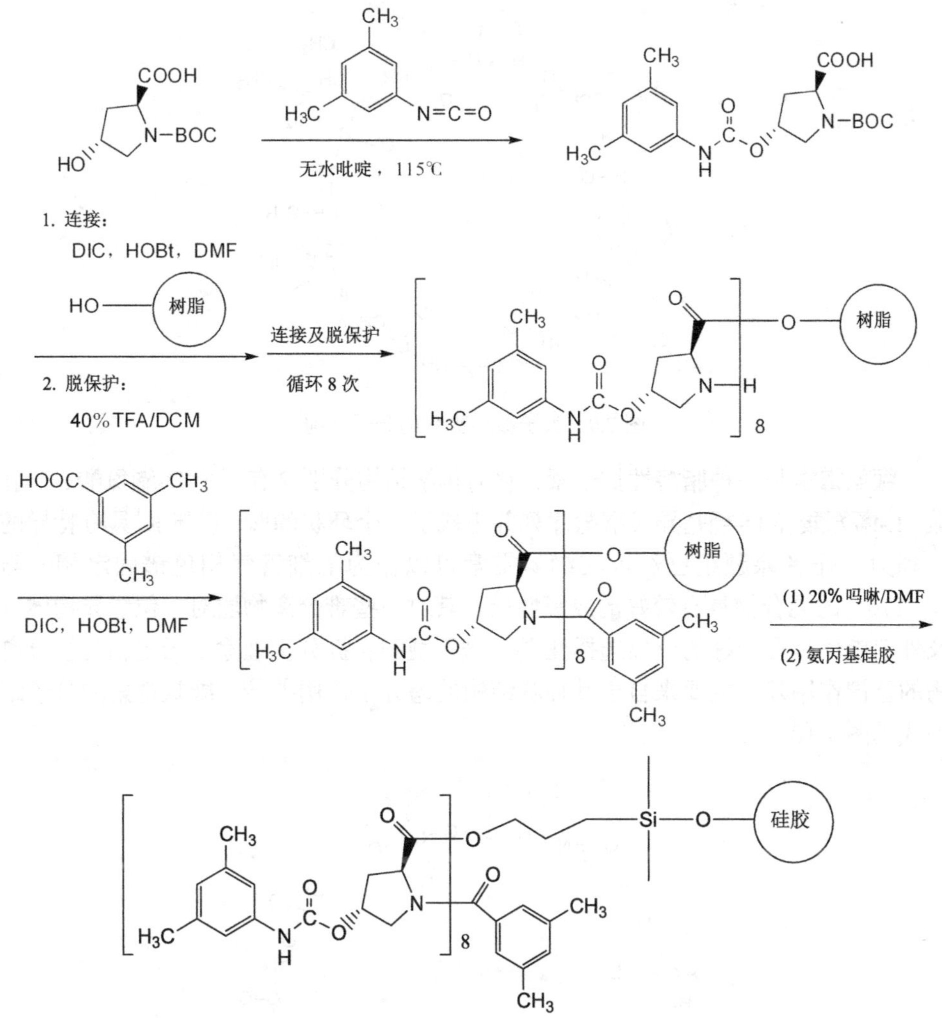

图 7.8 脯氨酸八肽衍生物手性识别材料的合成示意图

7.3 环　　肽

环肽是一种由氨基酸构成的环状化合物[22]，第一篇关于环肽用作色谱分离材料的报道是太子参环肽 B，该化合物从传统中药太子参中分离得到[23]，其也可来自于高速逆流色谱制备性分离[24-27]。当被用作气相色谱的手性分离材料时，其对氨基酸外消旋体的衍生物显示出了手性识别能力[28]。该化合物的分子结构式见图 7.9。

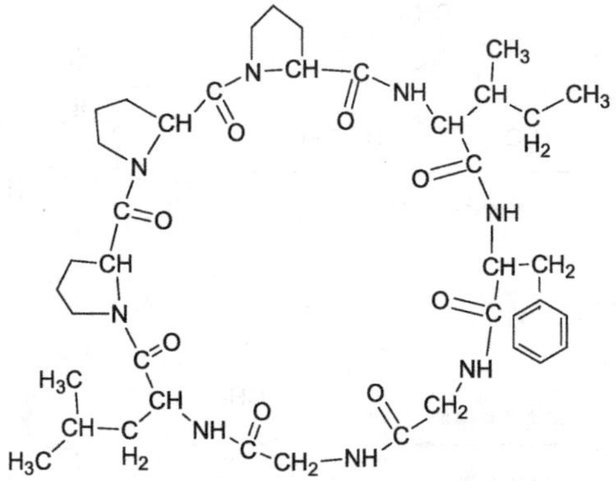

图 7.9　太子参环肽 B 的分子结构

缬氨霉素是一种脂溶性抗生素，它的化学结构分别含有三个 D-缬氨酸、L-乳酸、L-缬氨酸和 D-羟基异戊酸盐序列并组成了一个环状的肽，它与 K⁺具有特异的亲和力。作者课题组已经证实缬氨霉素可以作为毛细管气相色谱固定相，与 OV-1701 的混合物具有较好的成膜性质，其对一些难分离物质对、位置异构体以及外消旋体具有较好的分离选择性[29]。毫无疑问，拆分机理除了固定相与被分离物的氢键作用外，主要来自于其环状结构的超分子作用[30-32]。缬氨霉素的分子结构式见图 7.10。

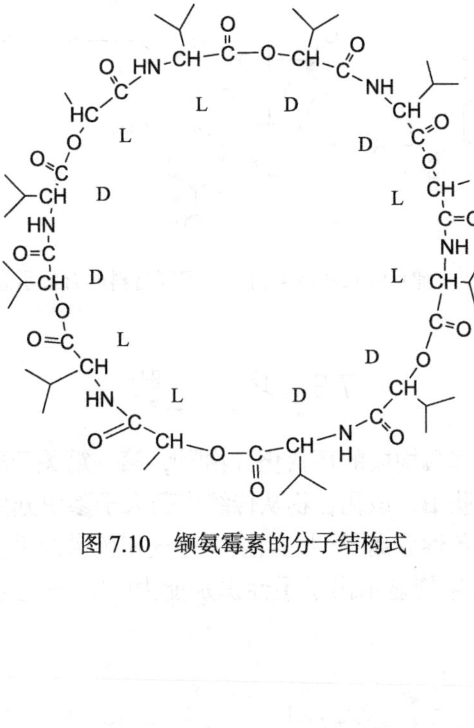

图 7.10　缬氨霉素的分子结构式

7.4 单 糖

糖可用于多种形式的手性识别[33,34]。Okamato、Armstrong 等[35,36]在高效液相色谱、高分辨气相色谱以及高效毛细管电泳中多糖和环糊精作为手性识别材料方面作了详细的研究。多糖是由一些简单的单糖组成的，环糊精也是由 6~8 个葡萄糖所组成的环状结构，单糖及其衍生物也应用于手性识别[37]，这些单糖包括 D-葡萄糖、甲基-α-D-葡萄糖、3-O-甲基-D-葡萄糖、2-脱氧-D-葡萄糖、D-甘露糖、L-甘露糖、6-脱氧-L-甘露糖等。

作者课题组合成了一系列的单糖及其衍生物的高效液相色谱手性识别材料(图 7.11)。首先合成了 D-甘露糖、D-半乳糖、D-木糖、D-葡萄糖、D-阿拉伯糖、D-核糖、D-脱氧核糖、D-来苏糖、L-岩藻糖单糖手性分离材料，自制手性高效液相色谱柱，用正己烷/异丙醇(90∶10，体积比)作流动相，在正相的条件下，对包括醇、氨基酸、胺以及羧酸等在内的手性化合物以及一些手性药物进行了拆分，并对这些手性分离材料的分离能力进行了比较。实验结果表明：D-葡萄糖手性固定相的分离效果最好，它们彼此之间的手性选择性具有良好的互补性[38-40]。这些手性材料的合成为[41]：将与 3-异氰酸丙基三乙氧基硅烷等物质的量的单糖(4 mmol)在 10 mL 无水 DMF 中 90 ℃ 反应 1 h 后，加入干燥过的硅胶 3g，反应 24 h。过滤，依次用四氢呋喃、水、丙酮洗涤，干燥后得浅黄色固体粉末。

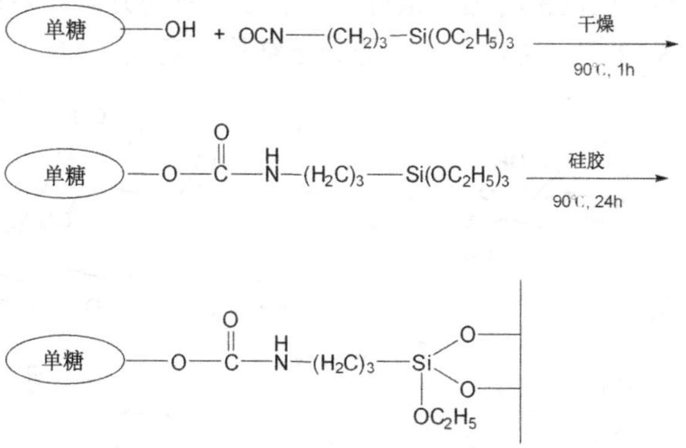

图 7.11 单糖手性固定相合成路线示意图

作者实验室合成了四个 1 位取代的 N-辛基-β-D-吡喃葡萄糖苷、α-甲基-D-甘露糖苷、苯基-β-葡萄糖吡喃糖苷以及甲基-α-D-吡喃半乳糖苷衍生化单糖手性固定相，实验结果表明四种手性固定相对手性化合物的手性分离能力均较差。

由于对甲基苯甲酰基在多糖和环糊精类手性固定相中是一个非常有效的衍生

化基团，我们将葡萄糖对甲基苯甲酸酯作为液相色谱手性分离材料，但其手性选择性并没有得到提高[42]。将 D-葡萄糖、D-半乳糖、D-甘露糖、D-木糖的 3,5-二甲基苯基氨基甲酸酯经过 3-异氰酸丙基三乙氧基硅烷键合到硅胶上作为高效液相色谱的手性固定相，结果表明它们的手性选择性与原非衍生单糖相比，也无实质性的改进[43]。尿苷、胸苷和肌苷也被用作液相色谱的手性固定相[44]。

　　以二丙酮-D-甘露醇和硼酸为原料，在含三乙胺的甲醇介质中原位合成出双丙酮-D-甘露醇-硼酸配合物，用其作为手性添加剂能建立一种快速、有效的非水毛细管电泳对 7 种 β-激动剂的对映体分离方法[45]。将 D-氨基半乳糖与壳聚糖修饰玻碳电极制备的新型手性传感平台，能用于酪氨酸对映体的电化学识别[46]。

7.5　二　糖

　　D-构型的纤维二糖、麦芽糖、乳糖、海藻糖、异麦芽糖、Lactulose、Turanose、Cellotriose、Maltotriose 用作毛细管电泳的手性识别添加剂对一些外消旋体进行了成功的拆分[47]。作者将 D-纤维二糖、D-乳糖与硅烷化试剂 3-异氰酸丙基三乙氧基硅烷反应 1 h 合成 D-纤维二糖和 D-乳糖的手性固定相，分别用正己烷/异丙醇(90∶10，体积比)和甲醇/水(50∶50，体积比)作流动相，对醇、氨基酸、胺以及羧酸类的手性化合物进行识别，结果是 D-纤维二糖手性固定相的手性识别效果优于 D-乳糖手性固定相。

　　采用类似的方法合成海藻糖、龙胆二糖、蜜二糖、乳果糖四种二糖的高效液相色谱手性固定相，在正相的色谱条件下，手性材料的分离效果是：海藻糖>龙胆二糖>蜜二糖>乳果糖[48]。这几个二糖的分子结构式见图 7.12。

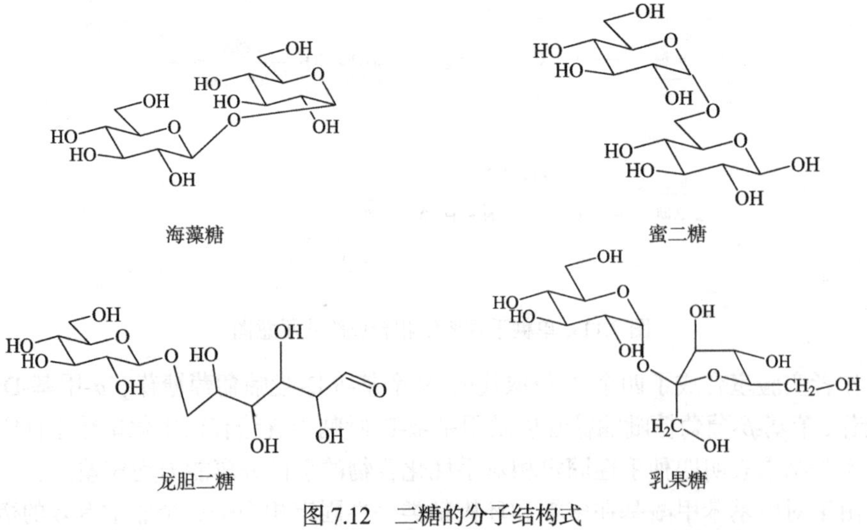

海藻糖

蜜二糖

龙胆二糖

乳果糖

图 7.12　二糖的分子结构式

将麦芽糖、纤维二糖、乳糖的对甲基苯甲酸酯作为手性固定相，考察它们的手性识别能力，得到了良好的手性拆分结果[42]。合成示意图见图 7.13。

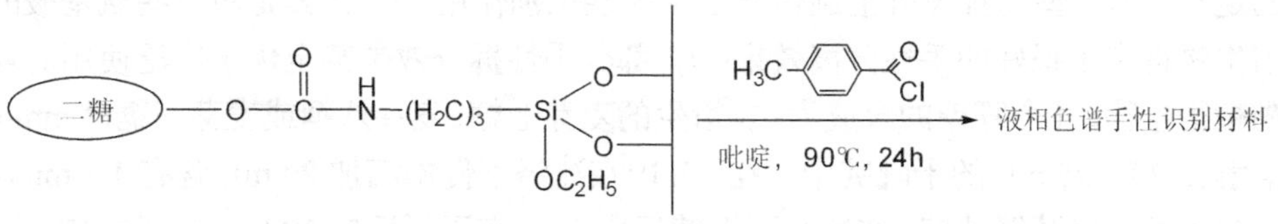

图 7.13　二糖的对甲基苯甲酸酯手性识别材料的合成

通过 3-异氰酸丙基三乙氧基硅烷将等摩尔的麦芽糖、蔗糖、乳糖或纤维二糖键合到硅胶表面上，然后用大于二糖上剩余羟基数量的 3,5-二甲基苯基异氰酸酯进行衍生(图 7.14)，这些手性识别材料也具有好的手性识别能力[43]。

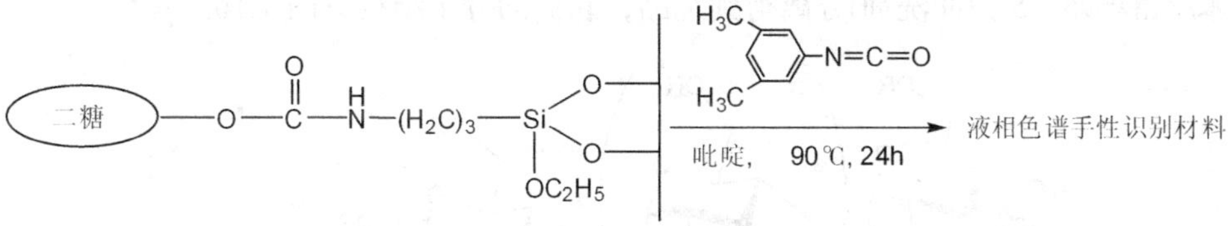

图 7.14　二糖的 3,5-二甲基苯基氨基甲酸酯手性固定相合成

D-蔗糖、D-麦芽糖等寡糖也同样能作为色谱流动相的手性识别剂。

7.6　寡　　糖

棉籽糖是由一分子半乳糖、一分子葡萄糖和一分子果糖彼此间通过氧原子相连而成的三糖，它的结构如图 7.15。

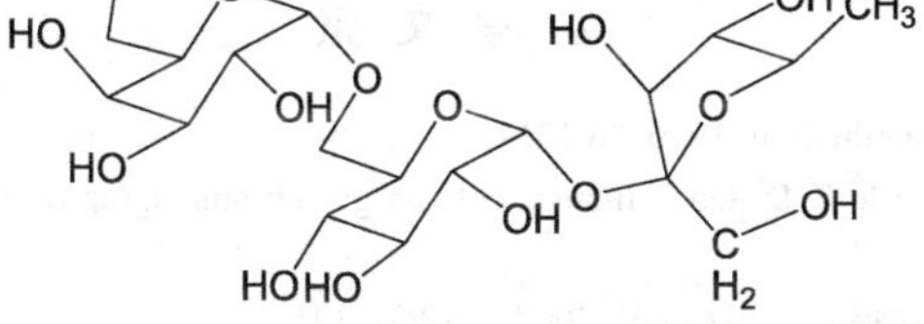

图 7.15　棉籽糖的分子结构式

将 D-棉籽糖与硅烷化试剂 3-异氰酸丙基三乙氧基硅烷反应合成 D-棉籽糖手性材料，在正反相的色谱条件下，在所拆分的 24 种手性化合物中，有 10 种手性化合物得到拆分[38]。研究棉籽糖的对甲基苯甲酸酯，其也具有良好的手性识别作用[42]。

　　线性糊精能用于毛细管电泳识别手性化合物[49,50]，麦芽糊精在毛细管电泳中显现出了一定的手性识别能力[51-55]。曾有人利用寡糖的衍生物作为气相色谱手性固定相，对一些易挥发外消旋体显示了手性识别作用[56]，尤其是对一些氨基酸的衍生物得到了很好的手性分离效果[57]，部分手性拆分效果甚至优于广泛使用的环糊精衍生物。几个寡糖的合成为：非衍生的麦芽七糖、麦芽八糖或麦芽三糖(1 mmol)溶解在20～25 mL 的干吡啶中，在4 h 内在冰浴下慢慢滴加20 mL 含有1.1 mmol的叔丁基二甲基氯硅烷，在冰浴下继续反应2 h，室温下反应12 h，减压除去吡啶，残渣溶于30 mL 二氯甲烷中。有机相用20 mL 的 KHSO₄(1 mol/L)洗涤去残留的吡啶，然后用饱和食盐水洗涤，回收二氯甲烷得含有叔丁基二甲基氯硅烷杂质的粗产品。将该粗产品溶解在20～25 mL 的吡啶中与18～20 mL 的乙酸酐在100 ℃反应5 h，浓缩该反应液，剩余的溶剂与甲苯一起共蒸馏除去，产物经硅胶柱色谱(甲苯/乙醇=95：5 为冲洗剂)分离得到纯品，它们的分子结构见图7.16。

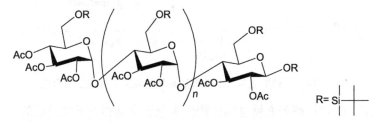

n=5, 麦芽七糖; 6, 麦芽八糖; 1, 麦芽三糖

图 7.16　寡糖衍生物的分子结构式

　　单糖及寡糖显示手性识别能力表明：在手性分离过程中，包合作用并不一定是糖类手性选择剂在手性分离中的唯一作用，有时甚至不是在手性分离过程中的重要识别作用。

参 考 文 献

[1]　Feibush B, Gil-Av E. Tetrahedron, 1970, 26:1361

[2]　Lee M L, Yang F J, Bartle K D. Open tubular column gas chromatography. John Wily & Sons Inc., New York: 1984, 276

[3]　李莉, 字敏, 任朝兴, 袁黎明. 化学进展, 2007, 19(2/3): 393

[4]　Lao W J, Gan J. J. Sep. Sci., 2009, 32: 2359

[5]　Shen H F, Du G H, Liu K Y, Ye L, Xie S L, Jiang L M. J. Chromatogr. A, 2017, 1521: 53

[6]　Huynh N H, Karlsson A, Pettersson C. J. Chromatogr. A, 1995, 705: 275

[7]　Karlsson A, Karlsson O. J. Chromatogr. A, 2001, 905: 329

[8]　Karlsson A, Karlsson O. Chirality, 1997, 9: 650

[9]　Chu Z Y, Zhang L Y, Zhang W B. Anal. Chim. Acta, 2018, 1036: 179

[10]　Bocian S, Skoczylas M, Buszewski B. J. Sep. Sci., 2016, 39: 83

[11] Lao W J, Gan J. J. Chromatogr. A, 2009, 1216: 5029

[12] Li Y, Jiang D G, Huang D Y, Huang M X, Li L J. Anal. Meth., 2015, 7: 3772

[13] Huang J, Zhang P, Chen H, Li T. Anal. Chem., 2005, 77: 3301

[14] Dai Z, Ye G Z, Pittmanjr C U, Li T Y. Chirality, 2012, 24: 329

[15] Sancho R, Perez A, Minguillon C. J. Sep. Sci., 2006, 29: 905

[16] Ashtari M, Cann N M. J. Chromatogr. A, 2015, 1409: 89

[17] Wu H B, Su X B, Li K Y, Yu H, Ke Y X, Liang X M. J. Chromatogr. A, 2012, 1265: 181

[18] Wu H B, Song G J, Liang X M, Ke Y X. Chin. J. Chem., 2012, 30: 2791

[19] Wu H B, Song G J, Wang D Q, Yu H, Ke Y X, Liang X M. J. Chromatogr. A, 2013, 1298: 152

[20] Ray S, Takafuji M, Ihara H. Analyst, 2012, 137: 4907

[21] Buszewski B, Skoczylas M. Chromatographia, 2019, 82: 153

[22] 徐任生, 叶阳, 赵维民. 天然产物化学. 第二版. 科学出版社, 北京: 2004, 805

[23] Tan N H, Zhou J, Chen C X, Zhao S X. Phytochemistry, 1993, 32 (5): 1327

[24] 袁黎明. 北京理工大学博士论文, 1997

[25] Yuan L M, Zi M, Ai P, Chen XX, Li Z Y, Fu R N, Zhang T Y. J. Chromatogr. A, 2001, 927(1-2): 91

[26] Yuan L M, Chen X X, Ai P, Zi M, Wu P, Li Z Y. J. Liq. Chromatogr. Relat. Tech., 2001, 24(19): 2961

[27] Yuan L M, Ai P, Chen X X, Zi M, Wu P, Li Z Y, Chen Y G. J. Liq. Chromatogr. Relat. Tech., 2002, 25(6): 889

[28] Yuan L M, Fu R N, Tan N H. Anal. Lett., 2002, 35: 203

[29] 艾萍, 刘凯华, 字敏, 齐素华, 袁黎明. 高等学校化学学报, 2006, 27(11): 2073

[30] Yuan L M, Ren C X, Li L, Ai P, Yan Z H, Zi M, Li Z Y. Anal. Chem., 2006, 78: 6384

[31] Yuan L M, Fu R N, Gui S H, Chen X X, Dai R J. Chin. Chem. Lett., 1998, 9(2): 151

[32] 袁黎明, 凌云, 傅若农. 化学通报, 1999, (2): 52

[33] 王克让. 化学进展, 2015, 27: 775

[34] Gervay-Hague J. Acc. Chem. Res., 2016, 49: 35

[35] Okamoto Y, Kawashima M, Hatada K. J. Am. Chem. Soc., 1984, 106: 5357

[36] Armstrong D W, Ward T J, Armstrong R D, Beesley T E. Science, 1986, 232: 1132

[37] Nakamura H, Sano A, Sumii H. Anal. Sci., 1998, 14: 375

[38] Wang J Y, Zhao F, Zhang M, Peng Y, Yuan L M. Chin. Chem. Lett., 2008, 19: 1248

[39] Sun W Z, Yuan L M. J. Liq. Chromatogr. Relat. Tech., 2009, 32(4): 553

[40] 杨兰芬, 孙文卓, 字敏, 叶志兵, 谌学先, 袁黎明. 化学研究与应用, 2011, 23: 1146

[41] Zhong Q Q, He L F, Beesley T E, Trahanovsky W S, Sun P, Wang C L, Armstrong D W. J. Chromatogr. A, 2006, 1115: 19

[42] 赵峰, 迟绍明, 袁黎明. 分析化学, 2009, 37(2): 259

[43] 周玲玲, 孙文卓, 王剑瑜, 袁黎明. 化学学报, 2008, 66: 2309

[44] Zhang M, Zi M, Wang B J, Yuan L M. Asian J. Chem., 2014, 26: 2226

[45] Lv L L, Wang L J, Li J, Jiao Y J, Gao S N, Wang J C, Yan H Y. J. Pharma. Biomedi. Anal., 2017, 145: 399

[46] Zou J, Yu J G. Anal. Chim. Acta, 2019, 1088: 35

[47] Chankvetadze B, Saito M, Yashima E, Okamoto Y. Chirality, 1998, 10: 134

[48] 宋卿, 李芙蓉, 字敏, 彭雅, 袁黎明. 化学研究, 2009, 20(2): 95

[49] Stefansson M, Novotny M. J. Am. Chem. Soc., 1993, 115: 11573

[50] Kano K, Minami K, Horiguchi K, Ishimura T, Kodera M. J. Chromatogr. A, 1995, 694: 307

[51] D'Hulst A, Verbeke N. J. Chromatogr., 1992, 608: 275

[52] Soini H, Stefansson N, Riekkola M L, Novotny M. Anal. Chem., 1994, 66: 3477

[53] D'Hulst A, Verbeke N. Chirality, 1994, 6: 225

[54] D'Hulst A, Verbeke N. J. Chromatogr. A, 1996, 735: 283
[55] Naghdi E, Fakhari A R. Chirality, 2018, 30: 1161
[56] Sicoli G, Pertici F, Jiang Z, Jicsinszky L, Schurig V. Chirality, 2007, 19: 391 ~ 400
[57] Sicoli G, Jiang Z, Jicsinsky L, Schurig V. Angew. Chem. Int. Ed., 2005, 44: 4092

第8章 醇、脲、酰胺、三嗪及联萘酚

Pirkle 型固定相有 200 多个[1]，该类材料除了前面的氨基酸以及小分子肽外，手性醇、脲、酰胺及三嗪等作为手性分离材料，也主要以氢键与被分离分子作用产生手性识别[2-5]。联萘酚属于轴手性化合物[6]。

8.1 醇

Pirkle 研究组在研究 NMR 加手性识别剂测定对映体纯度过程中，发现 9-蒽基-三氟甲基甲醇手性识别剂与被测的对映体生成稳定性不同的非对映异构体络合物，其把这种立体选择性的相互作用用于合成手性固定相的设计，并把 9-蒽基-三氟甲基甲醇共价地连接到一个丙硫醇基硅烷化了的硅胶载体上[7,8]，制备了高效液相色谱中第一代 Pirkle 型手性分离材料(图 8.1)。

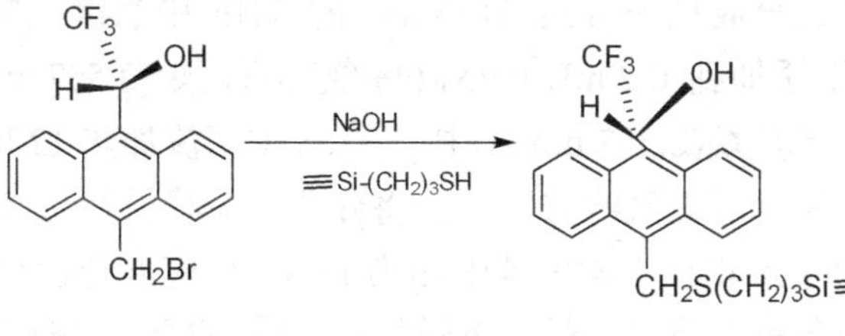

图 8.1　第一代 Pirkle 型手性识别材料

该材料可以拆分一系列含π-酸芳基的亚砜和 3,5-二硝基苯基甲酰氯衍生化的手性胺、硫醇。通过系统改变功能基，观察其对分离因子 α 值和洗脱顺序的影响，探索手性识别机理，为第二代 Pirkle 型手性固定相的合成提供了理论指导，随后合成了(R)-2-苯基-2-氨基乙醇的 DNB 衍生物(图 8.2)[9-11]。

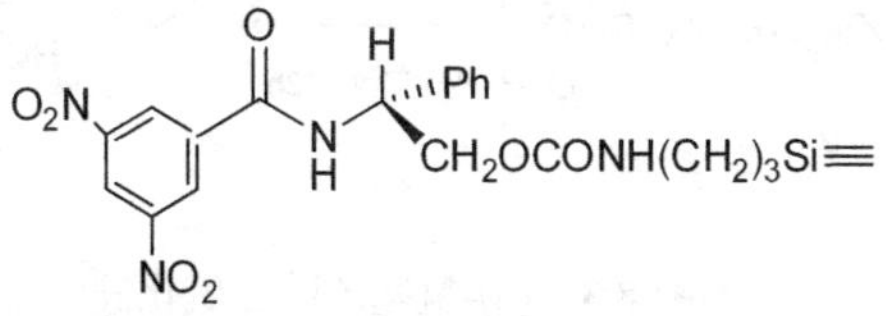

图 8.2　(R)-2-苯基-2-氨基乙醇的 DNB 衍生物手性识别材料

图 8.2 所示手性材料的合成为[9]：① 在含有 14.50g 吡啶(183 mmol)和 16.72 g 的 D-苯甘氨醇(122 mmol)的 250 mL 二氯甲烷中，慢慢加入 28.10 g 的 3,5-二硝基苯甲酰氯(122 mmol)，回流反应 4 h。用 250 mL 乙腈溶解固体产物，有机相用 5% 的盐酸(2×100 mL)和 3 mol/L 的氢氧化钠(4×100 mL)分别洗涤、硫酸镁干燥，真空除去溶剂得 31.67 g 浅黄色固体(产率 78%)。^{1}H-NMR(CD$_3$COCD$_3$)：δ=2.8(s, 1H), 3.8(d, 2H), 5.2(t, 1H), 7.1~7.5(m, 5H), 8.7(s, 1H), 9.0~9.1(m, 3H)。② 将含有 9.5 g 三光气(96 mmol)的 150 mL 二氯甲烷溶液在–5 ℃滴加到含有 14.23 g 上述产物 (43 mmol)和 3.4 g 吡啶(43 mmol)的 300 mL 二氯甲烷中，在 0 ℃继续反应 30 min，在氮气保护下过滤混合物、真空除去溶剂得橙色浆状的甲酰氯衍生物。^{1}H-NMR(CDCl$_3$)：δ=5.0(d, 2H), 5.4(t, 1H), 7.1~7.5(m, 5H), 8.7(t, 1H), 9.0~9.1(m, 3H)。③ 将 12.45 g 氨丙基硅胶(含碳量为 10.91%)悬浮在 2.52 g 三乙胺(25 mmol) 和 50 mL 的二氯甲烷中，让其与上述甲酰氯衍生物在室温下反应 2 天。过滤混合物，硅胶用二氯甲烷、甲醇、丙酮、乙醚和戊烷分别洗涤。元素分析为：C, 14.82%; H, 2.16%; N, 3.73%; Si, 32.67%。据碳含量计算得硅胶表面含手性材料为 0.37 mmol/g。填充好的分离柱用含有 10 g 三氟乙酸的二氯甲烷(100 mL)处理以反应掉剩下的氨丙基官能团。

(S)-氨基乙醇可被用去修饰介孔半晶状材料(M41S)[12]，该材料具有一定的手性识别性能，具体的合成见图 8.3：在 5 mL 的 THF 中悬浮 0.705 g 无水碳酸钾 (5.1 mmol)于室温下添加到 0.2 mL 的(S)-(+)-氯环氧丙烷(2.557 mmol)和 0.598 mL 的 3-氨丙基三乙氧基硅烷(2.557 mmol)中，在 66 ℃回流加热 12 h，在惰性气体条件下过滤，滤出液用干燥氮气吹去溶剂。将介孔半晶状材料与该产物键合，然后与 0.455 mL 苯胺(5 mmol)在干燥甲苯中加热 12 h。反应混合物冷却到室温，过滤固态物质，用干甲苯重复清洗，最后将样品在 40 ℃的真空条件下干燥。

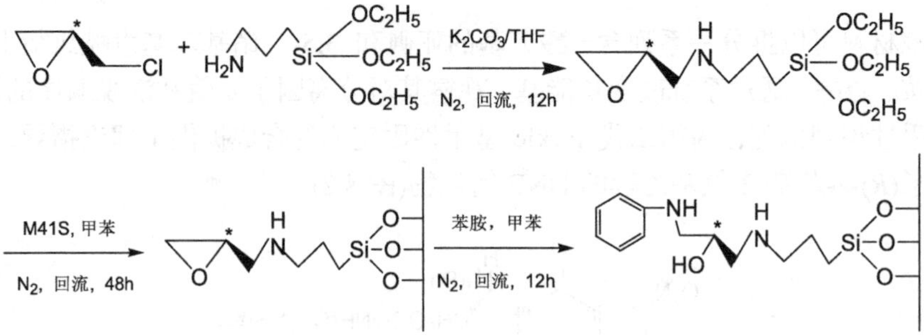

图 8.3 (S)-氨基乙醇二氧化硅

在液滴逆流色谱中，用(*R*)-(–)-2-氨基丁醇作手性识别添加剂，拆分了 100 mg 的 bicyclo[2.2.1]-hept-5-ene-2-carbylic，其比传统的结晶法和酯化法拆分对映异构体效果更好。所用仪器的柱容积是 280 mL，溶剂系统为氯仿/甲醇/磷酸缓冲溶液 pH=7 (7/13/8)，耗时 2.3 天[13]。由于液滴逆流色谱仅靠流动相在重力作用下形成液滴，洗脱速率很难提高，所以耗时较长[14-17]。而且单靠在分离管中简单地上升或者下降的移动相所带来的溶质在两相中的反复分配是很有限的，分离效率也不高。而旋转腔室逆流色谱的发展在一定程度上弥补了液滴逆流色谱的不足。

(2*S*)-(–)-甲基-1-丁醇浸入聚乙烯的支撑体中构成支撑液膜，能用于一些氨基酸的盐酸盐的手性分离中[18-20]。

8.2 脲

Pirkle 型手性识别材料的第三代中有 5-芳基己内酰脲、*N*-酰化-1-芳基-1-氨基烷、*N*-芳基氨基酸酯三类。5-芳基己内酰脲型(图 8.4)属于第三代中的第一种，可用旋光纯的 5-芳基己内酰脲经硅烷化，然后与硅胶反应来制备[21]。

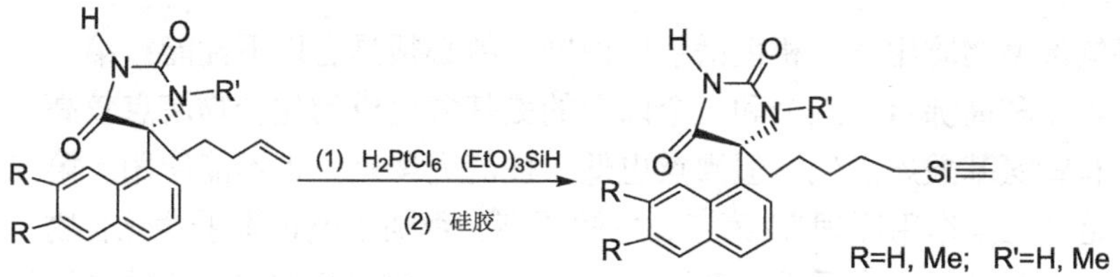

图 8.4   5-芳基己内酰脲型手性识别材料

Pirkle 型手性固定相第三代中的第二种类型第三小类也属于脲型结构 (图 8.5)[22,23]，其对氨基酸酯的 DNB 衍生物拆分效果特别好，通常比相应的酰胺型 CSP 的分离因子 *α* 还大。Pirkle 把这归因于脲分子的骨架刚性较大，脲基比较疏水的本质抑制了次要的偶极-偶极竞争机理。

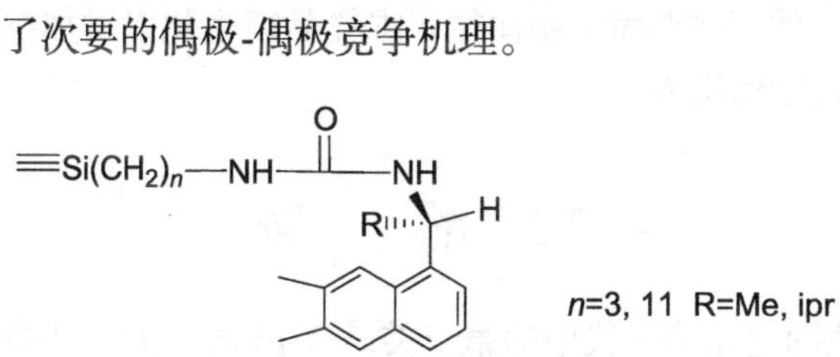

图 8.5   脲型手性识别材料

为了发现更有效的手性固定相，组合化学已经被用于新的 HPLC 手性选择剂的设计，并取得了一些令人注目的研究成果。图 8.6 中的材料对 *N*-3,5-二硝基苯甲酰亮氨酸、一些羧酸衍生物和二氢嘧啶表现出了良好的选择性[24]。

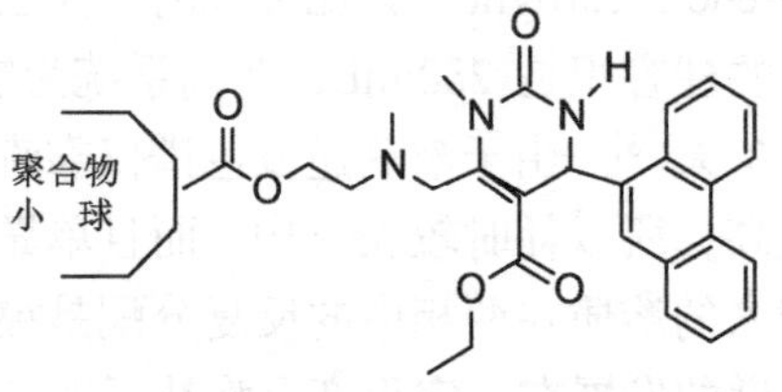

图 8.6　新脲型手性识别材料

在气相色谱中[25]，图 8.7 中的脲型手性识别材料[26]也成功地对 *N*-三氟乙酰基胺进行了分离，但它的使用温度只能在 80~100 ℃。

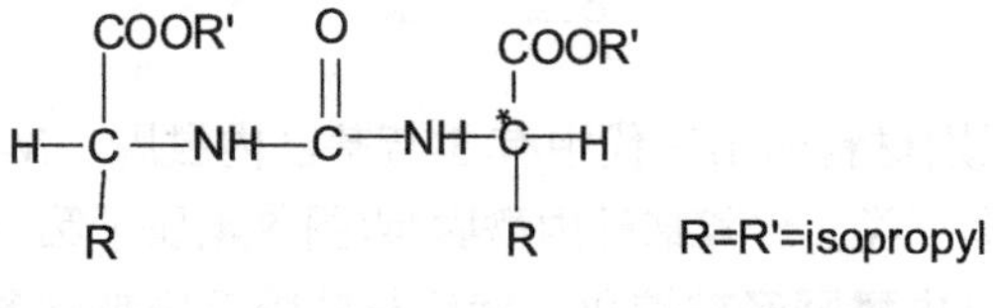

图 8.7　气相色谱中的脲型手性识别材料

将氢键型物质用作气相色谱手性识别材料必须具有以下性能：第一，要求其具有低熔点和高沸点。三个和三个以上的氨基酸生成的化合物熔点较高，很少有报道；有些氨基酸熔点低，但沸点也低，柱流失严重，也不能使用。第二，材料必须满足"三点作用原理"。第三，柱效要高，否则不能识别手性化合物。一般情况下，随着温度的升高手性分离因子 α 减小，极性化合物的分离效果优于非极性化合物，随着材料酯基链的增长 α 值也在降低，它们的最高使用温度绝大多数最高只能达到 150℃左右。该类材料主要用于分离氨基酸、羟基酸、羧酸、醇、胺、内酯、内酰胺等化合物的对映体，氢键作用是对映体分离的主要作用力。除此之外，分子间的相互作用，如偶极相互作用，范德华力和空间阻碍等，也对对映体分离有较大影响[27,28]。这类固定相往往要求样品衍生化以增加挥发性，或引入适当的基团以提高氢键作用力。

8.3　酰　　胺

Pirkle 型手性固定相第三代中的第二类是 *N*-酰化-1-芳基-1-氨基烷。*N*-酰化-1-芳基-1-氨基烷种类较多，按其结构差别又分为三个小类，其中第一、二小类属于图 8.8 的酰胺结构，第三小类属于前叙的脲结构。第一小类[29,30]*n*=10、R=ipr、R₁=Me 时通常拆分能力较大，第二小类[31]中则 *n*=10、R=*t*-Bu 时最出色。

图 8.8　芳基-烷基酰胺型手性识别材料

由于 1-芳基-1-氨基烷基类 CSP 和 N-芳基氨基酸酯类 CSP 显示了高度的手性识别能力，这两类 CSP 常被选作拆分各种不同的分析物，它们在制备性拆分上特别有用，尤其用于拆分 α-氨基酸。图 8.9 是一酰胺型 CSP 的合成路线图[32]：

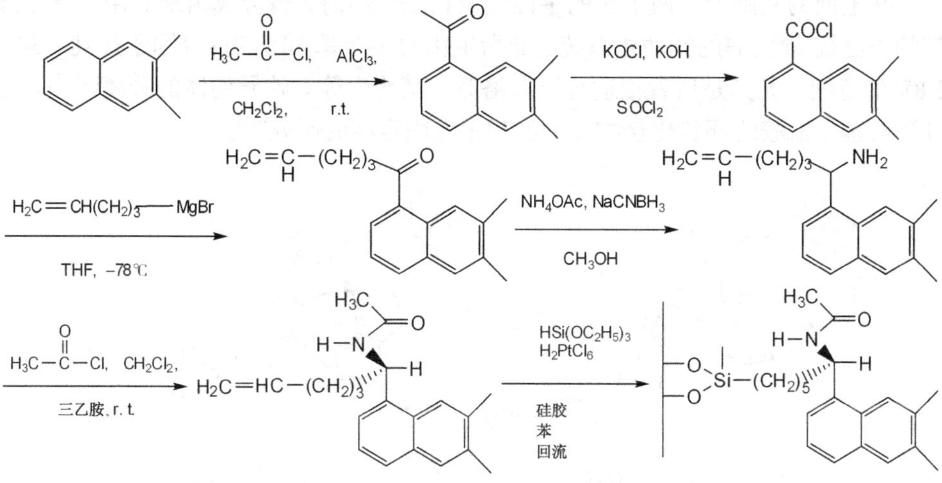

图 8.9　酰胺型手性固定相的合成路线

双-3,5-二硝基苯甲酰化的 C₂ 对称二酰胺(图 8.10)已经被合成并且证明在正相环境中其对较宽范围的对映异构体具有拆分能力[33-36]，其能成功地用于五元环的噁唑烷二酮和内酯的分辨。

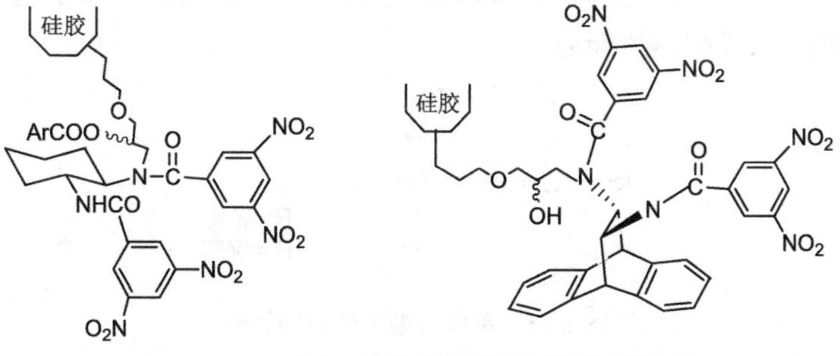

图 8.10　C₂ 对称二酰胺衍生物的手性识别材料

在结构、立体化学和键模型的基础上，1,2-二苯基-1,2-二酰胺基乙烷的骨架也已经被优化出来[37,38]，将它们通过一个短的碳链连接到硅胶表面上后，其对芳香仲醇和一些羧酸表现了手性拆分性能(图 8.11)。如将该手性识别材料中的酰胺基团去掉，所生成的新材料对醇和羧酸的对映异构体的选择性下降，但对酰胺、脲、氨基甲酸酯和酯的选择性则增高[39]。

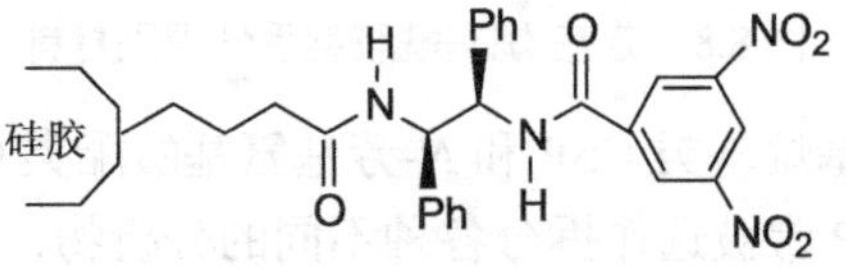

图 8.11 含 1,2-二苯基-1,2-二酰胺基乙烷骨架的手性识别材料

在上面的基础上，两个新的手性固定相(图 8.12)又被合成出来。用含有乙酸铵的正己烷-异丙醇的流动相系统，非衍生化的 2-芳基丙酸的拆分因子达到 1.34 ~ 3.81 的范围。尤其是后者很适合于布洛芬、萘普生等对映异构体的分离[40,41]。另外还有基于酰胺的环状化合物作为液相手性固定相的研究[42]。

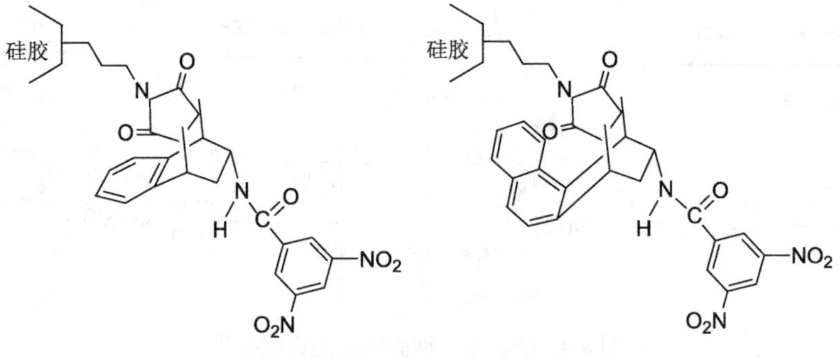

图 8.12 酰胺型手性识别材料

在气相色谱中，图 8.13 中材料由于有一个酰亚胺和一个不对称中心属于单酰胺型手性识别材料[43]，具有代表性的是 N-月桂酰基-(S)-α-(1-萘基)乙胺[26]，其也提供了足够的拆分 N-乙酰基-α-氨基酸酯、α-甲基-α-氨基酸酯、α-甲基-羧酸酯、α-苯基-羧酸酯对映异构体的能力。

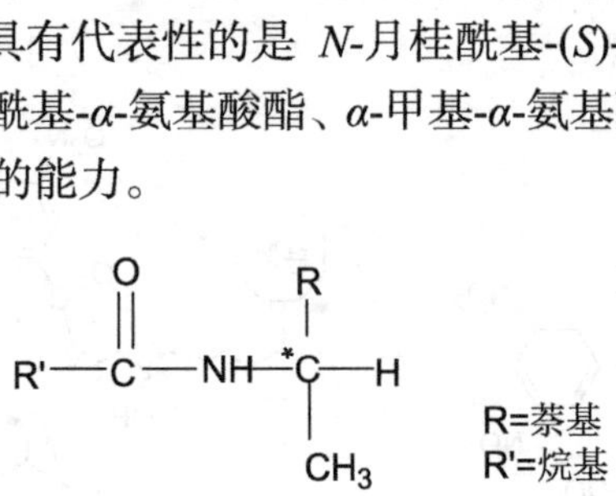

图 8.13 单酰胺型手性识别材料

8.4　三　　嗪

均三嗪的衍生物除了用作气相色谱固定相外,以 1,3,5-三嗪为基本结构的新型液相色谱手性固定相也有报道。三氯三嗪中的两个氯原子依次被氨基酸和吡咯烷或萘基胺取代,最后将手性取代的三氯三嗪键合到具有胺丙基的硅胶上[44]。这类固定相的另一种合成[45]是用C-端保护的缬氨酰三肽和(S)-1-(1-萘基)乙胺取代三氯三嗪,三氯三嗪上剩余的一个氯原子最后一步被胺丙基硅胶上氨基取代(图 8.14),达到将手性基团键合到硅胶基质上的目的。

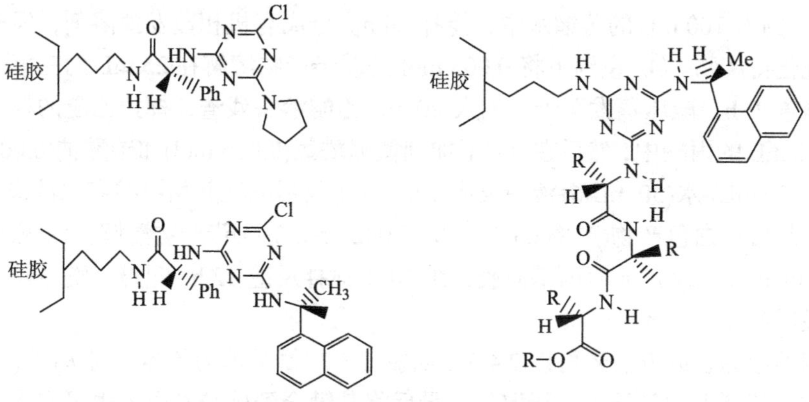

图 8.14　三嗪类手性识别材料

图 8.15 是一个 1,3,5-三嗪为基本结构的手性识别材料的合成路线[46]。

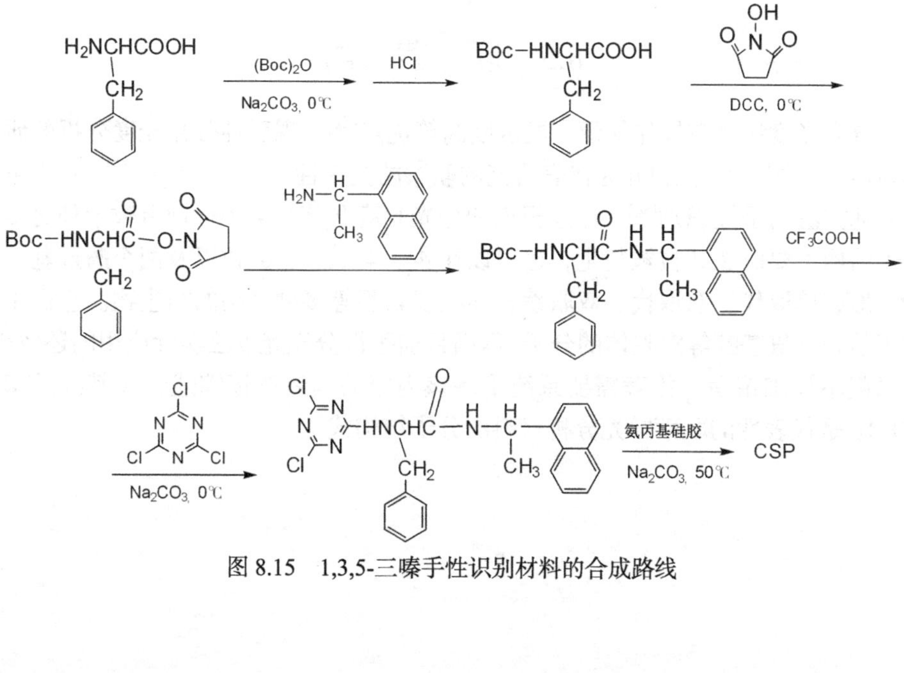

图 8.15　1,3,5-三嗪手性识别材料的合成路线

　　具体的合成操作为：① 将 0.02 mol 碳酸钠和 0.01 mol 苯丙氨酸溶解在 30 mL 水中，在冰水浴和搅拌下加入叔丁氧基酸酐(0.01 mol)的 20 mL 二噁烷溶液，0 ℃ 反应 1 h，室温反应 1 h，真空浓缩反应液到 20 mL，加入 30 mL 乙酸乙酯，用 1 mol/L 的 HCl 酸化到 pH=2～3。水相用乙酸乙酯(3×30mL)萃取，萃取液用水洗涤，无水硫酸钠干燥，蒸发溶剂得产物，产率 92%。② 0.01 mol 的前述产物和 0.01 mol 的 N-羟基琥珀酰亚胺溶解在 50 mL 的乙酸乙酯中，在冰水浴和搅拌下加入 0.01 mol 的 DCC，混合液保持在冰箱中(0～5 ℃)过夜，过滤除去析出的二环己脲，滤液蒸发浓缩得产物，产率 85%。③ 将 10 mL 萘乙胺 (0.01 mol，S 或者 R) 的乙酸乙酯溶液在搅拌下加入②步产物(0.01 mol)的 50 mL 乙酸乙酯溶液中，室温反应 2 h 后，倒入 100 mL 的蒸馏水中，搅拌 24 h。分离有机相蒸发掉溶剂，经硅胶柱色谱纯化得产物。④ 室温下将 0.005 mol 的③步产物溶解在 25 mL 的三氟乙酸溶液中静置 1 h，减压蒸发至干后加入 20 mL 乙醚溶解残渣，挥掉乙醚的粗产物溶解在 20 mL 的丙酮中，然后在 0℃下加到氰脲酰氯(0.005 mol)和碳酸钠(0.005 mol)的丙酮(50 mL)-水(50 mL)溶液中反应 1 h，过滤收集沉淀并用甲醇和水洗涤，用丙酮重结晶后得白色产物(产率 65%)。⑤ 0.002 mol 的④步产物溶解在丙酮(50 mL)水(50 mL)中，加入 3 g 氨丙基硅胶，在 50 ℃搅拌反应 12 h。过滤、洗涤及干燥后即得最后产品。

　　用类似的合成方法还可以 2,4,5,6-四氯-1,3-二氰基苯为基体，用(R)-1-(1-萘基)乙基胺对芳环上的氯原子进行取代，最后将其键合到硅胶基质上也可产生多种手性分离材料，该类固定相对π-酸化合物的对映异构体具有明显的识别能力[47]。

8.5 联 萘 酚

　　分光光度法具有操作简便、灵敏度高等优点[48]，现手性分光光度分析的研究逐渐增多[49-51]，尤其以 Pu 为代表研究的联萘酚类手性剂最为广泛[52,53]，它也可用于其他方法的手性识别[54]。已经报道的分光光度联萘酚类手性剂有数十种之多，分子结构主要以 3,3′-位被衍生，也可以在 4-、4′-、6-、6′-位以及两个酚羟基上反应，形成单取代、双取代、双联萘、环状双联萘等多种结构的衍生物。它们主要用于伯胺及氨基醇等对映体的分析。但因目前手性分光光度法实际应用的还较少，本书就不详细撰写，推荐需要系统了解该内容的读者阅读综述性文献[48-54]，图 8.16 是代表性的联萘酚光分析材料的分子结构式。

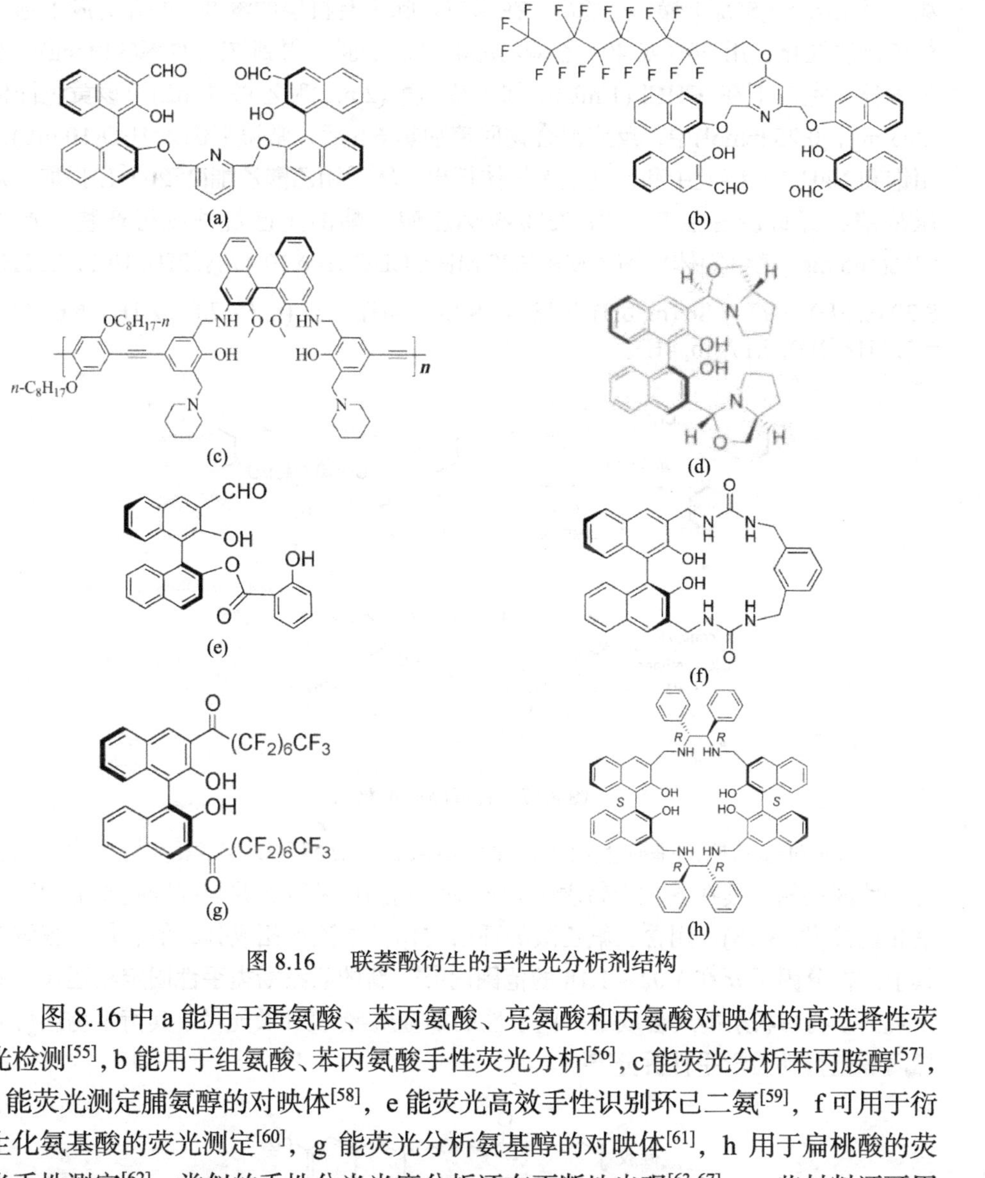

图 8.16　联萘酚衍生的手性光分析剂结构

图 8.16 中 a 能用于蛋氨酸、苯丙氨酸、亮氨酸和丙氨酸对映体的高选择性荧光检测[55]，b 能用于组氨酸、苯丙氨酸手性荧光分析[56]，c 能荧光分析苯丙胺醇[57]，d 能荧光测定脯氨醇的对映体[58]，e 能荧光高效手性识别环己二氨[59]，f 可用于衍生化氨基酸的荧光测定[60]，g 能荧光分析氨基醇的对映体[61]，h 用于扁桃酸的荧光手性测定[62]。类似的手性分光光度分析还在不断地出现[63-67]，一些材料还可用于手性溶剂萃取[68,69]、固相萃取[70]、核磁共振[71]等。

图 8.16a 的合成路线见图 8.17，具体的实验步骤[55]为：将联萘酚的衍生物 (507 mg，1.42 mmol)、2,6-二(溴甲基)吡啶(150 mg，0.57 mmol)和 K₂CO₃(312 mg，2.26 mmol)在 DMF(5 mL))中加热 15 h。然后在室温下将混合物倒入 H₂O(40 mL) 中，用乙酸乙酯(2×30 mL)提取。所得有机溶液用水(1×40 mL)和盐水(2×40 mL)洗

涤，用无水 Na₂SO₄ 干燥。过滤后，在真空下除去有机层的溶剂，并在硅胶上通过柱色谱法纯化，用 20%或 40%乙酸乙酯的己烷洗脱，得到 73%收率(340 mg)的黄色固体。室温下在 CHCl₃(1 mL)中加入浓盐酸(2 mL)和乙醇(1 mL)至该黄色固体(205 mg，0.25 mmol)中，反应混合物回流加热 6 h 后，常温下倒入 H₂O(10 mL)，用饱和 NaHCO₃ 溶液中和，直至无气体析出。然后用乙酸乙酯(2×20 mL)提取，减压浓缩，经硅胶柱层析，用 25%~50%乙酸乙酯的正己烷洗脱得产物，产率 91%(166 mg，黄色固体)。^{1}H-NMR (600 MHz, CDCl₃): δ 10.47 (s, 2H), 10.17 (s, 2H), 8.29 (s, 2H), 7.97~7.86 (m, 6H), 7.38~7.19 (m, 14H), 7.11 (t, J = 7.8 Hz,1H), 6.67 (d, J = 7.7 Hz, 2H), 5.17 (m, 4H)。

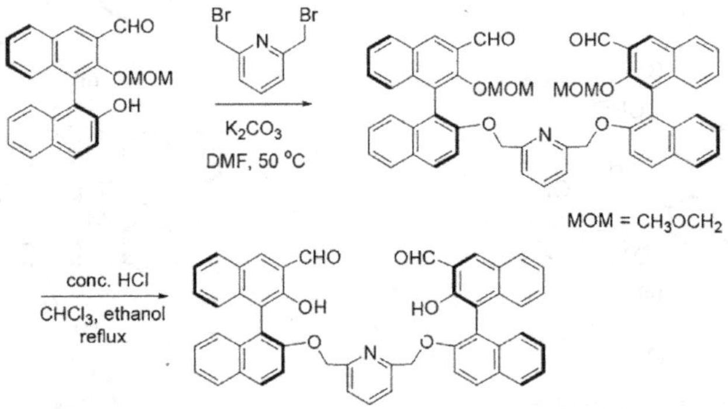

图 8.17   合成路线示意图

在 C₂ 对称结构的基础上衍生出来的(S)-2,2′-二羟基-1,1′-二萘基衍生物被制备为手性固定相，其在 6 位上带着一个羧基终端的烷基链，并与硅胶基质上的胺丙基相连接(图 8.18)。用含三氟乙酸的环己烷作基本流动相成分，伯、仲、叔胺在其上的拆分因子 α 在 1.02 ~ 1.18 的范围内[72]。新的联萘酚类手性固定相还在不断出现[73]。利用联萘酚还合成了一些手性的如金属-有机环及笼[74]，其衍生物还可对烯丙醇进行动力学手性拆分[75]。

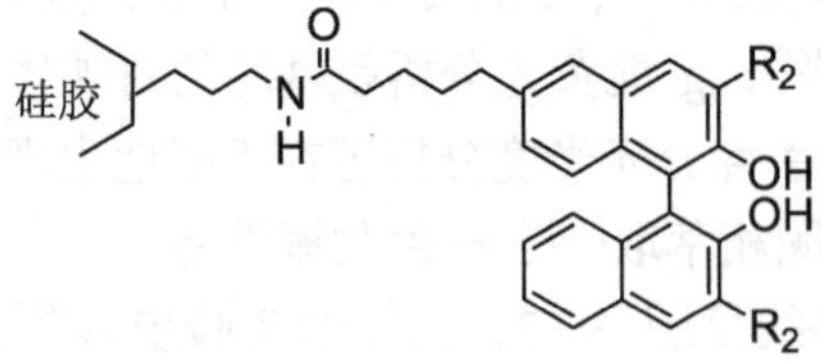

图 8.18   (S)-2,2′-二羟基-1,1′-二萘基衍生物手性识别材料

参 考 文 献

[1]　Fernandes C, Phyo Y Z, Silva A S, Tiritan M E, Kijjoa A, Pinto M M M, Sep. Purif. Rev., 2018, 47: 89
[2]　Pirkle W H, Pochapsky T C. Chem. Rev., 1989, 89: 347
[3]　Chang Y X, Zhou L L, Li G X, Li L, Yuan L M. J. Liq. Chromatogr. Relat. Tech., 2007, 30: 2953
[4]　Chang Y X, Ren C X, Yuan L M. Chemical Research in Chinese University, 2007, 23(6): 646
[5]　常银霞, 候志林, 黎其万, 高天荣, 袁黎明. 分析化学, 2006, 34: S100
[6]　Pu L. Acc. Chem. Res., 2012, 45: 150
[7]　Pirkle W H, House D W. J. Org. Chem., 1979, 44: 1957
[8]　尤田耙. 手性化合物的现代研究方法. 合肥: 中国科学技术大学, 1993, 87
[9]　Pirkle W H, House D W, Finn J M. J. Chromatogr., 1980, 192: 143
[10]　Pirkle W H, Finn J M. J. Org. Chem., 1981, 46: 2935
[11]　周玲玲, 李国祥, 王剑瑜, 袁黎明. 分析化学, 2007, 35(9): 1301
[12]　Mayani V J, Abdi S H R, K R I, Khan N H, Agrawal S, Jasra R V. J. Chromatogr. A, 2006, 1135: 186
[13]　Oya S, Snyder J K. J. Chromatogr., 1986, 370: 333
[14]　Yuan L M, Zi M, Ai P, Chen X X, Li Z Y, Fu R N, Zhang T Y. J. Chromatogr. A, 2001, 927: 91
[15]　Yuan L M, Chen X X, Ai P, Zi M, Wu P, Li Z Y. J. Liq. Chromatogr. Relat. Tech., 2001, 24: 2961
[16]　袁黎明, 谌学先, 刘国祥, 田国才. 分析化学, 2003, 31(2): 251
[17]　Yuan L M, Chen X X, Ai P, Qi S H, Li B F, Wang D, Miao L X, Liu Z F. J. Liq. Chromatogr. Relat. Tech., 2004, 27: 365
[18]　Bryjak M, Kozlowski J, Wieczorek P, Kafarski P. J. Membr. Sci., 1993, 85: 221
[19]　Zhao M, Xu X L, Jiang Y D, Sun W Z, Wang W F, Yuan L M. J. Membr. Sci., 2009, 336: 149
[20]　Wang W F, Xiong W W, Zhao M, Sun W Z, Li F R, Yuan L M. Tetrahedron: Asymmetry, 2009, 20: 1052
[21]　Pirkle W H, Hyun M H. J. Chromatogr., 1985, 322: 309
[22]　Pirkle W H, Hyun M H. J. Chromtogr., 1985, 332: 295
[23]　Oi N, Nagase M, Doi T. J. Chromatogr., 1983, 257: 111
[24]　Lewandowski K, Murer P, Svec F, Frechet J M. J. Chem. Commun., 1998, 2237
[25]　李莉, 字敏, 任朝兴, 袁黎明. 化学进展, 2007, 19(2/3): 393
[26]　Feibush B, Gil-Av E. J. Gas Chromatogr., 1967, 5: 257
[27]　Yuan L M, Fu R N, Chen X X, Gui S H, Dai R J. Chem. Lett., 1998, 141
[28]　Yuan L M, Fu R N, Gui S H, Chen X X, Dai R J. Chin. Chem. Lett., 1998, 9(2): 151
[29]　Pirkle W H, Hyun M H. J. Org. Chem., 1984, 49: 3043
[30]　Pirkle W H, Mahler G, Hyun M H. J. Liq. Chromatogr., 1986, 9: 443
[31]　Wainer I W, Doyle T D, Breder C D. J. Liq. Chromatogr., 1984, 7: 731
[32]　Pirkle W H, Hyun M H, Bank B. J. Chromatogr., 1984, 316: 585
[33]　Gasparrini F, Misiti D, Villani C. Chirality, 1992, 4: 447
[34]　Gasparrini F, Misiti D, Pierini M, Villani C. J. Chromatogr. A, 1996, 724: 79
[35]　Acquarica I D, Gasparrini F, Giannoli B, Misiti D, Villani C, Mapelli G P. J. HRC, 1997, 20: 261
[36]　Maier N M, Uray G. J. Chromatogr. A, 1996, 740: 11
[37]　Maier N M, Uray G. J. Chromatogr. A, 1996, 732: 215
[38]　Maier N M, Uray G. Chirality, 1996, 8: 490
[39]　Uray G, Maier N M, Niederreiter K S, Spitaler M M. J. Chromatogr. A, 1998, 799: 67
[40]　Pirkle W H, Lee Y. J. Org. Chem., 1994, 59: 6911
[41]　Pirkle W H, Liu Y. J. Chromatogr. A, 1996, 736: 31
[42]　Sung J Y, Choi S H, Hyun M H. Chirality, 2016, 28: 253

[43]　Weinstein S, Feibush B, Gil-Av E. J. Chromatogr., 1976, 126: 97

[44]　Lin C E, Lin C H, Li F K. J. Chromatogr. A, 1996, 722: 189

[45]　Iuliano A, Pieroni E, Salvadori P. J. Chromatogr. A, 1997, 786: 355

[46]　Lin C E, Li F K. J. Chromatogr. A, 1996, 722: 199

[47]　Kontree D, Vinkovic V, Sunjic V. Chirality, 1999, 11: 722

[48]　Li X H, Gao X H, Shi W, Ma H M. Chem. Rev., 2014, 114: 590

[49]　Leung D, Kang S O, Anslyn E V. Chem. Soc. Rev., 2012, 41: 448

[50]　Jo H H, Lin C Y, Anslyn E V. Acc. Chem. Res., 2014, 47, 2212

[51]　Zhang X, Yin J, Yoon J. Chem. Rev., 2014, 114: 4918

[52]　Pu, L. Chem. Rev., 2004, 104: 1687

[53]　Pu L. Acc. Chem. Res., 2017, 50: 1032

[54]　Yu S S, Pu L. Tetrahedron, 2015, 71: 745

[55]　Zhu Y Y, Wu X D, Gu S X, Pu L. J. Am. Chem. Soc., 2019, 141: 175

[56]　Zhu Y Y, Wu X D, Abed M, Gu S X, Pu L. Chem. Eur. J., 2019, 25: 7866

[57]　Wei G, Zhang S W, Dai C H, Quan Y W, Cheng Y X, Zhu C J. Chem. Eur. J., 2013, 19: 16066

[58]　Hu L L, Yu S S, Wang Y C, Yu X Q, Pu L. Org. Lett., 2017, 19: 3779

[59]　Xu Y M, Yu S S, Chen Q, Chen X M, Xiao M, Chen L M, Yu X Q, Xu Y, Pu L. Chem. Eur. J., 2016, 22: 5963

[60]　Wang F, Nandhakumar R, Hu Y, Kim D, Kim K M, Yoon J. J. Org. Chem., 2013, 78: 11571

[61]　Wang C, Wu E, Wu X, Xu X, Zhang G, Pu L. J. Am. Chem. Soc., 2015, 137: 3747

[62]　Li Z, Lin J, Zhang H, Sabat M, Hyacinth M, Pu L. J. Org. Chem., 2004, 69: 6284

[63]　Wen K L, Yu S S, Huang Z, Chen L M, Xiao M, Yu X Q, Pu L. J. Am. Chem. Soc., 2015, 137: 4517

[64]　Munusamy S, Iyer S K. Tetrahedron: Asymmetry, 2016, 27: 492

[65]　Wang C, Anbaei P, Pu L. Chem. Eur. J., 2016, 22: 7255

[66]　Wang C, Wu X D, Pu L. Chem. Eur. J., 2017, 23: 10749

[67]　Wang Q, Wu X D, Pu L. Org. Lett., 2019, 21: 9036

[68]　Schuur B, Blahušiak M, Vitasri C R, Gramblička M, Haan A B D, Visser T J. Chirality, 2015, 27: 123

[69]　Liu X, Ma Y, Cao T, Tan D N, Wei X Y, Yang J, Yu L. Sep. Purif. Tech., 2019, 211: 189

[70]　Ohishi Y, Murase M, Abe H, Inouye M. Org. Lett., 2019, 21: 6202

[71]　Cuřínová P, Dračínský M, Jakubec M, Tlustý M, Janků K, Izák P, Holakovský R. Chirality, 2018, 30: 798

[72]　Sudo Y, Yamaguchi T, Shimbo T. J. Chromatogr. A, 1998, 813: 35

[73]　罗兰, 何宇雨, 张鹏, 何立晓, 字敏, 袁黎明. 理化检验-化学分册, 2019, 55: 993

[74]　Ye Y, Cook T R, Wang S P, Wu J, Li S, Stang P T. J. Am. Chem. Soc., 2015, 137: 11896

[75]　Liu Y D, Liu S, Li D M, Zhang N, Peng L, Ao J, Song C E, Lan Y, Yan H L. J. Am. Chem. Soc., 2019, 141: 1150

第9章 金属络合物

9.1 樟　　脑

色谱是一种非常有效的分离技术[1-3]，在气相色谱中使用金属化合物作分离材料是 1955 年 Bradford 等在聚乙二醇中加 AgNO₃ 分离链烯首次报道的[4-7]。在实际的气相色谱手性识别过程中，用氢键型手性识别材料去分离不饱和烃、醚、酮等对映异构体常常非常困难[8,9]。1971 年 Schurig 和 Gil-Av 的研究证实将上述对映异构体与具有光学活性成分的金属有机化合物作用可实现手性分离[10]。研究将二羰基-铑(I)-3-三氟乙酰基-(1R)-樟脑(图 9.1a)与角鲨烷混合涂渍在一根不锈钢毛细管柱(长 200 m，内径 500 μm)的内壁上，在 20℃的柱温下，经历了约 130 min，实现了 3-甲基环戊烯的分离。尽管将这种对映体拆分方法扩展到其他类外消旋体烯烃的努力没有成功，但它首次确定了络合气相色谱有可能显示配位络合的手性识别能力。用金属络合物作气相色谱固定相是基于溶质的孤对电子与金属络合物材料的电子空轨道之间的配位作用而进行分离的。

1977 年 Schurig 等 [11] 在光学活性的 Rh (I)樟脑酸盐络合物固定相上分离了手性链烯，展示了络合物气相色谱可通过 π-络合物的作用进行对映体拆分的能力。紧接着，Golding 等用铕(II)-双-3-三氟乙酰基-(1R)-樟脑(图 9.1b)作为固定相的气相色谱拆分了甲基环氧乙烷[12]。

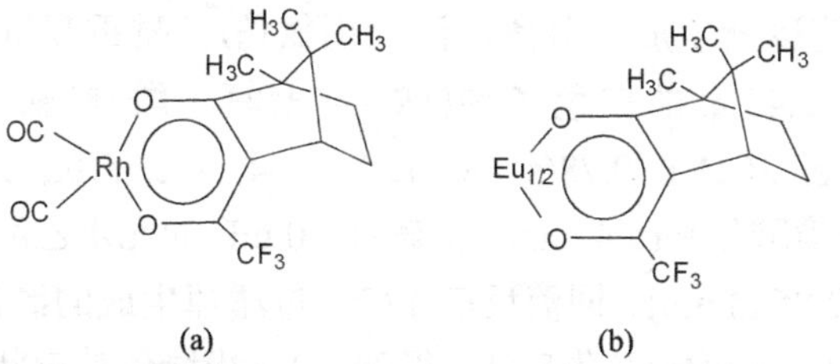

图 9.1　二羰基-铑(I)-3-三氟乙酰基-(1R)-樟脑(a)和铕(II)-双-3-三氟乙酰基-(1R)-樟脑(b)

Schurig 等用镍(II)-二[3-三氟乙酰基-(1R)-樟脑]定量拆分了甲基环氧乙烷和反式-2,3-二甲基环氧乙烷的对映异构体[13,14]。环醚、1-氯氮杂环丙烷、硫杂环丙烷、环酮和脂肪醇等在镍(II)-二[3-七氟丁酰基-(1R)-樟脑酸盐]上也得到了拆分(图 9.2)。将锰(II)-二[3-七氟丁酰基-(1R)-樟脑]溶于聚硅氧烷 OV-101 中，混合涂渍预处理过的玻璃毛细管柱，则进一步改善了络合气相色谱的拆分效果和分析速度[15]。

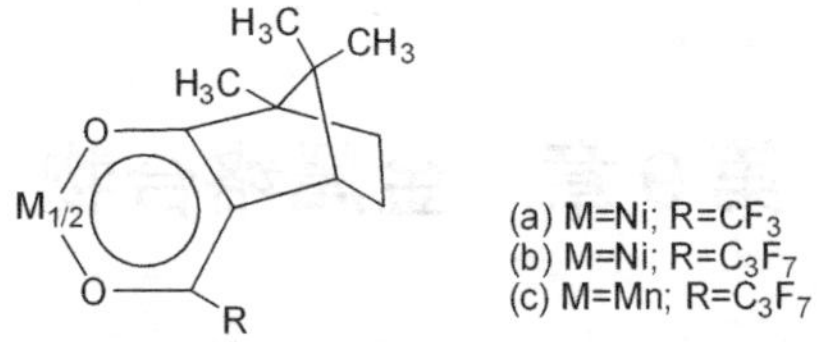

(a) M=Ni; R=CF₃
(b) M=Ni; R=C₃F₇
(c) M=Mn; R=C₃F₇

图9.2　镍(II)-二[3-三氟乙酰基-(1R)-樟脑]、镍(II)-二[3-七氟丁酰基-(1R)-樟脑酸盐]以及锰(II)-二[3-七氟丁酰基-1R-樟脑]

镍(II)-二[3-七氟丁酰基-(1R)-樟脑酸盐]的合成为[16]：① 在 42.5 mL 的 5%甲基锂(67.5 mmol)乙醚溶液中小心加入 9.5 mL 双异丙基胺，搅拌 30 min，然后将 10.2 g 的(+)-(1R)-樟脑(60.7 mmol)溶解在无水乙醚中，让其迅速与上述混合物反应，搅拌 30 min，整个反应一直在–20 ℃、无水、无氧的条件下进行，随后将反应物冷却到–60 ℃。将 10 mL 七氟丁酰氯(66.5 mol)溶解在 20 mL 的无水乙醚中，在保持反应温度–60 ℃、剧烈搅拌下滴加到上述反应溶液中，继续反应 60min 后，在 30min 内将温度逐渐升到–20 ℃，将混合物转移到 0 ℃的 150 mL 的 1 mol/L 盐酸中。分离有机相，水相用 120 mL 乙醚萃取 4 次，收集有机相用 50mL 的氯化钠洗涤两次、硫酸钠干燥、真空浓缩。在 40 ℃(15 mmHg)升华除去未反应的樟脑，在 70 ~ 80 ℃(1 mmHg)蒸馏剩下的红棕色的油状物体，得到 7.5g 的无色液体 (1R)-3-(七氟丁酰)樟脑(产率 32.1%)。^{13}C-NMR(δ): 8.30, 17.98, 20.13, 26.63, 30.07, 47.56, 48.99, 57.96, 120.61, 213.95。② 用无水苯完全洗去 0.3 g 80%氢化钠(悬浮在石蜡中，10 mmol)中的石蜡并悬浮在无水苯中，加入溶解有 2.5 g 的(1R)-3-(七氟丁酰)樟脑(7.2 mmol)的 80 mL 无水苯，在氮气保护下搅拌 3 h，小心真空浓缩，残渣用热氯仿溶解，过滤溶液。滤液在搅拌下用无水乙醚稀释(1：1)，将混合物冷却到 5℃则有沉淀逐渐生成，分离沉淀并用氯仿/乙醚重复沉淀，在 20 ℃(0.01 mmHg)干燥得到 2.45 g 的白色产物(1R)-3-(七氟丁酰)樟脑化钠(产率 92%)。^{1}H-NMR(δ): 0.67(s, 3CH₃), 0.78(s, 6CMe₂), 2.54 ~ 2.75(br, 1H)。③ 将 2 g 的 (1R)-3-(七氟丁酰)樟脑化钠(5.4 mmol)溶解在 50 mL 的无水乙醇中，加入 0.37 g 的无水氯化镍粉末(2.85 mmol)，回流反应 12 h，过滤掉生成的氯化钠，浓缩反应液，在 140 ~ 160 ℃(0.02 mmHg)升华残渣，得到 1.3 g 浅绿色玻璃状的粉末镍(II)-二[3-七氟丁酰基-(1R)-樟脑酸盐](产率 32%)，软化点为 100 ~ 115 ℃。

由于金属配合物手性固定相只能在较低的温度范围内使用，所以常将其与聚合物连接，如 Chirasil-Nickel 是镍(II)-二[3-七氟丁酰基-(1R)-樟脑]键合到聚硅氧烷上的手性识别材料，其不但可用于气相色谱，还用于超临界流体色谱中用于手性化合物的分离。这种方法目前已用于定量分离甲基环氧乙烷，最突出的是此法已用于定量分离信息素。该材料的合成路线见图 9.3[17-19]。

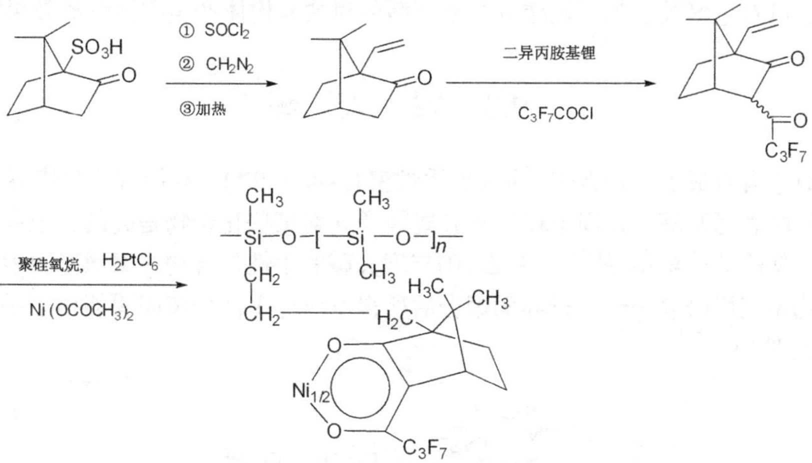

图 9.3　镍(Ⅱ)-二[3-七氟丁酰基-(1R)-樟脑]聚硅氧烷的合成路线

等离子聚合技术于 20 世纪 60 年代开创[20]。等离子表面改性的原理已经用于手性高分子膜的制备。该技术是将非聚合性气体在等离子体反应器中用等离子体激发，生成离子、激发态分子、自由基等多种活性离子，这些活性离子进攻高分子膜表面，通过表面反应在表面引入特定官能团，形成交联结构或表面自由基。比较常见的方法是先用等离子体照射微孔膜，再让微孔膜接触待接枝单体进行后聚合。已经有将樟脑通过等离子聚合技术接枝到乙酸纤维素膜表面的研究报道[21-23]，该表面改性膜可以对色氨酸和脯氨酸的对映异构体产生手性识别。

9.2　薄　荷　酮

手性配体除樟脑外，也有关于使用薄荷酮、异薄荷酮、香芹酮、诺蒎酮、thujone以及 3-或 4-频哪醇的报道[24]。各种不同的螺缩酮、二环缩酮、外型和内型brevicoming 和 frontalin、三环缩酮在由 5-七氟丁酰基-(R)-胡薄荷酮与镍(Ⅱ)生成的螯合物(图 9.4)上都表现出很好的拆分性[25]。

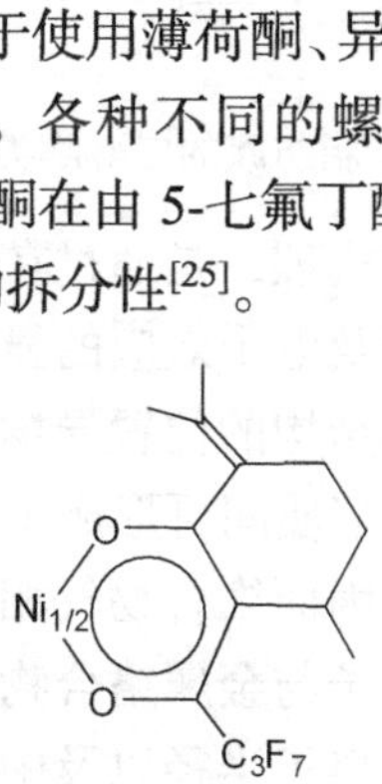

图 9.4　5-七氟丁酰基-R-胡薄荷酮与镍(Ⅱ)生成的螯合物

通过等离子体聚合技术也可以将薄荷醇接枝到乙酸纤维素膜的表面上，该改性膜也可对色氨酸、苯丙氨酸以及酪氨酸的对映异构体产生手性分离效果[26-29]。

9.3 席 夫 碱

有学者合成了一种铜(II)-席夫碱手性螯合物(图 9.5)，利用气相色谱拆分了 α-羟基酸酯和氨基醇。该固定相虽然分离因子 α 对某些化合物是高的，但有时因柱效差，使峰的分辨不好[30]。将 Zn(II)与席夫碱的手性螯合物在聚砜基膜表面与哌嗪和均苯三甲酰氯一起进行界面聚合后所得不对称手性分离固膜能用于手性化合物的识别[31]。

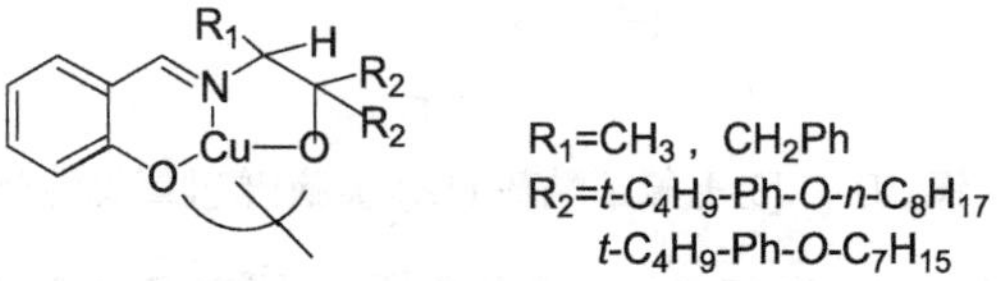

$R_1=CH_3，CH_2Ph$
$R_2=t\text{-}C_4H_9\text{-}Ph\text{-}O\text{-}n\text{-}C_8H_{17}$
$t\text{-}C_4H_9\text{-}Ph\text{-}O\text{-}C_7H_{15}$

图 9.5　铜(II)-席夫碱手性螯合物

9.4 二 醇 酮

将脂肪族的二醇酮类络合物(图 9.6)分散在聚硅氧烷 OV-101 中[32]，作为气相色谱的手性识别材料，可分离对映异构体。

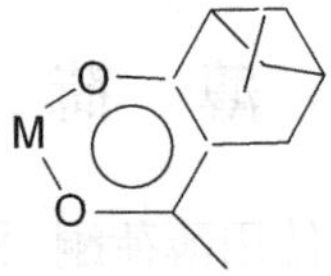

图 9.6　脂肪族的二醇酮类络合物

金属络合物手性材料的识别机理，是通过在溶质与金属络合物形成三元络合物时，由于配位键对空间、张力及电子效应的显著灵敏性，以及溶质与金属配位作用的多样性，使其对一定空间结构的位置异构体具有选择性，并且由于手性金属络合物与具有电子给体性质的溶质间可形成 1∶1 的非对映体络合物，使其对光学异构体也具有手性识别作用，因而络合物气相色谱是一种分离选择性很有特色的色谱分离方法。此外，溶质分子与金属络合物形成三元络合物的稳定性不仅依赖中心离子的价态、电子结构、离子半径以及中心离子和配体重叠轨道的空间安排，而且也受配体的碱性以及配体通过中心离子的电子转移效应等诸多因素影响，使得络合物气相色谱分离过程的可控制性颇为灵活。

对映体分子中的活性部位，如双键和杂原子等，与金属配位化合物中的金属离子，在色谱柱内建立快速、可逆的配位平衡，由于金属配位化合物手性固定相中的手性配基在空间的有序排列，使对映体靠近金属离子的难易有别，在通过多次的配位与交换以后，就可以达到对映体的分离。在这一分离过程中，起关键作用的是配位作用，其作用强度要比氢键型和包合型手性固定相中的氢键、包合、吸附及分配等作用要大，因而对映体的分离因子也较大，在对映体的纯度测定和制备方面，有一定用途。但是，金属配体化合物不能耐高温，很难在 100 ℃以上使用，不能分析高沸点的化合物，是其重大的缺陷。

用络合气相色谱拆分对映体，一般不需要先衍生化，这是很重要的优点。将这类手性识别材料与某些聚硅氧烷固定液如 OV-101 等混合，涂到毛细管柱上，可以分离烯烃、环酮、醇、胺、环氧化合物、氨基醇、氨基酸、羟基酸和卤代酸等化合物的对映体。但毕竟该类固定相只能拆分较低沸点物质，固定相的合成和色谱柱制备较复杂，因而使用并不多。不过，这类固定相对某些化合物的分离因子 α 较大，作为分离这些化合物是一种补充技术，尚不能被其他固定相完全取代[33]。

9.5 其 他

金属手性络合物[34]也可以用于手性溶质的萃取过程中，此类络合物通常基于来自氨基酸和 Cu(II)胺配体的配合物，一些其他金属离子如 Co(II)和 Ni(II)的对映体选择性络合物也被报道。一个明显的例子来自手性 Co(II)络合物被用在一些 N-Bn-氨基酸的对映体选择性识别中。用等量的外消旋 N-Bn-氨基酸在 MeOH/H₂O(5∶1)溶液中与[Co(II)(配体)(OAc)]作用，然后被 CHCl₃/H₂O 提取，得到高 R 或高 S 的络合物([Co(II)(配体)(N-Bn-氨基酸)])和非络合 N-Bn-氨基酸的对映体[35]，其萃取以及反萃取[36]示意见图 9.7。

(a)

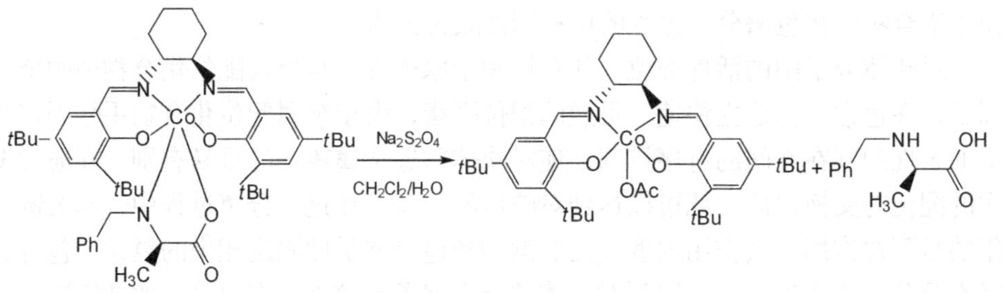

(b)

图 9.7　手性金属络合物的萃取(a)及反萃取(b)

　　电位传感器又叫离子选择性电极。目前该种传感器膜主要由 PVC、塑料添加剂、手性选择剂以及离子添加剂组成，它们的比例大约为：PVC：塑料添加剂：手性选择性剂：离子添加剂≈33：66：1：0.3。该电极是流动载体膜的"固化"改进，与一般载体膜相比，这种膜的稳定性和寿命均有较大的提高。在该电极中常见的塑料添加剂有 2-nitrophenyl *n*-octyl ether (oNPOE)，dioctyl sebacate (DOS)，dibutyl sebacate(DBS)，bis(1-butylpentyl) adipate (BBPA)；用得最多的阳离子选择性电极的离子添加剂为 potassium tetrakis(4-chlorophenyl)borate (KTpClPB)；用得最多的阴离子选择性电极的离子添加剂为 tridodecylmethylammonium chloride(TDDMACl)；手性选择剂要求不溶于水，否则造成手性选择剂的流失，导致方法无再现性。该方法的优点是仅用少量(约 1 mg)的手性选择剂即可制备一修饰 PVC 膜，仪器简单(采用 pH 计)、操作省时，可用于对映异构体的分析检测。利用图 9.8 络合物作为手性电位传感器中的手性识别材料[37,38]，成功地对扁桃酸对映异构体进行了识别，电位传感器的 $\log K_{L,D}$ 高达-4。其是将金属络合物负载于 PVC 膜上并与 Ag/AgCl 电极、甘汞电极等组成离子选择性膜电极体系。该传感器电极的制备为[39]：将 31.6%的 PVC、64.6%的塑料添加剂(DBP、DOP 或者 *o*-NPOE)、3.8%的 Mn(II)络合物完全溶解在 5 mL 的新鲜制备的 THF 中，倾倒在一块光滑的玻璃板上，让溶剂在室温下慢慢蒸发 24 h，得到厚度大约为 0.3 mm 的褐色膜。切去适当大小的该膜黏在一根 PVC 管端,管内置含有 0.1 mol/L 的 KCl 内参比溶液，Ag/AgCl 电极为内参比电极。

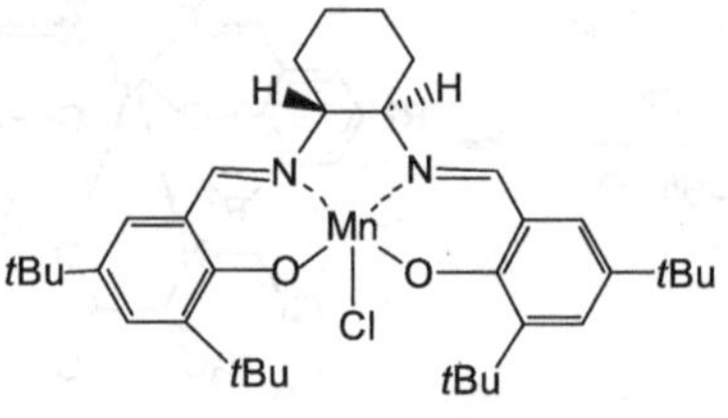

图 9.8　用于手性电位传感器的识别材料

　　图 9.9 所示的手性络合物通过三种不同的联结臂键合在硅胶的表面，用作高效液相色谱的手性固定相，也表现出一定的手性识别能力[40]。将双核 Cu₂(II)-β-环糊精配合物用作高速逆流色谱中的手性选择剂能对芳香羟基羧酸的对映体实施有效的拆分[41]。另外，三(1,2-二氨基乙烷)钴(III)碳酸盐和 α-环糊精组成的超分子配合物具有手性识别能力[42,43]。自组装八面体 Fe(II)-亚胺配合物能测定手性胺的对映体过量值[44]。一些笼型二聚稀土配合物也可用于发光法检测 N-BOC-天冬氨酸阴离子的手性[45]等。

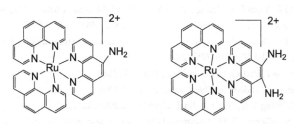

图 9.9　三(双亚胺)合钌络合物

参 考 文 献

[1] Yuan L M, Han Y, Zhou, Y, Meng X, Li Z Y, Zi M, Chang Y X. Anal. Lett., 2006, 39: 1439
[2] 袁晨, 康师源, 段爱红, 谌学先, 杨东群, 袁黎明. 化学教育, 2008, (5): 71
[3] Chen Y G, Wu Z C, Lv Y P, Gui S H, Wen, Liao X R, Yuan L M, Halaweish F. Arch. Pham. Res., 2003, 26(11): 912
[4] Bradford W B, Harvey D, Chalkey D E. J. Inst. Petroleum, 1955, 41: 80
[5] Yuan L M, Fu R N, Gui S H, Xie X T, Dai R J, Chen X X, Xu Q H. Chromatographia, 1997, 46(5/6): 291
[6] 袁黎明, 傅若农, 戴荣继, 杨振卿, 许世学, 谌学先, 徐其亨. 高等学校化学学报, 1998, 19(2): 207
[7] Yuan L M, Fu R N, Gui S H, Chen X X, Dai R J. Chin. Chem. Lett., 1998, 9(2): 15
[8] 李莉, 字敏, 任朝兴, 袁黎明. 化学进展, 2007, 19(2/3): 393
[9] Yuan L M, Ren C X, Li L, Ai P, Yan Z H, Zi M, Li Z Y. Anal. Chem., 2006, 78: 6384
[10] Schurig V, Gil-Av E. J. Chem. Soc. Chem. Commun., 1971, 2030
[11] Schurig V. Angew. Chem. Int. Ed., 1977, 16: 110
[12] Golding B T, Sellars P J, Wong A K. J. Chem. Soc. Chem. Commun., 1977, 1266
[13] Schuring V, Burkle W. Angew. Chem. Int. Ed., 1978, 17: 132
[14] Schurig V, Betschinger F. Chem. Rev., 1992, 92: 873
[15] Schurig V, Weber R. J. Chromatogr., 1981, 217: 51
[16] Schurig V, Burkle W. J. Am. Chem. Soc., 1982, 104: 7573
[17] Schurig V, Schmalzing D, Schleimer M. Angew. Chem. Int. Ed., 1991, 30: 987
[18] Opitz G, Fischer N. Angew. Chem. Int. Ed., 1965, 4: 70
[19] Matlin S A, Lough W J, Chan L, Abram D M H, Zhou Z. J. Chem. Soc. Chem. Commun., 1984, 1038
[20] Goodman J. J. Polym. Sci., 1960, 44: 551
[21] Osada Y, Ohta F, Mizumoto A, Takase M, Kurimura Y. The Chemical Society of Japan, 1986, (7): 866
[22] Xie S M, Wang W F, Ai P, Yang M, Yuan L M. J. Membr. Sci., 2008, 321: 293
[23] Wang W F, Xiong W W, Zhao M, Sun W Z, Li F R, Yuan L M. Tetrahedron: Asymmetry, 2009, 20: 1052

[24] Schurig V, Burkle W, Hintzer K, Weber R. J. Chromatogr., 1989, 475: 23

[25] Weber R, Hintzer K, Schurig V. Naturwissenschaften, 1980, 67: 453

[26] Tone S, Masawaki T, Hamada T. J. Membr. Sci., 1995, 103: 57

[27] Tone S, Masawaki T, Eguchi K. J. Membr. Sci., 1996, 118: 31

[28] Zhao M, Xu X L, Jiang Y D, Sun W Z, Wang W F, Yuan L M. J. Membr. Sci., 2009, 336: 149

[29] Yang M, Zhao M, Xie S M, Yuan L M. J. Appl. Polym. Sci., 2009, 112: 2516

[30] Oi N, Shiba K, Tani T, Kitahara H, Doi T. J. Chromatogr., 1981, 211: 274

[31] Singh K, Ingole P G, Bajaj H C, Bhattacharya A, Brahmbhatt H R. Sep. Sci. Tech., 2010, 45: 1374

[32] Armstrong D, Li W, Chang C D, Ptha J. Anal. Chem., 1990, 62: 914

[33] Xie S M, Fu N, Li L, Yuan B Y, Zhang J H, Li Y X, Yuan L M. Anal. Chem., 2018, 90: 9182

[34] Vagin S I, Reichardt R, Klaus S, Rieger B. J. Am. Chem. Soc., 2010, 132: 14367

[35] Reeve T B, Cros J P, Gennari C, Piarulli U, Vries J G D. Angew. Chem. Int. Ed., 2006, 45: 2449

[36] 袁黎明, 宋文俊. 应用化学, 1989, 6(6): 22

[37] Bakker E, Bühlmann P, Pretsch E. Chem. Rev., 1997, 97: 3083

[38] Bühlmann P, Pretsch E, Bakker E. Chem. Rev., 1998, 98: 1593

[39] Xu L, Yang Y Y, Wang Y Q, Gao J Z. Anal. Chim. Acta, 2009, 653: 217

[40] Sun P, Perera S, MacDonnell F M, Armstrong D W. J. Liq. Chromatogr. Relat. Tech., 2009, 32: 1979

[41] Han C, Luo J G, Xu J F, Zhang Y Q, Zhao Y C, Xu X M, Kong L Y. J. Chromatogr. A, 2015, 1375: 82

[42] Ohta N, Fuyuhiro A, Yamanari K. Chem. Commun., 2010, 46: 3535

[43] Xie S M, Yuan L M. J. Sep. Sci., 2019, 42: 6

[44] Dragna J M, Gade A M, Tran L, Lynch V M, Anslyn E V. Chirality, 2015, 27: 294

[45] Ito H, Shinoda S. Chem. Commun., 2015, 51: 3808

第 10 章　手性配体交换化合物

手性配体交换技术是 1961 年由 Helfferich 首次提出[1]，并通过 Davankov 等的发展[2,3]得到应用的。这一技术结合了离子交换和配体化学[4-6]两个领域的特征，从而可以实现上述任一过程常常不能单独完成的分离工作。其已广泛地应用于毛细管电泳[7-10]、薄层色谱[11-13]以及高效液相色谱中[14,15]。

10.1　手性配体交换原理

Davankov[16,17]将 L-脯氨酸键合到苯乙烯-二乙烯苯树脂上，通过流动相引入铜离子形成铜离子配合物，用手性配体交换色谱分离了氨基酸对映体。后来将氨基酸和 N,N-二苯基-1,2-丙二胺键合到聚苯乙烯和聚丙烯酰胺树脂上，以 Cu(II) 和 Ni(II) 作为络合金属，这些材料尽管表现出良好的对映选择性，但拆分效率不高[18]。

在配体交换手性材料中，通常有一个金属离子，如 Cu^{2+}、Ni^{2+} 或 Zn^{2+}，能生成一种多齿络合物。一个金属离子可接合一个配体分子和一个对映体分子，生成非对映体络合物，这个过程是可逆的。溶质对映体迅速交换着接合到络合物上，而手性配体可固定在载体上，制成手性固定相。虽然手性配体理论上也可以加入到移动相之中，但其用途较少[19-22]。当非对映异构体络合物稳定性不同时，溶质对映体就有可能被分离。有人通过计算，认为这种稳定性之差在某些情况下可高达 800 kcal/mol，这是由多齿状络合物中的位阻关系产生的。图 10.1 是在配体交换实验中典型的非对映异构体络合物，(R,S)-络合物由于形成轴向的溶剂配体而比 (S,S)-络合物稳定。

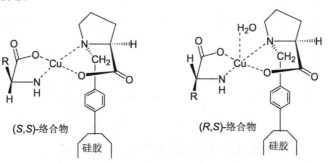

(S,S)-络合物　　　(R,S)-络合物

图 10.1　手性配体交换原理

在图 10.1 中，金属离子可以在轴向接受一个溶剂分子配体，形成较稳定的配位络合物。由于空间位阻关系，只有右式(*R,S*)-络合物允许形成轴向溶剂配体，而左式(*S,S*)-络合物由于溶质氨基酸 R 基团的空间阻碍，不能形成这种轴向配位。这种识别机理可以解释含两个配位点的简单氨基酸在含脯氨酸的手性固定相的洗脱顺序。而对含三个配位点的氨基酸，在脯氨酸手性固定相上的洗脱顺序正好相反，因为第三个配位点必在 R 基上，只有(*S,S*)-络合物 R 基上的配位点能弯折过来，在轴向位置上与 Cu 络合，形成五配位的络合物。

10.2　脯氨酸配体

脯氨酸[23]以及羟基脯氨酸[24]可用于手性薄层色谱。1984 年 J. Martens 团队发表了(2*S*,4*R*,2′*RS*)-4-羟基-1-(2′-羟基十二烷基)-脯氨酸制备手性薄层板[25]。其是将 C_{18} 板在 0.25%的乙酸铜溶液中浸没 1 min 后干燥，随后再浸没在 0.8%的该手性剂的甲醇溶液中 1 min，自然干燥后即可。该板已经商品化，其在氨基酸及其衍生物以及一些二肽等的手性拆分方面具有较好的再现性[26]，不足之处是 C_{18} 在板上黏合不牢，容易脱落，难于用笔在薄层板上标记。

脯氨酸及其衍生物用作配体交换色谱手性固定相[27-31]的合成路线为：将 4 g 硅胶 120 ℃真空干燥 4 h，悬浮于 30 mL 干燥甲苯中，加入 2 mL 的 3-缩水甘油基丙基三甲氧基硅烷，悬浮液回流反应 8 h。为了除去反应生成的甲醇，回流冷凝器需要保持在 65 ℃。反应完毕，冷却，过滤，用甲苯、甲醇各洗涤 3 次，真空干燥，得 3-缩水甘油基丙基硅胶。合成需保证所有试剂无水，全部操作在干燥氮气保护下完成。将干燥的 3-缩水甘油基丙基硅胶悬浮于适量甲醇中，加入 L-脯氨酸钠盐(或者 L-羟基脯氨酸钠盐)，室温下振荡反应 48 h，反应完毕过滤，用甲醇洗 3 次，真空干燥，得到 L-脯氨酸(或者 L-羟基脯氨酸)硅胶键合固定相，制备路线如图10.2。

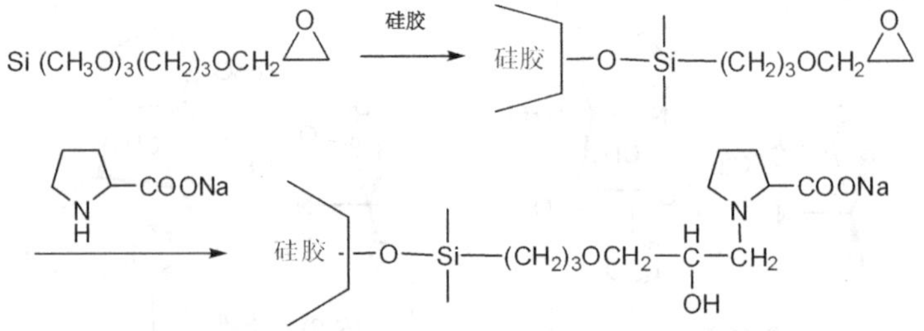

图 10.2　脯氨酸配体交换手性分离材料

Gubitz 等通过共价键合(*S*)-脯氨酸而得到两个手性固定相[32,33]，它有一个好的手性识别能力[34]。这两个手性固定相不同于以前的这类手性固定相之处在于它的键合臂，结构式见图 10.3。

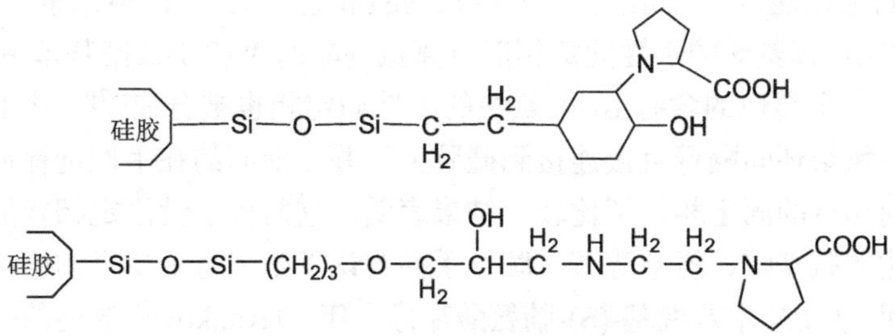

图 10.3　不同键合臂的脯氨酸手性识别材料

从图中可见，第一个是通过(2-羟基环己基)乙烯基间隔臂连接脯氨酸，它能成功地拆分氨基酸、二肽和羟基酸。第二个通过 6-羟基-4-杂氧-8-杂氮-癸烯间隔臂连接，其不但能用于氨基酸及其衍生物的分离，而且能用于巴比妥酸盐的拆分。表 10.1 是两个手性固定相对氨基酸的分离情况，间隔臂不仅影响分离的选择性，还会影响它们的流出顺序。

表 10.1　两种手性固定相分离氨基酸对映异构体的分离因子 α[32]

氨基酸	CSP I		CSP II	
	流动相	α	流动相	α
丙氨酸	A	1.0	B	0.6
精氨酸	A	1.3	–	–
天冬酰胺	A	1.9	A	1.37
天冬氨酸	A	1.3	A	1.20
二氢苯丙氨酸	–	–	A	3.08
乙二磺氨酸	–	–	A	1.08
谷氨酸	–	–	B	0.72
组氨酸	A	2.8	A	1.78
亮氨酸	A	1.0	B	0.50
蛋氨酸	A	–	A	1.25
正亮氨酸	A	1.23	B	0.65
正缬氨酸	A	1.04	B	0.50
脯氨酸	A	0.6	B	0.54
苯丙氨酸	A	3.0	A	2.04
苯丝氨酸	A	1.85	–	–
丝氨酸	A	1.7	A	1.61
苏氨酸	A	1.5	A	1.50
色氨酸	A	3.7	A	3.0
酪氨酸	–	–	A	2.64
缬氨酸	A	1.9	A	1.44

A：流动相 0.05mol/L KH$_2$PO$_4$ + 0.1mmol/L CuSO$_4$；B：0.1mmol/L CuSO$_4$。

通过"点击反应"能固载脯氨酸在硅胶表面[35]。采用三氮杂环为间隔臂，将(S)-脯氨酸和(S)-赖氨酸的衍生物键合到具有 γ-氨丙基的硅胶表面上。含有(S)-脯氨酸的手性固定相能分离非衍生化的 α-氨基酸和它们的 N-(2,4-二硝基苯基)衍生物[36]。含有(S)-赖氨酸的手性固定相能分离氨基酸的 N-(2,4-二硝基苯甲酰基)衍生物。同时，一个类似的含有(S)-丙氨酸的手性固定相也被合成[37]，该手性选择剂通过一个三氮杂环间隔臂直接连接到硅胶上，并与前面的在手性选择剂和硅胶之间有两个间隔臂的固定相作了比较。结果表明，这两种手性固定相皆能有效地拆分非衍生化的氨基酸、氨基醇和二胺，手性辨认发生在每个单个的连接臂而不是在两个之间。Cu[N-十八烷基-(S)-脯氨酸]₂ 像早年 Davankov[38]描述的一样涂渍在反相 C₁₈ 硅胶的表面上，流动相中 Cu(II)的浓度和样品量的大小对分离选择性和峰型将产生影响[39]。

脯氨酸为手性阳离子的离子液体+Cu(II)用作液相色谱的手性添加剂分离了扁桃酸[40]、氨基酸[41]的对映体。在用(S)-脯氨酸的 Cu(II)络合物作为手性添加剂分离氨基酸、羟基酸和 β-氨基醇的过程中[42]，前两种能较好地分离，但后面一种却不能分离。如在此体系中加入非手性的巴比妥酸盐，除能分离上述 β-氨基醇外，还可拆分一些其他的溶质。一般认为这是由于巴比妥酸盐参与形成了三元手性混配络合物的缘故。脯氨酸及其衍生物也被用在毛细管电泳以及电色谱中[43,44]。

逆流色谱在分离手性化合物上显示制备特点[45-48]。1984 年，日本科学家从 Davankov[49]和 Takeuchi[50]合成的正十二烷基-L-脯氨酸中受到启发，使用早期的液滴逆流色谱仪(含 400 根直径为 2 cm 的分离管，总容积为 2 L)，用 2 mmol/L 正十二烷基-L-脯氨酸作手性添加剂，2 mmol/L 的正丁醇和 1 mmol/L 的乙酸铜-乙酸缓冲溶液作溶剂系统，移动相流速保持 1.1 mL/min，花了 2.5 天的时间，对亮氨酸对映异构体进行了基线分离，同时部分拆开了(±)-缬氨酸和(±)-蛋氨酸。在高速逆流色谱中，有机相中加入 N-正十二烷基-L-脯氨酸作为手性配体，水相中加入乙酸铜作为过渡金属离子能拆分多个芳香羟基酸的外消旋体[51]。利用 N-正十二烷基-L-羟基脯氨酸为手性配体、铜(II)为过渡金属离子能拆分多个手性氨基酸[52]。

Cu(II)+N-癸基-(L)-羟基脯氨酸能被用作手性载体溶于己醇-癸烷的有机溶剂中，制成乳化液膜体系，分离苯丙氨酸外消旋体中的 D-对映异构体[53-55]。L-脯氨酸+Cu(II)复合物通过(3-缩水甘油氧丙基)三甲氧基硅烷接枝到再生纤维素膜表面的羟基上后，也能识别苯丙氨酸的对映体[56]。

指示剂取代测定法用于对映异构体的测定，称为对映异构体选择性指示剂取代测定。配体交换原理也同样能用于指示剂取代法中进行手性识别。作者团队基于手性配体交换色谱中的可逆化学反应(图 10.4)，得到扁桃酸与 L-脯氨酸-Cu(II)-PV 体系中的"吸光度变化值(ΔA)—对映体过剩值(e.e.%)"的线性关系曲线，研究了扁桃酸对映异构体的手性分析，建立了操作简单、成本低廉的紫外-可见分光光度手性分析方法[57]。

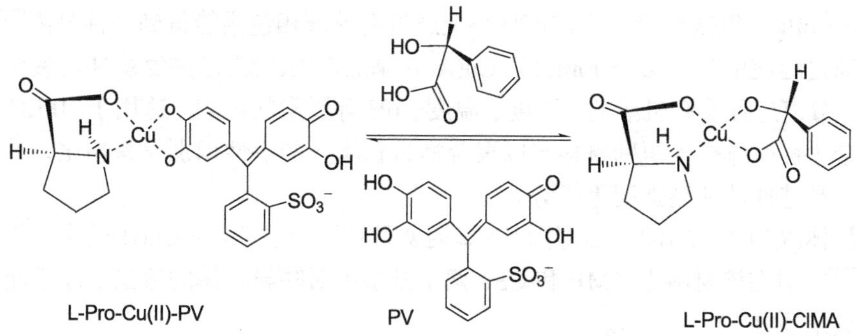

图 10.4　扁桃酸对映体指示剂顶替测试法的原理图

10.3　组氨酸配体

组氨酸和它的衍生物较多地用作配体交换色谱中的手性识别剂，它们通常被基质进行物理吸附[58]或化学键合[59-61]后使用。如 Cu(II)-N-正十二烷基-L-组氨酸被沉积在 ODS 硅胶上，有二十余种非衍生化的氨基酸对映异构体在该手性固定相上得到了分离，流动相采用水-Cu(II)的乙酸盐，并加少量的有机溶剂作添加剂[62,63]。保持组氨酸中的 α-氨基和 α-羧基不变，而咪唑环上的 N 原子进行烷基化[64]，证实组氨酸上存在自由的 α-氨基和 α-羧基是手性辨认中不可缺少的，这种观点在薄层色谱的手性分离中也被证实[61,65,66]。该材料装入内径为 4.6mm 的不锈钢柱中，在测定时 van Deemter 曲线的最低点即使流速低于 0.2mL/min 也未达到，一般理解为这是因为慢的配体交换动力学所致。流动相的 pH 是决定溶质分子保留的最重要参数之一，Cu(II)离子的浓度、有机添加剂的类型、Cu(II)盐的反离子种类、缓冲液浓度、温度等都影响对映异构体的拆分。

Cu(II)+α-氨基酸也被广泛地用于高效毛细管电泳之中，1986 年就曾用组氨酸-铜金属络合物实现氨基酸对映异构体的分离[67]。作者实验室也正在探索将其用于光学高分子膜的制备。

10.4　苯丙氨酸配体

苯丙氨酸等可用于薄层色谱手性分离[68,69]，其衍生物能用于高效液相色谱流动相的手性添加剂[70,71]。氧氟沙星能很好地在 C_{18} 柱上进行手性分离，流动相为甲醇-水溶液(含 1.2 mmol /L 的 L-苯丙氨酸和 1.0 mmol /L 的硫酸铜)(15∶85，体积比)[72,73]。将硅胶先用 3-缩水甘油基丙基三乙氧基硅烷处理(含环氧乙烷基团大约 0.62 mmol/g)，然后通过共价键合(S)-和(R)-苯丙氨酸到该硅胶上(含手性选择剂约 0.35 mmol/g)，氨基酸衍生物在该材料上通过高效液相色谱能得到手性分离[74]。整个分离过程使用含有 0.25 mmol/L Cu(Ac)$_2$ 添加剂的乙腈-乙酸氨缓冲溶液作为流动相。分离过程受有机溶剂、浓度、温度、pH 等因素的影响。适用于 HPLC 的硅胶键合手性配体交换识别材料与以聚合物为载体[75]的手性识别材料相比，具有亲水性、高选择性和高强度等优势。

配体(S,R)-和(S,S)-N^2-(2-羟丙基)-苯丙氨酰胺被合成,其与 Cu(II)的络合物也被研究[76]。但在该材料上 CMP 和 CSP 两个模型中对映异构体的流出顺序不能用稳定常数来预测[77]。

除 C$_{18}$ 以外，一个不常用的支撑体被使用。将(S)-苯丙氨酸或者(S)-脯氨酸进行烷基化或芳基化，烷基化主要采用 C$_7$、C$_9$、C$_{12}$，芳基化主要采用甲氧基苯甲基、萘甲基、蒽甲基。这些手性选择剂被涂渍在多孔石墨碳上而形成手性固定相[78,79]，它们的容量在 0.55~1.26 μmol/m^2。在这些固定相上已经有 36 个氨基酸的对映异构体被分离。在烷基化-(S)-苯丙氨酸的手性固定相中，氨基酸溶质分子的侧链既能同固定相的苯环作用，也能同其烷基链作用，但同苯环的作用占主导地位；在芳基化-(S)-苯丙氨酸的手性固定相中，氨基酸溶质分子的侧链同固定相中芳基化基团的作用更强，因此流出顺序正好相反。图 10.5 是它们的作用示意图。

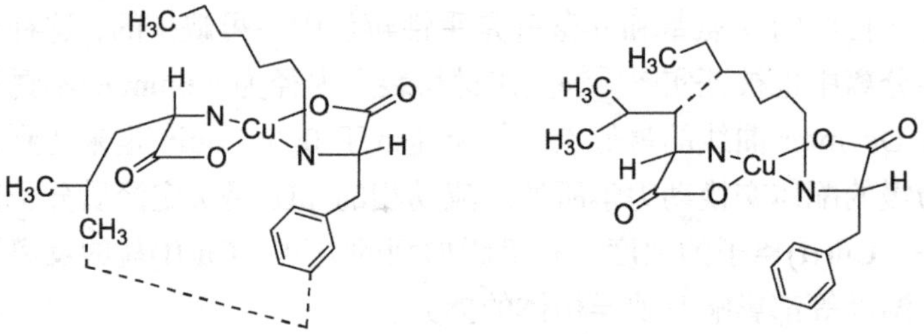

烷基化-(S)-苯丙氨酸CSP

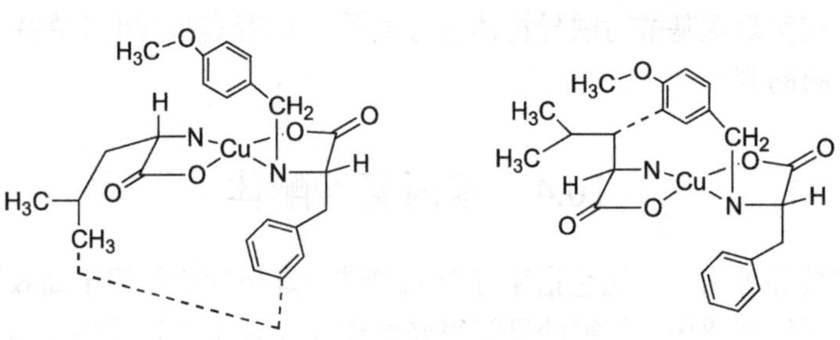

芳基化-(S)-苯丙氨酸CSP

图 10.5　氨基酸溶质分子的侧链同固定相的作用示意图

在实践中，手性添加剂模型比手性固定相模型更容易。手性添加剂模型曾经有人进行过综述[80]。有两个研究组在手性添加剂模型中用(S)-苯丙氨酰胺[81,82]和(S,S)-N^2-(2-羟丙基)-苯丙氨酰胺[77]对氨基酸和氨基醇的对映异构体进行了拆分，并将分离结果与两种选择剂在手性固定相模型中的分离情况进行了比较。

10.5　半胱氨酸配体

以 4 mmol L-半胱氨酸为原料在 30 mL 无水乙醇中加入 8 mmol 的 NaOH 及 8 mmol 正辛基缩水甘油醚，置于 30 ℃水浴中，搅拌 20 h，去除溶剂，即得到 N,S-二(2-羟基-3-正辛氧基)丙基-L-半胱氨酸钠。将其溶于 200 mL 甲醇中制成待涂渍溶液，可制得 L-半胱氨酸衍生物配体交换手性色谱固定相(图 10.6)[83]。

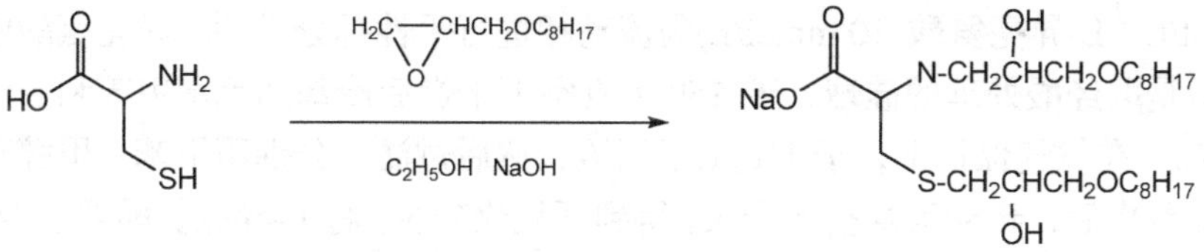

图 10.6　半胱氨酸配体交换手性识别材料

图 10.7 中三个半胱氨酸的衍生物通过动态涂渍 C_{18} 柱也被成功地用作液相色谱的手性配体交换分离材料，其对一些非衍生氨基酸能进行很好的识别，甚至可用于一些氨基酸的制备性分离[84-86]。

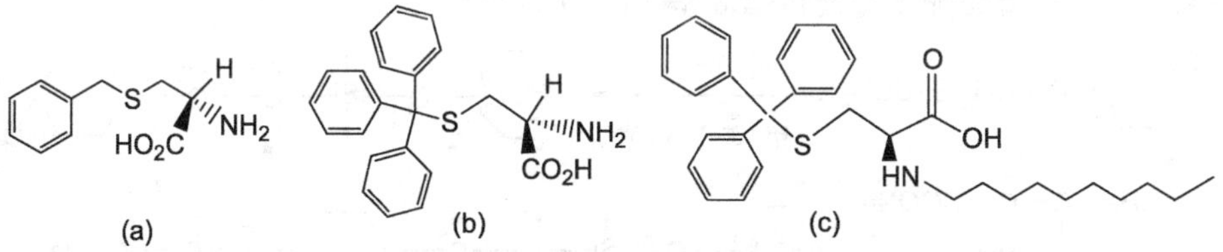

图 10.7　动态涂渍的半胱氨酸衍生物配体交换手性识别材料

(a) (S)-苄基-(R)-半胱氨酸；(b) (S)-三苯甲基-(R)-半胱氨酸；(c) N-癸基-三苯甲基-(R)-半胱氨酸

10.6　精氨酸配体

以精氨酸与乙酸铜配合所得的乙酸铜-L-精氨酸的络合物为配体交换剂，用浸渍的方法吸附在硅胶薄层板上，制成硅胶-Cu(II)-L-Arg 配体交换薄层，能用于拆分 β-受体阻滞剂[87]、氨基酸对映体[88]，配合物生成反应如图 10.8。

将 Zn(II)-L-精氨酸作为毛细管电泳的手性识别剂能成功地对衍生化的氨基酸进行拆分[89,90]。

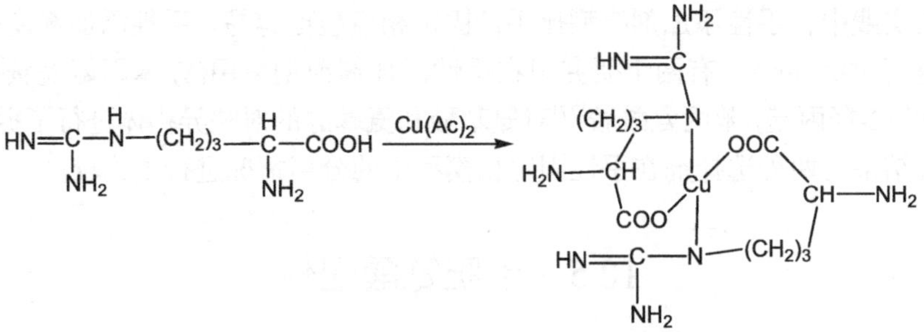

图 10.8 精氨酸配体交换手性识别材料

10.7 异亮氨酸配体

氧氟沙星及其结构类似物可以在 C_{18} 柱上以 18%甲醇水溶液(含硫酸铜 5 mmol/L、L-异亮氨酸 10 mmol/L)为流动相进行手性拆分[91,92]。异亮氨酸固定相的制备是取经酸处理的硅球，于 150 ℃真空下干燥后冷却加无水甲苯和一定量的 β-ECTS，在氮气保护下，于 110 ℃下回流，然后过滤，分别用甲苯、甲醇和丙酮各洗涤数次后，于 50 ℃真空下干燥，得到环氧化硅胶。将 L-异亮氨酸置于 Na_2CO_3 溶液中，搅拌使 L-异亮氨酸全部溶解，用 HCl 调溶液 pH 为 8.0，然后加入上述合成的环氧化硅胶中，室温下搅拌反应，然后用蒸馏水洗至中性，再用丙酮洗涤数遍，于室温真空下干燥，得产物。往产物中加入 100 mL 的 15% $CuSO_4$ 溶液，室温下搅拌反应后，用蒸馏水洗至滤液无铜离子检出，于室温真空下干燥，得最后产物——异亮氨酸配体交换色谱固定相(图 10.9)[93]。

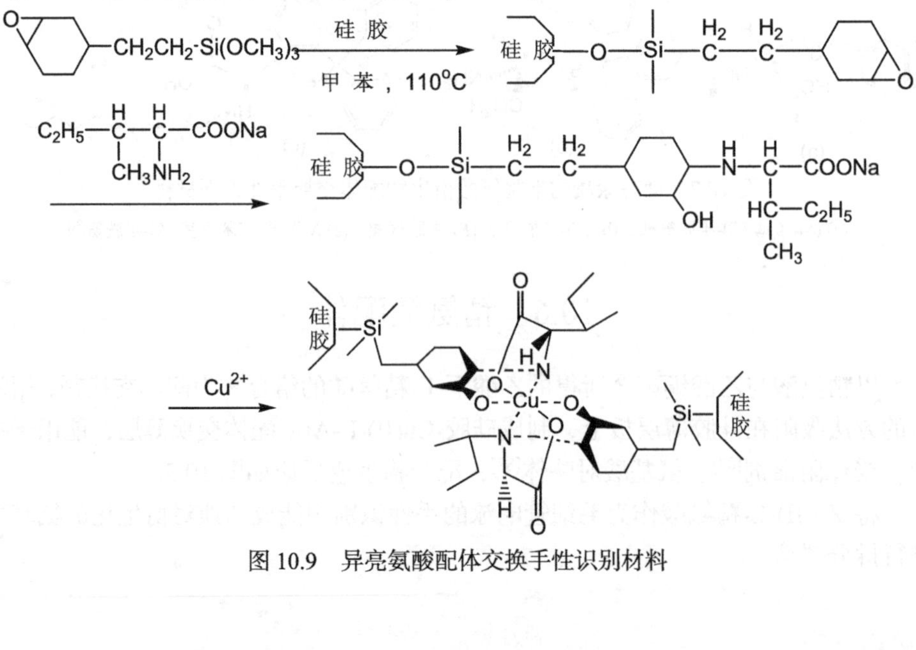

图 10.9 异亮氨酸配体交换手性识别材料

10.8　天冬氨酸配体

电位传感器主要用于离子样品的测定[94-97]。在电位分析中，L-天冬氨酸的衍生物 N-carbobenzoxy-L-aspartic acid (N-CBZ-L-Asp)能选择性地识别 D-天冬氨酸(D-Asp)[98]，识别原理是通过[Cu(II)(D-Asp)₂]的络合物进行配体交换形成非对映异构体[(D-Asp)Cu(II)(N-CBZ-L-Asp)]，得到与其对映异构体不同的能斯特响应因子，从而使 D-天冬氨酸从其相应的对映异构体中得到分辨，它是具有一定意义的手性电位分析的研究。

根据上述原理，通过将十八烷基硅氧烷键合到氧化钢钛的玻璃电极的过程，可以把 N-CBZ-L-Asp 嵌入到该电极表面的十八烷基硅氧单层中，其对 N-CBZ-L-Asp 有很好的固定作用而不溶于水中。该选择电极能够选择性地响应[Cu(II)(D-Asp)₂]，而另一对映体的铜络合物[Cu(II)(L-Asp)₂]不发生干扰，其选择性系数达到 $5×10^{-5}$，这是手性电位传感器中选择性很好的传感器，使人们看到了手性传感器的实际应用前景[99]。

还有其他的一些氨基酸用于配体交换色谱，如丝氨酸和苏氨酸用于薄层色谱[100]，谷氨酸用于液相色谱固定相[101]、缬氨酸[102]、鸟氨酸[103]用于毛细管电泳。

10.9　非氨基酸配体

氯林可霉素[104]也可用于配体交换手性拆分剂。沉积 N,S-二辛基-D-青霉胺在 C₁₈ 的表面上，在拆分非蛋白氨基酸时观察到非常优秀的手性识别能力，如拆分2-氟苯基丙氨酸、2-糠基甲基丙氨酸、1-戊基丙氨酸等[105]。将(R,R)-酒石酸-单-(R)-1-(α-萘基)-乙酰胺涂渍在 ODS 柱上，不同类型的手性化合物能被成功拆分，如 1-氨基-乙基磷酸、3-氨基四氢吡咯、反-1,2-二氨基环己烷、四氢-2-糠酸[106]。亲脂性的氨基糖苷合二价铜配合物能识别氨基酸对映体[107]。氨基醇在配体交换色谱中具有氨基酸类似的分离特性[108,109]，将 N-烷基酚氧甘氨醇(烷基链 C₇~C₁₀)涂渍在 C₁₈ 的硅胶上，在分离氨基酸和氨基醇时其柱效是随着流动相的 pH、有机添加剂的浓度、温度等而变化[110]。

奎宁生物碱[111,112]手性分离特性良好。图 10.10 为合成的 2-(2-羟基十六烷基)-(S)-1,2,3,4-四氢-3-异喹啉羧酸手性选择剂，将其涂渍于 C₁₆ 柱上，该手性配体交换涂渍材料能识别 16 种 D,L-氨基酸[113]。

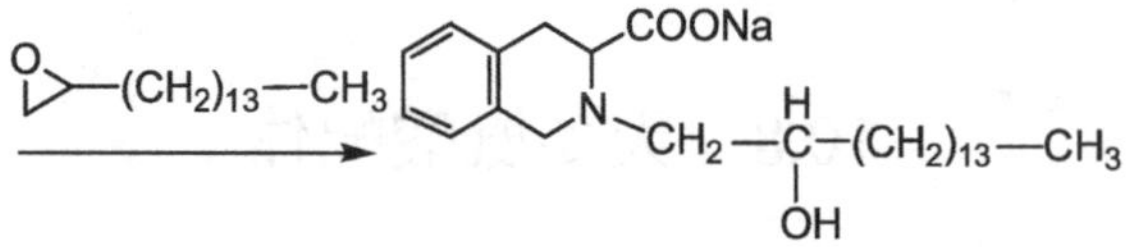

图 10.10 异喹啉羧酸配体交换手性识别材料

在配体交换色谱中所形成的非对映异构体络合物比在其他类型的手性固定相中的稳定性要高，非对映异构体相对高的稳定性导致了在配体交换色谱柱中慢的配体交换，降低了柱的理论塔板数[114]。无论怎样，由溶质分子与手性选择剂所形成的加合物的热力学稳定性与它的动力学性质不是直接相关的，人们可以观察到在高稳定常数的反应中既有慢反应也有快反应。

用天冬酰苯丙氨酸甲酯-铜作为毛细管电泳的手性识别剂来分离氨基酸对映体[115]，文献认为 Cu 与 α-氨基、β-羧基形成了六元环配合物，当加入新的氨基酸时，对应的 α-氨基和羧基也将和 Cu 形成五元环配合物，从而形成同时含有五元和六元环的三元配合物。由于六元和五元环间有一憎水性反应，因而不同氨基酸的三元配合物的稳定常数不同，存在有效湍度差异，可获电泳分离。有关配体交换用于色谱及毛细管电泳的论文还有以硼离子为中心离子识别单糖的衍生物[116,117]、以单糖为手性识别剂分离氨基酸和二肽等[118-121]以及其他氨基酸的手性离子液体[122-124]、N-癸基-菠菜素[125]、纤维素[126]。壳聚糖膜利用配体交换能手性吸附分辨色氨酸[127]。

图 10.11 的配体交换体系能用于氨基酸的对映异构体的分光光度测定[128]。

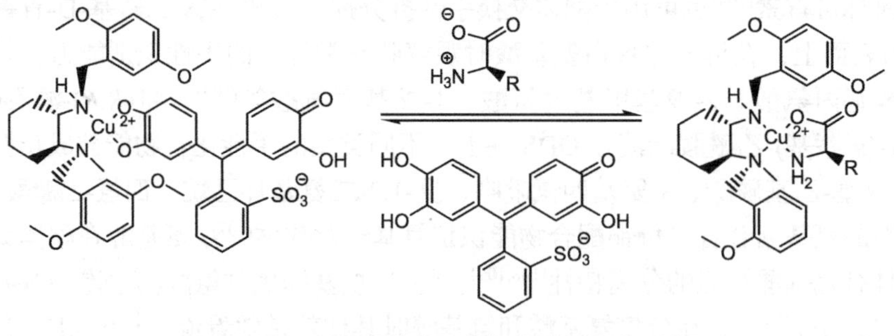

图 10.11 对映异构体选择性指示剂取代测定

图 10.12 中一个指示剂与锌形成手性络合物，将其用客体溶质取代，则产生下面的化学反应平衡[129]，1 代表指示剂，2 代表被分析溶质。利用该配体交换化学平衡，可以对非衍生氨基酸、有机胺、氨基醇以及羧酸衍生物进行对映异构体的定量测定。

$$\text{Sc}[(+)\text{-}1]_2 + (R)\text{-}2 \xrightleftharpoons{K_{1R}} \text{Sc}[(+)\text{-}1\ (R)\text{-}2] + (+)\text{-}1$$

$$\text{Sc}[(+)\text{-}1\ (R)\text{-}2] + (R)\text{-}2 \xrightleftharpoons{K_{2R}} \text{Sc}[\ (R)\text{-}2]_2 + (+)\text{-}1$$

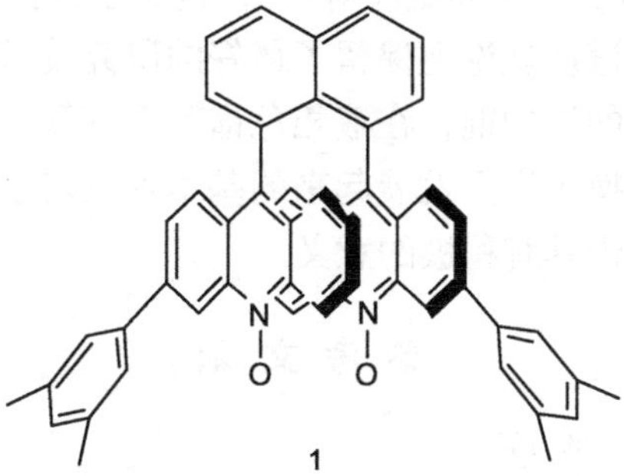

图 10.12　指示剂与钪形成的手性络合物的取代测定

上述配体交换反应可以表示为：

$$\text{H*:I} \ + \ \text{G}_R \ \rightleftharpoons \ \text{H*:G}_R + \text{I}$$

$$\text{H*:I} \ + \ \text{G}_S \ \rightleftharpoons \ \text{H*:G}_S + \text{I}$$

吸光度与对映体过剩的关系可表示为：

$$\Delta \text{Abs} = f([\text{G}]_t, ee)$$

手性配体交换技术已经具有了 50 多年的历史，手性识别是由于在对映异构体溶质分子与手性选择剂之间三元混配络合物的形成。这种三元混配络合物在色谱柱中产生了多个平衡，这些平衡受分离环境如 pH、温度等影响，因此也就确定了在手性固定相上手性识别的选择性以及柱效率等因素，已经商品化的手性配体交换色谱固定相主要如表 10.2 中所示。

表 10.2　液相色谱中商品化配体交换类手性固定相

手性化合物	商品名称	厂商
羟脯氨酸- Cu^{2+}	Chiral HyproCu	Serva
	Nucleosil chiral -I	Mechery-Nagel
脯氨酸- Cu^{2+}	Chiral ProCu	Serva
	Chirapak WH	Daicel
缬氨酸- Cu^{2+}	Chiral ValCu	Serva
氨基酸- Cu^{2+}	Chirapak MA(+)	Daicel

手性配体交换技术是最早具有实际应用意义的手性识别技术，但由于后来其他更好的手性色谱技术的发展，如 Pirkle 的电荷转移、Armstrong 的大环抗生素、Okamoto 的多糖以及冠醚手性固定相等[130]，这类手性固定相的实际应用正在减少。然而，配体交换色谱从理论上保留了最好的研究技术，将手性配体和金属离子的混合物作为流动相的添加剂，在液相色谱和毛细管电泳中仍然具有良好的实用价值，很多在配体交换色谱上发展起来的基本观点对于解释和预期整个手性识别领域的手性拆分机理仍具有积极的意义。

参 考 文 献

[1] Helfferich F. Nature, 1961, 189: 1001

[2] Rogozhin S V, Davankov V A. German pat. 1932190 (1970); Russ. Pat. Appl.,(1968); C.A. 72 (1970) 90875c

[3] Davankov V A. J. Chromatogr. A, 2003, 1000: 891

[4] 袁黎明, 宋文俊. 应用化学, 1989, 6(6): 22

[5] 袁黎明, 谌学先, 吴鹤松, 许玉. 分析化学, 1998, 26(9): 1118

[6] Yuan L M, Fu R N, Gui S H, Xie X T, Dai R J, Chen X X, Xu Q H. Chromatographia, 1997, 46(5/6): 291

[7] Schmid M G. J. Chromatogr. A, 2012, 1267: 10

[8] Zhang H Z, Qi L, Mao L Q, Chen Y. J. Sep. Sci., 2012, 35: 1236

[9] Maccarrone G, Contino A, Cucinotta V. Trends Anal. Chem., 2012, 32: 133

[10] 木肖玉, 齐莉, 苏 圆, 乔娟, 陈义. 色谱, 2016, 34(1): 21

[11] Bubba M D, Checchini L, Lepri L. Anal. Bioanal. Chem., 2013, 405: 533

[12] 谌学先, 袁黎明. 色谱, 2016, 34(1): 28

[13] Singh D, Malik P, Bhushan R. J. Planar Chromatogr., 2019, 32(1): 7

[14] Hyun M H. J. Chromatogr. A, 2018, 1557: 28

[15] Ianni F, Pucciarini L, Carotti A, Natalini S, Raskildina G Z, Sardella R, Natalini B. J. Sep. Sci., 2019, 42: 21

[16] Rogozhin S V, Davankov V A. Chem. Commun., 1971, 490

[17] Davankov V A, Rogozhin S V. J. Chromatogr., 1971, 60(2): 280

[18] Davankov V A, Rogozhin S V, Semechkin A V, Sachkova T P. J. Chromatogr., 1973, 82: 359

[19] 孟磊, 李方楼, 袁黎明. 色谱, 2004, 22(2): 124

[20] 常银霞, 候志林, 黎其万, 高天荣, 袁黎明. 分析化学, 2006, 34(增刊): S100

[21] Cai Y, Yan Z H, Zi M, Yaun L M. J. Liq. Chromatogr. Relat. Tech., 2007, 30: 1489

[22] Yuan L M. Sep. Purif. Technol., 2008, 63: 701

[23] Bhushan R, Reddy G P, Joshi S. J. Planar Chromatogr., 1994, 7: 126

[24] Golkiewicz W, Polak B. J. Planar Chromatogr., 1994, 7: 453

[25] Günther K, Martens J, Schickedanz M. Angew. Chem. Int. Ed., 1984, 23(7): 506

[26] Günther K. J. Chromatogr., 1988, 448: 11

[27] Gübitz G, Jellenz W, Santi W. J. Liq. Chromatogr., 1981, 4: 701

[28] Gübitz G, Jellenz W, Santi W. J. Chromatogr., 1981, 203: 377

[29] Grierson J R, Adam M J. J. Chromatogr., 1985, 325: 103

[30] Chen Z, Hobo T. Anal. Chem., 2001, 73: 3348

[31] Rizzi A M. J. Chromatogr., 1991, 542: 221

[32] Gubitz G, Mihellyes S, Kobinger G, Wutte A. J. Chromatogr., 1994, 666: 91

[33] Gubitz G, Vollmann B, Cannazza G, Schmitt H. J. Liq. Chromatogr. Relat. Tech., 1996, 19: 2933
[34] Davankov V, Navratil J, Walton H. Ligand Exchange Chromatography. Boca Raton, FL: CRC Press, 1988
[35] 付春梅, 石宏宇, 李章万, 钱广生. 分析化学, 2010, 38: 1011
[36] Wachsmann M, Bruckner H. Chromatographia, 1998, 47: 637
[37] Yang M, Hsieh M, Lin J. Taiwan Kexue, 1997, 50: 17; C.A. 128 (1998) 265545
[38] Davankov V, Bochkov A, Kurganov A, Roumeliotis P, Unger K. Chromatographia, 1980, 13: 677
[39] Kurganov A, Davankov V, Unger K, Eisenbeiss F, Kinkel J. J. Chromatogr. A, 1994, 666: 677
[40] 杨艳霞, 岳艳, 蒋新宇. 化学通报, 2012, 75: 914
[41] Qing H Q, Jiang X Y, Yu J G, U. Chirality, 2014, 26: 160
[42] Tanaka H, Nakogoni K, Tanimura T. Chromatography, 1997, 18: 308
[43] Pittler E, Grawatsch N, Paul D, Gübitz G, Schmid M G. Electrophoresis, 2009, 30: 2897
[44] Puchalska P, Pittler E, Trojanowicz M, Gübitz G, Schmid M G. Electrophoresis, 2010, 31: 1517
[45] 严志宏, 艾萍, 袁黎明, 周岩, 蔡瑛. 化学通报, 2006, 69: w033
[46] Cai Y, Yan Z H, Lv Y C, Zi M, Yuan L M. Chin. Chem. Lett., 2008, 19: 1345
[47] Ai P, Liu J C, Zi M, Deng Z H, Yan Z H, Yuan L M. Chin. Chem. Lett., 2006, 17(6): 787
[48] Yuan L M, Liu J C, Yan Z H, Ai P, Meng X, Xu Z G. J. Liq. Chromatogr. Relat. Tech., 2005, 28: 3057
[49] Davankov V A, Bochkov A S, Belov Y P. J. Chromatogr., 1981, 218: 547
[50] Takeuchi T, Horikawa R, Tanimura T. J. Chromatogr., 1984, 284: 285
[51] Tong S Q, Shen M M, Cheng D P, Zhang Y M, Ito Y, Yan J Z. J. Chromatogr. A, 2014, 1360: 110
[52] Xiong Q, Jin J, Lv L Q, Bu Z S, Tong S Q. J. Sep. Sci., 2018, 41: 1479
[53] Pickering P J, Chaudhuri J B. J. Membr. Sci., 1997, 127: 115
[54] 焦飞鹏, 黄可龙, 彭霞辉, 于金刚, 赵字辉. 膜科学与技术, 2006, 26(2): 75
[55] Xiong W W, Wang W F, Zhao L, Song Q, Yuan L M. J. Membr. Sci., 2009, 328: 268
[56] Keating J J, Bhattacharya S, Belfort G. J. Membr. Sci., 2018, 555: 30
[57] Chen X X, Yuan L M. Chin. Chem. Lett., 2015, 26: 1019
[58] Davankov V, Bochkov S, Belov Y. J. Chromatogr., 1981, 218: 547
[59] Watanabe N, Ohzeki H, Niki E. J. Chromatogr., 1981, 216: 406
[60] Watanabe N. J. Chromatogr., 1983, 260: 75
[61] Hu S, Do D. J. Chromatogr., 1993, 646: 31
[62] Remelli M, Fornasari P, Dondi F, Pulidori F. Chromatographia, 1993, 37: 23
[63] Remelli M, Fornasari P, Pulidori F. J. Chromatogr. A, 1997, 761: 79
[64] Remelli M, Piazza R, Pulidori F. Chromatographia, 1991, 32: 278
[65] Bhushan R, Tanwar S. Chromatographia, 2009, 70: 1001
[66] Bhushan R, Tanwar S. J. Chromatogr. A, 2010, 1217: 1395
[67] Gassman E, Kuo J E, Zare R N. Science, 1985, 230: 813
[68] Batra S, Singh M, Bhushan R. J. Planar Chromatogr., 2014, 27: 367
[69] Singh M, Singh S. J. Planar Chromatogr., 2018, 31: 361
[70] Wernicke R. J. Chromatogr. Sci., 1985, 23: 39
[71] Dimitrova P, Bart H J. Anal. Chim. Acta, 2010, 663: 109
[72] Zeng S, Zhong J, Pan L, Li Y. J. Chromatogr. B, 1999, 728: 151
[73] Yan H Y, Row K H. J. Liq. Chromatogr. Relat. Tech., 2007, 30: 1497
[74] Galli B, Gasparini F, Misiti D, Villani C, Corradini R, Dossena A, Marchelli R. J. Chromatogr. A, 1994, 666: 77
[75] 孙杨, 徐飞, 龚波林. 色谱, 2011, 29: 918

[76] Dallavalle F, Folesani G, Bertuzzi T, Corradini R, Marchelli R. Helv. Chim. Acta, 1995, 78: 1785

[77] Marchelli R, Corradini R, Bertuzzi T, Galaverna G, Dossena A, Gasparini F, Galli B, Villani C, Misiti D. Chirality, 1996, 8: 452

[78] Wan Q H, Shaw P, Davies M, Barrett D. J. Chromatogr. A, 1997, 765: 187

[79] Wan Q H, Shaw P, Davies M, Barrett D. J. Chromatogr. A, 1997, 786: 249

[80] 李新, 曾苏. 色谱, 1996, 14: 354

[81] Galaverna G., Panto F, Dossena A, Marchelli R, Bigii F. Chirality, 1995, 7: 331

[82] Qi L, Yang G L. J. Sep. Sci., 2009, 32: 3209

[83] 王圣庆, 孟庆华, 郭瑛, 马言顺, 龙远德, 黄天宝. 高等学校化学学报, 2005, 26(9): 1631

[84] Natalini B, Sardella R, Macchiarulo A, Pellicciari R. J. Sep. Sci., 2009, 31: 696

[85] Natalini B, Sardella R, Macchiarulo A, Pellicciari R. Chirality, 2006, 18: 509

[86] Carotti A, Ianni F, Camaioni E, Pucciarini L, Marinozzi M, Sardella R, Natalini B. J. Pharma. Biomed. Anal., 2017, 144: 31

[87] Bhushan R, Gupta D. J. Planar Chromatogr., 2006, 19: 241

[88] 邓芹英, 张彰, 祝亚非, 苏镜娱. 分析化学, 1997, 25(2): 197

[89] Qi L, Yang G L. Electrophoresis, 2009, 30: 2882

[90] Qi L, Chen Y, Xie M Y, Guo Z P, Wang X Y. Electrophoresis, 2008, 29: 4277

[91] Ravikumar M, Varma M S, Raju T S, Suchitra P, Swamy P Y. Chromatographia, 2009, 69: 85

[92] Liang X L, Zhao L S, Deng M D, Liu L J, Ma Y F, Guo X J. Chirality, 2015, 27: 843

[93] 黄晓佳, 丁国生, 王俊德, 刘学良. 色谱, 2003, 21(3): 230

[94] Bobacka J, Ivaska A, Lewenstam A. Chem. Rev., 2008, 108: 329

[95] Boswell P G, Bühlmann P. J. Am. Chem. Soc., 2005, 127: 8958

[96] Numnusm A, Torres K Y C, Xiang Y, Bash R, Thavarungkul P, Kanatharana P, Pretsch E, Wang J, Bakker E. J. Am. Chem. Soc., 2008, 130: 410

[97] Lai C Z, Koseoglu S S, Lugert E C, Boswell P G, Rabai J, Lodge T P, Bühlmann P. J. Am. Chem. Soc., 2009, 131: 1598

[98] Zhou Y X, Yu B, Levon K, Nagaoka T. Electroanalysis, 2004, 16: 955

[99] Zhou Y, Nagaoka T, Yu B, Levon K. Anal. Chem., 2009, 81: 1889

[100] Bhushan R, Martens J, Agarwal C, Dixit S. J. Planar Chromatogr., 2012, 25: 463

[101] Li R, Wang Y, Chen G L, Shi M, Wang X G, Chen B, Zheng J B. Sep. Sci. Tech., 2011, 46: 309

[102] Zhao Y F, Xu L B. Chromatographia, 2015, 78: 717

[103] Qi L, Qiao J, Yang G L, Chen Y. Electrophoresis, 2009, 30: 2266

[104] Wu J F, Liu P, Wang Q W, Chen H, Gao P, Wang L, Zhang S Y. Chromatographia, 2011, 74: 789

[105] Miyazawa T, Minowa H, Jamagawa K, Yamada T. Anal. Lett., 1997, 30: 867

[106] Oi N, Kitahara H, Aoki F. J. Chromatogr. A, 1995, 707: 380

[107] Zaher M, Baussanne I, Ravelet C, Halder S, Haroun M, Fize J, Decout J L, Peyrin E. J. Chromatogr. A, 2008, 1185: 291

[108] Rizkov D, Mizrahi S, Cohen S, Lev O. Electrophoresis, 2010, 31: 3921

[109] Ha J J, Han H J, Kim H E, Jin J S, Jeong E D, Hyun M H. J. Pharm. Biomed. Anal., 2014, 100: 88

[110] Slivka M, Slebioda M, Kolodziejczyk A. Chem. Anal. (Warsaw), 1998, 42: 895; C.A. 128 (1998) 225372

[111] Kodama S, Taga A, Yamamoto A, Ito Y, Honda Y, Suzuki K, Yamashita T, Kemmei T, Aizawa S I. Electrophoresis, 2010, 31: 3586

[112] Keunchkariana S, Franca C A, Gagliardi L G, Castells C B. J. Chromatogr. A, 2013, 1298: 103

[113] 孟庆华, 王圣庆, 郭瑛, 马言顺, 龙远德, 黄天宝. 分析化学, 2006, 34(3): 311

[114] Davankov V. J. Chromatogr., 1994, 666: 55

[115] Gozel P, Gassman E, Michelsen H, Zare R N. Anal. Chem., 1989, 61: 413

[116] Kodama S, Aizawa S I, Taga A, Yamashita T, Yamamoto A. Electrophoresis, 2006, 27: 4730

[117] Mathur V, Kanoongo N, Mathur R, Narang C K, Mathur N K. J. Chromatogr. A, 1994, 685: 360

[118] Hodl H, Schmid M G, Gübitz G. J. Chromatogr. A, 2008, 1204: 210

[119] Zaher M, Ravelet C, Vanhaverbeke C, Baussanne I, Perrier S, Fize J, Decout J L, Peyrin E. Electrophoresis, 2009, 30: 2869

[120] Vegvari A, Schmid M G, Kilar F, Gubitz G. Electrophoresis, 1998, 19: 2109

[121] Schmid M G, Rinaldi R, Dreveny D, Gubitz G. J. Chromatogr. A, 1999, 846: 157

[122] Bi W T, Tian M L, Ho Row K H. Analyst, 2011, 136: 379

[123] Mu X Y, Qi L, Shen Y, Zhang H Z, Qiao J, Ma H M. Analyst, 2012, 137: 4235

[124] Zhang H Z, Qi L, Shen Y, Qiao J, Mao L Q. Electrophoresis, 2013, 34: 846

[125] Remelli M, Faccini S, Conato C. Chirality, 2014, 26: 313

[126] Xuan H T K, Lederer M. J. Chromatogr., 1993, 15: 185

[127] Wang H D, Xie R, Niu C H, Song H, Yang M, Liu S, Chu L Y. Chem. Engin. Sci., 2009, 64: 1462

[128] Andersen J F F, Lynch V M, Anslyn E V. J. Am. Chem. Soc., 2005, 127: 7986

[129] Mei X, Wolf C. J. Am. Chem. Soc., 2006, 128: 13326

[130] Scriba G K E. Trends Anal. Chem., 2019, 119: 115628

第11章 环 糊 精

环糊精(cyclodextrin，CD)是一类由不同数目的吡喃葡萄糖单元以 1,4-糖苷键相连并互为椅式构象的环状寡糖化合物，它的 6、7、8 聚体，即 α、β、γ-环糊精(图 11.1)。Villiers 最早于 1891 年发现了 α-CD，Schardinger 在 1903 年用分离的菌株消化淀粉得到了 α-CD 和 β-CD，Reudenberg 和 Cramer 在 1948~1950 年间发现了 γ-CD 并确定了其结构。环糊精分子呈笼状结构，向内的 α-1,4-糖苷键使得腔内的电子云密度较高，具有疏水性，而腔外由于羟基的存在具有亲水性[1,2]。因为每个葡萄糖单元有 5 个手性中心，由 m 个葡萄糖单元构成的 CD 分子将有 $5m$ 个手性中心，能够为手性拆分提供良好的不可多得的不对称环境，因此作为具有良好立体选择性的主体化合物，它能与客体分子形成超分子化合物，从而对客体分子产生多重的分子识别能力[3-5]。目前关于环糊精材料的手性识别已经涉及多个方面[6-8]，这方面的文献也非常众多，但真正得到普遍应用的是在气相色谱手性固定相领域[9]，在液相色谱[10]和毛细管电泳[11,12]中也有实际应用，其余很多还局限在研究阶段[13]。一些气相色谱、液相色谱的环糊精衍生物识别材料，常常都能较好地用于毛细管电泳，部分可用于逆流色谱[14]、溶剂萃取、薄层色谱[15]，少数还能用于光分析、电分析、核磁共振以及质谱等。一些新的环糊精手性识别材料还在不断出现，其对部分对映体的识别具有改进作用。

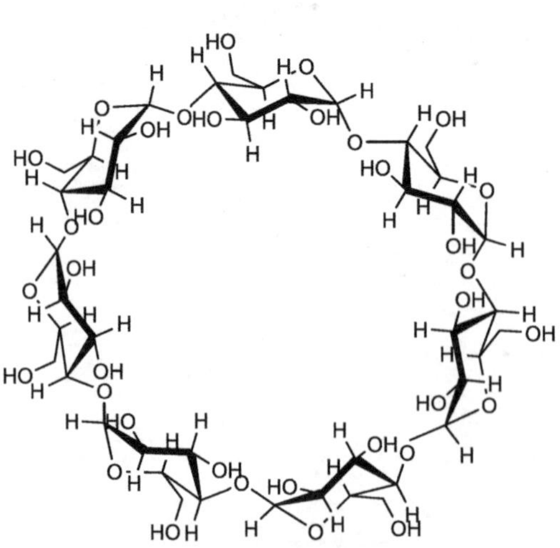

图 11.1 β-环糊精的结构式

11.1 非衍生化环糊精

最常见的非衍生化的环糊精为 α-环糊精、β-环糊精和 γ-环糊精。β-环糊精的价格便宜，α-环糊精居中，γ-环糊精的价格最高。1959 年，Cramerh 和 Dietsche 把环糊精作为一种选择性沉淀剂或结晶剂应用于对映异构体的分子识别[16]。1961 年 Sand 等首次把环糊精用于气相色谱分离脂肪族化合物[17]，由于它未衍生化，天然的环糊精熔点高达 290℃，因此，在气相色谱上的应用一度被冷落。1965 年合成出了利用 3-氯-1,2-环氧丙烷为交联剂的保留环糊精包合作用性能的聚合物，得到适用于液相色谱粒径的不溶性聚合物固定相，但其机械强度差，不能在高压下使用。1978 年交联环糊精被用作液相色谱手性固定相分离扁桃酸[18]。1980 年后环糊精开始作为一种流动相手性识别剂应用于薄层色谱中[19,20]。

作为气相色谱手性固定相的研究 1983 年才开始[21,22]，将天然 α-环糊精与甲酰胺的混合物用作填充柱气相色谱固定相对 α-、β-蒎烯的外消旋体进行了分离，从此由于它对位置异构体和对映异构体有良好的手性识别性能而受到人们的重视。非衍生化的环糊精可以分离一定的醇、二醇、羧酸、烷烃和环烷烃的对映异构体。尽管该固定相在拆分时具有较大的分离因子，但柱的热稳定性低、寿命短、柱效也差。

由于环糊精有很好的光学纯度并且不干扰紫外线谱对化合物的检测，其也被用于高效液相色谱流动相的手性识别剂。环糊精的洞穴选择地包合各种不同的分子和离子，但它们本身的机械强度和各种物理性质都不太适合直接用作固定相，多数情况下能将其键合到合适的载体上制备手性材料。Fujimura 等[23]首先通过两种不同的乙二胺链节把 CD 键合到硅胶上，用于芳香族化合物位置异构体的分离。然后以 3 种不同的氨基键合臂，分别制备了 3 种 CD 固定相，成功地分离了芳香化合物的位置异构体[24]。图 11.2 为其合成路线之一。

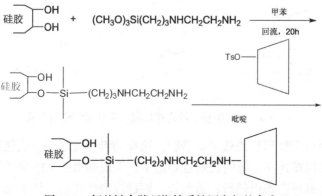

图 11.2　氨基键合臂环糊精手性固定相的合成

Tanaka 等[25-27]对 CD 类手性固定相也进行了较多的研究，他们合成固定相的路线如图 11.3 所示。

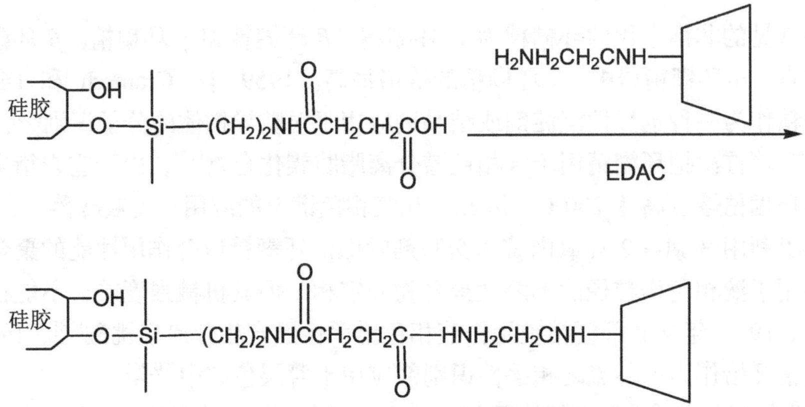

图 11.3　酰胺键合臂环糊精手性固定相的合成

以上合成材料的方法虽然在识别化合物上取得了一定的成功，但却有几个难以避免的缺点：① 固定相的不稳定性限制了其使用范围；② CD 的键合量低，而高的 CD 键合量是提高对映体选择性识别的必要条件；③ 固定相的手性识别性能受氨类型的影响；④ 在合成过程中不可避免地会有氮氧化物的形成，一些额外的保留过程使其保留机理复杂化；⑤ 合成过程繁杂。这些缺点限制了这种合成材料方法的应用[28]。

Fujimura 等[29]发展了一种新的方法以克服以上缺点来进行 CD 键合固定相的合成，其过程如图 11.4 所示。

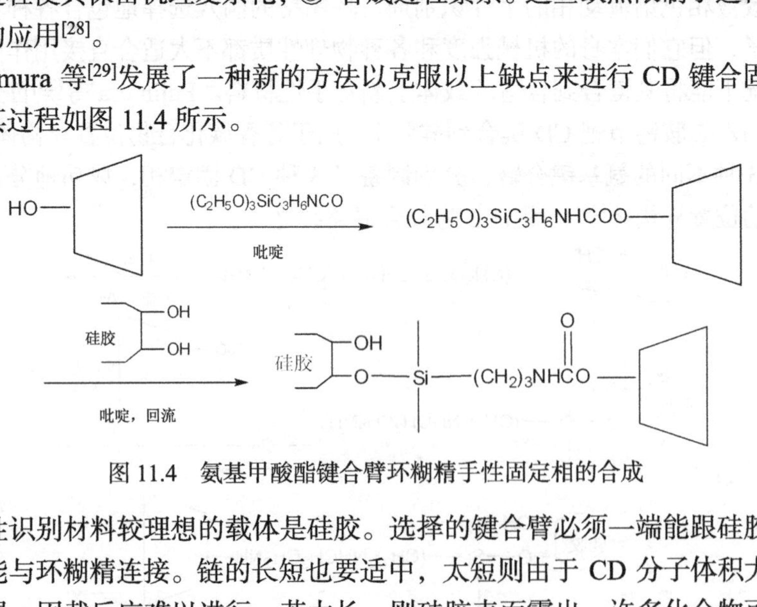

图 11.4　氨基甲酸酯键合臂环糊精手性固定相的合成

手性识别材料较理想的载体是硅胶。选择的键合臂必须一端能跟硅胶连接，另一端能与环糊精连接。链的长短也要适中，太短则由于 CD 分子体积大，由于空间阻碍，固载反应难以进行；若太长，则硅胶表面露出，许多化合物可能直接吸附在硅胶上，使环糊精的手性识别能力实际上不起作用。一般键合臂含 7 ~ 8

个碳原子为宜。自从 1985 年 Armstrong 等合成了不含硫、氮的环糊精手性固定相后[30]，改用不水解的硅烷链，这些稳定的固定相已作为商品出售。如果硅烷化试剂仅仅包含一个功能团去和硅胶表面作用，这时是一个单键同硅胶表面相连接。如果硅烷化试剂具有二个或三个氯或甲氧基去和硅胶表面的羟基作用，则在硅试剂和硅胶表面之间可能有一个以上的键生成，这个依靠硅胶上羟基的相对位置和硅烷试剂上反应氯或甲氧基的方向。如 3-缩水甘油基丙基三甲氧基硅烷作为键合臂，一般先与硅胶反应，硅胶上的硅醇羟基亲核取代，键合臂通过硅氧键接到硅胶上，此时另一端的环氧基不变。接上间隔臂的硅胶再与环糊精反应，环糊精通过 C-6 上的一级羟基亲核进攻链端环氧基，将 CD 环接到链端上(图 11.5)。具体操作为：将硅胶先在 170 ℃加热 12 h，除去吸附水，将其分散在 250 mL 的干燥的甲苯之中，回流混合物，并且将任何残留水共沸除去。接着硅烷化试剂被加入，在 95 ℃反应进行 3 h。冷却、过滤、用甲苯和甲醇洗涤几次，在 60℃以五氧化二磷作干燥剂进行真空干燥[31,32]，最后让其与环糊精反应即得目标产物。

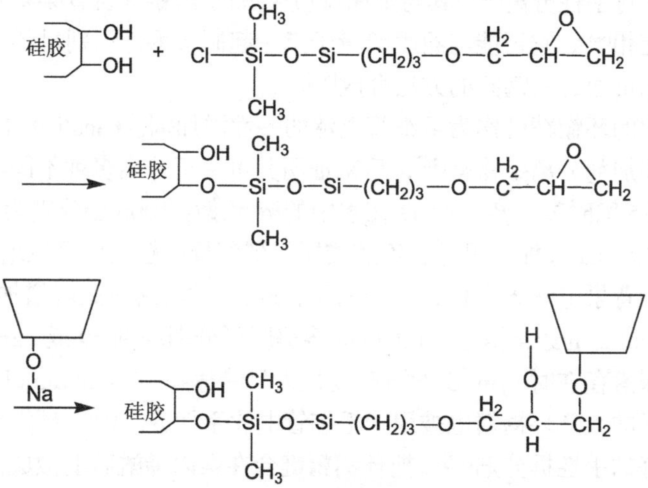

图 11.5 3-缩水甘油基丙基键合臂环糊精手性固定相的合成

　　环糊精的 6-位键合也可利用点击反应[33]，具体操作可为：将预干燥的 CD(2 g)加入到干燥的 DMF(40 mL)的碘(10 g)和三苯基膦(10 g)的溶液中，在 90 ℃下搅拌12 h，真空下去除约 20 mL 的 DMF，用 3M 的 NaOMe 调节反应体系的 pH 为 9~10。沉淀产物经过滤收集，用丙酮洗涤干燥后溶解于 50 mL 的 DMF 中，与叠氮化钠(2.8 g)在 90 ℃下反应 16 h。除去 DMF，将反应混合物倒入冷水中过滤。得到的固体用水洗涤和真空干燥，得到七(6-脱氧-6-叠氮)-β-CD。在 15 mL 的 DMF 中添加叠氮化环糊精(0.8 g)和炔基官能化二氧化硅(2.2 g)，再加入 CuI(PPh₃)(40 mg)。将反应混合物在 80 ℃下搅拌 2 天。然后过滤粗产物，用 DMF 洗涤并用丙酮/甲醇萃取 24 h，然后真空干燥即得点击反应制得的环糊精固定相。

环糊精还可以键合在 2-位上[34]，环糊精键合的方向不同，对映体的流出顺序可以改变[35]。2-位的键合可以是[36]：6.28 g 的单(6-脱氧-6-N_3)-β-CD 搅拌下溶于130 mL 无水 DMF，加入 259.2 mg 的 NaH，室温反应 2 h。加入 KH-560，氮气保护 90 ℃反应 4 h。待反应物冷却至室温，加入 12 g 活化硅胶，继续反应 24 h。依次用 DMF、水、乙醇、丙酮清洗，得白色固体粉末，为 2-位键合环糊精固定相。环糊精还可以被硅胶表面原子转移自由基聚合的刷型环氧基固载[37]。上述多种方法固载的环糊精可以继续进行各种各样的化学衍生，制备出多种多样的环糊精固定相[38]。

有正相、反相和极性有机相三个分离模型适用于该类液相色谱手性分离材料。选择分类模型的一个最重要因素是根据样品的溶解性。在通常情况下，手性化合物的成功识别的可能性是：反相>极性有机相>正相。这些柱能用于超临界流体色谱[39]，固定相还能被离子液体衍生化[40,41]。键合在硅胶表面的环糊精能用于制备薄层色谱板进行手性分离[42]，其与金属反应生成的金属-有机骨架材料也用于液相色谱手性固定相[43]，它还能与石墨烯量子点一起制备手性识别材料[44]。含环糊精的硅基杂化球可通过一锅煮的方法合成[45]。

非衍生化的环糊精已作为毛细管电泳的手性添加剂。Fanali 于 1989 年最早开始用 CD 为添加剂分离生物碱[46]，后来证明其可用于分离多种不同类型的对映异构体[47]。在 25 ℃时 α-、β-、γ-CD 在水中的溶解度(g/100mL)分别为 14.5、1.85、23.2。通过增大 pH 或加入甲醇、乙醇或尿素到背景电解质中可以增加其溶解度。如增加乙醇到背景电解质中直到 30%的量，β-CD 的溶解度跟着增加达到最大值。利用 4 或 8 mol/L 的尿素溶液，β-CD 的溶解度可分别增到 89 或 226 mmol/L[48]，然而在没有尿素存在时，β-CD 的溶解度最大只能达到 16～20 mmol/L。含 10、11个葡萄糖单元的大环环糊精也被用于毛细管电泳手性分离[49]。环糊精与 Cu(II)的络合物也是好的手性拆分剂[50]。把环糊精键合在聚丙烯酰胺上做成微芯片整体色谱柱，能对丹酰氨基酸进行手性分离[51]。

环糊精发生手性识别通常有几个要求：首先，被分析物要能与环糊精的孔穴形成包合物[52,53]，有人曾经做过这样的实验，用己烷/异丙醇作洗脱剂，这时由于疏水性溶剂占据了环糊精孔穴的内部，把被拆分化合物限制在洞穴的外部，色谱柱完全失去手性识别能力，可见被拆分分子装入环糊精洞穴形成包合物，是手性识别的主要条件。如果溶质分子含有色散力基团，像卤素、硫和磷基团，包合作用则容易发生。其次，分子的疏水部分体积要正好与洞穴大小适合，这样便能紧紧地装入洞穴。如果溶质分子的疏水部分体积太大，包合力将会很弱、或不存在，手性识别将不会发生；如果分子体积较小，装入洞穴不紧密容易移动，分子感受到的是洞穴周围的平均环境，这样手性分离就不好[31,54]。通常情况下，包含一个单环的分子如苯的化合物的分离适合在 α-环糊精柱上分离，含有两个环的分子如萘适合于 β-环糊精上分离，含有三个环的分子如芘适合在 γ-环糊精上分离。如下面四对对映异构体，α,α-羟基环己基苯乙酸、α-环己基苯乙酸能在 β-环糊精上较好分离，α-羟甲基苯乙酸只能部分分离，而 α-羟基苯乙酸在该固定相上却不能分离[55]。最后，分子的手性中心或与手性中心相连的基团需要处在靠近洞口边缘并能与唇缘上的 C-2、C-3 上的二级羟基相互作用。许多研究表明，处于洞穴口边缘上的两个二级羟基是至关重要的，这两个羟基的作用也是手性识别的重要因素(图11.6)，通常极性基团胺、醛、酮、酸等不容易进入环糊精空腔，而优先与分子外面的极性基团作用。

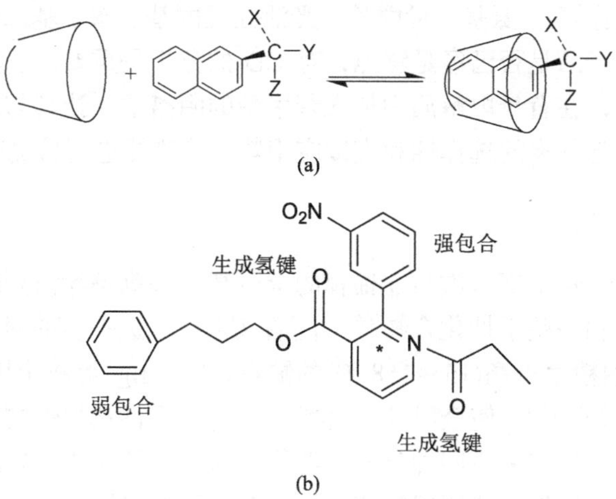

(a)

(b)

图 11.6 环糊精分子的作用示意图(a)和作用分析图(b)

环糊精与纳米粒子的组合能用作手性固定相[56]，也能构建手性探针[57]。环糊精与碳纳米管和石墨烯组成的电化学传感器能手性识别苯丙氨酸[58]、多巴胺[59]，环糊精与离子液体构建的电化学传感器能手性响应色氨酸、酪氨酸、半胱氨酸和苹果酸[60]。

11.2 2,3,6-位衍生化相同的环糊精

不同程度的衍生化对环糊精的手性识别能力具有较大的影响[61-63]。在液相色谱中，非衍生化环糊精通常只有在反相条件下才具有较好的手性识别能力。在气相色谱中，对环糊精进行衍生化起初人们只是为了降低环糊精的熔点和疏水性，仅是对环糊精的羟基简单地烃基化得到不同的疏水性衍生物，现在已经发展到有

目的地引入有特殊作用的基团,它们在室温下多呈黏稠状,有较好的成膜性。在毛细管电泳中,为了增加环糊精的溶解性以及改进其手性识别能力,也合成了多种衍生物。根据目前的研究,可把衍生化的环糊精粗分如下。

从衍生化的位置不同分:

2,3,6-位衍生化基团都相同的环糊精;

2,6-位衍生化基团相同,3 位不同的环糊精;

2,3-位衍生化基团相同,6 位不同的环糊精;

2,3,6-位衍生化基团都不相同的环糊精。

从衍生化的基团分:主要有烷基(甲、乙、丙、丁、戊、异戊、己、庚、辛、壬基)、酰基(乙酰、三氟乙酰、丁酰基、硝基苯甲酰基、对甲苯甲酰基、苯基氨基甲酰基、苯基脲等)、氨基、烯丙基、光活性羟丙基、叔丁基二甲基硅基等。在合成中为了证明产品是否已经足够纯,对 CD 的分析是重要的。其纯度的检测常使用电泳的办法,在背景电解质中加入苯甲酸的阴离子,让其与环糊精形成包合物,该方法能改善分离的选择性和直接应用紫外检测器进行检测[64,65]。

11.2.1 醚衍生物

1987 年 Z. Juvancz 等首次将非稀释的全甲基 β-环糊精涂渍到玻璃毛细管柱上识别了二取代苯和一些手性化合物[66],随后又进行了进一步的研究[67,68]。为了克服全甲基 β-环糊精熔点高(155~158 ℃)的缺点,Schurig 等将全甲基 β-环糊精用 OV-1701 进行稀释[69,70],使全甲基 β-环糊精固有的手性选择性同聚硅氧烷优良的色谱性能相融合,使多种不同种类的手性化合物得到了成功的分离[71],使稀释法成为常规的方法,用该方法制得的商品柱适合各种类型的气相色谱仪。

同时,Konig 等报道下列环糊精在室温下是液体[72-75],用它们可在非稀释的情况下涂渍脱活的玻璃或石英毛细管柱分离对映异构体:

六(2,3,6-三-O-正戊基)-α-环糊精;

七(2,3,6-三-O-正戊基)-β-环糊精;

八(2,3,6-三-O-正戊基)-γ-环糊精。

把各种环糊精的衍生物与聚硅氧烷混合后涂渍毛细管柱拆分对映异构体是最有效的方法,但分离因子随环糊精的比例而变化。实验表明,分离因子受环糊精衍生物的浓度大小的影响[76,77],但这种增加是非线性增加[78],最佳分离因子常常是在其比例比较小的时候。如全甲基取代的 β-环糊精其质量百分数超过 30%时,其对对映异构体的识别没有进一步的改进,对于全戊基取代的 γ-环糊精其质量百分数超过 50%时对对映异构体的分离也没有进一步的提高。非稀释的环糊精衍生物直接涂渍毛细管柱的方法已逐渐被淘汰。

在全取代的醚类环糊精中，全甲基 β-环糊精显示出最好的气相色谱手性识别能力，它的合成可以见图 11.7 的方法[79]：在 0℃将 16 mL 碘甲烷逐滴加到 100 mL 含有 4.0 g β-环糊精和 4.8 g NaH(60%纯度)的 DMF 的悬浮液中，在搅拌 12 h 后，倒入水中并用氯仿萃取，有机层分离后用无水硫酸镁干燥，真空下浓缩，粗产品用硅胶柱层析纯化，冲洗溶剂为氯仿/甲醇，得到淡黄色的纯全甲基 β-环糊精固体产物，产率为 85%。

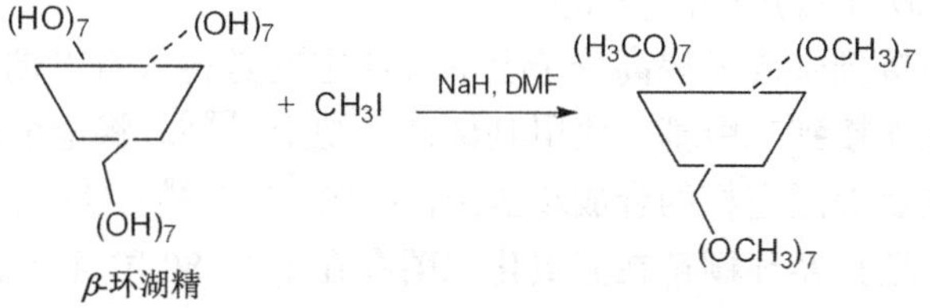

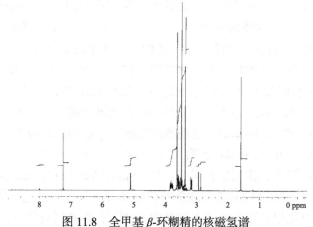

图 11.7　全甲基 β-环糊精的合成

β-环糊精的分子量为 1135，有羟基 21 个，环糊精及其衍生物的结构鉴定具有一定的难度。图 11.8 是作者以氘代 DMSO 测定的全甲基 β-环糊精的氢谱谱图，从图中可清楚指派被取代的 2-、3-、6-位羟基上的 63 个甲基 H，位移值为 3.3~3.7。

1990 年 V. Schurig 和 P. Fischer 同时独立地在 *HRC* 和 *Angew Chem* 上发表了把全甲基衍生化的 β-环糊精接枝到聚硅氧烷固定相上的文章，称此固定相为 Chirasil-Dex[80,81]，并应用于毛细管气相色谱得到了良好的分离效果。该固定相具有较强的耐清洗、不易流失、极性适中、环糊精有效浓度高的特点，其还可在超临界流体色谱中使用，分离某些较大分子量或热不稳定的手性化合物，弥补毛细管气相色谱用环糊精衍生物作为固定相分离手性异构体的不足。

图 11.8　全甲基 β-环糊精的核磁氢谱

1992 年 Schmaltzing 在 *HRC* 上发表了关于 Chirasil-Dex 分离 106 种不同消旋异构体的结果，范围从非极性的烃到高极性的二元醇、自由酸，并同全甲基化的 β-环糊精溶于 OV-1701 的固定相在同一条件下进行了比较，实验结果表明，Chirasil-Dex 有着广泛的实用性，其分离效果优于对照固定相[71]。将 γ-环糊精中一个葡萄糖的 2-或 6-位通过一个间隔臂同聚硅氧烷相连接也有报道[82]，其也成功地用于手性化合物的分离，在 Chirasil-γ-Dex 上分离 $CH_3OCF_2CH(CF_3)OCH_2F$ 时其分离因子达到了前所未有的高($\alpha=8$)[83]。

将环糊精连接到聚硅氧烷高分子上的方法主要是将含有末端烯烃基的选择性分子通过铂催化连接到二甲基氢化甲基聚硅氧烷上[84-86]。将全甲基衍生化的 β-环糊精接枝到聚硅氧烷固定相的合成步骤(图 11.9)为[80,87,88]：① 在氮气保护下，将 3.395 g(3 mmol)无水 β-环糊精在五氧化二磷存在下在 80 ℃真空干燥 48 h，放入 0.25 L 的三颈瓶中用 75 mL 无水 DMSO 溶解，加入 0.6 g(15 mmol)NaOH 粉末在常温下搅拌 1 h，所得黄色溶液在剧烈搅拌下从平衡滴液漏斗中逐滴加入 10 mL 溶有 1.78 mL(15 mmol)5-溴-戊烯-1 的无水 DMSO 溶液，在室温下反应 48 h。过滤除去 NaBr 和未反应的 NaOH 固体，滤液在 60 ℃下真空浓缩近干，残渣用少于 10 mL 的甲醇稀释，加入 200 mL 乙醚沉淀产物，过滤、60 ℃真空干燥得淡褐色晶体；② 用正己烷洗涤 3.024 g(0.126 mmol)的 NaH(纯度 55%～60%)，放入装有二个平衡滴液漏斗和一个冷凝管的 0.25 L 的四颈瓶中，将上述 1.5 g 淡褐色产品溶解在 50 mL 的无水 DMF 中，在冰浴下滴加到四颈瓶中。在剧烈反应停止后，将一半量的 11.79 mL(0.189 mmol)CH_3I 在 20 ℃慢慢添加到反应混合物中，搅拌 30 min 后再加入剩余的 CH_3I。反应 1 h 后将反应混合物中的液体小心倒入 200 mL 水中，水相用 70 mL 的氯仿萃取三次，合并的氯仿液用 15 mL 水洗涤三次去除 DMF，随后用无水硫酸钠干燥。浓缩氯仿溶液，所得固体用 Sephadex LH 20 凝胶柱多次纯化(溶剂为二氯甲烷/甲醇=2：1)，得到 0.72 g 产品，产率为 20%；③ 在氮气保护下，将 3.0 g(1mmol)含 5% Si-H 的二甲基聚硅氧烷和 0.72 g(约 0.5 mmol)上述含烯基的甲基化环糊精在五氧化二磷存在下在 40 ℃真空干燥 72 h，于三颈瓶中用 100 mL 无水甲苯溶解。将 H_2PtCl_6 溶于无水 THF 中，每间隔 150 min 滴加少许，反应 24 h 后真空除去溶剂，残渣用 50 mL 无水甲醇溶解。分离甲醇相后蒸发除去甲醇，残渣再用乙醚萃取。过滤浓缩乙醚、干燥后，即得 1.3 g 产品。

利用该方法也可将两个功能基团连在同一个聚硅氧烷链上，如 Chirasil-DexVal [89-91]，该固定相同时具有 Chirasil-Val 和 Chirasil-Dex 的一些选择特性。图 11.10 是 L-缬氨酸酰胺和全甲基化 β-环糊精各自通过一个 C_{11} 的间隔基连接到二甲基氢化甲基聚硅氧烷上的合成方法[92]：在氮气条件下，0.1 mL 的六氯合铂酸(1 mg)无水四氢呋喃溶液加入到单-2-*O*-(十一-10-烯基)-β-环糊精、*N*-(十一-10-烯酰基)-L-缬氨酸-叔丁基酰氨以及二甲基氢化甲基聚硅氧烷的无水四氢呋喃混合溶液中，在 50 ℃下超声反应 24 h。产物通过活性炭处理后用交联葡聚糖 LH-20 凝胶纯化。在反应中，可分别采用 20%(质量分数)的 β-环糊精和 15%的 L-缬氨酸以及 8%的 β-环糊精和 24%的 L-缬氨酸衍生物比例。

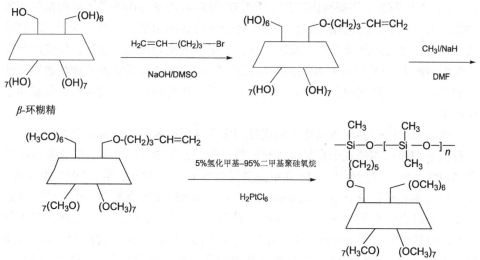

图 11.9　Chirasil-Dex 的合成路线示意图

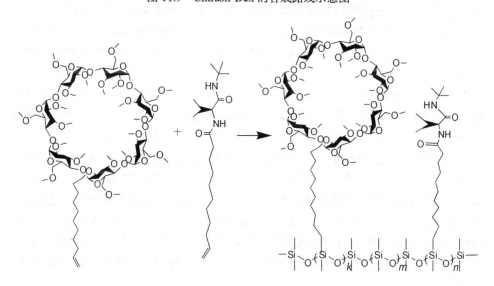

图 11.10　Chirasil-DexVal 的合成路线示意图

Chirasil-Dex 除可以涂渍到毛细管柱内壁外，还可以利用热交联在石英毛细管柱表面[93,94]。实践表明，环糊精衍生物固定相对较多类型的、适用于气相色谱分离的手性有机化合物或其衍生物具有不同程度的手性识别能力，它是已商品化柱中选择性最广的手性气相色谱固定相，其为气相色谱拆分对映异构体开辟了新天地。

(S)-羟丙基醚-β-环糊精和(R)-羟丙基醚-β-环糊精已用于液相色谱的手性固定相。(S)-羟丙基醚-β-环糊精固定相由于柔软的(S)-羟丙基基团改进了环糊精生成氢键的能力，该手性固定相能加强对溶质对映异构体的识别。另外，由于该环糊精的衍生化，使其羟基能自由地旋转，提供了附加的键合机理。这种柱仅被用于反相模型。(R)-羟丙基醚-β-环糊精固定相仍然能用于(S)-羟丙基醚-β-环糊精通常所使用的情况，在这里弱的包合环境是其主要的对映体选择作用。这种柱也仅被用于反相中。

硝基苯取代的β-环糊精衍生物连接到多孔球形硅胶粒子表面上后在反相、极性有机溶剂和正相模式中也显示了较好的手性识别性能[95]。2,4-二硝基苯基-β-环糊精衍生物的合成操作为：① 在室温氩气条件下，以 40 mL 无水 DMF 为溶剂，将干燥的β-环糊精(2.10 g, 1.85 mmol)溶解在 100 mL 圆底烧瓶中，把 NaH(0.24 g, 10.00 mmol)加入到溶液中，并且缓慢升温至 70 ℃反应 30 min。在搅拌下把 1-氯-2,4-二硝基苯加入到上述溶液中，并且升温至 100 ℃反应 5 h。过滤除去盐、真空抽干 DMF。每次用 100 mL 乙醚洗涤所得产品三次，得到黄棕色固体 3.28 g。产率为 90.2%。② 通过醚键键合环糊精衍生物。以 35 mL 无水 DMF 为溶剂，把干燥的 2,4-二硝基苯-β-环糊精衍生物(2.70 g, 1.37 mmol)溶解在 100 mL 圆底烧瓶中，并且搅拌。在室温氩气氛围下，把 NaH(0.24 g, 10.00 mmol)加入到溶液中，搅拌 12 min，把未反应的 NaH 过滤，然后把 3.20 g 干燥的环氧基功能化的硅胶加入上述烧瓶中。把混合物升温至 144 ℃反应 3 h，然后冷却至室温并且过滤。分别用甲醇、乙酸水溶液(质量分数为 0.2%)、蒸馏水和甲醇洗涤，在 100 ℃条件下于烘箱中干燥 2 h，得 3.30 g 产品。③ 通过氨基甲酸酯键合环糊精衍生物。以 55 mL 无水 DMF 为溶剂把干燥的 2,4-二硝基-β-环糊精衍生物(3.50 g, 1.78 mmol)溶解在 250 mL 三颈圆底烧瓶中。在室温氩气氛围下，把三乙胺(0.72 mL, 5.16 mmol)和 3-(三乙氧基硅基)丙基异氰酸酯(0.865 mL, 3.50 mmol)加入到上述溶液。把溶液升温至 95 ℃反应 5 h，然后冷却至 60 ℃，再把 3.50 g 干燥的硅胶加入到溶液中，升温至 144 ℃反应一晚上后，冷却至室温并且过滤。分别用甲醇、甲醇水溶液(体积比为 50∶50)、蒸馏水和甲醇洗涤产物，在 100 ℃条件下于烘箱中干燥，得 4.36 g 产品。

环糊精的全取代醚类衍生物在毛细管电泳以及液相色谱中是一类重要的手性添加剂，在不同的流动相或电解质中显现良好的手性识别作用。常用的分亲油和亲水两大类，选择何种类型首先应考虑其能否在选定的流动相中有足够的溶解度。

作手性流动相添加剂用时环糊精衍生物的消耗量大，主要是 β-环糊精的衍生物。典型的亲油性添加剂是全烷基化环糊精，其中应用较多、效果较好的是全甲基 β-环糊精[79, 96-98]。

羟丙基环糊精(HP-β-CD)在毛细管电泳拆分手性化合物时是最有效的羟烷基-β-CD[99,100]。在一系列分离中，HP-β-CD 对 D,L-安非他明也有好的拆分性能[101]。用不同取代度的 HP-β-CD 拆分羟基酸的对映异构体，则具有最高取代度的 HP-β-CD 在其最高浓度下具有最低的对映异构体选择性[102]。HP-β-CD 的实验合成是将 23 mL 溶有 1.2 g 的 NaOH 水溶液在冰浴搅拌下溶解 1.88 g 的 β-CD，取 2 mL 环氧丙烷溶于 30 mL 乙腈中，分 2 h 滴加到上述溶液中反应 12 h。以 HCl 中和至中性，加 5 mL 甲苯振荡有白色沉淀，滤去沉淀；将滤液减压蒸干，加少量 DMF 溶解，滤去不溶物。在 DMF 溶液中加丙酮沉淀，沉淀以丙酮洗两次，减压烘干即得[103]。该材料还能用于手性逆流色谱[104,105]、手性萃取[106]、薄层色谱[107]等。

在带负电荷的 β-CD 磺酸根衍生物中，效果最好的是磺丁基-β-CD[108,109]，在该手性选择剂中，磺酸基通过丁基链键合到羟基上。磺丁基-β-CD(SBE-β-CD)仅用 1.5 ~ 5 mmol/L 的低浓度就可对麻黄碱、伪麻黄碱、肾上腺素、去甲肾上腺素和二羟基苯胺等生物碱进行拆分[110]。几个除草剂的对映异构体在用 50 mg/mL 的 SBE-β-CD 作手性选择剂时也表明了好的分离[111]。Fillet 等利用 SBE-β-CD 和 DM-β-CD 的混合物拆分酸性药物如 sulindac、fenoprofen、ketoprofen、warfarin 和 hexobarbital，则产生正的协同效应[112]。它的具体合成操作为：称取 4 g NaOH 溶于 20 mL 水中制成高碱水溶液，将该溶液转入到 2000 mL 的三颈瓶中，75 ℃下不断搅拌，然后将重结晶提纯后的 β-CD 10 g 缓慢加入到上述溶液中，剧烈搅拌约半小时后 β-CD 完全溶解。在继续保持剧烈搅拌下将 9.00 mL 的 1,4-丁烷磺内酯通过平衡漏斗慢慢滴加到上述溶液中，滴加完毕后，维持体系温度在 75 ℃左右，继续剧烈搅拌使 β-CD 与磺内酯反应，约 3 h 后获得均相液。将此溶液冷却到室温后，用 3 mol/L 的盐酸中和上述均相反应液，调节 pH 至中性，用聚丙烯酰胺纳滤膜纯化，纯化后的溶液用 0.025 mol/mL 的硝酸银检测。溶液经过冷冻干燥后得到白色粉末状的磺丁基-β-CD，该产物的取代度 DS=7[113,114]。

羧甲基环糊精能用于毛细管电泳拆分手性药物[115]。利用高速逆流色谱仪分离手性药物[116,117]，羧甲基环糊精作手性添加剂能对氨鲁米特和扑尔敏的外消旋体进行制备性分离，图 11.11 是分离扑尔敏外消旋体的逆流色谱图，最佳溶剂系统为：乙酸乙酯/甲醇/水(10/1/9)，最适合的手性添加剂的浓度为 20 mmol/L[118]。

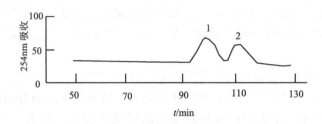

图 11.11　制备性分离扑尔敏外消旋体的逆流色谱图

全辛基-α-环糊精和全辛基-β-环糊精已被用于电位传感器手性选择剂的研究，类似的还有二者 3 位羟基未被辛基取代的化合物，被测定的是麻黄碱、伪麻黄碱、去甲麻黄碱等[119,120]。该电位传感器是将环糊精衍生物负载于 PVC 膜上并与 Ag/AgCl 电极、甘汞电极等组成离子选择性电极体系。该电极制作方法是将手性选择剂溶于有机溶剂中，再与聚氯乙烯的四氢呋喃溶液相混合，然后倾注于玻璃板上，待四氢呋喃挥发干净，即得到以 PVC 为支持体的敏感膜，切成圆片，固定于电极管上，内装参比电极和内参比溶液即可。与一般载体膜相比，这种膜的稳定性和寿命均有较大的提高[121,122]。

11.2.2　酯衍生物

衍生化的环糊精往往有较好的溶解能力，改进了其作为流动相的手性添加剂，也由于取代基的引入，改变了它的一些色谱性能，能强化对一些对映异构体的识别能力，增强识别的选择性。环糊精衍生物中亲水性的种类较多，能适用于高效液相色谱、高速逆流色谱、毛细管电泳作手性添加剂的酯类衍生物主要有磺酸化-、磷酸化-β-环糊精等几个衍生物。全酰化-β-环糊精也能用于气相色谱的手性固定相[123]。

磺化-β-环糊精首先用在毛细管电泳[124,125]，在高速逆流色谱上选用乙酸乙酯/甲醇/水(10/1/9)作溶剂系统，水相中含 2%的磺化-β-环糊精作为手性添加剂，能基线分离(±)-7-去甲基奥美昔芬[126]。环糊精的磺化衍生物通常是在吡啶溶剂中加入三氧化硫和吡啶、三甲胺或三乙胺的复合物反应得到。但是此合成路线反应条件苛刻，而且三氧化硫的复合物也不易制取。国内欧庆瑜等[127]采用浓硫酸直接磺化法，实验所得产物均为 SO_3-α-CD 的钠盐。随着浓硫酸浓度的升高，取代度是增大的。具体的实验操作步骤为：将 30 mL 质量分数为 90%的浓硫酸置于 100 mL 的圆底烧瓶中，加入 10 g 的 β-环糊精于 0～5 ℃下搅拌 2 h。将反应液倒入 500 mL 水中，加入 55 g 碳酸钙，滤出生成的硫酸钙，水洗，滤液合并。加入 100 mL 体积分数为 95%的乙醇，于 0～5 ℃下放置一夜。除去沉淀，滤液用碳酸钠调 pH 为 10.5，过滤，用乙酸调 pH 为 7.0，浓缩。加入 500 mL 乙醇，产生大量白色沉淀，过滤，分别用乙醇、丙酮、乙醚洗涤，真空干燥得白色粉末 8.2 g，SO_3-β-CD 的平均取代度为 6.5。合成路线示意见图 11.12。

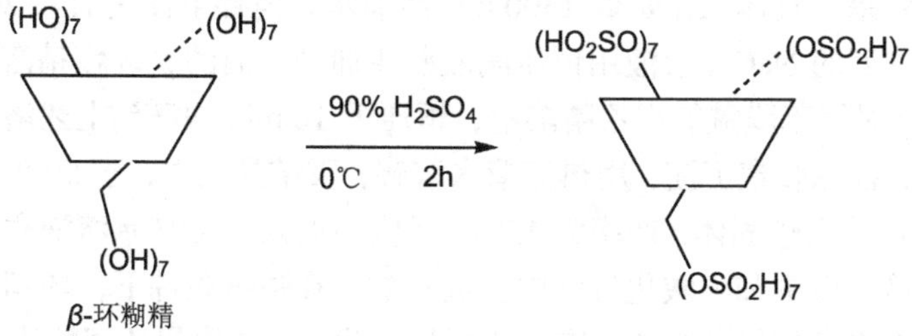

图 11.12 磺化-β-环糊精的合成示意图

琥珀酰基-β-CD 和 CD 磷酸盐[128,129]也被用于毛细管电泳中手性化合物的拆分，但其与上面所述的 CD 衍生物相比，似乎没有更好的优越性和意义。

在液相色谱中已经商品化并能较广泛地识别手性化合物的环糊精酯类手性固定相的种类并不多，最主要的有乙酰化-β-环糊精和对甲基苯甲酸酯-β-环糊精。乙酰化-β-环糊精手性固定相具有好的反相多功能特性，能分离顺反异构体、α-羟基或氨基手性化合物，或手性中心为 α、β 位置的醇和胺。该固定相仍然可用于正相模型，在这里它被认为与乙酰化的纤维素具有类似的性质。对甲基苯甲酸酯-β-环糊精的手性识别主要靠π-π键和氢键，色谱特性类似于对甲苯甲酰氯衍生的纤维素手性识别材料。

11.2.3 氨基甲酸酯衍生物

在衍生化的环糊精液相色谱手性固定相中，常将环糊精通过单取代链接到基质上[130]。因此在单取代环糊精衍生物的合成中，单-(6-对甲苯磺酰基)-β-环糊精是一个极其重要的中间体，通过该中间体可以合成多种单取代的 β-环糊精的衍生物。该中间体的制备主要是通过 β-环糊精与对甲苯磺酰氯反应，常见的合成路线有两种：一种是以吡啶作为溶剂，反应要求无水、低温、恰当的反应时间和充分的搅拌，具体操作为：分析纯吡啶加 NaOH 固体回流 10 h，过滤后加 CaH_2 回流 3 天，用前新蒸。β-环糊精用水重结晶两次，在 80～90 ℃、真空下干燥 12 h，对甲苯磺酰氯干燥 2 h。将 β-环糊精 36.5 g(32.2 mmol)溶于 500 mL 吡啶，与对甲苯磺酰氯 4.9 g(25.7 mmol)于 200 mL 吡啶的溶液混合，搅拌下在干冰中快速冷至 0 ℃，在 4 ℃搅拌 24 h，再于室温下继续搅拌 24 h。加入 1 mL 蒸馏水终止反应，在低于 40 ℃的温度下减压蒸馏除去大部分吡啶，残余物加蒸馏水热溶解，除去不溶物后减压蒸干。得到的粗产物浸泡于乙醚中，过滤除乙醚得到白色粉末，于水中重结晶 4 次，70 ℃减压干燥 4 h，产物重 10.9 g，收率为 32%[131]。

另一条合成路线为水相合成[132]，该反应是 β-环糊精以 1∶1 的计量比包结一部分对甲苯磺酰氯，并将其带入水溶液中，使得二者能相互接近，改进机械搅拌难于达到的效果。具体操作是取 1500 mL 蒸馏水，搅拌下慢慢加入 200 g β-环糊精，将一定浓度的 NaOH 溶液用恒压滴液漏斗加到上面的 β-环糊精溶液中，搅拌 1 h。取 40 g 对甲苯磺酰氯用乙腈溶解，恒压下 10 min 内滴到上述溶液中，恒温搅拌 30 min，抽滤收集沉淀，用热蒸馏水溶解，重结晶三次，于 50 ℃下真空干燥 6 h，得到疏松的白色固体，产率为 15%。反应中加入 NaOH 水溶液主要是提供一个碱性的环境，以中和磺酸化过程中生成的酸。在强碱条件下，环糊精 2,6-位羟基生成亲核性更高的氧负离子，有利于反应发生。6-位取代环糊精比 2-位取代的环糊精在水中的溶解度低很多，通过甲酸调节 pH 可使二者分离。产物可用乙酸乙酯-异丙醇-氨水-水(6∶20∶15∶2, 体积比)在硅胶板上展开，硫酸显色，斑点 R_f=0.57。^{1}H-NMR (D$_2$O, TMS, 500MHz)：2.5(s, 3H, CH$_3$), 3.1～3.9(broad, 40H, C^{2}H-C^{6}H), 4.26～4.40(d, 2H, C^{6}H), 4.74(d, 1H, C^{1}H), 4.80(d, 6H, C^{1}H), 7.35～7.67(d, 4H, Ar-H)。

Armstrong 等发展了一类具有多种作用模式的含氮的手性固定相[133-135]。Okamoto 等[136]分别用 6 种不同的空间间隔臂将硅胶和 β-CD 连接起来，制得不同的氨基甲酸酯手性固定相，并对 14 种手性化合物进行了拆分。图 11.13 中氨基甲酸酯环糊精手性固定相的具体实验合成步骤为[137-139]：① 将单-(6-对甲苯磺酰基)-β-环糊精 2.23 g(1.73 mmol)在 23 g(400 mmol)的烯丙胺中回流 5 h，冷却至室温后用 30 mL 甲醇稀释，加入 200 mL 乙腈搅拌得到白色沉淀，经过滤、真空干燥下得到含烯基的中间体 1.65 g，产率 82%[140-142]。1.6 g(1.4 mmol) 含烯基中间体在 30 mL 无水吡啶中加入 14 g(115 mmol)苯基异氰酸酯，于 85 ℃下进行 24 h 搅拌混合再通过常压蒸馏后得到黄褐色胶状物。将其溶于 150 mL 乙酸乙酯后加 60 mL 水搅拌 2 h，过滤后的有机相加无水硫酸镁干燥得粗产品，该产品利用快速色谱纯化(洗脱液为正己烷∶乙酸乙酯=2∶1 混合液)，最终得到淡黄色苯基氨基甲酸酯化的环糊精固体 2.48 g，产率 52%。② 在 1.8 g(0.5 mmol)苯基氨基甲酸酯化环糊精中加入 7 g(4.8 mmol)三乙氧基硅烷和 8 mL 含有 10 mg 四(三苯基磷)合铂的四氢呋喃溶液进行搅拌，于 85 ℃反应 3 天。混合物以乙醚为冲洗剂经硅胶减压快速色谱柱纯化，目标物溶于 100 mL 无水甲苯中，加入硅胶 4 g(180 ℃下真空干燥 10 h)，回流 24 h 后加入 2 mL 水，在 90 ℃下搅拌 3 h，过滤产物，用丙酮在索氏提取器中洗涤 24 h，90 ℃下真空干燥 24 h 得到手性固定相。

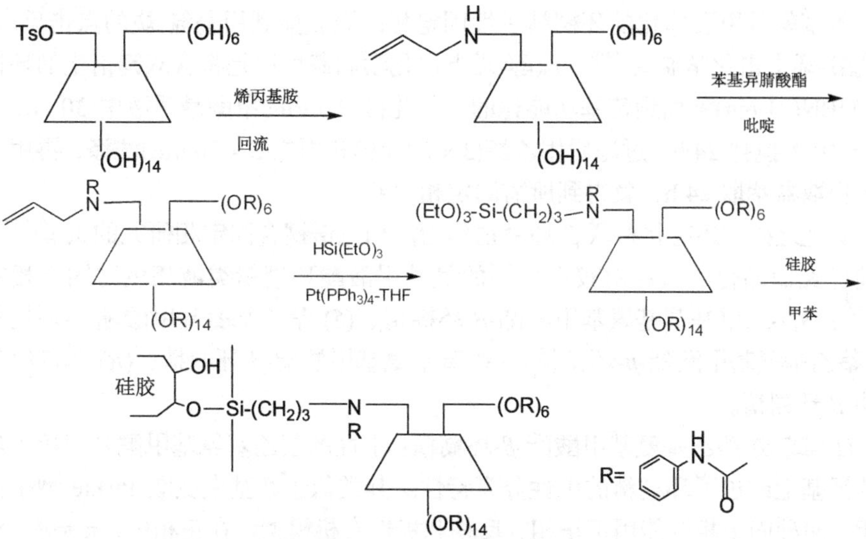

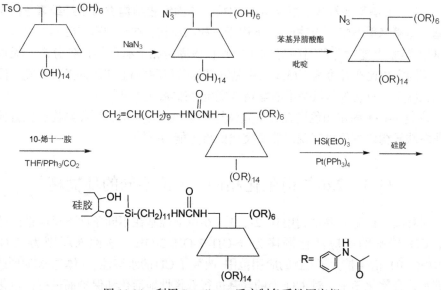

图 11.13 苯基氨基甲酸酯环糊精键合固定相的合成

氨基甲酸酯化的环糊精手性固定相还可以利用 Staudinger 反应制备，合成路线[143-145]见图 11.14，其是将单(6^A-叠氮-6^A-脱氧)-β-环糊精衍生物(0.46 mmol)在 PPh_3 催化下和 3-氨基丙基硅胶(4.00 g)在 THF(20 mL)中 CO_2 环境中搅拌 24 h 获得[146]。类似的方法也可制备 β-环糊精-硅杂化毛细管液相色谱整体柱分离对映体[147]。该类衍生物中还可以引入双键、与硅胶表面的双键以及新加入丁二烯中的双键进行共聚而固载[148]。

图 11.14 利用 Staudinger 反应制备手性固定相

苯基氨基甲酸酯化的环糊精手性固定相的固载能利用叠氮-炔的点击反应[149]或硫醇-烯点击化学制备[150]。硫醇-烯点击化学固载可以是将含双键衍生的环糊精与 AIBN(21 mg)添加到巯基功能化的二氧化硅(2.5 g)的甲醇悬浮液中(30 mL)，在 N₂ 下 40 ℃搅拌 24 h。过滤后用乙醇(3×20 mL)和丙酮(3×20 mL)洗涤，再用丙酮索氏提取器萃取 24 h，就得到所需固定相[151]。

除此之外，还有将桥联 β-环糊精作为液相色谱键合固定相研究的报道[152,153]。目前已经商品化的且相对较多使用的氨基甲酸酯环糊精类液相色谱固定相主要有[154]：3,5-二甲基苯基氨基甲酸酯-β-环糊精、(S)-萘乙基氨基甲酸酯-β-环糊精、(R)-萘乙基氨基甲酸酯-β-环糊精、(S)-苯基氨基甲酸酯-β-环糊精、(R)-苯基氨基甲酸酯-β-环糊精。

(R)-或(S)-萘乙基氨基甲酸酯-β-环糊精：手性的萘乙基氨基甲酰基连接到环糊精的羟基上改进了环糊精的手性分离特性。其类似于萘基缬氨酸 Pirkle 型手性固定相。两种固定相皆能用于正相、反相和极性有机模型。在正相中，π-π键、双极重叠、氢键在手性拆分中起了重要的作用。3,5-二硝基苯甲酰化的胺和醇的衍生物尤其适合于在正相下分离。在反相模型中，包合作用是主要作用力，在手性中心附近的氢键基团在手性识别中作用较小，并且受 pH 控制。在极性有机模型中，手性识别主要靠表面作用，没有包合作用。(R)-和(S)-萘乙基氨基甲酸酯-β-环糊精两种固定相已经成功地用于衍生化的胺、氨基酸、氨基醚和非衍生化的杀虫剂的拆分。该类固定相仍然适用于在手性中心附近具有芳香基团，而该基团上又具有质子给体-受体部位的溶质[155]。

3,5-二甲基苯基氨基甲酸酯-β-环糊精：该固定相结构类似于纤维素三(3,5-二甲基苯基氨基甲酸酯)固定相，能被用于正相和反相，在纤维素三(3,5-二甲基苯基氨基甲酸酯)上能拆分的对映异构体通常在该固定相上有可能得到分离。无论怎样，该固定相比在纤维素三(3,5-二甲基苯基氨基甲酸酯)上使用的条件更宽，因纤维素三(3,5-二甲基苯基氨基甲酸酯)常被涂渍在硅胶上[156,157]。

该类 β-CD 固定相色谱在分离立体异构体如差向异构、顺反异构、位置异构和非对映异构体方面也表现出非常突出的拆分能力[158-160]。

11.3 2,6-位衍生化相同、3-位不同的环糊精

对环糊精衍生主要是利用其 2-、3-、6-位上羟基在不同条件下反应性能的差别，CD 羟基的反应活性顺序为 6-OH>2-OH>3-OH，酸性强弱则为 2-OH>3-OH>6-OH。衍生扩大了 CD 的应用范围，改变了 CD 的水溶性、立体选择性[161,162]。在碳水化合物化学中，对 CD 上的羟基进行选择性地活化和保护而进行衍生化反

应是众所周知的实验技术[163]。

已经发现环糊精 3-位上的酰基对于环糊精作为气相色谱手性固定相来说有很好的对映体选择性。有较多关于环糊精 3-位上的酰基的改变的报道，比如 3-三氟乙酰基[164]，3-乙酰基[75]，3-丁酰基[165]等。Konig 等发现下列环糊精在室温下是液体[72-74]，用它们可在非稀释的情况下涂渍脱活的玻璃或石英毛细管柱识别对映异构体：

六(3-O-乙酰基-2,6-二-O-正戊基)-α-环糊精，

七(3-O-乙酰基-2,6-二-O-正戊基)-β-环糊精，

八(3-O-丁酰基-2,6-二-O-正戊基)-γ-环糊精等。

偶然地，像八(3-O-丁酰基-2,6-二-O-正戊基)-γ-环糊精(商品名 Lipodex E)具有很高的手性选择性，能适用很多类型手性化合物的分离[165]，是目前应用范围最宽的手性环糊精固定相之一。其制备分两步进行，首先是将 3.2 g 的 γ-环糊精在室温下溶于 100 mL 的 DMSO 中，然后加入 4 g 粉状的 NaOH 搅拌 2 h 使其几乎全部溶解，加入 15 mL 的 1-溴戊烷在室温下反应 72 h。将反应混合物倒入 200 mL 水中，然后用 300 mL 二氯甲烷萃取三次。有机相用水洗涤三次后用无水硫酸钠干燥，减压蒸馏得残渣 4.5 g。以含 30%乙酸乙酯的正己烷为洗脱剂在硅胶柱上纯化得 2,6-二-O-正戊基-γ-环糊精[164]。合成的第二步是将第一步的产物 1 g 溶于 15 mL 吡啶中，加入 6 mL 丁酸酐，在 100~110 ℃反应 48 h。减压蒸出吡啶后加入 60 mL 水，水溶液用乙醚提取 3 次，合并乙醚提取液用水洗 3 次后用无水硫酸钠干燥。蒸出乙醚后残渣以 30%乙酸乙酯的正己烷为洗脱剂用硅胶柱纯化。

Armstrong 等曾将如下更极性的环糊精衍生物涂渍在石英毛细管柱上拆分手性化合物[164, 166-168]：

六(2,6-二-O-正戊基)-α-环糊精，

七(2,6-二-O-正戊基)-β-环糊精，

七(3-O-三氟乙酰基-2,6-二-O-正戊基)-β-环糊精。

引入光活性基团的环糊精具有较好的柱性能，并且 β-环糊精的手性选择性较 α-环糊精、γ-环糊精好。另外，还有一些环糊精衍生物[169]，如 2,6-二-O-苄基-3-O-戊酰基-β-环糊精[170]、2,6-二-O-戊基-3-O-(4'-氯-5-吡啶甲基)-β-环糊精[171]等用作 CGC 手性固定相。

几种商品化的中性 CD 衍生物在电泳中也被广泛使用，如 2,6-二甲基-β-环糊精是亲油性比亲水性好得多的手性添加剂，应用较多，但多数情况效果比全甲基-β-环糊精弱[172,173]。七-(2,6-二乙酰基)-β-CD 也被用作手性选择剂，2,6-二-O-羧甲基-β-CD[174]能用于手性化合物的拆分，含氨基酸环糊精[175,176]也具有一定的手性识别能力，合成示意见图 11.15。

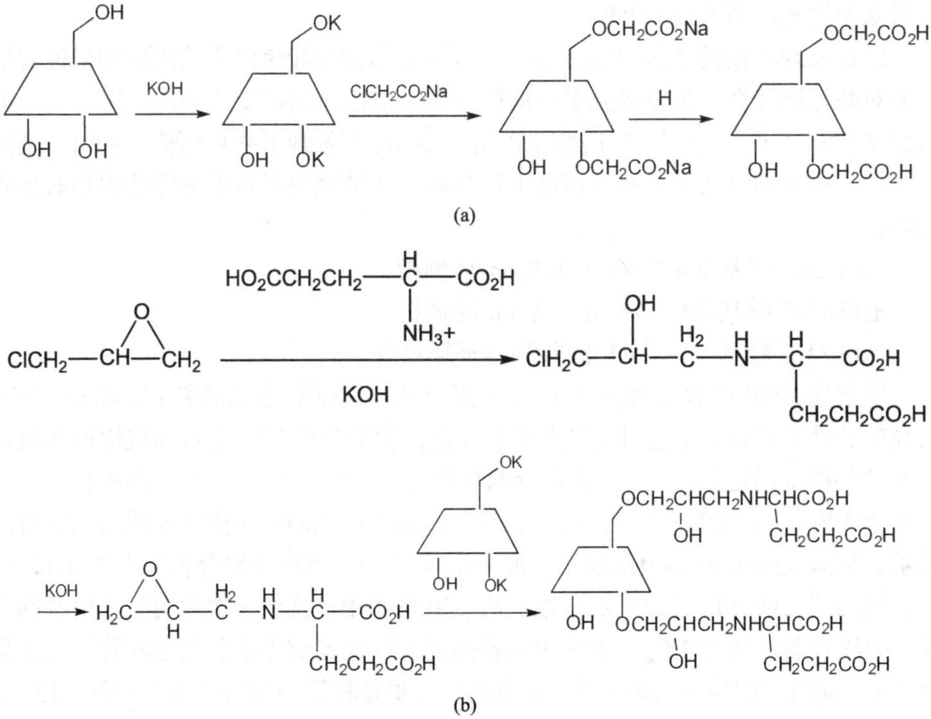

图 11.15　2,6-二-*O*-羧甲基-*β*-CD (a)以及 2,6-二-*O*-谷氨酸-*β*-CD(b)的合成

11.4　2,3-位衍生化相同、6-位不同的环糊精

环糊精 6-位上的取代基影响环糊精的对映体选择性，通过在环糊精的 6-位上用不同大小、不同类型的酰基取代基能改变环糊精的手性识别能力[177]。在一些环糊精的合成过程中，环糊精 6-位上的取代基应该认真地考虑并选择。

在 2,3-二-*O*-乙基-*β*-环糊精和 2,3-二-*O*-甲基-*β*-环糊精中用三种类型的 6-*O*-烷基二甲基硅氧基(异丙基二甲基硅氧基，异己基二甲基硅氧基，环己基二甲基硅氧基)取代合成了一些环糊精的衍生物，并且检测到这些环糊精的手性识别性能的重要改变是由取代在环糊精 6-位上的大的硅氧基的微小改变引起的[178,179]。这些 6-*O*-取代的环糊精衍生物的不同手性识别性能可以用合成过程中疏水性影响的相对大小和取代基空间阻碍的相对大小来解释。有报道在环糊精的 6-位羟基上引入庞大基团如叔丁基二甲基硅烷基团，可阻碍溶质分子从环糊精小的一端进入空腔，其对环糊精的手性选择性具有重大的影响[180]。因此，七(2,3-二-*O*-乙酰基-6-*O*-叔丁基二甲基硅烷基)-*β*-环糊精、七(2,3-二-*O*-甲基-6-*O*-叔丁基二甲基硅烷基)-*β*-环糊精被用作手性固定相的有用的补充。七(2,3-二-*O*-甲基-6-*O*-叔丁基二甲基硅烷基)-*β*-

环糊精的合成分两步进行[181,182]：① 首先在五氧化二磷存在下 100 ℃真空干燥 3.5 g 的 β-环糊精 16 h 后溶解于 44 mL 无水吡啶中，在冰浴下滴加 33 mL 含有 3.5 g 叔丁基二甲基氯硅烷无水吡啶，冰浴搅拌 3 h 后室温反应过夜。蒸除吡啶后残留物用 100 mL 水和 150 mL 乙醚萃取，乙醚用水洗 3 次后用无水硫酸钠干燥。粗产物以二氯甲烷∶甲醇∶水=80∶19∶1 为冲洗剂用硅胶柱纯化得纯品 3.5 g；② 将 2 g 在五氧化二磷存在下 100 ℃真空干燥 16 h 的上述 β-环糊精溶解于 35 mL 干燥的 1,3-二氧戊环中，加入 1g 的 NaH 室温搅拌 2 h，逐滴加入 10 mL 溶有 4 mL 碘甲烷的 1,3-二氧戊环溶液，在 70～80 ℃反应 16 h。蒸出溶剂后用 60 mL 二氯甲烷和 30 mL 水萃取残渣，有机层用水洗 3 次后用无水硫酸钠干燥。粗产品用硅胶柱纯化，洗脱剂为含 15%乙酸乙酯的己烷溶液。另外，2,3-二-O-烯丙基-6-O-酰基-β-环糊精也被用于毛细管气相色谱手性固定相[183]。

不同酰基取代在 3-位上的环糊精具有较好的对映体识别能力[184,185]，三种酰基(正戊酰基，正庚酰基和正辛酰基)取代在 2,3-二-O-戊基-β-环糊精 6-位上的环糊精[186]的手性识别性能也被报道，但 3-位上酰基取代的环糊精比 6-位上酰基取代的环糊精基线稳定，分辨率更好。2,3-二-O-戊基-6-O-正戊酰基-β-环糊精的合成操作为：① 先按文献[187]合成 3 g 的 6-叔丁基二甲基硅氧基-β-环糊精溶于 60 mL 干燥 DMF 中，取 2 g 的 NaH 加到 90 mL 干燥的 DMF 中，在 0 ℃使二者反应 2 h。② 通过平衡滴液漏斗向混合液中加入 10 mL 的 1-溴戊烷，在 0 ℃下搅拌 2 h，然后再在室温下搅拌 24 h。加入甲醇使反应停止以除去多余的 NaH。减压除去 DMF，然后用 30 mL 氯仿萃取三次，再用饱和食盐水和水洗涤产物，减压蒸馏浓缩得粗产物[165]。③ 将上述 3.9 g 产物溶于 10 mL 的 THF 中形成溶液，加入 5 mL 氟化四丁基铵(1 mol/L)，回流 70 min 后，真空除去溶剂，用 30 mL 氯仿萃取残渣。氯仿层用饱和食盐水和水洗涤后用无水硫酸钠干燥，减压蒸馏浓缩得 2,3-二-O-戊基-β-环糊精粗产物[187]。④ 最后一步是 0.5 g 的 2,3-二-O-戊基-β-环糊精溶于 10 mL 干燥的吡啶中，在搅拌下加入 0.6 mL 正戊酰氯。混合液在 70 ℃时回流 7 h，然后倾倒入 30 mL 冰水中。用 90 mL 氯仿三次萃取，饱和碳酸钠水溶液洗涤氯仿，然后用无水硫酸钠干燥。粗产物用柱色谱纯化得到一种棕色黏稠的物质(产率为 20%)[188]。

在液相色谱中，Ng 等利用 Staudinger 反应制备了七(6-叠氮-6-脱氧-2,3-二-O-甲基)-β-环糊精，并经由多重脲键连接将其固定在氨基化的硅胶表面上[189]，也制备了七(6-叠氮-6-脱氧-2,3-二-O-苯氨基甲酰化)-β-环糊精[190]作为液相色谱环糊精类手性识别材料，其合成路线见图 11.16。

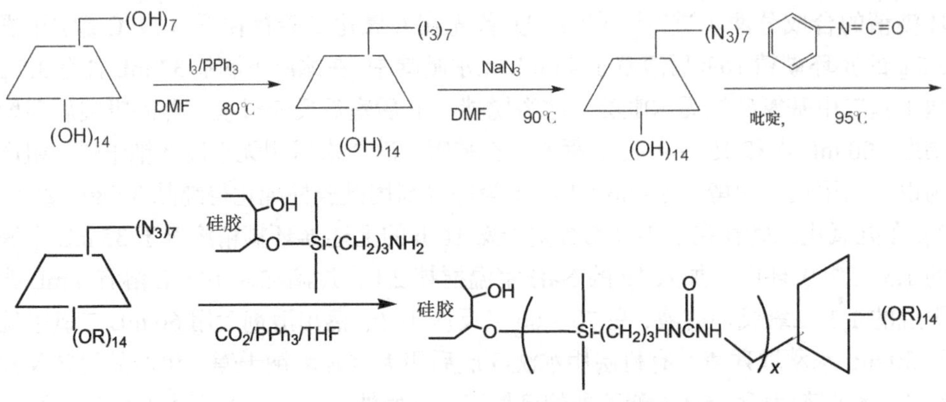

图 11.16　多重脲键连接的环糊精手性固定相

在毛细管电泳中，带负电荷的 β-CD 磺酸根具有较好的手性拆分能力[191]，开始使用的这类衍生物是七-(2,3-二乙酰基-6-磺酸根)-β-CD[192,193]、七-6-磺酸根-β-CD[194]、七-(2,3-二甲基-6-磺酸根)-β-CD[195]，现在它们已商品化。八-(2,3-二乙酰基-6-磺酸根)-γ-CD[196]、七-(2,3-二-O-甲基-6-O-羧甲基)-β-环糊精[197]以及七-(6-O-磺丁基)-β-环糊精[198]也被应用。

11.5　其他类型的衍生化

在气相色谱中人们对手性识别的争论之一是用多根柱子或是只用一根贵的柱子来充分解决最普遍的分离问题哪种更好[199]。W. A. König 等利用特殊的取代反应生成的环糊精衍生物的选择性变化[200]、集中两个或多个环糊精衍生物的优点合成一个新的衍生物——单(3-O-乙酰基-6-O-叔丁基二甲基硅烷基-2-O-甲基)-六(6-O-叔丁基二甲基硅烷基-2,3-二-O-甲基)-β-环糊精，用作气相色谱固定相，得到了好的分离选择性。

还有一些环糊精衍生物已用于气相色谱手性识别[201-203]，如单 2-、3-或 6-羟基甲基化-β-环糊精[204,205]、全(2-O-乙基-3-O-甲基-6-O-叔丁基二甲基硅)-β-环糊精[206]、全甲基(6^A-缬氨酸)-β-环糊精[207]、离子化的全甲基(6^A-丁基咪唑)-β-环糊精与离子液体混合[208]。也有将环糊精与其他超分子材料混合使用的[209-214]，还有将环糊精与溶胶-凝胶技术结合用于气相色谱的手性分离的[215]。必须指出，一些环糊精衍生物与水蒸气接触很容易降解，同时环糊精中的糖结构也很容易被微量的氧气氧化，在使用环糊精手性分离柱时，所用载气一定要严格脱水和脱氧，保证手性分离柱有较长的使用寿命。

单取代的环糊精衍生物也能用于液相色谱手性固定相的研究，如单[6^A-N-1-(2-羟基)-苯乙基亚氨-6^A-脱氧]-β-环糊精[216]、6^A-苄基脲-β-环糊精[217]。离子化的 6^A-叠氮-6^C-[(3-甲氧基丙基)-1-铵]-七[2,3-二-O-(3-氯-4-甲基苯基氨基甲酸酯)-6^B,6^D,6^E,6^F,6^G-五-O-全(3-氯-4-甲基苯基氨基甲酸酯)-β-环糊精氯化物通过点击反应固载在二氧化硅载体上作为液相色谱的手性固定相[218]。

在毛细管电泳中，环糊精的单官能团衍生的带电异构体被用于手性拆分[219,220]。首先用于识别对映异构体的带电 CD 衍生物是单(6-β-氨基-乙氨基-6-脱氧)-β-CD 拆分丹磺酰化氨基酸[221]，随后带正电荷的 β-CD 衍生物 6^A-甲氨基-6-脱氧-β-CD 和 6^A,6^D-二甲基氨基-二脱氧-β-CD 被分别用于手性 2-羟基酸的分离[222]，接下来还合成并应用了另外几个阳离子 CD 衍生物[223-228]，其中 6-单脱氧-6-单氨基-β-CD 和 6-单脱氧-6-单氨基-七(6-O-甲基)-七(2,3-二-O-甲基)-β-CD 等已有商品。

阴离子的 CD 衍生物有较少的几个代表，如 β-CD-单磷酸钠盐、β-CD-单羧酸钠盐。单或二-羧甲基-β-CD[229]、七(2-O-磺基-3-甲基-6-乙酰基)-β-环糊精[230]已被用于毛细管电泳手性拆分的机理研究。

两性 CD 衍生物用做手性选择性具有一些特性，具有代表性的是单-(6-δ谷酰胺基氨-6-脱氧)-β-CD[231,232]。

还有一些用于毛细管电泳的环糊精衍生物[233-236]，如单 6-O-苯基氨基甲酰基-β-环糊精[237]、2-O-(2-羟基丁醇)- β-CD[238]。2-O-(2-羟基丁醇)- β-CD 的合成(图 11.17)是把 1.5 g 的 NaOH、100 mL 的水和 β-CD 依次加入 250 mL 的烧杯中，搅拌下反应 1.5 h，随后把 4.5 mL 的 1,2-环氧丁烷在 1 h 内滴加进去，溶液在室温下反应 24 h。真空下除去溶剂，用极少量的 DMF 快速溶解，过滤，丙酮柱层析后，真空干燥得 3.2 g 产品。

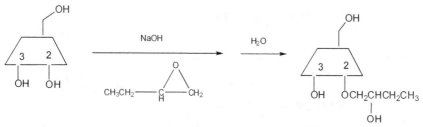

图 11.17 2-O-(2-羟基丁醇)- β-CD 的合成路线图

CD 多聚体也能用于阳离子手性溶质的拆分[239,240]。在制备以聚酰胺为基质的手性整体柱中，以 β-环糊精聚合物作为手性选择剂，将其与功能单体、交联剂、致孔剂、引发剂的混合物引入毛细管进行 5h 的反应。携带负电荷的凝胶手性柱能分离中性或阳离子型手性物质，携正电荷的凝胶手性柱能分离阴离子型手性物质[241-244]。以 2-羟基-丙烯氧丙基取代的 β-环糊精作为手性选择剂，用聚酰胺为基质制备的整体手性柱，对环己烯巴比妥酸对映异构体的分离柱效达到了570000/m[245]。在毛细管电泳中，已有的研究似乎表明，没有引入更多新 CD 衍生物作为手性选择剂的迫切需要。

环糊精衍生物在手性膜科学研究中应用较多。将经乙二胺单取代的环糊精与聚乙烯醇混合制膜，所得膜用环氧氯丙烷交联或者乙酸化后，对色氨酸、苯丙氨酸和酪氨酸的外消旋体进行渗析拆分，其 *e.e.*最大时分别达到 25.4%、20.2%和16.4%[246]。以预制的陶瓷膜为载体，在 *β*-CD 聚合物的溶液中浸泡 6 h，取出后刮去表面多余的胶体，并用甲醇和水冲洗，再干燥 6 h 后制得以 *β*-CD 为手性识别剂的陶瓷膜。该膜对外消旋体具有一定的分离作用，如对药物氯噻酮的分离因子达到了 1.24[247]。环糊精能制备高分子复合膜的手性皮层用于扁桃酸的拆分[248]。环糊精也可先用表氯醇交联，然后与壳聚糖的乙酸溶液以及戊二醛混合，最后将该悬浊液涂渍到一个尼龙 6 的基质膜上，该膜对色氨酸的外消旋体也有好的手性拆分效果[249]。将聚乙烯醇、环糊精以及离子交换树脂混合可以制得手性离子选择膜，该膜在电渗析下能手性拆分对羟基苯甘氨酸的外消旋体[250]。接枝环糊精的聚(*N*-异丙基丙烯酰胺-甲基丙烯酸缩水甘油酯)材料可制备温敏手性膜[251]。还有研究报道将环糊精利用多种二氨基烷烃单取代，然后键合到用高碘酸钠氧化处理的纤维透析膜上，用苯甲酸酐衍生膜上剩下的所有羟基，该膜对于色氨酸显示出手性识别能力[252,253]，膜改性的原理示意如图 11.18。

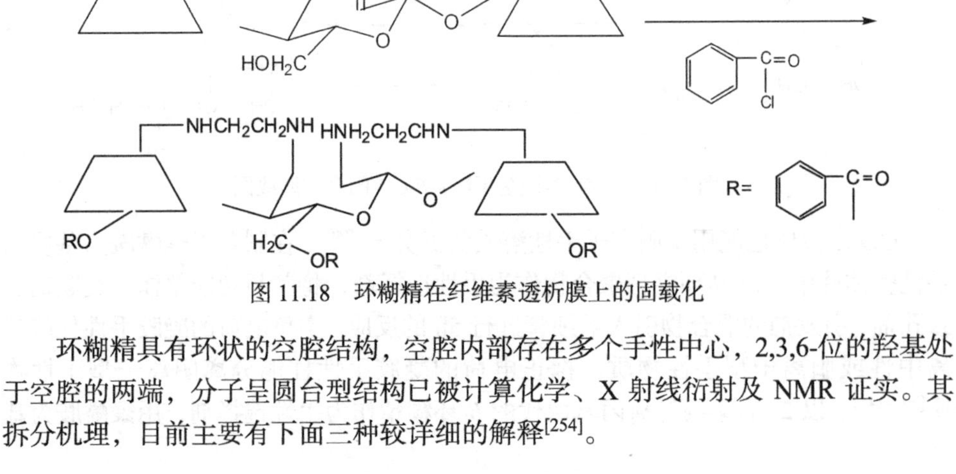

图 11.18　环糊精在纤维素透析膜上的固载化

环糊精具有环状的空腔结构，空腔内部存在多个手性中心，2,3,6-位的羟基处于空腔的两端，分子呈圆台型结构已被计算化学、X 射线衍射及 NMR 证实。其拆分机理，目前主要有下面三种较详细的解释[254]。

包合作用机理：环糊精能与手性分子形成包含物已被 X 射线衍射、NMR、UV 及色谱等多种测试手段所分析。如 Vitamin A 与 β-环糊精、2,6-O-二甲基-β-环糊精形成包合物时表现在 UV 和熔点等物理数据显著不同。杀虫剂对氯苯基苯磺酯与 β-环糊精形成的包合物已被 X 射线衍射所验证，包含的杀虫剂分子个数还经 LC 得到确认。可以预期能进入环糊精空腔和排斥在空腔之外的一对对映异构体可以产生较高的分离因子 α。在气相色谱中，没有溶剂，柱温通常也较高，包合物可能难于形成并稳定存在，因此，包合物效应在气相色谱中的作用可能被削弱。有些实验表明包合作用与环糊精空腔大小并非一定呈正比例关系，包合作用不一定完全在环糊精空腔内发生。如全甲基化的 γ-环糊精的拆分效果不如全甲基化的 α、β-环糊精[255,256]；处于环糊精环上向内倾斜的 3 位取代基小也许对手性识别更有利，然而 2,6-O-二戊基-3-O-甲基-β-环糊精的拆分能力却比 2,6-O-二甲基-3-O-戊基-β-环糊精弱[257]。

缔合作用机理：D. W. Armstrong 等通过对热力学参数的计算证明，环糊精及其衍生物在手性拆分过程形成的包合物不是简单的包合作用，而是包括两种以上的分离机理。其中之一可能是溶质分子与环糊精的顶端和底部相缔合，形成强有力的缔合作用，而不一定进入环糊精的内腔，这种作用力源于偶极-偶极作用、氢键、范德华力等[166,258]。还有实验表明，强的分子作用也未必是手性分离的主要原因，常常一个弱的具有手性的饱和碳氢键可以产生手性辨认。

构象诱导作用机理：A. Venema 等认为，改性后的环糊精固定相降低了熔点、提高了成膜能力，不仅使其在气相色谱中作为固定相成为可能，而且在 2,3,6-位的衍生化基团有利于分子间的相互诱导作用，增强环糊精空腔的柔韧性，使被分离分子的手性中心易于与环糊精的手性部分接近，因而拆分能力增强[259]。K. Kano 等报道了通过 X 射线衍射证明 α-环糊精经全甲基化后，分子的柔韧性增加，能与邻甲基苯甲酸形成稳定的包合物，未经衍生化的 α-环糊精因空腔太小，不能与邻甲基苯甲酸形成包合物。

总之，环糊精及其衍生物的手性识别机理是很复杂的，在分离从非极性的溶质分子到高极性的溶质分子、甚至包括金属配体化合物的对映异构体中，α-、β-、γ-环糊精与溶质分子形状、分子大小以及作用基团之间常常没有必然的逻辑关系，很显然，这是多个作用机理同时存在的结果，在不同的情况下，主要矛盾将发生改变，预期的结果也发生变化。由于全戊基的直链淀粉以及一些寡糖已经成功用于多个对映异构体的分离，可见衍生化环糊精的分子包合作用也并不一定是进行手性分离的必要条件[260-265]。

参 考 文 献

[1] 童林荟. 环糊精化学. 北京: 科学出版社, 2001, 10

[2] Gregorio C G. Chem. Rev., 2014, 114: 10940

[3] 刘育, 尤长城, 张衡益. 超分子化学. 天津: 南开大学出版社, 2001, 166

[4] Han S N. Biomed. Chromatogr., 1997, 11: 259

[5] 李莉, 字敏, 任朝兴, 袁黎明. 化学进展, 2007, 19(2/3): 393

[6] Zhou J, Tang J, Tang W H. Trends Anal. Chem., 2015, 65: 22

[7] Scriba G K E. Trends Anal. Chem., 2019, 120: 115639

[8] Wang S Y, Li L, Xiao Y, Wang Y. Trends Anal. Chem., 2019, 121: 115691

[9] 金恒亮. 手性气相色谱法-环糊精衍生物为固定相. 北京: 化学工业出版社, 2006, 43

[10] Xiao Y, Ng S C, Tan T T Y, Wang Y. J. Chromatogr. A, 2012, 1269: 52

[11] Zhu Q F, Scriba G K E. Chromatographia, 2016, 79: 1403

[12] Saz J M, Marina M L. J. Chromatogr. A, 2016, 1467: 79

[13] Kasprzak A, Poplawska M. Chem. Commun., 2018, 54: 8547

[14] 袁黎明. 色谱, 2016, 34: 44

[15] 谌学先, 袁黎明. 色谱, 2016, 34: 28

[16] Mitchell C R, Armstrong D W//Gübitz G, Schmid M G. Chrial separation: Methods and Protocols. Totowa, NJ: Humana Press, 2005, 61

[17] Sand D M, Schlenk H. Anal. Chem., 1961, 33: 1624

[18] Harada A, Furue M, Nozakura S. J. Polym. Sci., Polym. Chem. Ed., 1978, 16: 189

[19] Hinze W L, Armstrong D W. Anal. Lett., 1980, 13: 1093

[20] Armstrong D W. J. Liq. Chromatogr., 1980, 3: 895

[21] Koscielski T, Sybilska D, Jurczak J. J. Chromatogr., 1983, 261: 357

[22] Koscielski T, Sybilska D, Jurczak J. J. Chromatogr., 1983, 280: 131

[23] Fujimura K, Ueda T, Ando T. Anal. Chem., 1983, 55: 446

[24] Fujimura K, Kitagawa M, Takayanagi H, Ando T. J. Chromatogr., 1985, 350: 371

[25] Tanaka M, Kawaguchi Y, Shono T. J. Chromatogr., 1983, 267: 285

[26] Tanaka M, Kawaguchi Y, Shono T, Uebori M, Kuge Y. J. Chromatogr., 1984, 301: 345

[27] Tanaka M, Okazaki J, Ikeda H, Shono T. J. Chromatogr., 1986, 370: 293

[28] 陈慧, 王琴孙. 色谱, 1999, 17(6): 533

[29] Fujimura K, Kitagawa M, Takayanagi H, Ando T. J. Liq. Chromatogr., 1986, 9: 607

[30] Armstrong D W. US Pat. 4539399 (1985)

[31] Armstrong D W, Demond W. J. Chromatogr. Sci., 1984, 22: 411

[32] 方敏, 周智明, 罗爱芹. 高等学校化学学报, 2005, 26(8): 1443

[33] Wang Y, Young D J, Tan T T Y, Ng S C. J. Chromatogr. A, 2010, 1217: 7878

[34] Zhao B J, Li L, Wang Y T, Zhou Z M. Chin. Chem. Lett., 2019, 30: 643

[35] Li X X, Yao X B, Xiao Y, Wang Y. Anal. Chim. Acta, 2017, 990: 174

[36] 武志花, 赵杰, 李珅, 王勇. 分析化学, 2016, 44: 95

[37] Wang H S, Xie Q W, Jiang A, Peng J T. Chromatographia, 2013, 76: 1577

[38] Sun J Y, Ma S M, Liu B B, Yu J, Guo X J. Talanta, 2019, 204: 817

[39] Macaudiere P, Caude M, Rosset R. J. Chromatogr., 1987, 405: 135

[40] Zhou Z M, Li X, Chen X P, Hao X Y. Anal. Chim. Acta, 2010, 678: 208

[41] Li X, Zhou Z M. Anal. Chim. Acta, 2014, 819: 122

[42] Alak A, Armstrong D W. Anal. Chem., 1986, 58: 582

[43] Hartlieb K J, Holcroft J M, Moghadam P Z, Vermeulen N A, Algaradah M M, Nassar M S, Botros Y Y, Snurr R Q, Stoddart J F. J. Am. Chem. Soc., 2016, 138: 2292

[44] Wu Q, Gao J, Chen L X, Dong S Q, Li H, Qiu H D, Zhao L. J. Chromatogr. A, 2019, 1600: 209

[45] Wang L T, Lv M, Pei D, Wang Y L, Wang Q B, Sun S S, Wang H Y. J. Chromatogr. A, 2019, 1595: 73

[46] Fanali S. J. Chromatogr., 1989, 474: 441

[47] Fanali S. J. Chromatogr. A, 1996, 735: 77

[48] Pharr D Y, Fu Z F, Smith T K, Hinze W L. Anal. Chem., 1989, 61: 275

[49] Sonnendecker C, Thgrmann S, Przybylski C, Zitzmann F D, Heinke N, Krauke Y, Monks K, Robitzki A A, Belder D, Zimmermann W. Angew. Chem. Int. Ed., 2019, 58: 6411

[50] Hu S Q, Zhang M, Li F, Breadmore M C. J. Chromatogr. A, 2019, 1596: 233

[51] Zeng H L, Li H F, Lin J M. Anal. Chim. Acta, 2005, 551: 1

[52] Armstrong D W. J. Liq. Chromatogr., 1984, 7: 353

[53] Ward T J, Armstrong D W. J. Liq. Chromatogr., 1986, 9: 407

[54] Armstrong D W, Ward T J, Armstrong R D, Beesley T E. Science, 1986, 232: 1132

[55] Feitsma K G, Bosman J, Drenth B F H, De-Zeeuw R A. J. Chromatogr., 1985, 333: 59

[56] Fang L L, Wang P, Wen X L, Guo X, Luo L D, Yu J, Guo X J. Talanta, 2017, 167: 158

[57] Liu C W, Lian J Y, Liu Q, Xu C L, Li B X. Anal. Methods, 2016, 8: 5794

[58] Yi Y H, Zhang D P, Ma Y Z, Wu X Y, Zhu G B. Anal. Chem., 2019, 91: 2908

[59] Ates S, Zor E, Akin I, Bingol H, Alpaydin S, Akgemci E G. Anal. Chim. Acta, 2017, 970: 30

[60] Wu D T, Kong Y. Anal. Chem., 2019, 91: 5961

[61] Fanali S. J. Chromatogr., 1989, 474: 441

[62] Fanali S, Camera E. J. Chromatogr. A, 1996, 745: 17

[63] Weseloh G, Bartsch H, Konig W A. J. Microcolumn Sep., 1995, 7: 355

[64] Nardi A, Fanali S, Foret F. Electrophoresis, 1990, 11: 774

[65] Chankvetadze B, Endresz G, Blaschke G. J. Chromatogr. A, 1995, 704: 234

[66] Juvancz Z, Alexander G, Szejtli J. J. HRC, 1987, 10: 105

[67] Alexander G, Juvancz Z, Szejtli J. J. HRC, 1988, 11: 110

[68] Venema A, Tolsma P J A. J. HRC, 1988, 12: 32

[69] Schurig V, Nowotny H P. J. Chromatogr., 1988, 441: 155

[70] Schurig V, Jung M, Schmalzing D, Schleimner M, Duvekot J, Buyten J C, Peene J A, Mussche P. J. HRC, 1990, 13: 713

[71] Schmalzing D, Jung M, Mayer S, Rickert J, Schurig V. J. HRC, 1992, 15: 723

[72] Konig W A, Lutz S, Mischnick-Lubbecke P, Brassat B, Wenz G. J. Chromatogr., 1988, 447: 193

[73] Konig W A, Lutz S, Wenz G. Angew. Chem. Int. Ed., 1988, 27: 979

[74] Konig W A, Krebber R, Wenz G. J. HRC, 1989, 12: 641

[75] Konig W A, Lutz S, Wenz G, Bey E V. J. HRC, 1988, 11: 506

[76] Schurig V, Juza M. J. Chromatogr. A, 1997, 757: 119

[77] Spanik I, Krupcik J, Schurig V. J. Chromatogr. A, 1999, 843: 123

[78] Jung M, Schmalzing D, Schurig V. J. Chromatogr., 1991, 552: 43

[79] Yuan L M. Sep. Purif. Tech., 2008, 63: 701

[80] Schurig V, Schmalzing D, Muhleck U, Jung M, Schleimer M, Mussche P, Duvekot C, Buyten J C. J. HRC, 1990, 13: 713

[81] Fischer P, Aichholz R, Bolz U, Juza M, Krimmer S. Angew. Chem. Int. Ed., 1990, 29: 427

[82] Grosenick H, Schurig V. J. Chromatogr. A, 1997, 761: 181

[83] Schurig V. J. Chromatogr. A, 2001, 906: 275

[84] Cousin H, Trapp O, Peulon-Agasse V, Pannecoucke X, Banspach L, Trapp G, Jiang Z, Combret J C, Schurig V. Eur. J. Org. Chem., 2003, 17: 3273

[85] Schleimer M, Schurig V. J. Chromatogr., 1993, 638: 85

[86] Schurig V, Schmalzing D, Schleimer M. Angew. Chem. Int. Ed., 1991, 30: 987

[87] Jung M, Schurig V. J. Microcolumn Sep., 1993, 5: 11

[88] Ghanem A, Ginatta C, Jiang Z J, Schurig V. Chromatographia, 2003, 57(Suppl): 275

[89] Pfeiffer J, Schurig V. J. Chromatogr. A, 1999, 840: 145

[90] Ruderisch A, Pfeiffer J, Schurig V. J. Chromatogr. A, 2003, 994: 127

[91] Levkin P A, Ruderisch A, Schurig V. Chirality, 2006, 18: 49

[92] Levkin P A, Levkina A, Schurig V. Anal. Chem., 2006, 78: 5143

[93] Schuig V, Juvancz Z, Nicholson G J, Schmalzing D. J. HRC, 1991, 14: 58

[94] Armstrong D W, Tang Y, Ward T, Nichols M. Anal. Chem., 1993, 65: 1114

[95] Zhong Q, He L F, Beesley T E, Trahanovsky W S, Sun P, Wang C L, Armstrong D W. J. Chromatogr. A, 2006, 1115: 19

[96] Fanali S. J. Chromatogr. A, 2000, 875: 89

[97] 孟磊, 李方楼, 袁黎明. 色谱, 2004, 22(2): 124

[98] Koppenhoefer B, Zhu X, Jacob A, Wuerthner S, Lin B. J. Chromatogr. A, 2000, 875: 135

[99] Castelnovo P, Albanesi C. Chirality, 1995, 7: 459

[100] Zhu B L, Xu S Y, Guo X J, Wei L, Yu J, Wang T J. J. Sep. Sci., 2017, 40: 1784

[101] Varesio E, Veuthey J L. J. Chromatogr. A, 1995, 717: 219

[102] Valko I E, Billiet H A H, Frank J, Luyben K C A M. J. Chromatogr. A, 1994, 678: 139

[103] 傅小芸, 孙翠荣, 吕建德, 陈耀祖. 高等学校化学学报, 1997, 18: 1957

[104] Lv L Q, Lv H W, Qiu X J, Yan J Z, Tong S Q. J. Chromatogr. A, 2018, 1570: 99

[105] Sun W Y, Wang C Y, Jin Y, Wang X, Zhao S S, Luo M, Yan J Z, Tong S Q. J. Sep. Sci., 2019, 42: 2734

[106] Xu W F, Cheng Q, Zhang P L, Zeng L L, Tang K W. Sep. Purif. Tech., 2018, 197: 129

[107] Salama N N, Zaazaa H E, Halim L M A E, Salem M Y, Fattah L E A E. J. Planar Chromatogr., 2014, 27: 166

[108] Desiderio C, Fanali S. J. Chromatogr. A, 1995, 716: 183

[109] Lai S Z, Tang S T, Xie J Q, Cai C Q, Chen X M, Chen C Y. J. Chromatogr. A, 2017, 1490: 63

[110] Tait R J, Thompson D O, Stella V J, Stobaugh J F. Anal. Chem., 1994, 66: 4013

[111] Desiderio C, Polcaro C M, Fanali S. Electrophoresis, 1997, 18: 227

[112] Fillet M, Bechet I, Schomburg G, Hubert P, Crommen J. J. HRC, 1996, 19: 669

[113] 宋爱晶, 王建华, 刘春冬, 邓林红. 科学通报, 2009, 54: 1362

[114] Luna E A, Veide D G V, Tait R J, Thompson D O, Rajewski R A, Stella V J. Carbohydr. Res., 1997, 299: 111

[115] Fang L L, Du Y Y, Hu X Y, Luo L D, Guo X, Guo X J, Yu J. Biomed. Chromatogr., 2017, 31: e3991

[116] 严志宏, 艾萍, 袁黎明, 周岩, 蔡瑛. 化学通报, 2006, 69: w033

[117] 袁黎明, 傅若农, 张天佑. 药物分析杂志, 1998, 18(1): 60

[118] Yuan L M, Liu J C, Yan Z H, Ai P, Meng X, Xu Z G. J. Liq. Chromatogr. Relat. Tech., 2005, 28: 3057

[119] Bates P S, Kateky R, Parker D. J. Chem. Soc., Chem. Commun., 1992, 153

[120] Kateky R, Bates P S, Parker D. Analyst, 1992, 117: 1313

[121] Bakker E, Bühlmann P, Pretsch E. Chem. Rev., 1997, 97: 3083

[122] Bühlmann P, Pretsch E, Bakker E. Chem. Rev., 1998, 98: 1593

[123] Shi X Y, Liang P, Song D L, Gao X W. Chromatographia, 2014, 77: 517

[124] Breinholt J, Lehmann S V, Varming A R. Chirallity, 1999, 11: 768

[125] Nowak P, Garnysz M, Wozniakiewicz M, Koscielniak P. J. Sep. Sci., 2014, 37: 2625

[126] Armstrong D W, Menges R, Wainer I W. J. Liq. Chromatogr., 1990, 18: 3571

[127] 阮宗琴, 尤进茂, 李菊白, 欧庆瑜. 色谱, 2000, 18 (2): 183

[128] Nishi H. J. HRC, 1995, 18: 659

[129] Juvancz Z, Jicsinszky L, Markides K E. J. Microcol. Sep., 1997, 9: 581

[130] Muderawan I W, Ong T T, Ng S C. J. Sep. Sci., 2006, 29: 1849

[131] Melton L D, Slessor K N. Carbohydr. Res., 1971, 18: 29

[132] Petter R C, Salek J S, Sikorski C T, Kumaravel G, Lin F T. J. Am. Chem. Soc., 1990, 112: 3860

[133] Armstrong D W, Stalcup A M, Hilton M L , Duncan J D, Faulkner J R J, Chang S C. Anal. Chem., 1990, 62: 1610

[134] Armstrong D W, Chang C D, Lee S H. J. Chromatogr., 1991, 539: 83

[135] Li S, Purdy W C. J. Chromatogr., 1992, 625: 109

[136] Hargitai T, Kaida Y, Okamoto Y. J. Chromatogr., 1993, 628: 11

[137] Lai X H, Ng S C. J. Chromatogr. A, 2004, 1031: 135

[138] 许志刚, 艾 萍, 袁黎明, 字敏, 周岩, 韩熠, 高天荣. 分析化学, 2006, 34(1): 77

[139] 周爱玲, 王秀玲, 黄君珉, 王新省, 高如瑜. 高等学校化学学报, 2003, 24(9): 1610

[140] Melton D, Slessor K N. Carbohydr. Res., 1971, 18: 29

[141] Takahashi K, Hatorri K, Toda F. Tetrahedron Lett., 1984, 25: 3331

[142] Parrot-Lopez H, Galons H, Coleman A W , Mahuteau H, Miocque M. Tetrahedron Lett., 1992, 33: 209

[143] Zhang L F, Chen L, Lee T C, Ng S C. Tetrahedron: Asymmetry, 1999, 10(21): 4107

[144] Zhang L F, Wong Y C, Chen L, Ching C B, Ng S C. Tetrahedron Lett., 1999, 40: 1815

[145] Ng S C, Chen L, Zhang L F, Ching C B. Tetrahedron Lett., 2002, 43: 677

[146] Lin C, Fan J, Liu W N, Chen X D, Ruan L J, Zhang W G. Electrophoresis, 2018, 39: 348

[147] Zhang Z B, Wu M H, Wu R A, Dong J, Ou J J, Zou H F. Anal. Chem., 2011, 83: 3616

[148] Wang R Q, Ong T T, Tang W H, Ng S C. Anal. Chim. Acta, 2012, 718: 121

[149] Tang J, Pang L M, Zhou J, Zhang S P, Tang W H. Anal. Chim. Acta, 2016, 946: 96

[150] Yao X B, Zheng H, Zhang Y, Ma X F, Xiao Y, Wang Y. Anal. Chem., 2016, 88: 4955

[151] Li X X, Jin X, Yao X B, Ma X F, Wang Y. J. Chromatogr. A, 2016, 1467: 279

[152] 艾萍, 韩丽娜, 字敏, 孟磊, 字富庭, 袁黎明. 分析化学, 2006, 34(10): 1459

[153] 周仁丹, 李来生, 程彪平, 聂桂珍, 张宏福. 化学学报, 2014, 72: 720

[154] Snyder L R, Kirkland J J, Glajch J L. Practical HPLC Methods Development. New York: John Wiley & Sons. Inc., 1997

[155] Gong Y, Lee H K. J. Sep. Sci., 2003, 26: 515

[156] Nakamura K, Fuiima H, Kitagawa H,Wada H, Makino K. J. Chromatogr. A, 1995, 694: 111

[157] 黄君珉, 陈慧, 高如瑜, 王琴孙. 高等学校化学学报. 2001, 22(11): 1838

[158] Armstrong D W, Demond W, Alak A, Hinze W L, Riehl T E, Bui K. Anal. Chem., 1985, 57: 234

[159] Chang C A, Wu Q, Tan L. J. Chromatogr., 1986, 361: 199

[160] Chang C A, Wu Q, Armstrong D W. J. Chromatogr., 1986, 354: 454

[161] Croft A P, Bartsch R A. Tetrahedron, 1983, 39: 1417

[162] Beck T, Lipe J M, Nandzik J, Rohn S, Mosand A. J. HRC, 2000, 23 (10): 569

[163] Khan A R, Forgo P, Stine K J, D'Souza V T. Chem. Rev., 1998, 98: 1977

[164] Li W Y, Jin H L, Armstrong D W. J. Chromatogr., 1990, 509: 303

[165] Konig W A, Krebber R, Mischnik P. J. HRC, 1989, 12: 732

[166] Armstrong D W, Li W Y. Ptha J. Anal. Chem., 1990, 62: 201

[167] Berthod A, Li W, Armstrong D W. Anal. Chem., 1992, 64: 873

[168] Armstrong D W, Li W, Chang C D. Ptha J. Anal. Chem., 1990, 62: 914

[169] Huang K, Armstrong D W, Forro E, Fulop F, Peter A. Chromatographia, 2009, 69: 331

[170] 史雪岩, 郭红超, 王敏, 金文戈, 周景梅. 色谱, 2002, 20(1): 34

[171] Shen G Y, Cui J, Yang X L, Ling Y. J. Sep. Sci., 2009, 32: 79

[172] Fanali S. J. Chromatogr. A, 2000, 875: 89

[173] Koppenhoefer B, Zhu X, Jacob A, Wuerthner S, Lin B. J. Chromatogr. A, 2000, 875: 135

[174] Jin H, Li F, Gu J L, Fu R N. Chin. Chem. Lett., 1996, 7: 1103

[175] 戴荣继, 张妹, 李方, 靳慧, 顾峻岭, 傅若农. 化学学报, 1998, 56: 594

[176] 邓爱华, 陈小明, 杨拥平. 分析化学, 2002, 30(11): 1325

[177] Skitangkoon A, Vigh G. J. Chromatogr., 1996, 738: 31

[178] Kim B E, Lee K P, Park K S, Lee S H, Park J H. J. HRC, 1997, 28: 437

[179] Kim B E, Lee K P, Park K S, Lee S H, Park J H. Chromatograohia, 1997, 46: 145

[180] Blum W, Aichholz R. J. HRC, 1990, 13: 515

[181] Dietrich A, Mass B, Karl V, Kreis P, Lehmann D, Weber B, Mosandl A. J. HRC, 1992, 15: 176

[182] Dietrich A, Mass B, Messer W, Bruche G, Karl V, Kaunziger A, Mosandl A. J. HRC, 1992, 15: 590

[183] Shi X Y, Liang P, Song D L, Gao X W. Chromatographia, 2010, 71: 539

[184] Shi X Y, Guo H C, Wang M, Jiang S R. Chromatographia, 2002, 55: 755

[185] Shi X Y, Guo H C, Wang M, Jiang S R. Chromatographia, 2002, 56: 207

[186] Chen G D, Shi X Y. Anal. Chim. Acta, 2003, 498: 39

[187] Miranda L, Sanchez F, Sanz J, Jimenez M I, Martinez-Castro I. J. HRC, 1998, 21: 225

[188] Jullien L, Canceill J, Lacombe L L, Lehn J M. J. Chem. Soc., Perkin Trans., 1994, 989

[189] Ng S C, Ong T T, Fu P, Ching C B. J. Chromatogr. A, 2002, 968(1-2): 31

[190] Chen L, Zhang L F, Ching C B, Ng S C. J. Chromatogr. A, 2002, 950 (1-2): 65

[191] Gogolashvili A, Tatunashvili E, Chankvetadze L, Sohajda T, Szeman J, Gumustas M, Ozkan S A, Salgado A, Chankvetadze B. J. Chromatogr. A, 2018, 1571: 231

[192] Vincent J B, Sokolowski A D, Nguyen T V, Vigh G. Anal. Chem., 1997, 69: 4226

[193] Yao Y Q, Song P L, Wen X L, Deng M D, Wang J, Guo X J. J. Sep. Sci., 2017, 40: 2999

[194] Vincent J B, Kirby D M, Nguyen T V, Vigh G. Anal. Chem., 1997, 69: 4419

[195] Cai H, Nguyen T V, Vigh G. Anal. Chem., 1998, 70: 580

[196] Zhu W, Vigh G. J. Microcolumn Sep., 2000, 12: 167

[197] Fejős I, Varga E, Benkovics G, Malanga M, Sohajda T, Szemán J, Béni S. Electrophoresis, 2017, 38: 1869

[198] Malanga M, Fejős I, Varga E, Benkovics G, Darcsi A, Szemán J, Béni S. J. Chromatogr. A, 2017, 1514: 127

[199] Pragadheesh V S, Yadav A, Chanotiya C S. J. Chromatogr. B, 2015, 1002: 30

[200] Junge M, König W A. J. Sep. Sci., 2003, 26: 1607

[201] Tisse S, Peulon-Agasse V, Cardinael P, Bouillon J P, Combret J C. Anal. Chim. Acta, 2006, 560 : 207

[202] Ghanem A. Talanta, 2005, 66: 1234

[203] Takahisa E, Engel K H. J. Chromatogr. A, 2005, 1076: 148

[204] Cousin H, Peulon-Agasse V, Combret J C, Cardinael P. Chromatographia, 2009, 69: 911

[205] Cousin H, Agasse V P, Combret J C, Cardinael P. Chromatographia, 2009, 69: 911

[206] Bicchi C, Cagliero C, Liberto E, Sgorbini B, Martina K, Cravotto G, Rubiolo P. J. Chromatogr. A, 2010, 1217: 1106

[207] Stephany O, Tisse S, Coadou G, Bouillon J P, Peulon-Agasse V, Cardinael P. J. Chromatogr. A, 2012, 1270: 254

[208] Huang K, Zhang X T, Armstrong D W. J. Chromatogr. A, 2010, 1217: 5261

[209] Yuan L M. Synergistic Effects of Mixed Stationary Phase. in Cazes J. Encyclopedia of Chromatography. Marcel Dekker, Inc. 2003

[210] 袁黎明. 北京理工大学博士论文, 1997

[211] Yuan L M, Fu R N, Gui S H, Xie X T, Dai R J, Chen X X, Xu Q H. Chromatographia, 1997, 46(5/6): 291

[212] Yuan L M, Ai P, Zi M, Fu R N, Gui S H, Chen X X, Dai R J. J. Chromatogr. Sci., 1999, 37: 395

[213] Levkin P A, Ruderisch A, Schurig V. Chirality, 2006, 18: 49

[214] Qi S H, Ai P, Wang C Y, Yuan L M, Zhang G Y. Sep. Purif. Tech., 2006, 48: 310

[215] 王东新, Abdul M. 分析化学, 2005, 33: 1095

[216] Chen X P, Zhou Z M, Yuan H, Meng Z H. J. Chromatogr. Sci., 2008, 46: 777

[217] Li L,Wang H, Jin Y J, Shuang Y Z, Li L S. Anal. Bioanal. Chem., 2019, 411: 5465

[218] Zhou J, Yang B, Tang J, Tang W H. J. Chromatogr. A, 2016, 1467: 169

[219] Cucinotta V, Contino A, Giuffrida A, Maccarrone G, Messina M. J. Chromatogr. A, 2010, 1217: 953

[220] Zhou J, Ai F, Zhou B J, Tang J, Ng S C, Tang W H. Anal. Chim. Acta, 2013, 800: 95

[221] Terable S. Trends Anal. Chem., 1989, 8: 129

[222] Nardi A, Eliseev A, Bocek P, Fanali S. J. Chromatogr., 1993, 628: 247

[223] Lelievre F, Gareil P, Bahadd Y, Galons H. Anal. Chem., 1997, 69: 393

[224] O'Keeffe F, Shamsi S A, Darcy R, Schwinte P, Warner I M. Anal. Chem., 1997, 69: 4773

[225] Hynes J L, Shamsi S A, O'Keeffe F, Darcy R, Warner I M. J. Chromatogr. A, 1998, 803: 261

[226] Galaverna G, Corradini R, Dossena A, Marcelli R, Vecchio G. Electrophoresis, 1997, 18: 905

[227] Galaverna G, Corradini R, Dossena A, Marcelli R. Electrophoresis, 1999, 20: 2619

[228] Tang J, Lu Y Y, Wang Y Y, Zhou J, Tang W H. Talanta, 2014, 128: 460

[229] Chankvetadze B, Schulte G, Bergenthal G, Blaschke G. J. Chromatogr. A, 1998, 798: 315

[230] Tutu E, Vigh G. Electrophoresis, 2011, 32: 2655

[231] Lelievre F, Gueit C, Gareil P, Bahaddi Y, Galons H. Electrophoresis, 1997, 18: 891

[232] Tanaka Y, Terable S. J. Chromatogr. A, 1997, 781: 151

[233] Fanali S. J. Chromatogr. A, 2000, 875: 89

[234] Schmitt U, Branch S K, Holzgrabe U. J. Sep. Sci., 2002, 25: 959

[235] Scriba G K E. J. Sep. Sci., 2008, 31: 1991

[236] Gubitz G, Schmid M G. J. Chromatogr. A, 2008, 1204: 140

[237] 主沉浮, 林秀丽, 魏云鹤, 林秀玲. 分析化学, 2003, 31(4): 390

[238] Lin X L, Zhu C F, Hao A Y. Electrophoresis, 2005, 26(20): 3890

[239] Crini G, Morcellet M. J. Sep. Sci., 2002, 25: 789

[240] Chiari M, Desparti V, Gretich M, Crini G, Janus L, Morcellet M. Electrophoresis, 1999, 20: 2614

[241] Koide T, Ueno K. Anal. Sci., 1998, 14: 1021

[242] Koide T, Ueno K. Anal. Sci., 1999, 15: 791

[243] Koide T, Ueno K. Anal. Sci., 2000, 16: 1065

[244] Koide T, Ueno K. J. Chromatogr. A, 2000, 893: 177

[245] Vegari A, Fldesi A, Hetenyi C, Kocnegarova O, Schmid M G, Krudirkaite V, Hjerten S. Electrophoresis, 2000, 21: 3116

[246] 龙远德, 黄天宝. 高等学校化学学报, 1999, 6(20): 884

[247] Krieg H M , Breytenbach J C , Keizer K. J. Membr. Sci., 2000 , 164: 177

[248] Tian F Y, Zhang J H, Duan A H, Wang B J, Yuan L M. J. Membr. Sep. Tech., 2012, 1: 72

[249] Wang H D, Chu L Y, Song H, Yang J P, Xie R, Yang M. J. Membr. Sci., 2007, 297: 262

[250] Wang J, Fu C J, Lin T, Yu L X, Zhu S L. J. Membr. Sci., 2006, 276: 193

[251] Yang M, Chu L Y, Wang H D, Xie R, Song H, Niu C H. Adv. Funct. Mater., 2008, 18: 652

[252] Zhou Z Z, Xiao Y C, Hatton T A, Chung T S. J. Membr. Sci., 2009, 339: 21

[253] Xiao Y C, Chung T S. J. Membr. Sci., 2007, 290: 78

[254] 凌云. 北京理工大学博士论文, 1997

[255] Shitangkoon A, Vigh G. J. Chromatogr. A, 1996, 738: 31

[256] Dougherty W. Tetrahedron Lett., 1990, 30: 4389

[257] Bicchi C, Artuffo G D, Amato A, Pellegrino G. J. HRC, 1991, 14: 701

[258] Berthod A, Li W, Armstrong D W. Anal. Chem., 1992, 64: 873

[259] Venema A , Henderiks H, Geets R V. J. HRC, 1991, 14: 676

[260] Schurig V , Nowotny H P, Schleimer M, Schmalzing D. J. HRC, 1989, 12: 549

[261] Sicoli G, Pertici F, Jiang Z, Jicsinszky L, Schurig V. Chirality, 2007, 19: 391

[262] Sicoli G, Jiang Z, Jicsinsky L, Schurig V. Angew. Chem. Int. Ed., 2005, 44: 4092

[263] 周玲玲, 孙文卓, 王剑瑜, 袁黎明. 化学学报, 2008, 66: 2309

[264] Wang J Y, Zhao F, Zhang M, Peng Y, Yuan L M. Chinese Chemical Letters, 2008, 19: 1248

[265] Sun W Z, Yuan L M. J. Liq. Chromatogr. Relat. Tech., 2009, 32: 553

第 12 章　冠醚、杯芳烃和环果糖

12.1　手性冠醚

冠醚是具有空腔的大环聚醚，这类化合物呈现王冠状结构，环的外沿是亲脂性的乙撑基，环的内沿是富电子的杂原子，如 O、S、N 等。冠醚是第一代超分子化合物。所谓超分子，Lehn 定义为："超分子化学是超出单个分子以外的化学，它是有关超分子体系结构与功能的学科。超分子体系是由两个或两个以上的分子通过分子间超分子作用连接起来的实体"。

1967 年 Pederson 发现冠醚[1]，其具有良好的分子识别性能[2]。18-冠-6-醚用联萘基衍生可用于高效液相色谱分离手性化合物[3]，光活性冠醚也能用于光谱[4]及核磁等[5]的手性识别[6]。但很多冠醚没有手性，要在其分子中引入手性中心后才能作为手性识别剂。根据插入到冠醚中的手性单元，可以将手性冠醚大致分为三类[7-9]：① 插入联萘单体的手性冠醚；② 以酒石酸为基体的手性冠醚；③ 插入糖分子的手性冠醚。这三种手性冠醚，皆可应用于识别包含有伯氨基的对映体等。

第一种类型是手性冠醚上引入一个 1,1′-联萘单体[10,11]，例如二(1,1′-联萘)-22-冠-6 化合物固定到硅胶或聚苯乙烯上，这是由 Cram 提出的。在 20 世纪 70 年代末 Cram 首次用其做手性识别材料，并用来拆分外消旋 α-氨基酸对映体及其衍生物[12,13]。1987 年和 1992 年，Shinbo 工作组曾有报道：将(3,3′-二苯基-1,1′-二萘基)-20-冠-6 或(6,6′-二辛基-3,3′-二苯基-1,1′-二萘基)-20-冠-6 涂渍到十八烷基硅胶上，得到两种手性材料(图 12.1)，它们能较好地用于液相色谱法拆分外消旋 α-氨基酸及其

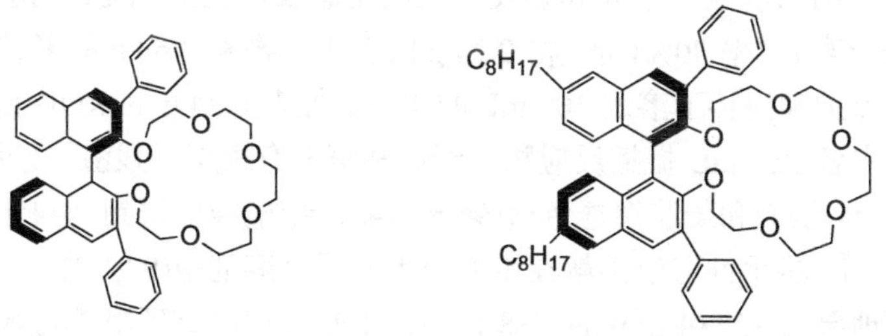

(a)　　　　　　　　　　　　　(b)

图 12.1　(3,3′-二苯基-1,1′-二萘基)-20-冠-6(a)和(6,6′-二辛基-3,3′-二苯基-1,1′-二萘基)-20-冠-6(b)

包括伯氨基在内的手性化合物[14-16]。但是，前一种材料有一些缺点，在使用含有15%甲醇的流动相时，手性冠醚脱掉和由于手性固定相的动力学特性导致的手性固定相性能减弱。在后一种手性材料中，连接到手性冠醚上的两个二辛基能够提高固定相的十八烷基与手性选择体之间的亲脂性，但是其不能使用含有高于40%的甲醇的流动相。

图12.2是(6,6′-二辛基-3,3′-二苯基-1,1′-二萘基)-20-冠-6的合成路线，具体的实验操作为[15]：① 让碘甲烷与(R)-2,2′-二羟基-1,1′-二萘反应，在−75 ℃氮气保护下将4 mL的Br$_2$在20 min搅拌加入(R)-2,2′-二甲氧基-1,1′-二萘(10g)的100 mL二氯甲烷溶液中，反应2.5 h后逐渐升温到25 ℃。30 min后加入300 mL的10%的亚硫酸钠分解未反应的溴，析出的饼状物以及蒸发掉二氯甲烷后剩下的残渣合并，硅胶色谱纯化(洗脱剂为苯-环己烷)得14 g产物，产率93%。② 在氮气保护下将10 g上步产物和1.25 g的Ni[(C$_6$H$_5$)$_2$P(CH$_2$)$_3$P(C$_6$H$_5$)$_2$]Cl$_2$溶解在150 mL的乙醚中，逐滴加入C$_8$H$_{17}$MgBr(63 mmol)的100 mL乙醚，回流20 h加入1 mol/L的HCl和二氯甲烷各800 mL振摇，洗涤、干燥及蒸发有机相，残渣用硅胶柱色谱纯化(冲洗剂为石油醚-乙醚)得8.1 g产物，产率72%。③ 在氮气保护下将1.6 mol/L的C$_4$H$_9$Li的正己烷(32 mL)加入到四甲基二乙胺(5.2 g)的400 mL乙醚中，25 ℃搅拌15 min加入6.8 g的②步产物搅拌3 h。将反应物冷却到-75 ℃，在10 min内加入Br$_2$(10 mL)的戊烷(30 mL)溶液，将反应物升温到25 ℃搅拌1 h，然后加入300 mL的亚硫酸钠饱和溶液再搅拌4 h。混合物用二氯甲烷萃取，有机层被干燥和蒸发，残渣用硅胶柱纯化(洗脱剂为环己烷-苯)得4.8 g产物，产率55%。④ 含有PhMgBr(20 mmol)的30 mL乙醚在氮气保护和搅拌下加入溶有③步产物(4.4 g)和Ni[P(C$_6$H$_5$)]$_2$Cl$_2$(0.5 g)的50 mL乙醚中，回流20 h后冷到室温，加入1 mol/L的HCl和二氯甲烷各500 mL。有机层干燥、蒸发，残渣用硅胶柱纯化(洗脱剂为环己烷-苯)得1.66 g产物，产率为38%。⑤ 在0 ℃将7.5 g的BBr$_3$加入到④步产物(1.5 g)的二氯甲烷(150 mL)中，在25 ℃搅拌24 h，冷到0 ℃，过量的BBr$_3$加入水分解，有机层用水洗涤、干燥和蒸发，残渣用硅胶柱色谱纯化(洗脱剂为环己烷-苯)得1.55 g产物(产率80%)。⑥ 将0.74 g的⑤步产物和0.68 g的多甘醇对甲苯磺酸酯在氮气保护和搅拌下溶入100 mL的THF，加入0.24 g的KOH回流72 h。用二氯甲烷和水各250 mL振摇反应物，干燥和蒸发有机层，残渣用硅胶柱色谱(洗脱剂为石油醚-乙醚)和凝胶渗透色谱(聚苯乙烯，氯仿)纯化得到0.44 g的手性冠醚(产率46%)。⑦ 将手性冠醚溶解在甲醇与水的混合溶剂中(97：3)，通过恒流泵将该溶液循环地泵入125×4 mm的C18柱中，不断添加水直到甲醇与水的比例达到70：30。冠醚的固载量通过溶液的UV吸收减少检测，冠醚的涂渍量控制在79～173 mg。因过高的涂渍量虽然可以增大分离因子，但会降低分离柱的理论塔板数。

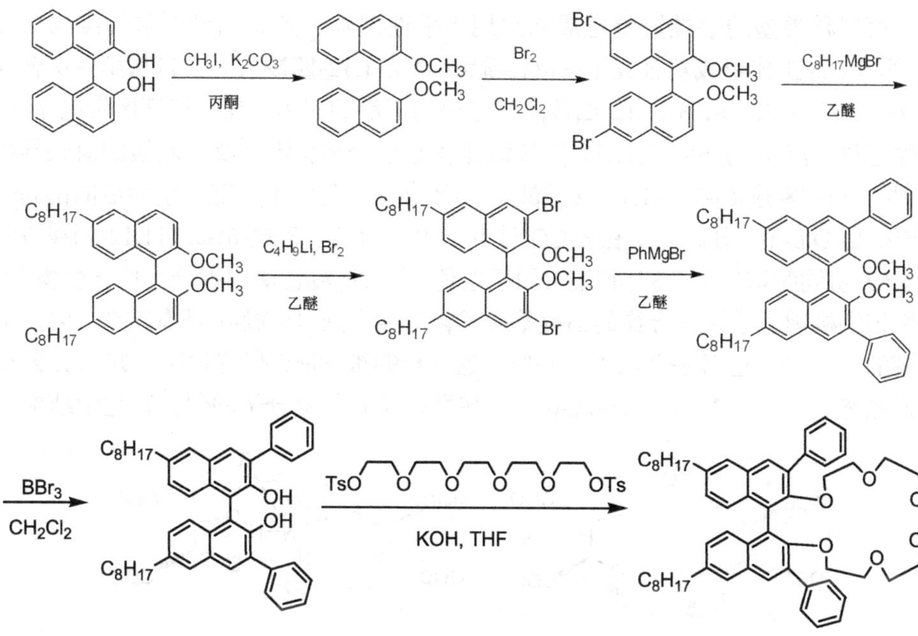

图 12.2　(6,6′-二辛基-3,3′-二苯基-1,1′-二萘基)-20-冠-6 的合成路线

　　(3,3′-二溴基-1,1′-二萘基)-20-冠-6 是笔者实验室新研制的一根手性分离柱[17]，将该手性冠醚溶解于 DCM 中，涂敷于 5 μm 的 C_{18} 硅胶上。取该手性冠醚的硅胶固定相与甲醇∶水(1∶9，体积比)溶液搅拌成匀浆液，用相同体积比的甲醇∶水溶液做流动相顶替液，于 40 MPa 压力下装填手性色谱柱。使用该柱对同样的 19 对氨基酸的外消旋体样品进行拆分，拆分效果优于商品 CROWNPAK CR(+)柱。该类冠醚还能用于液膜中拆分苯甘氨酸[18]。

　　(3,3′-二苯基-1,1′-二萘基)-20-冠-6 已经以共价键连接到硅胶基质上(图 12.3)[19]，并应用到各种 α-氨基酸、胺、氨基醇和相关的伯氨化合物的拆分中[20-23]。由于该手性识别体以共价键连接到硅胶上，所以其对流动相没有任何限制条件[24]。在含联萘的手性冠醚环中插入生色基团后，还能用于伯胺醇和伯胺的可见分光光度手性识别[25]。

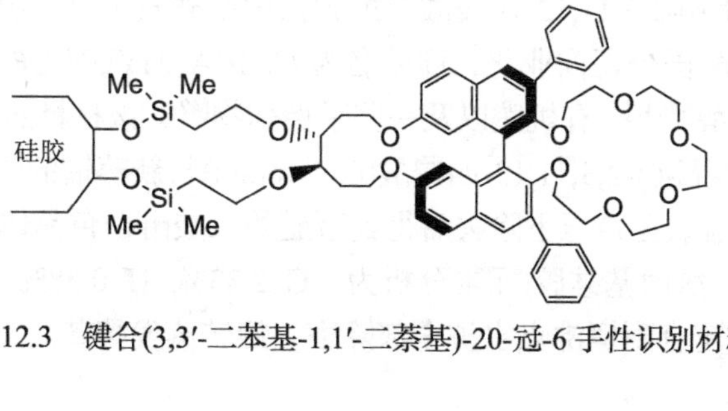

图 12.3　键合(3,3′-二苯基-1,1′-二萘基)-20-冠-6 手性识别材料

第二种类型的手性冠醚也成功地用于手性识别，其是以酒石酸为结构单元的[26]。Lehn 工作组成功合成了(+)-(18-冠-6)-2,3,11,12-四羧酸[27]。自从第一次合成以来，(+)-(18-冠-6)-2,3,11,12-四羧酸已经得到广泛的应用。在毛细管区带电泳中，手性冠醚(+)-(18-冠-6)-2,3,11,12-四羧酸能较好地分离胺[28,29]及氨基酸的对映异构体[30]。(+)-(18-冠-6)-2,3,11,12-四羧酸与 α-环糊精一起使用，能产生明显的协同效应[31]，如 D,L-Try 分离因子在 α-CD 时为 1.29，在(+)-(18-冠-6)-2,3,11,12-四羧酸时为 5.67，协同时增加到 7.37。其还可用于电色谱[32]、逆流色谱中拆分手性化合物[33]。手性识别机理为手性化合物的伯氨基质子化后插入到 18-冠-6 环有三个 N-H···O 氢键的空穴[34]，这对手性识别很必要，这一机制被 NMR 研究证明，并用 X 射线衍射晶态研究。图 12.4 是 18-冠-6-醚四羧酸以及其与氨分子的包合物化学结构。

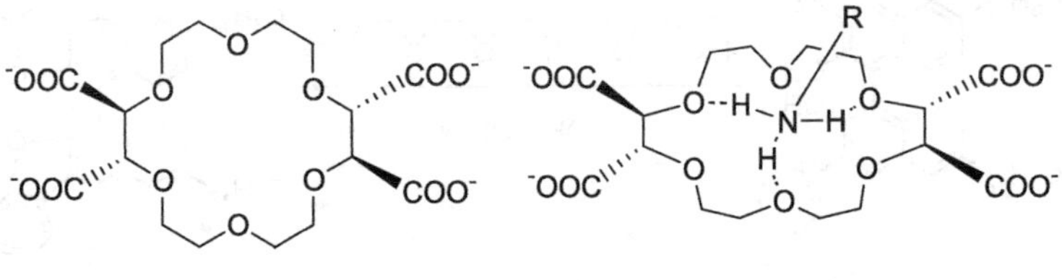

图 12.4　18-冠-6-醚四羧酸以及其与氨分子的包合物化学结构

(+)-18-冠-6-2,3,11,12-四乙酸在毛细管手性电泳中应用较早，但在液相色谱固定相的应用报道在 1998 年才有[35,36]，其在 EEDQ(2-乙氧基-1-月桂酸乙氧基乙酯-1,2-二氢化奎宁)的参与下，连接(+)-(18-冠-6)-2,3,11,12-四羧酸和氨丙基硅胶，图 12.5 是它的可能结构示意图。

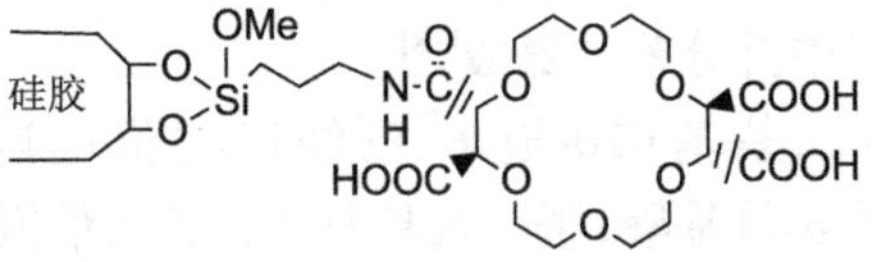

图 12.5　氨丙基硅胶键合的(+)-(18-冠-6)-2,3,11,12-四羧酸

结构明确的(+)-18-冠-6-2,3,11,12-四乙酸手性固定相的制备是在三乙胺参与下连接(+)-(18-冠-6)-2,3,11,12-四羧酸二酐到氨丙基硅胶上[37]，其结构是二酰胺的形式[38,39]，已由韩国公司商业化，商品名为 CHIRALHYUN-CR-1(图 12.6)。它可以分离多种氨基醇[40,41]、有机胺以及一些手性药物[42]。该材料的合成为[37]：① 将 300 mg 的(+)-(18-冠-6)-2,3,11,12-四羧酸(0.68 mmol)与新蒸馏的 30 mL 乙酰氯回流 24 h，过量的乙酰氯在减压下除去后得到冠醚的二酸酐白色晶体(275 mg, 100%产率)；② 将 2.5 g 氨丙基硅胶(元素分析为：C 2.33%, H 0.58%, N 0.44%)悬浮在 50 mL 的苯中回流直到恒沸点水被全部除去，旋转蒸发掉苯后，置于无水 20 mL

二氯甲烷中，加入 0.24 mL 三乙胺(1.72 mmol)。在 0 ℃氩气保护和搅拌下加入①步产物(275 mg, 0.68 mmol)的 5 mL 二氯甲烷溶液，在 0 ℃反应 2 h，室温下反应 2天。所得硅胶连续地用甲醇、水、1 mol/L 的 HCl、水、甲醇、二氯甲烷、正己烷洗涤，在高真空下干燥而得产品。元素分析为：C 4.74%, H 0.77%, N 0.35%。计算的冠醚固载量为 0.15 mmol/g。利用甲醇为匀浆液将该材料装入 HPLC 空柱中得到手性识别柱。

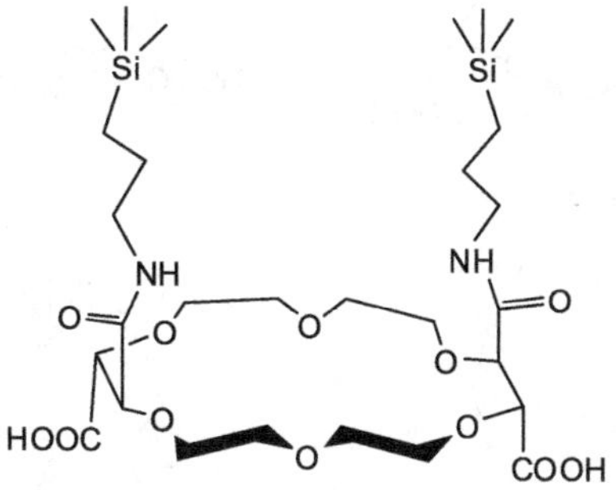

图 12.6 CHIRALHYUN-CR-1 的结构式

为了改进图 12.6 中材料的选择性,图 12.7(a)的液相色谱手性固定相被合成[43],该固定相将原键合臂上的酰胺氢原子用甲基取代，消除该氢原子可能与冠醚环上氧所形成的氢键，以增加该固定相与胺对映体作用的能力。该固定相除与图 12.6固定相的选择性具有互补性外，在整体上还优于图 12.6 固定相。为了消除图 12.6固定相中键合臂较短可能造成的选择性的影响，图 12.7(b)固定相被合成[44],使图12.6 固定相的选择性得到进一步的改善。另外，在图 12.6 固定相的硅胶基质上还有较多的没有与冠醚环键合的氨丙基基团，为了消除其在手性分离中的影响，图12.7(c)固定相也被合成，该固定相消除了硅胶基质上多余的氨丙基，使图 12.6 固定相的手性识别能力再次得到提升[45]。为了能够使该类固定相具有较好的抗酸性流动相的能力，三个新的固定相图 12.7(d)[46]、图 12.7(e)[47]、图 12.7(f)[48]分别被合成，使该类固定相在酸性环境中的稳定性得到提高。在键合臂中由硫酯键取代酰胺键得到图 12.7(g)材料，其在识别氨基酸方面也显现出了好的手性分离能力[49,50]。

大多数 α-氨基酸及其衍生物(除了脯氨酸外，因为脯氨酸不含伯氨基)、伯氨及伯氨基醇能够用这些手性识别材料拆分，尽管各种材料之间的拆分程度有轻微差别。包含伯氨基的外消旋体药物的拆分也可以用冠醚识别材料。但是，冠醚手性材料对 β-氨基酸的识别并不普遍,研究涉及图 12.1 及图 12.6 中的固定相对一定数量的 β-氨基酸进行拆分[51]。

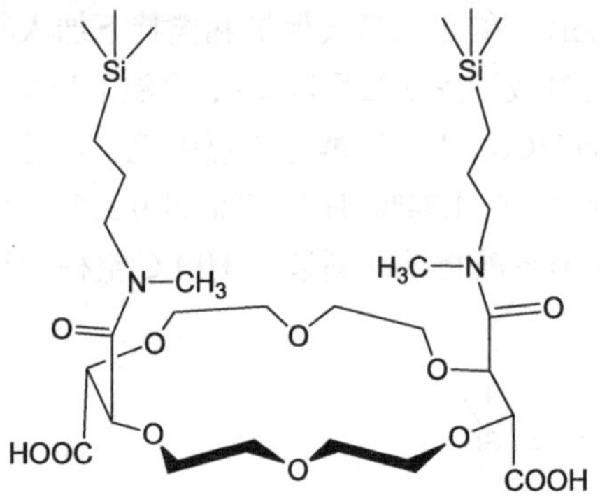

(a)

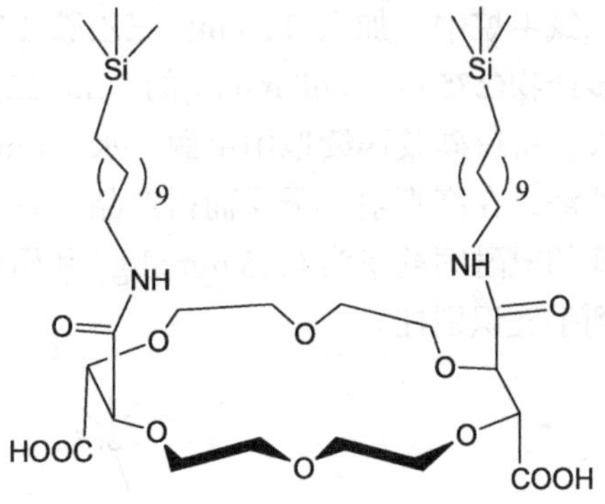

(b)

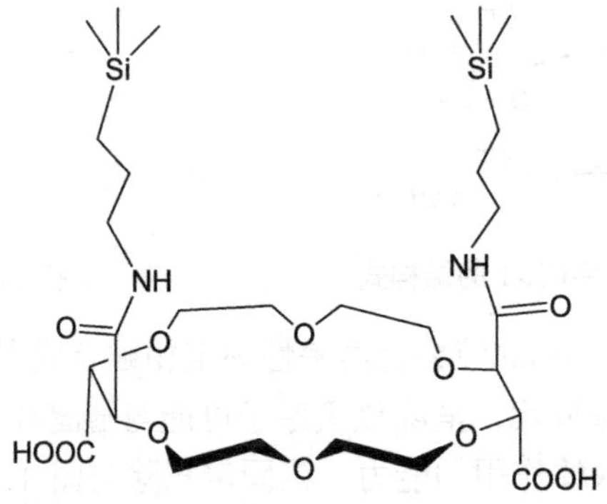

封闭掉硅胶表面多余的氨丙基

(c)

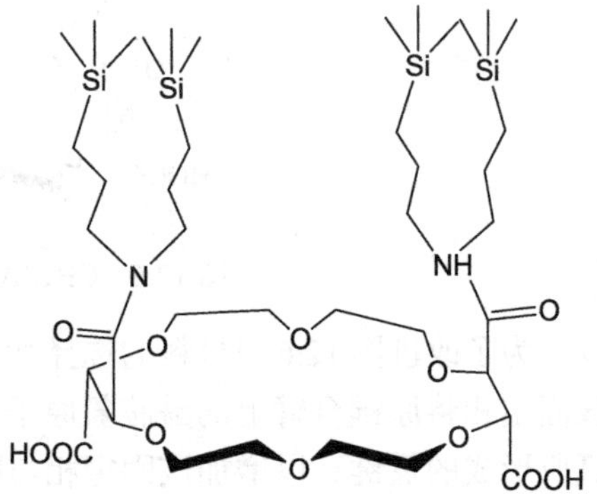

(d)

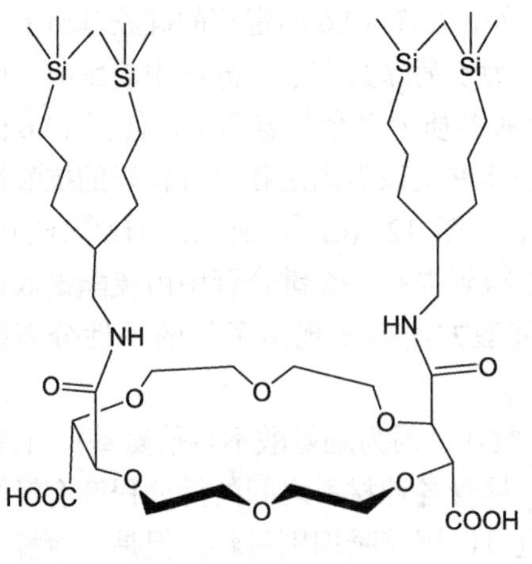

(e)

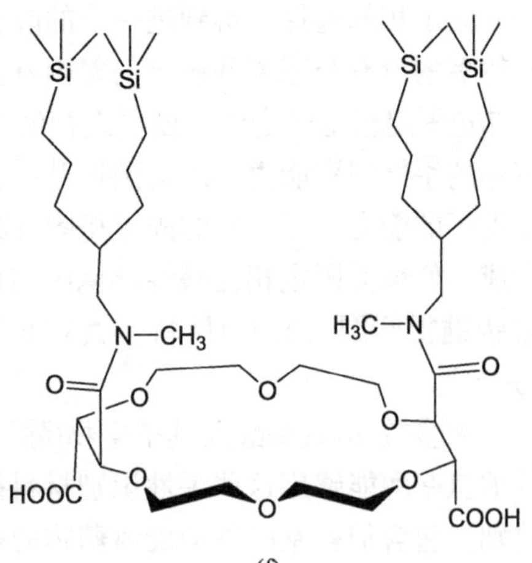

(f)

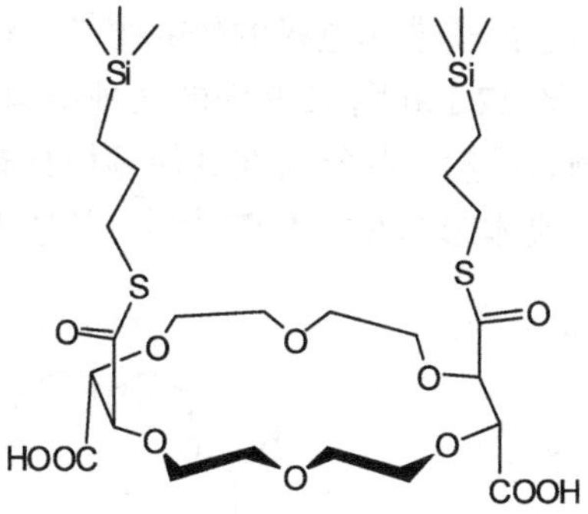

(g)

图 12.7 改进的(+)-(18-冠-6)-2,3,11,12-四羧酸手性固定相的结构

手性冠醚环中插入氮蒽[52-54]、吡啶[55,56]、咪唑[57]后也可制备成液相色谱手性固定相。手性冠醚高分子能用于固膜制备分离外消旋体[58]。由手性的 1,8,9,16-四羟基四苯烯为单元合成的冠醚对氨基酸具有手性识别能力[59]。

在气相色谱中，冠醚属于具有特殊选择性的一类固定相[60-62]。有报道称将手性冠醚键合到聚硅氧烷上作为气相色谱手性固定相[63]。冠醚-β-环糊精键合固定相用于毛细管电色谱(图 12.8)，比单独使用 β-环糊精或冠醚键合固定相具有更好的手性选择性[64]。Lee 等将二氮杂-18-冠-6 修饰 β-环糊精键合硅胶用于超高压毛细管液相色谱中，获得了好的手性识别效果[65]。

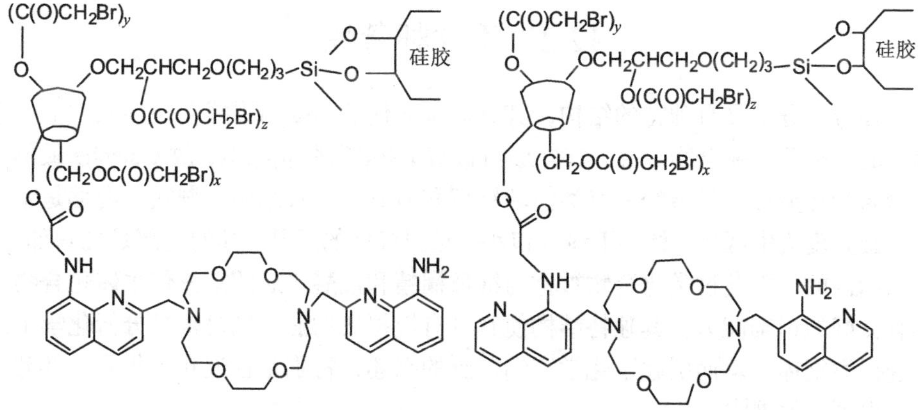

图 12.8 冠醚-环糊精手性识别材料

(+)-(18-冠-6)-2,3,11,12-四羧酸的衍生物已用于厚体液膜中成功分离了氨基酸酯的外消旋体[66,67]。利用手性冠醚具有空间位阻的效应可以将其制备成手性冠醚选择性吸附膜[68]，用于 α-氨基酸的手性拆分。

冠醚也已经有一些用于离子选择电极的研究[69,70]。将冠醚作为电位传感器研究的手性识别材料主要有图 12.1 和图 12.9 中的几种结构,所实验的样品主要是氨基酸或者氨基酸的衍生物。虽然这些材料在其他领域具有较好的手性选择性,但在离子选择性电极中的对映体选择性并不高[71-74],其让人感到手性电位传感器的研究和应用前途渺茫。

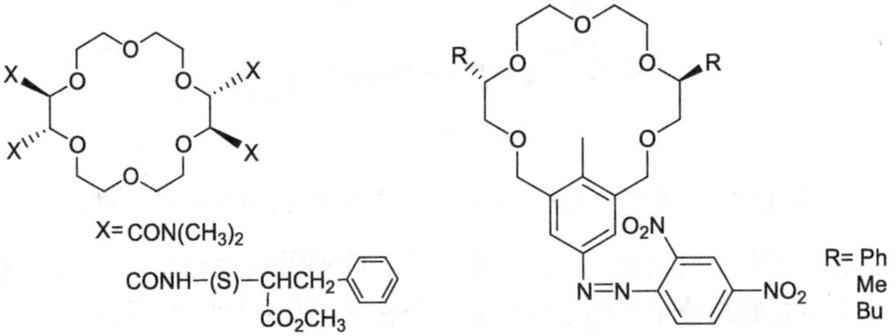

图 12.9　已用于电位传感器研究的冠醚手性识别材料

总之,用冠醚手性材料识别对映体化合物时,伯氨基起着至关重要的作用。在仲氨结构中,有两个 N—H···H 氢键形成,同时冠氧基连接到一个相互作用的离子上。另外在手性识别中较好的分离需要依赖伯氨基和手性中心之间的距离。这些因素在今后进一步发展冠醚手性识别材料中应考虑。

12.2　手性杯芳烃

杯芳烃分子具有独特的结构,其是对位取代的苯酚与甲醛在碱性条件下反应得到的一类环状缩合物。由于其外形与希腊圣杯(或酒杯)相似,故 Cutsche 最早把其命名为杯芳烃。杯芳烃具有类似环糊精和冠醚的洞穴结构,洞穴的内部是苯环电子云高度集中区域,杯的下缘开口小,是强极性的羟基,杯的上部是烃基部分,是亲脂性的。因此这类化合物被称为继环糊精和冠醚之后的第三代主体化合物,具有良好的识别能力,其独特结构使其具有模拟酶功能,同时也是分析化学中的高选择性配体,从而引起了化学家们广泛的兴趣,特别是在近几十年来,杯芳烃化学得到了发展[75]。

从杯芳烃的结构来看,它具有如下特点[76]:

(1) 杯芳烃的空腔大小可以调节,人们所指的杯芳烃是杯[n]芳烃,一般 n=4 ~ 8。在碱性条件下,n=9 ~ 19 的杯芳烃都已经合成出来,同时发现 n 为偶数的杯芳烃较奇数的容易制得。

(2) 易于衍生化。因为杯芳烃的结构特殊,其上缘的苯环对位取代基和下缘的酚羟基均易引入官能团，进行衍生反应，得到具有多种官能团和高度选择性的主体分子，具有分子识别能力。可以从上缘、下缘、亚甲基、苯环骨架等位置对杯芳烃进行化学修饰，获得特殊功能的衍生物。对上缘的修饰可以得到对位取代的含烷基氨、磺酸基、羧基的水溶性杯芳烃，对下缘的修饰可以得到杯芳烃的酯、酮、氨代物和杯芳冠醚等。

(3) 能与离子型化合物、中性有机分子等通过超分子作用形成主客体配合物。因为在杯芳烃分子中由富电子的苯环围成的空腔具有憎水性，故能与一些中性的有机分子，如甲醇、苯、吡啶、氯仿等形成稳定的包结配合物。包结作用对于中性分子的分离和纯化起着重要作用。同时发现杯芳烃的多种构象异构体只有锥型异构体才能与客体形成良好的匹配。

(4) 杯芳烃具有较好的热稳定性，较高的熔点以及非挥发性。而且在绝大多数溶剂中溶解度低、毒性低、柔性好。杯芳烃比较易于合成，原料易得且价格便宜。

早在 1983 年，Mangia 等首次将对叔丁基杯[8]芳烃和它的甲氧基乙基醚通过 THF 做溶剂涂渍到硅烷化的 Chromosorb W 上作气相色谱固定相成功分离了醇类、氯代烃及芳烃化合物，开创了杯芳烃在色谱中应用的先河[77-79]。杯芳烃固定相程序升温起始温度低，使用温度高(~320 ℃)，柱效高，对多环芳烃及多种芳烃异构体表现出良好的选择性[80]。研究表明，除杯芳烃包结作用外，其他超分子作用均对色谱分离有重要影响[81]。

杯芳烃在液相色谱中的应用较晚，直到 1993 年才有相关报道[82]。杯芳烃在液相色谱手性识别中的应用大多集中在杯[4]、杯[6]芳烃类[83]，主要作为流动相添加剂[84]、涂渍固定相[85,86]以及键合固定相[87]。杯芳烃手性识别能用在核磁共振中的检测[88]。手性杯芳烃的合成方法主要有两种[89]：一是直接在手性杯芳烃母体上引入手性基。二是通过化学修饰，以下面三种途径破坏杯芳烃对称性而使之成为固有手性杯芳烃：① 在杯芳烃苯酚间位引入一个取代基团；② 在杯芳烃上下端引入不同的基团；③ 使杯芳烃具有不对称的构象[90]。此外，利用分子间力将多个杯芳烃分子组合成螺旋状聚集体，也可以得到超分子手性杯芳烃。

1986 年 Shinkai 等[91,92]利用(S)-1-溴-2-甲基丁烷和杯[4]芳烃磺酸钠反应，合成了一系列下端连有光学活性取代基的水溶性杯[4]芳烃。从此，各种手性杯芳烃不断合成出来，α-氨基酸是容易得到的手性试剂，并具有重要的生理活性，因此有不少的文献报道将氨基酸残基连接到杯芳烃上[93-97]。一般使用杯芳烃酰氯或者杯芳烃羧酸与氨基酸反应生成酰胺键而引入氨基酸残基[98-100]，还可利用生成酰胺键引入手性胺的杯芳烃衍生物[101]。

用L-麻黄素-杯[4]芳烃作为键合固定相成功地对(R)-(−)和(R)-(+)-1-苯基-2,2,2-三氟乙醇进行了手性拆分，图 12.10 是 L-麻黄素-杯[4]芳烃作为手性识别材料的分子结构, 其具体的合成方法为[102]: ① 将 6 g 硅胶与 100 mL 的 HCl/H₂O(1∶1)在搅拌下回流 8 h, 过滤硅胶用去离子水洗涤到 pH=4.0, 在 110 ℃真空干燥过夜。② 将 0.56 g 对丙烯基杯[4]芳烃四酸加入到 5 mL 草酰氯(2.5 g, 0.0197 mol)的二氯甲烷中, 室温下搅拌 18 h, 装置上连接氯化钙干燥管。减压蒸发掉溶剂后用 10 mL THF 溶解残渣, 在搅拌下加入溶有 L-麻黄碱(0.454 g, 2.75 mmol)和三乙胺(0.555 g, 5.5 mmol)的 3 mL 无水 THF, 在氯化钙干燥管保护下室温搅拌反应 14 天。减压蒸掉溶剂, 残渣用水处理, 过滤所得沉淀用水洗涤, 40 ~ 50 ℃干燥过夜得到 0.894 g(产率 93%)浅棕色固体。③ 将②步产物碾细(0.449 g, 0.32 mmol)在 40 ~ 50 ℃干燥三天, 加入 0.305 g 三乙氧硅基丙基硫醇、84 mg 的 AIBN 以及 1.5 g 二氯甲烷, 在氮气保护下回流 4 h。然后再加入 80 mg 的 AIBN 再回流 4 h, 在溶液中生成上缘功能化的三乙氧基硅基杯芳烃。④ 将 2.0 g 活化的硅胶加入三乙氧基硅基杯芳烃的溶液(无水甲苯/二氯甲烷, 50∶50)中, 回流搅拌 48 h, 过滤反应混合物, 固体分别用 150 mL 的甲苯、丙酮、甲醇洗涤即得所需的手性杯芳烃材料。元素分析为: C 6.21%, H 1.18%, N 0.56%。

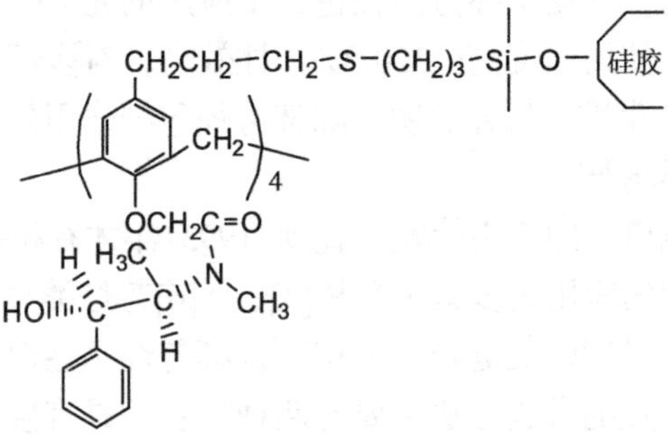

图 12.10 L-麻黄素-杯[4]芳烃手性键合材料的分子结构

甲基杯[4]间苯二酚[103]、L-丙氨酸杯[4]芳烃[104]、脱氧胆酸杯[4]芳烃[105]、冠醚化的甲杯[4]间苯二酚[106,107]、环糊精衍生的异丙基杯[4]芳烃[108]分别键合二氧化硅颗粒也成为液相色谱手性固定相, 利用合成的手性杯芳烃拆分手性化合物是杯芳烃的一个研究方向。

杯[4]、杯[6]芳烃的水溶性氨基酸衍生物被用于毛细管电泳中的手性选择剂[109,110]。1998 年, Diamond 等报道了将手性(S)-二萘基脯氨醇杯[4]芳烃涂渍在毛细管内壁拆分了苯甘氨醇对映体[111], 具有胺手性功能团的硫代杯[4]芳烃已经被合成, 能用于氨基酸衍生物、醇和胺等对映异构体的识别[112,113]。更加有序的超分子结构是先将手性的 L-缬氨酸与杯[4]芳烃的四个羟基接合, 然后该杯芳烃再与二甲基聚硅氧烷作用, 但该气相色谱固定相并没有由于超分子的包合作用展示出比

Chirasil-Val 更好的手性分离能力[114]。另外，氨基醇衍生的杯[4]芳烃[115]和氨基萘酚衍生的杯[4]芳烃[116]能作为厚体液膜的手性萃取剂。含 α-甲基-L-脯氨酸基甲基磺化杯[4]间苯二酚[117]以及杯[4]脯氨酸衍生物[118]能用于 NMR 中的手性识别。

12.3　环　果　糖

天然环果糖(cyclofructan，CF)是由 D-果糖以 β-(2-1)键相连接的环状寡糖，中间是一个冠醚环，果糖单元分布在这个冠醚环的周边，根据含有 6、7 或 8 个果糖单元的数目分别命名为 CF6、CF7、CF8(图 12.11)。每个果糖单元上含有 4 个手性中心和 3-、4-、6-位上的 3 个羟基。2009 年 Armstrong 等[119,120]首次将环果糖制备为 HPLC 手性固定相。在其系列研究中，烷基氨基甲酸酯衍生的环果糖-6 对伯胺具有好的手性识别能力，尤其是异丙基氨基甲酸酯环果糖-6[121,122]，而利用萘乙基氨基甲酸酯衍生的环果糖-6 虽然对伯胺的识别能力降低，却能识别更大范围的手性物质[123]。甲基苯基、二甲基苯基、萘乙基、氯苯基、二氯苯基、氯甲基苯基、氯硝基苯基的氨基甲酸酯环果糖-7 也被合成[124]，其中二甲基苯基氨基甲酸酯环果糖-7 的手性识别能力更高。环果糖的羟基还可以被胺、咪唑、吡啶等含氮基团衍生而带正电[125]。目前异丙基氨基甲酸酯环果糖-6、萘乙基氨基甲酸酯环果糖-6、3,5-二甲基苯基氨基甲酸酯环果糖-7 三根手性柱已经商业化[126-128]。

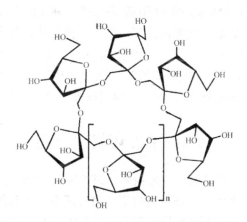

图 12.11　环果糖的分子结构

有 3 种将环果糖键合到硅胶表面的方法[119,129]。第一种方法是在 110 ℃下干燥 3 g 二氧化硅 3 h，用 Dean-Stark 装置加入无水甲苯与硅胶回流将残余水去除 3 h。混合物冷却<40 ℃，滴加 1 mL 的(3-氨基丙基)三乙氧基硅烷，回流 4 h 后冷却、过滤、洗涤和干燥，得到氨基功能化二氧化硅(3.3 g)。然后将 2 mL 的 1,6-二异氰

基己烷加入在冰浴中的干燥的氨基化二氧化硅-甲苯混合物中，在 70 ℃ 加热 4 h，用真空过滤除去多余的反应物，用无水甲苯洗涤固体产物两次。最后加入 1 g 溶解于 20 mL 吡啶中的干环果糖，加热至 70 ℃ 反应 15 h，最终得到 3.7 g 的产物。第二种方法是将 1 g 环果糖溶解在 40 mL 无水吡啶中，向该溶液中在干燥的氩气保护下逐滴加入 0.7 mL 的 3-(三乙氧基甲硅烷基)丙基异氰酸酯，在 90 ℃ 下加热 5 h。接着使用 Dean-Stark 装置用 150 mL 无水甲苯从 3 g 硅胶中除去残留水。将这两种混合物冷却至室温后混合，并在 105 ℃ 下加热过夜，过滤并洗涤固体、真空干燥后得到 3.4 g 产物。第三种方法是将 1 g 环果糖溶于 30 mL 无水 DMF 中，在干燥氩气保护下将 0.2 g 的 NaH 加入到溶液中并搅拌 10 min，未反应的 NaH 通过真空过滤除去。向滤液中加入干燥的 3.3 g 的 3-环氧丙基二氧化硅，在 140 ℃ 下加热 3 h，冷却、过滤和干燥后，得到 3.5 g 产物。异丙基氨基甲酸酯环果糖-6、萘乙基氨基甲酸酯环果糖-6、二甲基苯基氨基甲酸酯环果糖-7 等的制备只需将键合在硅胶表面的环果糖与相应的异氰酸酯反应则可得到该固定相。

环果糖也可以通过"点击"反应键合在树脂基质上[130]。若键合在核壳型的硅胶表面则具有更高的拆分效率[131]。将 Ba^{2+} 引入环果糖的固定相中可以促进其手性分离作用[132,133]。这些液相色谱手性柱同样能用于超临界流体色谱[134]，环果糖磺基化后也能用于毛细管电泳的手性拆分[135]。

天然环果糖由于熔点高、成膜性不好，不能直接用于 GC 手性固定相。但被衍生化成全-O-甲基环果糖-6、全-O-甲基-环果糖-7 和 4,6-二-O-戊基环果糖-6 后，一些醇、酯、氨基酸的衍生物能被分离。但二取代的效果低于三取代的，三取代的效果低于环糊精相应的衍生物[136]。衍生物 4,6-二-O-戊基-3-O-三氟乙酰基环果糖-6 和 4,6-二-O-戊基-3-O-丙酰基环果糖-6 被合成用于 GC 手性固定相的研究，但其选择性仍没有明显的改善[137]，在手性识别过程中没有包合物的形成。

12.4 手性环状化合物

除了常见的冠醚、杯芳烃、环果糖外，葫芦脲[138,139]和柱芳烃[140,141]是较新的超分子化合物，不过手性识别还鲜有报道。另外还有一些其他类型的手性环状化合物用于手性识别。一个 C$_3$ 对称的杯型手性材料(图 12.12)通过烯丙基化的酪氨酸和 1,3,5-三巯基苯合成[142]，然后键合到 3-巯丙基的硅胶上。在液相色谱中，该材料对于 N-BOC 氨基酸甲酰胺对映异构体的拆分因子 α 的数值位于 3 ~ 43 之间，其大小主要取决于氨基酸的边链和功能基团。其对 N-环丙基甲丙氨酸叔丁基酰胺在反相条件下分离因子 α 为 4.95，而以 0.5%甲醇的二氯甲烷为正相流动相，其分离因子高达 20.99。该材料对一些三肽的非对映异构体也有很好的分离效果，其分离

因子 α 最高的也达到了 21。

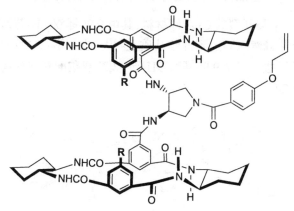

图 12.12 C₃ 对称的杯型手性固定相

两个 C₂ 对称的双臂型受体(图 12.13)通过与一个 N-(4-烯氧基苯甲酰基)-(R,R)-2,3-二氨基吡咯烷相连接后,固定到 3-巯基丙基的硅胶上得到了一种液相色谱手性识别材料,该双臂型材料由(R,R)-1,2-二氨基环己烷与邻苯二甲酸或苯均三酸反应而成[143]。其对 π-酸型的芳香客体、双萘醇和一些特殊序列的端基保护的三肽具有很高选择性,如对乙酰基-Pro-Val-Gln 丙酰胺对映异构体的分离因子 α 可达到 17[144,145]。

R=H 或 R=CONHCH₂Ph

图 12.13 双臂型手性识别材料

一个 C₂ 对称的手性材料(图 12.14)通过下垂的烯氧基同 3-巯基硅胶相键合而得到。该材料在盒状分子结构的底端和顶端分别有一个 1,3,5-芳基苯单元,两个芳基单元之间被三个完全相同的肽间隔臂相连接[146]。另一个类似的材料也被制备,只是其在分子顶端无 1,3,5-芳基苯单元。二者作为液相色谱手性固定相对 2,2′-二羟基-1,1′-双萘都表现出了分辨能力。

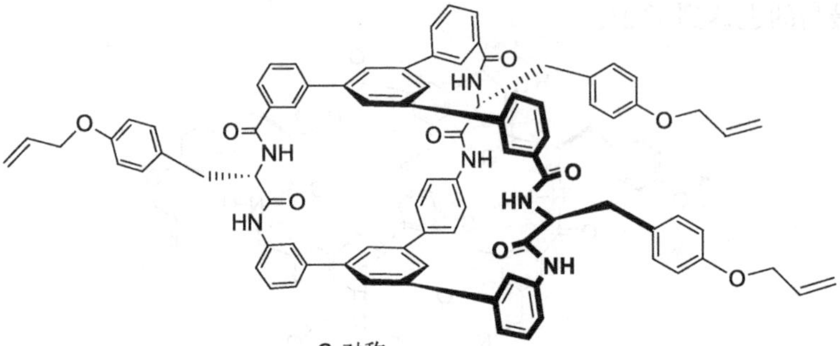

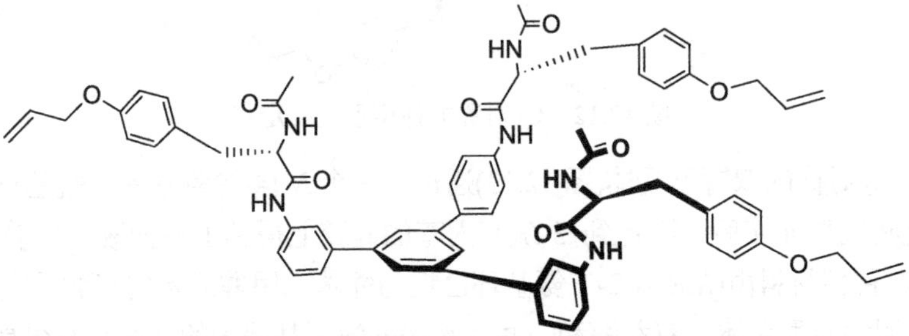

C₂对称

类似物

图 12.14　一个 C₂ 对称的手性材料及其类似物

　　图 12.15 是一个裂开型的 C₂ 对称材料,其由 9,9′-螺双[9H-芴]结构上在 2-和 2′-位置带着两个极性臂然后固定到硅胶基质上[147]。在甲醇-二氯甲烷的流动相中,其对 N-羧苯基谷氨酸和二个 9,9′-螺双[9H-芴]-2,2′-双羧酸对映异构体的分离因子 α 分别为 1.18 和 1.24。

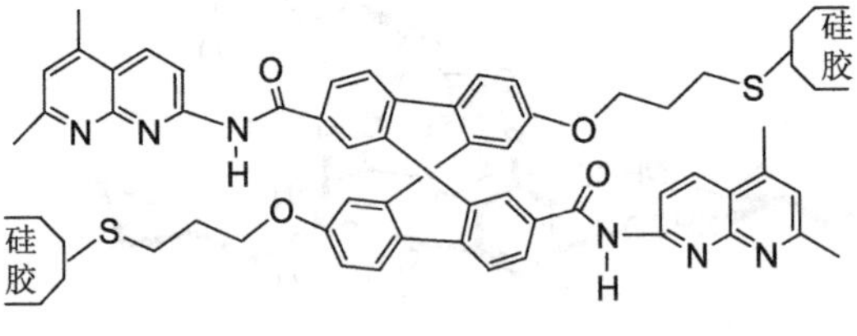

图 12.15　一个裂开型的 C₂ 对称的手性材料

参 考 文 献

[1]　Pederson C. J. Am. Chem. Soc., 1967, 89: 2495
[2]　Zheng B, Wang F, Dong S Y, Huang F H. Chem. Soc. Rev., 2012, 41: 1621
[3]　Kiba M P, Timbo J M, Kaplan L J , Jong F D, Gokel G W, Cram D J. J. Am. Chem. Soc., 1978, 100: 4555
[4]　Móczár I, Huszthy P. Chirality, 2019, 31: 97
[5]　Paik M J, Kang J S, Huang B S, Carey J R, Lee W. J. Chromatogr. A, 2013, 1274: 1
[6]　程鹏飞, 焦书燕, 徐括喜, 王超杰. 有机化学, 2013, 33: 280

[7]　Hyun M H. J. Sep. Sci., 2003, 26: 242
[8]　Choi H J, Hyun M H. J. Liq. Chromatogr. Relat. Tech., 2007, 30: 853
[9]　Hyun M H. J. Chromatogr. A, 2016, 1467: 19
[10]　Kyba E P, Siegel M G, Sousa L R, Sogah G D Y, Cram D J. J. Am. Chem. Soc., 1973, 95: 2691
[11]　Lingenfelter D S, Helgeson R C, Cram D J. J. Org. Chem., 1981, 46: 393
[12]　Sousa L R, Sogah G D Y, Hoffman D H, Cram D J. J. Am. Chem. Soc., 1978, 100: 4569
[13]　Sogah G D Y, Cram D J. J. Am. Chem. Soc., 1979, 101: 3035
[14]　Shinbo T, Yamaguchi T, Nishimura K, Sugiura M. J. Chromatogr., 1987, 405: 145
[15]　Shinbo T, Yamaguchi T, Yanagishita H, Kitamoto D, Sakaki K, Sugiura M. J. Chromatogr., 1992, 625: 101
[16]　路振宇, 伍鹏, 字敏, 杨璨瑜, 孔娇, 袁黎明. 有机化学，2015, 35: 217
[17]　Wu P, Wu Y P, Zhang J H, Lu Z Y, Zhang M, Chen X X, Yuan L M. Chin. J. Chem., 2017, 35: 1037
[18]　Yamaguchi T, Nishimura K, Shinbo T, Sugiura M. Membrane, 1985, 10: 178
[19]　Lipshutz B H, Shin Y J. Tetrahedron Lett., 1998, 39: 7017
[20]　Hyun M H, Han S C, Lipshutz B H, Shin Y J, Welch C J. J. Chromatogr. A, 2001, 910: 359
[21]　Hyun M H, Han S C, Lipshutz B H, Shin Y J, Welch C J. J. Chromatogr. A, 2002, 959: 75
[22]　Choi H J, Cho H S, Han S C, Hyun M H. J. Sep. Sci., 2009, 32: 536
[23]　Choi H J, Jin J S, Hyun M H. Chirality, 2009, 21: 11
[24]　Konya Y, Taniguchi M, Furuno M, Nakano Y, Tanaka N, Fukusaki E. J. Chromatogr. A, 2018, 1578: 35
[25]　Cho E N R, L i Y N, Kim H J, Hyun M H. Chirality, 2011, 23: 349
[26]　姚彤炜. 手性药物分析. 北京: 人民卫生出版社, 2008, 325
[27]　Behr J P, Girodeau J M, Heyward R C, Lehn J M, Sauvage J P. Hel. Chim. Acta, 1980, 63: 2096
[28]　Hohne E, Krauss G J, Gubitz G. J. HRC, 1992, 15: 698
[29]　Hägele J S, Schmid M G. Chirality, 2018, 30: 1019
[30]　Kuhn R, Stoeeklin F, Enri F. Chromatographia, 1992, 33: 32
[31]　Kuhn R, Hoffsttter-Kuhn S. Chromatographia, 1992, 34: 505
[32]　Lee T, Lee W, Hyun M H, Park J H. J. Chromatogr. A, 2010, 1217: 1425
[33]　Kim E, Koo Y M, Chung D S. J. Chromatogr. A, 2004, 1045: 119
[34]　Kuhm R, Erni F, Bereuter T, Hausler J. Anal. Chem., 1992, 64: 2815
[35]　Machida Y, Nishi H, Nakamura K, Nakai H, Sato T. J. Chromatogr. A, 1998, 805: 85
[36]　Machida Y, Nishi H, Nakamura K, Nakai H. Chromatographia, 1999, 49: 621
[37]　Hyun M H, Jin J S, Lee W. J. Chromatogr. A, 1998, 822: 155
[38]　Cross G G, Fyles T M. J. Org. Chem., 1997, 62: 6226
[39]　Behr J P, Lehn J M, Moras D, Thierry J C. J. Am. Chem. Soc., 1981, 103: 701
[40]　Hyun M H, Jin J S, Koo H J, Lee W. J. Chromatogr. A, 1999, 837: 75
[41]　Hyun M H, Koo H J, Jin J S, Lee W. J. Liq. Chromatogr. Relat. Tech., 2000, 23: 2669
[42]　Hyun M H. J. Sep. Sci., 2006, 29: 750
[43]　Hyun M H, Cho Y J, Kim J A, Jin J S. J. Chromatogr. A, 2003, 984: 163
[44]　Hyun M H, Kim D H. Chirality, 2004, 16: 294
[45]　Hyun M H, Y Cho J. J. Sep. Sci., 2005, 28: 31
[46]　Hyun M H, Kim D H, Cho Y J, Jin J S. J. Sep. Sci., 2005, 28: 421
[47]　Hyun M H, Song Y, Cho Y J, Kim D H. J. Chromatogr. A, 2006, 1108: 208
[48]　Hyun M H, Cho Y J, Y. Song, Choi H J. Chirality, 2007, 19: 74
[49]　Cho H S, Choi H J, Hyun M H. J. Sep. Sci., 2007, 30: 2539
[50]　Cho H S, Choi H J, Hyun M H. J. Chromatogr. A, 2009, 1216: 7446
[51]　Hyun M H, Song Y, Y Cho J, Choi H J. Chirality, 2008, 20: 325

[52] Kertész J, Móczár I, Kormos A, Baranyai P, Kubinyi M, Tóth K, Huszthy P. Tetrahedron: Asymmetry, 2011, 22: 684

[53] Németh T, Léval S, Kormos A, Kupai J, Tóth T, Balong G T, Huszthy P. Chirality, 2014, 26: 651

[54] Németh T, Lévai S, Fődi T, Kupai J, Tórós G, Tóth T, Huszthy P, Balogh G T. J. Chromatogr. Sci., 2015, 53: 431

[55] Kupai J, Lévai S, Antal K, Balogh G T, Tóth T, Huszthy P. Tetrahedron: Asymmetry, 2012, 23: 415

[56] Lévai S, Németh T, Fődi T, Kupai J, Tóth T, Huszthy P, Balogh G T. J. Pharma. Biomed. Anal., 2015, 115: 192

[57] Pandey A, Mohammed H, Karnik A. Tetrahedron: Asymmetry, 2013, 24: 706

[58] Kakuchi T, Takaoka T, Yokota K. Polymer J., 1990, 22: 199

[59] Cheng C, Cai Z W, Peng X S, Wong H N C. J. Org. Chem., 2013, 78: 8562

[60] 李莉, 字敏, 任朝兴, 袁黎明. 化学进展, 2007, 19(2/3): 393

[61] Yuan L M, Fu R N, Chen X X, Gui S H. Chromatographia, 1998, 47(9/10): 575

[62] Yuan L M, FU R N, Chen X X, Gui S H, Dai R J. Chin. Chem. Lett., 1999, 10: 223

[63] 周喜春, 严慧, 吴采樱, 陈远荫, 卢雪然. 分析化学, 1996, 24: 1123

[64] Gong Y, Lee H K. Helv. Chim. Acta, 2002, 85: 3283

[65] Gong Y H, Xiang Y Q, Yue B F, Xue G P, Bradshaw J S, Lee H K, Lee M L. J. Chromatogr. A, 2003, 1002: 63

[66] Oshima T, Inoue K, Furusaki S, Goto M. J. Membr. Sci., 2003, 217: 87

[67] Newcomb M, Helgeson R C, Cram D J. J. Am. Chem. Soc., 1974, 96: 7367

[68] Toyoji A, Tohru T, Kazuaki Y. Polym. J., 1990, 22(3):199

[69] Bühlmann P, Pretsch E, Bakker E. Chem. Rev., 1998, 98: 1593

[70] Shamsipur M, Hosseini M, Alizadeh K, Mousavi M F, Garau A, Lippolis V, Yari A. Anal. Chem., 2005, 77: 276

[71] Yasaka Y, Yamamoto T, Kimura K, Shono T. Chem. Lett., 1980, 769

[72] Shinbo T, Yamaguchi T, Nishimura K, Kikkawa M, Sugiura M. Anal. Chim. Acta, 1987, 193: 367

[73] Maruyama K, Sohmiya H, Tsukube H. Tetrahedron, 1992, 48: 805

[74] Naemura K, Fuji J, Ogasahara K, Hirose K, Tobe Y. Chem. Commun., 1996, 2749

[75] 刘育, 尤长城, 张衡益. 超分子化学. 天津: 南开大学出版社, 2001, 166

[76] 李来生, 达世禄, 冯玉绮, 刘敏. 化学进展, 2005, 3: 523

[77] Mangia A, Pochini A, Ungaro R, Andreetti G D. Anal. Lett., 1983, 16: 1027

[78] 袁黎明, 凌云, 傅若农. 化学通报, 1999, (2): 52

[79] 袁黎明, 凌云, 傅若农. 高等学校化学学报, 2000, 21(2): 213

[80] 林琳, 吴采樱. 分析化学, 1997, 25: 850

[81] 张书胜, 许雪姣, 刘红霞, 何新亚, 叶英植, 吴养洁. 化学通报, 2001, 4: 226

[82] Barc M, Kaszynska M S. J. Chromatgr. A, 2009, 1216: 3954

[83] 卿光焱, 刘顺英, 何永炳. 化学进展, 2008, 20: 1934

[84] Park J H, Lee Y K, Chong N Y, Jang M D. Chromatographia, 1993, 37: 221

[85] Pietraszkiewicz M, Pietraszkiewicz O, Kozbial M. Pol. J. Chem., 1998, 72: 1963

[86] Pietraszkiewicz O, Pietraszkiewicz M. Pol. J. Chem., 1998, 72: 2418

[87] Glennon J D, Connor K O, S Srijaranai, Manley K, Harris S J, Mckervey M A. Anal. Lett., 1993, 26: 153

[88] 刘陆智, 寇玉辉, 汪凌云, 曹德榕. 有机化学, 2011, 31: 964

[89] 罗钧, 郑炎松. 化学进展, 2018, 30: 601

[90] 罗钧, 郑企雨, 陈传峰, 黄志镗. 化学进展, 2006, 18: 987

[91] Shinkai S, Mori S, Koreish H, Tsubakli T, Manabe O. J. Am. Chem. Soc., 1986, 108: 203

[92]　Shinkai S, Arimura T, Satoh H, Manabe O. Chem. Commun., 1987, 1495
[93]　周玲玲, 李国祥, 王剑瑜, 袁黎明. 分析化学, 2007, 35: 1301
[94]　Pena M S, Zhang Y L, Warner I M. Anal. Chem., 1997, 69: 239
[95]　Lazzarotto M, Sansone F, Baldini L, Casnati A, Cozzini P, Ungrao R. Eur. J. Org. Chem., 2001, 3: 595
[96]　Yann M, Cecile B, Helene P L, Roger L, Jeanberned R. Tetrahedron Lett., 1999, 40: 6383
[97]　Grady T, Harris S J, Smyth M R, Diamond D. Anal. Chem., 1996, 68: 3775
[98]　Hu X B, Chan A S C, Han X X, He J Q, Cheng J P. Tetrahedron Lett., 1999, 40: 7115
[99]　Nagasaki T, Fujishima H, Shinkai S. Chem. Lett., 1994, 989
[100]　Hioki H, Yamada T, Fujioka C, Kodama M. Tetrahedron Lett., 1999, 40: 6821
[101]　Kocabas E, Durmaz M, S Alpaydin, Sirit A, Yilmaz M. Chiralilty, 2008: 20: 26
[102]　Healy L O, McEnery M M, McCarthy D G, Harris S J, Glennon J D. Anal. Lett., 1998, 31: 1543
[103]　Tan H M, Soh S F, Zhao J, Yong E L, Gong Y N. Chirality, 2011, 23: e91
[104]　Yaghoubnejad S, Heydar K T, Ahmadi S H, Zadmard R. Biomed. Chromatogr., 2018, 32: e4122
[105]　Yaghoubnejad S, Heydar K T, Ahmadi S H, Zadmard R, Ghonouei N. J. Sep. Sci., 2018, 41: 1903
[106]　Chelvi S K T, Yong E L, Gong Y H. J. Chromatogr. A, 2008, 1203: 54
[107]　Ma M X, Wei Q L, Meng M, Yin J L, Shan Y, Du L, Zhu X, Soh S F, Min M J, Zhou X Y, Yin X X, Gong Y H. Chromatographia, 2017, 80: 1007
[108]　Chelvi S K T, Zhao J, Chen L J, Yan S, Yin X X, Sun J Q, Yong E L, Wei Q L, Gong Y H. J. Chromatogr. A, 2014, 1324: 104
[109]　Pena M S, Zhang Y, Thibodeaux S, McLaughlin M L, Pena A M, Warner I M. Tetrahedron Lett., 1996, 37: 5841
[110]　Pena M S, Zhang Y, Warner I M. Anal. Chem., 1997, 69: 3239
[111]　Grady T, Joyce T, Smyth M R, Harris S J, Diamond D. Anal. Commun., 1998, 35: 123
[112]　Iki N, Narumi F, Suzuki T, Sugawara A, Miyano S. Chem. Lett., 1998, 1065
[113]　Narumi F, Iki N, Suzuki T, Onodera T, Miyano S. Enantiomer, 2000, 5: 83
[114]　Pfeiffer J, Schurig V. J. Chromatogr. A, 1999, 840: 145
[115]　Bozkurt S, Yilmaz M, Sirit A. Chirality, 2012, 24: 129
[116]　Durmaz M, Bozkurt S, Naziroglu H N, Yilmaz M, Sirit A. Tetrahedron: Asymmetry, 2011, 22: 791
[117]　Pham N H, Wenzel T J. Tetrahedron: Asymmetry, 2011, 22: 641
[118]　李正义, 周坤, 来源, 孙小强, 王乐勇. 有机化学, 2015, 35: 1531
[119]　Sun P, Wang C L, Breitbach Z S, Zhang Y, Armstrong D W. Anal. Chem., 2009, 81: 10215
[120]　Xie S M, Yuan L M. J. Sep. Sci., 2019, 42: 6
[121]　Sun P, Armstrong D W. J. Chromatogr., 2010, 1217: 4904;
[122]　Aranyi A, Bagi A, Ilisz I, Pataj Z, Fülöp F, Armstrong D W, Antal P. J. Sep. Sci., 2012, 35: 617
[123]　Sun P, Wang C L, Padivitage N, Nanayakkara Y, Perera S, Qiu H, Zhang Y, Armstrong D W. Analyst, 2011, 136: 787
[124]　Khan M M, Breitbach Z S, Berthod A, Armstrong D W. J. Liq. Chromatogr. Relat. Tech., 2016, 39: 497
[125]　Padivitage N L, Smuts J P, Breitbach Z S, Armstrong D W, Berthod A. J. Liq. Chromatogr. Relat. Tech., 2015, 38: 550
[126]　Perera S, Na Y C, Doundoulakis T, Ngo V J, Feng Q, Breitbach Z S, Lovely C J, Armstrong D W, Chirality, 2013, 25: 133
[127]　Frink L A, Berthod A, Xu Q L, Gao H Y, Kurti L, Armstrong D W. J. Liq. Chromatogr. Relat. Tech., 2016, 39: 710
[128]　Moskaľová M, Kozlov O, Gondová T, Budovská M, Armstrong D W. Chromatographia, 2017, 80: 53
[129]　Qiu H X, Loukotková L, Sun P, Tesařová E, Bosáková Z, Armstrong W D. J. Chromatogr. A, 2011, 1218: 270

[130] Qiu H X, Kiyono-Shimobe M, Armstrong D W. J. Liq. Chromatogr. Relat. Tech., 2014, 37: 2302

[131] Spudeit D A, Dolzan M D, Breitbach Z S, Barber W E, Micke G A, Armstrong D W. J. Chromatogr. A, 2014, 1363: 89

[132] Smuts J P, Hao X Q, Han Z B, Parpia C, Krische M J, Armstrong D W. Anal. Chem. 2014, 86: 1282

[133] Maier V, Kalíková K, Přibylka A, Vozka J, Smuts J, Svidrnoch M, Armstrong D W, Tesařová E. J. Chromatogr. A, 2014, 1338: 197

[134] Breitbach A S, Lim Y, Xu Q L, Kürti L, Armstrong D W, Breitbach Z S. J. Chromatogr. A, 2016, 1427: 45

[135] Zhang Y J, Huang M X, Zhang Y P, Armstrong D W, Breitbach Z S, Ryoo J A. Chirality, 2013, 25: 735

[136] Zhang Y, Breitbach Z S, Wang C L, Armstrong D W. Analyst, 2010, 135: 1076

[137] Zhang Y, Armstrong D W. Analyst, 2011, 136: 2931

[138] 董运红, 曹利平. 化学进展, 2016, 28: 1039

[139] 齐丰莲, 徐玉东, 孟子晖, 薛 敏, 徐志斌, 邱丽莉, 崔可建. 色谱, 2015, 33: 1134

[140] 夏梦婵, 杨英威. 化学进展, 2015, 27: 65

[141] Jie K, Liu M, Zhou Y, Little M A, Pulido A, Chong S Y, Stephenson A, Hughes A R, Sakakibara F, Ogoshi T, Blanc F, Day G M, Huang F, Cooper A I. J. Am. Chem. Soc., 2018, 140: 6921

[142] Gasparrini F, Misiti D, Villani C, A Borchardt, Burger M T, Still W C. J. Org. Chem., 1995, 60: 4314

[143] Gasparrini F, Misiti D, Still W C, Villani C, Wennemers H. J. Org. Chem., 1997, 62: 8221

[144] Wennemers H, Yoon S S, Still W C. J. Org. Chem., 1995, 60: 1108

[145] Gasparrini F, Marini F, Misiti D, Pierini M, Villani C. Enantiomer, 1999, 4: 325

[146] Pieters J, Cuntze J, Bonnet M, F Diederich. J. Chem. Soc., Perkin Trans., 1997, 2: 1891

[147] Cuntze J, Diederich F. Helv. Chem. Acta, 1997, 80: 897

第13章 大环抗生素

20世纪80年代以前，立体异构体的快速常规分析分离是相对困难的，到了90年代初期，由于分离科学大的发展，光学异构体的拆分变成了常规和平常[1-4]。天然大环化合物往往具有多个手性中心，具备广谱手性识别能力[5,6]。1994年Armstrong等首次使用大环抗生素制备手性识别材料,在正相和反相模式下拆分了一系列光学异构体[7]。自此以后，短短几年的时间，大环抗生素已成功地应用于高效液相色谱、薄层色谱、毛细管电泳和毛细管电色谱，用来识别各类光学异构体，分离机理的研究也逐步深入[8-10]。

大环抗生素作为手性识别材料具有以下特点：① 通常它们的分子量在600～2200之间，有大量的立体活性中心和功能团，能同手性分子产生多重作用；② 它们的结构中除了具有疏水部分以外，还具有亲水基团、大量的可离解化基团，使它们在水中具有好的选择性。它们能发生疏水、偶极-偶极、π-π作用、氢键和空间排斥作用[11,12]，其中最重要的作用之一是离子和电荷-电荷作用。在该类型的手性选择剂中，主要有利福霉素、糖肽、多肽和氨基糖苷，其中应用最多、最广泛的是糖肽类。

大环抗生素主要用于毛细管电泳、高效液相色谱以及高速逆流色谱[13,14]。将大环抗生素连接到硅胶基质上作为手性识别材料有多种方法，其既要保证该类材料的稳定性，又要保证它们的手性识别能力不受影响[15]。一些大环抗生素能通过羧酸端基连接到衍生化硅胶上，而另一些可通过胺端基连接到衍生化硅胶上，还有一些能像环糊精一样，在无水二甲基甲酰胺溶剂中，通过环氧端基的有机硅烷或异腈酸酯端基的有机硅烷连接到硅胶上[16,17]。大环抗生素与硅胶之间形成的链可以是醚、硫醚、胺、酰胺、氨基甲酸酯或脲等。具体操作为：将硅胶放在五氧化二磷之上在真空下干燥，然后将其分散于烷氧基硅烷试剂的甲苯溶液中。将该混合物回流，甲氧基硅烷同硅醇基产生的醇定时地蒸馏掉。过滤硅胶颗粒，用热甲苯洗涤、干燥后分散于无水的N,N-二甲基甲酰胺中，逐滴加入置于五氧化二磷之上、在100℃于真空下细心干燥的抗生素中，反应在氮气保护下在90～95℃进行而得产物。

大环抗生素键合相类似于18章的蛋白质手性键合相，但它们具有更高的容量和稳定性。其同17章的多糖类手性固定相比较[18]，具有更宽广的溶剂使用范围，在使用中具有更大的灵活性。其能用于正相模型没有任何不可逆的变化发生，也不会像蛋白质手性固定相产生变性现象。它们还能用于制备范围的手性拆分。

13.1　利　福　霉　素

安莎霉素类(Ansamycins)的两种主要形式利福霉素 B(Rifamycin B)和利福霉素 SV(Rifamycin SV)在有机添加剂的存在下已经用于手性化合物的拆分。利福霉素是抗结核病抗生素，是由链丝菌产生的。从发酵液中分离利福霉素 A、B、C、D、E 均为碱性物质，较不稳定，仅利福霉素 B 分离得纯结晶，化学结构为 27 个碳原子的大环内酰胺，环中含有一萘核，为一平面芳环与一立体脂肪链相互连接成桥环的一类大环抗生素。利福霉素 B 能较好地适合阴离子溶质的分离[19]，而利福霉素 SV 的优点在于擅长识别至少两个环的化合物，如丹磺酰化的天冬氨酸、环己烯巴比妥、苯乙哌啶酮等[20]。

由于萘二酚环的存在，利福霉素 B 和利福霉素 SV 在可见和紫外线范围具有强的吸收，因此在毛细管电泳的手性识别中，它们通常使用 20 ~ 25 mmol/L 的高浓度，并进行间接测定。间接测定常常导致负峰，因其造成高背景信号的减少[19]。图 13.1 是利福霉素 B 和利福霉素 SV 的分子结构。

利福霉素 B　　　　　　　　　　利福霉素 SV

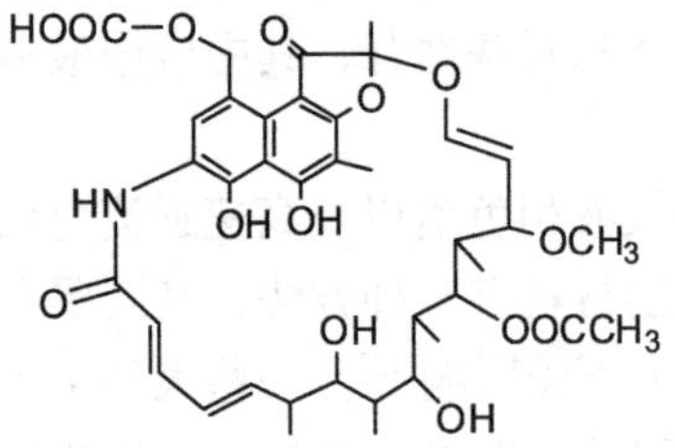

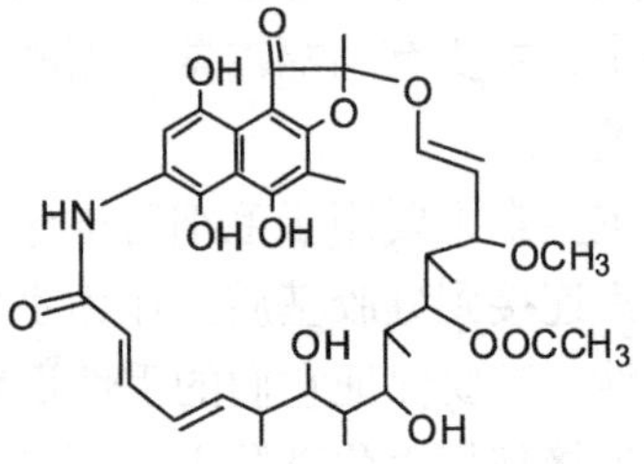

图 13.1　利福霉素 B 和利福霉素 SV 的分子结构图

13.2　糖　　肽

糖肽类大环抗生素识别手性化合物已经被广泛应用[21]。糖肽通常有相对较低的背景吸收，能溶解于大多数的电泳缓冲溶液，并且在水溶液中稳定。在大环抗生素中，大环糖肽抗生素显然是最好的手性识别剂，它们包括阿伏帕星(Avoparcin)、瑞斯西丁素 A(Ristocetin A)、替考拉宁(Teicoplanin)、万古霉素(Vancomycin)以及衍生化的万古霉素类似体[22]。所有的这些糖肽形成一个糖苷配基的篮型分子，碳水化合物部分连接在这个篮上。糖苷配基篮由三到四个大环组成，这些环又是由连接氨基酸和取代酚构成。碳水化合物部分由碳水化合物或糖组成。阿伏帕星、瑞斯西丁素 A、替考拉宁不是纯化合物，阿伏帕星、瑞斯西丁素 A 通常是由结构非常相近的两个化合物组成[23,24]，替考拉宁是由五个类似化合物的混合物组成[25]。替考拉宁是唯一的一个具有疏水的酰基侧链的分子，它帮助形成一个疏水的尾部，因此不像其他糖肽抗生素，它是表面活性的，能聚集形成胶体。

13.2.1　万古霉素

万古霉素的游离碱为无色结晶，分子量为 1449，难溶于水，等电点 pI~5。常用其盐酸盐为白色固体，易溶于水，不耐高温，pI≈7.2，pH=4～9 时为两性离子，小于 4 以阳离子存在，高于 9 为阴离子。其结构中含有三环，具有特征性的"篮子"形状和两条侧链，整个分子中有 9 个羟基、2 个氨基、7 个酰胺基团、5 个芳香环和总共 18 个手性活性位点(图 13.2)。万古霉素被认为是在毛细管电泳中通常使用的糖肽类抗生素，其与其他糖肽相比成本低、高效，目前已经用于 100 多种外消旋体的拆分，其中包括 N-衍生化的氨基酸、非甾体抗炎药物、杀虫剂等[26,27]，缺点是其紫外吸收强烈。该手性识别剂利用部分填充技术还成功地对一些外消旋体进行了分离[28-30]。万古霉素的类似物 eremomycin，balhimycin，A82846B[31-33] 和 LY307599[34]也被用作毛细管电泳中的手性分离。

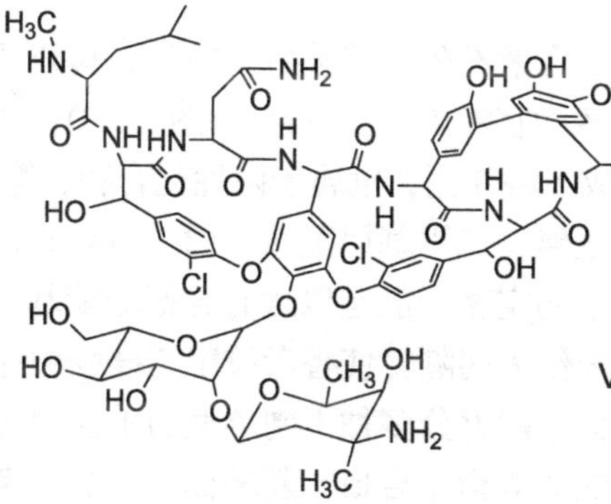

图 13.2　万古霉素的分子结构

万古霉素、利福霉素 B 和硫链丝菌素是首先引入的大环抗生素键合型手性识别材料，在三个当中，仅万古霉素被证实具有宽的应用范围且被商业化[35]。在研究初期，就有 79 对手性化合物被拆分，万古霉素被 3,5-二甲基苯基异氰酸酯衍生化后作为手性固定相[7]，其能拆分几个万古霉素不能拆分的对映异构体。将万古霉素的分解产物作为液相色谱柱中的手性识别材料, 也产生了好的手性分离[36,37]。万古霉素液相色谱手性固定相的合成步骤可为[38]: 将 1 g 万古霉素溶解在 15 mL 的蒸馏水中, 用 1 mol/L 氢氧化钠调 pH=8.6, 悬浮 3 g 键合有环氧乙烷的硅胶(5 μm, 300 m²/g, 含 5.2%的C), 加入 4 mL 的乙醇, 在 40 ℃搅拌 14 h, 过滤硅胶, 分别用水、甲醇和丙酮洗涤, 50 ℃干燥 4 h。元素分析为 8.7% C, 1.3% H 和 1.8% N, 表面键合万古霉素的量为 0.28 μmol/m²。

　　万古霉素的固载化能利用戊二醛为键合臂[39], 也可通过自组装光敏重氮树脂和万古霉素在二氧化硅颗粒上, 用 UV 光处理后, 通过光敏重氮基团独特的光化学反应特性将二者的离子接合转化为共价键而键合万古霉素[40]。万古霉素可链接到溴乙酰化的环糊精衍生物的手性固定相上[41]合成新的手性材料。万古霉素可用于微柱液相色谱[42]和电色谱[43]中的手性整体柱, 还可用于薄层色谱分离氨基酸[44-47]和 β-受体阻滞剂[48]。作者团队还基于其制备的手性界面复合膜拆分对羟基苯甘氨酸, 提出了 "吸附-缔合-扩散" 的手性固膜分离机理[49,50]。

　　万古霉素可用于行星式逆流色谱仪进行手性制备性拆分[51-53]。其选用甲苯和水作溶剂系统, 使水中溶解 140mg/mL 万古霉素, 调整 pH=4.7, 拆分 D,L-丹磺酰正亮氨酸, 而且一次进样最大能分离 50mg 的 D,L-丹磺酰正亮氨酸。分离过程中, 当从尾到头泵入移动相时, 左消旋体先被洗脱出来, 当相反泵入移动相时, 右消旋体先被洗脱出来[54,55]。

13.2.2　替考拉宁

　　替考拉宁是在引入万古霉素不久后就被引入的[56], 其分子量为1891, 结构上含有羟基、羧基、氨基等多种官能团及孔穴结构(图 13.3), 并具有良好的立体选择性。它与被分离物质形成多种作用, 也属于两性化合物, 等电点为 5.1, 易溶于水, 同时也易溶于二甲基亚砜、二甲基甲酰胺、丙二醇等有机溶剂, 所以其应用广泛。键合法制备替考拉宁固定相一般是以含有异氰酸酯基、环氧基、氨基等多种不同官能团的硅烷偶联剂作为间隔臂使替考拉宁与硅胶相连[57]。在研究的初期有 90 多对外消旋体被拆分, 能拆分多种不同类型的手性物质[58]。它的羟基还可以进一步被异氰酸酯或者酰氯等衍生合成出新的固定相。替考拉宁手性固定相的制备[59]为: 冰浴及氮气保护, 向 50 mL 含 3.0 g 的 3-氨丙基硅胶的干燥甲苯中加入 1,6-己二异氰酸酯(15 mmol), 搅拌 15 min 后移去冰浴, 混合物加热至 70 ℃反应 2 h, 冷却至室温后用过滤头吸走溶剂。然后加入 100 mL 含 1.0 g 替考拉宁的干燥吡啶溶液, 将反应化合物加热至 70 ℃搅拌至替考拉宁反应完全, 冷却至室温后过滤, 产物分别用 50 mL 的吡啶、水、甲醇、乙腈和二氯甲烷洗涤, 减压干燥后进行元素分析得(%): C 16.9, N 5.14, H 2.91。另外, 作者团队利用 "网包法"

也制备了该类液相色谱手性固定相[60,61]，其手性分离特性具有一定的互补性。

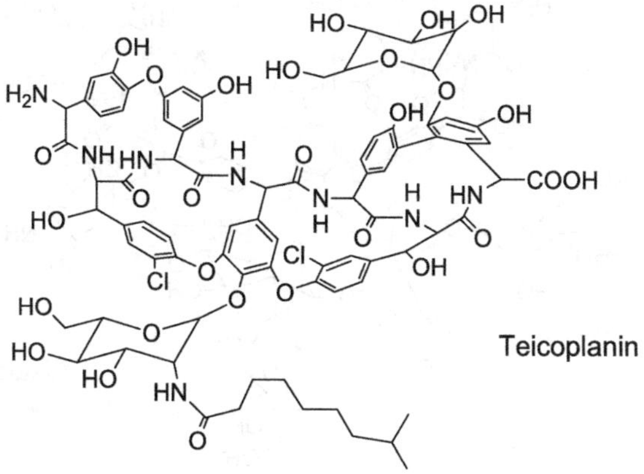

图 13.3　替考拉宁的分子结构

替考拉宁、替考拉宁糖苷以及替考拉宁糖苷的甲基化衍生物的手性识别能力也已经被比较[62]，替考拉宁糖苷的甲基化方法可选用重氮甲烷与替考拉宁分子中的羧基和酚羟基作用[63]。替考拉宁可以键合在粒径为 1.5 μm 核壳型的硅胶表面提高分离效率[64]，若将该类手性剂键合在 1.7 μm、1.9 μm 的硅胶表面填装在 5 cm 的空色谱柱内，利用超临界流体色谱甚至可在 10 s 左右实现外消旋体的拆分[65,66]。该手性柱与多糖柱之间呈一定的互补性[67]。替考拉宁的类似物 Dalbavancin(大巴万星)也被用作液相色谱的手性固定相[68]。

在毛细管电泳中，替考拉宁作为手性选择剂也已拆分了 100 余种外消旋体，其中包括非甾体抗炎药物、衍生化的氨基酸、苦杏仁酸及乳酸衍生物[69]、二肽及三肽[70]。万古霉素、替考拉宁和环糊精之间的选择性已经被比较，有机改性剂的添加有利于改善它们的手性选择性[71]。替考拉宁同样也被用于薄层色谱[72]和手性界面复合膜的研究[73]。

13.2.3　瑞斯西丁素

瑞斯西丁素 A(图 13.4)是仅次于万古霉素和替考拉宁的又一有效的手性选择剂[74]，已有超过 230 对的对映异构体在该手性固定相上通过正相模型、反相模型或极性有机模型被拆分[75]，其中包括抗炎药、大量的 N-衍生化的氨基酸、杀虫剂和其他重要的生化物质[26]。它与万古霉素和替考拉宁一样，只需 1~5 mmol/L 的量就可提供手性识别性，其缺点是价格较万古霉素高。该柱的稳定性好，其对前面两种手性固定相起到了明显的补充作用。

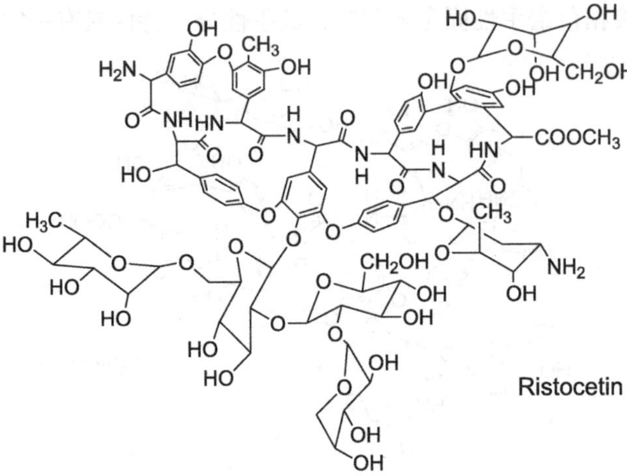

Ristocetin A

图 13.4   瑞斯西丁素 A 的分子结构

13.2.4   阿伏帕星

阿伏帕星是第四个糖肽抗生素，它能分辨一些前面几种不能较好拆分的手性化合物。阿伏帕星对几个非甾体抗炎药和氨基酸的衍生物显示了对映异构体选择性[76]，但其在毛细管壁上的吸附严重，对毛细管电泳中的应用产生一定的困难。

糖肽抗生素总的来说具有类似的结构，常常展示互补的立体选择性性质，如果在电解质的缓冲溶液中加入十二烷基磺酸钠的表面活性剂形成胶束，则其可对疏水性和中性的手性化合物进行电泳拆分[77]。

糖肽抗生素在紫外线部分有一个强的吸收，但它在缓冲溶液中使用的浓度较低，一般为 1 ~ 5 mmol/L。因此对于大多数被分析溶质可以在其最小吸收 260 nm 左右处直接测定，这个已经证明是十分有效的。

商品化的 HPLC 手性分离柱 Chirobiotic V、Chirobiotic T、Chirobiotic TAG、Chirobiotic R、Chirobiotic A 分别对应于万古霉素、替考拉宁、替考拉宁糖苷配基、瑞斯西丁素 A 和阿伏帕星。

13.3   多肽和氨基糖苷

多肽抗生素硫链丝菌素有五个噻唑环和一个喹啉环(图 13.5)，在紫外线范围也展示了一个强的吸收。氨基糖苷(Aminoglycosides)由于缺乏芳香环结构，因此其有很低的紫外吸收。卡那霉素(Kanamycin)和链霉素(Streptomycin)有三个糖苷环，弗氏霉素(Fradiomycin，新霉素)有四个糖苷环。它们都能溶解于水，但在普通的醇和非极性溶剂中不溶。

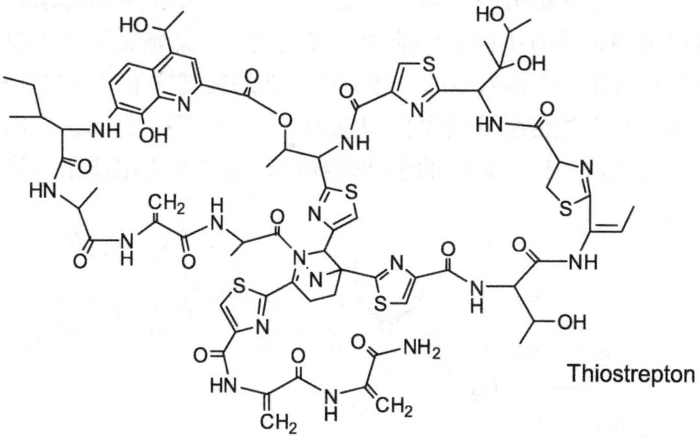

图 13.5　硫链丝菌素的分子结构

　　弗氏霉素的磺酸盐、卡那霉素的磺酸盐、链霉素的磺酸盐(图 13.6)已被用于手性化合物的识别，缺点是在毛细管壁上吸附严重，通过加入甲醇到缓冲溶液中可以使峰型和识别性能得到改善[78]。

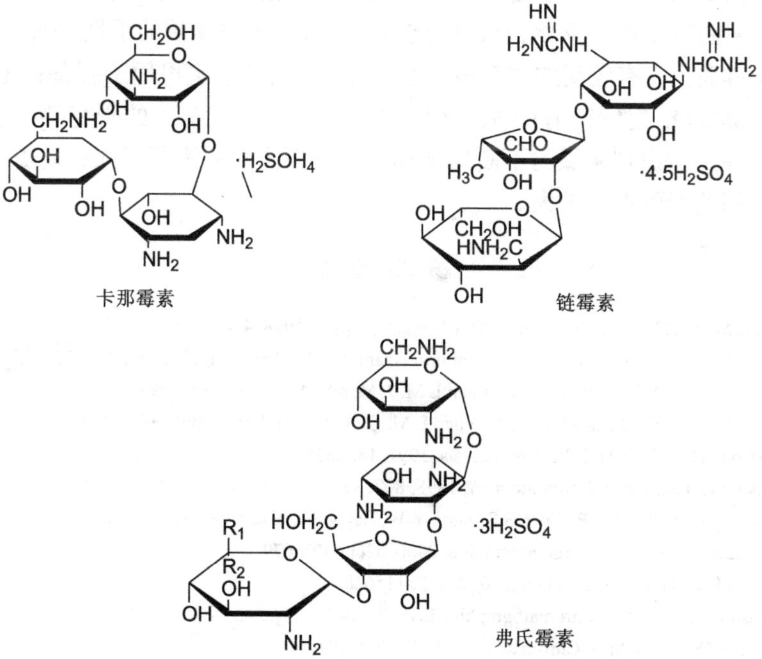

图 13.6　卡那霉素、链霉素、弗氏霉素的分子结构

　　大环内酯内抗生素如红霉素既能用于薄层色谱[79]、液相色谱手性固定相[80]，也能用于毛细管电泳拆分一些碱性药物[81]。甲基红霉素(克拉霉素)[82,83]、硼霉素[84]在毛细管电泳中也具有手性识别能力。除此之外，氯洁霉素[85,86]以及氯洁霉素的离子液体[87]也被用于毛细管电泳。还有将天然的聚醚抗生素例如莫能菌素(图 13.7)及其衍生物作为电位传感器的手性识别剂的研究[88-90]，但与已有的环糊精以及冠醚手性电位传感器一样，它们的手性选择性距离实际应用还相差甚远。

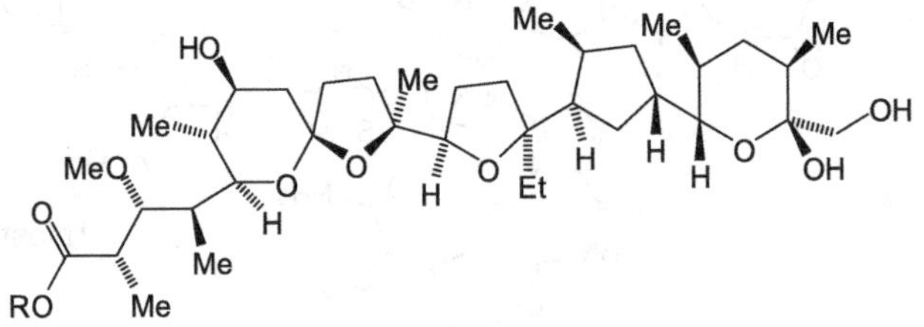

图 13.7　莫能菌素的分子结构

　　其他天然手性化合物也有发展潜力，如软骨素[91,92]、肝素[93]、筒箭毒碱[94]已被引入在毛细管电泳中作手性选择剂。

　　总之，大环类抗生素自用作手性识别材料以来，已成功地用于拆分各类物质如氨基酸及其衍生物、肽、醇及多种药物等[95]。抗生素类手性材料有如下优点：① 应用范围广(正相，反相，极性有机相)，适于各类物质的手性分离；② 可稳定键合于硅胶上，有较高的柱容量，不仅可用于分析，也可用于制备；③ 由于结构可精确测定(X 射线衍射)，故可就手性识别机理进行深入的研究[96]。随着新类型抗生素在手性识别领域的不断出现和这一方面研究的不断深入，此类手性识别材料的应用范围可不断扩大。

参 考 文 献

[1]　Yuan L M, Fu R N, Chen X X, Gui S H. Chromatographia, 1998, 47(9/10): 575
[2]　Yuan L M, Xu Z G, Ai P, Chang Y X, Fakhrul Azam A K M. Anal. Chim. Acta, 2005, 554: 152
[3]　Xie S M, Wang W F, Ai P, Yang M, Yuan L M. J. Membr. Sci., 2008, 321: 293
[4]　Wang J Y, Zhao F, Zhang M, Peng Y, Yuan L M. Chin. Chem. Lett., 2008, 19: 1248
[5]　Armstrong D W, Nair U B. Electrophoresis, 1997, 18: 2331
[6]　Desiderio C, Fanali S. J. Chromatogr. A, 1998, 807: 37
[7]　Armstrong D W, Tang Y B, Chen S S, Zhou Y W, Bagwill C, Chen J R. Anal. Chem., 1994, 66: 1473
[8]　Aboul-Enein H Y, Ali I. Chromatographia, 2000, 52(11/12): 679
[9]　Scriba G K E. Trends Anal. Chem., 2019, 119: 115628
[10]　Cardoso P A, César I C. Chromatographia, 2018, 81: 841
[11]　Ward T J, Oswald T M. J. Chromatogr. A, 1997, 792: 309
[12]　Ilisz I, Berkecz R, Peter A. J. Chromatogr. A, 2009, 1216: 1845
[13]　Yuan L M, Han Y, Zhou Y, Meng X, Li Z Y, Zi M, Chang Y X. Anal. Lett., 2006, 39: 1439

[14] Yuan L M. Sep. Purif. Tech., 2008, 63: 701

[15] Armstrong D W, Liu Y, Ekborg-Ott K H. Chirality, 1995, 7: 474

[16] 周玲玲, 孙文卓, 王剑瑜, 袁黎明. 化学学报, 2008, 66: 2309

[17] Sun W Z, Yuan L M. J. Liq. Chromatogr. Relat. Tech., 2009, 32: 553

[18] Chang Y X, Yuan L M, Zhao F. Chromatographia, 2006, 64(5/6): 313

[19] Armstrong D W, Rundlett K L, Reid I G L. Anal. Chem., 1994, 66: 1690

[20] Ward T J, Dann III C, Blaylock A. J. Chromatogr. A, 1995, 715: 337

[21] 惠方民, 陈永雷, 陈兴国, 胡之德. 分析化学, 2004, 32: 964

[22] Berthod A. Chrality, 2009, 21: 167

[23] Ekborg-Ott K H, Kullman J P, Wang X, Gahm K, He L, Armstrong D W. Chriality, 1998, 10: 627

[24] Armstrong D W, Gasper M P, Rundlett K L. J. Chromatogr. A, 1995, 689: 285

[25] Gasper M P, Berthod A, Nair U B, Armstrong D W. Anal. Chem., 1996, 68: 2501

[26] Armstrong D W, Rundlett K L, Chen J. Chirality, 1994, 6: 496

[27] Wan H, Blomberg L. Electrophoresis, 1996, 17: 1938

[28] Ward T, Dann I C, Brown A P. Chirality, 1996, 8: 77

[29] Fanali S, Desiderio C. J. HRC, 1996, 19: 322

[30] Desiderio C, Polcaro C, Padiglioni P, Fanali S. J. Chromatogr. A, 1997, 781: 503

[31] Prokhorova A F, Shapovalova E N, Shpak A V, Staroverov S M, Shpigun O A. J. Chromatogr. A, 2009, 1216: 3674

[32] Kang J W, Bischoff D, Jiang Z J, Bister B, Sussmuth R D, Schurig V. Anal. Chem., 2004, 76: 2387

[33] Strege M A, Huff B E, Risley D S. LC-GC, 1996, 14: 144

[34] Sharp V, Risley D, McCarthy S, Huff B, Strege M A. J. Liq. Chromatogr., 1997, 20: 887

[35] Li J X, Liu R X, Wang L Y, Liu X L, Gao H J. Chirality, 2019, 31: 236

[36] Ghassempour A, Alizadeh R, Najafi N M, Karami A, Rompp A, Spengler B, Aboul-Enein H Y. J. Sep. Sci., 2008, 31: 2339

[37] Hellinghausen G, Lopez D A, Lee J T, Wang Y D, Weatherly C A, Portillo A E, Berthod A, Armstrong D W. Chirality, 2018, 30: 1067

[38] Staroverov S M, Kuznetsov M A, Nesterenko P N, Vasiarov G G, Katrukha G S, Fedorova G B. J. Chromatogr. A, 2006, 1108: 263

[39] 雷雯, 张凌怡, 朱亚仙, 杜一平, 张维冰. 分析化学, 2010, 38: 1544

[40] Yu B, Zhang S, Li G L, Cong H L. Talanta, 2018, 182: 171

[41] Zhao J, Chelvi S K T, Tan D, Yong E L, Lee H K, Gong Y H. Chromatographia, 2010, 72: 1061

[42] Xu D S, Shao H K, Luo R Y, Wang Q Q, Sánchez-López E, Fanali A, Marina M L, Jiang Z J. J. Chromatogr. A, 2018, 1557: 43

[43] Hsieh M L, Chau L K, Hon Y S. J. Chromatogr. A, 2014, 1358: 208

[44] Bhushan R, Thiong G T. J. Planar Chromatogr., 2000, 13: 33

[45] Yuan C. J. Planar Chromatogr., 2014, 27: 318

[46] Lian X, Chen X X, Zi M, Yuan LM. J. Planar Chromatogr., 2015, 28: 248

[47] Lian X, Chen X X, Zi M, Yuan L M. Asian J. Chem., 2015, 27: 3370

[48] Bhushan R, Agarwal C. J. Planar Chromatogr., 2010, 23: 7

[49] 袁黎明, 苏莹秋, 段爱红, 郑莹, 艾萍, 谌学先. 高等学校化学学报, 2016, 37(11): 1960

[50] Yuan L M, Ma W, Xu M, Zhao H L, Li Y Y, Wang R L, Duan A H, Ai P, Chen X X. Chirality, 2017, 29: 315

[51] Ito Y, Weinstein M, Aoki I, Harada R, Kimura E, Nunogaki K. Nature, 1966, 212: 985

[52] Cai Y, Yan Z H, Lv Y C, Zi M, Yuan L M. Chin. Chem. Lett., 2008, 19: 1345

[53] Ai P, Liu J C, Zi M, Deng Z H , Yan Z H, Yuan L M. Chin. Chem. Lett., 2006, 17(6): 787

[54] Armstrong D W, Menges R, Wainer I W. J. Liq. Chromatogr., 1990, 18: 3571

[55] Duret P, Foucault A, Margraff R. J. Liq. Chromatogr., 2000, 23: 295

[56] George N, Herz M, Aboul-Enein H Y, Shihata L, Hanafi R. J. Chromatogr. Sci., 2019, 57: 485

[57] 沈报春, 袁建勇, 徐贝佳, 徐秀珠. 化学学报, 2009, 67: 2005

[58] Vadinska M H, Srkalova S, Bosakova Z, Coufal P, Tesarova E. J. Sep. Sci., 2009, 32: 1704

[59] Shen B C, Zhang D T, Yu X Y, Guo W, Han Y Q, Xu X Z. Chin. J. Chem., 2012, 30: 157

[60] 何义娟, 李克丽, 李倩, 张 鹏, 艾萍, 袁黎明. 色谱, 2019, 37(4): 383

[61] 李倩, 代文丽, 何义娟, 张 鹏, 袁黎明. 分析试验室, 2019, 38(7): 761

[62] Péter A, Árki A, Tourwé D, Forró E, Fülöp F, Armstrong D W. J. Chromatogr. A, 2004, 1031: 159

[63] Xiao T L, Tesarova E, Anderson J L, Egger M, Armstrong D W. J. Sep. Sci., 2006, 29: 429

[64] Min Y, Sui Z G, Liang Z, Zhang L H, Zhang Y K. J. Pharma. Biomed. Anal., 2015, 114: 247

[65] Barhate C L, Wahab M F, Breitbach Z S, Bell D S, Armstrong D W. Anal. Chim. Acta, 2015, 898: 128

[66] Ismail O H, Antonelli M, Ciogli A, Villani C, Cavazzini A, Catani M, Felletti S, Bell D S, Gasparrini F. J. Chromatogr. A, 2017, 1520: 91

[67] Barhate C L, Lopez D P, Makarov A A, Bu X D, Morris I J, Lekhal A, Hartman R, Armstrong D W, Regalado E L. J. Chromatogr. A, 2018, 1539: 87

[68] Zhang X T, Bao Y, Huang K, Barnett-Rundlett K L, Armstrong D W. Chirality, 2010, 22: 495

[69] Rundlett K L, Gasper M P, Zhou E Y. Armstrong D W. Chirality, 1996, 8: 88

[70] Wan H, Blomberg L. Electrophoresis, 1997, 18: 943

[71] Wan H, Blomberg L. J. Chromatogr. A, 1997, 792: 393

[72] Yuan C. Asian J. Chem., 2015, 27: 2043

[73] 袁黎明, 何红星, 查欣, 章俊辉, 熊宏苑, 涂代梅, 艾萍. 膜科学与技术, 2017, 37(3): 81

[74] Reshetova E N, Kopchenova M V, Vozisov S E, Vasyaninc A N, Asnin L D. J. Chromatogr. A, 2019, 1602: 368

[75] Ekborg-Ott K H, Liu Y, Armstrong D W. Chirality, 1998, 10: 434

[76] Ekborg-Ott K H, Zientara G A, Schneiderheinze J M, Gahm K, Armstrong D W. Electrophoresis, 1999, 20: 2438

[77] Rundlett K L, D.W. Armstrong. Anal. Chem., 1995, 67: 2088

[78] Nishi H, Nakamura K, Nakai H, Sato T. Chromatographia, 1996, 43: 426

[79] Bhushan R, Parshad V. J. Chromatogr. A, 1990, 736: 235

[80] Reshetova E, Gogolishvili O. J. Liq. Chromatogr. Relat. Tech., 2018, 41: 561

[81] Xu G F, Du Y X, Chen B, Chen J Q. Chromatographia, 2010, 72: 289

[82] Yu T, Du Y X, Chen B. Electrophoresis, 2011, 32: 1898

[83] Lebedeva M V, Prokhorova A F, Shapovalova E N, Shpigun O A. Electrophoresis, 2014, 35: 2759

[84] Maier V, Ranc V, Martin M, Petr J, Armstrong D W. J. Chromatogr. A, 2012, 1237: 128

[85] Chen B, Du Y X. J. Chromatogr. A, 2010, 1217: 1806

[86] Kim M J, Park J H. J. Chromatogr. A, 2012, 1251: 244

[87] Ma X F, Du Y X, Zhu X Q, Feng Z J, Chen C, Yang J X. Anal. Bioanal. Chem., 2019, 411: 5855

[88] Maruyama K, Sohmiya H, Tsukube H. J. Chem. Soc. Chem. Commun., 1989, 864

[89] Tsukube H, Sohmiya H. Tetrahedron Lett., 1990, 31: 7027

[90] Tsukube H, Sohmiya H. J. Org. Chem., 1991, 56: 875

[91] Yang F, Du Y X, Chen B, Fan Q F, Xu G F. Chromatographia, 2010, 72: 489

[92] Zhang Q, Du Y X, Chen J Q, Xu G F, Yu T, Hua X Y, Zhang J J. Anal. Bioanal. Chem., 2014, 406: 1557

[93] Currie C A, Woods C D, Stanley F E, Stalcup A M. J. Liq. Chromatogr. Relat. Tech., 2014, 37: 2218

[94]　Nair U B, Armstrong D W, Hinze W L. Anal. Chem., 1998, 70: 1059

[95]　Beesley T E, Lee J T. J. Liq. Chromatogr. Relat. Tech., 2009, 32: 1733

[96]　Cavazzini A, Nadalini G, Dondi F, Gasparrini F, Ciogli A, Villani C. J. Chromatogr. A, 2004, 1031: 143

第三部分　高分子材料

通常将分子量在 1 ~ 100 万的分子称为高分子[1-3]。纤维、塑料、橡胶为最主要的三大高分子材料。高分子手性材料根据来源可分为四类：一类是天然高分子和它们的衍生物；第二类是利用具有手性的单体人工合成聚合物；第三类是人工通过不对称合成的单手螺旋高分子化合物；最后一类是利用单体和模板聚合而成的分子印迹聚合物。在手性识别材料中，小分子的手性固定相常常键合在基质表面[4-6]，而手性聚合物除可以键合外还可以涂在基质表面，而且手性聚合物也能够交联成为一个整体[7]。小分子的手性识别能力主要取决于小分子的结构，但聚合物的二级结构对手性识别或许是关键的因素，所以聚合物材料对外消旋体的分离机理比小分子材料更复杂[8,9]。相对于键合在基质表面上的小分子而言，增加手性聚合物识别器在基质表面的量比较容易[10,11]，因此合成或半合成聚合材料或许有更高的样品承载能力。在手性分离分析中，目前多糖及其衍生物是使用最广泛的手性识别材料[12,13]。

第 14 章　手性高分子

到目前为止，商业化过的手性识别材料应该在 100 种以上[14]，由聚合得到的手性材料已被广泛应用于手性异构体的识别[15]。合成高分子手性识别材料极具吸引力，原因在于这些材料具有丰富的化学结构[16]、便于手性识别的化学修饰[17]、具有获得高手性识别性能的可能性[18]。本章将介绍利用手性单体合成的聚合物以及利用手性分子修饰的聚合物。

14.1　链式聚合物

在已有的合成聚合物型手性识别材料中，有一类主要是通过链式聚合得到的，其单体常是具有光学活性的化合物[19-22]。

14.1.1　聚丙烯酸酯

一个侧链含有双萘酚的光学活性聚甲基丙烯酸酯已经由相应的单体通过自由基聚合而成(图 14.1)，将该聚合物涂渍在硅胶[23]表面就制成了一个手性固定相。它能拆分包括 1,2-二醇、1,3-二醇以及苯基烷基醇在内的 3,5-二硝基苯基氨基甲酸酯外消旋体，分离似乎仅简单依靠侧链一边的手性联萘官能团，因为通过化学键合(S)-2-(5-羧基戊氧基)-2′-甲氧基-1,1′-联二萘到氨丙基硅烷化硅胶上作为手性固定相时，其有类似的分离结果。

图 14.2a、b 中具有光学活性侧链的聚丙烯酸酯和聚甲基丙烯酸酯制备成柱子[24]，聚甲基丙烯酸酯对一些药物显示出分离能力[25]。同样，将具有(+)-5-氧龙脑基侧链的聚甲基丙烯酸酯涂渍在硅胶表面后制备手性色谱柱，也可以拆分一些对映异构体[26]。但是，光学活性的全同立构的聚甲基丙烯酸酯(图 14.2c、d)，虽然也是由光学活性单体合成的，却对于很多化合物都没有手性识别能力[27]。

以甲基丙烯酸丁酯、二甲基丙烯酸乙烯酯和 N-甲基丙烯酰-L-谷氨酸为原料，在致孔剂 DMF 存在下聚合得到的整体柱能用于电色谱中进行氨基酸的手性拆分[28]。图 14.3 是利用 Pirkle 型的手性功能团作为聚合物侧链通过共聚反应得到的手性聚合物，其已被用于毛细管电色谱中作为手性识别材料[29]。含有(–)-寡-{甲基-(10-蒎烷基)硅氧烷}的聚甲基丙烯酸甲酯膜也进行了 D,L-扁桃酸的手性拆分。试验表明 L-扁桃酸优先透过膜，其对映体过剩值达到了 85.4%[30]。

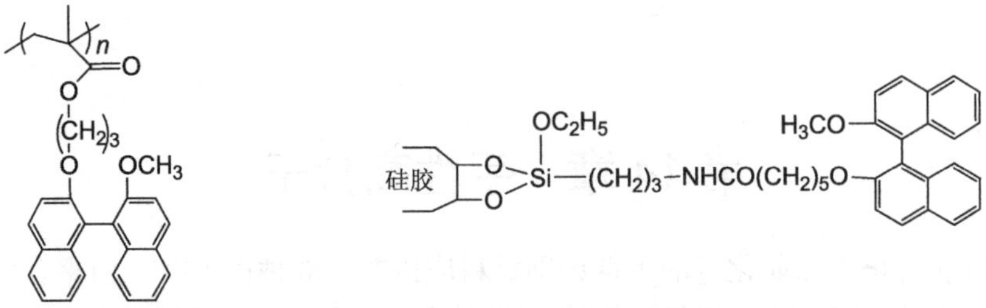

图 14.1 双萘酚的聚合物及其键合相

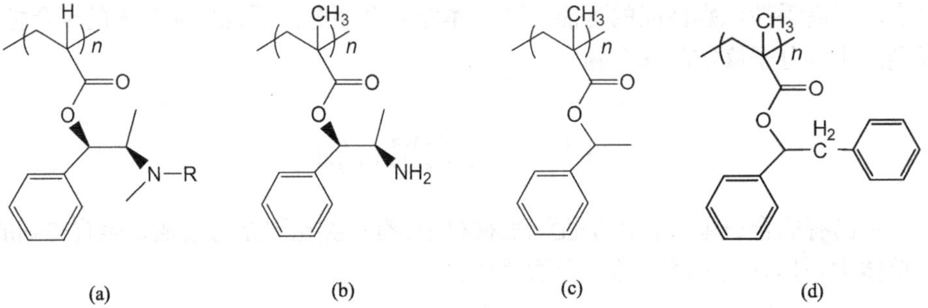

(a)　　　　　　(b)　　　　　　(c)　　　　　　(d)

图 14.2 聚丙烯酸酯(a)、聚甲基丙烯酸酯(b)以及全同立构的聚甲基丙烯酸酯(c)(d)

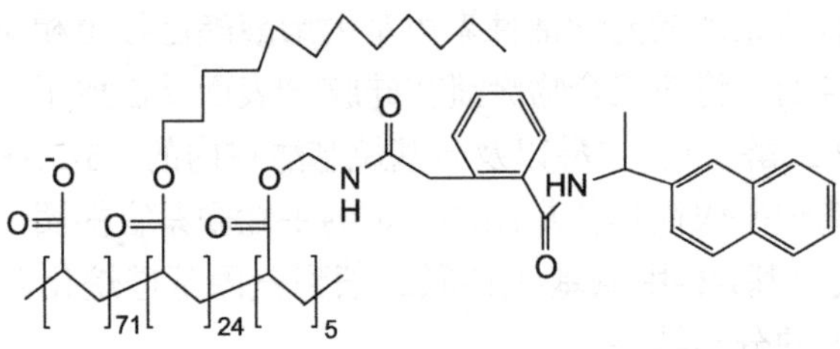

图 14.3 Pirkle 型的手性功能团聚合物

选择性结晶是提供大规模光学纯手性化合物最经济、最方便的方法之一。尽管巴斯德在 1848 年分离酒石酸钠后取得了显著的进展，但该方法的效率仍然很低。近年来，宛新华团队[31]合成了一种苯磺酸钠邻菲咯啉染色的自组装抑制剂，该抑制剂以三乙二醇接枝的聚硅氧烷为主链、聚(N^6-甲基丙烯酰基-L-赖氨酸)为侧链。当加入 D-构型晶种和该抑制剂到外消旋体混合物的饱和溶液中后，D-构型的晶体较快地优先析出，随后带色的抑制剂通过主链的较慢自组装和侧链的手性识别慢慢地诱导和标记出 L-构型晶体的形成，前一种晶体形成较快且无色，后一种晶体析出慢且显红色，整个过程实现结晶过程的自报告。分离出的对映体晶体纯度高达 99%以上，抑制剂用量少还可重复使用。随后该团队[32]进一步研究了一种磁性纳米分离器，该分离器以 Fe₃O₄ 纳米粒子为核心、以手性高分子抑制剂为壳层，壳层为 RAFT 聚合法合成的两亲聚(N^6-甲基丙烯酰-(S)-赖氨酸)-聚苯乙烯的双嵌段共聚物。当拆分外消旋混合物时，在待分离物的溶液中这些纳米分离器会被选择性地包裹在析出的(S)-晶体中，从而形成与(R)-晶体不同物理性质的晶体。通过磁场下的有效分离，在简单的一步结晶过程中，可获得高纯度的手性化合物((R)-晶体 99.2 $e.e.$%，(S)-晶体 95.0 $e.e.$%)，且分离率高(95.1%)，纳米分离器回收后可重复使用。

14.1.2 聚丙烯酰胺

由 Blaschke 等设计合成的带有手性侧链的聚丙烯酰胺和聚甲基丙烯酰胺成功地获得了手性识别能力，这些聚合物是通过相应的单体自由基聚合而成，手性材料通过两种不同的方法制备。

早期的制备手性材料的方法是由具有手性的单体与作为交联剂的二甲基丙烯酸乙二醇酯通过自由基共聚形成凝胶微粒，然而这些手性识别材料在高压的条件下不稳定。在流动相中溶胀的凝胶被用来作为低压色谱手性固定相，能分离许多在药理学中重要的外消旋体，也包括用在药物的制备性分离[33-35]。例如能产生畸形效应的镇静剂反应停的外消旋体就能够用图 14.4 中的 Blaschke 手性色谱柱完全分离[36]，研究发现引起畸形效应的主要是(S)-型异构体。手性识别行为的不同，主要依赖于聚合体和外消旋体的结构，同时也依赖色谱的分析条件[37]。在聚丙烯酰胺和聚甲基丙烯酰胺作固定相分离时，无极性的溶剂(如苯，甲苯)比极性溶剂分离效果好，外消旋体具有一些氢键功能团如氨基、酰亚胺、羧酸和醇等时分离效果好。

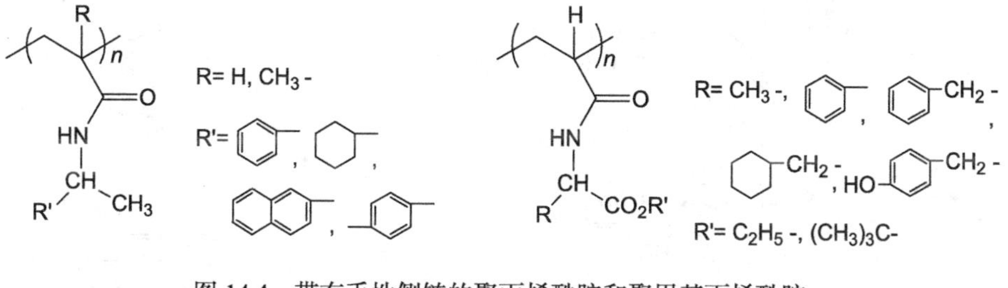

图 14.4 带有手性侧链的聚丙烯酰胺和聚甲基丙烯酰胺

另外可将手性胺与交联的聚丙烯酰氯高分子反应，生成的手性凝胶也显示出手性识别能力[38]，其分离能力大小依赖于聚合物链的立体结构和聚合物链形成的高序结构。

为了使制备的手性识别材料能用于 HPLC，甲基丙烯酰基或丙烯酰基被引入硅胶表面，光学活性单体通过自由基聚合固定在表面衍生化的硅胶上[37]。通过用甲苯洗去未键合的多聚体，得到硅胶键合手性多聚体。另外还可以通过在硅胶存在下简单地手性单体聚合将多聚体固定在硅胶上，在这种情况下，多聚体可能是通过在硅胶的孔中机械地缠绕而固定，而用正己烷、甲苯、二氧杂环己烷、异丙醇不能洗去。附着有多聚体的硅胶能够分离多种化合物。图 14.4 中的聚丙烯酰胺多聚体(R=苄基，R'=乙烷基)键合在硅胶上作为填充柱已经商品化。利用同样的方法，含有氨基酸和(−)-薄荷酮或(+)-薄荷酮的单体也被聚合成高分子用于手性固定相[39]，但仅少量外消旋体能被分离。

图 14.5a~c[39]、d[40]、e 和 f 的聚丙烯酰胺和聚甲基丙烯酰胺也通过相应的单体聚合获得，并被用来制备手性识别材料。其中，多聚体 a 键合在硅胶上作为手性固定相已经商品化。通过两步聚合方法可将聚合体 b 固定在单分散的聚苯乙烯小球上[41]，该手性材料能基线分离联萘酚。含有麻黄素侧链的聚合物 e 能分离苦杏仁酸[24]，聚合体 f 能分离细胞溶解酶[42]。

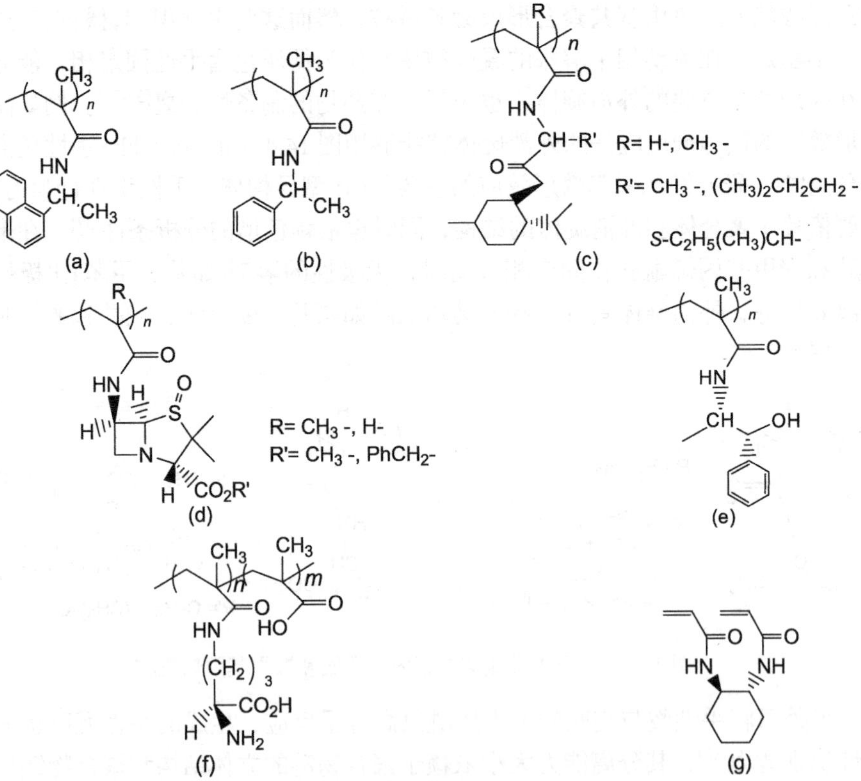

图 14.5　一些聚丙烯酰胺和聚甲基丙烯酰胺的衍生物

聚(S)-1-丙烯酰-2-(N-苯基甲酰胺基)吡咯烷[43]、苯甘氨酸基为侧链的甲基丙烯酰胺聚合物[44]、聚[N-(噁唑基苯基)丙烯酰胺]同样也有手性分离能力[45]。还可将光活性的聚酰胺材料包裹在金纳米粒子的表面用于手性识别[46]。

　　1926 年，Wieland 等第一次报道了反-1,2-二氨基环己烷的合成。这种二胺具有 C_2 的对称性，用 D-型或 L-型酒石酸化学折分，便能得到纯的(1R,2R)-或(1S,2S)-反-1,2-二氨基环己烷。图 14.5g 为拥有双重功能团的单体，通过巯基键合在硅胶上得到聚合体[47]，能分离联萘酚和它的相似物。F. Gasparrini 利用图 14.5g 的(1R,2R)-或(1S,2S)-聚合成手性材料 poly(trans-1,2-cyclohexanediyl-bis acrylamide)，并由 Advanced Separation Technologies Inc. (Astec, Whippany, NJ, USA)生产出了商品手性固定相，商品名为 poly-cyclic amine polymer (P-CAP)[48-52]。该聚合物形成的是一个交联的网状结构，已报道 60 多种各种结构的外消旋产物利用这种柱子得到了分离。该手性材料也表现出较高的稳定性、高试样载荷量，并能用于多种类型流动相中。由于此手性材料中没有芳香单元，所以用这类单体合成的高分子手性识别材料将会表现出不同的高效选择性。D. W. Armstrong 将引发剂键合到硅胶的表面，将上述单体进行聚合，在硅胶的表面生成了刷型的手性固定相，也显示了好的手性分离特性[53]，其分子结构见图 14.6。

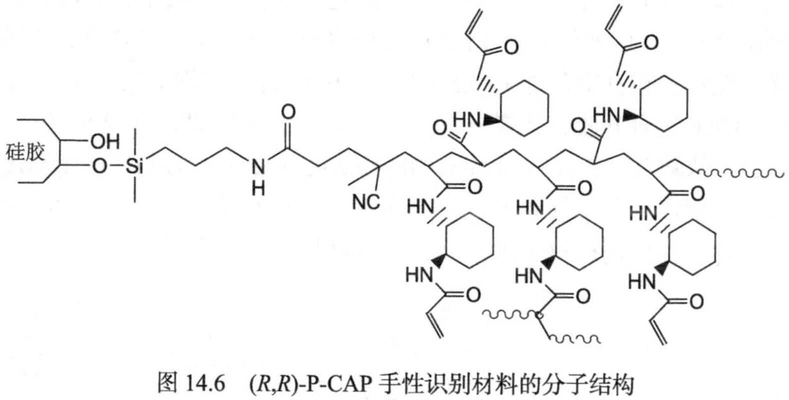

图 14.6　(R,R)-P-CAP 手性识别材料的分子结构

　　(R,R)-P-CAP 的合成步骤如下[53]：①　将 (1R,2R)-二胺环己烷(12.1 g，105.96 mmol)和二异丙基乙胺(36.3 g，210.18 mmol)溶解在 160 mL 混合无水溶剂中[氯仿：甲苯=3：1 (体积比)]。在 0 ℃氮气保护下，将丙烯酰氯(17.3 g，210.18 mmol)加入上述混合溶液，并不断搅拌。将反应混合物加热到室温，并在该温度下反应 2 h，通过过滤得到手性单体。然后用甲苯、乙烷洗脱，减压干燥获得 19.08 g 的白色固体(1R,2R)-DACH-ACR (产率：81.6%)。^{1}H NMR(400MHz，甲醇-d4)：δ 8.00(s, 2H), 6.17～6.15 (m, 4H), 5.60(dd, J=6.8Hz, 5.2Hz, 2H), 3.80～3.70(m, 2H), 2.00～1.95(m, 2H), 1.80～1.70(m, 2H), 1.40～1.30(m, 4H)；^{13}C NMR(甲醇-d4)：δ 166.7, 130.8, 125.3, 52.8, 31.9, 24.5。②　将五氯化磷(115.1 g，

552.48 mmol)加入 576 mL 的无水二氯甲烷中形成悬浮体,同样,将 4,4′-偶氮-二-4-腈戊酸(28.8 g, 138.24 mol)加入 900 mL 无水二氯甲烷中形成悬浮体,用 N₂ 作保护气,在-5 ℃下,将后者加入前者,并不断搅拌 1 h 后,将反应混合物加热到室温,静置一夜,然后过滤出沉淀,并在 25 ℃,0.1 mbar(非法定单位,1 bar=10⁵ Pa)条件下干燥,得到化合物的总质量为 24.8 g(产率 73.7%)。③ 在室温下,将 85.7 g 的 5 μm 的无水硅胶分散于 850 mL 的无水甲苯中,再加入 42 mL 的 180.6 mmol 的 3-氨丙基三甲氧基硅烷。将反应混合物加热回流 5 h,然后过滤,在 105 ℃下,将硅胶干燥一夜得到 91.97 g 的 3-氨丙基硅胶,元素分析为 C 3.22%、H 0.88%、N 0.88%。④ 将 88.5 g 无水的 3-氨丙基硅胶分散于 742 mL 的无水甲苯中形成混合体系 1,将二氯代-4,4′-偶氮-二-4-腈戊酸(9.98 g, 36.24 mmol)加入 297 mL 的无水甲苯中形成溶液 2。在-5℃下,先将 1-甲氧基-2-甲基-1-三甲基硅氧基-1-丙烯(14.8 mL, 72.52 mmol)溶液加入混合体系 1 中,再将溶液 2 加入其中,机械搅拌,并用氮气作保护气,将该溶液加热到室温并保持 5 h。将改性后的硅胶过滤出,真空干燥,得到功能化的硅胶 95.9 g,元素分析为 C 7.00%、H 1.10%、N 2.26%。⑤ 将 14.0 g 的(1R,2R)-DACH-ACR 加入 1380 mL 已脱气的无水氯仿中形成溶液,在用氮气作保护气的情况下,将 82.4 g 功能化的硅胶加入其中,将混合物加热到 51 ℃并保持 5 h,然后加热回流 1 h,冷却到室温,分离反应混合物,并用甲醇和丙醇洗涤沉淀物,在真空条件下(0.1 mbar, 60 ℃)将沉淀物干燥 4 h,得到 91.5 g 的 (R,R)-P-CAP 键合硅胶,元素分析为 C 12.83%、H 1.98%、N 2.69%。

反-1,2-二苯基乙二胺(1,2-diphenylethylenediamine, DPEDA)已成功地用于 π 配合物刷型手性固定相[54-56]的制备,基于该化合物的甲基丙烯酰胺单体被合成,并被用于聚合物手性识别材料的制备[57],所得材料的示意见图 14.7。

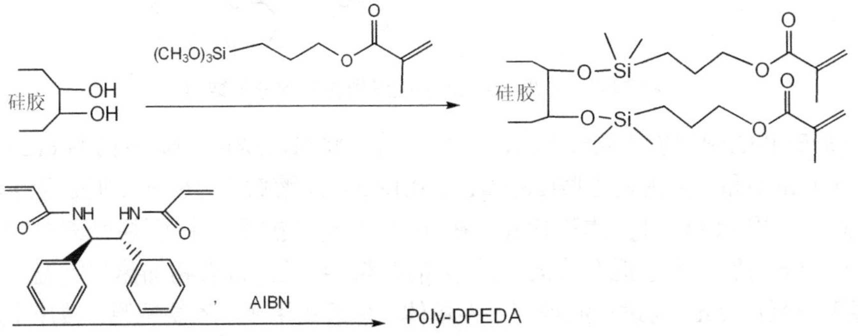

图 14.7 Poly-DPEDA 手性识别材料的合成

类似的聚合物还有如图 14.8a, b[58,59], c, d[60],e[61]所示的单体结构。

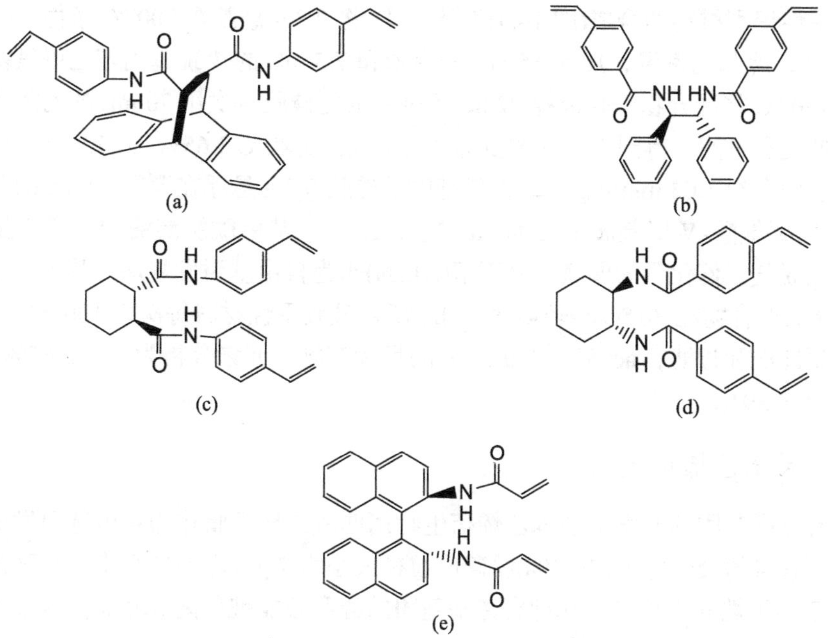

图 14.8　类似 CAP 的手性单体

将缬氨酸的衍生物键合到硅胶上可以用于分离氨基酸衍生物对映异构体[62]。众所周知，聚(N-异丙基丙烯酰胺)是一种临界温度为 32 ℃ 的温度敏感聚合物，在临界温度时它们处于溶解与未溶解可逆变化之间。在此温度之上由于脱水，聚合物处在疏水的环境中。当把聚(N-异丙基丙烯酰胺)键合到硅胶上并用于水相液相色谱中时，它依然保留聚合物的结构受温度影响这一性质[63-65]。聚丙烯酰-缬氨酸-N-甲胺和聚丙烯酰-缬氨酸-N,N-二甲胺、聚(N-异丙基丙烯酰胺)一样是一种温度敏感聚合物，它们的临界温度分别为 18 ℃ 和 14 ℃。这种对温度响应的聚合物胶也对氨基酸衍生物的对映体具有一定的手性识别能力[66]。

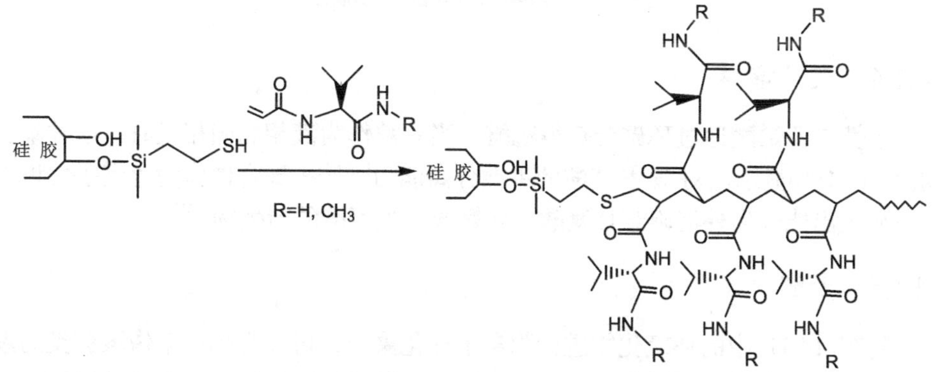

图 14.9　功能性单体与 3-巯基丙基化硅胶的原位聚合

该手性识别材料的合成(图 14.9)为[66]：① 将 2.3 g 硅胶在 200 °C 条件下减压干燥 18 h，冷却到室温，加入 15 mL 的甲苯和 7.5 mL 的 3-巯基丙基三甲氧基硅烷，在 130 °C 将混合物轻轻搅拌 22 h，经过修饰的硅胶再次用 70 mL 的乙醇和丙酮连续冲洗和过滤，得到 2.41 g 的目标产物。元素分析 C 3.65%，H 1.25%，可计算硅胶表面含炭 1.03 mmol/g。② 3-巯基丙基硅胶 0.7 g 悬浮在含有 9.86 g 的单体丙烯酰-L-缬氨酸-N-甲基胺的 200 mL 的 N,N-二甲基甲酰胺溶液中。通入氩气 20 min 以脱气，催化量的偶氮二异丁腈(AIBN)作为自由基引发基加入其中。在氩气环境下，混合物在 80 °C 轻轻搅拌 17 h。所得硅胶手性材料每次用 100 mL 的甲醇和丙酮冲洗和过滤，最终得到 0.78 g 的目标产物，元素分析为 C 12.67%，H 2.48%，N 2.39%。

14.1.3 聚苯乙烯衍生物

含有亚砜基团的光学活性苯乙烯衍生物用偶氮二异丁腈作为自由基引发剂进行聚合，获得的聚合体(图 14.10a)粉碎成粒径大小为 7 μm 左右的粉末，当其被用作 HPLC 的手性固定相时，几种有芳基基团的醇和胺能被分离。然而，这种手性固定相不能分离脂肪醇和胺[67]。

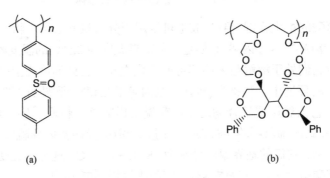

(a)   (b)

图 14.10　聚苯乙烯(a)及聚乙烯醚(b)

14.1.4 聚乙烯醚

手性二乙烯醚通过环聚合获得冠醚，当它被作为液相和固相膜时，这种聚合物(图 14.10b)显示出对 α-氨基酸的手性分离能力[68,69]。聚合体作为色谱手性识别材料显示出能分离外消旋苯甘氨酸、缬氨酸和蛋氨酸的衍生物[70]。

14.1.5 聚醚

将图 14.11 中的环氧化物进行阴离子环化聚合，可以得到一个像聚糖类的聚醚高分子。这个高分子键合到硅胶表面制得手性材料，能够分离多种外消旋体，如 DL-色氨酸和其他未被衍生的 α-氨基酸[71]。同样，与该聚合物类似的化合物也被证明具有手性识别能力[72]。

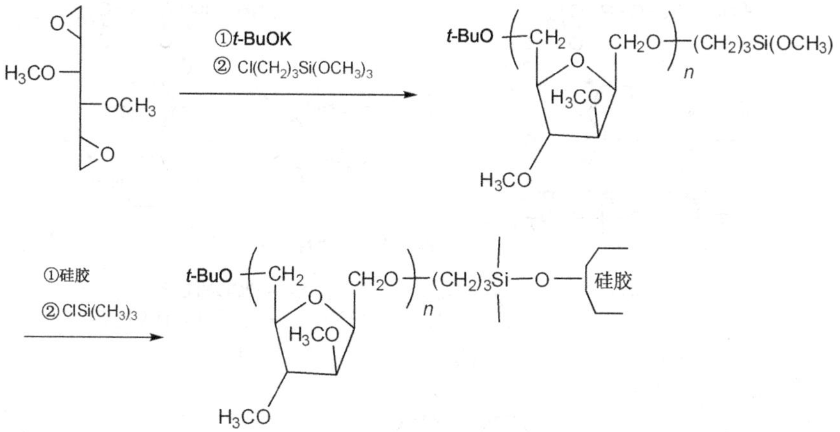

图 14.11　聚醚手性识别材料

14.2　逐步聚合物

为了找到好的高分子手性识别材料，人们用一些具有光学活性的化合物通过逐步聚合反应制得了聚酰胺和聚氨酯等的手性高分子，与前面通过链式聚合所得的高分子相比较，这些聚合物显示出了不同的手性识别能力。

14.2.1　聚酰胺

手性聚酰胺一般由手性二胺或手性二元羧酸(或酯)合成。如图 14.12a 为使用(−)-1,2-二苯基乙二胺(DPEDA)和对苯二酰氯(TPC)制备的一种光学活性的聚酰胺，涂敷在功能化的大孔硅胶上制得手性识别材料，此材料可用于 HPLC 法分离一些消旋体，如 Troger 碱，杏仁酸乌洛托品，安息香等[73]，类似的材料还被用于SFC 的手性分析[74]。图 14.13b[75]，c[76,77]，d[78]，e[78]，g[79]和 h[75]，它们能识别一些带有极性官能团的外消旋体，其手性识别能力取决于手性单元的结构和手性单元上的连接基团。如聚酰胺 c 的二胺单元中带有偶数亚甲基的有较高的识别能力，这主要归因于晶化能力的不同，而晶化能力又与亚甲基的数目有关，一般认为晶化能力越强，聚合物手性识别能力越强。

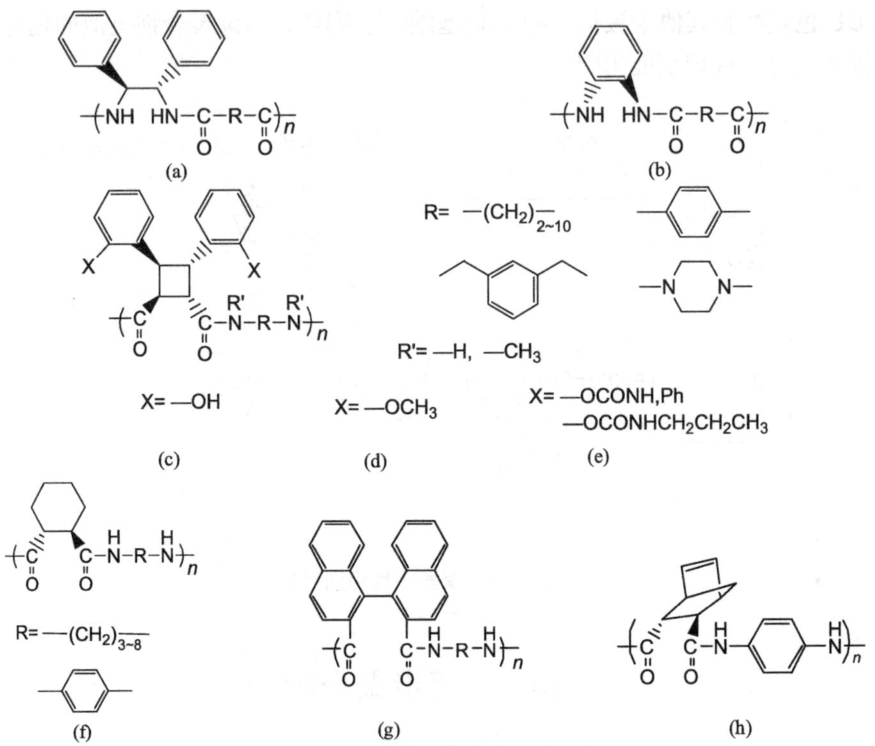

图 14.12 一些聚酰胺高分子化合物

14.2.2 聚氨酯和聚脲

有关聚氨酯和聚脲如图 14.13a[80]、b[81]和 c[82]类化合物的手性识别能力也已有相关报道。

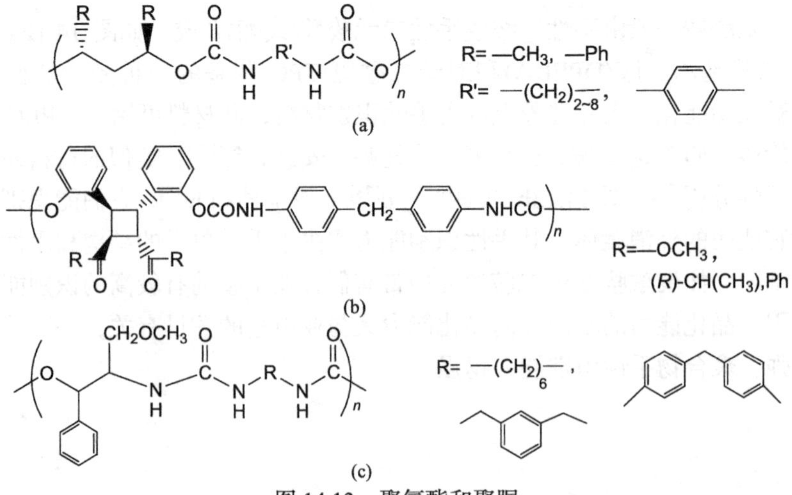

图 14.13 聚氨酯和聚脲

采用(1R,2R)-(+)-1,2-二苯基乙二胺与 1,4-苯基二异腈酸酯和对苯二甲酰氯共聚,之后和氨基化的硅胶反应制得的手性材料(图 14.14)[83],也显示了一定的手性识别能力。该化合物的合成为:① 将(1R,2R)-(+)-1,2-二苯基乙二胺(5.28 g,24.9 mmol)溶解在 20 mL DMF 和 10 mL TEA 的混合溶液中,15 ℃下逐滴加入内含 1,4-苯基二异腈酸酯(1.73 g, 10.8 mmol)和对苯二甲酰氯(2.92 g, 14.4 mmol)的25 mL DMF,室温反应 2 h,75 ℃反应 8 h,冷却后过滤除去有机盐。在氮气保护下在滤液中加入 160 mL 甲苯,所得固体重新溶解在 DMF 然后加入甲苯再沉淀,再沉淀过程重复一次得到棕色聚合物粉末。¹H NMR(DMSO-d6): 4.96(m, -CH-),5.16 ~ 5.62(m, -NHCONH-), 6.72 ~ 7.30(s, aromatic H), 7.75 ~ 7.96(m, aromatic H),8.32 ~ 8.39(m, -CONH-)。② 将该聚合物溶解在 40 mL 的 DMF 中,加入 4.00 g 的3-氨丙基硅胶(C 6.06%, H 1.75%, N 1.46%)和 10 mL TEA,80 ℃反应一晚上,过滤硅胶并用DMF、丙酮分别洗涤得到4.43 g手性聚合物材料,元素分析为:C 13.19%,H 2.46%, N 2.40%。

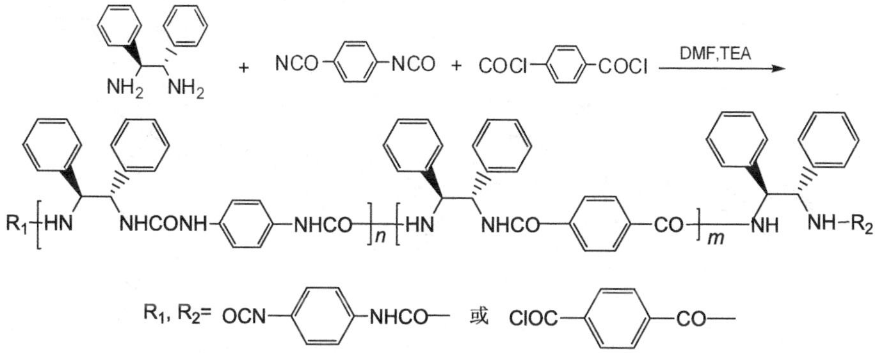

图 14.14 (1R,2R)-(+)-1,2-二苯基乙二胺与二异腈酸酯和对苯甲酰氯共聚示意图

类似的以(1S,2R)-(+)-2-氨基-1,2-二苯基乙醇等为原料的手性识别材料也已经被研究[84,85]。以 D -(–)酒石酸和 D -(–)-酒石酸二异丙基酯为手性源合成 D -(–)-酒石酸二苄酯和 D -(–)-酒石酸二苄胺,将其与对苯二异氰酸酯或对苯二甲酰氯进行聚合得到聚氨酯或聚酯型手性选体同时键合到氨丙基硅胶上制得双选择体手性固定相,也显示出一定的手性拆分能力[86]。

14.2.3 含硅聚合物

1995 年 Allenmark 等[87]研究了酒石酸网状类聚合物,其是将 N,N'-二烯丙基-L-酒石酸二胺(DATD)中的羟基与酰氯或者异氰酸酯反应生成 O,O'-二芳基-DATD-衍生物,然后将其用多功能氢化硅烷在乙烯基取代的二氧化硅上进行交联和共价接合(图 14.15),其中选择性最好的是含 3,5-二甲基苯甲酰基和 4-(叔丁基)苯甲酰基的手性固定相，具有宽的对映体分离能力、高色谱效率和大容量。

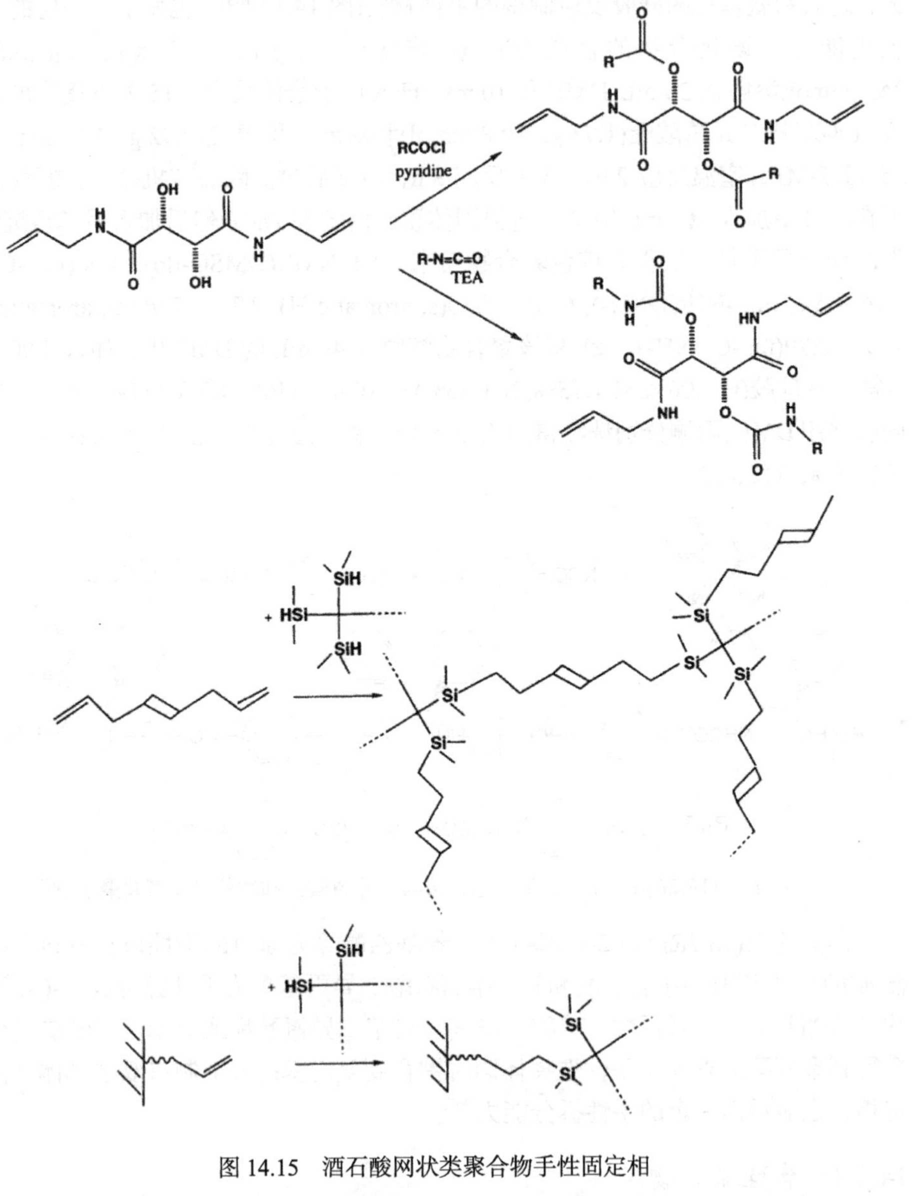

图 14.15　酒石酸网状类聚合物手性固定相

　　一个由 1,2-双(2-甲基-1-三乙基硅氧基-1-丙氧基)乙烷和对苯二甲醛在酶催化下形成的共聚物(图 14.16)利用相转化法制备的手性高分子膜对 β-受体阻滞药具有手性拆分能力[88]。

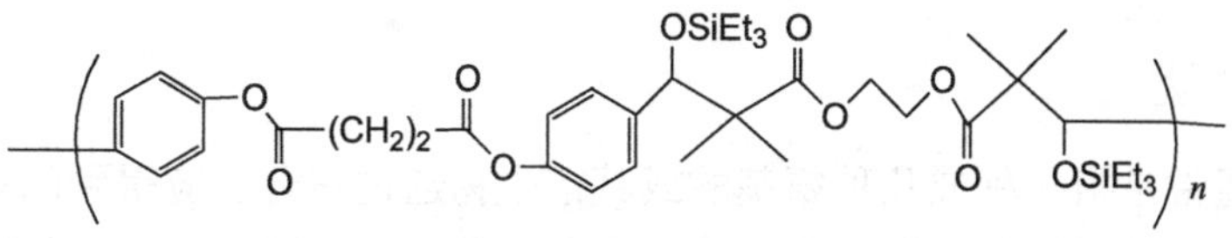

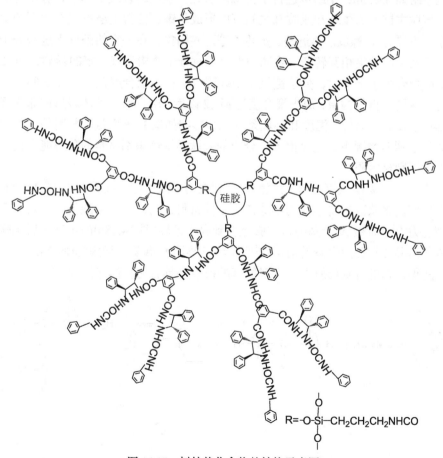

图 14.16　一个含硅聚合物

14.2.4　树枝状聚合物

树枝状类化合物也被用作手性材料[89]，如将 L-谷氨酸衍生的树枝状聚合物固定在硅胶上[90]。树枝状的含有 L-脯氨酸手性识别剂的固定相在分离 *N*-(3,5-二硝基苯)-(*R*)-氨基酸烷基胺的外消旋混合物时显示相当强的手性拆分能力[91]。由 (1*R*,2*R*)-(+)-1,2-二苯基乙二胺和均苯三甲酰氯作用生成的树枝状化合物经苯基腈酸酯反应所得的手性固定相，也显示出手性识别能力[92]，分子结构式见图 14.17。

图 14.17　树枝状化合物的结构示意图

14.2.5 聚肽

聚肽通常是指一种或几种氨基酸或其衍生物通过聚合反应得到的均聚物或共聚物[93,94]，一般不具备生物活性，其合成主要有生物法和化学法两大途径。聚 L-谷氨酸(PLGA)是迄今为止发现的少数几个可利用生物法聚合得到的聚肽之一。常用的化学法有固相法、溶液偶合法和 NCA(α-氨基酸-N-羧酸酐)法。NCA 法是目前聚肽合成的主要方法[95-97]，属于阴离子开环聚合机理，其引发剂可选用多种亲核试剂或碱类，如氢氧化物、酚盐阴离子、有机金属化合物和胺等，主要适用于对分散性和序列结构没有明确要求的均聚物、无规共聚物和接枝共聚物的合成。为了解决聚合物的分子量不定、分布较宽这一问题，Wulff 等开发了过渡金属引发剂，它是三丁基膦与金属乙酸盐的均匀混合物，金属通常为 Ni、Co、Cr、Cd、Mg 等。其他小组如 Deming 小组也进行了类似的研究。聚肽的合成单体中含有手性碳原子，聚肽主链上的羰基和亚胺基之间可以形成氢键，使得主链形成有规则的空间排布，主要有 α-螺旋、β-折叠、β-转角等这些构象，在一定的条件下这些分子链构象之间可以发生相互转变。聚肽的聚合度对分子链构象有一定的影响，如聚 L-丙氨酸聚合度小于 4 时，分子链呈无规线团构象；当聚合度在 4～11 之间时，聚 L-丙氨酸呈 β-折叠构象；而当聚合度达到 12 以后，聚合物分子链就形成非常规整的 α-螺旋结构。另外，温度和环境条件也会影响如聚 L-苯丙氨酸材料的手性识别性能[98]。通常情况下，完全由人工合成的聚肽类手性识别材料的分辨能力比蛋白质手性识别材料弱。

将聚 L-亮氨酸或聚 L-苯丙氨酸键合到聚丙烯酸甲酯大孔珠粒上(图 14.18a)，或者使用由多肽链自身形成的小球作为手性材料，它们对氨基酸衍生物具有手性识别能力[99]。将聚 N-苄基谷氨酰胺键合到聚苯乙烯(图 14.18b)的小球上后同样能分辨苯乙醇酸和乙丙酰脲的衍生物[100]。将三嗪用 L-缬氨酸异丙酯(图 14.18c)衍生化，所得产物键合到硅胶上，它对氨基酸衍生物具有对映体选择性[101]。

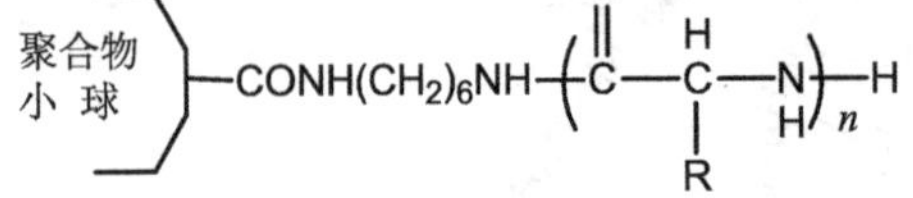

(a)

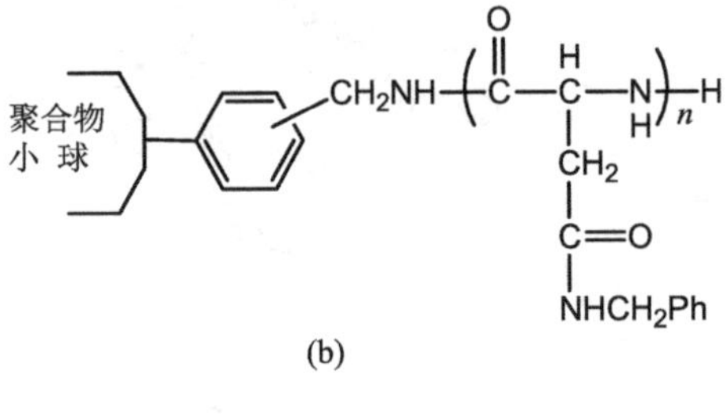

(b)

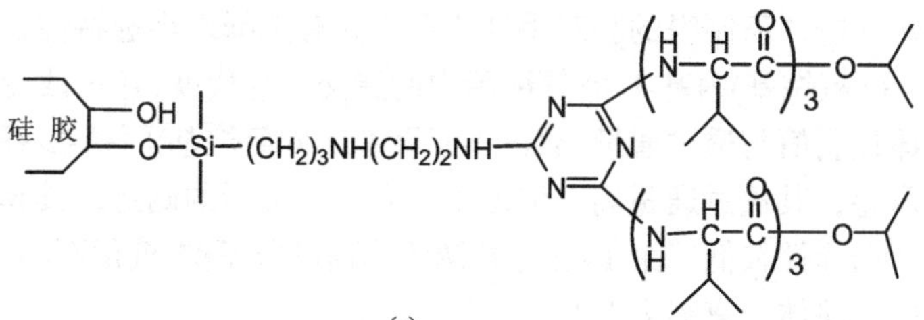

(c)

图 14.18 一些聚肽化合物

聚肽已较多地用于高分子膜的制备[102,103]。如利用 L-谷氨酸酯的 N-羧酸酐单体，以三乙胺作为引发剂，在二氯甲烷或氯仿溶液中反应 12 h 聚合得到聚 L-谷氨酸酯，并与醇类物质发生酯交换反应，形成两亲侧链，在玻璃平板上让其流延成膜，或用带有聚酯层的多孔聚丙烯腈作为支撑形成非对称膜，它们对色氨酸的对映体显示出选择性透过[104]。用聚谷氨酸酯衍生物对聚偏氟乙烯超滤膜改性，得到非对称的手性拆分固膜。用蒸气吸附方法让 γ-苯甲基-L-谷氨酸酯的 N-羧酸酐单体发生开环反应，物理或化学吸附在聚偏氟乙烯膜上，从而得到聚谷氨酸的非对称固膜。

笔者团队[105,106]采用 N-羧基内酸酐合成法，分别合成了不同分子量的聚 L-谷氨酸甲酯、聚 L-谷氨酸乙酯以及聚 L-谷氨酸苄酯用作液相色谱手性固定相。将聚 L-谷氨酸甲酯、聚 L-谷氨酸乙酯以及聚 L-谷氨酸苄酯制备成手性固膜，研究不同分子量的聚 L-谷氨酸酯、渗析溶剂中不同乙腈含量、原料液浓度、渗析时间、温度等对拆分对羟基苯甘氨酸外消旋体的影响。在优选的实验条件下，这些膜对对羟基苯甘氨酸的手性拆分的 e.e.值可达 45%以上，且聚 L-谷氨酸甲酯>聚 L-谷氨酸乙酯>聚 L-谷氨酸苄酯[107]。聚 L-谷氨酸甲酯合成是在氮气保护下，100 mL 无水四氢呋喃中加入 10.0 g 的 L-谷氨酸-5-甲酯(62 mmol)和 9.2 g 三光气(31 mmol)，反应 30 min 后通入氮气除去残留的光气，加入正己烷有 NCA 析出，反复结晶三次得到针状晶体。在氮气保护下取该晶体 5 g 在 150 mL 的无水氯仿中，三乙胺作为引发剂，30 ℃聚合一定时间，产物沉淀于甲醇中然后抽滤、洗涤、干燥则得到聚 L-谷氨酸甲酯(图 14.19)。聚 L-谷氨酸乙酯和聚 L-谷氨酸苄酯可以在类似的条件下合成。交联化的螺旋聚 L-谷氨酸苄酯也能用作对映体的识别[108]。

具有两亲侧链正-壬基苯氧基寡氧乙烯基的多聚谷氨酸具有高度有序的 α-螺旋主链结构，可使某些手性物质选择性透过，如谷氨酸聚合物几乎能将 Trp 的外消旋化合物完全拆分[109]，且选择性渗透可以保持 500 h 以上，但其渗透通量较低。为了获得较高的选择性及透过通量，通过聚 γ-甲基-L-谷氨酸酯与其相应醇之间的酯交换反应来合成聚(γ-3-五甲基二硅氧烷基)丙基-L-谷氨酸酯[110]，这种聚合物具有更灵活的短侧链，所制得的膜对手性化合物具有选择性渗透特性，且通过调节(γ-3-五甲基二硅氧烷基)丙基-L-谷氨酸酯中的酯交换替代度，还可改变其对手性化合物的对映体过剩值与透过通量。聚(γ-3-五甲基二硅氧烷基)丙基-L-谷氨酸酯膜能承受较高的压差，其透过通量高。但由于具有较为灵活的侧链，其膜结构的无序性增加，因而选择性较低。聚 L-谷氨酸钠还能提高谷氨酸-氧化石墨烯/聚 L-谷氨酸钠复合膜的对映体分离能力[111]。

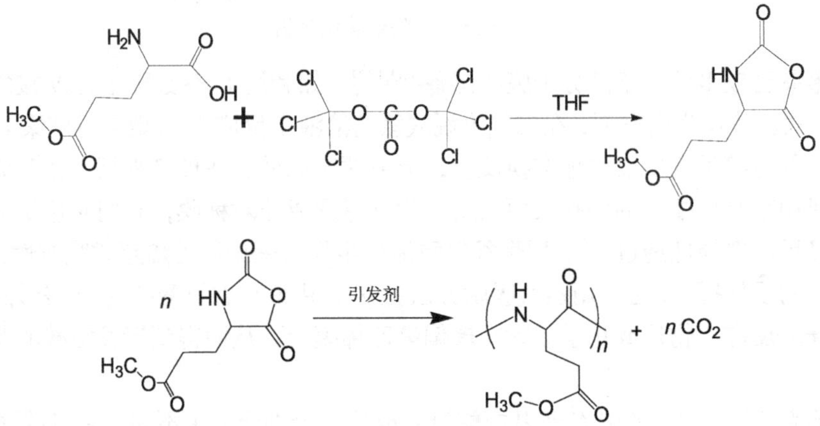

图 14.19　聚 L-谷氨酸-5-甲酯的合成反应

　　除了上述的手性识别材料之外，还有一些其他的识别材料，如手性梯状聚合物可制备成对映体透过膜[112]；基于(R,R)-Salen 的手性聚合物对 L-α-羟基羧酸的荧光增强反应较强，对映体荧光差比对扁桃酸可达 8.41、对乳酸可达 6.55，颜色的变化可以通过裸眼观察[113]。Zn(II)与基于(S)-2,2′-联萘二胺的聚合物生成的 1∶1 配合物制作荧光传感器能用于丙氨酸衍生物的高对映选择性识别[114]。利用光活性的聚苯胺制备的电极通过电化学特性可以识别丙氨酸的构型[115]。芴-联萘酚手性共聚物可以进行单壁碳纳米管对映体的识别与一锅萃取[116]。将去甲肾上腺素填充到毛细管中，通过溶液中溶解氧氧化去甲肾上腺素，在毛细管内表面形成聚去甲肾上腺素永久性涂层，用于毛细管电色谱分离氨基酸对映体[117]。类似的方法也可以制备聚左旋多巴的毛细管电色谱柱进行手性拆分[118]。

参 考 文 献

[1]　Yashima E, Ousaka N, Taura D, Shimomura K, Ikai T, Maeda K. Chem. Rev., 2016, 116: 13752
[2]　Yamamoto C, Okamoto Y. Bull. Chem. Soc. Jpn., 2004, 77: 227
[3]　Palmer C P, McCarney J P. J. Chromatogr. A, 2004, 1044: 159
[4]　Yuan L M, Ren C X, Li L, Ai P, Yan Z H, Zi M, Li Z Y. Anal. Chem., 2006, 78: 6384
[5]　Chang Y X, Zhou L L, Li G X, Li L, Yuan L M. J. Liq. Chromatogr. Relat. Tech., 2007, 30: 2953

[6]　Chang Y X, Ren C X, Yuan L M. Chemical Research in Chinese University, 2007, 23(6): 646

[7]　戴荣继, 王慧婷, 孙维维, 邓玉林, 吕芳, 刘秀洁. 色谱, 2016, 34: 34

[8]　Qin L, Xie F, Jin X, Liu M H. Chem. Eur. J., 2015, 21: 11300

[9]　Galbis J A, García-Martín M G, Paz M V, Galbis E. Chem. Rev., 2016, 116: 1600

[10]　Yuan L M, Xu Z G, Ai P, Chang Y X, Fakhrul Azam A K M. Anal. Chim. Acta, 2005, 554: 152

[11]　Chang Y X, Yuan L M, Zhao F. Chromatographia, 2006, 64(5/6): 313

[12]　Shen J, Ikai T, Okamoto Y. J. Chromatogr. A, 2014, 1363: 51;

[13]　Yuan L M, Ma W, Xu M, Zhao H L, Li Y Y, Wang R L, Duan A H, Ai P, Chen X X. Chirality, 2017, 29: 315

[14]　Scriba G K E. Trends Anal. Chem., 2019, 119: 115628

[15]　Yashima E, Maeda K, Iida H, Furusho Y, Nagai K. Chem. Rev., 2009, 109: 6102

[16]　Satoh K, Kamigaito M. Chem. Rev., 2009, 109: 5120

[17]　Shen J, Okamoto Y. Chem. Rev., 2016, 116: 1094

[18]　Yuan L M, Fu R N, Chen X X, Gui S H, Dai R J. Chem. Lett., 1998,141

[19]　Lee Y K, Nakashima Y, Onimura K, Tsutsumi H, Oishi T. Macromolecules, 2003, 36: 4735

[20]　叶志兵，杨兰芬，彭雅，谌学先，袁黎明. 色谱, 2011, 29: 234

[21]　Thunberg L, Allenmark S. J. Chromatogr. A, 2004, 1026: 65

[22]　Janus L, Carbonnier B, Deratani A, Bacquet M, Crini G, Laureyns J, Morcellet M. New J. Chem., 2003, 27: 307

[23]　Tamai Y, Qian P, Matsunaga K, Miyano S. Bull. Chem. Soc. Jpn., 1992, 65: 817

[24]　Blaschke G. Chem. Ber., 1974, 107: 237

[25]　Blaschke G, Hempel G, Müller W. Chirality, 1993, 5: 419

[26]　Liu J H, Tsai F. J. Appl. Polym. Sci., 1999, 72: 677

[27]　Okamoto Y, Kaida Y. J. Liq. Chromatogr., 1986, 9: 369

[28]　Aydogan C, Denizli A. Chirality, 2012, 24: 606

[29]　Zhang K, Krishnaswami R, Sun L. Anal. Chem. Acta, 2003, 496: 185

[30]　Aoki T, Maruyama A, Shinohara K, Oikawa E. Polym. J., 1995, 27: 547

[31]　Ye X C, Cui J X, Li B W, Li N, Zhang J, Wan X H. Angew. Chem. Int. Ed., 2018, 57: 8120

[32]　Ye X C, Cui J X, Li B W, Li N, Wang R, Yan Z J, Tan J Y, Zhang J, Wan X H. Nature Commu., 2019, 10: 1964

[33]　Blaschke G, Donow F. Chem. Ber., 1975, 108: 1188

[34]　Blaschke G, Donow F. Chem. Ber., 1975, 108: 2792

[35]　Wahl A, Rimawi F A, Schnell I, Kornysova O, Maruska A, Pyell U. J. Sep. Sci., 2008, 31: 1519

[36]　Blaschke G. J. Liq. Chromatogr., 1986, 9: 341

[37]　Blaschke G, Bröeker W, Frankel W. Angew. Chem. Int. Ed., 1986, 25: 830

[38]　Blaschke G. Angew. Chem. Int. Ed., 1980, 19: 13

[39]　Arlt D, Bomer B, Grosser R, Lange W. Angew. Chem. Int. Ed., 1991, 30: 1662

[40]　Saotome Y, Miyazawa T, Endo T. Chromatographia, 1989, 28: 505

[41]　Yoshizako K, Hosoya K, Kimata K, Araki T, Tanaka N. J. Polym. Sci. Part A: Polym. Chem., 1997, 35: 2747

[42]　Cho I, Whang K M, Part J G. J. Polym. Sci. Part C: Polym. Lett., 1987, 25: 99

[43]　宋佳枫, 冯四伟, 徐晓冬, 刘立佳, 宋超坤, 温晓琨, 陈进勇, 李芳坤, 冈本佳男. 色谱, 2016, 34(1): 74

[44]　白建伟, 沈贤德, 刘文彬, 张春红, 肖怀, 徐晓冬. 高分子学报, 2013, 4: 413

[45]　Tian Y, Lu W, Che Y, Shen L B, Jiang L M, Shen Z Q. J. Appl. Polym. Sci., 2010, 115: 999

[46]　Zhang C, Song C, Yang W, Deng J. Macromol. Rapid Commun., 2013, 34: 1319

[47] Galli B, Gasparrini F, Misti D, Pierini M, Villani C, Bronzetti M. Chirality, 1987, 25: 99

[48] Gasparrini F, Misiti D, Villani C. WO Pat. 2003079002 (2003)

[49] Galli B, Gasparrini F, Misiti D, Pierini M, Villani C, Bronzetti M. Chirality, 1992, 4: 384

[50] Gasparrini F, Misiti D, Villani C. Chirality, 1992, 4: 447

[51] Gasparrini F, Misiti D, Villani C. Trends Anal. Chem., 1993, 12: 137

[52] Gasparrini F, Misiti D, Rompietti R, Villani C. J. Chromatogr. A, 2005, 1064: 25

[53] Zhong Q Q, Han X X, He L F, Beesley T E, Trahanovsky W S, Armstrong D W. J. Chromatogr. A, 2005, 1066: 55

[54] Uray G, Maier N M. J. Chromatogr. A, 1994, 666: 41

[55] Maier N M, Uray G. J. Chromatogr. A, 1996, 732: 215

[56] Uray G, Kosjek B. Chirality, 2001, 13: 657

[57] Han X, He L, Zhong Q, Beesley T E, Armstrong D W. Chromatographia, 2006, 63: 13

[58] Thunberg I, Allenmark S. Chirality, 2003, 15: 400

[59] Han X, Berthod A, Wang C, Huang K, Armstrong D W. Chromatographia, 2007, 65: 381

[60] Han X, Remsburg J W, He L F, Beesly T E, Armstrong D W. Chromatographia, 2008, 67: 199

[61] 姚娜, 宋瑞娟, 富玉, 石宏宇, 龙远德, 黄天宝. 高等学校化学学报, 2008, 29: 1102

[62] Dobashi A, Dobashi Y, Kinoshita K, Hara S. Anal. Chem., 1988, 60: 1985

[63] Kanazawa H, Yamamoto K, Matsushima Y, Takai N, Kikushi A, Sakurai Y, Okana T. Anal. Chem., 1996, 68: 100

[64] Kanazawa H, Sunamoto T, Matushima Y, Kikuchi A, Okano T. Anal. Chem., 2000, 72: 5961

[65] Yamamoto K, Kanazawa H, Matsushima Y, Oikawa K, Kikuchi A, Okano T. Environ. Sci., 2000, 7: 47

[66] Kurata K, Shimoyama T, Dobashi A. J. Chromatogr. A, 2003, 1012: 47

[67] Kunieda N, Chakihara H, Kinoshita M. Chem. Lett., 1990, 317

[68] Yokata K, Haba O, Satoh T, Kakuchi T. Macromol. Chem. Phys., 1995, 196: 2383

[69] Kakuchi T, Satoh T, Yokota K. J. Synth. Org. Chem. Jpn., 1997, 55: 290

[70] Kakuchi T, Takaoka T, Yokota K. Polym. J., 1990, 22: 199

[71] Kakuchi T, Satoh T, Kanai H, Umeda S, Hatakeyama T, Yokota K. Enantiomer, 1997, 2: 273

[72] Umeda S, Satoh T, Satoh K, Yokota K, Kakuchi T. J. Polym. Sci. Part A: Polym. Chem., 1998, 36: 901

[73] Saigo K, Chen Y, Kubota N, Tachibana K, Yonezawa N, Hasegawa M. Chem. Lett., 1986, 4: 515

[74] Payagala T, Wanigasekara E, Armstrong D W. Anal. Bioanal. Chem., 2011, 399: 2445

[75] Okamoto Y, Nagamura Y, Fukumoto T, Hatada K. Polym. J., 1991, 23: 1197

[76] Saigo K, Nakamura N, Adegawa Y, Noguchi S, Hasegawa M. Chem. Lett., 1988, 337

[77] Saigo K., Shiwaku T, Hayashi K, Fujioka K, Sukegawa M, Chen Y, Yonezawa N, Hasegawa M, Hashimoto T. Macromolecules, 1990, 23: 2830

[78] Saigo K. Prog. Polym. Sci., 1992, 17: 35

[79] Tamai Y, Matsuzaka Y, Oi S, Miyano S. Bull. Chem. Soc. Jpn., 1991, 64: 2260

[80] Kobayashi T, Kakimoto M, Imai Y. Polym. J., 1993, 25: 969

[81] Chen Y, Lin J J. J. Polym. Sci. Part A: Polym. Chem., 1992, 30: 2699

[82] Chen Y, Tseng H H. J. Polym. Sci. Part A: Polym. Chem., 1988, 31: 1719

[83] Huang S H, Bai Z W, Yin CQ, Li S R, Pan Z Q. Chirality, 2007, 19: 129

[84] Huang S H, Zhang J Y, Li S R, Yin C Q, Pan Z Q, Bai Z W. J. Liq. Chromatogr. Relat. Tech., 2008, 31: 2554

[85] Zhang J Y, Chen J, Qi C Y, Li S R, Bai Z W. J. Liq. Chromatogr. Relat. Tech., 2010, 33: 46

[86] 何保江, 陈文斌, 陈伟, 柏正武. 高分子学报, 2015, (9): 1107

[87] Allenmark S G, Andersson S, Möller, P, Sanchez D. Chirality 1995, 7: 248

[88]　Hazarika S. J. Membr. Sci., 2008, 310: 174

[89]　Thomas B, Berthet N, Garcia J, Dumy P, Renaudet O. Chem. Commun., 2013, 49: 10796

[90]　Mathews B T, Beezer A E, Snowden M J, Hardy M J, Mitchell J C. New J. Chem., 2001, 25: 807

[91]　Ling F H, Lu V, Svec F, Frechet J M J. J. Org. Chem., 2002, 67: 1993

[92]　Huang S H, Li S R, Bai Z W, Pan Z Q, Yin C Q. Chromatographia, 2006, 64: 641

[93]　Vacogne C D, Wei C X, Tauer K, Schlaad H. J. Am. Chem. Soc., 2018, 140: 11387

[94]　Jacobs J, Pavlović D, Prydderch H, Moradi M A, Ibarboure E, Heuts J P A, Lecommandoux S, Heise A. J. Am. Chem. Soc., 2019, 141: 12522

[95]　Deming T J. Chem. Rev., 2016, 116: 786

[96]　Shen Y, Fu X H, Fu W X, Li Z B. Chem. Soc. Rev., 2015, 44: 612

[97]　Song Z Y, Fu H L, Wang R B, Pacheco L A, Wang X, Lin Y, Cheng J J. Chem. Soc. Rev., 2018, 47: 7401

[98]　Ohyama K, Oyamada K, Kishikawa N, Wada M, Ohba Y, Nakashima K, Kuroda N. Chromatographia, 2011, 74: 467

[99]　Hirayama C, Ihara H, Tanaka K. J. Chromatogr., 1988, 450: 271

[100]　Doi Y, Kiniwa H, Nishikaji T, Ogata N. J. Chromatogr., 1987, 396: 395

[101]　Allenmark S G, Andersson S. J. Chromatogr. A, 1994, 666: 167

[102]　Inoue K, Miyahara A, Itaya T. J. Am. Chem. Soc., 1997, 119: 6191

[103]　Rmaile H H, Schlenoff J B. J. Am. Chem. Soc., 2003, 125: 6602

[104]　Thoelen C, Debruyn M, Theunissen E, Kondo Y, Vankelecom I F J, Grobet P, Yoshikawa M, Jacobs P A. J. Membr. Sci., 2001, 186: 153

[105]　杨璨瑜, 王一帆, 孙维维, 杨江蓉, 路振宇, 袁黎明. 分析测试学报, 2014, 33: 1142

[106]　杨蕊, 孔娇, 杨璨瑜, 杨江蓉, 袁黎明, 字敏. 分析试验室, 2014, 33: 1260

[107]　谌学先, 孙维维, 杨粲瑜, 杨蕊 袁黎明. 膜科学与技术, 2020，40(1): 78

[108]　Montag T, Thiele C M. Chem. Eur. J., 2013, 19: 2271

[109]　Maruyama A, Adachi N, Takatsuki T, Torii M, Sanui K, Ogata N. Macromolecules, 1990, 23: 2748

[110]　Aoki T, Tomizawa S, Oikawa E. J. Membr. Sci., 1995, 99: 117

[111]　Meng C C, Chen Q B, Tan H L, Sheng Y J, Liu H L. J. Membr. Sci., 2018, 555: 398

[112]　Weng X L, Baez J E, Khiterer M, Hoe M Y, Bao Z B, Shea K J. Angew. Chem. Int. Ed., 2015, 54: 11214

[113]　Song F Y, Wei G, Wang L, Jiao J M, Cheng Y X, Zhu C J. J. Org. Chem., 2012, 77: 4759

[114]　Hou J L, Song F Y, Wang L, Wei G, Cheng Y X, Zhu C J. Macromolecules, 2012, 45: 7835

[115]　Zhang F, Ma L, Yang Y, Tang J H, Li X, Qiu W. Tetrahedron: Asymmetry, 2012, 23: 411

[116]　Akazaki K, Toshimitsu F, Ozawa H, Fujigaya T, Nakashima N. J. Am. Chem. Soc., 2012, 134: 12700

[117]　Liang R P, Xiang C Y, Wang J W, Qiu J D. J. Chromatogr. A, 2013, 1284: 194

[118]　Guo H Y, Sun Y, Niu X Y, Wei N N, Pan C J, Wang G X, Zhang H G, Chen H L, Yi T, Chen X G. J. Chromatogr. A, 2018, 1578: 91

第 15 章　分子印迹聚合物

15.1　分子印迹

大多数手性识别材料存在一个共同的问题，在洗脱顺序和分离能力上存在着有限的预见性。分子印迹聚合物提供了可以预见选择性的手性识别材料，缓解了上述问题，其具有三个显著特点：构效预知性、特异识别性和广泛适用性[1,2]。

1972 年由 Wulff 小组提出分子印迹[3]，1973 年 Wulff 小组[4]成功制备出分子手性印迹聚合物。随着 Wulff、Mosbach[5]和 Whitcombe[6]等在分子印迹聚合物制备技术方面的创新性工作，分子印迹技术得到了广泛研究和发展[7-10]，在手性识别领域也有长足的应用[11]。

分子印迹技术(molecular imprinting technique，MIT)是将要分离的目标分子与官能单体产生特定的相互作用形成复合物；加入交联剂、引发剂，在光照或加热的条件下，发生聚合反应，得到固体的分子印迹聚合物；通过物理或化学方法除去包埋在聚合物中的目标分子，得到对印迹分子的空间结构和多个作用点有记忆功能的分子印迹聚合物(molecularly imprinting polymer，MIP)(图 15.1)[12-16]。实验条件要注重印迹分子、官能单体、交联剂及溶剂和萃取剂的选择。

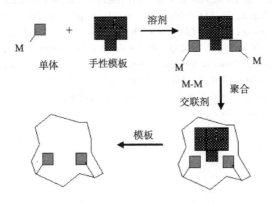

图 15.1　分子印迹过程示意图

分子印迹技术可分为共价法和非共价法两种基本方法[17]。共价法又称预先组织法，印迹分子与官能单体之间通过共价键结合，加入交联剂聚合后，再采用化学方法切断与印迹分子连接的共价键，并将印迹分子洗脱出来，得到对印迹分子具有特异性识别能力的聚合物。共价法具有空间位置固定的优点，但由于共价键作用力较强，印迹分子自组装和识别过程中结合和解离的速度较慢，难以达到热力学平衡，不适宜快速识别[18]，见图 15.2。

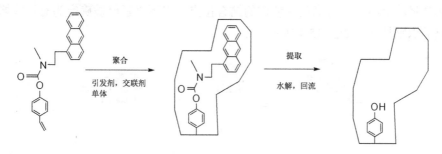

图 15.2　共价型印迹过程

非共价法又称自组装法，是由 Mosbach 实验组首先发展起来的[19]，是目前应用最广泛的设计分子印迹作用部位技术。其是首先让印迹分子与官能单体进行非共价自组装，这些非共价键包括离子键、氢键、金属配位键、疏水作用等。然后再和交联剂混合，进行与交联单体的自由基聚合反应，通过非共价键结合在一起制成的具有多重作用位点的分子印迹聚合物，并且模板提取是通过非共价键相互作用完成的。由于非共价作用的多样性，在印迹过程中可同时使用多种官能单体，以及用简单的萃取法便可除去印迹分子等特点，此法比共价法更适用，如图 15.3所示。

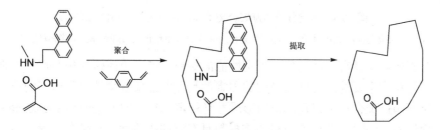

图 15.3　非共价型印迹过程

MIP 的制备方法通常有本体、沉淀、悬浮、乳液、表面印迹、溶胶凝胶、两步溶胀聚合等方法[20-22]。尽管分子印迹允许被合成出的材料具有高亲和力和高选择性，但对于特定的目标分子，材料的许多限制因素阻止了它们在实际中的应用，这些因素包括：① 结合位点的不均匀性；② 广泛的非特征结合；③ 慢的质量传递；④ 模板的流失；⑤ 低的样品负载能力；⑥ 不易合成；⑦ 在水性体系中的识别能力差；⑧ 溶胀-收缩；⑨ 缺乏广泛的识别性；⑩ 所需模板的量较大。为了克服上述的一些不利情况，首先需要考虑的是影响单体模板组装的因素。组装体的结构将影响后来形成的结合位点，官能单体与模板的强烈相互作用将发生在聚合反应之前。利用单体-模板组装体的稳定性，有可能获得大量的印迹位点。当然不与模板结合的游离的官能单体也有可能被用于结合，与此同时非特征结合位点的数量将会减少。考虑某一特定的结合位点，以下因素已被确定为有可能影响位点的识别特性，如图 15.4 所示。

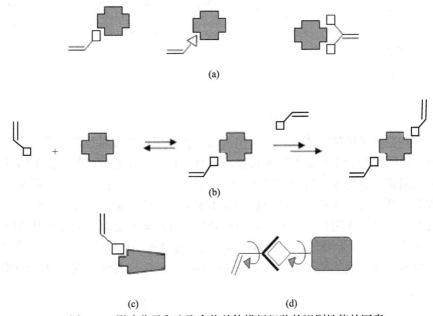

图 15.4　影响分子印迹聚合物单体模板组装的识别性能的因素

(a)官能单体的选择; (b)单体-模板组合的稳定性; (c)模板的大小和形状; (d)单体-模板构象的稳定性

对于要获得具有良好的分子识别性能的材料来说，单体模板相互作用的强度和位置是相当重要的。另外要考虑的因素就是对印迹聚合物结构和形态的影响。为了保证印迹聚合物中识别部位的形成并且稳定，通常可以通过使用交联剂>80%的高含量而达到[23]。为了使所得印迹材料具有好的渗透性，在聚合过程中通常要引入致孔剂。大部分的交联网状分子印迹聚合物的孔尺寸具有一定的分布范围，它们影响着溶质的扩散和聚合物的溶胀。孔尺寸>20 Å 的这些聚合物孔一般渗透性较好，而<20 Å 的孔则渗透性较差。过量的模板常常造成印迹聚合物选择性的下降，通常最适宜的模板量大概是单体总量的 5%，对于三官能团的交联剂则允许更高的模板量的存在[24,25]，此时印迹聚合物的样品承载量也相应增加。当然，模板的增加量还受它在聚合体系中的溶解度的影响。印迹聚合物的溶胀程度与所处溶剂的种类关系很大，并且在很大程度上可以改变它们的选择性[26]。

15.2 甲基丙烯酸为官能单体

大多数成功的非共价键印迹系统是基于甲基丙烯酸(MAA)单体与二甲基丙烯酸乙二醇酯(EDMA)交联。氨基酸对映体的衍生物最先作为模板被用于手性印迹固定相(MICSPs)的制备，印迹模板与 MAA 能发生氢键或静电相互作用，如应用于 L-苯丙氨酰苯胺(L-PA)的印迹示意为图 15.5[26,27]。首先，模板(L-PA)、官能性单体(MAA)和交联单体(EDMA)溶解于低到中等极性的溶剂中，这些溶剂形成氢键的能力很弱，在合成中作为致孔剂。然后，用偶氮二异丁腈(AIBN)引发自由基聚合反应，引发条件一般在室温下通过光引发或者在 60 ℃甚至更高温度下通过热引发。最后，由此得到的聚合物用粉碎机、杵或者在球磨机中粉碎，用 Soxhlet 设备提取，过筛获得适合于色谱分析的粒度尺寸(30~40 µm)或适合于制备分离(40~250 µm)的应用。通过测试模板与结构相关的类似物的保留时间和容量因子(k')，可以评估这些聚合物作为手性识别材料的性能。模板(L-PA)、官能性单体(MAA)和交联单体(EDMA)的摩尔比一般在 1∶4∶20 左右，这个比例通常可以获得最佳的印迹聚合物。

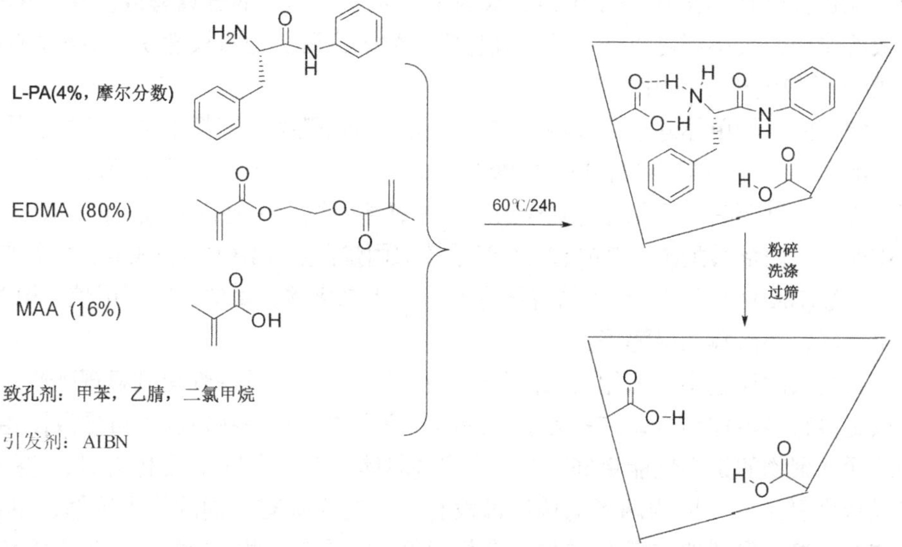

图 15.5 用苯丙氨酰苯胺为模板制备 MIPs 示意图[27]

上述印迹聚合物的合成操作为[28]：二甲基丙烯酸乙二醇酯溶解在乙醚中，用 1 mol/L 的 NaOH 和饱和 NaCl 各洗涤一次除去阻聚剂，用无水硫酸镁干燥后蒸发掉乙醚得到纯的交联剂；甲基丙烯酸(5 mmHg，0 ℃)蒸馏纯化；偶氮二异丁腈在甲醇中重结晶。将 L-PA(480 mg， 2.0 mmol)、AIBN(169 mg， 1.0 mmol)、MAA(0.679 mL，8.0 mmol)、EGDMA(7.54 mL，40 mmol)和乙腈(10.89 mL)置于40 mL 带有聚四氟螺线瓶盖的小瓶中，反应混合液在氮气条件下超声 15 min 除去溶解氧然后小心地盖上螺帽。用 459 W 汞弧紫外灯在 0 ℃光引发聚合反应 8 h，将容器置于 180 ℃反应 4h。聚合物真空干燥、粉碎后过 250 μm 的筛，在甲醇中将 5 min 不沉降的小粒子除去，用甲醇过夜回流抽提除去模板，干燥后即得印迹识别材料。该手性材料不但能用作 HPLC 的手性固定相，还能用于固相萃取中，并对手性化合物实现定量测定。

　　使用 MAA 官能单体对含有布朗斯特(Brønsted)碱或者靠近立体中心含氢官能团的模板有很好的识别能力。甲基丙烯酸作为官能单体被广泛运用，是因为羧基是一个好的氢键和质子供体，以及氢键接受体。在非质子溶剂如乙腈中羧酸和胺(碱性)形成紧密的氢键，并且其结合强度随碱的碱性增强而增加。因此，包含有布朗斯特碱或氢键官能基的模板是适合 MAA/EDMA 印迹聚合物体系的。在印迹中 MAA 的量往往是过量的，所使用的溶剂是低到中等极性的。这些溶剂具有一定的形成氢键的能力并在合成过程中起到了致孔剂的作用，因此，得到的印迹聚合物对致孔剂显现出记忆功能，同时其也产生了很多非特异性的作用位点，这些位点无选择性地与溶质相互作用，限制了本来可以达到的分离程度。对于单体-模板的作用力大小还可以通过测定其稳定常数来预测。通常极性质子溶剂影响模板-单体的静电相互作用。

　　常用的官能单体除了甲基丙烯酸外，还有丙烯酰胺、三氟甲基丙烯酸、甲基丙烯酸酯、2-丙烯酰胺-2-甲基丙磺酸等。最常用的交联剂是二甲基丙烯酸乙二醇酯，除此之外还有二乙烯基苯(DVP)、三甲氧基丙烷三甲基丙烯酸甲酯(TRIM)、季戊四醇三丙烯酸酯(PETRA)、N,N'-亚甲基双丙烯酰胺(MBAA)和 3,5-二丙烯酰胺基苯甲酸(BABA)等[29]。常用的溶剂有乙腈、四氯化碳、氯仿、二氯甲烷、甲苯、二甲亚砜、环己醇和甲醇等。

　　在酰胺的印迹中，如用丙烯酰胺作官能单体可使高选择性得到显现[30,31]。二个或更多官能单体结合，如三元或更高的共聚合物，在一些情况下可导致比相应的二元共聚物的识别性能更好[32-34]。当这些单体含有一个供体-受体对时，这些系统是特别复杂的，因为两者的单体都没有一个对模板有特别的优先选择，单体-单体结合将会强烈地与模板-单体结合相竞争。有研究表明丙烯酰胺与 2-乙烯基吡啶在印迹 N-保护的氨基酸时比 2-乙烯基吡啶与 MAA 组合有明显高的对映体选择性[33]。而且，用乙腈为致孔剂比其他低极性溶剂(例如，甲苯，二氯甲烷，氯仿)可以得到更好的选择性结果。

　　基于表面印迹聚合物的电色谱柱的制备过程为[36,37]：① 将 0.25mm 内径的石英毛细管柱分别用 0.1 mol/L 的氢氧化钠、水、丙酮依次冲洗，通氮气干燥，充入 15%(体积分数)的 3-氨丙基三乙氧基硅烷的甲苯溶液，在室温下保持过夜。抽空该毛细管，分别用丙酮、水洗涤，氮气干燥。将 10 mmol 的 4,4′-偶氮-双(4-腈基戊酸)+20 mmol 的 1-乙基-3-(3-二甲基氨丙基)碳二亚胺甲醇溶液/0.05 mol/L MES pH 5.5 缓冲液(1∶1，体积比)的混合液引入上面处理过的毛细管中在室温保持 16 h，毛细管用 1∶1 的甲醇水洗涤，干燥后置于 4 ℃待用。② 溶解(S)-普萘洛尔(0.060 mol/L)、MAA(0.48 mol/L)、TRIM(0.48 mol/L)在甲苯中，超声脱气 5 min 后引入上面的毛细管，将毛细管用软塑料密封，用 350 nm 的 TL-900 UV 灯在室温照射 3 h(柱子的检测窗口用纸挡住防止印迹聚合)。聚合反应完成后，用乙腈/乙酸(9∶1，体积比)洗涤柱子去掉模板及残留单体，得到表面印迹的毛细管电色谱手性识别柱。还有一些类似的表面印迹聚合用于手性识别的报道[38, 39]。该类手性识别材料也可利用微乳液聚合的方法得到[40]。还有以衣康酸为官能单体，甲基丙烯酸乙烯为交联剂，制备出手性分子印迹的纳米材料，然后再将该材料利用化学的方法键合到硅胶的表面用作液相色谱手性固定相，其能对西酞普兰及其代谢产物进行手性拆分[41]。

　　基于图 15.6 中的手性官能单体，用一个外消旋的模板就可以合成分子印迹手性固定相。因此，用(a)作为单体，N-(3,5-二硝基苯甲酰)-α-甲基苄胺作为模板，一个能够拆分外消旋体的聚合物便可获得[42]；一个基于 L-缬氨酸(b)的手性单体例子，被用作合成能分离二肽非对映体的分子印迹聚合物[43]，在这些情况下，聚合物的手性侧链在某种程度下能提高分子印迹聚合物的选择性；另一个很好的例子是在 N-苄基-L-缬氨酸作为模板时所用的单体(c)[44]。以官能单体(d)合成的印迹聚合物材料能识别薄荷醇的对映异构体[45]，同样由单体(e)能合成出识别(S)-N-3,5-二氯苯甲酰亮氨酸的印迹聚合物[46]。以(f)N-丙烯酰-L-苯丙氨酸为官能单体、氢化奎尼丁为模板，可在带有双键的硅胶表面生成手性印迹材料，用作奎宁和奎尼丁的液相色谱手性拆分[47]。还可用手性(N-α-双甲基丙烯酰基-L-丙氨酸)和非手性(N,O-双丙烯酰胺乙醇胺)双交联剂制备手性分子印迹材料[48]。

(a)　　　　　　　　　　　　　　(b)

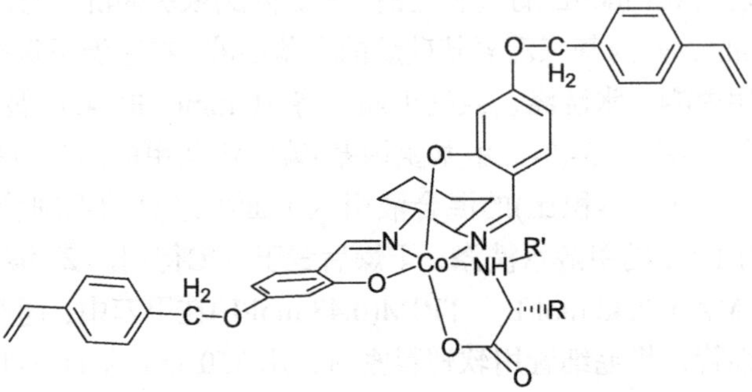

(c)

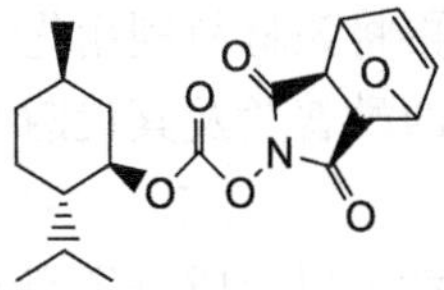

(d) 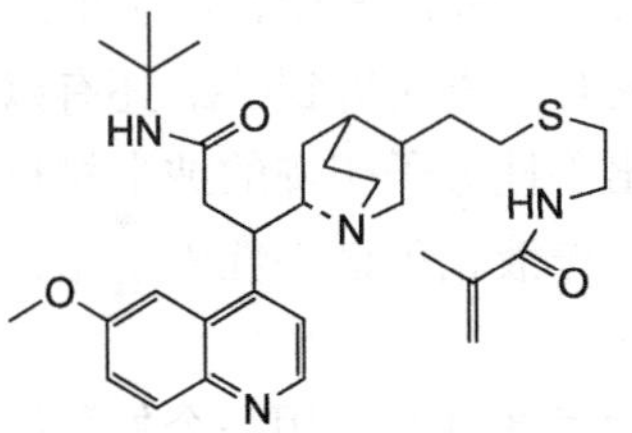　　　　　　　(e) 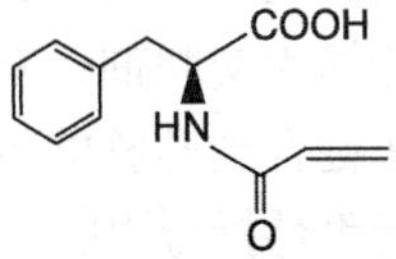　　　　　　　(f)

图 15.6　一些具有手性官能的单体

　　表 15.1 主要是在高效液相色谱中以及毛细管电色谱中用 MAA 分子印迹聚合物成功拆分外消旋体的一些例子。

表 15.1　用 MAA 分子印迹聚合物手性柱成功拆分外消旋体的例子

分类	外消旋体	分离因子	分辨率	参考文献
氨基酸	苯丙氨酸	1.6	1.5	
	苯基甘氨酸		0.98	49
	酪氨酸		0.75	
	组氨酸	2.14	2.23	50
	组氨酸	1.28	1.78	51
氨基酸衍生物	苯丙氨酰苯胺	4.9	1.2	52
	脯氨酰苯胺	4.5	1.0	53
	苄氧甲酰基-谷氨酸	2.5	2.9	54
	苄氧甲酰基-苯丙氨酸	2.3	3.1	55
	苄氧甲酰基-色氨酸	4.4	1.9	56
	苯丙氨酸-N-甲基苯胺	2.0		57

续表

分类	外消旋体	分离因子	分辨率	参考文献
	Fmoc-L-组氨酸	1.32	1.15	58
	苄氧甲酰-丙氨酸-丙氨酸甲酯	3.2	4.5	59
肽	N-乙酰基-苯丙氨酸-色氨酸甲酯	3.3	2	60
	苄氧甲酰-天门冬氨酸-苯丙氨酸甲酯	2.5		61
胺	N-(3,5-二硝基苯甲酰基)甲基苄胺	1.9		62
	(R)-α-甲基苄胺	1.5	1.0	63
	普萘洛尔	2.8	1.3	64
	美托洛尔	1.1	1.2	65
	麻黄碱	3.4	1.6	66
药物	酮洛芬		10.5	67
	罗哌卡因	1.4		68
	氧氟沙星			69
	氧氟沙星	1.07	1.53	70

分子手性印迹材料仍然应用在手性薄层色谱中，如苯丙氨酸苯胺等的手性分离[71]，肾上腺素类药物的手性拆分[72]，奎宁、麻黄碱等的手性拆分[73]。

15.3　乙烯基吡啶为官能单体

大量的外消旋体已经被特制的分子印迹手性识别材料成功拆分开。当设计分子印迹手性材料的时候，要注意官能团性能互补的重要性。考虑到官能团互补原理，对于酸性官能团的模板，碱性官能单体是最好的选择。含有酸性官能团的模板可以用像乙烯基吡啶这样的碱性官能单体更好地进行印迹。因此 2-或 4-乙烯基吡啶(VPY)，特别适用于印迹羧酸模板，并与 MAA 与碱性模板印迹具有同样顺序的选择性[74]。除上述二者之外，还有 1-乙烯基咪唑等。但这些聚合物也许容易氧化降解和需要特殊处理。表 15.2 是用分子印迹手性识别材料成功拆分酸类外消旋体的例子。

MIP 手性固定相通常对它们的各自的模板分子有高的选择性，然而，相似的外消旋体在其上保留因子小，并且拆分差。当然，也已经报道过许多 MIP 手性固定相能够拆分不止一种相应的模板的外消旋体。例如，用 L-苯丙氨酸苯胺印记的聚合物能拆分具有不同侧链的或不同酰胺取代基的氨基酸衍生物[80]，其可以拆分所有的芳香族氨基酸的酰苯胺，同样可以拆分亮氨酸、丙氨酸的β-萘基酰胺、对硝基酰苯胺。在水溶液流动相中,苯丙氨酸也可以用L-PA印迹的聚合物来拆分[81]。

表 15.2　用分子印迹聚合物手性柱成功拆分酸类外消旋体的例子

分类	外消旋体	分离因子	分辨率	参考文献
羧酸	(R)-(-)-苦杏仁酸	1.5		75
	(R)-苯基丁二酸	3.6	2.0	
	2-苯丙酸	高	高	76
药	萘普生	1.7	0.8	77
	布洛芬	1.1	0.7	78
	酮洛芬	1.28	0.47	79

　　分子印迹材料的分离因子虽然很高, 但是分辨率低, 不过通常可以通过在高温下驱动分离物和换成一种水的流动相来增强分离效果[82], 或者使用毛细管电色谱在熔融的二氧化硅毛细管中进行原位印迹的方法[83]。在 MIP 手性固定相上的样品负载量非常有限[84], 容易造成过载, 对应的模板的峰通常宽而不对称。这归咎于结合部位的非均一性和质量转移慢。

　　基于图 15.7 中的手性官能单体,用一个外消旋的模板也可以合成分子印迹手性材料分离酸性化合物。如将烯丙基氨基甲酸辛可宁酯作为单体、(S)-酮洛芬作为模板,可在带有双键的硅胶表面制备出手性分子印迹微球,能用作液相色谱手性固定相,分离酮洛芬、布洛芬外消旋体[85]。

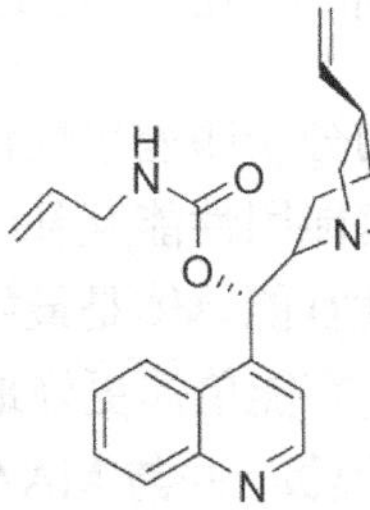

图 15.7　碱性的手性官能单体

　　为了使分子印迹聚合物的形状规则、粒径分布范围窄、孔大小可控、具有好的质量传输特性和试样载荷量,悬浮聚合[86]、分散聚合以及沉淀聚合都分别有被使用[87,88], 但这些方法受聚合条件变化的影响较大。改进的方法是在规则支撑材料上进行涂渍聚合、或者接支涂渍在金属氧化物的表面上、或有机聚合物载体的表面上[89]、甚至接支涂渍在石英毛细管柱的内壁[90], 可这些方法合成步骤多, 方法的再现性也差。已有研究报道以水为悬浮介质的多步溶胀聚合技术,合成出的聚合体与上述方法相比显示出相似的选择性,且质量转移特性也有改善[91]。

对于低或者中等极性的模板,使用有机溶剂作为识别介质可以获得好的分离。在有机溶剂中,模板与结合部位主要是靠静电力相互作用。事实上,在许多的分子印迹聚合物的分子识别实验中,使用有机溶剂已经获得了高亲和力和高选择性。在聚合过程中如利用氯仿作为稀释剂时,常常在印迹聚合物的色谱应用中,也用氯仿作为流动相的基础溶剂[92],该流动相通常不影响印迹聚合物的溶胀。如果模板物质的保留时间太长,则可以添加极性更强的改性剂如四氢呋喃缩短保留时间。由于四氢呋喃的氢键作用很弱,所以其不会影响聚合物的分子识别性能。

15.4　亲水性印迹聚合物

目前多数分子印迹聚合物的制备和应用都局限在有机溶剂中,而天然的识别系统以及分子印迹物所面临的实际应用环境则多是水性体系。随着分子印迹聚合物的研究重点从亲脂性的有机小分子转移到亲水性化合物,特别是多肽、蛋白质等生物大分子,水环境下(包括含水的有机环境下)的分子识别问题也已成为人们的关注热点[93,94]。

在水环境中进行分子识别,要求聚合物具有足够的亲水性[95]。在水相合成中,聚合前的预组织过程要求印迹分子与单体之间要有充分的接触机会和作用环境,以便各相关基团能为将来的特定识别作用取得必要的空间排列和组合方式,为此要求印迹分子在预聚溶剂体系中具有一定的溶解度。一些亲水性强或水溶性的单体已被用于印迹聚合物的合成,包括 2-丙烯酰胺基-2-甲基-1-丙烷磺酸[96]、甲基丙烯酰安替比林[97]、2-羟基甲基丙烯酸乙酯[98]、N,N,N-三甲基胺乙基甲基丙烯酸酯[99]和高铁原卟啉[100]等。亲水性交联剂如聚乙二醇二丙烯酸酯[101]、亚甲基双丙烯酰胺[102]和二(甲基丙烯酰)间苯二胺[103]等。因而,寻找或合成与水溶性分子具有良好互溶效果的单体、交联剂以及引发剂,是制备理想的印迹材料的一个基本前提。

通过对大量文献的分析,可以对如何提高分子印迹聚合物在水相识别中的选择性初步得到一些规律性的认识:首先,通常识别微环境最好与聚合微环境相一致,因此水相识别分子印迹物最好在水相中合成,以再现结合微环境,排除非特异性干扰[104]。紫外聚合可重现常温的预结合与再识别,防止高温破坏[105]。其次,模板与官能单体间的多位点协同作用可提高分子印迹物的选择性,即通过选择多种单体与模板产生多种作用力以增强在水中的识别能力[100]。再次,由于水分子的水合能力强,氢键的作用往往被削弱,而实际上氢键的方向性使其具有较好的选择识别性,要加强水环境中氢键的效能。择形嵌入及孔穴-模板间的多点协同作用是实现印迹效应的两大因素[106]。

对于具有电解质官能团的模板,例如碱性或酸性官能团,在使用酸性(如 MAA)

或碱性(例如 VPY)官能单体时，能够很成功地被印迹，并且在水溶液中可以得到很好的色谱行为和很好的选择性。在水溶液中，保留因子取决于模板离子的性质，因为此时离子交换是影响保留机制的主要原因[107]。当在流动相中增加水含量，在分子印迹聚合物中，极性模板总是很少保留，然而低极性模板总是更多地保留。后者在保留因子上的增加是由于疏水效应。考虑到在高效液相色谱中使用分子印迹聚合物时，保留因子的复杂性，对于大多数新的模板，流动相的优化必须被进行。

Wulff 等合成了 N,N-取代的对-乙烯基苯基脒，并显示这些单体能被用作合成对手性羧酸具有高的识别性能的单体，即使在水相中，这种作用力强大到足以提供有效的识别，使官能单体与模板间的非特征结合大大减少[108]。官能基的互补性是官能单体选择性的基础。寻找最优的结构以补足模板官能，是主客体化学和配体-受体化学的内容。因此，环糊精已经被用作与胆甾醇[109]形成结合位点的模板或者被用于提高氨基酸对映体的印迹选择性[110]。利用环糊精作为官能单体，在水的介质中也能成功地实施对氨基酸进行分子印迹，对氨基酸进行手性分子识别[111,112]。

基于金属离子与氨基酸和 N-(4-乙烯基苯基)亚氨基二乙酸结合，在水溶液中，对游离氨基酸的印迹和手性分离已经成为可能[113]，其是应用分子印迹配位体交换吸附原理(图 15.8)。该分子印迹配体交换聚合物的具体合成为：① 将 50 g 的 N-(4-乙烯苄基)亚氨基二乙酸盐(VBIDA)用 150 mL 水溶解，用 6 mol/L 的 NaOH 调 pH 到 9.5。将 CuSO$_4$ 溶液(5 g 五水硫酸铜/150 mL 水)逐滴加入 VBIDA 溶液中，用 1 mol/L 的 NaOH 调节 pH 保持在 9.5。② 把深蓝色溶液抽滤，用 500 mL 的蒸馏水稀释，溶液在-70 ℃被冷冻干燥，干燥后的粉末用 100%的甲醇溶解搅拌 1 h。过滤溶液，蒸发掉溶剂，得到的固体再溶解在 50 mL 的 100%的甲醇中搅拌 1 h。过滤溶液后溶剂再用旋转蒸发器蒸掉，得到深蓝色的固体化合物(产率是 62%)。在 pH 较大的情况下，Cu(II)的 VBIDA 复合物以 Cu(VBIDA)(OH)(H$_2$O)的钠盐形式离析出来。③ 2 g 纯净的 Cu(VBIDA)用水溶解制成 20 mmol/L 的溶液，把 1.4 g 苯丙氨酸(D-、L-、DL-型,也可用其他氨基酸)用 30 mL 的水溶解后滴定到 Cu(VBIDA)溶液中，用 1 mol/L 的 NaOH 控制 pH=9～9.5。搅拌溶液 1 h，随后冷却到-70 ℃使之冷冻干燥(产率是 84%)。④ 0.5 g 上面复合物溶解在 5 mL 的水中，在氮气保护下搅拌 6 h。过量的二甲基丙烯酸乙二醇酯(摩尔分数 95%左右)和偶氮二异丁腈(总单体质量的 1%左右)溶解在 15 mL 的甲醇中，加入到要聚合的溶液中。把混合物冷却到液氮温度，抽滤、解冻，然后重复用氮气把氧气脱掉，在 40 ℃聚合 48 h，将固体聚合物冷却、碾碎，用甲醇把未反应掉的单体和交联剂彻底洗脱掉。在 50 ℃真空干燥，筛出 10~50 μm 的粒子用于手性识别研究。氨基酸模板和 Cu(II)离子的洗脱可以用 1 mol/L 的 EDTA 在 pH=8 下与印迹聚合物平衡反应 48 h 来实现。

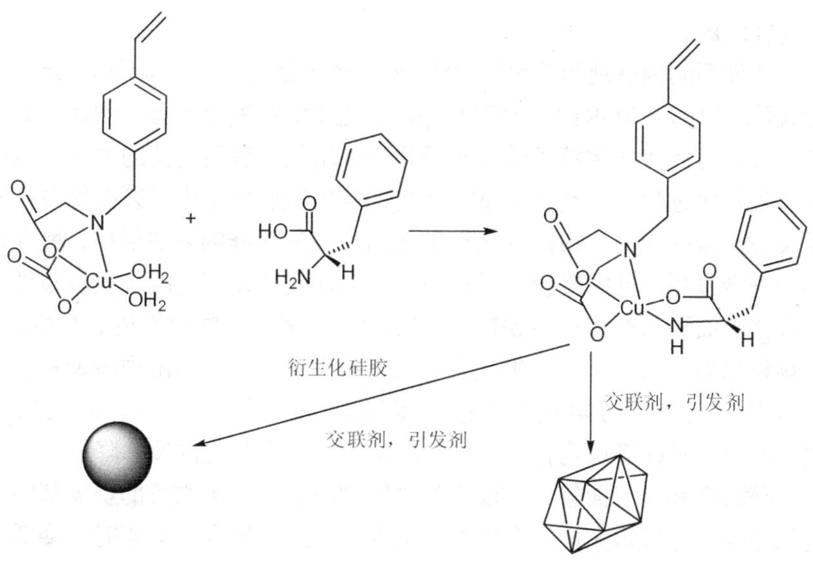

图 15.8　分子印迹配体交换吸附聚合物合成示意图

将该印迹材料聚合到硅胶表面的步骤为：将甲基丙烯酸衍生化的硅胶[硅胶与3-(三甲氧基硅基)丙基甲基丙烯酸(约占硅胶质量的 50%)和少量的三乙胺反应而得到]用体积比 80∶20 的甲醇水溶液大约 10 mL 在真空条件下加入以润湿，把0.76 g 的二甲基丙烯酸乙二醇酯和 0.07 g 的 Cu(VBIDA)(D-phe)加入到硅胶粒子中，混合 1 h 后用超声波处理 20 min，让溶剂渗透到硅胶粒子的孔中。把 10 mg AIBN 溶解在 5 μL 的甲醇中在真空条件下加入，40 ℃温和搅拌 48 h。用甲醇彻底冲洗硅胶粒子表面，洗脱掉未反应单体，在真空条件下恒温 50 ℃干燥而得。

15.5　溶胶-凝胶印迹

绝大多数 MIPs 是通过单个不饱和官能基团的单体和过量的含有二个或三个不饱和官能基团的单体进行自由基聚合反应来合成的，产生多孔的有机网络材料。这些聚合反应具有相当强的优势，允许聚合物在制备时使用不同的溶剂(水溶液或有机溶剂)和不同的温度。

分子印迹聚合物也可以通过溶胶-凝胶技术进行合成[114]，这种聚合物与前面方法合成的印迹聚合物相比，具有十分好的热稳定性以及溶剂稳定性[115,116]。溶胶-凝胶过程是在一个互溶的溶剂中，加入合适的催化剂(酸、碱或亲核试剂)，烷氧基金属有机化合物与水结合，经水解和聚合、凝胶化、老化和干燥几个步骤。制备材料的最广泛使用的前驱体是烷氧基硅烷，尤其是四甲氧基硅烷(TMOS)和四乙氧基硅烷(TEOS)。

　　反应条件不同程度地影响溶胶-凝胶印迹聚合物的多种性质，其中最主要的是 pH 和水解度($[H_2O/[Si(OR)_4]]$)。较高的 pH 加速水解和缩合步骤，增加二氧化硅离子的溶解，同时还将导致粒子的去质子化程度增加和表面电荷的增多，从而延长了团聚和凝胶化过程，因此在高 pH 环境的溶解凝胶体系中可以制得高孔穴率、大孔径及高比表面积的产物；较低 pH(<2)时，二氧化硅的溶解很小，酸催化加速了水解和缩合过程，此时凝胶化过程因离子表面质子化而受阻，在该条件下得到致密和低比表面积的产物；当 pH=3.5~7.5 时，二氧化硅颗粒带负电并相互排斥，这时的颗粒仍然生长，但不发生凝聚。当有盐类存在时，会出现凝聚和凝胶化过程，外加稳定剂离子可阻止颗粒进一步凝胶，控制颗粒大小。较大的水解度($[H_2O/[Si(OR)_4]]$)时硅氧烷化合物水解速率增大，而凝胶化的速率降低，二氧化硅干凝胶的孔穴率和比表面较大；较小的水解度时，产生未水解的烷氧基团，易于产生链状结构，并残留大量的有机物于结构中；当水解度小于 4 时，降低了水解速度，聚合反应被缩合速率所控制[117]。

　　该种技术制备印迹聚合物一般分为：包埋法，其是将模板分子加入到溶胶-凝胶的前驱体(或溶胶中)，进行水解、缩合和聚合，使模板分子包埋于凝胶的网状结构中；共聚法，其是先将模板分子或带有模板分子的有机物结合到有机硅前驱体，聚合形成交联的网络结构，热处理或化学处理除去模板；表面印迹法，就是将有机硅试剂与模板分子作用，并缩合到干凝胶表面上；第四种是模板分子以共价键方式结合在基体材料中，除去模板分子后，这种材料对目标分子以非共价键的方式结合；另外还有多级印迹方法，采用两种以上的模板或多次印迹操作，形成网络结构，除去材料中的模板分子，对其中一种模板分子(离子)有选择性识别作用；最后一种方法是模板致孔法，是利用分子模板的类型和数量制备特定形态和孔穴率的多孔材料。下面是一种电色谱毛细管手性整体凝胶印迹柱的制备过程[118,119]：将 100 μm 内径的毛细管柱用 1 mol/L 氢氧化钠冲洗 2 h、水冲洗 30 min、0.1 mol/L 盐酸冲洗 2 h、用水冲洗到 pH=7，在 150 ℃吹氮气将柱干燥。将(S)-萘普生(5.75 mg)、MAA(9 μL)、甲基丙烯酰基氧丙基三甲氧基硅烷(102 μL)、AIBN(4.5 mg)、乙腈(100 μL)、氯仿(749 μL)和离子液体 $BMIM^+PF_6^-$(40 μL)的混合溶液超声脱气 5 min，引入上述预处理的毛细管中，立即密封柱子的两端。将该柱在 54 ℃的水溶液中加热聚合 6 h，然后用乙腈/乙酸(1∶9，体积比)和 100%的乙腈分别冲洗即成，在制柱过程中要注意毛细管检测窗口的预留。

15.6　手性印迹膜

分子印迹膜是指包含或由分子印迹聚合物组成的一类膜[120-122]。通过聚合物对印迹分子的"记忆"效应达到分子识别的目的，其分子立体空间识别能力强，可以实现基于分子识别机理的高选择性分离[123,124]。分子印迹膜结合了分子印迹技术与膜技术的优点，根据制备方法不同可分为印迹填充膜、分子印迹整体膜和分子印迹复合膜三类[125]。分子印迹填充膜是将预先制备好的分子印迹聚合物填充到所用膜中[126]；分子印迹整体膜是以分子印迹聚合物自身作为支撑体，即在模板分子、官能单体、引发剂等存在下制成铸膜液，成膜后再将模板分子洗脱。其制备方法通常有原位聚合法、溶剂蒸发法[127]和浸没沉淀法[128]；分子印迹复合膜一般是将已有的商业膜作为基膜，通过界面缩聚、涂渍、动态成膜以及表面聚合等作用形成具有分子印迹功能的皮层，由于具有超滤或微滤支撑层，因此可获得大通量和高选择性的分子印迹膜[129,130]。手性高分子膜[131-135]采用印迹技术制备[136,137]，如由(S)-萘普生印迹的手性高分子膜的制备过程为[138]：将 PVDF 中空纤维膜浸泡在含有 1.0 mmol 的(S)-萘普生和 4.0 mmol 的 4-乙烯基吡啶、20 mmol 的 EDMA 和 0.2 mmol 的 AIBN 的 20 mL 氯仿溶液中 10 s，将其于 60 ℃加热 48 h。用乙酸/甲醇(1∶9，体积比)去除模板后用甲醇洗涤，室温干燥后即得到手性识别高分子印迹膜。有研究表明丙烯腈-苯乙烯共聚材料中含有四肽衍生物的手性分子印迹膜更易分离一些手性氨基酸[139,140]。聚砜中连接有蒽能提高手性分子印迹膜的选择性[141]。带羧基的聚砜溶液[142]、或者醋酸纤维素溶液[143]、或者含甲醛官能团的聚砜溶液[144]中加入手性印迹分子通过电喷雾沉积制备的膜也能进行手性拆分。还有通过水溶液环境下在氨基化聚砜微滤膜表面构成的-NH_2/$S_2O_8^{2-}$表面引发体系，以 L-谷氨酸为模板，甲基丙烯酸二甲氨基乙酯为官能单体，N,N'-亚甲基双丙烯酰胺为交联剂，在该微滤膜表面生成分子印迹手性层，能对谷氨酸进行手性分离[145]。含有 D-色氨酸模板分子的 4%海藻酸钠浇铸液刮涂在 PVDF 支撑膜上后，用 5%的 $CaCl_2$ 溶液交联，使制备手性印迹膜的步骤绿色环保也已经有报道[146]。表 15.3 是以分子印迹聚合物膜成功拆分外消旋体的一些例子。

除上面的研究以外，一些手性 MIP 材料还被用于其他的一些用途，如苯乙烯-马来酸共聚的手性印迹材料可用于(R)-安非他明的固相萃取[162]；用分子印迹聚合物的对映体去测定手性化合物的绝对构型[163]；在模板分子 L-Glu 存在下将邻苯二胺与多巴胺通过一步电化学共聚在金电极的表面制作电容传感器对谷氨酸进行手性测定[164]；基于交联聚丙烯酸-聚咔唑杂化分子印迹聚合物制作的手性电位传感器用于苯丙氨酸的手性分析[165,166]等。手性印迹识别材料现在已经进入一个平稳发展阶段，我们正期待着它的新的突破。

表 15.3　用分子印迹聚合物膜成功拆分外消旋体的例子

溶质	模板	选择性系数	膜基体	参考文献
	D-丝氨酸		聚砜超滤膜	147
	L-苯丙氨酸			148
氨基酸			尼龙	149
		3.50	有机凝胶	150
	对-羟基苯甘氨酸	1.21	阳离子交换膜	151
	叔丁氧羰基-色氨酸		丙烯腈-苯乙烯	152
	N-苄酯基-谷氨酸	1.2	羧化聚砜	153
		2.3	醋酸纤维素	154
氨基酸衍生物				155
	叔丁氧羰基-色氨酸		树脂	156
			树脂	157
			树脂	158
			树脂	159
	L-苄氰基羰基-酪氨酸	3.4	聚丙烯酸	160
药物	(S)-萘普生	1.6	聚丙烯	161

参 考 文 献

[1] Yuan L M, Xu Z G, Ai P, Chang Y X, Azam A K M F. Anal. Chim. Acta, 2005, 554(1/2): 152

[2] Chang Y X, Yuan L M, Zhao F. Chromatographia, 2006, 64(5/6): 313

[3] Wulff G, Sarhan A. Angew. Chem. Int. Ed., 1972, 11: 34

[4] Wulff G, Sarhan A, Zabrocki K. Tetrahedron Lett., 1973, 14(44): 4329

[5] Norrlow O, Glad O, Mosbach K. J. Chromatogr., 1984, 299(1): 29

[6] Whitcombe M J, Rodrihuez M E, Villar P, Vulfson E N. J. Am. Chem. Soc., 1995, 117: 7105

[7] 司汴京, 陈长宝, 周杰. 化学进展, 2009, 21(9): 1813

[8] Sibrian-Vazquez M, Spivak D A. J. Am. Chem. Soc., 2004, 126(25): 7827

[9] Hu X B, An Q, Li G T, Tao S Y, Liu J. Angew. Chem. Int. Ed., 2006, 45(48): 8145

[10] Hoshino Y, Kodama T, Okahata Y, Shea K J. J. Am. Chem. Soc., 2008, 130(46): 15243

[11] Rutkowska M, Plotka-Wasylka J, Morrison C, Wieczorek P P, Namieśnik J, Marć M. Trends Anal. Chem., 2018,102: 91

[12] Spegel P, Schweitz L, Nilsson S. Electrophoresis, 2003, 24(22): 3892

[13] Liu Z S, Zheng C, Yan C, Gao R Y. Electrophoresis, 2007, 28(1): 127

[14] Huang Y P, Liu Z S, Zheng C, Gao R Y. Electrophoresis, 2009, 30(1): 155

[15] Sellergren B. J. Chromatogr. A, 2001, 906: 240

[16] Turiel E, Martin-Esteban A. J. Sep. Sci., 2009, 32(19): 3278

[17]　Whitcombe M J, Rodribuez M E, Villar P, Vulfson E N. J. Am. Chem. Soc., 1995, 117: 7105

[18]　Wulff G. Angew. Chem. Int. Ed., 1995, 34(17): 1812

[19]　Mosbach K. Trends Biochem. Sci., 1994, 19: 9

[20]　Perez-Moral N, Mayes A G. Anal. Chim. Acta, 2004, 504(1): 15

[21]　袁琼辉, 汤又文. 化学通报, 2009, 72(8): 707

[22]　Piletska E V, Guerreiro A R, Whitcombe M J, Piletsky S A. Macromolecules, 2009, 42(14): 4921

[23]　Sellergren B. Makromol. Chem., 1989, 190: 2703

[24]　Ramstrom O, Nicholls I A, Mosbach K. Tetrahedron: Asymmetry, 1994, 5: 649

[25]　Kempe M. Anal. Chem., 1996, 68(11): 1948

[26]　Sellergren B, Shea K J. J. Chromatogr., 1993, 635: 31

[27]　Sellergren B, Lepisto M, Mosbach K. J. Am. Chem. Soc., 1988, 110: 5853

[28]　Chen Y Z, Shimizu K D. Organ. Lett., 2002, 4(17): 2937

[29]　Sibrian-Vazquez M, Spivak D A. Macromolecules, 2003, 36(14): 5105

[30]　Yu C, Mosbach K. J. Org. Chem., 1997, 62: 4057

[31]　Maddock S C, Pasetto P, Resmini M. Chem. Commun., 2004, 536

[32]　Hosoya K, Shirasu Y, Kimata K, Tanaka N. Anal. Chem., 1998, 70(5): 943

[33]　Ramstrom O, Andersson L I, Mosbach K. J. Org. Chem., 1993, 58: 7562

[34]　Li M, Lin X C, Xie Z H. J. Chromatogr. A, 2009, 1216(27): 5320

[35]　Meng Z H, Wang J F, Zhou L M, Wang Q H, Zhu D Q. Biomed. Chromatogr., 1999, 13(1): 1

[36]　Schweitz L. Anal. Chem., 2002, 74(5): 1192

[37]　Quaglia M, Lorenzi E D, Sulitzky C, Caccialanza G, Sellergren B. Electrophoresis, 2003, 24(6): 952

[38]　Ou J J, Li X, Feng S, Dong J, Dong X L, Kong L, Ye M L, Zou H F. Anal. Chem., 2007, 79(2): 639

[39]　Ozcan A A, Say R, Denizli A, Ersoz A. Anal. Chem., 2006, 78(20): 7253

[40]　Priego-Capote F, Ye L, Shakil S, Shamsi S A, Nilsson S. Anal. Chem., 2008, 80(8): 2881

[41]　Gutierrez-Climente R, Gomez-Caballero A, Guerreiro A, Garcia-Mutio D, Unceta N, Goicolea M A, Barrio R J. J. Chromatogr. A, 2017, 1508: 53

[42]　Hosoya K, Shirasu Y, Kimata K, Tanaka N. Anal. Chem., 1998, 70: 943

[43]　Yano K, Nakagiri T, Takeuchi T, Matsui J, Ikebukuro K, Karube I. Anal. Chim. Acta, 1997, 357: 91

[44]　Fujii Y, Matsutani K, Kikuchi K. J. Chem. Soc. Chem. Commun., 1985, 415

[45]　Alpesh P, Sandra F, Joachim H G, Steinke. Anal. Chim. Acta, 2004, 504(1): 53

[46]　Gavioli E, Maier N M, Haupt K, Mosbach K, Lindner W. Anal. Chem., 2005, 77(15): 5009

[47]　Zhou Q, He J, Tang Y W, Xu Z G, Li H, Kang C C, Jiang J B. J. Chromatogr. A, 2012, 1238: 60

[48]　Hebert B, Meador D S, Spivak D A. Anal. Chim. Acta, 2015, 890: 157

[49]　Lin J M, Nakagama T, Uchiyama K, Hobo T. J. Pharm. Biomed. Anal., 1997, 11(5): 298

[50]　张朝晖, 张华斌, 胡宇芳, 刘丽, 李辉, 姚守拙. 高等学校化学学报, 2008, 29(10): 1941

[51]　张朝晖, 张华斌, 胡宇芳, 姚守拙. 中国科学 B 辑: 化学, 2009, 39(6): 525

[52]　Sellergren B. Chirality, 1989, 1: 63

[53]　Andersson L I, O'Shannessy D J, Mosbach K. J. Chromatogr., 1990, 513: 167

[54]　Andersson L I, Mosbach K. J. Chromatogr., 1990, 516: 313

[55]　Kempe M. Anal. Chem., 1996, 68(11): 1948

[56]　Ramstrom O, Andersson L I, Mosbach K. J. Org. Chem., 1993, 58(26): 7562

[57]　Lepisto M, Sellergren B. J. Org. Chem., 1989, 54(26): 6010

[58]　Yilmaz E, Billing J, Boyd B, Moller P, Rees A. J. Sep. Sci., 2009, 32(19): 3274

[59]　Kempe M, Mosbach K. J. Chromatogr. A, 1995, 691: 317

[60]　Ramstrom O, Nicholls I A, Mosbach K. Tetrahedron: Asymmetry, 1994, 5(4): 649

[61]　Ye L, Ramstrom O, Mosbach K. Anal. Chem., 1998, 70(14): 2789

[62]　Hosoya K, Yoshizako K, Shirasu Y, Kimata K, Araki T, Tanaka N, Haginaka J. J. Chromatogr. A, 1996, 728: 139

[63]　Meng Z H, Zhou L M, Wang Q H, Zhu D Q. Chin. Chem. Lett. 1997, 4: 345

[64]　Fischer L, Mueller R, Ekberg B, Mosbach K. J. Am. Chem. Soc., 1991, 113: 9358

[65]　Schweitz L, Andersson L I, Nilsson S. Anal. Chem., 1997, 69: 1179

[66]　Ramstrom O, Yu C, Mosbach K. J. Mol. Recognit., 1996, 9: 691

[67]　Zaidi S A, Cheong W J. J. Chromatogr. A, 2009, 1216: 2947

[68]　Schweitz L, Andersson L I, Nilsson S. J. Chromatogr. A, 1997, 792: 401

[69]　Zaidi S A, Han K M, Kim S S, Hwang D G, Cheong W J. J. Sep. Sci., 2009, 32: 996

[70]　Shi X X, Xu L, Duan H Q, Huang Y P, Liu Z S. Electrophoresis, 2011, 32: 1348

[71]　Kriz D, Kriz C B, Andersson L I, Mosbach K. Anal. Chem., 1994, 66: 2636

[72]　Suedee R, Srichana T, Saelim J, Thavornpibulbut T. Analyst, 1999, 124: 1003

[73]　Suedee R, Songkram C, Petmoreekul A, Sangkunakup S, Sankasa S, Kongyarit. J. Planar Chromtogr., 1998, 11: 272

[74]　Lu C H, Zhou W H, Han B, Yang H H, Chen X, Wang X R. Anal. Chem., 2007, 79: 5457

[75]　Ramstrom O, Andersson L I, Mosbach K. J. Org. Chem., 1994, 58: 7562

[76]　Bruggemann O, Freitage R, Whitcombe M J, Vulfson E N. J. Chromatogr. A, 1997, 781: 43

[77]　Kempe M, Mosbach K. J. Chromatogr. A, 1994, 664: 276

[78]　Spegel P, Schweitz L, Andersson L I, Nilsson S. Chromatographia, 2009, 69: 277

[79]　Kulsing C, Knob R, Macka M, Junor P, Boysen R I, Hearn M T W. J. Chromatogr. A, 2014, 1354: 85

[80]　O'Shannessy D J, Andersson L I, Mosbach K. J. Mol. Recognit., 1989, 2: 1

[81]　Lin J M, Nakagama T, Wu X Z, Uchiyama K, Fresenius T H. J. Anal. Chem., 1997, 357: 130

[82]　Sellergren B, Lepisto M, Mosbach K. J. Am. Chem. Soc., 1988, 110: 5853

[83]　Nilsson S, Schweitz L, Petersson M. Electrophoresis, 1997, 18: 884

[84]　Chen Y, Kele M, Sajonz P, Sellergren B, Guiochon G. Anal. Chem., 1999, 71: 928

[85]　Jiang J B, Song K S, Chen Z, Zhou Q, Tang Y W, Gu F L, Zuo X J, Xu Z G. J. Chromatogr. A, 2011, 1218: 3763

[86]　Mayes A G, Mosbach K. Anal. Chem., 1996, 68: 3769

[87]　Sellergren B. J. Chromatog. A, 1994, 673: 133

[88]　Lei Y, Cormack P A, Mosbach K. Anal. Commun., 1999, 36: 35

[89]　Glad M, Reinholdsson P, Mosbach K. React. Polym., 1995, 25: 47

[90]　Schweitz L, Andersson L I, Nilsson S. Anal. Chem., 1997, 69: 1179

[91]　Haginaka J, Takehira H, Hosoya K, Tanaka N. J. Chromatogr. A, 1999, 849: 331

[92]　Spivak D, Gilmore M A, Shea K J. J. Am. Chem. Soc., 1997, 119: 4388

[93]　王学军, 许振良, 杨座国, 邬乃慈. 化学进展, 2007, 19(5): 805

[94]　Song S H, Shirasaka K, Katayama M, Nagaoka S, Yoshihara S, Osawa T, Sumaoka J, Asanuma H, Komiyama M. Macromolecules, 2007, 40: 3530

[95]　Lu Y, Li C X, Zhang H S, Liu X H. Anal. Chim. Acta, 2003, 489: 33

[96]　Sergeyeva T A, Matuschewski H, Piletsky S A, Bendig J, Schedler U, Ulbricht M. J. Chromatogr. A, 2001, 907(1):89

[97]　Ersoz A, Denizli A, Sener I, Atilir A, Diltemiz S, Say R. Sep. Purif. Technol., 2004, 38(2): 173

[98]　Zhong N, Byun H S, Bittman R. Tetrahedron Lett., 2001, 42: 1839

[99]　Kugimiya A, Matsui J, Takeuchi T. Mater. Sci. Eng. C, 1997, 4: 263

[100]　Cheng Z Y, Zhang L W, Li Y Z. Chem. Eur. J., 2004, 10: 3555

[101] Hosoya K, Watabe Y, Ikegami T, Tanaka N, Kubo T, Sano T, Kaya K. Anal. Bioanal. Chem., 2004, 378(1): 84
[102] Guo T Y, Xia Y Q, Hao G J, Zhang B H. Chin. Chem. Lett., 2004, 15(11): 1339
[103] Moring S E, Wong O S, Stobaugh J F. J. Pharm. Biomed. Anal., 2002, 27: 719
[104] Kubo T, Hosoya K, Nomachi M, Tanaka N, Kaya K. Anal. Bioanal. Chem., 2005, 382: 1698
[105] 黄招发, 汤又文. 分析化学, 2005, 33: 1424
[106] Gore M A, karmalkar R N, Kulkarni M G. J. Chromatogr. B, 2004, 804: 211
[107] Sellergren B, Shea K J. J. Chromatogr., 1993, 654: 17
[108] Wulff G, Schonfeld R. Adv. Mater., 1998, 10: 957
[109] Asanuma H, kakazu M, Shibata M, Hishiya T, Komiyama M. Chem. Commun., 1997, 1971
[110] Piletsky S A, Andersson H S, Nicholls I A. Macromolecules, 1999, 32: 633
[111] Osawa T, Shirasaka K, Matsui T, Yoshihara S, Akiyama T, Hishiya T, Asanuma H, Komiyama M. Macromolecules, 2006, 39: 2460
[112] Qin L, He X W, Li W Y, Zhang Y K. J. Chromatogr. A, 2008, 1187: 94
[113] Vidyasankar S, Ru M, Arnold F H. J. Chromatogr. A, 1997, 775: 51
[114] 阚显文, 尹宇新, 耿志荣, 王志林. 化学进展, 2010, 24: 107
[115] Kunitake T, Lee S W. Anal. Chim. Acta, 2004, 504: 1
[116] 吕运开, 严秀平. 分析化学, 2005, 33: 254
[117] 黄剑锋. 溶胶-凝胶原理与技术. 北京: 化学工业出版社, 2005, 82
[118] Wang H F, Zhu Y Z, Yan X P, Gao R Y, Zheng J Y. Adv. Mater., 2006, 18: 3266
[119] Wang H F, Zhu Y Z, Lin J P, Yan X P. Electrophoresis, 2008, 29: 952
[120] Piletsky S A, Panasyuk T L, Piletskaya E V, Nicholls I A, Ulbricht M. J. Membr. Sci., 1999, 157: 263
[121] 姜忠义, 喻应霞, 吴洪. 膜科学与技术, 2006, 26(1): 78
[122] 李国祥, 艾萍, 周玲玲, 谢生明, 袁黎明. 膜科学与技术, 2008, 28(4): 47
[123] Itou Y, Nakano M, Yoshikawa M. J. Membr. Sci., 2008, 325: 371
[124] Yoshikawa M, Tharpa K, Dima S O. Chem. Rev., 2016, 116: 11500
[125] Cormack A G P, Elorza A Z. J. Chromatogr. B, 2004, 804: 173
[126] Lehmann M, Brunner H, Tovar G. Desalination, 2002,149: 315
[127] Yoshikawa M, Izumi J I, Kitao T, Koya S, Sakamoto S. J. Membr. Sci., 1995, 108: 171
[128] Wang H K, Kobayashi T, Fukaya T, Fujii N. Langumuir, 1997, 13: 5396
[129] Kielczynski R, Brayjak M. Sep. Purif. Technol., 2005, 41: 231
[130] Kondo Y, Morita Y, Fujimoto A, Tounal M, Kimura S, Yoshikawa M. Chirality, 2003, 15: 498
[131] Xie S M, Wang W F, Ai P, Yang M, Yuan L M. J. Membr. Sci., 2008, 321: 293
[132] Xiong W W, Wang W F, Zhao L, Song Q, Yuan L M. J. Membr. Sci., 2009, 328: 268
[133] Yang M, Zhao M, Xie S M, Yuan L M. J. Appl. Polym. Sci., 2009, 112: 2516
[134] Zhao M, Xu X Lin, Jiang Y D, Sun W Z, Wang W F, Yuan L M. J. Membr. Sci., 2009, 336: 149
[135] Wang W F, Xiong W W, Zhao M, Sun W Z, Li F R, Yuan L M. Tetrahedron: Asymmetry, 2009, 20: 1052
[136] Yoshikawa M, Izumi J, Kitao J. Polym. J., 1997, 29(3): 205
[137] Kakuchi T, Takaoka T, Yokota K. Polym J., 1990, 22: 199
[138] Wang J Y, Xu Z L, Wu P, Yin S J. J. Membr. Sci., 2009, 331: 84
[139] Yoshikawa M, Izumi J, Kitao T, Sakamoto S. Macromolecules, 1996, 29: 8197
[140] Yoshikawa M, Izumi J. Macromol. Biosci., 2003, 3:487
[141] Yoshikawa M, Murakoshi K, Kogita T, Hanaoka K, Guiver M D, Robertson G P. Eur. Polym. J., 2006, 42: 2532
[142] Yoshikawa M, Nakai K, Matsumoto M, Tanioka A, Guiver M D, Robertson G P. Macromol. Rapid Commun., 2007, 28: 2100

[143] Sueyoshi Y, Fukushima C, Yoshikawa Y. J. Membr. Sci., 2010, 357: 90

[144] Sueyoshi Y, Utsunomiya A, Yoshikawa M, Robertson G P, Guiver M D. J. Membr. Sci., 2012, 401/402: 89

[145] Gao B J, Cui K L, Li Y B. J. Chem. Technol. Biotechnol., 2017, 92: 1566

[146] Zhou Z Y, He L C, Mao Y, Chai W S, Ren Z Q. Chem. Eng. J., 2017, 310: 63

[147] Son S H, Jegal J. J. Appl. Polym. Sci., 2007, 104: 1866

[148] Piletsky S A, Piletskaya E V, Panasyuk T L, El'skaya A V, Levi R, Karube I, Wulff G. Macromolecules, 1998, 31: 2137

[149] Takeda K, Abe M, Kobayashi T. J. Appl. Polym. Sci., 2005, 97: 620

[150] 熊芸, 王宏, 靳磊, 冯桂龙, 张圣祖, 杨亚江. 化学学报, 2009, 67: 442

[151] 付春江, 王军, 余立新, 朱慎林. 高等化学工程学报, 2007, 21: 206

[152] Yoshikawa M, Izumi J I, Kitao T, Koya S, Sakamoto S. J. Membr. Sci., 1995, 108: 171

[153] Yoshikawa M, Izumi J, Ooi T, Kitao T, Guiver M D, Robertson G P. Polym. Bull., 1998, 40(4/5): 517

[154] Yoshikawa M, Izumi J, Ooi T, Izumi J I. J. Appl. Polym. Sci., 1999, 72(4): 493

[155] Yoshikawa M, Nakai K, Matsumoto H, Tanioka A, Guiver M D, Robertson G P. Macromolecules, 2007, 10: 1002

[156] Yoshikawa M, Fujisawa T, Izumi J I, Kitao T, Sakamoto S. Anal. Chim. Acta, 1998, 365: 59

[157] Yoshikawa M, Izumi J, Kitao T. Reactive & Functional Polymers, 1999, 42: 93

[158] Yoshikawa M, Ooi T, Izumi J. Eur. Polym. J., 2001, 37(2): 335

[159] Yoshikawa M, Yonetani K. Desalination, 2002, 149: 287

[160] Dzgoev A, Hauot K. Chirality, 1999, 11: 465

[161] Donato L, Figoli A, Drioli E. J. Pharm. Biomed. Anal., 2005, 37: 1003

[162] Monier M, Youssef I, Abdel-Latif D A. Chem. Eng. J., 2019, 356: 693

[163] Meador D S, Spivak D A. Org. Lett., 2014, 16: 1402

[164] Ouyang R Z, Lei J P, Ju H X, Xue Y D. Adv. Funct. Mater., 2007, 17: 3223

[165] Chen Y, Chen L, Bi R L, Xu L, Liu Y. Anal. Chim. Acta, 2012, 754: 83

[166] Zhao Q Q, Yang J P, Zhang J, Wu D T, Tao Y X, Kong Y. Anal. Chem., 2019, 91: 12546

第 16 章　人工合成单手螺旋高分子

16.1　单手螺旋高分子

螺旋高分子是指高分子具有螺旋形的分子结构，这种结构可以是左旋转，也可以是右旋转，左右螺旋常常在一些高分子中同时存在(图 16.1)，并且约各占50%[1,2]。单手螺旋高分子是指在该高分子中只具有单一的一种螺旋结构，就像蜗牛背上的螺纹是单一旋转一样。众所周知的 α-直链淀粉、α-多肽以及 DNA 分子结构中是右旋转的螺旋结构，它们又被称为右手螺旋高分子。对于螺旋相反的高分子则称为左手螺旋高分子，它们在高分子化学中总称为单手螺旋高分子。由于在单手螺旋结构中没有对称面、也没有对称中心，所以在其分子结构中即使没有手性碳原子，这些高分子也会具有手性。除大量存在于天然高分子如纤维素、直链淀粉、壳聚糖、蛋白质等外[3-6]，也可以人工合成。这种通过不对称合成所得到的高分子称人工合成的单手螺旋高分子[7]。

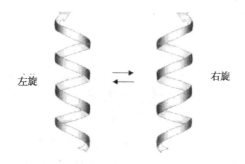

左旋　　　　　　　　　　　右旋

图 16.1　螺旋构象中左、右旋转及互变示意图

单手螺旋高分子的合成在高分子科学中是一个相当重要的领域，它的手性结构具有广泛的潜在应用[8]，其中手性识别是一个重要的分支[9]。基于手性聚合体的手性识别能力，它已经应用在分离化学中，其中在高效液相色谱作为手性固定相(CSP)分离外消旋体化合物的应用最为广泛。聚合物 CSP 的手性识别主要由于手性聚合物的高度有序结构，因此仅从聚合物的单体解释它们的手性识别机理是困难的。

Y. Okamoto 课题组关于单手螺旋状聚甲基丙烯酸酯的首次合成和应用，以及此课题组对这些物质的广泛研究，使 Y. Okamoto 教授成为该类手性分离材料最典型的代表性科学家[10]。

16.2　单手螺旋状的聚甲基丙烯酸酯

16.2.1　聚甲基丙烯酸三苯基甲酯

甲基丙烯酸三苯基甲酯(TrMA)在极性溶液或非极性溶液中通过阴离子聚合产生具有很好全同立构的聚合物[11]。即使在自由基聚合中，TrMA 也能给出很高的全同立构[12]。TrMA 聚合物全同立构的特点导致了它螺旋状的主链，TrMA 的阴离子或自由基聚合使左旋和右旋的对映异构体浓度相等。1979 年，Okamoto 和他的合作者报道在低温下，通过用 *n*-BuLi 和(−)-金雀花碱(Sp)的络合物进行甲基丙烯酸三苯基甲酯的阴离子聚合，TrMA 的聚合物给出了几乎全部的全同立构，显示出很高的旋光度和圆二色谱吸收[13]，在这个反应中，选择性地只生成一种主链是螺旋旋转的单手螺旋状的构型。螺旋状结构的形成是由于大体积基团的排斥力，当大体积基团通过水解从主链离去时，这个分子的手性和光学活性就会消失。单手螺旋的聚甲基丙烯酸三苯基甲酯是第一个通过烯烃单体人工合成的具有光学活性的、单手螺旋结构的化合物(图 16.2a)，在高分子不对称合成方面具有里程碑的意义[14]。有机金属锂和手性配体形成的络合物或手性有机锂控制的该不对称聚合反应见图 16.2b、c。

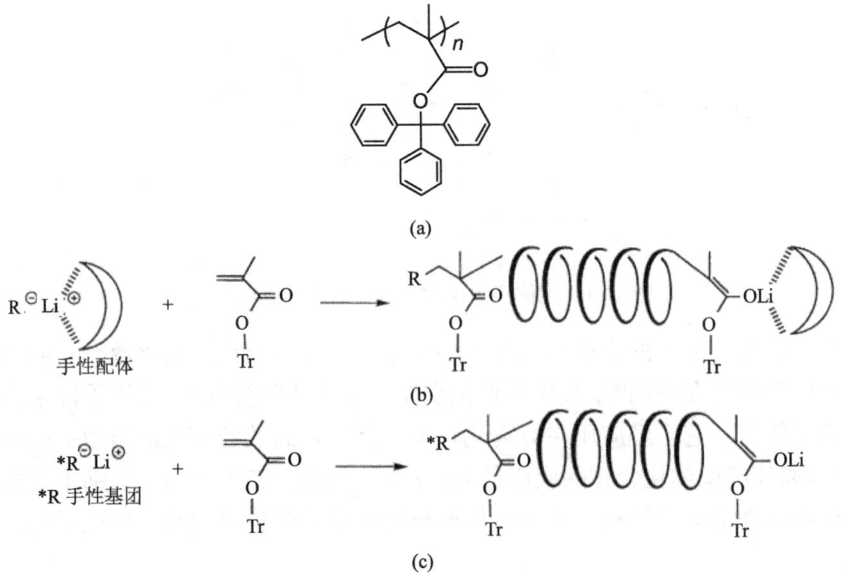

图 16.2　聚(TrMA)(a); 手性配体有机锂控制的螺旋聚合反应(b); 手性有机锂引发的螺旋聚合反应(c)

在图 16.2b 和 c 中，配体或引发剂的手性导致了聚合物的单手螺旋。几种常见的手性配体包括金雀花碱[15]，6-苄金雀花碱(BzSp)[16]，2,3-二甲氧基-1,4-双(二甲基氨基)丁烷(DDB)[17]，(+)-1-(2-吡咯烷甲基)吡咯烷(PMP)[17]，都能有效地控制 TrMA 聚合体的螺旋结构；手性有机锂是锂-(R)-N-1-苯乙基苯胺(LiAn)[13](图 16.3)。手性配体对聚合物旋光活性的影响大于引发剂，并在甲苯溶剂中的效果比在四氢呋喃溶剂中好。在聚合过程中配体在活性增长端去配位锂离子的电荷，提供手性反应的环境。在四氢呋喃溶液中，配体的配位被溶液的配位抑制了，所以得到的聚合物只有很小的光学活性。用商品 DDB 的对映体，可以得到反螺旋状的聚合物[18]。

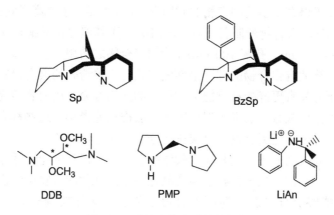

图 16.3　手性配体和手性有机锂

利用 FlLi(fluorenyllithium，芴基锂)和 Sp、(+)-DDB 或 PMP 形成的络合物进行的 TrMA 聚合的独特立体化学机理通过对它的不对称低聚产物详细的数据分析[17]而得到研究[19]。研究表明，五或五以上聚合度的低聚物主要是全同立构，当达到九或九以上的聚合度时，低聚物就开始有螺旋结构，单体聚合加速。由上面三个络合物进行的聚合反应产物具有相同方向的螺旋结构，因为它们具有相同的圆二色谱和旋光度的信号，所以聚合反应中主链的构型主要取决于引发剂络合物中的手性配体。

单手螺旋的聚甲基丙烯酸三苯甲酯对各种外消旋体表现出特别高的拆分能力，但侧链具有手性、主链没有单手螺旋结构的聚甲基丙烯酸酯几乎没有手性识别能力[20]。因此聚甲基丙烯酸三苯甲酯的手性识别能力主要取决于螺旋手性。光活性 TrMA 聚合物的手性拆分能力最初是通过用 Sp-正丁基锂引发聚合的、在 THF 中不溶的(+)-聚合物(DP=220)产物得到证明的[21,22]。利用这种手性固定相，很多具有立体化学结构的化合物包括 Trogers 碱、六螺烯和环烷烃都能够得到有效的拆分。然而，因为这种聚合物颗粒是比较容易碎的，其用在实践中不是很耐用。

　　该聚合物的具体合成步骤为[21]：在氮气保护下将甲基丙烯酸三苯甲基酯(20.0 g, 60.7 mmol)溶解在干燥的甲苯(400 mL)中冷到–78 ℃，用注射器加入(–)-Sp(0.342 g, 1.46 mmol)和丁基锂(1.21 mmol)。反应 24 h 后，将反应混合物倒入4 L 甲醇中，离心分离不溶聚合物。将聚合物碾碎并用 700 mL THF 抽提，得到不溶干聚合物 19.4 g(产率 96.8%)。其旋光度$[\alpha]^{20}_D \geqslant +250$，从凝胶色谱测得其平均聚合度为 220。将该聚合物碾细成小颗粒，用正己烷溶胀 2~4 次后装柱，则可用于液相色谱手性识别研究。

　　利用该聚合度较低的在 THF 中能溶解的 TrMA 聚合物涂渍在大孔硅胶表面(聚合物占 20%的质量)则表现出更好的分辨能力。用大孔硅胶作为载体的一个重要改进不仅在于提高了手性固定相的耐用性,而且主要在于提高了它的分离能力。该可溶(+)-PTrMA 聚合物的制备可利用(+)-BzSp-丁基锂存在下聚合 TrMA 单体。硅胶(颗粒直径 10 μm,孔径 100 nm)在涂渍聚合物之前用二氯二苯基硅烷进行了硅烷化处理。涂渍有聚合物的硅胶手性固定相与简单粉碎的聚合物颗粒固定相相比,前者对压力具有更好的抵抗能力和更长的使用寿命。用前者填充的柱一般具有比较高的理论塔板数,后者的保留因子一般都比前者小。这些都表明用硅胶作为载体的手性固定相能更有效和更快速地分离手性化合物[16]。

　　已有的研究表明上述用硅胶作为载体的手性固定相至少能够拆分 200 多种外消旋化合物[23-27],该手性分离柱已经商品化多年。这种聚合物手性识别材料的最大特点是它能够拆分没有官能团而且通过传统方法比较难分离的化合物。用 TrMA 聚合物作为固定相时常用极性溶剂作为流动相,例如在大部分情况下是用甲醇或乙醇-水的混合物作为流动相,表明拆分是通过被分离物中的非极性基团和TrMA 聚合物中的侧链基团三苯甲基的疏水作用来发生的。侧链三苯甲基具有手性螺旋推进器的结构而且在手性识别中起重要作用。

　　在用硅胶作为载体的手性识别材料时,聚合物与硅胶的质量比会影响拆分的行为。例如在拆分 N,N-二苯基-顺-环丁烷-1,2-二羧基酰胺时,保留体积随涂渍量的增加有一最大值,这一现象可能是由于聚合物链聚集的状态不同而致。聚合物的浓度高时,螺旋链将按一定的有序聚集,这种形式将在紧密的聚合物链中产生新的手性空间,这种聚合物链空间与单一的螺旋链是不同的。这些新的手性空间将表现出与单独的螺旋链不同的手性识别。这就解释了具有不同聚合物-硅胶比率的手性固定相的拆分识别能力的差异以及硅胶作为载体的手性固定相和单独的聚合物粉末分离能力的不同[20]。

　　TrMA 的手性螺旋聚合物已经被键合在硅胶上作为手性固定相[28],该固定相可以使用芳香烃、氯仿以及四氢呋喃作为流动相。这些溶剂不能用于涂渍 TrMA 聚合物的硅胶柱,因为它们能把旋光聚合物从硅胶上洗下来。TrMA 聚合物与硅胶的化学键合可以由图 16.4a 反应进行，其过程是 TrMA 与 3-三甲氧硅丙基甲基丙烯酸酯进行嵌段共聚，然后键合到硅胶上；或者通过图 16.4b 反应进行，即用二异腈酸酯和氨丙基三乙氧基硅烷处理的硅胶与带有 PhNH-CH₂CH₂- N(Ph)-终端的 TrMA 聚合物反应。

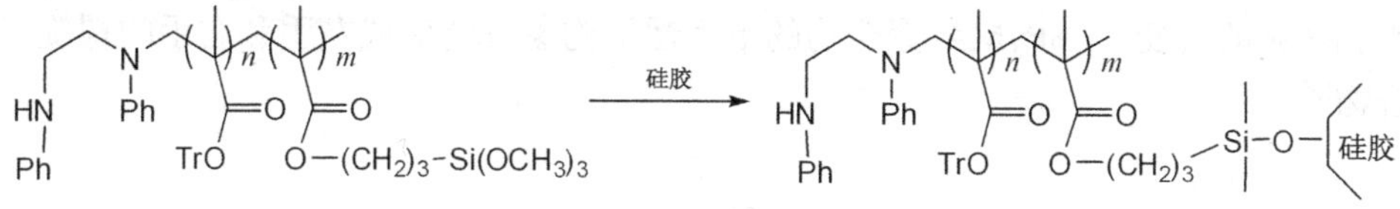

(a)

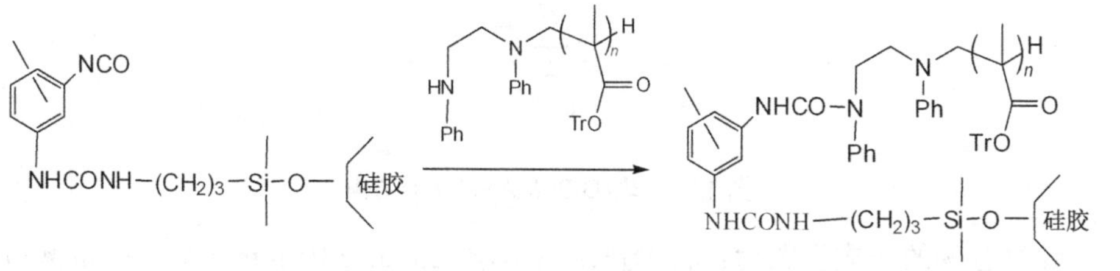

(b)

图 16.4　化学键合的聚(TrMA)手性固定相的制备

　　当用甲醇作流动相时，键合 CSP 的手性识别能力与涂渍型的手性固定相相似，并且键合 CSP 能拆分等摩尔质量的左右螺旋聚合物。尽管光学活性的聚甲基丙烯酸三苯甲酯能分辨不同类型的外消旋体，但它有一个致命的弱点，容易被作为高效液相色谱洗脱液的甲醇醇解它的酯键。作为手性识别材料，其稳定性和分辨力是非常重要的因素。为了改变这一弱点，考虑单体的结构在聚合过程中对目标合成物的立体化学和手性识别能力的影响，几种新单体又被设计出来[9]。

16.2.2　聚甲基丙烯酸二苯基-2-吡啶基甲酯

　　继 TrMA 聚合物后聚甲基丙烯酸二苯基-2-吡啶基甲酯[聚(D₂PyMA)]被合成出来(图 16.5)，它在耐久性方面较聚(TrMA)有了改进。D₂PyMA 单体在甲醇中的抗分解耐久性要比 TrMA 单体强得多。在相同的条件下，硅胶键合的聚(D₂PyMA)的溶解速度比硅胶键合的聚(TrMA)慢 16 倍[29]。

　　在单体的侧链上引入吡啶基的确能改进单体的耐久性，但它产生了一个新的问题，那就是当单体的侧链上有极性的吡啶基时定向聚合就比较更难。这是因为侧链的吡啶基与生长端的阳离子之间的相互作用与手性配合基的络合效应相互竞争[30]。例如，二苯基-2-吡啶基甲基丙烯酸酯通过用 Sp 或 DDB 作为手性配合物聚合得到的是左手和右手螺旋的混合物。为了寻找一个好的螺旋选择条件，D₂PyMA 的阴离子聚合的各种手性配位基都被用来实验。之后，发现 PMP 被用做配位基时能给出单手螺旋聚合物，PMP 能成功定向是因为 PMP 的络合作用强于其他配位基与变化的烯醇化阴离子之间的配位作用[30]。此外，用 PMP 聚合会导致聚合物具有较窄分子量分布，PMP 对控制含有吡啶基的其他单体[31-34]聚合的立体化学也是有效的。不管怎样，具有螺旋结构的旋光聚合物(D₂PyMA)可以发生溶剂中的螺旋和螺旋的转变，D₂PyMA 聚合物的单手螺旋构象可转变成左手和右手的螺旋混合物[35]。

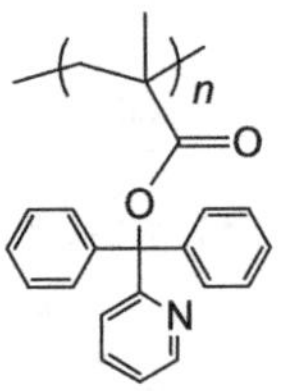

图 16.5 聚(D₂PyMA)的分子结构

该聚合物的合成步骤为：将 D₂PyMA 单体(1.0 g, 3.05 mmol)放入一带磨口的聚合反应瓶中，在真空线上抽掉空气充入氮气，重复三次该过程后，在反应瓶上安上带磨口的三通，在氮气保护下通过注射器加入 20 mL 甲苯溶解单体，然后将单体溶液冷到-78 ℃，用注射器再加入引发剂(PMP+RLi)的甲苯溶液，反应 24 h，即得产物。

尽管聚 D₂PyMA 分辨一些外消旋体比较有效，但是在相同的色谱条件下，用甲醇作洗脱液时硅胶键合的聚(D₂PyMA)的手性识别能力比硅胶键合的聚(TrMA)要低一些。很多情况下，用聚(D₂PyMA) CSP 识别外消旋体时用甲醇作溶剂比用非极性溶剂效果好。这表明与聚(TrMA)手性固定相一样，外消旋体与手性固定相间的疏水作用是影响手性识别能力的一个重要因素。但是，对于少数几个外消旋体如 Co(acac)₃ 等，正己烷/异丙醇混合溶剂在聚(D₂PyMA) CSP 中比甲醇好一些。聚(D₂PyMA) CSP 还能拆分杯芳烃衍生物[36]和 Tröger's 类碱[37]，该手性分离柱也已经商品化。

16.2.3 其他聚甲基丙烯酸酯聚合物

除 TrMA 和 D₂PyMA 的聚合物之外，其他的几个具有类似结构的化合物也被合成，并且通过吸附试验证实了它们的手性识别性能。这些化合物包括聚(m-Cl₁TrMA)，聚(m-F₁TrMA)，聚(m-Cl₃TrMA)和聚(m-Me₃TrMA)(图 16.6)[38]。将它们涂渍在大孔硅胶上作为手性固定相，结果聚(m-Cl₁TrMA)、聚(m-F₁TrMA)、聚(m-Cl₃TrMA)的手性识别能力比聚(TrMA)要稍微低一些，而聚(m-Me₃TrMA)基本不溶解。三芳基侧链构型与光学性质看上去会受到引入苯基上的取代基的影响。

聚(PDBSMA)[34]和聚(2PyDBSMA)[33]显示了更低的手性识别能力。侧链和溶质的相互作用会阻碍乙烯基之间的聚合。聚(PB₂PyMA)[32]、聚(D₃PyMA)[31]和聚(MPyMA)[39]的手性识别能力也比聚(TrMA)和聚(D₂PyMA)低一些。

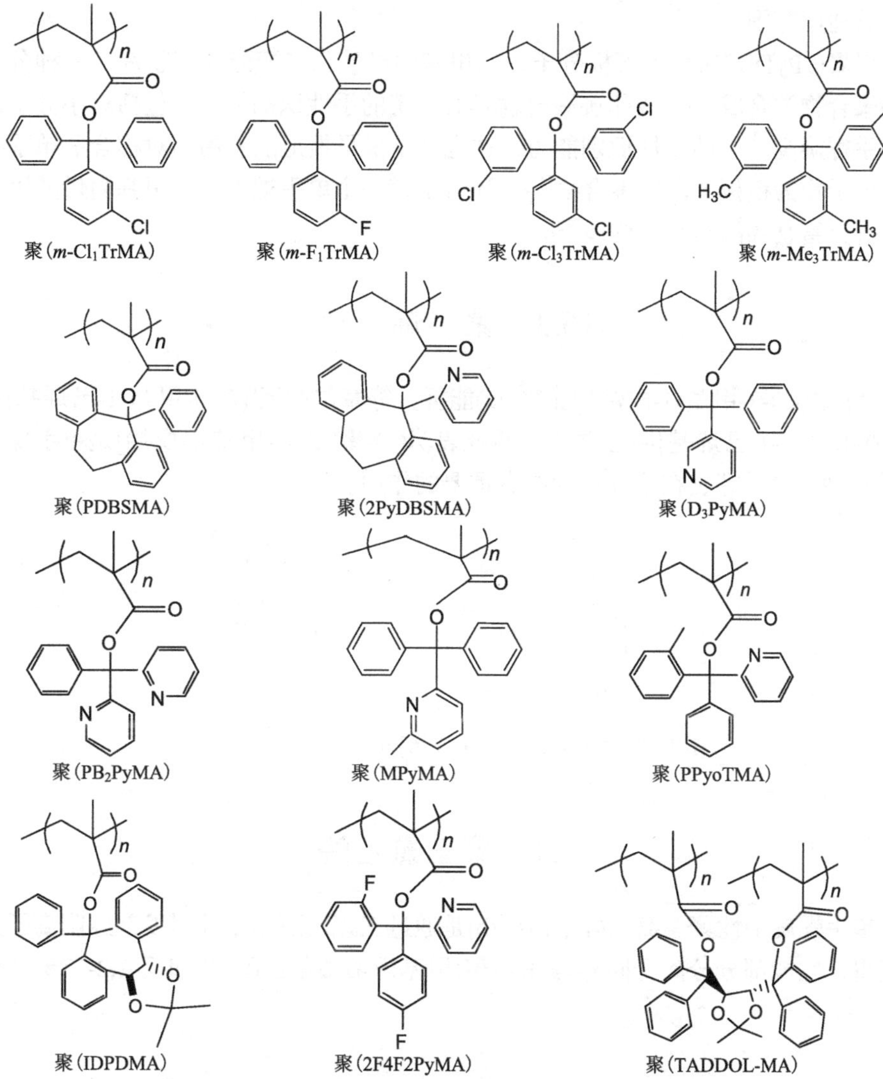

聚(m-Cl₁TrMA)　　聚(m-F₁TrMA)　　聚(m-Cl₃TrMA)　　聚(m-Me₃TrMA)

聚(PDBSMA)　　　聚(2PyDBSMA)　　　聚(D₃PyMA)

聚(PB₂PyMA)　　　聚(MPyMA)　　　聚(PPyoTMA)

聚(IDPDMA)　　　聚(2F4F2PyMA)　　　聚(TADDOL-MA)

图 16.6　一些具有代表性的大体积甲基丙烯酸酯聚合物

螺形选择仍然利用具有庞大手性侧链的甲基丙烯酸酯进行了研究，这些侧链主要包括 PPyoTMA[40]、IDPDMA[41]、2F4F2PyMA[42]、TADDOL-MA[43]和含双键侧链的类似物[44]。这些聚合物和 TrMA 相比表现出不同的手性识别能力。

聚(PDBSMA)自由基聚合过程中引入旋光活性添加剂也能够引起螺旋选择。

PDBSMA 的聚合仅仅是通过左手和右手螺旋的自由基与手性络合物作用，如一个完全单手螺旋形的 PDBSMA 聚合物可以通过用 Co(II)-L 手性络合物在温和的条件下来合成[45]。研究自由基螺旋选择聚合是很重要的，不仅因为自由基聚合成本低，而且其适用范围广。

以聚(2PyDBSMA)为模板分子，二甲基丙烯酸乙二醇酯为交联剂，一种分子印迹聚合物被合成[46]。该印迹聚合物具有一定的手性识别能力，包括对小分子以及单手螺旋高分子的手性识别能力，这也许是最早报道的利用不对称合成单手螺旋高分子作为模板的印迹聚合物[47]。还有报道一个单手螺旋的聚甲基丙烯酸甲酯可以拆分富勒烯的对映异构体[48]。

16.3　聚　烯　烃

(+)-聚[(S)-3-甲基-1-戊烯](图 16.7a)能拆分等摩尔的聚[(R)-4-甲基-1-己烯基]和聚[(S)-4-甲基-1-己烯基]混合物[49]。研究表明(+)-聚[(S)-3-甲基-1-戊烯]是单手螺旋构型的[50]，单手螺旋在手性识别中有重要的作用。

图 16.7　聚[(S)-3-甲基-1-戊烯](a)和聚三氯乙醛(b)

16.4　聚三氯乙醛

单手螺旋手性聚三氯乙醛(图 16.7b)是通过三氯乙醛用手性引发剂经阴离子聚合获得，它能部分分离全同异构(+/-)-聚(甲基丙烯酸苯乙酯)[51]和反-1,2-二苯环氧乙烷[52]。

16.5　聚异腈化物

对于聚叔丁基异腈化物的左和右主链螺旋混合物，它能被聚[(-)-仲丁基异腈化物][53]作识别材料的柱色谱部分分离。这一分离过程可能主要由材料高分子中的单一螺旋构象所决定，但相同的手性材料不能分辨仲丁胺和仲丁醇胺的手性化合物。当用 Ni(ClO₄)₂ 和(R)-苯乙胺作为手性催化剂合成具有光学活性的单一构象的螺旋式聚叔丁基异腈化物(图 16.8)，并将其涂敷在硅胶表面作为手性固定相时，它能分离一些低分子量的外消旋体如 Cr(acac)₃、Co(acac)₃ 和联萘酚[54]。

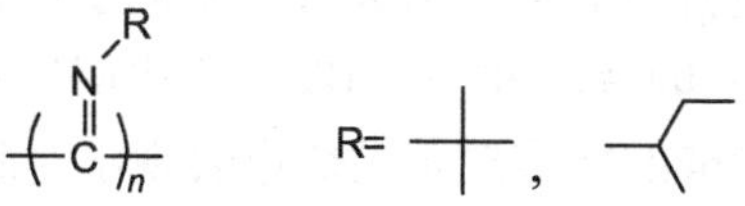

图 16.8　聚叔丁基异腈化物

将左或右螺旋的具有 L-丙氨酸侧链的聚(苯基异氰酸酯)固载在硅胶表面上可以用于 HPLC 中手性化合物的测定[55]。作为手性固定相的具有大分子螺旋记忆的聚(苯基异氰酸酯)也可用于高效液相色谱的对映体分离[56]。当在单手螺旋状的聚苯基异腈化物的苯基对位键合一些单糖的 3,5-二甲基苯基氨基甲酸酯时，该材料也显示出手性识别能力[57]。

16.6　聚　　炔

手性聚炔类的合成始于 20 世纪 70 年代，其往往带有手性侧链，聚合反应绝大多数情况用过渡金属催化。因为聚合物主链中含有双键使其至少可能存在顺-顺、反-反、顺-反、反-顺四种结构。另外生成的主链可以是单手螺旋，也可以是左螺旋和右螺旋的混合体，即使是在同一主链上还可能同时含有左螺旋和右螺旋。通过聚合物催化剂等合成条件的选择和优化可以控制聚合物的立体异构。聚炔类的手性可以来自于主链、也可以来自于侧链、或者同时来自于主链和侧链。人工合成单手螺旋的聚炔类材料仍是光学聚合物研究的增长点，该类高分子具有记忆、开关、放大、温敏等多种效应[58-60]。

一种具有光学活性的聚苯乙炔衍生物(图 16.9a)显示出手性分辨能力[61]。这一高分子可以通过相应的乙炔衍生物的单体在铑催化剂的作用下聚合得到。它几乎完全是顺式构象，并且呈现出占绝对优势的单手螺旋结构。将这一高分子涂敷到硅胶表面便形成了所需的 HPLC 手性识别材料，这一手性材料能分离多种对映异构体，包括 Tröger's 碱和芘氧化物。一个有趣的现象是和图 16.9a 具有相同的化学结构、但立体有规性低的独立合成的聚合物只显示出很弱的识别能力，这意味着在图 16.9a 中的螺旋结构对手性识别具有重要作用。有人合成了聚乙炔类高分子衍生物(图 16.9b，c)，并且也证明它们具有手性识别能力[62]。这一类高分子可以通过聚合反应键合到硅胶上(图 16.9d)，并使它们的聚乙炔片段覆盖在硅胶表面。将图 16.9b 高分子涂敷在硅胶的表面，许多外消旋体包括 Tröger's 碱和芘氧化物都能用这个固定相分离。对于将图 16.9b 化合物键合与将图 16.9b 化合物涂敷所得到的手性固定相，它们的手性识别能力是相同的，这表明不管固定的方法如何，图 16.9b 化合物都具有一个相同的构象，并且能够形成一个相同的手性空隙，但是图 16.9c 高分子键合到硅胶表面后所表现出来的手性识别能力要比其他的手性固定相弱一些。立体构型和侧链等能影响聚苯乙炔衍生物手性固定相的手性识别能力[63-67]。含有环糊精侧链的螺旋聚苯乙炔也表现出对映体选择性[68]。基于螺旋聚乙炔的大分子记忆还可切换识别材料对对映体的分离性能[69]。

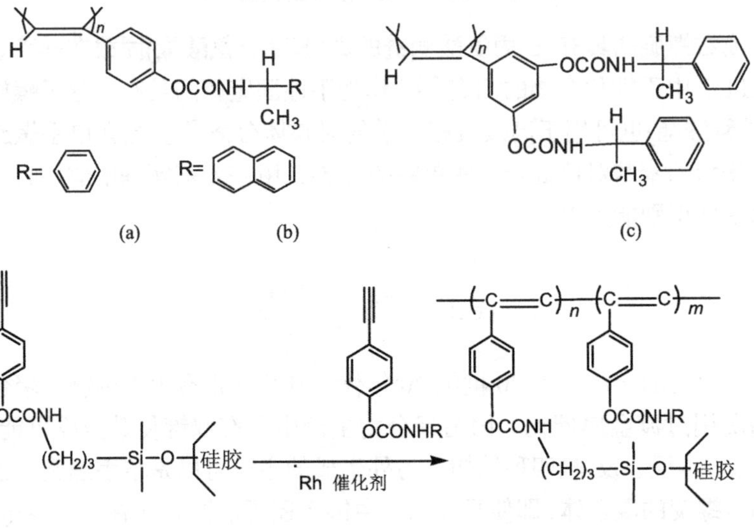

图 16.9 单手螺旋的聚炔类化合物(a、b、c)及其在硅胶表面的固定过程(d)

聚[对-L-(−)-4-甲氧基羰基]苯乙炔[70]易溶解于苯、甲苯、二甲苯以及氯仿等有机溶剂中，常用作膜分离材料来制备高强度非对称膜或复合膜，用于 D,L-Trp 对映异构体的手性拆分。由于这种聚合物膜的强度较高，因此可以通过增加膜两侧的压差来提高透过系数。其他一些聚炔类衍生物的手性识别能力的研究也已经被运用到膜分离领域[71]。带有手性侧链基团的聚硅烷已经被用于手性高分子膜的制备[72-74]。图 16.10 是聚[1-二甲基(10-蒎烷基)硅烷基]-1-丙炔的制备过程。先从(+)或(−)-β-蒎烯(β-pinene)制备(+)或(−)的丙炔单体，通过均聚形成(+)或(−)的聚合物。这种带有大型手性侧链基团的膜可以分离多种氨基酸的外消旋化合物，包括色氨酸、苯丙氨酸、缬氨酸以及苯基乙醇酸等，并在分离的初始阶段，可以达到较高的透过选择性。

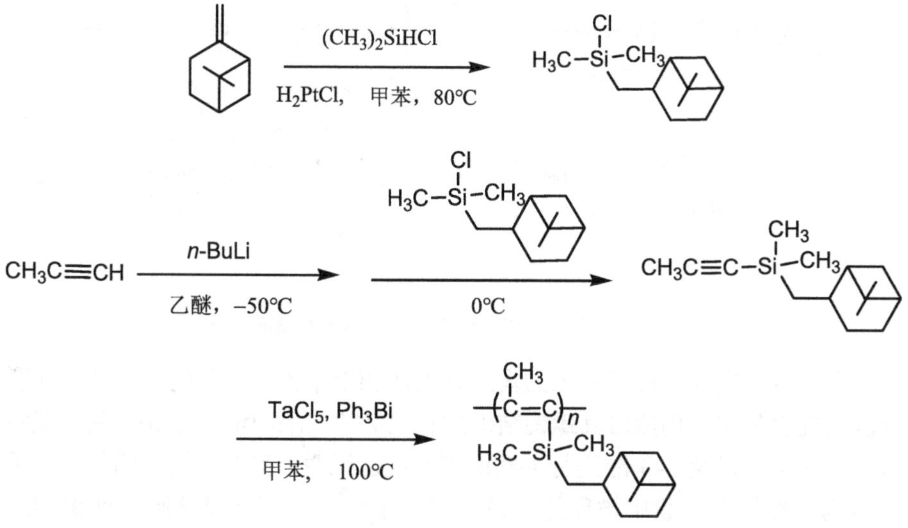

图 16.10　聚炔的合成线路

聚{[2-二甲基-(10-蒎烷基)硅烷基]降冰片二烯}的制备可以从(±)-β-松油精和2,5-降冰片二烯(2,5-norbornadiene)制备单体，随后单体在 WCl6 催化剂下聚合得到(±)-聚合物。这种(+)-聚合物膜用于手性拆分(R,S)-心得安[75]，(R)-异构体的过剩值为 45%，手性拆分过程运行 200 h，膜的选择性透过率仍较稳定。

多种螺旋高分子已用于手性高分子膜[76-78]，有两类螺旋状的聚苯乙炔类高分子也被用于手性高分子膜的制备。一类是含有蒎烷硅烷基团的聚苯乙炔类高分子(图 16.11a)，其对氨基酸和手性醇具有识别作用[79,80]。该聚合物的合成为：引发剂[Rh(NBD)Cl]2(21.3 mg，0.0462 mmoL)溶解在 10 mL 的三乙胺中，单体(27.4 mg，0.924 mmoL)溶解在 3.62 mL 的三乙胺中，将二者混合后在常温下搅拌反应 4h。反应混合物倒入甲醇中，所得聚合物沉淀溶解在甲苯中，将其倒入甲醇再沉淀纯化此聚合物，所得产物真空干燥 12 h 后配成 6%~9%的甲苯溶液，将其铺在聚四氟乙烯膜上，室温下让溶剂蒸发 24 h，所得固膜从聚四氟乙烯膜上脱落后真空干燥 24 h，供手性识别实验使用。另一类是聚苯乙炔上含有羟基的聚合物(图 16.11b)，该聚合物制得的膜在有铜离子存在时，其对氨基酸的识别能力增强[81,82]。

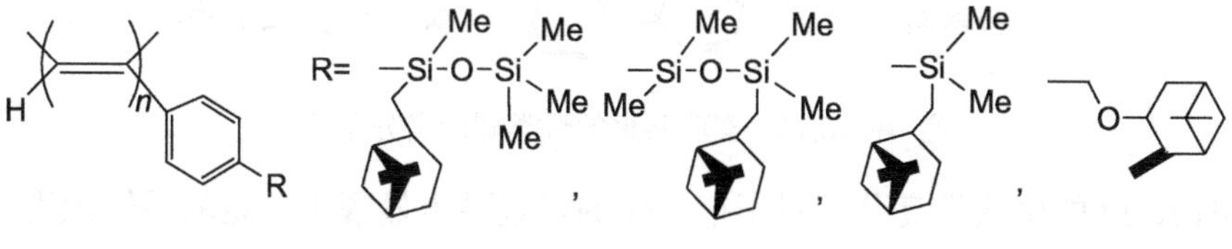

(a)

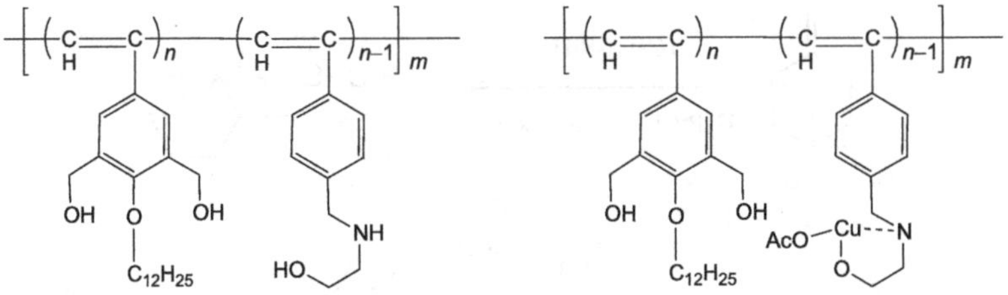

(b)

图 16.11　含有蒎烷(a)或羟基的(b)聚苯乙炔螺旋高分子

　　二个含有手性蒎烷硅烷基团的聚二苯乙炔和聚苯乙炔制得的高分子膜在脱去手性蒎烷硅烷基团后仍然对其螺旋结构具有记忆效应(图 16.12a、b)，其仍能对色氨酸、苯丙氨酸以及 2-丁醇进行手性识别，这也说明由蒎烷硅烷基团创造的手性螺旋结构仍然能在该膜中被印迹，被印迹的手性空间可能是该膜手性识别的位点[83,84]。由具有低硅氧基的非手性苯乙炔单体生成的单手螺旋高分子也可能具有良好的光学分辨膜材料的性能[85]。

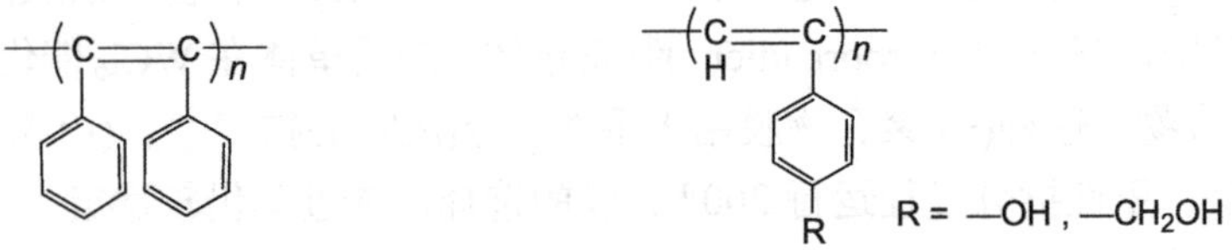

(a)　　　　　　　　　　　　　　　　(b)

图 16.12　聚二苯乙炔(a)和聚苯乙炔(b)

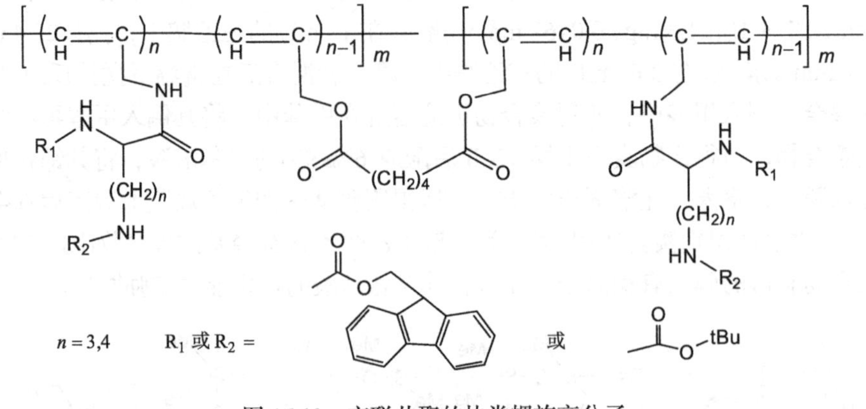

$n = 3,4$　　　R_1 或 $R_2 =$　　　　　　　　　　　　　　　　或

图 16.13　交联共聚的炔类螺旋高分子

　　图 16.13 的聚炔类高分子对于衍生化的氨基酸也显现出一定的手性识别能力，其由炔丙基和一个二炔交联剂共聚而成，该聚合物具有相当稳定的螺旋构型，在

该主链上带有氨基酸的侧链[86,87]。类似的关于螺旋聚苯乙炔手性识别的研究工作还不断在报道[88-91]。

除上述之外，由手性物诱导得到的聚(4′-异腈酸苯-18-冠-6)螺旋对氨基酸的外消旋体在液-液萃取过程中也显示出手性识别能力[92]。诱导螺旋聚双(4-羧基苯氧基)磷腈还能选择性地吸附 L-苯乙胺的对映体[93]。

参 考 文 献

[1]　Shen J, Okamoto Y. Chem. Rev., 2016, 116: 1094

[2]　Yashima E, Maeda K, Iida H, Furusho Y, Nagai K. Chem. Rev., 2009, 109(11): 6102

[3]　Yuan L M, Xu Z G, Ai P, Chang Y X, Fakhrul Azam A K M. Anal. Chim. Acta, 2005, 554(1/2): 152

[4]　Chang Y X, Yuan L M, Zhao F. Chromatographia, 2006, 64(5/6): 313

[5]　Yuan L M, Zhou Y, Zhang Y H, Zi M, Chang Y X, Xu Z G, Ren C X. Anal. Lett., 2006, 39(1/3): 173

[6]　任朝兴, 艾萍, 李莉, 字敏, 孟霞, 丁惠, 袁黎明. 分析化学, 2006, 34(11): 1637

[7]　Okamoto Y , Nakano T. Chem. Rev., 1994, 94(2): 349

[8]　Yashima E, Maeda K, Okamoto Y. Nature, 1999, 399: 449

[9]　Nakano T. J. Chromatogr. A, 2001, 906(1/2): 205

[10]　Nakano T, Okamoto Y. Chem. Rev., 2001, 101(12): 4013

[11]　Yuki H, Hatada K, Niinomi T, Kikuchi Y. Polym. J. , 1970, 1(1): 36

[12]　Nakano T, Matsuda A, Okamoto Y. Polym. J., 1996, 28(6): 556

[13]　Okamoto Y, Suzuki K, Ohta K, Hatada K, Yuki H. J. Am. Chem. Soc., 1979, 101: 4763

[14]　Okamoto Y, Suzuki K, Yuki H. J. Polym. Sci., Polym. Chem. Ed., 1980, 18: 3043

[15]　Okamoto Y, Yashima E, Nakano T, Hatada K. Chem. Lett., 1987, 16(5): 759

[16]　Okamoto Y, Honda S, Okamoto I, Yuki H, Murata S, Noyori R, Takaya H. J. Am. Chem. Soc., 1981, 103: 6971

[17]　Nakano T, Okamoto Y, Hatada K. J. Am. Chem. Soc., 1992, 114(4): 1318

[18]　Okamoto Y, Shohi H, Yuki H. J. Polym. Sci., Polym. Lett. Ed., 1983, 21: 601

[19]　Okamoto Y, Okamoto I, Yuki H. J. Polym. Sci.: Polym. Lett. Ed., 1981, 19: 451

[20]　Okamoto Y, Kaida K. J. Liq. Chromatogr., 1986, 9(2): 369

[21]　Yuki H, Okamoto Y, Okamoto I. J. Am. Chem. Soc., 1980, 102: 6356

[22]　Okamoto Y, Okamoto I, Yuki H. Chem. Lett., 1981, 10(7): 835

[23]　Sedo J, Ventosa N, Ruiz-Molina D, Mas M, Molins E, Rovira C. Veciana J. Angew. Chem. Int. Ed., 1998, 37(3): 330

[24]　Van-Es J J G S, Biemans H A M, Meijer W E. Tetrahedron: Asymmetry, 1997, 8(11): 1825

[25]　Harada N, Saito A, Koumura N, Roe D C, Jager W F, Zijlstra R W J, Lange B D, Feringa B L. J. Am. Chem. Soc., 1997, 119: 7249

[26]　Reetz M T, Merk C, Naberfeld G, Rudolph J, Grebenow N, Goddard R. Tetrahedron Lett., 1997, 38: 5273

[27]　Irurre J, Santamari J, Gonzalez-Rego M. Chirality, 1995, 7(3): 154

[28]　Okamoto Y, Mohri H, Nakamura M, Hatada K. J. Chem. Soc. Jpn., 1987, 60: 435

[29]　Okamoto Y, Mohri H, Hatada K. Polym. J., 1989, 21(5): 439

[30]　Okamoto Y, Mohri H, Nakano T, Hatada K. Chirality, 1991, 3: 277

[31]　Nakano T, Taniguchi K, Okamoto Y. Polym. J., 1997, 29(6): 540

[32]　Ren C, Chen C, Xi F, Nakano T, Okamoto Y. J. Polym. Sci., Part A, Polym. Chem., 1993, 31: 2721

[33]　Nakano T, Matsuda A, Mori M, Okamoto Y. Polym. J., 1996, 28(4): 330

[34] Nakano T, Sato Y, Okamoto Y. Polym. J., 1998, 30(8): 635

[35] Okamoto Y, Mohri H, Nakano T, Hatada K. J. Am. Chem. Soc., 1989, 111: 5952

[36] Araki K, Inada K, Shinkai S. Angew. Chem. Int. Ed., 1996, 35: 72

[37] Hamada Y, Mukai S. Tetrahedron: Asymmetry, 1996, 7(9): 2671

[38] Okamoto Y, Yashima E, Ishikura M, Hatada K. Polym. J., 1987, 19: 1183

[39] Mohri H, Okamoto Y, Hatada K. Polym. J., 1989, 21(9): 719

[40] Okamoto Y, Nishikawa M, Nakano T, Yashima E, Hatada K. Macromolecules, 1995, 28: 5135

[41] Nakano T, Kinjo N, Hidaka Y, Okamoto Y. Polym. J., 1999, 31(5): 464

[42] Wu J, Nakano T, Okamoto Y. J. Polym. Sci., Part A: Polym. Chem., 1999, 37(14): 2645

[43] Nakano T, Okamoto Y, Sogah D Y, Zheng S. Macromolecules, 1995, 28(25): 8705

[44] Sakamoto T, Nishikawa T, Fukuda Y, Sato S I, Nakano T. Macromolecules, 2010, 43: 5956

[45] Nakano T, Okamoto Y. Macromolecules, 1999, 32(7): 2391

[46] Nakano T, Satch Y, Okamoto Y. Macromolecules, 2001, 34: 2405

[47] Habaue S, Satonaka T, Nakano T, Okamoto Y. Polymer, 2004, 45(15): 5095

[48] Kawauchi T, Kitaura A, Kawauchi M, Takeichi T, Kumaki J, Iida H, Yashima E. J. Am. Chem. Soc., 2010, 132: 12191

[49] Pino P, Ciardelli F, Lorenzi G P, Natta G. J. Am. Chem. Soc., 1962, 84: 1487

[50] Pino P. Adv. Polym. Sci., 1967, 4: 236

[51] Hatada K, Shimizu S, Yuki H, Harris W, Vogl O. Polym. Bull., 1981, 4: 179

[52] Ute K, Hirose K, Hatada K, Vogl O. Polym. Prepr. Jpn., 1992, 41: 41

[53] Nolte R J M, Beijnen A J M V, Drenth W.. J. Am. Chem. Soc., 1974, 96: 5932

[54] Yamagishi A, Tanaka I, Taguchi M, Takahashi M. J. Chem. Soc., Chem. Commun., 1994, 1113

[55] Tamura K, Miyabe T, Iida H, Yashima E. Polym. Chem., 2011, 2: 91

[56] Miyabe T, Iida H, Yashima E. Chem. Sci., 2012, 3: 863

[57] Tsuchida A, Hasegawa T, Kobayashi K, Yamamoto C, Okamoto Y. Bull. Chem. Soc. Jpn., 2002, 75(12): 2681

[58] Yashima E, Maeda K, Nishimura T. Chem. Eur. J., 2004, 10: 42

[59] Shi G, Wang S, Guan X Y, Zhang J, Wan X H. Chem. Commun., 2018, 54: 12081

[60] Chen Z, Wang Q, Wu X, Li Z, Jiang Y B. Chem. Soc. Rev., 2015, 44: 4249

[61] Yashima E, Huang S, Okamoto Y. J. Chem. Soc., Chem. Commun., 1994, 1811

[62] Yashima E, Matsushima T, Nimura T, Okamoto Y. Korea Polym. J., 1996, 4: 139

[63] Zhang C, Liu F, Li Y, Shen X, Xu X, Sakai R, Satoh T, Kakuchi T, Okamoto Y. J. Polym. Sci., Part A: Polym. Chem., 2013, 51: 2271-2278

[64] Zhang C Y, Ma R, Wang H L, Sakai R, Satoh T, Kakuchi T, Liu L J, Okamoto Y. Chirality, 2015, 27: 500

[65] 张春红, 王海伦, 刘方彬, 沈贤德, 刘立佳, 堺井亮介, 佐藤敏文, 觉知豊次, 冈本佳男. 高分子学报, 2013, (6): 811

[66] Zhang C, Wang H, Geng Q, Yang T, Liu L, Sakai R, Satoh T, Kakuchi T, Okamoto Y. Macromolecules, 2013, 46: 8406

[67] Zhou Y L, Zhang C H, Geng Q Q, Liu L J, Dong H X, Satoh T, Okamoto Y. Polymer, 2017, 131: 17

[68] Maeda K, Mochizuki H, Osato K, Yashima E. Macromolecules, 2011, 44: 3217

[69] Shimomura K, Ikai T, Kanoh S, Yashima E, Maeda K. Nat. Chem., 2014, 6: 429

[70] Aoki T, Kokai M, Shinohara K, Oikawa E. Chem. Lett., 1993, 2009

[71] Traguchi M, Mottate K, Kim S Y, Aoki T, Kaneko T, Hadano S, Masuda T. Macromolecules, 2005, 38: 6367

[72] Aoki T, Shinohara K I, Oikawa E. Makromol. Chem. Rapid Commun., 1992, 13: 565

[73]　Aoki T, Shionohara K, Kaneko T, Okwaka E. Macromolecules, 1996, 29: 4192

[74]　Aoki T. Prog. Polym. Sci., 1999, 24: 951

[75]　Aoki T, Ohshima M, Shinohara K, Kaneko T, Oikawa E. Polymer, 1997, 38: 235

[76]　李国祥, 艾萍, 周玲玲, 谢生明, 袁黎明. 膜科学与技术, 2008, 28(4): 47

[77]　Yang M, Zhao M, Xie S M, Yuan L M. J. Appl. Polym. Sci., 2009, 112: 2516

[78]　Wang W F, Xiong W W, Zhao M, Sun W Z, Li F R, Yuan L M. Tetrahedron: Asymmetry, 2009, 20(9): 1052

[79]　Aoki T, Fukuda T, Shinohara K I, Kancko T, Teraguchi M, Yagi M. J. Polym. Sci., Part A: Polym. Chem., 2004, 42(18): 4502

[80]　Aoki T, Kancko T. Polym. J., 2005, 37(10): 717

[81]　Tanioka D, Takahashi M, Teraguchi M, Kancko T, Aoki T. Polym. Prepr. Jpn., 2001, 50: 3092

[82]　Hadano S, Teraguchi M, Kaneko T, Aoki T. Chem. Lett., 2007, 36(2): 220

[83]　Teraguchi M, Mottate K, Kim S Y, Aoki T, Kaneko T, Hadano S, Masuda T. Macromolecules, 2005, 38(15): 6367

[84]　Teraguchi M, Suzuki J, Kaneko T, Aoki T, Masuda T. Macromolecules, 2003, 36(26): 9694

[85]　Liu L J, Zang Y, Hadano S, Aoki T, Teraguchi M, Kaneko T, Namikoshi T. Macromolecules, 2010, 43: 9268

[86]　Liu R Y, Sanda F, Masuda T. Polymer, 2007, 48: 6510

[87]　Liu R, Sanda F, Masuda T. J. Polym. Sci., Part A: Polym. Chem., 2008, 46(12): 4175

[88]　Liu L, Mottate K, Aoki T, Kaneko T, Teraguchi M. Chem. Lett., 2014, 43: 237

[89]　Naito Y, Tang Z, Iida H, Miyabe T, Yashima E. Chem. Lett. 2012, 41, 809

[90]　Anger E, Iida H, Yamaguchi T, Hayashi K, Kumano D, Crassous J, Vanthuyne N, Roussel C, Yashima E. Polym. Chem., 2014, 5: 4909

[91]　Yashima E, Ousaka N, Taura D, Shimomura K, Ikai T, Maeda K. Chem. Rev., 2016, 116: 13752

[92]　Sakai R, Otsuka I, Satoh T, Kakuchi R, Kaga H, Kakuchi T. J. Polym. Sci., Part A: Polym. Chem., 2006, 44(1): 325

[93]　Maeda K, Kuroyanagi K, Sakurai S I, Yamanaka Y, Yashima E. Macromolecules, 2011, 44: 2457

第 17 章 多 糖

　　20 世纪 30 年代开始有人用天然物质作手性识别材料拆分个别的外消旋体，这些天然材料主要有动物的毛、天然氨基酸、蛋白质、纤维素、淀粉、糖类等。如用粉状羊毛作吸附剂、水作洗脱剂拆分 DL-苦杏仁酸，D-(–)苦杏仁酸先被洗脱；用水合乳糖粉作吸附剂，石油醚作洗脱剂，拆分了 Tröger's 碱，(+)的异构体先被洗脱；用淀粉作吸附剂拆分 DL-丙氨酸。这些天然手性物质未经加工时，由于其分离性能往往欠佳，作填料效率不高，手性识别能力不强，故拆分效果往往不理想。此外，其分子结构复杂，识别机理大多不清楚，无法预言拆分效果。但由于它们具有一些重要的优点，如天然手性化合物对映体纯度高、量大易得、廉价等，一直吸引着许多人的注意力，促使科研工作者致力于研究这些化合物的结构、手性识别机理、化学改性以提高拆分能力等。

　　在手性分析中，使用高效液相色谱方法的应占 80%左右；而在高效液相色谱手性分离柱的使用中，多糖类手性柱的使用率应在 70%以上[1,2]。多糖类手性识别材料还被用于电色谱[3]、超临界色谱[4]、手性高分子膜、薄层色谱，在其他的一些领域如毛细管电泳、毛细管气相色谱、高速逆流色谱、手性传感器[5]等方面也有研究报道[6]。

　　Daicel 公司最先将多糖手性柱商品化，该公司已经有 30 多种商品化的多糖手性分离柱用在高效液相色谱、制备液相色谱以及超临界流体色谱中。如果使用这30 多种柱同时拆分随机的样品，有 90%左右的手性化合物可以在这些分离柱中识别[7,8]。现在商品手性柱价格通常要超过一万元。由于制备柱中手性识别材料的增多，则价格更高，甚至可高达数十万元。有文献统计在多糖柱中使用频率从高到低的次序为，直链淀粉三(3,5-二甲基苯基氨基甲酸酯)、纤维素三(3,5-二甲基苯基氨基甲酸酯)、纤维素三(4-甲基苯甲酸酯)、纤维素三(3,5-二氯苯基氨基甲酸酯)、直链淀粉三((S)-1-苯基乙基氨基甲酸酯)[9]。直链淀粉三(3,5-二甲基苯基氨基甲酸酯)柱和纤维素三(3,5-二甲基苯基氨基甲酸酯)柱是手性高效液相色谱中最广泛使用的商品柱，应能识别 65%以上的手性化合物[10-12]，成为液相色谱手性柱的首选。除 Daicel 公司的 Chiralcel 和 Chiralpak 品牌外，生产这些柱的公司现在还有多家，在国内比较有影响的主要有 Lux Cellulose-1(Phenomenex)，EnantioPark(广州研创)，UniChiral(苏州纳微)，CellCoat 和 AmyCoat(Kromasil)，RegisCell 和 RegisPack

(Regis)，Eurocel 01 和 Europak 01 (Knauer)，Sepapak-1 (Sepaserve)和 Chiral Cellulose-C (YMC)等。

17.1　2,3,6-位衍生化相同纤维素

纤维素是 D-葡萄糖单元由 β-1,4-糖苷键形成的高度有序、呈螺旋形空穴结构的光学活性天然高分子。由于葡萄糖单元具有手性以及聚合物分子的单手螺旋性质，可以经衍生化用作手性识别材料。对映体分子与纤维素手性空穴的空间匹配程度主要取决于纤维素及其衍生物的构象。多糖衍生物手性固定相的手性识别过程被认为是对映体分子插入多糖衍生物的手性空穴，与手性糖中的极性基团相互作用。因对映体分子与手性空穴的空间匹配程度不同，这种相互作用强度亦有差异，正是这种相互作用强度的差异，使各对映体的保留时间不同。同一种多糖衍生物识别材料，因制备过程中的种种因素，如载体的孔结构以及表面化学性质、多糖分子量大小及其分布、溶解状态、涂渍过程等的不同而呈现不同的形态，从而表现出不同的拆分能力[13]。多糖衍生物溶解在不同的溶剂里与溶剂分子的相互作用也随之不同而呈现不同的构象。溶解溶剂的物理性质如溶剂极性、酸碱性、沸点等因素则影响多糖衍生物的析出速度，使多糖衍生物产生不同的晶型结构和微晶大小。这种构象与晶型结构上的差异直接影响固定相的手性识别能力。目前对纤维素及其衍生物手性材料的研究，主要集中在对纤维素的衍生化以及固载化上。

17.1.1　酯取代

纤维素(图 17.1)是最丰富的光学活性多聚体。纤维素能识别手性化合物的能力首先是在纸色谱中观察到的，它们在分离外消旋的氨基酸时给出了两个斑点[14,15]。研究表明它们还能拆分包括氨基酸衍生物在内的对映异构体，只是它们的手性识别能力较低。1973 年 Hesse 和 Hagel 首先制备出了具有实用价值的多糖衍生物——微晶三醋酸纤维素[16,17]。进一步的研究表明：在多相反应条件下制备的纤维素三醋酸酯微晶具有较好的手性识别能力，这种手性识别能力一部分应该是来源于晶体结构本身，当微晶纤维素三醋酸酯溶解在溶剂中并涂渍在硅胶上时，其手性识别能力又不同于微晶纤维素三醋酸酯本身，对某些对映异构体的光学拆分洗脱顺序是完全相反的，比如对 Tröger's 碱的拆分，这种变化主要是由于在溶剂中纤维素三醋酸酯的性能与微晶结构时纤维素三醋酸酯大不相同所致[18]。

微晶纤维素三醋酸酯可以分离芳香型和脂肪型的对映异构体，它的一个优点是具有高的上样量，该优点使其成为最普遍使用的大规模中压液相色谱手性固定

相之一。微晶纤维素三醋酸酯颗粒(<10 μm)与硅胶(<15 μm)混合制备的薄层板可用于手性薄层分离[19-21]。

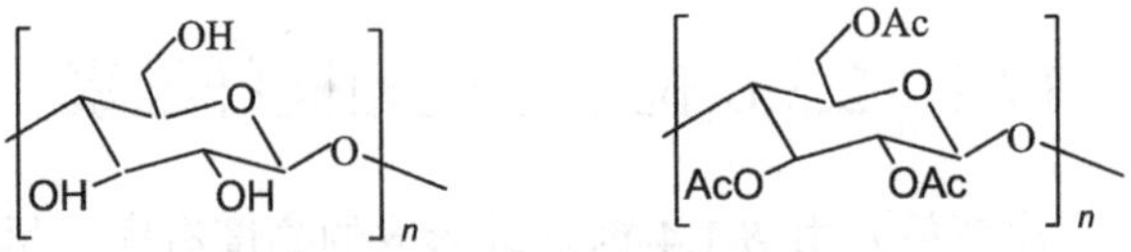

纤维素   纤维素三醋酸酯

图 17.1　纤维素及纤维素三醋酸酯的分子结构

　　Okamoto 等[22,23]将微晶三醋酸纤维素溶解后涂渍在硅胶上，所得到的手性固定相与原来的微晶三醋酸纤维素的手性识别能力明显不同，这引起了人们制备聚多糖衍生物的兴趣。1984 年 Okamoto 等报道了最具有代表性的苯甲酸酯和苯基氨基甲酸酯两大类纤维素衍生物[2,9]。三苯甲酸酯纤维素类的分子结构如图 17.2 和表 17.1 所示，由于 Daicel 公司是最先将多糖手性柱商品化的，故本章使用该公司的商品柱名称。

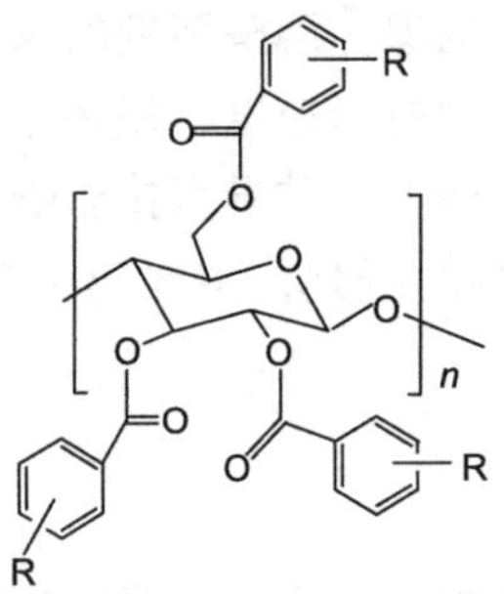

图 17.2　三苯甲酸酯纤维素类的分子结构

　　在纤维素三苯甲酸酯的苯环上引入卤素、甲氧基、硝基、三氟甲基等来考察这些取代基对分离对映体能力的影响，发现其分离能力受取代基影响很大。当苯环上的取代基是极性的硝基或甲氧基、或吸电子基如卤素、或取代基距手性葡萄糖单元较远，这都会使拆分能力下降。但是如果引入体积较大的烷氧基时，由于降低了上述作用，则又提高了手性识别能力[24]。

　　在手性制备性色谱中，表 17.1 中应用最多的是纤维素三醋酸酯和纤维素三苯甲酸酯，这主要是由于合成原料价廉易得的缘故。在这些衍生物中，纤维素三(4-甲基苯甲酸酯)对各种外消旋体展示了很高的手性识别性能，包括很多的药物，其具有很大的实用价值，商品柱名称为 OJ，其在多糖类高效液相色谱手性分析柱中，是继商品 OD 柱、AD 柱之后选择性排第三的手性分离柱。纤维素三(4-甲基苯甲

表 17.1　一些三苯甲酸酯纤维素类衍生物

名称	取代基 R	商品名
纤维素三醋酸酯	非此类	Chiralcel OA
纤维素三苯甲酸酯	H	Chiralcel OB
纤维素三(4-甲基苯甲酸酯)	4-CH₃	Chiralcel OJ
纤维素三(4-甲氧基苯甲酸酯)	4-CH₃O	
纤维素三(4-异丁基苯甲酸酯)	4-(CH₃)₃C	
纤维素三(4-氟苯甲酸酯)	4-F	
纤维素三(4-三氟甲基苯甲酸酯)	4-CF₃	
纤维素三(3,5-二甲氧基苯甲酸酯)	3,5-(CH₃O)₂	
纤维素三(3,5-二甲基苯甲酸酯)	3,5-(CH₃)₂	
纤维素三(3,5-二氯苯甲酸酯)	3,5-Cl₂	
纤维素三(3-甲基苯甲酸酯)	3-CH₃	
纤维素三(2-甲基苯甲酸酯)	2-CH₃	
纤维素三肉桂酸酯	非此类	Chiralcel OK

酸酯)的具体合成步骤为[25]：取硅胶 12 g，放入 250 mL 烧瓶中，于 180 ℃真空干燥 2 h，冷至室温，在氮气保护下，加入 120 mL 无水苯和 2 mL 无水吡啶，再加入 3 mL 的 3-氨丙基三乙氧基硅烷，80 ℃回流 12 h。产物经过滤，依次用甲醇、丙酮和正己烷洗涤，最后 60 ℃干燥 2 h 后备用。取 1 g 纤维素，放入 100 mL 烧瓶中，在氮气保护下加入 40 mL 无水吡啶和 4 mL 对甲基苯甲酰氯，100 ℃回流 24 h。反应物倒入 500 mL 甲醇中，收集白色沉淀，60 ℃真空干燥 5 h，即得产物纤维素三(4-甲基苯甲酸酯)。取 3 g 修饰过的硅胶于 50 mL 圆底烧瓶中，将 0.75 g 纤维素三(4-甲基苯甲酸酯)溶解在 15 mL 氯仿中，并加到上述烧瓶中，使其均匀覆盖在硅胶表面，制得纤维素三(4-甲基苯甲酸酯)固定相。

利用离子液体作为溶剂也可合成多个纤维素三苯甲酸酯衍生物，其苯基上可含有不同的取代基[26]。其是将 1.0 g 的纤维素(6.17 mmol)溶解在 19.0 g 的 1-烯丙基-3-甲基咪唑氯化铵(AmimCl)中，加入 2.44 g 的吡啶(30.86 mmol，催化剂)和 4.33 g 苯甲酰氯(30.86 mmol)在 80 ℃反应 0.5h，将该均相混合物倒入 100 mL 甲醇中，收集沉淀用甲醇洗涤 3 次干燥后，溶入 DMSO 后沉淀于 200 mL 的甲醇中，收集、洗涤、干燥得产品 1.82 g，产率 80%。

酯取代纤维素也是优秀的手性高分子膜识别材料[27]。醋酸纤维素已被成功地制备成不对称的手性高分子膜，该膜对反-1,2-二苯环氧乙烷的对映异构体具有选择性透过的能力[28]。醋酸丁酸纤维素利用相转化法能制备成不对称的手性膜，该种膜分别对 2-苯基-1-丙醇和反-1,2-二苯环氧乙烷产生很好的对映体选择性[29,30]。用相转化法制备醋酸纤维素不对称手性高分子膜的实验步骤为[28]: 将 4 g 醋酸纤维素溶于 19.2 mL 的丙酮和 N,N-二甲基甲酰胺的混合溶液(体积比为 15/4.2)中, 搅拌 24 h, 超声, 静置脱泡。在湿度为 40%, 温度为 10 ℃的条件下, 用刮膜刀将配置好的均匀铸膜液刮敷在光滑的平板玻璃上, 静置挥发 1 min, 浸入 10 ℃的纯水中。固膜从玻璃板上脱落, 在纯水中浸泡 24 h 以交换其中的丙酮和 N,N-二甲基甲酰胺。然后用纯水洗净, 放置在纯水中保存, 备用。

以醋酸纤维素制备的分子印迹膜, 对印迹对映体具有优先渗透作用, 为氨基酸类外消旋体的分离提供了一种新的思路[31]。借鉴醋酸纤维素手性印迹膜的原理, 三醋酸纤维素以及苯甲酸纤维素等已被制备成具有手性印迹特征的高效液相色谱手性固定相, 该类固定相利用手性添加剂在硅胶上涂渍识别材料的过程中创造具有手性特征的小孔, 使该类固定相不但选择性好, 还能预期性地分离手性添加剂的对映异构体, 是高选择性及可预期性的结合[32-34], 印迹原理见图 17.3。如果将单壁碳纳米管与该类材料混合制柱, 也能有效地促进其手性识别[35]。

图 17.3   多糖分子印迹示意图

三醋酸纤维素等也能作为新型毛细管气相色谱固定相, 对一些手性化合物进行拆分[36], 在气相环境下显示出一定的手性识别能力。该类手性材料还能用作薄层色谱的手性选择剂[37], 能将纤维素三苯甲酸酯用于手性薄层板的制备[38]。

17.1.2   氨基甲酸酯取代

系列三苯基氨基甲酸酯纤维素类的衍生物具有较好的手性识别能力, 它们的分子结构和常见的取代基团如图 17.4、表 17.2 所示, 其合成常是将纤维素悬浮在干燥的吡啶中加入过量的异氰酸酯, 在 80 ℃反应 24 h, 然后沉淀在甲醇中收集不溶部分即得产品。

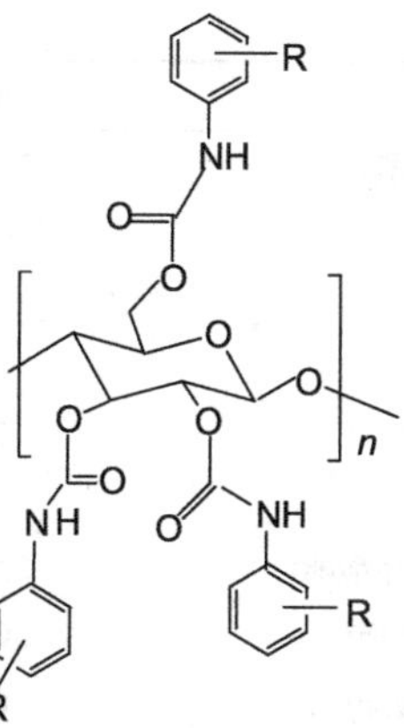

图 17.4　三苯基氨基甲酸酯纤维素类的分子结构

表 17.2　三苯基氨基甲酸酯纤维素类衍生物

名称	取代基	商品名
纤维素三(4-甲氧基苯基氨基甲酸酯)	4-CH$_3$O	
纤维素三(4-乙氧基苯基氨基甲酸酯)	4-C$_2$H$_5$O	
纤维素三(4-异丙氧基苯基氨基甲酸酯)	4-(CH$_3$)$_2$CHO	
纤维素三(4-异丁氧基苯基氨基甲酸酯)	4-(CH$_3$)$_2$CHCH$_2$O	
纤维素三(4-三甲硅基苯基氨基甲酸酯)	4-(CH$_3$)$_3$Si	
纤维素三(4-甲基苯基氨基甲酸酯)	4-CH$_3$	Chiralcel OG
纤维素三(4-乙基苯基氨基甲酸酯)	4-CH$_3$CH$_2$	
纤维素三(4-异丙基苯基氨基甲酸酯)	4-(CH$_3$)$_2$CH	
纤维素三(4-叔丁基苯基氨基甲酸酯)	4-(CH$_3$)$_3$C	
纤维素三(3-甲基苯基氨基甲酸酯)	3-CH$_3$	
纤维素三(2-甲基苯基氨基甲酸酯)	2-CH$_3$	
纤维素三(苯基氨基甲酸酯)	H	Chiralcel OC
纤维素三(4-氟苯基氨基甲酸酯)	4-F	
纤维素三(4-氯苯基氨基甲酸酯)	4-Cl	Chiralcel OF
纤维素三(3-氯苯基氨基甲酸酯)	3-Cl	
纤维素三(2-氯苯基氨基甲酸酯)	2-Cl	
纤维素三(4-溴苯基氨基甲酸酯)	4-Br	
纤维素三(4-碘苯基氨基甲酸酯)	4-I	
纤维素三(4-三氟甲基苯基氨基甲酸酯)	4-CF$_3$	
纤维素三(4-硝基苯基氨基甲酸酯)	4-NO$_3$	
纤维素三(2,5-二甲苯基氨基甲酸酯)	2,5-(CH$_3$)$_2$	
纤维素三(3,4-二甲苯基氨基甲酸酯)	3,4-(CH$_3$)$_2$	
纤维素三(3,5-二甲苯基氨基甲酸酯)	3,5-(CH$_3$)$_2$	Chiralcel OD
纤维素三(3,5-二甲基-4-甲氧苯基氨基甲酸酯)	3,5-(CH$_3$)$_2$-4-CH$_3$O	

续表

名称	取代基	商品名
纤维素三(2,6-二甲基苯基氨基甲酸酯)	$2,6-(CH_3)_2$	
纤维素三(2,4,5-三甲基苯基氨基甲酸酯)	$2,4,5-(CH_3)_3$	
纤维素三(3,5-二氯苯基氨基甲酸酯)	$3,5-Cl_2$	
纤维素三(3,4-二氯苯基氨基甲酸酯)	$3,4-Cl_2$	
纤维素三(2,6-二氯苯基氨基甲酸酯)	$2,6-Cl_2$	
纤维素三(3,5-二氟苯基氨基甲酸酯)	$3,5-F_2$	
纤维素三(3,5-二三氟甲基苯基氨基甲酸酯)	$3,5-(CF_3)_2$	
纤维素三(2-氯-4-甲基苯基氨基甲酸酯)	$2-Cl-4-CH_3$	
纤维素三(2-氯-5-甲基苯基氨基甲酸酯)	$2-Cl-5-CH_3$	
纤维素三(2-氯-6-甲基苯基氨基甲酸酯)	$2-Cl-6-CH_3$	
纤维素三(3-氯-2-甲基苯基氨基甲酸酯)	$3-Cl-2-CH_3$	
纤维素三(3-氯-4-甲基苯基氨基甲酸酯)	$3-Cl-4-CH_3$	
纤维素三(4-氯-2-甲基苯基氨基甲酸酯)	$4-Cl-2-CH_3$	
纤维素三(4-氯-3-甲基苯基氨基甲酸酯)	$4-Cl-3-CH_3$	
纤维素三(5-氯-2-甲基苯基氨基甲酸酯)	$5-Cl-2-CH_3$	
纤维素三(3-氟-4-甲基苯基氨基甲酸酯)	$3-F-4-CH_3$	
纤维素三(5-氟-2-甲基苯基氨基甲酸酯)	$5-F-2-CH_3$	
纤维素三(4-氟-3-甲基苯基氨基甲酸酯)	$4-F-3-CH_3$	
纤维素三(3-氟-5-甲基苯基氨基甲酸酯)	$3-F-5-CH_3$	
纤维素三(3-氯-5-甲基苯基氨基甲酸酯)	$3-Cl-5-CH_3$	
纤维素三(3-溴-5-甲基苯基氨基甲酸酯)	$3-Br-5-CH_3$	
纤维素三(4-苯基偶氮苯基氨基甲酸酯)	$4-Ph-N=N$	

　　一些异氰酸酯衍生物可以直接购买，但很多试剂需要实验室自己合成。由于合成原料中的光气或者三光气有剧毒，反应产物异氰酸酯性质非常活泼，这给合成带来不少困难。图 17.5 是三个具体的卤代苯基异氰酸酯的合成路线图[39]。

(a)

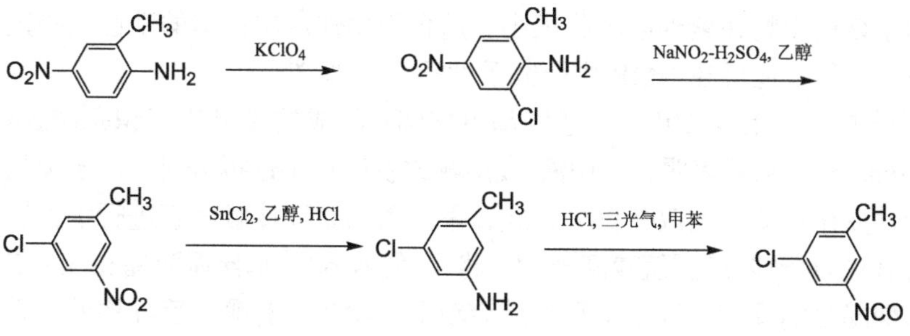

图 17.5　异氰酸酯衍生物的合成路线

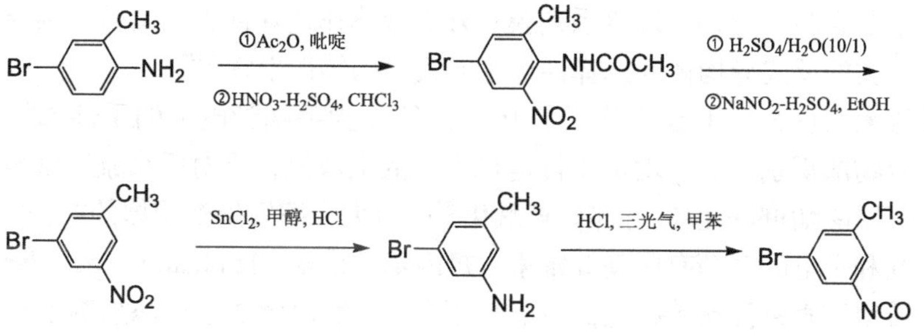

(a) 3-氟-5-甲基苯基异氰酸酯；(b) 3-氯-5-甲基苯基异氰酸酯；(c) 3-溴-5-甲基苯基异氰酸酯；

　　在表 17.2 的衍生物中，纤维素三(3,5-二甲基苯基氨基甲酸酯)(OD)对各种外消旋体显示了尤其优秀的分辨能力[40]。用 OD 作高效液相色谱手性固定相对 510 种旋光物质进行拆分，结果有 229 种完全被分开，86 种被部分分开，这就是说大约有 62%的旋光物质能在 OD 上进行手性识别[41]。其已经成为目前应用最广泛的高效液相色谱以及超临界流体色谱的手性固定相，并被应用于微柱液相色谱以及毛细管电色谱中[42]。

　　含有给电子的甲基和吸电子的卤素的衍生物，纤维素三(3-氯-4-甲基苯基氨基甲酸酯)[43]、纤维素三(4-氯-3-甲基苯基氨基甲酸酯)[44]、纤维素三(3-氟-5-甲基苯基氨基甲酸酯)[39]展示了高的手性识别能力，一些手性药物或中间体在这些材料上也得到了很好的分离[44,45]。通常，在间、对位的取代能改善纤维素三苯基氨基甲酸酯的手性识别能力，在邻位的取代却能减弱这种能力。而其他手性固定相的特殊选择性主要依靠对映异构体的性质。

　　小位阻的烷氨基甲酸酯纤维素如甲氨基甲酸酯纤维素和异丙基氨基甲酸酯纤维素[46,47]以及大多数的芳基烷基氨基甲酸酯纤维素具有低的手性识别能力，但纤维素 1-苯乙基氨基甲酸酯和 1-苯丙基氨基甲酸酯的手性识别能力却较高[48]，尤其是纤维素三(环己基氨基甲酸酯)，甚至与纤维素三(3,5-二甲基苯基氨基甲酸酯)相当。由于该衍生物在紫外区吸收很小，适合于用作薄层色谱的手性选择剂，该物质易溶于氯仿，还可在 NMR 中研究手性拆分机理[49]。

将纤维素三(3,5-二甲基苯基氨基甲酸酯) 制成的膜能用于识别(R,S)-氧烯洛尔(oxprenolol)，结果表明，采用液-液接触式膜进行手性拆分时，由于膜的溶胀性使选择性变得很低；而改变拆分方式，采用固相萃取接触式膜进行手性拆分时，(S)-异构体的对映体过剩值较高[50-52]。将 4-(偶氮苯)苯基异氰酸酯和 3,5-二甲基苯基异氰酸酯分别反应在纤维素和直链淀粉上，制备具有顺、反异构的一系列多糖类衍生物。将这些衍生物分别铺在有聚四氟乙烯支撑的载体上，得到相应的多糖类高分子复合膜，分别运用该系列膜对外消旋体作选择性吸附实验，结果显示，这些多糖类的反式异构体的选择性优于顺式异构体衍生物[53]。

纤维素三(3,5-二甲基苯基氨基甲酸酯)能作为毛细管电泳的手性添加剂用于手性化合物的识别，为了增加手性电色谱中的电渗流，可对纤维素三(3,5-二甲基苯基氨基甲酸酯)的 6-位进行部分磺酰化[54]，可大大缩短外消旋体的拆分时间。常用的中性和带电的多糖有甲基纤维素、羟丙基纤维素、laminaran、pullulan、直链淀粉、羧甲基直链淀粉等，它们也能被用在毛细管电泳的手性添加剂中[55]。还有报道其可用于逆流色谱的手性拆分[56]。

纤维素三(3,5-二甲基苯基氨基甲酸酯)、纤维素三(苯基氨基甲酸酯)仍可作为新型毛细管气相色谱固定相，它们在气相条件下也能对一些手性化合物进行有效识别[57-59]。

普遍接受的分离机理是 Dalgliesh 的三点作用原理[60]：① 对映体与手性材料之间存在氢键(或 π–π)作用；② 偶极-偶极相互作用；③ 手性空腔的立体作用。由于手性识别要求手性材料至少与对映体之一同时有三个相互作用，因而在研究纤维素类手性材料时对如何引入新的基团、引入何种基团等都要遵循该原理。在纤维素的羟基上进行衍生化一般为酯化和醚化，酯类衍生物的识别能力比醚类衍生物要好[61-63]。纤维素的结构单元中具有多个手性碳，纤维素的苯基氨基甲酸酯衍生物具有左旋 3/2 螺旋结构，苯基氨基甲酸酯基围绕着主链形成许多手性空穴。在手性空穴中靠近纤维素主链的外侧是芳基，内侧是手性材料的氨基甲酸酯残基，对映体进入手性空穴中进行多次作用，从而达到手性识别。该类手性固定相的手性识别能力主要来源于样品分子与极性的氨基甲酸酯基基团中的–NH、–C=O 的氢键作用，以及与–C=O 的偶极–偶极作用，其中对手性识别起主导作用的是氢键作用。另外，取代基的吸电子性和供电子性对–NH 基上氢的活性也有影响[64-66]，在纤维素的衍生物中大都还引入苯基，这有利于提高手性识别能力。进一步的机理还有待于深入研究[67,68]。

己烷–异丙醇已广泛用于纤维素衍生物 CSP 的流动相。乙腈–水也被用于反相色谱体系中，在此体系中苯基间的 π–π 作用极为重要，使得大多数药物如 β-阻断剂等[69,70]能得以拆分。如果在流动相中添加手性选择剂，则在该类材料的手性识别过程中，可产生手性识别的协同效应[71-74]。

制备纤维素三(3,5-二甲基苯基氨基甲酸酯)高效液相色谱手性固定相的具体实验步骤为[40]：取 1 g 微晶纤维素，放入 100 mL 烧瓶中，在氮气保护下加入 40 mL 无水吡啶和 4 mL 的 3,5-二甲基苯基异氰酸酯，80 ℃回流 24 h。然后减压蒸除溶剂，余物倒入 500 mL 甲醇中，收集白色沉淀，60 ℃真空干燥 5 h，即得产物纤维素三(3,5-二甲基苯基氨基甲酸酯)。

取 3.2 g 的 3-氨丙基硅胶于 50 mL 圆底烧瓶中，将 0.8 g 纤维素三(3,5-二甲基苯基氨基甲酸酯)溶解在 20 mL 四氢呋喃中，并加到上述烧瓶中，使其均匀覆盖在硅胶表面，制得纤维素三(3,5-二甲基苯基氨基甲酸酯)固定相。

核磁氢谱是纤维素衍生物合成中最重要的分子结构表征手段之一，以氘代吡啶为溶剂在 80 ℃测定的纤维素三(3,5-二甲基苯基氨基甲酸酯)的氢谱谱图以及对各个核磁位移峰的指派如图 17.6 所示[67]，根据相关位移峰面积的比例可以估计该类衍生物在 2-、3-、6-位羟基上的衍生化程度。

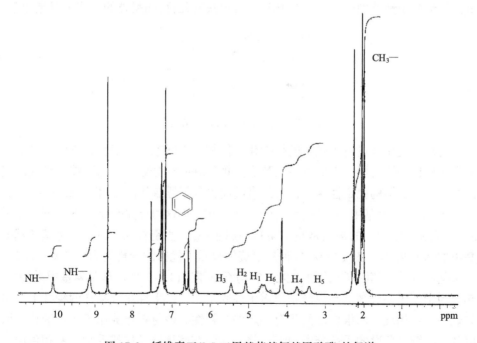

图 17.6　纤维素三(3,5-二甲基苯基氨基甲酸酯)的氢谱

赵亮团队[75]报道利用纳晶纤维素代替微晶纤维素作为原料合成得到的纤维素三(3,5-二甲基苯基氨基甲酸酯)对一些外消旋体的拆分可有更高的柱效和分离

效率，石墨烯量子点还可以促进纤维素三(3,5-二甲基苯基氨基甲酸酯)的手性分离能力[76]。

多种纤维素的衍生物曾被制备成薄层板用于普萘洛尔等的手性拆分[77]。硝酸纤维素高分子固膜能手性拆分色氨酸[78]。另外，还有将在苯环上具有三联噻吩共轭取代基团的纤维素三苯基氨基甲酸酯衍生物用于手性荧光传感器的研究[79,80]。

17.2　2,3,6-位衍生化相同直链淀粉

1940 年瑞士的 Meyer 和 Schoch 发现淀粉是由两种高分子即直链淀粉和支链淀粉组成。现在还发现在许多淀粉粒中还存在第三种成分——中间物质。直链淀粉与纤维素一样也是一种线型多聚物，是由 D-葡萄糖单元由 α-1,4-糖苷键连接而成的链状分子，呈右手螺旋结构，每 6 个葡萄糖单位组成螺旋的 1 个节距，在螺旋内部只含氢原子，是亲油的，羟基位于螺旋外侧(图 17.7)。由于直链淀粉具有确定的分子结构，对应的衍生物具有良好的手性识别能力，所以该类手性识别材料主要以直链淀粉为起始物质进行合成。直链淀粉没有一定的大小，不同来源的直链淀粉分子量差别很大，有些的聚合度DP只有几百，而另外的一些可以是数千。

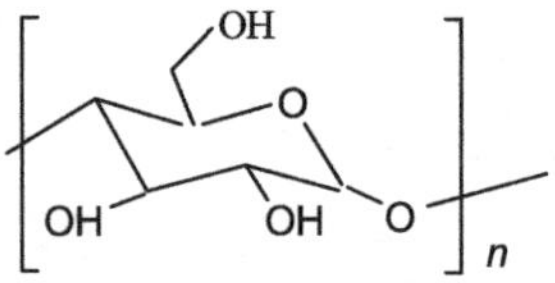

图 17.7　直链淀粉的分子结构图

对直链淀粉也进行了较多的衍生化，但相对于纤维素的衍生，它的苯基甲酸酯类手性识别能力弱，而氨基甲酸酯类显现出好的拆分效果，这可能与形成的直链淀粉的螺旋结构稳定性相关；另外直链淀粉含邻位取代的 2-甲基-5-氯-或者 2-甲基-5-氟-苯基氨基甲酸酯展示了高手性识别能力，这可能是纤维素的构型是左手 3/2 螺旋和直链淀粉的构型是左手 4/3 螺旋的缘故。直链淀粉三(3,5-二甲基苯基氨基甲酸酯)[81](AD，图 17.8)对各种外消旋体显示了优秀的分辨能力。如对 1,2,2,2-四苯基乙醇的分离因子 α 达到 8.92。它与纤维素三(3,5-二甲基苯基氨基甲酸酯)一起成为了使用率最高的高效液相色谱手性固定相，但手性化合物在两种柱上流出的顺序常常相反，两根柱之间具有一定的互补性。该材料还被用于微柱液相色谱以及毛细管电色谱的手性分离中[82]。将其涂渍在整体硅基质的毛细管液相色谱柱内进行微柱液相色谱的手性分离，也显示出好的手性识别效果[83]。

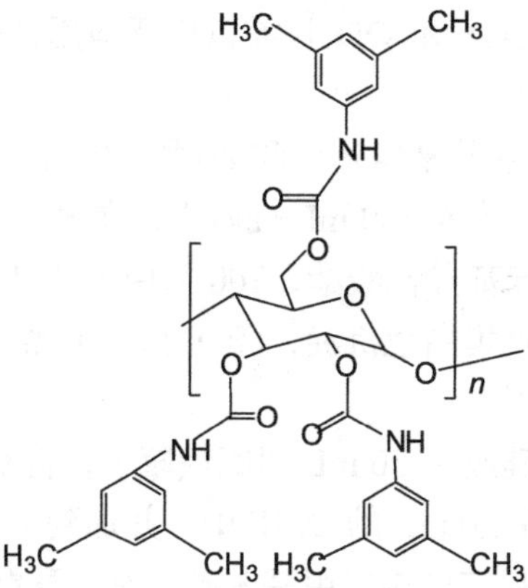

图 17.8　直链淀粉三(3,5-二甲基苯基氨基甲酸酯)的分子结构

直链淀粉三(4-卤-苯基氨基甲酸酯)[84]、直链淀粉三(5-氯-2-甲基苯基氨基甲酸酯)[85]展示了较高的手性识别能力。直链淀粉的三芳基烷基氨基甲酸酯、尤其是直链淀粉三((S)-1-苯基乙基氨基甲酸酯)(AS，图 17.9)展示了高的手性拆分能力[48,86,87]，直链淀粉三(环己基氨基甲酸酯)的手性识别能力也很高[49]，有时甚至超过了 Chiracel OD 和 Chiracel AD 柱。

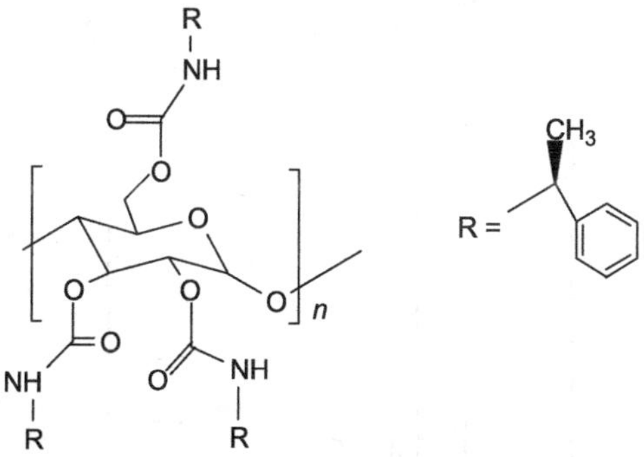

图 17.9　直链淀粉三((S)-1-苯基乙基氨基甲酸酯)的分子结构

系列包括直链淀粉在内的多糖的烷氧苯基氨基甲酸酯的手性识别能力与其他相比没有明显的优势[88]，直链淀粉与环状淀粉的衍生物具有不同的手性识别能力[89]，羧甲基直链淀粉的钠盐也能作为毛细管电泳的手性添加剂用于手性化合物的识别研究[90]。

直链淀粉的衍生物还能用作气相色谱的手性固定相，一些手性化合物在该柱上得到了识别[91,92]。以 AD 或者 OD 作为逆流色谱的手性选择剂，在甲基异丁基酮/水、甲基叔丁基醚/水的两相溶剂中，能成功实现品托洛尔以及法华令两种药物的制备性手性分离[93-95]。AD 和 OD 目前也广泛地用在模拟移动床色谱制备性分离和生产手性化合物中[96]。

直链淀粉三(3,5-二甲基苯基氨基甲酸酯)固定相的制备步骤为[97]：取 1 g 直链淀粉(分子量约为 16000)，放入 100 mL 烧瓶中，在氮气保护下加入 40 mL 无水吡啶和 4 mL 的 3,5-二甲基苯基异氰酸酯，100 ℃回流 24 h。然后减压蒸除溶剂，余物倒入 500 mL 甲醇中，收集白色沉淀，60 ℃真空干燥 5 h，即得产物直链淀粉三(3,5-二甲基苯基氨基甲酸酯)。

取 3.2 g 的 3-氨丙基硅胶于 50 mL 圆底烧瓶中，将 0.8 g 直链淀粉三(3,5-二甲基苯基氨基甲酸酯)溶解在 20 mL 的 DMF 中，并加到上述烧瓶中，使其均匀覆盖在硅胶表面，制得直链淀粉三(3,5-二甲基苯基氨基甲酸酯)固定相。与纤维素相比，直链淀粉更容易降解，所得的反应产物中常含有更多的水分。

直链淀粉衍生物的分子结构主要靠核磁氢谱进行表征，以氘代吡啶作为溶剂在 80 ℃测得的直链淀粉三(3,5-二甲基苯基氨基甲酸酯)的谱图以及各个位移峰的指派[68]见图 17.10。

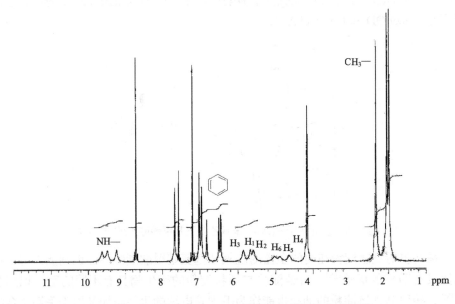

图 17.10　直链淀粉三(3,5-二甲基苯基氨基甲酸酯)的氢谱

除此之外，还有将在苯环上具有三联噻吩共轭取代基团的直链淀粉三苯基氨基甲酸酯衍生物用于手性荧光传感器的报道[98]。

17.3　区域选择性衍生化的纤维素和直链淀粉

为了更好地寻找高选择性的多糖类手性固定相，出现了一些对多糖进行混合取代的报道。由于 2,3-位羟基性质的相似性，多年来只限于 2,3-位与 6-位的不同的取代。这些取代于 1993 年由 Okamoto 首先引入[99]，其合成线路见图 17.11。

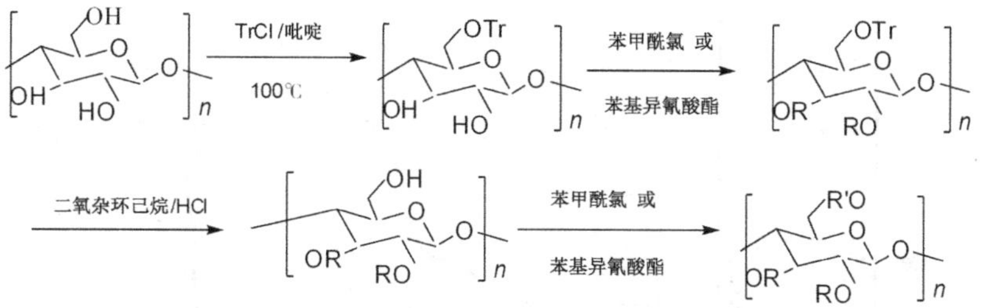

图 17.11　混合取代的合成线路图

该类衍生物的制备是将多糖先用三苯基氯甲烷保护 6-位羟基，然后进行酯化或异氰酸酯化，随后在酸中脱掉保护基三苯甲基，再同苯甲酰氯或异氰酸酯在吡啶中反应，产物作为甲醇不溶物被分离。在上述合成中，完全异氰酸酯化常常比较容易，但在脱掉 6-位三苯甲基时在 2,3-位常有 5% 的氨基甲酸酯也跟着脱掉[100]。与此相反，在 2,3-位进行完全酯化常常很难达到，并且对 6 位的三苯甲基往往还有部分脱除和取代作用。当对三苯甲基进行脱除时，还有大约 15% 的 2,3-位脱酯化[101]。

图 17.12 是作者合成 2,3-双(3,5-二甲基苯基氨基甲酸酯)纤维素所测定的由氘代吡啶作溶剂时的氢谱图。将其与图 17.6 中纤维素三(3,5-二甲基苯基氨基甲酸酯)的氢谱相比较，可以明显地看出位移值为 2.3 的峰已经基本消失，研究中常用该峰面积的相对大小判断上述各种混合取代反应中 6-位羟基被三苯基氯甲烷的保护情况[102]。

1995 年 Francott 和 Wolf 合成了 2,3-和 6-位用苯甲酸酯和间、对、邻甲基苯甲酸酯取代的纤维素[103]衍生物 16 种(图 17.13)，不同取代的上述材料的手性分离能力被三个外消旋体的拆分所表征，结果表明：当纤维素 6-位被间甲基苯甲酰基取代，该位显示了手性识别能力，此时再在 2,3-位进行甲基苯甲酰基取代，对手性拆分没有实质性的改进。如果 2,3-位已经被对甲基苯甲酰基取代，这时 6-位的取代对材料的分离能力影响很小。

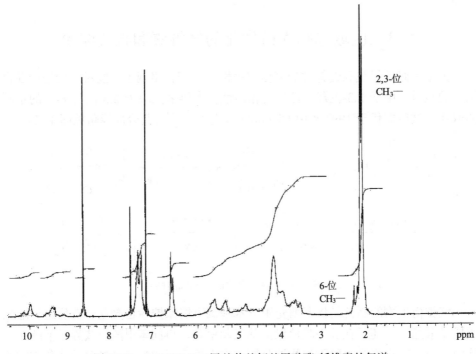

图 17.12 2,3-双(3,5-二甲基苯基氨基甲酸酯)纤维素的氢谱

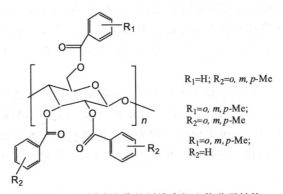

图 17.13 不同酯取代的纤维素衍生物分子结构

在直链淀粉和纤维素的 2,3- 和 6-位进行不同的氨基甲酸酯取代首先由 Okamoto 进行，为了研究它们的光学分辨能力，他们制备了两类混合取代的纤维素和直链淀粉的衍生物(图 17.14)。同时，Felix 及其合作者进一步扩展了 Okamoto 的工作，合成了系列新的衍生物[101]。

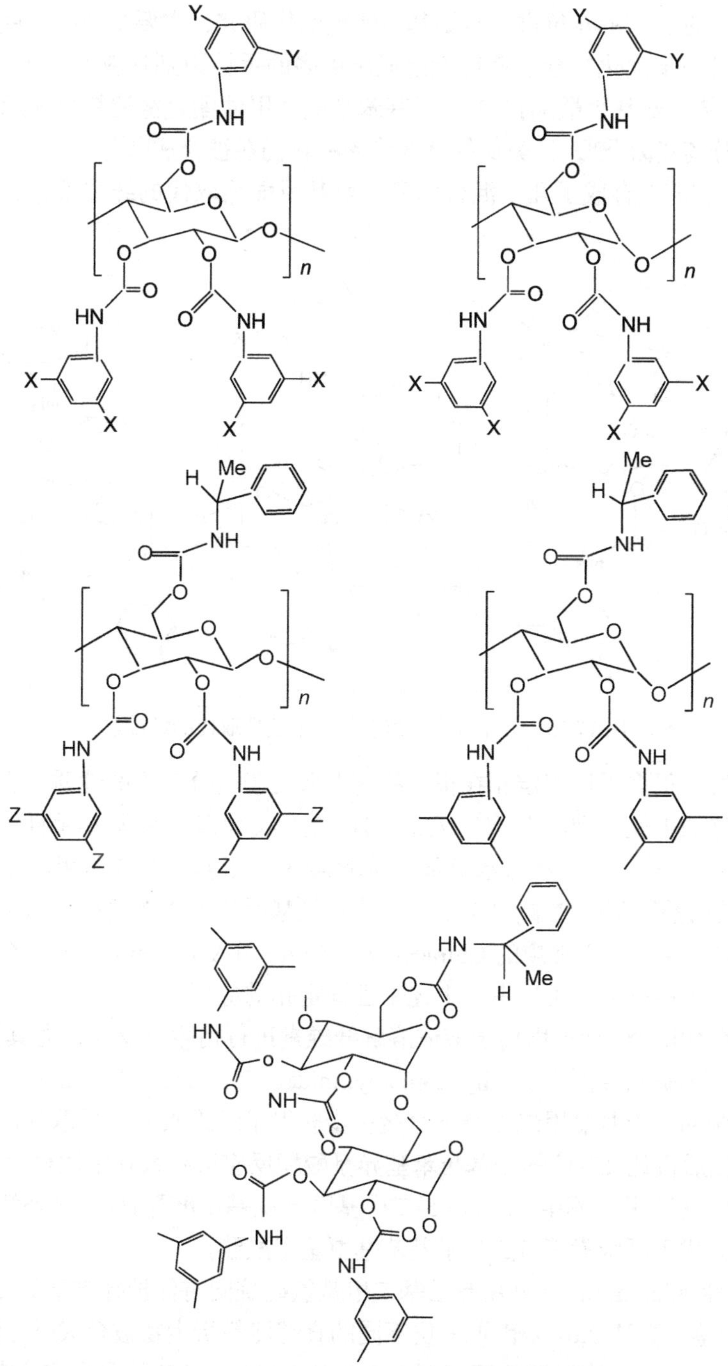

图 17.14　一些多糖的氨基甲酸酯衍生物的分子结构

纤维素的 2,3-和 6-位进一步氨基甲酸酯取代研究，主要是选择一些比较有效的取代基进一步优化组合，期待能合成出更多的手性识别材料[104,105]，最近合成的 6-(4-氯苯基氨基甲酸酯)-2,3-二甲基苯基氨基甲酸酯直链淀粉也显示了相对较好的手性分离能力[106]，且类似的直链淀粉材料仍在被合成[107]。

Acemoglu[100]合成了几个混合的酯和氨基甲酸酯取代的纤维素，分子结构为图 17.15。

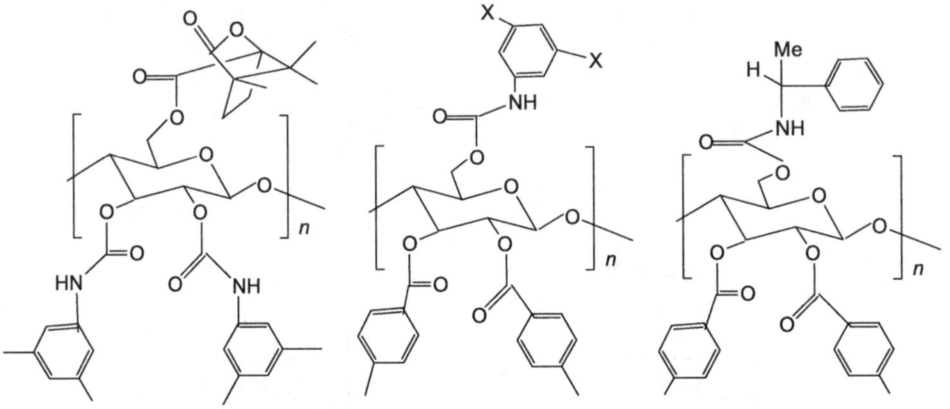

图 17.15　几个混合的酯和氨基甲酸酯取代的纤维素

以上这些很多手性固定相在很大程度上取决于被分离物的性质，它们有时可以具有很好的手性识别能力[108]。无论怎样，2,3-双-氨基甲酸酯-6-手性氨基甲酸酯多糖，尤其是 6-((R)-苯基乙基氨基甲酸酯)-2,3-二甲基苯基氨基甲酸酯纤维素和 6-((S)-苯基乙基氨基甲酸酯)-2,3-二甲基苯基氨基甲酸酯直链淀粉显示了相对较好的手性分离能力。对于常规的 Chiracel OD、Chiracel AD、Chiracel OJ、Chiracel AS 不能解决的手性拆分，可以考虑上述手性固定相的应用。

张金明团队[109,110]采用离子液体溶解纤维素进行衍生化反应，尤其是利用 1-烯丙基-3-甲基咪唑氯化物(1-allyl-3-methylimidazolium chloride, Amim Cl)为溶剂在没有传统的三苯基氯甲烷参与下直接一步获得了纤维素 6-位单取代的苯甲酸酯衍生物，随后再让 2,3-位的羟基与苯基异氰酸酯反应得到系列手性材料[111]。纤维素-6-(4-叔丁基苯甲酸酯)-2,3-二(3,5-二甲基苯基氨基甲酸酯)对一些外消旋体的手性识别能力优于纤维素三(3,5-二甲基苯基氨基甲酸酯)。

2001 年 Klemm 等[112]利用叔己基二甲基氯硅烷同时保护纤维素的 2,6-位方法被报道,借鉴该方法 2,6-位相同、3-位不同的直链淀粉衍生物被合成[113]。该合成(图 17.16)步骤为：3.0 g 直链淀粉溶解在 100 ℃ 的 DMAc+LiCl 的混合溶液中，逐步加入 2.4 倍 2,6-位羟基量的咪唑和 2 倍 2,6-位羟基量的叔己基二甲基氯硅烷

(TDMS-Cl),反应 24 h 生成 2,6-二甲基叔己基硅醚直链淀粉。将混合物加入 250 mL 的磷酸缓冲液(1.79 g 的 K_2HPO_4 和 0.89 g 的 KH_2PO_4)中,用乙醇和水洗涤不溶物,产率为 80%~100%。取上面生成的中间体在 80 ℃的吡啶中与苯基-、4-氯苯基-或 3,5-二氯苯基异氰酸酯作用使 3-位羟基转化成相应的苯基氨基甲酸酯,收集甲醇不溶物得到 85%~100%产率。将该产物悬浮在 THF 中,加入 THF 的 20%的三水四丁基氟化铵(TBAF)(作为催化剂)在 50 ℃搅拌反应 24 h,脱掉 2,6-位的二甲基叔己基硅基保护基团。然后再在 80 ℃与过量的各种苯基异氰酸酯反应 14 h,则可获得多种手性识别材料,产率在 85%~100%之间。

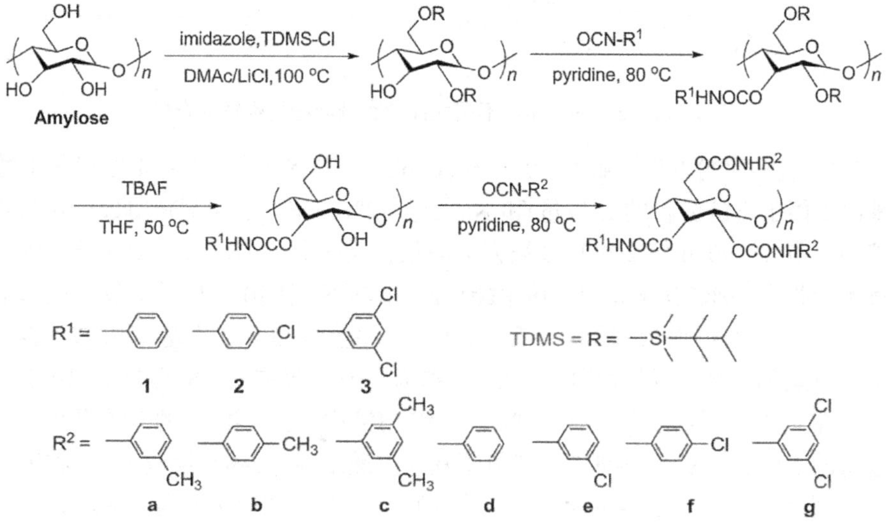

图 17.16　2,6-位相同、3-位不同的直链淀粉衍生物的合成

2004 年 Dicke[114]首先在 DMSO 中对直链淀粉的 2-位利用苯甲酸乙烯酯进行了区域选择性酯化,随后 Okamoto 团队实现了直链淀粉 2-、3-、6-位的不同取代[115],他们合成了一个系列的 2-位被不同苯甲酰化、3-位及 6-位被不同苯基氨基甲酯化的直链淀粉衍生物,且苯基氨基甲酸酯化主要是 3,5-二甲基-、或者是 3,5-二氯-的苯基氨基甲酸酯。在这些衍生物中,2-位的不同取代对于手性识别能力具有更大的影响,直链淀粉的 2-(4-叔丁基苯甲酯)和 2-(4-氯苯甲酯)的苯基氨基甲酸酯衍生物具有高手性分离能力。该类衍生物的系统研究,尤其对于直链淀粉手性识别机理的了解具有积极的意义。图 17.17 是 2-、3-、6-位不同取代的直链淀粉衍生物的合成[116]。

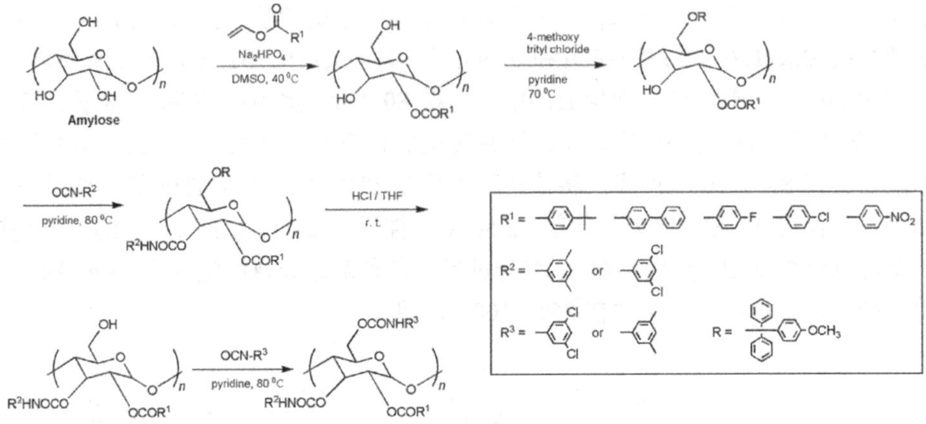

图 17.17 2-、3-、6-位不同取代的直链淀粉衍生物的合成

3.0 g 直链淀粉首先溶解在 80 ℃的 60 mL 的 DMSO 中，然后 4-取代苯甲酸乙烯酯(2.3 倍于直链淀粉的 2-位量)和 Na₂HPO₄(2%，作为催化剂)被加到 40 ℃的该溶液中反应 4~100 h 使 2-位羟基被完全酯化，反应混合物加入大量的异丙醇中，分离不溶物得 70%~100%产率。该单酯化产物在吡啶中 70 ℃与 4-甲氧基三苯甲基氯反应 24 h 使 6-位变为三苯甲基醚，然后加入过量的 3,5-二甲基苯基-或 3,5-二氯苯基异氰酸酯在 80 ℃继续反应 14 h，产物为甲醇不溶物，产率为 70%~100%。将该产物在室温下再悬浮在含有 1.8%的 THF 溶液中脱掉 6-位上的三苯甲基，再次用过量的 3,5-二甲基苯基-或 3,5-二氯苯基异氰酸酯 80 ℃继续反应 14 h，收集甲醇不溶物则得到 2-、3-、6-位为不同取代的直链淀粉手性识别材料。除此之外，一些类似的材料仍然被合成[117-119]。

将多糖类材料涂渍到核壳型支撑体表明，相对于全多孔性支撑体，由于好的传质效果，其显示出更好的柱效[120]。将 2%的纤维素三(3,5-二氯苯基氨基甲酸酯)固载在直径为 3.6 μm、孔径为 50 nm 的核壳型的硅胶上，装成 4.6×100 mm 的液相色谱柱，其可在 30 s 钟内实现对手性化合物的快速分离分析[121]。

17.4 衍生化的壳聚糖

甲壳质又名甲壳素、几丁质，是自然界广泛存在的一种可再生资源，每年生物合成量多达 100 亿吨，目前工业上主要是从虾和蟹的壳中得到。壳聚糖，又名脱乙酰甲壳质、聚氨基葡萄糖等，是由甲壳素脱乙酰化后的产物。其化学表达式为：β-(1,4)-2-氨基-2-脱氧-D-葡萄糖。壳聚糖的化学结构和纤维素十分相似，它们之间的差别在于每个葡萄糖单元上的 C₂-所接的基团不同，壳聚糖为氨基，而纤维素则为羟基。其分子量可从几十万到几百万，分子结构见图 17.18。

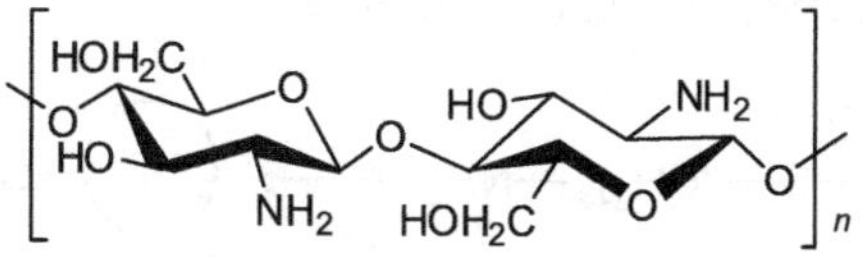

图 17.18　壳聚糖的分子结构

　　壳聚糖和甲壳素的衍生物可用作手性识别材料，1984 年，Okamoto 初步考察了它们的手性识别能力[2]，1996 年甲壳素芳基氨基甲酸酯的衍生物被报道用于 HPLC 手性固定相[122]，1998 年键合型的 3,5-二甲基苯基氨基甲酸酯壳聚糖手性固定相被研究。由于甲壳素和壳聚糖中羟基的衍生化率低，其分离特性明显地弱于相应的纤维素和直链淀粉的衍生物，尽管它们有时对个别溶质能给出很好的分离效果。2000 年以后，Okamoto 等在 LiCl/DMAc 的溶剂体系中反应，明显地提高了甲壳素和壳聚糖的羟基衍生化率，使得该手性固定相的拆分能力得到了明显的改善[1]。但在大多数情况下，其手性选择性还是比纤维素和直链淀粉的手性材料要低[123-126]。

　　壳聚糖的 3,6-二苯基氨基甲酸酯-2-脲衍生物的合成步骤[127]如下：将壳聚糖分散在 80 ℃的 DMSO 中，加入过量的 4-氯苯基异氰酸酯(其为壳聚糖中羟基和氨基合量的 2 倍)反应 12 h，收集甲醇不溶物，产率为 70%~90%。在上述反应中，当加入过量的异氰酸酯并增加反应时间时，2-位脲基团上的两种氢可以进一步与异氰酸酯反应生成不同的两种双脲，甚至 3-、6-位上的氨基甲酸基上的氢也能与异氰酸酯反应生成副产物。一个类似系列的 2-、3-、4-和 3,5-二取代苯基氨基甲酸酯-脲的壳聚糖衍生物被合成[128]。这些衍生物相比对应的纤维素和直链淀粉的衍生物，在氯仿和甲醇等中具有更小的溶解度，有些甚至可以在流动相中添加这些溶剂。

　　壳聚糖可以直接键合到硅胶表面，该手性固定相的合成方法(图 17.19)为[129]：6.5 g 干燥的硅胶(粒子直径为 5 μm)置于 100 mL 的圆底烧瓶中，加入 100 mL 的无水甲苯、5 mL 的 3-氨丙基三甲氧基硅烷在 100 ℃搅拌 12 h，然后将硅胶过滤，用甲醇、乙醚冲洗，于室温下干燥。然后将 3.5 g 氨丙基硅胶在 150 mL 的 pH=7.0 的含 0.05 mol/L 的磷酸钾和 5%的戊二醛缓冲溶液中常温反应 3 h，过量的戊二醛用玻砂漏斗过滤除去，再用冷的蒸馏水反复冲洗，向其中加入 80 mL 含壳聚糖 0.8 g 的 1%的乙酸溶液(pH=3)，在 4 ℃下反应 5 h，反应结束后，用过滤法分离出硅胶，用 2 L 冷的 1%的乙酸溶液冲洗除去未键合的壳聚糖，再用冷的蒸馏水除去残余的乙酸，然后用 10 mL 5 mol/L 的硼氢化钠溶液与其反应 24 h 除去剩余的醛和还原生成的 C=N 键得到壳聚糖-硅胶。产品经过滤、蒸馏水冲洗、真空干燥而得。元素分析表明其含碳量为 8.65%左右。利用类似的方法还可以将壳聚糖固载在石英毛细管柱的内壁进行毛细管电色谱的手性拆分[130]。

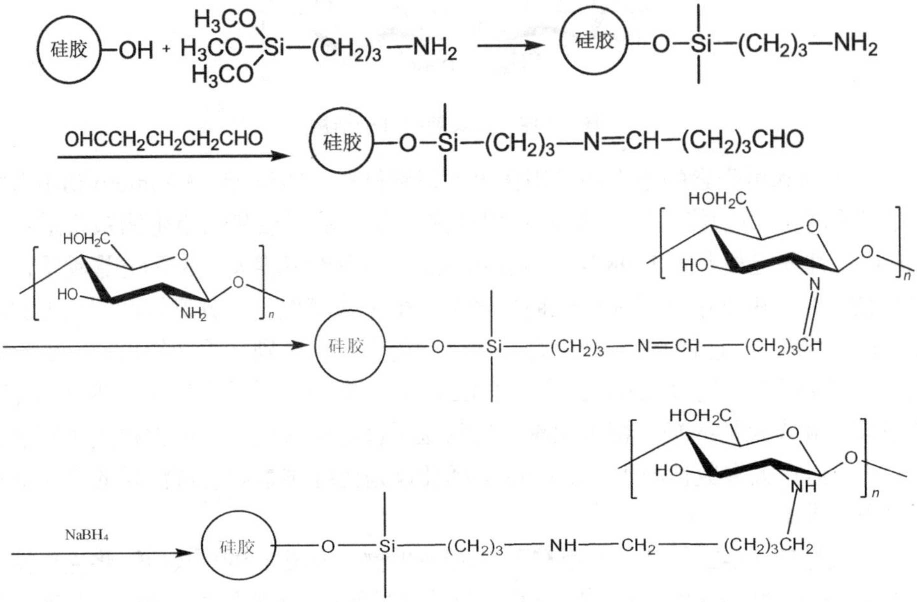

图 17.19　在硅胶上键合壳聚糖

2014 年后柏正武团队[131,132]合成了多个甲壳素和壳聚糖的手性固定相，其主要包括在壳聚糖的 3,6-位衍生为不同取代基的苯基氨基甲酸酯、而在 2-位衍生为如环丁基、异丙基、戊基等的烷基甲酰胺，或者将 2-位衍生为如乙氧基、戊氧基、异丙氧基、苄氧基的烷氧基甲酰胺、烷基脲等[133-135]。这些固定相往往比相应的纤维素和直链淀粉的衍生物具有更好的抗有机溶剂的能力，与纤维素和直链淀粉衍生物之间具有一定的手性拆分的互补性，对少数对映体的拆分甚至好于纤维素和直链淀粉的手性固定相。将壳聚糖衍生物与纤维素或者直链淀粉的衍生物混合制柱，则可一定程度地调节它们的手性选择性。

对于壳聚糖的 2-位为烷基酰胺的衍生物，则合成[136]为：1.0 g 的壳聚糖(M_ν: 3.5×10^5)、30 mL 水和 0.71 g 戊酸加入 250 mL 的三颈瓶中搅拌直到溶液透明，用冰浴冷到 10 ℃后，加入 54 mL 甲醇和溶于 54 mL 甲醇的 11.57 g 戊酸酐，在 10 ℃反应 7 h，反应混合物倒入 275 mL 0.5 mol/L KOH 的乙醇溶液中搅拌过夜，用乙醇洗涤过滤所得固体到中性，真空干燥后得 1.20 g 壳聚糖(n-戊酰胺)衍生物，产率79%。3-、6-位的进一步衍生化同上。

图 17.20 是壳聚糖的 2-位为烷氧基甲酰胺和烷基脲衍生物的合成[137,138]：将 1 g

壳聚糖溶解在 2%的稀盐酸溶液中，然后冰浴冷却到 10 ℃以下，加入与盐酸相同体积的甲醇搅拌反应继续至温度低于 10 ℃，随后加入 8 倍量的氯甲酸甲酯在 2~10 ℃之间反应 7 h，反应过程中用三乙胺调节混合物的酸度在 pH 2~7 范围。过滤收集产物并用乙醇洗涤。取该产物 1.0 g(4.57 mmol)溶解在 80 ℃的 10% LiCl 的 DMAc 溶液中 12 h，然后迅速转移到 100 mL 的不锈钢反应器中加入叔丁基胺 3.34 g(45.7 mmol)，密闭反应容器在 110 ℃反应 12 h。冷至室温后取出产物胶压碎，乙醇彻底洗涤，真空干燥，得 1.09 g 壳聚糖叔丁基脲，产率 92%。随后该衍生物继续用各种异氰酸酯反应，可以得到多种手性识别材料。

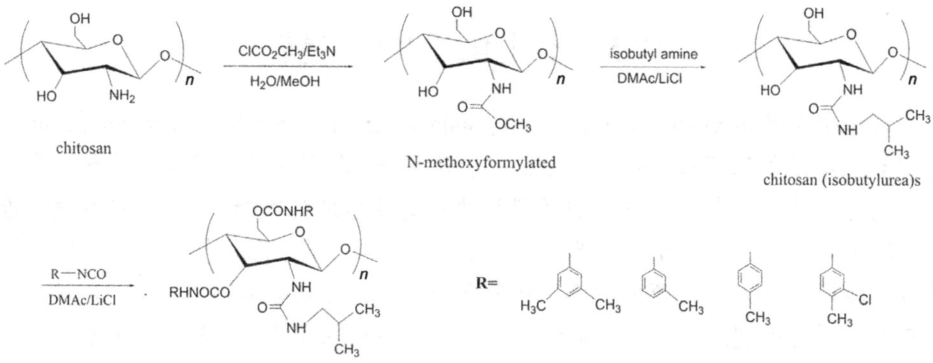

图 17.20　壳聚糖的 2-位为烷氧基甲酰胺和烷基脲衍生物的合成

一些壳聚糖或者甲壳素可应用在薄层色谱中分离氨基酸的对映异构体[139,140]，也可用溶胶-凝胶法制备 N-(1-羟基丁基)壳聚糖手性固定相[141]。还可把壳聚糖用在手性配体交换色谱中，对 α-氨基酸和 α-羟基羧酸能进行分离。

壳聚糖分子中的羟基和氨基通过接枝、交联等化学修饰可制备具有不同结构和性能的衍生物。将 DNA 键合在壳聚糖分子上，能制备带有 DNA 基团的壳聚糖手性超滤膜，该膜对 D-苯丙氨酸具有优先透过作用，显示出良好的手性选择性[142]。用戊二醛与壳聚糖交联制备壳聚糖交联膜，采用低压驱动分别拆分色氨酸和酪氨酸的对映异构体。当使用膨胀指数为 70%的壳聚糖交联膜分离色氨酸对映体时，其 ee 能高达 98%，通量达 6.4 mg/(m²·h)，获得较好的拆分效果[143]。用类似的方法制备的壳聚糖膜对 2-苯基-1-丙醇也有很好的手性识别能力[144]。图 17.21 是戊二醛与壳聚糖交联的结构示意图。

将 23%的醋酸纤维素丙酮溶液刮 0.25 mm 的膜，短暂挥发后浸没在水中得到相转化膜，将其浸入 3%的三聚氰氯溶液 40min 后再浸入 2.5%的壳聚糖溶液中 20 h，随后用 2.5%的戊二醛溶液交联，所得膜可用于色氨酸的手性分离，且浓差、压力差和电位差得到的拆分效果不一致[145]。壳聚糖膜也可吸附拆分色氨酸[146]。还有将甲壳素溶液通过电喷射沉积成膜用于苯丙氨酸、赖氨酸、谷氨酸的手性分离研究的[147]。

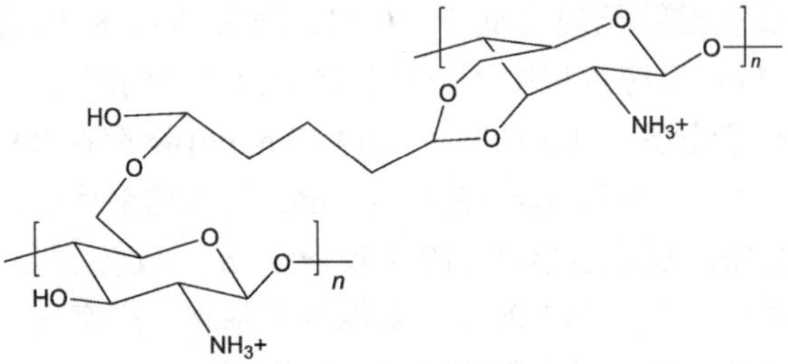

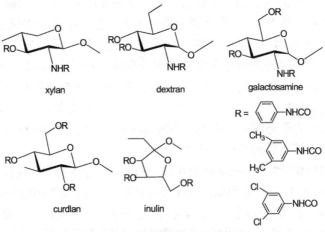

图 17.21　戊二醛与壳聚糖交联的结构示意图

17.5　衍生化的其他多糖

其他聚多糖如 xylan、amylopectin、galactosamine、curdlan、dextran 和 inulin 的 3,5-二甲基苯基氨基甲酸酯或 3,5-二氯苯基氨基甲酸酯也被合成和评价[1,148]，它们的分子结构式为图 17.22，其手性识别能力明显地受单糖单元、连接位置、连接类型的影响。在这些衍生物当中，支链淀粉[149,150]的三取代的苯基氨基甲酸酯研究得较早，xylan(木聚糖)的 3,5-二甲基苯基或 3,5-二氯苯基氨基甲酸酯显示了相对较高的手性识别能力。一个系列的间、对位不同取代基的苯基氨基甲酸酯木聚糖衍生物已经被制备[151]，且含有硝基或烷氧取代基会降低木聚糖苯基氨基甲酸酯的手性识别性能，其余取代基的间位取代的选择性优于对位取代，木聚糖-2,3-二(3,5-二甲基苯基氨基甲酸酯)是木聚糖衍生物中手性识别能力最高的，并且少数外消旋体在该柱上的拆分也可优于常见的直链淀粉三(3,5-二甲基苯基氨基甲酸酯)柱和纤维素三(3,5-二甲基苯基氨基甲酸酯)柱。

图 17.22　一些多糖的分子结构式

海藻酸钠可作为液相色谱的手性固定相[152]。海藻酸是由 β-D-(1→4)-连接的甘露糖醛酸和 α-L-(1→4)-连接的古洛糖醛酸组成，由于线形的 L-古洛糖醛酸能围绕金属离子成配合物，在钠离子作用下，能形成凝胶，具有较好的成膜性。因此将溶有海藻酸钠和少许甘油的铸膜液涂敷在玻璃板上，经红外干燥处理后，沉浸在戊二醛-丙酮的盐酸溶液中，制得交联的海藻酸钠手性膜[143]，该膜对 α-氨基酸对映体能显示较高的渗透能力和较理想的选择性。图 17.23 是海藻酸钠的交联结构。

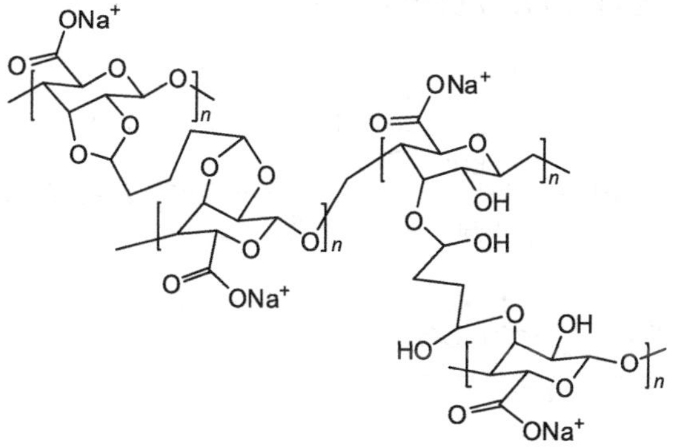

图 17.23　交联的海藻酸钠高分子

乙基纤维素也能用于手性高分子膜的制备，该膜对 2-苯基-1-丙醇具有良好的手性识别性能[153]。

17.6　固载化多糖

涂渍型的液相色谱多糖手性商品柱，主要用于正己烷/异丙醇的正相溶剂系统，但是该固定相由于本身的溶解性的原因不允许某些其他溶剂的使用，如三氯甲烷、四氢呋喃、乙酸乙酯、甲苯、丙酮等作流动相时，多糖衍生物往往会被溶解或溶胀，从而损坏手性柱，使得涂渍型的柱子所使用的溶剂受到一定限制[41]。另外，在制备色谱中，为了增大进样量，样品的溶解性也非常重要，在烷烃/醇溶剂系统中，也往往十分不利于一些手性样品的溶解。2004 年后，日本 Daicel 公司已陆续推出了商品化的固载多糖型的高效液相色谱手性固定相[154,155]。增加的有机溶剂种类能让可溶解的样品数增多，另外也一定程度地增加了手性色谱柱的识别范围，弥补了涂渍型柱的一些不足。

为了具有好的手性识别能力，多糖衍生物需要拥有规则的螺旋结构，由于氢键的作用，多糖的苯基氨基甲酸酯比其苯甲酸酯类具有更规则的构型。多糖的固载化要尽可能地不破坏原有的多糖衍生物结构。在保证多糖被固载的前提下，被固载的多糖结构单元要尽可能地少。键合型多糖类手性固定相的制备通常有如下几种方法[156]。

17.6.1 官能基反应固载

1987 年 Okamato 首先将多糖键合到 γ-氨丙基硅胶基体上，键合方法是利用一个具有双异氰酸酯的试剂，期望其分别与硅胶基体上的氨基和多糖上的羟基发生反应。键合反应路线如图 17.24 所示[157]。

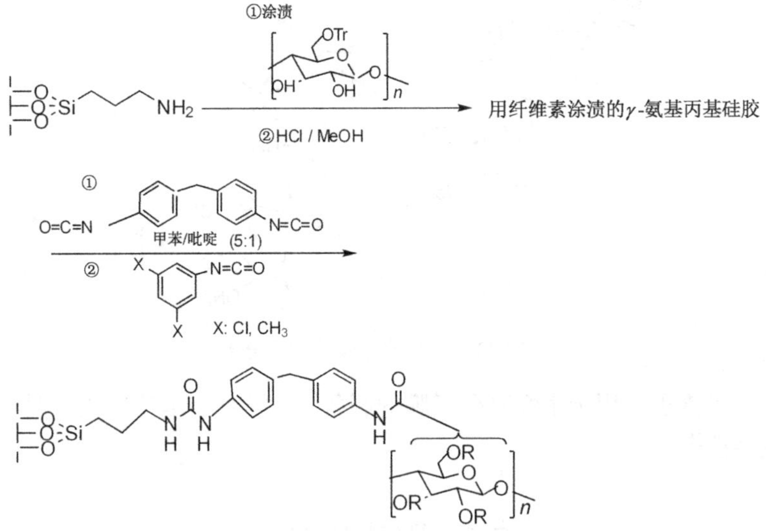

图 17.24   3,5-二氯和 3,5-二甲基苯基氨基甲酸酯在 γ-氨丙基硅胶上的键合反应线路示意图

为了使纤维素能较好地涂渍在变性硅胶上，先将纤维素衍生成 6-O-三苯甲基纤维素，然后再涂渍在 γ-氨丙基硅胶上。接着通过酸化处理，使涂渍在 γ-氨丙基硅胶表面上的纤维素去衍生化。下一步是让二异氰酸酯与结果物质作用，并用 3,5-二氯或 3,5-二甲基苯基异氰酸酯衍生纤维素上剩余的羟基。有几个常使用的二异氰酸酯，如 4,4′-亚甲基二苯基二异氰酸酯、1,6-己亚甲基二异氰酸酯、1,4-苯二异氰酸酯，它们具有不同的链长。该合成路线可以选择性地让纤维素上 2-和 3-位的羟基与 4,4′-亚甲基二苯基二异氰酸酯相键合，也可仅仅在糖环上的 6-位进行键合[158]。还有其他的一些通过双官能基键合多糖的报道[159]，但结果物质没有用于手性物质的拆分。

尽管键合型固定相具有明显的优点，但它们的手性识别能力常常小于涂渍型的手性固定相[158]，其可能的原因是由于在键合过程中间隔臂(如异氰酸酯或其同系物)的引入，在一定程度上破坏了微晶纤维素原有的空间螺旋结构；不过也有人曾报道过 3,5-二甲基苯基氨基甲酰基取代的纤维素键合手性固定相经热处理以后与涂渍得到的手性固定相具有相同的手性识别能力[157]，并且直链淀粉在 6-位进行键合后手性分离能力更高[158]。

通过还原可以将直链淀粉固定在色谱基质上(图 17.25)[160]。反应先将麦芽戊糖的端基葡萄糖转变成内酯，让内酯基团与 3-氨丙基三乙氧基硅烷作用，然后基于 α-D-葡萄糖-1-磷酸盐、在马铃薯磷酸化酶的催化下，使直链淀粉生成在该麦芽戊糖的另一端。带有三乙氧基硅基的直链淀粉可以方便地键合到硅胶表面的羟基上，再与异氰酸酯反应，将直链淀粉上的羟基衍生为 3,5-二甲基苯基氨基甲酸酯基。这种键合方法对直链淀粉衍生物的空间排列影响很小，制得的材料手性识别能力与涂渍型固定相的手性识别能力差别不大。但该材料的制备过程比较繁杂，还只能得到直链淀粉类的衍生化固定相，对于纤维素利用此法目前仍未实现。

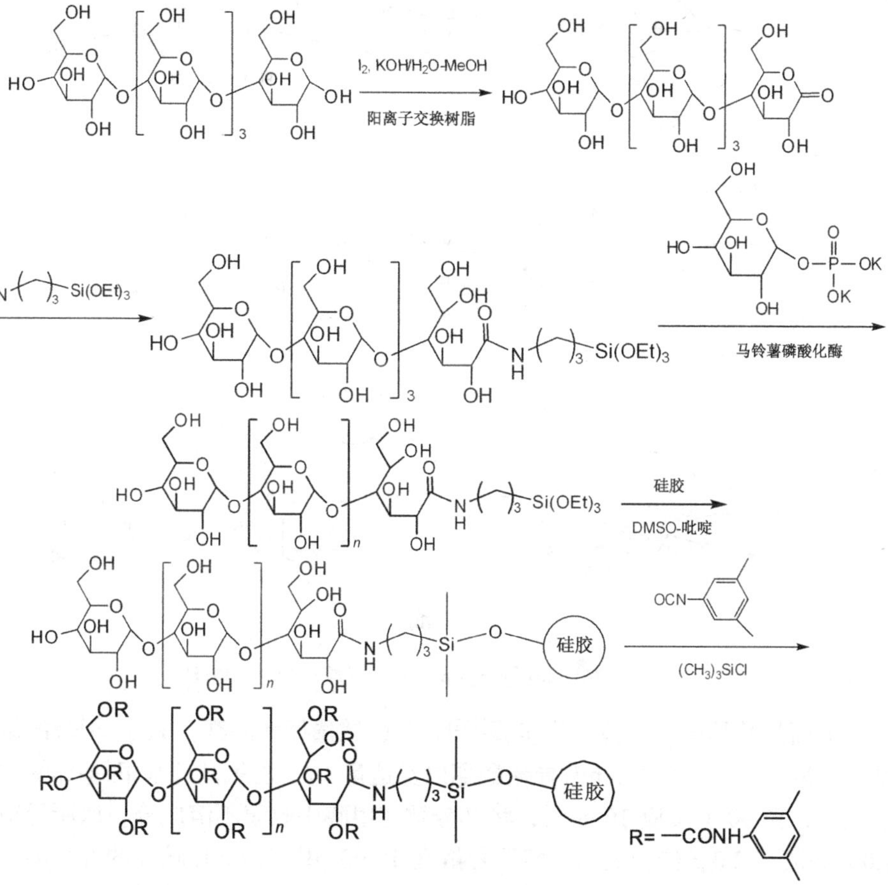

图 17.25　端基还原键合法

通过 3-(三乙氧基硅基)丙基异氰酸酯也可将纤维素衍生物键合到硅胶基质表面[161]，键合的方法可以分为区域选择性和非区域选择性两种[162]，合成路线见图17.26。

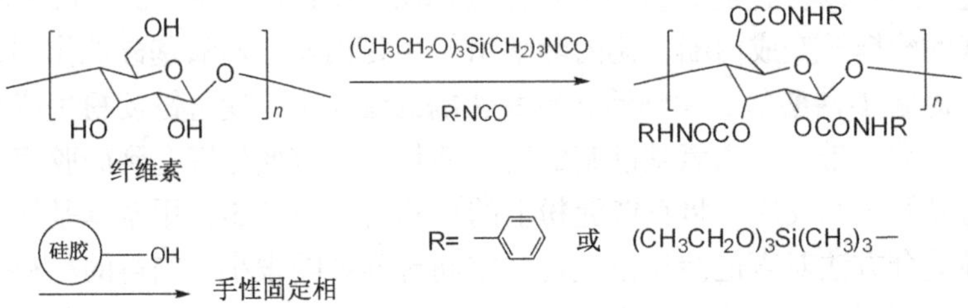

(a)

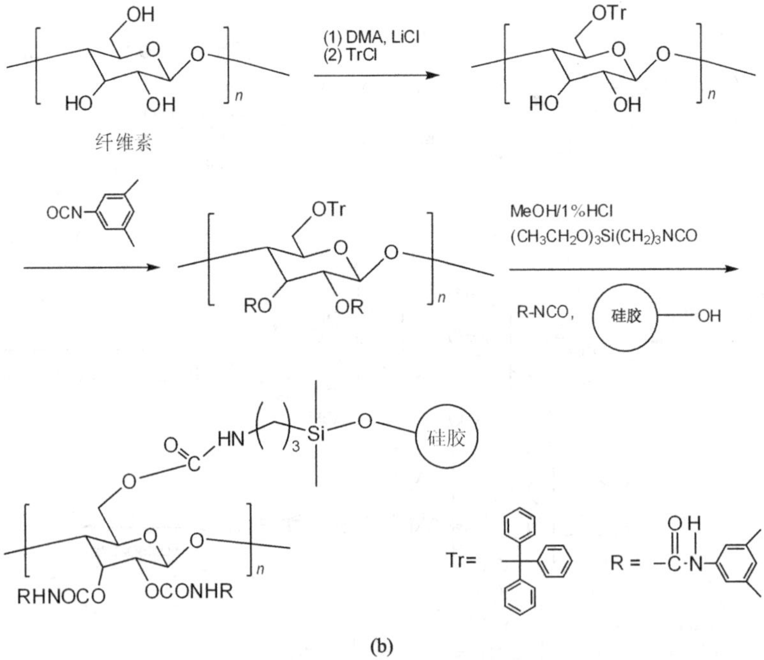

(b)

图 17.26　非区域选择性(a)和区域选择性(b)方法

　　下面是其具体的实验操作步骤[162]。非区域选择性固载：0.8 g 干燥的微晶纤维素分散在 30 mL 含有 3 mL 异氰酸酯以及适量 3-(三乙氧基硅基)丙基异氰酸酯的溶液中，在 90 ℃反应 10 h 后，将其分散在甲醇中收集不溶成分。取所得衍生物 1.0 g 涂渍在 2.0 g 硅胶上面，然后分散在 10 mL 甲苯+4 mL 吡啶的混合溶液中，在 95 ℃加热反应 8 h，离心分离并分别用吡啶、四氢呋喃以及甲醇洗涤，则得非区域选择性固载手性固定相。

区域选择性固载：3.0 g 干燥的微晶纤维素与 60 mL 含有 10.5 g 三苯基氯甲烷的吡啶溶液在 90 ℃反应 24 h，加入 10.0 mL 苯基异氰酸酯反应结束后，将产物悬浮在 300 mL 含有少量盐酸的甲醇中 24 h，得到 2,3-双苯基氨基甲酸酯纤维素。所得产物溶于 30 mL 溶有过量 3-(三乙氧基硅基)丙基异氰酸酯的吡啶溶液在 90 ℃反应 10 h，沉淀在甲醇中，收集不溶成分。取所得衍生物 1.0 g 涂渍在 2.0 g 硅胶上面，然后分散在 10 mL 甲苯+4 mL 吡啶的混合溶液中，在 95 ℃加热反应 8 h，离心分离并分别用吡啶、四氢呋喃以及甲醇洗涤，则得区域选择性固载手性固定相。

还有通过环氧丙氧丙基化的硅胶，与衍生化纤维素上未作用完全的羟基在 BF$_3$乙醚的催化下键合而固载手性固定相[163]，也有环氧丙氧丙基三甲氧基硅烷将多糖的衍生物固载到硅基整体柱上的报道[164]。

Staudinger 反应也被用于多糖衍生物的固载。首先合成 6-叠氮-2,3-二(苯基氨基甲酸酯)纤维素，然后在 CO$_2$ 和三苯基磷作用下将其键合到氨丙基化的硅胶上[165,166]。但该方法相对于其他的一些固载方法，似乎手性选择性并不太理想。"点击反应"固载是利用烯丙基异氰酸酯[167]或者烯丙基酰氯[168]先让纤维素上生成少量双键，然后让其与巯丙基化的硅胶作用固载。具体合成为 1.0 g 微晶纤维素(6.17 mmol)溶解在 24.0 g 的 AmimCl 离子液体中在 80 ℃ 搅拌 1.5 h，在 50 ℃依次加入 0.73 g 吡啶(9.23 mmol)和 0.28 g 烯丙基酰氯(3.09 mmol)，搅拌 1.5 h 后，在 80 ℃加入过量的 3,5-二甲基苯基异氰酸酯(8.63 g，58.6 mmol)，收集产物、纯化、干燥。取 1.2 g 该产物与 4.8 g 巯基丙基硅胶在 100 mL 的 THF 中在 50 mg 的 AIBN 引发下 95 ℃反应 5 h，混合物通过过滤、洗涤、干燥后得到固载化的手性固定相。

最近赵亮团队[169]用 NaIO$_4$ 氧化纳晶纤维素后，使纳晶纤维素中葡糖糖单元生成的二醛与氨丙基硅胶键合，然后再与 3,5-二甲基苯基异氰酸酯反应，也获得了具有一定手性识别能力的固载化的手性固定相。还有将纤维素三(3,5-二甲基苯基氨基甲酸酯)溶解在 DMF 中，在 NaH 作用下用 10-溴癸酸取代酰胺基中的氢，使该氢取代量为 1.8%左右，然后在 EEDQ 催化下使纤维素衍生物上的羧基与氨丙基硅胶作用而被固载[170]，其手性识别能力与涂渍型柱类似。

17.6.2　自由基聚合反应固载

键合法可提高固定相的耐溶剂性能，但常常降低了固定相的手性识别能力，同时制备过程也远比涂敷法和整体成球法烦琐。1993 年报道了通过自由基聚合反应将三(4-乙烯基苯甲酸酯)纤维素固定到变性硅胶上的反应[171]。先将 γ-氨丙基硅胶用丙烯酰氯进行处理，然后将纤维素用 4-乙烯苯甲酰氯全衍生化。将纤维素衍生物涂渍在变性硅胶上，将其悬浮在庚烷中，加入自由基引发剂，然后加热聚合。反应路线见图 17.27。

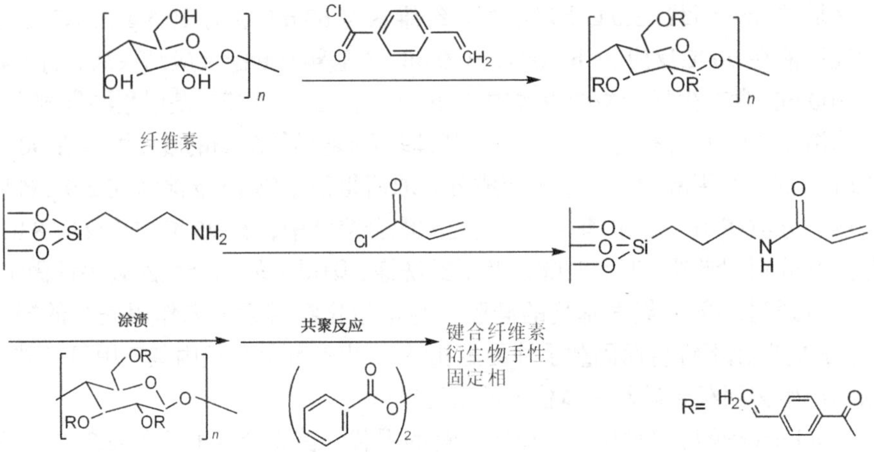

图 17.27　三(4-乙烯苯甲酸酯)纤维素在丙烯酰胺丙基硅胶上的聚合反应

该方法所合成的手性固定相在二氯甲烷和四氢呋喃溶剂中具有好的稳定性[172]，但没有进一步的研究报道。

由于早在 1934 年就有在高温或紫外线照射下纤维素的不饱和酯易于聚合的报道[173]，因此使用 10-十一烯酰基基团可使纤维素在色谱基质上进行成功地固定化[174-176]。该固定化的合成线路见图 17.28。

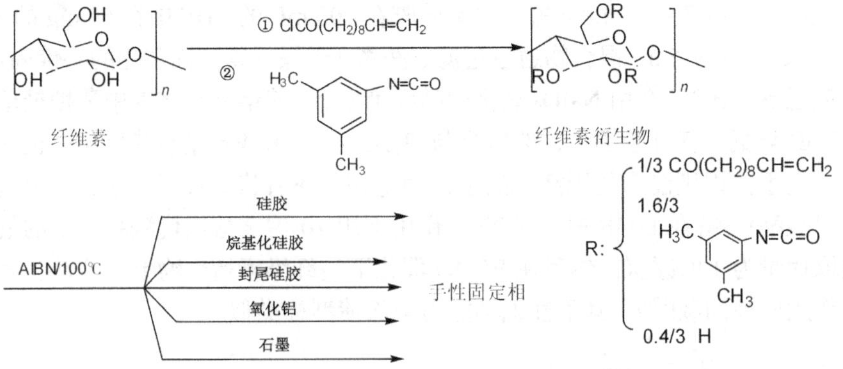

图 17.28　纤维素的 10-十一烯酰氯/3,5-二甲苯基氨基甲酸酯衍生物在几种色谱载体上的固定化

利用此方法还可进行直链淀粉和壳聚糖[177]的固定化，合成线路如图 17.29、图 17.30。

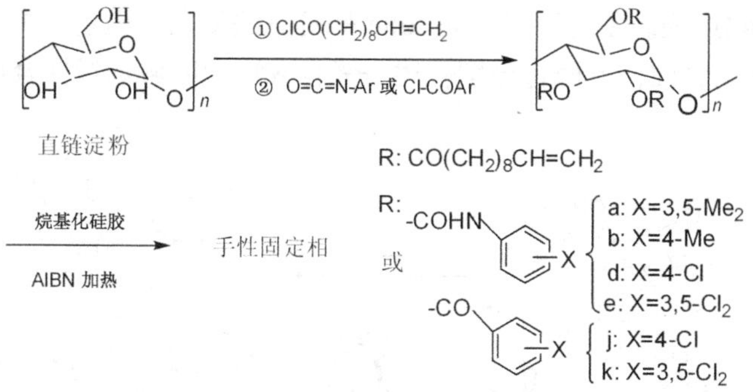

图 17.29 直链淀粉衍生物手性固定相的制备线路图

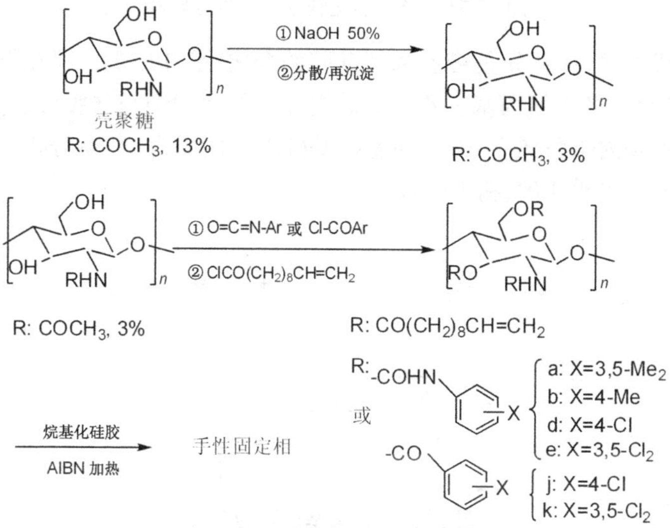

图 17.30 壳聚糖衍生物手性固定相的制备线路图

将多糖利用光化学反应进行固载化也有报道[178-181]。先将多糖衍生物涂敷在大孔硅胶表面，然后将涂敷型固定相分散在有机溶剂里，用高压汞灯照射固定相的悬浮液[182,183]。Francotte 等提出如图 17.31 所示的固定相结构，认为这是由于多糖衍生物和硅胶在光的作用下可能发生交联反应，因而改善了多糖衍生物的耐溶剂性能。这一方法的优点在于提高固定相的耐溶剂能力的同时，保持了固定相的手性识别能力，但其没有进一步阐述其作用机理。

用乙烯基团取代纤维素糖单元上的 6-位羟基，而 2-位和 3-位的羟基用 3,5-二甲基苯基氨基甲酸酯基取代；或者在纤维素的 2-位、3-位和 6-位羟基上都分别引入一定量的乙烯基团，剩余的羟基用 3,5-二甲基苯基氨基甲酸酯基取代，再在 AIBN 的作用下，纤维素衍生物的乙烯基团与硅基质表面的乙烯基团发生交联-共聚反应，以此将纤维素衍生物固定到基质表面，2000 年后在该方面发表了多篇论文[184-188]。虽然这些制备过程比 Francotte 等的方法复杂，但这一方法机理清楚，合成反应具有代表性，下面将分别叙述一锅合成法和区域选择性合成法。

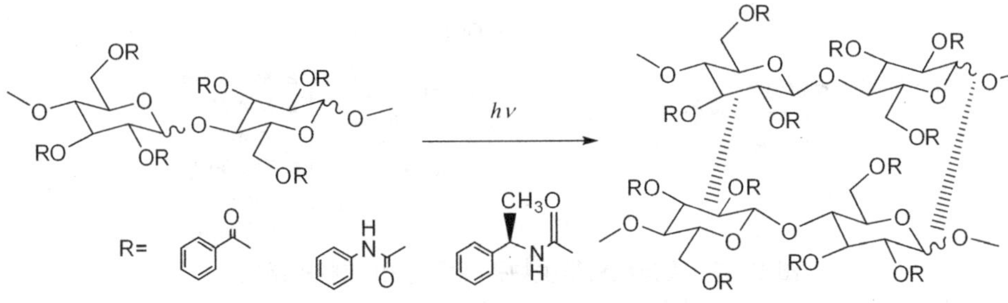

R=

图 17.31　光化学交联制备手性固定相

一锅合成法[189]：首先是带乙烯基硅胶的合成(图 17.32)，即在催化量的吡啶存在下在 80 ℃先将 3-氨丙基三乙氧基硅烷在苯的溶剂中与硅胶反应，然后在甲苯中让过量的甲基丙烯酰氯在 80 ℃与氨丙基硅胶作用而得。热重分析中氨丙基硅胶与烯基硅胶分别失重 1.0%和 1.9%。

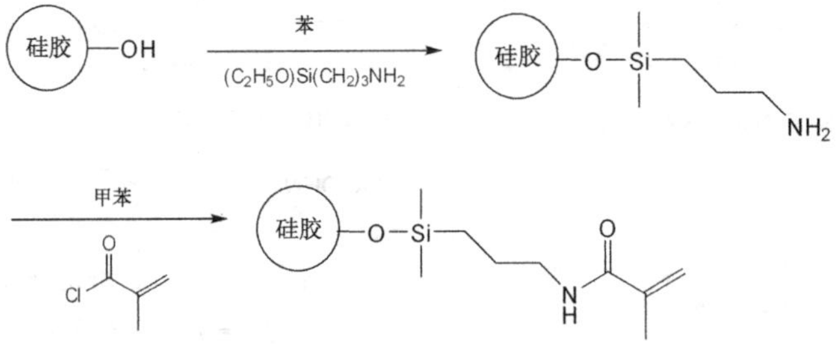

图 17.32　乙烯基硅胶的合成

将纤维素或直链淀粉在 80 ℃的 DMA 中溶胀 3 h，加入 LiCl 搅拌 1.5 h 后，再加入吡啶，随后加入 2 倍量的 3,5-二甲苯基异氰酸酯和 0.09~0.35 倍量的双官能基试剂在 80 ℃反应 20 h，反应混合物分散在甲醇中，收集沉淀部分。若双官能基试剂采用甲基丙烯酰氯则不需采用 DMA+LiCl 溶解多糖，直接在无水吡啶中反应即可。以 THF 为溶剂将所得衍生物以 25%涂渍在带有乙烯基的硅胶上，将其分散在含有 AIBN(占烯基总物质的量的 3.3%)和 1,5-己二烯(占衍生物 45%)的甲苯溶液中在 80 ℃反应 5 h，产物用 THF 洗涤干燥后即得产品。一锅合成法示意图见图 17.33。

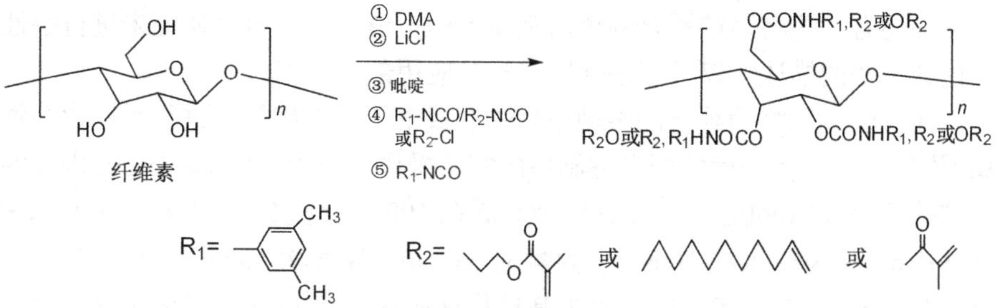

图 17.33　一锅合成法

区域选择性合成法(图 17.34)[190]：在 80 ℃将纤维素在 DMA 中溶胀 12 h，加入 LiCl 搅拌 3 h 后，加入吡啶和三苯基氯甲烷反应 24 h，再加入过量的 3,5-二甲基苯基异氰酸酯反应 24 h。在室温下将反应混合物悬浮在含有 0.1 mol/L 盐酸的甲醇中脱去三苯基甲基，收集、洗涤、干燥沉淀物后在吡啶中与 0.34 倍量的 3,5-二甲基苯基异氰酸酯和 0.11 倍量的 2-甲基丙烯酰基乙基异氰酸酯反应 12 h，剩余的羟基再与过量的 3,5-二甲基苯基异氰酸酯反应。衍生物中 R₁ 与 R₂ 的含量比可以通过氢谱中各自甲基的峰面积进行估计。将上述纤维素衍生物 0.2 g 溶解在 10 mL 的 THF 中涂渍在 0.6 g 的含乙烯基的硅胶上，然后加入 5 mL 含有 AIBN(占乙烯基总物质的量的 3.3%)和乙烯基单体(2,3-二甲基-1,3-丁二烯或二甲基丙烯酰基乙二醇)的甲苯，加热到 60 ℃以上进行聚合得到所需的产物。

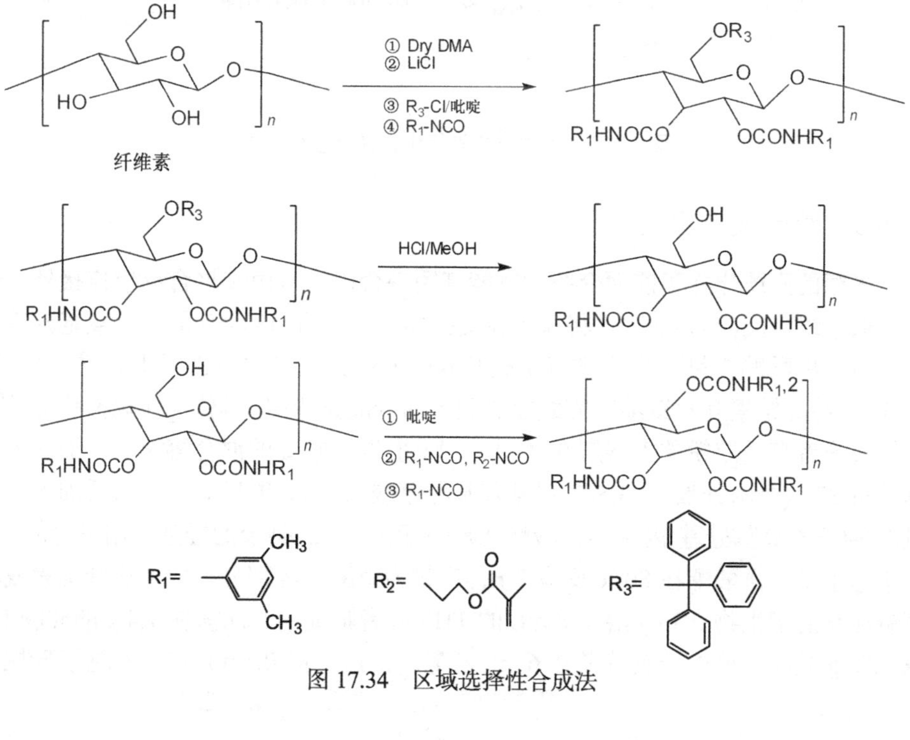

图 17.34　区域选择性合成法

　　另外还有一些将多糖键合到色谱基质上的报道[191]，但这些研究未进行手性固定相键合方法的描述，仅只有手性固定相的应用部分发表。

　　上述方法也能将固载化的多糖衍生物制成电色谱毛细管柱进行手性化合物的分离[192-194]。具有代表性的开管柱制备的实验操作步骤为[195]：将 75 μm 内径的石英毛细管柱用 0.1 mol/L 的 NaOH 溶液充满在 100 ℃反应 2 h，用 0.1 mol/L 的 HCl 冲洗 5 min、去离子水洗 10 min、丙酮洗 15 min、氮气吹 15 min。然后将 2.1 mL 含有 0.37 mg 1,1-二苯基-2-间三硝苯基羟化物和 0.9 mL 的 3-甲基丙烯酰基丙基三甲氧基硅烷的 DMF 冲入毛细管柱中，密封住两端，在 120 ℃加热 6 h，接着用 DMF 冲洗 2 h、甲醇洗 1.5 h、二氯甲烷洗 1.5 h、氮气吹 15 min。将在 6 位含有 30%的 4-乙烯基苯基氨基甲酰基的纤维素三(3,5-二氯苯基氨基甲酸酯) 64 mg、苯乙烯 6.4 mg 溶于 0.9 mL 的干 THF 中，与 0.1 mL 的 AIBN 的 THF 溶液(2.78 mg 溶于 1 mL)混合后冲入 50 cm 的上述毛细管中，在 60 ℃发生自由基共聚反应 20 h，反应完成后再在 60 ℃干燥 12 h，用正己烷/异丙醇(95/5)冲洗 3 h，60 ℃用氮气吹 12 h。所得的键合材料示意如图 17.35。

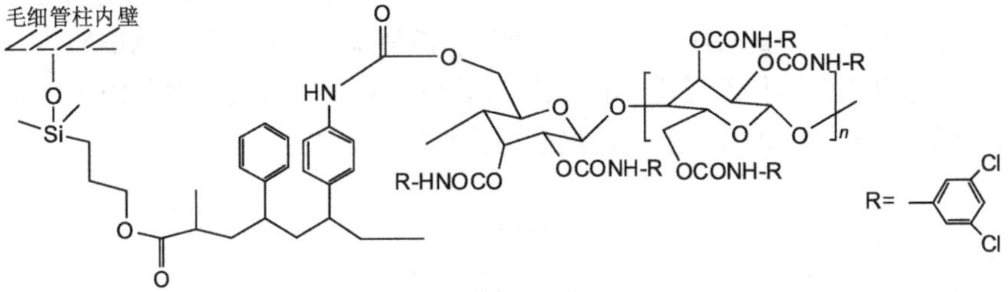

图 17.35　固载纤维素衍生物在开管柱内壁

17.6.3　缩聚反应固载

　　多糖的固载化除了前面介绍的官能基团键合以及自由基聚合反应连接外，还可以通过缩聚反应固载[196]。将涂渍在支撑体上的含有 1%~5%的三烷氧基硅基丙基的氨基甲酸酯多糖衍生物进行烷氧基硅间的缩聚反应也可进行固载[197-199]。图 17.36 是将纤维素和直链淀粉固载在硅胶上的合成路线图，具体的实验操作为[200]：纤维素或者直链淀粉首先溶解在 DMA、LiCl 以及吡啶的混合溶液中，加入占羟基总量 83%(摩尔分数)的 3,5-二甲基苯基异氰酸酯在 80 ℃反应 6 h，随后加入计算量的 3-(三乙氧基硅基)丙基异氰酸酯在 80 ℃反应 16 h，剩余的羟基再用过量的 3,5-二甲基苯基异氰酸酯在 80 ℃反应 7 h，产物为甲醇不溶部分。取上述纤维素或者直链淀粉的衍生物 0.35 g 溶于 8 mL 的 THF 或者吡啶中，涂渍在 1.4 g 的硅胶上。取 0.65 g 被涂渍好的硅胶分散在 6 mL 乙醇+1.5 mL 水+0.1 mL 三甲氧基氯硅烷的混合溶液中，在 110 ℃加热 10 min，用 THF 和丙酮彻底清洗掉未聚合的物质、干燥后得到所需产品。

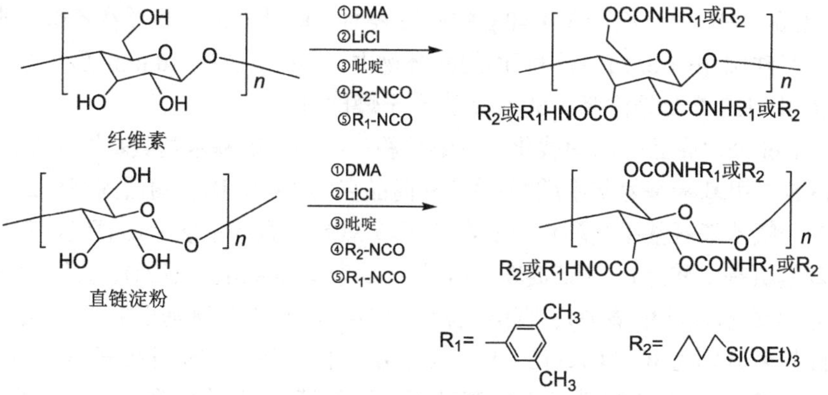

图 17.36　纤维素和直链淀粉的缩聚反应固载

在上面的研究中，可以用环氧丙氧丙基三乙氧基硅烷取代 3-(三乙氧基硅基)丙基异氰酸酯将纤维素固载到硅胶上，反应是在三氟化硼-乙醚存在下环氧丙氧丙基三乙氧基硅烷与纤维素的羟基发生开环反应[201]。将 0.21 g 的 2,3-双(3,5-二甲基苯基氨基甲酸酯)纤维素溶解在 4 mL THF 溶液中涂渍在 1.0 g 的硅胶上，取 0.8 g 涂渍好的硅胶悬浮在 5 mL 干燥的甲苯中，室温下加入 0.9 倍量环氧丙氧丙基三乙氧基硅烷(77 μL)和 3.5 μL 的三氟化硼-乙醚(0.1 倍量的环氧丙氧丙基三乙氧基硅烷)，在 80 ℃反应 12 h。所得产物悬浮在 6 mL 乙醇+1.5 mL 水+0.1 mL 三甲基氯硅烷的混合溶液中，在 110 ℃加热 10 h。用甲醇和 THF 彻底清洗掉未聚合的物质，然后再用 3,5-二甲基苯基异氰酸酯反应掉剩余的羟基，用 THF 彻底洗涤干燥后得到所需物质。

区域选择性的直链淀粉衍生物也进行了固载化研究。在直链淀粉的 2-位进行 4-叔丁基苯甲酸酯或者 4-氯苯甲酸酯、3-和 6-位进行 3,5-二氯苯基氨基甲酸酯和少量的(三乙氧硅基)丙基氨基甲酸酯(2%和 1.6%的量分别对应于 2-位为 4-叔丁基苯甲酸酯和 4-氯苯甲酸酯的衍生物)，然后利用缩聚反应将该直链淀粉衍生物固载在硅胶表面[202]。其中 2 位是 4-叔丁基苯甲酸酯的衍生物固载手性柱在正己烷/异丙醇(90/10，体积比)的流动相下，其具有与 IA、IB、IC 手性柱相等甚至更高的手性识别能力。该固载材料的合成步骤[203]为：3.0 g 的直链淀粉溶解在 60 mL 的 80 ℃的 DMSO 中，然后在 40 ℃加入 4-叔丁基苯甲酸乙烯酯(2-位羟基量的 2.3 倍)和 Na_2HPO_4(2%直链淀粉量，用作催化剂)反应 21 天直到 2-位被完全酯化，收集异丙醇不溶物，产率为 98%。获得的单酯溶解在 DMAc、LiCl 以及吡啶的混合物中，80 ℃下与一定量的 3,5-二氯苯基异氰酸酯反应 6 h 衍生 3-和 6-位以及除去少量的水，然后加入计算量的 3-(三乙氧硅基)丙基异氰酸酯继续反应 16 h，最后再加入过量的 3,5-二氯苯基异氰酸酯反应 7 h，收集甲醇不溶物烘干。将 0.35 g 产物溶解在 8 mL 的 THF 中，涂渍在 1.40 g 的硅胶表面，取其 0.65 g 悬浮在乙醇、水以及三甲基氯硅烷 (6/1.5/0.1，体积比)的混合物中，110 ℃搅拌 10 min 后，被固载的固定相用 THF 充分地洗涤，60 ℃下真空干燥即可。

Daicel 公司商品化的固载化的直链淀粉三(3,5-二甲基苯基氨基甲酸酯)和纤维素三(3,5-二甲基苯基氨基甲酸酯)手性柱商品名为 IA 和 IB。随后固载化的纤维素三(3,5-二氯苯基氨基甲酸酯)、直链淀粉三(5-氯苯基氨基甲酸酯)、直链淀粉三(3,5-二氯苯基氨基甲酸酯)、直链淀粉三(4-甲基-5-氯苯基氨基甲酸酯)、直链淀粉三(3-氯-5-甲基苯基氨基甲酸酯)、直链淀粉三((S)-1-苯基乙基氨基甲酸酯)也先后商品化，商品名分别为 IC、ID、IE、IF、IG、IH。值得注意的是纤维素三(3,5-二氯苯基氨基甲酸酯)、直链淀粉三(5-氯苯基氨基甲酸酯)、直链淀粉三(3,5-二氯苯基氨基甲酸酯)、直链淀粉三(3-氯-5-甲基苯基氨基甲酸酯)仅适合于固载化，其涂渍型由于溶解度较大的缘故，并未有商品化[204]。

17.7 整体成球法

整体成球法即不用硅胶载体，而直接使用纤维素衍生物作固定相，Rimbck[205]和 Francotte 等[206]在初期分别用不同方法成功开发了纤维素三苯基甲酸酯类微球型固定相。

Francotte 等[207,208]用二氯甲烷和正庚醇的混合溶剂溶解纤维素三苯甲酸酯，在搅拌下，将此溶液均匀分散在十二烷基硫酸钠的水溶液中，形成乳状液。随后加热该乳状液，蒸除有机溶剂，因纤维素三苯甲酸酯不溶于水和正庚醇而析出。过滤即可得到纤维素三苯甲酸酯微珠，粒径 10 ~ 30 μm，比表面积 30 ~ 60 m^2/g。

Daicel 公司制备了纤维素和直链淀粉的三苯基氨基甲酸酯类衍生物微球型固定相。微球型手性固定相不使用昂贵的大孔硅胶担体，降低了固定相的制备成本，同时也提高了固定相的柱载量。但这种微球的孔内结构复杂，内扩散阻力大，溶质在短时间内很难达到吸附-脱附平衡而产生较宽的洗脱峰，仅仅在低流速条件下才体现其柱载量高的优点[209]。

随后的纤维素和直链淀粉的 3,5-二甲基苯基氨基甲酸酯整体成球法[210]具有较好的手性选择性以及样品负载量。该类多糖整体球的合成路线如图 17.37 所示[211]：首先制备 2,3-双(3,5-二甲基苯基氨基甲酸酯)纤维素或者直链淀粉，让其与准确量的 3,5-二甲基苯基异氰酸酯反应使 6-位剩余需要量的羟基。将 0.25 g 上述衍生物溶解在 30 mL 的 THF-正庚醇(2：1，体积比)的混合溶液中，逐滴加入含有

0.2%月桂磺酸钠的 500 mL 水中，同时用机械搅拌器在 80 ℃以 1100 r/min 剧烈搅拌，保持该温度及搅拌速度直到 THF 全部挥发掉，过滤该悬浊液，利用甲醇洗涤并真空干燥得到球形的衍生物。如果 6-位剩余羟基太多导致亲水性太强，则可利用 2,3-双(3,5-二甲基苯基氨基甲酰基)-6-O-三苯甲基纤维素按照上面的方法制珠，然后再脱掉三苯甲基。利用三(3,5-二甲基苯基氨基甲酰基)纤维素直接制珠在该条件下也不能成功，因其亲酯性又强了，适度的亲酯性在制珠过程中是至关重要的。为了加强所得整体珠的机械强度和耐溶剂性能，加入 6-位剩余羟基 0.2 倍量的二异氰酸酯在甲苯中 80 ℃反应 33 h，未反应的二异氰酸酯的残基用叔丁基醇在 80 ℃反应 6 h 封闭。所的产物用 THF 彻底洗净并干燥待用。

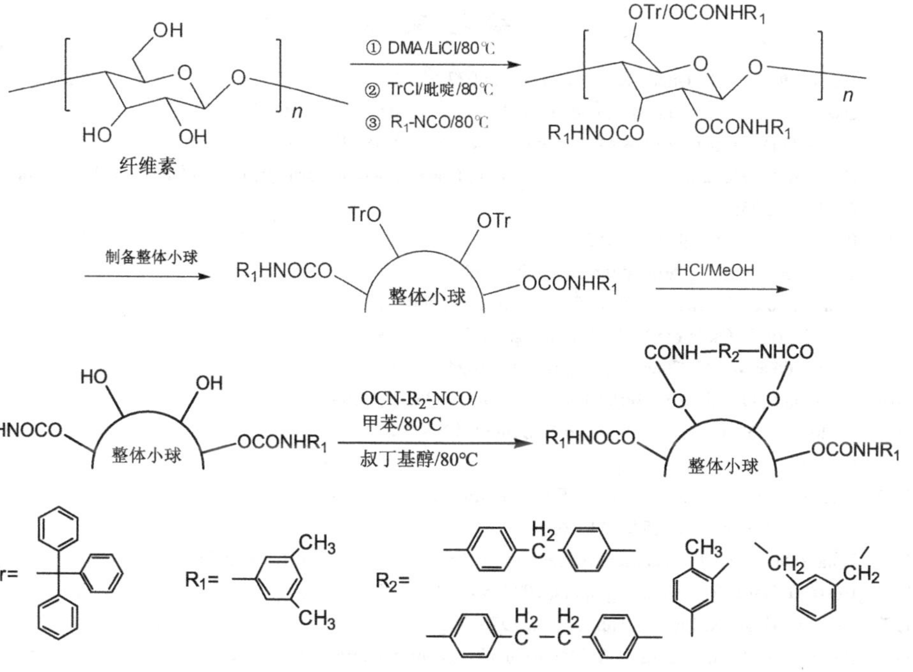

图 17.37　纤维素衍生物整体成球法

　　纤维素和直链淀粉上含有少量三乙氧硅丙基的衍生物也能用于制备有机-无机杂化的多糖整体小球[212]。其中多糖含量高于涂渍型和固载型手性固定相，有利于制备性的应用。该材料的合成可将含有(3,5-二甲苯基氨基甲酸酯)/(3-(三乙氧硅基)丙基氨基甲酸酯)=98：2 的纤维素衍生物 0.25 g 和四乙氧基硅烷 2.0 mL 溶于 THF：正己烷：H_2O：三甲基氯硅烷(24：6：1：0.5，31.5 mL)的混合溶液中，在 80 ℃加热 9 h。然后将该混合液逐滴加入 0.2%的 500 mL 月桂硫酸酯钠溶液中，在 80 ℃以 1100 r/min 进行搅拌。在 80 ℃进行溶胶-凝胶反应 1 h 后，过滤分离得到直径小于 20 μm 杂化珠。该杂化小球通过热重分析获知其有机和无机成分含量分别为 69% 和 31%。

将 200 mL 的 NaOH/尿素/H_2O(7/12/81，质量比)溶液冷到−12.3 ℃，然后立即加入 8 g 纤维素并在 20 ℃下快速搅拌 3 min 得到透明溶液，在 5 ℃以 8000 r/min 离心 15 min 脱气后，在设定的搅拌速度下在 1 h 内将该溶液分散在 Span-80 的石蜡油中，在相同的温度和搅拌速度下继续搅拌 3 h，用稀盐酸调节 pH=7.0，静置后从水相中可分离得到纤维素微球，用水和丙酮洗涤干燥备用，所得纤维素小球的直径在 5 μm~1 mm 之间可控，该小球可用于手性制备色谱的填料[213]。直接用纤维素溶液刮制的固膜还能对扁桃酸进行手性拆分[214,215]。

参 考 文 献

[1] Ikai T, Okamoto Y. Chem. Rev., 2009, 109: 6077

[2] Okamoto Y, Kawashima M, Hatada K. J. Am. Chem. Soc., 1984, 106: 5357

[3] Orazio G D, Asensio-Ramos M, Fanali C. J. Sep. Sci., 2019, 42: 360

[4] Hamman C, Wong M, Aliagas I, Ortwine D F, Pease J, Schmidt Jr D E, Joseph Victorino J. J. Chromatogr. A, 2013, 1305: 310

[5] Ikai T. Polymer J., 2017, 49: 355

[6] Chankvetadze B. J. Chromatogr. A, 2012, 1269: 26

[7] Yamamoto C, Okamoto Y. Bull. Chem. Soc. Jpn., 2004, 77: 227

[8] Shen J, Ikai T, Okamoto Y. J. Chromatogr. A, 2014, 1363: 51

[9] Shen J, Okamoto Y. Chem. Rev. 2016, 116: 1094

[10] Yashima E, Okamoto Y. Bull. Chem. Soc. Jpn., 1995, 68: 3289

[11] Yashima E, Yamamoto C, Okamoto Y. Synlett, 1998, 344

[12] Okamoto Y, Yashima E. Angew. Chem. Int. Ed., 1998, 37: 1021

[13] Wei Q H, Su H J, Gao D N, Wang S D. Chirality, 2019, 31: 164

[14] Dent C E. Biochem. J., 1948, 43: 169

[15] Kotake M, Sakan T, Nakamura N, Senoh S. J. Am. Chem. Soc., 1951, 73: 2973

[16] Hesse G, Hagel R. Chromatographia, 1973, 6: 277

[17] Hesse G, Hagel R. Liebigs Ann. Chem., 1976, 916

[18] Rimbock K H, Cuyegberg M A, Mannschreck A. Chromatographia, 1986, 21: 223

[19] Lepri L, Bubba M D, Masi F. J. Planar Chromatogr., 1997, 10: 108

[20] Lepri L, Cincinelli A, Checchini L, Bubba M D. Chromatographia, 2010, 71: 685

[21] Bubba M D, Cincinelli A, Checchini L, Lepri L. J. Chromatogr. A, 2011, 1218: 2737

[22] Ichida A, Shibata T, Okamoto Y, Yuki Y I, Namikoshi H, Toga Y. Chromatographia, 1984, 19: 280

[23] Okamoto Y, Kawashima M, Yamamoto K, Hatada K. Chem. Lett., 1984, 13: 739

[24] Okamoto Y, Aburatani R, Hatada K. J. Chromatogr., 1987, 389: 95

[25] 孟磊, 李方楼, 袁黎明. 色谱, 2004, 22(2): 124

[26] Chang L M, Zhang J M, Chen W W, Zhang M, Yin C C, Tian W G, Luo Z, Liu W L, He J S, Zhang J. Anal. Methods, 2018, 10: 2844

[27] 李国祥, 艾萍, 周玲玲, 谢生明, 袁黎明. 膜科学与技术, 2008, 28(4): 47

[28] Zhao M, Xu X L, Jiang Y D, Sun W Z, Wang W F, Yuan L M. J. Membr. Sci., 2009, 336: 149

[29] Xie S M, Wang W F, Ai P, Yang M, Yuan L M. J. Membr. Sci., 2008, 321: 293

[30] Wang W F, Xiong W W, Zhao M, Sun W Z, Li F R, Yuan L M. Tetrahedron: Asymmetry, 2009, 20: 1052

[31] Yoshikawa M, Ooi T, Izumi J. J. Appl. Polym. Sci., 1999, 72: 493

[32] Yuan L M, Xu Z G, Ai P, Chang Y X, Azam A K M F. Anal. Chim. Acta, 2005, 554: 152

[33] Chang Y X, Yuan L M, Zhao F. Chromatographia, 2006, 64(5/6): 313

[34] Yamamoto C, Yamada K, Motoya K, Kamiya Y, Kamigaito M, Okamoto Y, Aratani T. J. Polym. Sci., Part A: Polym. Chem., 2006, 44: 5087

[35] Chang Y X, Ren C X, Yuan L M. Chemical Research in Chinese University, 2007, 23(6): 646

[36] Yuan L M, Zhou Y, Zhang Y H. Anal. Lett., 2006, 39: 173

[37] 徐莉, 何建峰, 刘岚, 马果东, 邓芹英. 分析化学, 2003, 31(5): 537

[38] Bubba M D, Checchini L, Cincinelli A, Lepri L. J. Planar Chromatogr., 2012, 25: 214

[39] Chankvetadze B, Chankvetadze L, Sidamonidze S, Kasashima E, Yashima E, Okamoto Y. J. Chromatogr. A, 1997, 787: 67

[40] Okamoto Y, Kawashima M, Hatada K. J. Chromatogr., 1986, 363: 173

[41] Okamoto Y, Kaida Y. J. Chromatogr. A, 1994, 666: 40331

[42] Chankcetadze B, Yamamoto C, Tanaka N, Nakanishi K, Okamoto Y. J. Sep. Sci., 2004, 27: 905

[43] Chankvetadze B, Yashima E, Okamoto Y. J. Chromatogr. A, 1994, 670: 39

[44] Eguchi S, Suzuki T, Okawa T, Matsushita Y, Yashima E, Okamoto Y. J. Org. Chem., 1996, 61: 7316

[45] Sugimori T, Okawa T, Eguchi S, Kakehi A, Yashima E, Okamoto Y. Tetrahedron, 1998, 54: 7997

[46] Kubota T, Yamamoto C, Okamoto Y. Chirality, 2002, 14(5): 372

[47] Kubota T, Yamamoto C, Okamoto Y. Chirality, 2004, 16(5): 309

[48] Kaida Y, Okamoto Y. J. Chromatogr., 1993, 641: 267

[49] Kubota T, Yamamoto C, Okamoto Y. J. Am. Chem. Soc., 2000, 122: 4056

[50] Yashima J, Noguchi Y O. J. Appl. Polym. Sci., 1994, 54 :1087

[51] Yashima E, Noguchi J, Okamoto Y. Tetrahedron: Asymmetry, 1995, 6(8): 1889

[52] Yashima E, Noguchi J, Okamoto Y. Chem. Lett., 1992, 21: 1959

[53] Yashima E, Noguchi J, Okamoto Y. Macromolecules, 1995, 28: 8368

[54] Zheng J, Bragg W, Hou J G, Lin N, Chandrasekaran S, Shamsi S A. J. Chromatogr. A, 2009, 1216: 857

[55] Chankvetadze B, Saito M, Yashima E, Okamoto Y. J. Chromatogr. A, 1997, 773: 331

[56] Pérez E, Cristina Minguillón C. J. Sep. Sci., 2006, 29: 1379

[57] 李莉, 字敏, 任朝兴, 袁黎明. 化学进展, 2007, 19(2/3): 393

[58] 任朝兴, 艾萍, 李莉, 字敏, 孟霞, 丁惠, 袁黎明. 分析化学, 2006, 34(11): 1637

[59] 字敏, 张玉海, 艾萍, 袁黎明. 化学通报, 2006, 69(10): 793

[60] Dalgliesh C E. J. Chem. Soc., 1952, 76: 3940

[61] Shibata T, Okamoto I, Ishii K. J. Liq. Chromatogr., 1986, 9: 313

[62] Ichida A, Shibata T, Okamoto I, Yuki Y, Namikoshi H, Toga Y. Chromatographia, 1984, 19: 280

[63] 谌学先, 张鹏, 何义娟, 徐文, 袁黎明. 色谱, 2019, 37: 1275

[64] Wainer I W, Alembik M C. J. Chromatogr., 1986, 358: 85

[65] Wainer I W, Smith E. J. Chromatogr., 1987, 388: 65

[66] Wainer I W, Stiffin R M, Shibata T. J. Chromatogr., 1987, 411: 139

[67] Yashima E, Yamamoto C, Okamoto Y. J. Am. Chem. Soc., 1996, 118: 4036

[68] Yamamoto C, Yashima E, Okamoto Y. J. Am. Chem. Soc., 2002, 124: 12583

[69] Ikada K, Hamasaki T, Okamoto Y, Kohn H, Ogawa T, Matsumoto T, J. Sakai. Chem. Lett., 1989, 18: 1089

[70] Ishikawa A, Shibata T. J. Liq. Chromatogr., 1993, 16: 859

[71] Yuan L M. Sep. Purif. Technol., 2008, 63: 701

[72] Yuan L M, Fu R N, Chen X X, Gui S H. Chromatographia, 1998, 47(9/10): 575

[73] Yuan L M, Fu R N, Chen X X, Gui S H, Dai R J. Chem. Lett., 1998, 27: 141

[74] Yuan L M, Ai P, Zi M, Dai R J. J. Chromatogr. Sci., 1999, 37: 395

[75] Zhang X L, Wang L T, Dong S Q, Zhang X, Wu Q, Zhang L, Shi Y P. Chirality, 2016, 28: 376

[76] Wu Q, Gao J, Chen L X, Dong S Q, Li H, Qiu H D, Zhao L. J. Chromatogr. A, 2019, 1600: 209

[77] Suedef R, Heard C M. Chirality, 1997, 9:139

[78] Jiang Y D, Zhang J H, Xie S M, Lv Y C, Zhang M, Ma C, Yuan L M. J. App. Polym. Sci., 2012, 124: 5187

[79] Ikai T, Suzuki D, Kojima Y, Yun C, Maeda K, Kanoh S. Polym. Chem., 2016, 7: 4793

[80] Ikai T, Suzuki D, Shinohara K I, Maeda K, Kanoh S. Polym. Chem., 2017, 8: 2257

[81] Tang A W, Ikai T, Tsuji M, Okamoto Y. Chirality, 2010, 22: 165

[82] Chankvetadze L, Kartozia I, Yamamoto C, Chankvetadze B, Blaschke G, Okamoto Y. J. Sep. Sci., 2002, 25: 653

[83] Chankvetadze B, Yamamoto C, Kamigaito M, Tanaka N, Nakanishi K, Okamoto Y. J. Chromatogr. A, 2006, 1110: 46

[84] Yashima E, Kasashima E, Okamoto Y. Chrality, 1997, 9: 63

[85] Chankvetadze B, Yashima E, Okamoto Y. J. Chromatogr. A, 1995, 694: 101

[86] Kaida Y, Okamoto Y. Chirality, 1992, 4: 122

[87] Tsui H W, Wang N H L, Franses E I. J. Phys. Chem. B, 2013, 117: 9203

[88] Yamamoto C, Inagaki S, Okamoto Y. J. Sep. Sci., 2006, 29: 915

[89] Ryoki A, Kimura Y, Kitamura S, Maeda K, Terao K. J. Chromatogr. A, 2019, 1599: 144

[90] Chankvetadze B, Blaschke G. J. Chromatogr. A, 2001, 906: 309

[91] Schurig V, Nowotny H P, Schleimer M, Schmalzing D. J. HRC, 1989, 12: 549

[92] Schurig V, Zhu J, Muschalek V. Chromatographia, 1993, 35: 237

[93] Perez E, Santos M J, Minguillon C. J. Chromatogr. A, 2006, 1107: 165

[94] 严志宏, 艾萍, 袁黎明, 周岩, 蔡瑛. 化学通报, 2006, 69: w033

[95] 袁黎明. 制备色谱技术及应用. 2 版. 北京: 化学工业出版社, 2011, 130

[96] Schulte M, Strube J. J. Chromatogr. A, 2001, 906: 399

[97] Okamoto Y, Kawashima M, Hatada K. Chem. Lett., 1987, 16: 1857

[98] Ikai T, Yun C, Kojima Y, Suzuki D, Maeda K, Kanoh S. Molecules, 2016, 21: 1518

[99] Kaida Y, Okamoto Y. Bull. Chem. Soc. Jap., 1993, 66: 2225

[100] Acemoglu M, Kusters E, Baumann J, Hernandez I, Mak C P. Chirality, 1998, 10: 294

[101] Chassaing C, Thienpont A, Felix G. J. Chromatogr., 1996, 738: 157

[102] 常银霞, 周玲玲, 袁黎明. 色谱, 2007, 25(2): 203

[103] Francotte E, Zhang T. Analusis Magazine, 1995, 23: 13

[104] Tang S W, Li X F, Wang F, Liu G H, Li Y L, Pan F Y. Chirality, 2012, 24: 167

[105] Shen J, Wang F, Bi W Y, Liu B, Liu S Y, Okamoto Y. J. Chromatogr. A, 2018, 1572: 54

[106] Dai X, Bi W Y, Sun M C, Wang F, Shen J, Okamoto Y. Carbohydrate Polymers, 2019, 218: 30

[107] Chankvetadze B. Trends Anal. Chem., 2020, 122: 115709

[108] D'Orazio G. Trends Anal. Chem., 2020, 125: 115832

[109] Zhang J M, Wu J, Cao Y, Sang S M, Zhang J, He S J. Cellulose, 2009, 16: 299

[110] Chen W W, Feng Y, Zhang M, Wu J, Zhang J M, Gao X, He J S, Zhang J. RSC Adv. 2015, 5: 58536

[111] Yin C C, Zhang J M, Chang L M, Zhang M, Yang T T, Zhang X C, Zhang J. Anal. Chim. Acta, 2019, 1073: 90

[112] Koschella A, Heinze T, Klemm D. Macromol. Biosci., 2001, 1: 49

[113] Shen J, Li G, Yang Z Z, Okamoto Y. J. Chromatogr. A, 2016, 1467: 199

[114] Dicke, R. Cellulose, 2004, 11: 255

[115] Kondo S, Yamamoto C, Kamigaito M, Okamoto Y. Chem. Lett., 2008, 37: 558

[116] Shen J, Ikai T, Okamoto Y. J. Chromatogr. A, 2010, 1217: 1041

[117] 沈军, 李庚, 李平, 杨超, 刘双燕, 冈本佳男. 色谱, 2016, 34: 50

[118] Tang S W, Jin Z L, Sun B S, Wang F, TangW Y. Chirality, 2017, 29: 512

[119] 王宝存, 鲍明辉, 林素妃, 马婕妤, 唐守万. 色谱, 2017, 35: 572

[120] Rocchi S, Fanali S, Farkas T, Chankvetadze B. J. Chromatogr. A, 2014, 1363: 363

[121] Bezhitashvili L, Bardavelidze A, Mskhiladze A, Gumustas M, Ozkan S A, Volonterio A, Farkas T, Chankvetadze B. J. Chromatogr. A, 2018, 1571: 132

[122] Cass Q B, Bassi A I, Matlin S A. Chirality, 1996, 8: 131

[123] Yamamoto C, Hayashi T, Okamoto Y. J. Chromatogr. A, 2003, 1021: 83

[124] Yamamoto C, Fujisawa M, Kamigaito M, Okamoto Y. Chirality, 2008, 20: 288

[125] Matsubara T, Miyashita Y, Nishio Y. Kobunshi Ronbunshu, 2010, 67: 135

[126] Kuse Y, Asahina D, Nishio Y. Biomacromolecules, 2009, 10: 166

[127] Zhang L L, Shen J, Zuo W L, Okamoto Y. Chem. Lett., 2014, 43: 92

[128] Zhang L L, Shen J, Zuo W L, Okamoto Y. J. Chromatogr. A, 2014, 1365: 86

[129] Liu Y, Zou H F, Haginaka J. J. Sep. Sci., 2006, 29: 1440

[130] Chen J L, Hsieh K H. Electrophoresis, 2011, 32: 398

[131] 罗迎彬, 王晓晨, 陈伟, 黄少华, 柏正武. 高分子学报, 2014, (8): 1103

[132] Xie S M, Yuan L M. J. Sep. Sci., 2019, 42: 6

[133] Tang S, Bin Q, Chen W, Bai Z W, Huang S H. J. Chromatogr. A, 2016, 1440: 112

[134] Tang S, Liu J D, Bin Q, Fu K Q, Wang X C, Luo Y B, Huang S H, Bai Z W. J. Chromatogr. A, 2016, 1476: 53

[135] Tang S, Liu J D, Chen W, Huang S H, Zhang J, Bai Z W. J. Chromatogr. A, 2018, 1532: 112

[136] Feng Z W, Qiu G S, Mei X M, Liang S, Yang F, Huang S H, Chen W, Bai Z W. Carbohydrate Polymers, 2017, 168: 301

[137] Liang S, Huang S H, Bai Z W. Anal. Chim. Acta, 2017, 985: 183

[138] Zhang G H, Fu K Q, Xi J B, Chen W, Tang S, Bai Z W. Carbohydrate Polymers, 2019, 214: 259

[139] Malinowska I, Rozylo J K. Biomed. Chromatogr., 1997, 11: 272

[140] Rozylo J K, Malinowska I. J. Planar Chromtogr., 1993, 6: 34

[141] Yoshida A, Kuroda K, Kurauchi Y, Inoue T, Ohga K. Kichin Kitosan Kenkyu, 1999, 5: 188

[142] Matsuoka Y, Kanda N, LeeY M, Higuchi A. J. Membr. Sci., 2006, 280:116

[143] Kim J H, Kim J H, Jegal J, Lee K H. J. Membr. Sci., 2003, 213: 273

[144] Xiong W W, Wang W F, Zhao L, Song Q, Yuan L M. J. Membr. Sci., 2009, 328: 268

[145] Zhou Z Z, Cheng J H, Chung T S, Hatton T A. J. Membr. Sci., 2012, 389: 372

[146] Wang H D, Xie R, Niu C H, Song H, Yang M, Liu S, Chu L Y. Chemical Engineering Science, 2009, 64: 1462

[147] Shiomi K, Yoshikawa M. Sep. Purif. Tech., 2013, 118: 300

[148] Okamoto Y, Noguchi J, Yashima E. React. Funct. Polym., 1998, 37: 183

[149] Felix G, Zhang T. J. HRC, 1993, 16: 364

[150] Felix G, Zhang T. J. Chromatogr., 1993, 639: 141

[151] Li G, Shen J, Li Q, Okamoto Y. Chirality, 2015, 27: 518

[152] 李媛媛, 孙维维, 飞志欣, 袁黎明. 分析试验室, 2014, 33: 254

[153] Yang M, Zhao M, Xie S M, Yuan L M. J. Appl. Polym. Sci., 2009, 112: 2516

[154] Zhang T, Kientzy C, Franco P, Ohnishi A, Kagamihara Y, Kurosawa H. J. Chromatogr. A, 2005, 1075: 65

[155] Zhang T, Nguyen D, Franco P, Murakami T, Ohnishi A, Kurosawa H. Anal. Chim. Acta, 2006, 557: 221

[156] Ali I, Aboul-Enein H Y. J. Sep. Sci., 2006, 29: 762

[157] Okamoto Y, Aburatani R, Miura S, Hatada K. J. Liq. Chramotagr., 1987, 10: 1613

[158] Yashima E, Fukaya H, Okamoto Y. J. Chromatogr. A, 1994: 677: 11

[159] Santarelli X, Muller D, Jozefonvicz J. J. Chromatogr., 1988, 443: 55

[160] Enomoto N, Furukawa S, Ogasawara Y, Akano H, Kawamura Y, Yashima E, Okamoto Y. Anal. Chem., 1996, 68: 2798

[161] Lv C G, Liu Y Q, Mangelings D, Heyden Y V. Electrophoresis, 2011, 32: 2708

[162] Chen X M, Liu Y Q, Qin F, Kong L, Zou H F. J. Chromatogr. A, 2003, 1010: 185

[163] 李杨, 封华, 蒋登高. 色谱, 2016, 34: 739

[164] Chankvetadze B, Ikai T, Yamamoto C, Okamoto Y. J. Chromatogr. A, 2004, 1042: 55

[165] Peng G M, Wu S Q, Fang Z L, Zhang W G, Zhang Z B, Fun J, Zheng S R, Wu S S, Ng S C. J. Chromatogr. Sci., 2012, 50: 516

[166] 涂鸿盛, 范军, 谭艺, 林纯, 华江颖, 章伟光. 色谱, 2014, 32: 452

[167] Li L, Wang H, Shuang Y Z, Li L S. Talanta, 2019, 202: 494

[168] Yin C C, Chen W W, Zhang J M, Zhang M, Zhang J. Sep. Purif. Tech., 2019, 210: 175

[169] Gao J, Chen L X, Wu Q, Li H, Dong S Q, Qin P, Fang Yang F, Zhao L. Chirality, 2019, 31: 669

[170] Han M M, Jin X S, Yang H, Liu X, Liu Y D, Ji S X. Carbohydrate Polymers, 2017, 172: 223

[171] Kimata K, Tsuboi R, Hosoya K, Tanaka N. Anal. Methods Instrum., 1993, 1: 23

[172] Kimata K, Tsuboi R. US Pat. 5302633 (1994)

[173] Malm C J, Fordyce C R. US Pat. 1973493(1934)

[174] Oliveros L, Minguillon C, Lopez P. French Pat. 2714671(1994)

[175] Oliveros L, Lopez P, C. Minguillon, Franco P. J. Liq. Chromatogr., 1995, 18: 1521

[176] Minguillon C, Franco P, Oliveros L, Lopez P. J. Chromatogr.A, 1996, 728: 407

[177] Senso A, Oliveros L, Minguillon C. J. Chromatogr. A, 1999, 839: 15

[178] Francotte E, PCT WO 96/27615 (1996)

[179] Francotte E, Zhang T, PCT WO 97/044011 (1997)

[180] Francotte E. WP 9749733 (1997)

[181] Francotte E. J. Chromatogr. A, 2001, 906: 379

[182] Francotte E, Huynh D. J. Pharm. Biomed. Anal., 2002, 2: 421

[183] Mayer S, Briand X, Francotte E. J. Chromatogr. A, 2000: 875: 331

[184] Kubota T, Kusano T, Yamamoto C, Yashima E, Okamoto Y. Chem. Lett., 2001, 30: 724

[185] Kubota T, Yamamoto C, Okamoto Y. J. Poly. Sci.: Part A: Poly. Chem., 2003, 41: 3703

[186] Kubota T, Yamamoto C, Okamoto Y. Chirality, 2003, 15: 77

[187] Yashima E, Maeda K, Iida H, Furusho Y, Nagai K. Chem. Rev., 2009, 109: 6102

[188] Kubota T, Yamamoto C, Okamoto Y. J. Poly. Sci.: Part A: Poly. Chem., 2004, 42: 4704

[189] Chen X M, Yamamoto C, Okamoto Y. J. Sep. Sci., 2006, 29: 1432

[190] Chen X.M, Yamamoto C, Okamoto Y. J. Chromatogr. A, 2006, 1104: 62

[191] Stalcup A M, Williams K L. J. Chromatogr. A, 1995, 695: 185

[192] Chen X.M, Jin W, Qin F, Liu Y, Zou H F. Electrophoresis, 2003, 24: 2559

[193] Chen X M, Qin F, Liu Y, Kong L, Zou H F. Electrophoresis, 2004, 25: 2817

[194] Chen X M, Qin F, Liu Y, Huang X, Zou H F. J. Chromatogr. A, 2004, 1034: 109

[195] Wakita T, Chankvetadze B, Yamamoto C, Okamoto Y. J. Sep. Sci., 2002, 25: 167

[196] Ikai T, Yamamoto C, Kamigaito M, Okamoto Y. Chem. Lett., 2006, 35: 1250

[197] Tang S W, Ikai T, Tsuji M, Okamoto Y. Chirality, 2010, 22: 165

[198] Qu H T, Li J Q, Wu G S, Shen J, Shen X D, Okamoto Y. J. Sep. Sci., 2011, 34: 536
[199] Li Y Y, Zhu N, Ma Y L, Li Q, Li P. Anal. Bioanal. Chem., 2018, 410: 441
[200] Ikai T, Yamamoto C, Kamigaito M, Okamoto Y. J. Chromatogr. A, 2007, 1157: 151
[201] Tang S W, Okamoto Y. J. Sep. Sci., 2008, 31: 3133
[202] Shen J, Ikai T, Shen X, Okamoto Y. Chem. Lett. 2010, 39, 442
[203] Shen J, Li P, Liu S, Shen X, Okamoto Y. Chirality 2011, 23: 878
[204] Padró J M, Keunchkarian S. Microchem. J., 2018, 140:142
[205] Rimbck K H, Kastner F, Manschreck A. J. Chromatogr., 1986, 351: 346
[206] Francotte E, Wolf R M. J. Chromatogr., 1992, 595: 63
[207] Francotte E, Baisch G. Europe Pat. 0316270(1988)
[208] Francotte E, Wolf R M. Chirality, 1991, 3: 43
[209] Schulte M, Strube J. J. Chromatogr. A, 2001, 906: 399
[210] Ikai T, Muraki R, Yamamoto C, Kamigaito M, Okamoto Y. Chem. Lett., 2004, 33: 1188
[211] Ikai T, Yamamoto C, Kamigaito M, Okamoto Y. J. Sep. Sci., 2007, 30: 971
[212] Ikai T, Yamamoto C, Kamigaito M, Okamoto Y. Chem. - Asian J., 2008, 3: 1494
[213] Luo X G, Zhang L N. J. Chromatogr. A, 2010, 1217: 5922
[214] Ma C, Xu X L, Ai P, Xie S M, Lv Y C, Shan H Q, Yuan L M. Chirality, 2011, 23: 379
[215] Yuan L M, Ma W, Xu M, Zhao H L, Li Y Y, Wang R L, Duan A H, Ai P, Chen X X. Chirality, 2017, 29: 315

第18章 蛋 白 质

蛋白质(protein)一词由 19 世纪中期荷兰化学家穆尔德(Gerardus Mulder)命名，根据 20 种氨基酸侧链 R 基团的极性，可将其分为非极性 R 基氨基酸(8 种)、不带电荷的极性 R 基氨基酸(7 种)、带负电荷的 R 基氨基酸(2 种)和带正电荷的 R 基氨基酸(3 种)。自然界的生命存在于由生物大分子组成的手性环境中，酶和受体系统总是显示出对映体选择性或立体选择性。蛋白质是一类复杂的高分子聚合物，所含亚单位 L-氨基酸具有手性特异性[1]，能特异性地结合小分子，因此对手性分子具有很强的识别能力。

20 世纪 60 年代后期出现的亲和色谱[2]就是基于生物分子之间的亲和原理。1973 年，在牛血清蛋白上分离了色氨酸的外消旋体[3]，到 1981 年，色氨酸和华法林的对映异构体已在多种固定在琼脂糖上的血清蛋白上进行了拆分[4]。现在利用 α-溶血毒素的蛋白孔径进行纳米孔传感技术，可进行氨基酸对映体的检测[5]，已在该蛋白纳米孔内组装上 β-环糊精衍生物与 Cu^{2+} 生成的单分子络合物对多个天然芳基氨基酸的多个对映体进行同时识别[6]。

固定化的蛋白质手性识别材料在对映异构体分析中有较多的应用。蛋白质和糖蛋白分别由氨基酸、氨基酸和糖组成，它们皆是手性物质。这样所有的蛋白质都有能力去分辨手性分子。无论怎样，现在只有有限数目的蛋白质作为高效液相色谱的手性识别材料[7]，它们高的对映异构体选择性和在手性化合物识别中宽的应用范围引起了人们特殊的兴趣[8,9]。这些发展目前包括白蛋白如牛血清白蛋白(BSA)[10]和人血清白蛋白(HSA)[11]，糖蛋白如 α_1-酸糖蛋白(AGP)[12]、来自鸡蛋蛋白的卵类黏蛋白(OMCHI)[13-15]、来自鸡蛋蛋白的卵类糖蛋白(OGCHI)[16]、抗生物素蛋白(抗生朊)(AVI)[17]、核黄素键合蛋白(RfBP)(或叫黄素蛋白)[18]，酶如胰岛素(Trypsin)[19]和 α-胰凝乳蛋白酶(α-chymotrypsin)[20]、纤维素水解酶 I(CBH I)[21]、溶解酵素(lysozyme)[22]、胃蛋白酶(pepsin)[23]、淀粉葡萄糖苷酶(amyloglucosidase)[24]，其他蛋白质如转铁递蛋白(ovotransferrin)(或伴白朊，conalbumin)[25]、β-乳球蛋白(β-lactoglobulin)[26]。上述手性固定相中，BSA、HAS、AGP、CBH I、AVI、OMCHI 和 pepsin 等已经商品化。

蛋白质基质手性识别材料通常在反相介质中使用，溶质分子不需衍生化，尤其适用于生化样品。该类固定相的手性选择性受流动相的影响很大，这些因素包括缓冲溶液的组成、pH、温度等。样品分子同固定相的疏水作用受流动相中有机溶剂含量的影响，有机溶剂含量的增加，使溶质分子的保留减弱。样品分子同固定相的静电作用主要包括一个离子交换过程。由于蛋白质固定相等电点的原因，流动相的 pH 可以控制固定相的选择性和保留特性，大多数蛋白质手性固定相的使用范围在 pH 3~7。

这种材料不足之处是柱容量低，不适宜于制备性分离[27,28]。如果增大柱的直径和长度，也能对手性化合物进行毫克级的纯化。如 BSA 是相对廉价的蛋白质，用 50 cm×2.2 cm 的制备柱，将 BSA 键合到 20~45 μm 的硅胶上，一次能制备性分离 0.25 mg 色氨酸，其在分析环境下的分离因子 α 为 3.0[29]。为了稳定蛋白质手性固定相，通过戊二醛将蛋白质进行交联[30]。蛋白质碎片或蛋白质活性片段也已被用于制备色谱，期望能提高蛋白质的柱容量。

蛋白质拆分对映异构体的机理非常复杂，研究起来难度也较大，不同的蛋白质在选择性方面表现的差别也很大。蛋白质和溶质对映异构体的作用主要表现为疏水作用和静电作用，但氢键和电荷转移对手性识别仍然具有较大的作用，蛋白质的三维空间对手性拆分也有影响[31,32]。

蛋白质的种类、空间臂的长短、键合的方法等都将影响蛋白质手性柱对手性化合物拆分的选择性[33,34]。蛋白质手性材料的制备一般有两种方法：一种方法是将蛋白质吸附在基体物质上，另一种方法是将蛋白质键合到基体物质上，琼脂糖、硅胶和聚合物已被用作基体[35]，而硅胶又是这三种中最主要的基体。硅胶基体的缺点是只能在 pH=2~8 的范围内使用，在强酸或强碱的情况下，蛋白质也会失活。

已有将蛋白质在其等电点吸附到非衍生化的硅胶基体上的报道，并将其用于制备。但该方法的缺点是造成蛋白质的多层吸附，并且已经吸附的蛋白质可以流失[36]。除此之外，还有将其吸附到阴离子交换树脂上的报道[37]。

蛋白质通常通过自己的氨基或羧基共价键合到已经衍生化的硅胶颗粒上，下面是典型的蛋白质手性固定相键合的制备方法。方法 A(图 18.1)包括多孔氨丙基硅胶通过 N,N'-二琥珀酰亚胺基碳酸盐(DSC)活化，促使蛋白质的键合。氨丙基硅胶也可用 N,N'-二琥珀酰亚胺辛二酸盐活化(DSS)[38]。蛋白质键合到 DSC 活化的氨丙基硅胶上是通过一个脲键，间隔臂 CH_2 链可以同溶质产生疏水作用而产生低的对映异构体识别，通过增加配体的弹性和适应性可增加蛋白质手性固定相的对映异构体选择性[39]。

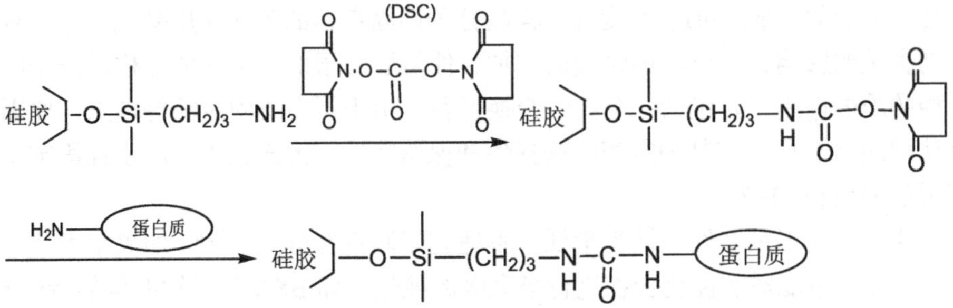

图 18.1 利用氨丙基-硅胶键合蛋白质

方法 B(图 18.2)是将缩水甘油基丙基硅胶(环氧硅胶)用盐酸水解，然后用 $ClSO_2CH_2CF_3$ 活化后，与蛋白质反应，这里蛋白质通过氨基键合到硅胶上。该反应也可不用 $ClSO_2CH_2CF_3$ 活化，而直接作用。缩水甘油基丙基硅胶还可通过高碘酸氧化成它的醛，蛋白质被固定到醛基化的硅胶上，在氰基硼氢化钠存在下，将其还原成胺[40]。缩水甘油基丙基硅胶还可通过 1,1′-碳酰基-二咪唑活化后进行蛋白质手性固定相的制备，这时蛋白质所键合到基体上的基团是蛋白质上的氨基或羧基。

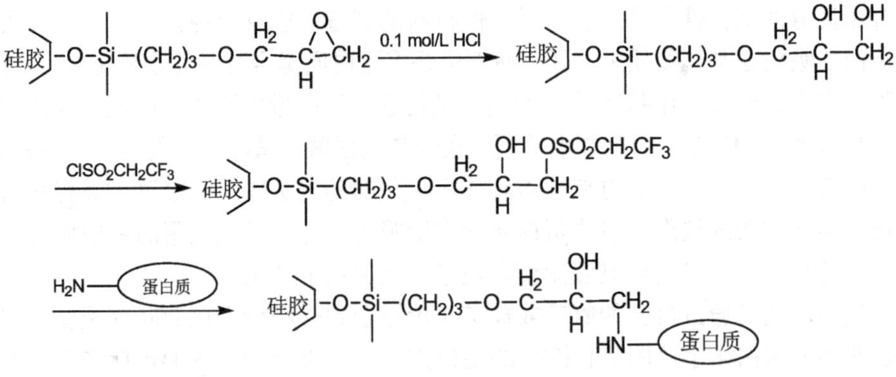

图 18.2 利用缩水甘油基丙基硅胶键合蛋白质

除上述两种方法之外，胺丙基硅胶还可先用戊二醛反应，然后与蛋白质生成席夫(Schiff)碱，亚氨基用氰基硼氢化钠还原，最后得到手性识别材料。反应示意图如图 18.3 所示。

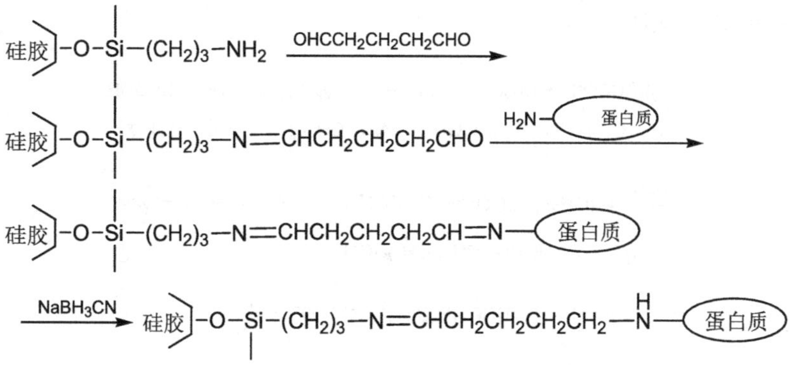

图 18.3　利用生成席夫碱键合蛋白质

另外，用水溶性的碳化二亚胺(EDC)和 *N*-羟基黄酸基琥珀酰亚胺(HSSI)，蛋白质能通过自己的羧基键合到氨丙基的硅胶基体上，合成路线如图 18.4[41]。

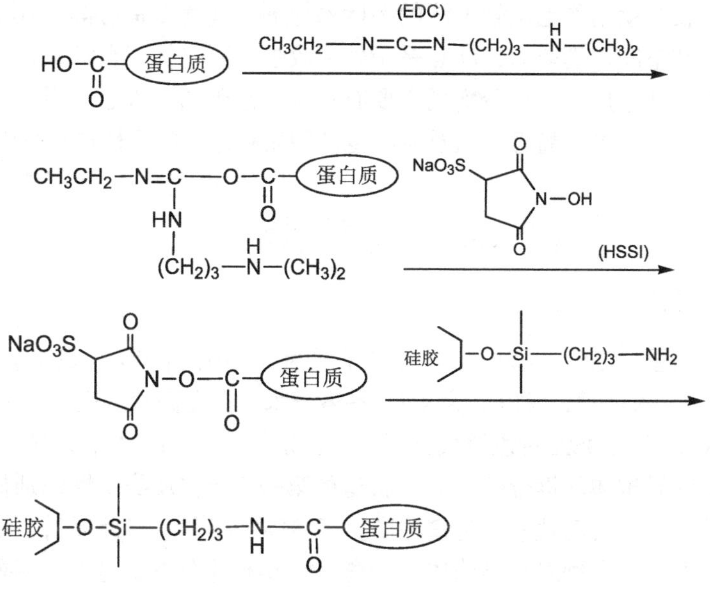

图 18.4　利用酰胺键将蛋白质键合到氨丙基硅胶上

对于分子肽的固定化[42-44](图 18.5)，首先将自由肽的氨基进行保护，如用叔丁氧羰基叠氮化物保护，该反应在碱性 pH 环境下进行，氧化镁、碳酸钠或三乙胺已经被用于促进这个反应。将被保护的肽在二氯甲烷中同氨丙基硅胶反应，*N,N*-二环己基碳二亚胺(简写作 DCCI 或 DCC)作为偶联剂。如果肽的分子量大，在二氯甲烷中不溶，则需要极性更大的溶剂。最后在适当的溶剂中，对被键合到硅胶上的肽脱去保护基。

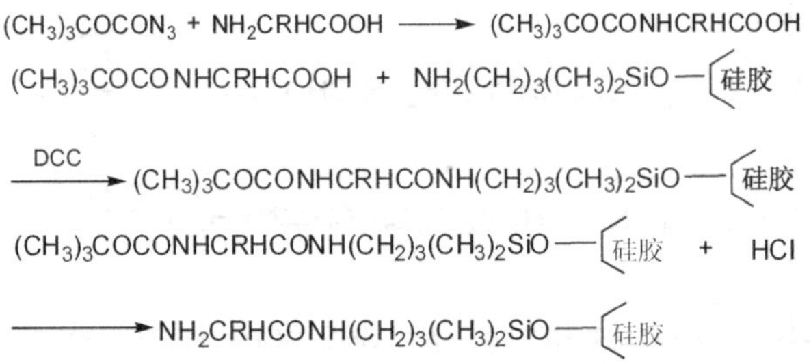

$$(CH_3)_3COCOCN_3 + NH_2CRHCOOH \longrightarrow (CH_3)_3COCOONHCRHCOOH$$

$$(CH_3)_3COCOONHCRHCOOH + NH_2(CH_2)_3(CH_3)_2SiO\text{——}[\text{硅胶}$$

$$\xrightarrow{DCC} (CH_3)_3COCOONHCRHCONH(CH_2)_3(CH_3)_2SiO\text{——}[\text{硅胶}$$

$$(CH_3)_3COCOONHCRHCONH(CH_2)_3(CH_3)_2SiO\text{——}[\text{硅胶} + HCl$$

$$\longrightarrow NH_2CRHCONH(CH_2)_3(CH_3)_2SiO\text{——}[\text{硅胶}$$

图 18.5 肽分子的氨丙基硅胶键合

吸附或键合蛋白质的手性识别能力由于官能基团的位阻或者构型的变化，可能造成与溶液状态下的蛋白质性质不同。键合相蛋白质手性固定相更稳定、更能抵抗流动相中 pH 和溶剂组成的变化。

蛋白质较早就用作毛细管电泳的手性添加剂，其优点是易得，且有不同的手性作用中心和空间识别能力，缺点是紫外吸收强，同时易于水解和腐坏变质。目前在毛细管电泳中用于手性分离的主要有：牛血清蛋白、人血清蛋白、α-酸糖蛋白、卵黏蛋白、纤维素酶等。肽及肽库也被用做筛选新的手性选择剂[45,46]。

18.1 血 清 蛋 白

18.1.1 牛血清白蛋白

牛血清白蛋白(BSA)是球状蛋白，分子量为66210，由581个氨基酸组成单链，链内有17个二硫桥键，等电点为4.7，易溶于水，但在高盐浓度下沉淀。1958年McMenamy 等发现 BSA 对色氨酸具有手性识别能力[47]。1973 年 BSA-琼脂糖被用于色氨酸对映异构体的拆分[48]，它是报道的第一个蛋白质类手性识别材料。第一根分析型的蛋白质类高效液相色谱柱产生于 1982 年[49]，自此以后，该固定相被进一步发展并用于多种对映异构体的分离。如 N-衍生化的氨基酸、芳香型的氨基酸、不带电荷的溶质、亚砜、亚胺衍生物[50]。对流动相性质影响的三个方面是：pH、离子强度和有机添加剂[51]。

琼脂糖、硅胶和聚合物都可以作为 BSA 的基质材料。聚合物包括羟乙基甲基丙烯酸酯[52]、聚乙烯-二乙烯基灌注填料[53]、聚乙烯多孔纤维膜。制备的 BSA 多层多孔纤维膜在拆分色氨酸时可展示一个分离因子高达 6.6 的对映异构体选择性[54]。还有 BSA 的活性碎片也被制备并用作手性固定相[55]，但其样品容量、对映异构体选择性以及柱的选择性都不比 BSA 柱优越。

含有亲水层的 BSA 手性固定相的制备：① 称取 5 g 硅胶加入 150 mL 的 20% 的 HCl 溶液，于 110 ℃下加热回流 6 h。用二次蒸馏水洗涤至中性，放入真空干燥箱，在 120 ℃下干燥过夜。将干燥的硅胶加入到 80 mL 用钠丝干燥过的甲苯溶液中，在氮气保护下升温至 120 ℃，逐滴加入 8 mL 的 3-氨丙基三乙氧基硅烷，搅拌反应 10 h。反应结束后过滤，分别用甲苯、丙酮和甲醇多次洗涤，放入真空干燥箱在 60 ℃下干燥过夜。② 1.8 g 羰基二咪唑(CDI)溶于 30 mL 干燥后的二氧六环，将氨丙基硅胶加入其中，搅拌均匀室温反应 4 h 后过滤，用二氧六环充分洗涤，在真空干燥箱中干燥。活化后的硅胶加入到 1% 的壳聚糖水溶液中，室温下反应 24 h，用二次蒸馏水充分洗涤，真空干燥过夜。③ 1.8 g 的 CDI 溶于 30 mL 干燥后的二氧六环，加入偶联壳聚糖的硅胶，室温搅拌反应 4 h。充分洗涤，干燥。0.4 g 的 BSA 溶于 20 mL 的 pH 7.4 磷酸盐缓冲溶液中，加入上述硅胶 25 ℃振荡反应 24 h。偶联 BSA 的硅胶分别用 50 mmol/L pH 7 的磷酸盐缓冲溶液、磷酸盐缓冲溶液/NaCl(50 mmol/L)(50：50，体积比)，二次蒸馏水，磷酸盐缓冲溶液(50 mmol/L)充分洗涤。保存在 4 ℃下，0.02% 叠氮化钠的 50 mmol/L 的 pH 7 磷酸盐缓冲溶液中。④ 室温下以 50 mmol/L pH 7.4 的磷酸盐缓冲溶液作为顶替液，将制备好的 BSA 固定相在 40 MPa 压力下装入 200 mm×4.6 mm i.d.的不锈钢色谱柱管中。不含亲水层的 BSA 手性固定相的制备过程除没有偶联壳聚糖步骤外，均与上面的相同[56]。

BSA 的碎片也用于液相色谱手性固定相的研究[57]。BSA 能用于涂渍环糊精的手性柱[58]，或键合在氧化锆基质上作为液相色谱的手性识别材料[59]。也能将其自组装在金纳米材料上[60]，或者固载在毛细管整体柱上用于外消旋体的手性电泳识别[61]。

在聚二甲基硅氧烷芯片上进行的开管柱电色谱中，可在其微流通道里充入多巴胺溶液后氧化使其生成聚多巴胺附着在芯片的微通道壁，由于聚多巴胺中有大量的邻苯二酚和胺官能团，能方便地将 BSA 固定，该芯片能用于手性化合物如色氨酸等的拆分[62]。

Shinomiya 使用 RLCC，用 BSA 作手性添加剂拆分 D,L-犬尿氨酸[63]，花了 60 h，部分分离了该外消旋体；后改用离心分配色谱，溶剂系统 10% 的 PEG800 作固定相，5% 的磷酸二氢钠缓冲溶液和 6% 的 BSA 作移动相，转速 800 r/min，流速 0.2 mL/min，成功拆分 2.5 mg 的 D,L-色氨酸，只花了 3.5 h[64,65]。逆流色谱 CPC 的手性识别能力强于 RLCC。

pH-区带-提取逆流色谱技术是通过样品的 pK_a 值和分配系数的不同，进行质子交换来提纯样品[66]。它的分析分离可用下式表示：

$$pH = pK_a + \log\{K_D / D(1 + [CS]K_\pm)\}$$

式中，$K_±$是(+)、(−)-对映异构体与手性添加剂形成复合物的稳定常数；[CS]为固定相中手性添加剂的浓度。(+)、(−)-对映异构体的 pK_a、K_D 是相同的，D 是保留值，通过复合物的 K_+和 $K_−$的不同及手性添加剂在固定相中的浓度不同使对映异构体分开[67]。Oliver 用三氟乙酸作固定相，氨在水中作移动相，用 330 mL 容积的高速逆流色谱仪，经过 3 h 分离了 2 g 的(±)-DNB-亮氨酸[68]。pH-区带-提取逆流色谱已经成为分离量最大的制备分离手性化合物的逆流色谱技术。

　　牛血清白蛋白具有对某些氨基酸衍生物和药物异构体的识别位点[69]，可作为膜技术中的手性选择剂来进行手性拆分[70]。将牛血清蛋白加入到色氨酸的水溶液中，二者生成络合物，将该溶液通过聚砜的超滤膜，可以将色氨酸的两种对映异构体拆分开来[71,72]。以聚砜超滤膜为基质，在 4 ℃先将其浸入 5%的戊二醛水溶液 2 h，随后再将其浸入牛血清蛋白的水溶液中(200 g/L)，制得牛血清蛋白的交联手性膜，该膜对色氨酸也具有很好的手性选择性[73-76]。还有先对中空纤维膜进行辐照或等离子体激发，然后将带有环氧基团的甲基丙烯酸缩水甘油酯(GMA)接枝到膜表面，再以 1.5 mL/min 的流速将 BSA 溶液由里向外径向透过膜，使得 BSA 接枝固定在多孔膜的表面，最后将含有 BSA 的中空纤维膜浸没在戊二醛溶液中交联，以免 BSA 被流动相冲走。用此膜进行 D,L-Trp 的手性拆分，分离因子达到 12.00，并且稳定性很好，具有较大的工业应用前景[77,78]。比较以 BSA 为手性选择剂进行 DL-Trp 类似物手性拆分的两种模式，BSA 为自由手性选择剂的超滤及固定化 BSA 膜的选择渗析[79]，针对两种模式的实验结果作一定的预测，研究进出口两相的理化参数变化对选择性的影响，发现 pH 对分离过程的选择性和产率都有较大的影响。

　　将氨丙基键合到陶瓷膜上，然后通过戊二醛将 BAS 链接到陶瓷膜上，该改性的陶瓷膜对色氨酸也能进行很好的手性分离[80]。

18.1.2　人血清白蛋白

　　人血清白蛋白(HSA)与 BSA 的性质非常相似，HSA 也是一种球状蛋白，分子量为 66437，等电点为 4.7，它是一条含有 17 个链内二硫键的单肽链。HSA 的三维立体结构已经被测定[81]，其与牛血清白蛋白手性固定相的制备方法也基本相同。1990 年报道了人血清白蛋白作为手性固定相[82]，它能拆分一些弱酸或中性化合物的对映异构体，其中包括芳基丙酸类非甾体抗炎类药物，还原叶酸如亚叶酸、5-甲基四氢叶酸，苯并二氮䓬如去甲羟基安定、羟基安定和劳拉西泮。有将 HSA 进行乙酰衍生化后改变它的对映异构体选择性的报道[83]。HSA 对杀菌剂甲霜灵对映体的手性识别机理也通过分子模型、稳态和时间分辨荧光谱以及圆二色谱测定进行了阐述[84]。其也常被用作毛细管电泳中的手性识别剂[85]。

18.2　糖　蛋　白

18.2.1　α_1-酸糖蛋白

　　α_1-酸糖蛋白(AGP)是一个含有 5 个杂多糖单元、181 个氨基酸的肽链，它的分子量大约为 41000，在磷酸盐缓冲液中，糖蛋白的等电点为 2.7。α_1-酸糖蛋白柱是继 BSA 柱后于 1983 年发展的第二根蛋白质类分析型手性柱。已有大量的关于手性药物和体液中手性化合物拆分的报道[86]，稳定性研究表明该柱可用于 2~0 ℃，可耐受纯异丙醇等有机溶剂，能在一个宽的 pH 范围内使用不变性。但移动相中 pH、有机添加剂的类型和浓度、离子强度、温度、氢键、疏水作用等都将影响 AGP 手性柱的保留特性和对映异构体的选择性[87]，其中有些因素还会影响 AGP 的构型。进一步的研究是着眼于 AGP 的手性分离机理以及糖部分在手性分离中的特性[88,89]。该蛋白也已键合到硅胶整体柱上对外消旋体进行手性识别[90]。柱可以在水-异丙醇混合物中进行储存 12 个月，约减少 10%的柱保留特性。

18.2.2　卵类黏蛋白和卵类糖蛋白

　　卵类黏蛋白(ovomucoid)也被用作手性固定相[25,26]。鸡卵类黏蛋白(OMCHI)作为蛋白质手性固定相可以拆分药物和体液中的酸、碱、中性对映异构体化合物[91-93]。该柱的稳定性优于其他蛋白质类手性固定相。

　　从鸡蛋白中得到的一种蛋白 OGCHI[94]，属卵类糖蛋白。研究表明，OGCHI 柱比 OMCHI 柱具有更优越的手性分离性能。OMCHI 通过自己的氨基或羧基连接到氨丙基硅胶上，在连接前，氨丙基用 N,N'-二琥珀酰亚胺基碳酸盐(DSC)活化，OGCHI 用水溶性的碳化二亚胺(EDC)和 N-羟基黄酸基琥珀酰亚胺(HSSI)[95,96]。另外，还有从鹌鹑蛋白中得到卵类糖蛋白 OGJPQ 作为手性识别材料的报道[97]。

18.2.3　抗生物素蛋白

　　抗生物素蛋白(AVI)是来自于蛋白的一种基本糖蛋白，其与维生素 H 牢固键合[98]。固定 AVI 到用 N,N'-二琥珀酰亚胺基碳酸盐(DSC)活化的氨丙基硅胶上，然后将其应用到酸性外消旋体如 2-芳基丙酸类衍生物药物的拆分。AVI 也可固定到用 N,N'-二琥珀酰亚胺基辛二酸盐(DSS)活化的氨丙基硅胶上，该柱也可用于酸、碱和中性化合物的拆分[99,100]，但间隔臂的长短和疏水性影响该柱的保留特性和选择性。维生素 H 对 AVI 柱的选择性也有很大的影响，一方面是一些溶质对维生素 H 的键合处具有高的亲和性，另一方面是 AVI 与维生素 H 的强烈作用引起了构型变化。对其详细的手性识别机理还有待于进一步研究[101]。

18.2.4 核黄素

来自鸡蛋白的核黄素 RfBP 能作为手性固定相拆分酸、碱和中性化合物的外消旋体。鸡蛋黄中 RfBP 也能作为手性固定相[102]，蛋白和蛋黄显然是相同基因的产品，但它们经受了不同的翻译变化[103,104]。一般认为，RfBP 的 α-螺旋结构区域在手性识别中起到了非常重要的作用[105]。

18.3 酶

18.3.1 胰岛素和 α-胰凝乳蛋白酶

胰岛素和 α-胰凝乳蛋白酶起催化酰胺和酯的立体选择性水解。基于胰岛素和 α-胰凝乳蛋白酶的手性分离材料能拆分 O-和 N,O-衍生化的氨基酸，因为它们是酶的底物。α-胰凝乳蛋白酶手性固定相能拆分氨基酸、氨基酸衍生物、二肽和其他手性化合物如芳氧丙酸类药物等[106]。其拆分机理与溶质分子的分子结构、疏水性和静电作用相关[107]。

可以用环氧基、醛基和 $ClSO_2CH_2CF_3$ 固定 α-胰凝乳蛋白酶，用环氧基得到的手性识别材料具有较好的选择性，而利用醛基的则具有较好的稳定性和再现性。

18.3.2 纤维素酶

纤维素酶家族中主要有 4 个成员，具有十分不同的结构，但它们都能水解 β-1,4-糖苷键。其中两个是纤维二糖水解酶：CBH I 和 CBH II；另外两个是内葡聚糖酶：EG I 和 EG II。它们都属酸糖蛋白[108]。基于 CBH I 的手性固定相能分辨酸、碱和不带电荷的外消旋体成为它们的手性体，在纤维素酶手性固定相中，它被最广泛地研究[109]，尤其是它对 β-受体阻滞剂具有高的对映异构体选择性[110]。同 CBH I 相反，CBH II 只能拆分少量的 β-受体阻滞剂，但能拆分一些外消旋体如布洛芬、氯噻酮、戊巴比妥和美西律[111]。CBH I 的手性分离机理有一定的研究报道，该手性识别材料的合成为[19]：用凝胶色谱对 CBH I 的粗产品脱盐和脱色，接着用离子交换色谱对 CBH I 进行纯化。先将含有二醇官能团的硅胶用高碘酸氧化成含醛硅胶，然后将其与氰基硼氢化钠加入到 CBH I 的磷酸缓冲溶液中(pH=7)，生成的席夫碱被氰基硼氢化钠还原得到稳定的键合有 CBH I 的硅胶材料。该材料用缓冲溶液在玻砂漏斗中洗涤，然后用匀浆法将其填入高效液相色谱的不锈钢空柱中。也可以考虑将纤维素酶的 N 端或者 C 端键合到氨丙基硅胶上用作手性固定相[112]。

18.3.3 溶解酵素

基于溶解酵素的手性材料可将溶解酵素共价键合到 *N,N'*-二琥珀酰亚胺基碳酸盐(DSC)活化的氨丙基硅胶上。当用磷酸缓冲溶液和有机添加剂的混合物作流动相时，碱和非电荷化合物的对映异构体被分辨，但没有观察到拆分开的酸性手性化合物。

18.3.4 胃蛋白酶

基于胃蛋白酶的手性固定相能拆分碱和中性对映异构体，但无拆开酸性化合物的报道。当连续使用 pH 7 的流动相时，胃蛋白酶柱将失去手性识别能力，已有资料报道，胃蛋白酶在 pH 8.5 时将变性[113]。胃蛋白酶同 OMCHI 已被混合键合到多孔氨丙基硅胶上[114]，该柱显示了类似于胃蛋白酶柱的手性分离选择性，但胃蛋白酶-OMCHI 柱比胃蛋白酶柱更稳定。

18.3.5 淀粉葡萄糖苷酶

基于淀粉葡萄糖苷酶的手性固定相已经被引入[115]，几个外消旋体的β-受体阻滞剂已经被拆分。该蛋白质被固定到含有醛基的硅胶上，蛋白质键合的多少决定硅胶表面醛基的密度大小和硅胶的内孔表面积。该柱的选择性受流动相组成、配比、有机添加剂、pH、离子强度和柱温的影响，在该类柱上获得过 25000/m 的高柱效和对称峰。

除此之外，还有将青霉素 G 酰化酶作为官能基团制备整体硅胶柱用于手性识别[116]，青霉素 G 酰化酶也被整体二氧化硅毛细管柱内带有的环氧基固载，所得到的手性毛细管液相色谱整体柱能在 5min 内同时拆分酮洛芬、布洛芬和氟比洛芬的外消旋体[117]。脂肪酶制成手性柱用于布洛芬[118]和酮洛芬[119]的拆分，将脂肪酶固载在中空纤维膜上成为催化反应器，用于动力学拆分外消旋布洛芬酯得到(S)-布洛芬产品[120,121]。基于脂肪酶催化下的手性萃取[122]，将脱辅基酶蛋白[123]、脂肪酶[124,125]等固载在高分子膜上进行手性分离，以及利用乙酰胆碱酶作电化学传感器测定手性杀虫剂[126]。

18.4 其他蛋白质

18.4.1 转铁递蛋白或伴白朊

转铁递蛋白或伴白朊手性识别材料已被用于药物和体液中一些碱性的手性化合物的拆分[127]。转铁递蛋白同铁、铜、镁和锌等结合后，其对热稳定[128]，当其键合到硅胶上后其稳定性更强。

18.4.2 β-乳球蛋白

β-乳球蛋白非常类似于 AGP 中的氨基酸序列和二硫键排列。将其作为固定相的色谱性能已经被评价，但没有发现其具有手性识别能力，该结果表明该蛋白质中不具有 AGP 中类似的手性作用区域，或者β-乳球蛋白相对于 AGP 发生了其他实质性的变化。

总之，蛋白质能作为手性识别材料，分离一个宽范围的手性化合物，是因为其与溶质具有多键作用。流动相的各种因素如流动相的组成、pH、有机添加剂、离子强度和温度等都影响溶质分子在材料上的保留和选择性。pH、温度和添加剂还会影响蛋白质的构型变化。蛋白质的手性识别机理可以通过 NMR、计算化学、X 射线衍射晶体学等进行研究。蛋白质手性材料的识别主要靠疏水作用、静电作用和氢键作用力等。

在手性拆分中，AGP 是属于首选的蛋白质分离柱，因为它们具有宽的应用范围和好的稳定性[12-31]。如果上述分离柱的效果不理想，对于酸性化合物，可以试验使用 HSA 柱，对于碱性化合物可以试验使用 CBH 柱。如这些柱都不能较好地拆分溶质分子，还可以考虑应用其他蛋白质手性固定相柱。

很多色谱工作者在手性拆分中，往往先使用 10 mmol/L 的磷酸盐缓冲溶液，其 pH=5~7，然后加入适量的 1-或 2-丙醇(或乙腈)，使具有满意的保留因子 k。如果合适的分离没有达到，则将调整 pH，使其达到满意的分离。如果 pH 的调整还不能达到满意的结果，则有机改性剂的种类应该改变，再重新调整适宜的 pH。

参 考 文 献

[1]   Miles A J, Wallace B A. Chem. Soc. Rev., 2016, 45: 4859
[2]   Cuatrecasas P, Wilchek M, Anfinsen C B. Proc. Natl. Acad. Sci. USA, 1968, 61: 636
[3]   Steward K K, Doherty R F. Proc. Natl. Acad. Sci. USA, 1973, 70: 2850
[4]   Lagercrantz C, Larsson T, Denfors I. Comp. Biochem. Pyhsiol., 1981, 69: 375
[5]   Boersma A J, Bayley H. Angew. Chem. Int. Ed., 2012, 51: 9606
[6]   Guo Y L, Niu A H, Jian F F, Wang Y, Yao F J, Wei Y F, Tian L, Kang X F. Analyst, 2017, 142: 1048
[7]   Bocian S, Skoczylas M, Buszewski B. J. Sep. Sci., 2016, 39: 83
[8]   Jadaud P, Wainer I W. Chirality, 1990, 2: 32
[9]   Shen J, Ikai T, Okamoto Y. J. Chromatogr. A, 2014, 1363: 51
[10] Allenmark S, Bomgren B, Boren H. J. Chromatogr., 1983, 264: 63
[11] Domenici E, Bertucci C, Salvadori P, Felix G, Cahagne I, Montellier S, Wainer I W. Chromatographia, 1990, 29: 170
[12] Hermansson J. J. Chromatogr., 1983, 269: 71
[13] Miwa T, Ichikawa M, Tsuno M, Hattori T, Miyakawa T, Kayano M, Miyake Y. Chem. Pharm. Bull., 1987, 35: 682

[14] Haginaka J, Seyama C, Yasuda H, Fujima H, Wada H. J. Chromatogr. A 1992, 592: 301

[15] Zhao L C, Yang L M, Wang Q Q. J. Chromatogr. A, 2016, 1446: 125

[16] Haginaka J, Seyama C, Kanasugi N. Anal. Chem., 1995, 67: 2539

[17] Miwa T, Miyakawa T, Miyake Y. J. Chromatogr., 1988, 457: 227

[18] Mano N, Oda Y, Asakawa N, Yoshida Y, Sato T. J. Chromatogr., 1992, 623: 221

[19] Theolohan S, Jadaud P, Wainer I W. Chromatographia, 1989, 28: 551

[20] Wainer I W, Jadaud P, Schombaum G R, Kadodkar S V, Henry M P. Chromatographia, 1988, 25: 903

[21] Erlandsson P, Marle I, Hansson L, Isaksson R, Petterson C, Petterson G. J. Am. Chem. Soc., 1990, 112: 4573

[22] Haginaka J, Murashima T, Seyama C. J. Chromatogr. A, 1994, 666: 203

[23] Haginaka J, Miyano Y, Saizen Y, Seyama C, Murashima T. J. Chromatogr. A, 1995, 708: 161

[24] Nystrom A, Strandberg A, Aspergren A, Behr S, Karlsson A. Chromatographia, 1999, 50: 209

[25] Mano N, Oda Y, Asakawa N, Yoshida Y, Sato T. J. Chromatogr., 1992, 603: 105

[26] Massolini G, Lorenzi E D, Lloyd D K, McGann A M, Caccialanza G. J. Chromatogr. A, 1998, 712: 83

[27] Cai Y, Yan Z H, Lv Y C, Zi M, Yuan L M. Chin. Chem. Lett., 2008, 19: 1345

[28] Cai Y, Yan Z H, Zi M, Yuan L M. J. Liq. Chromatogr. Relat. Tech., 2009, 32: 399

[29] Erlandsson P, Hansson L, Isaksson R. J. Chromatogr., 1986, 370: 475

[30] Haginaka J, Seyama C, Yasuda H, Fujima H, Wada H. J. Chromatogr., 1992, 592: 301

[31] Narayanan S R. J. Pharm. Biomed. Anal., 1992, 10: 251

[32] Pinkerton T G, Howe W J, Ulrich E L, Comiskey J P, Haginaka J, Murashing T, Walkenhorst F W, Westler M W, Markey J L. Anal. Chem., 1995, 67: 2354

[33] Andersson S, Allenmark S. J. Chromatogr., 1992, 591: 65

[34] Haginaka J, Seyama C, Murashima T, Fujima H, Wada H. J. Chromatogr. A, 1994, 660: 275

[35] Nakamura M, Kiyohara S, Saito K, Sugita K, Sugo T. J. Chromatogr. A, 1998, 822: 53

[36] Thompson R A, Andersson S, Allenmark S. J. Chromatogr., 1989, 465: 263

[37] Jacobson S C, Guiochon G. J. Chromatogr., 1992, 590: 119

[38] Oda Y, Asakawa N, Abe S, Yoshida Y, Sato T. J. Chromatogr., 1991, 572: 133

[39] Oda Y, Mano N, Asakawa N, Abe S, Yoshida Y, Sato T, Nakagawa T. Anal. Sci., 1993, 9: 221

[40] Marle I, Karlsson A, Pettersson C. J. Chromatogr., 1992, 604: 185

[41] Marle I, Jonsson S, Isaksson R, Pettersson C, Pettersson G. J. Chromatogr., 1993, 648: 333

[42] 周玲玲, 李国祥, 王剑瑜, 袁黎明. 分析化学, 2007, 35(9): 1301

[43] Yuan L M, Ren C X, Li L, Ai P, Yan Z H, Zi M, Li Z Y. Anal. Chem., 2006, 78: 6384

[44] 常银霞, 候志林, 黎其万, 高天荣, 袁黎明. 分析化学, 2006, 34: S100

[45] Jung G, Hofstetter H, Feiertag S, Stoll D, Hofstetter O, Wiesmuller K H, Schurig V. Angew. Chem., 1996, 108: 226

[46] Chiari M, Desperati V, Manera E, Longhi R. Anal. Chem., 1998, 70: 4967

[47] McMenamy R H, Oncley J L. J. Biol. Chem., 1958, 233: 1436

[48] Stewart K K, Doherty R F. Proc. Natl. Acad. Sci. USA, 1973, 70: 2850

[49] Allenmark S, Bomgren B, Boren H. J. Chromatogr., 1982, 237: 473

[50] Allenmark S. J. Liq. Chromatogr., 1986, 9: 425

[51] Allenmark S, Bomgren B, Boren H. J. Chromatogr., 1984, 316: 617

[52] Simek Z, Vespalec R. J. Chromatogr., 1994, 685: 7

[53] Hofstetter H, Hofstetter O, Schurig V. J. Chromatogr. A, 1997, 764: 35

[54] Nakamura M, Kiyohara S, Saito K, Sugita K, Sugo T. Anal. Chem., 1999, 71: 1323

[55] Andersson S, Allenmark S, Erlandsson P, Nilsson S. J. Chromatogr., 1990, 498: 81

[56] 李爽, 张凤宝, 张国亮. 分析化学, 2006, 34(3): 385

[57] Erlandsson P, Nilsson S. J. Chromatogr. A, 1989, 482: 35

[58] Félix G, Campese D. Chromatographia, 2007, 66: 159

[59] Li T, Yu Q W, Lin B, Feng Y Q. J. Sep. Sci., 2007, 30: 804

[60] Li H F, Zeng H L, Chen Z F, Lin J M. Electrophoresis, 2009, 30: 1022

[61] 朱桃玉, 伍品端, 左娜娜, 吴京洪, 马志玲. 高等学校化学学报, 2007, 28: 427

[62] Liu C M, Liang R P, Wang X N, Wang J W, Qiu J D. J. Chromatogr. A, 2013, 1294: 145

[63] Oka F, Oka H, Ito Y. J. Chromatogr., 1991, 538: 99

[64] Arai T, Kuroda H. Chromatographia, 1991, 32: 56

[65] Ekberg B, Sellergren B. J. Chromatogr., 1985, 333: 211

[66] Yuan L M, Ai P, Chen X X, Zi M, Wu P, Li Z Y, Chen Y G. J. Liq. Chromatogr. Relat. Tech., 2002, 25: 889

[67] Armstrong D W, Menges R, Wainer I W. J. Liq. Chromatogr., 1990, 18: 3571

[68] Pirkle W H, Murray P G. J. Chromatogr., 1993, 641: 11-19

[69] Ye Q M, Guo L L, Wu D T, Yang B Z, Tao Y X, Deng L H, Kong Y. Anal. Chem., 2019, 91: 11864

[70] Wang W F, Xiong W W, Zhao M, Sun W Z, Li F R, Yuan L M. Tetrahedron: Asymmetry, 2009, 20: 1052

[71] Poncet S, Randon J, Rocca J L. Sep. Sci. Technol., 1997, 32: 2029

[72] Garnier F, Randon J, Rocca J L. Sep. Purif. Technol., 1999, 16: 243

[73] Higuchi A, Ishida Y, Nakagawa T. Desalination, 1993, 90: 127

[74] Higuchi A, Hara M, Horiuchi T, Nakagawa T. J. Membr. Sci., 1994, 93: 157

[75] Higuchi A, Hashimoto T, Yonehara M, Kubota N, Watanabe K, Uemiya S, Kojima T, Hara M. J. Membr. Sci., 1997, 130: 31

[76] Tsuneda S, Saito K, Furusaki S, Sugo T. J. Chromatogr. A, 1995, 689: 211

[77] Nakamura M, Kiyohara S, Saito K, Sugita K, Sugo T. J. Chromatogr. A, 1998, 822: 53

[78] Kiyohara S, Saito K, Sugita K, Sugo T, Nakamura M. J. Membr. Sci., 1999, 152: 143

[79] Randon J, Garnier F, Rocca J L. J. Membr. Sci., 2000, 175: 111

[80] Su C L, Dai R J, Tong B, Deng Y L. Chin. Chem. Lett., 2006, 17: 649

[81] He X M, Carter D C. Nature, 1992, 358: 209

[82] Domenici E, Bertucci C, Salvadori P, Felix G, Cahagne I, S. Montellier S, Wainer I W. Chromatographia, 1990, 29: 170

[83] Noctor T A G, Wainer I W. Pharmacol. Res., 1992, 9: 480

[84] Ding F, Li X N, Diao J X, Sun Y E, Zhang L, Sun Y. Chirality, 2012, 24: 471

[85] Gomez M A M, Gilabert L E, Camanas R M V, Sagrado S, Hernandez M J M. J. Sep. Sci., 2008, 31: 3265

[86] Schill G, Wainer I W, Barkan S A. J. Liq. Chromatogr., 1986, 9: 641

[87] Hermansson J. Trends Anal. Chem., 1989, 8: 251

[88] Sun W Z, Yuan L M. J. Liq. Chromatogr. Relat. Tech., 2009, 32: 553

[89] Wang J Y, Zhao F, Zhang M, Peng Y, Yuan L M. Chin. Chem. Lett., 2008, 19: 1248

[90] Mallik R, Xuan H, Hage D S. J. Chromatogr. A, 2007, 1149: 294

[91] Irdale J, Aubry A F, Wainer I W. Chromatographia, 1991, 31: 329

[92] Haginaka J, Seyama C, Yasuda H, Takahashi K. J. Chromatogr., 1992, 598: 67

[93] Oda Y, Asakawa N, Kajima T, Yoshida Y, Sato T. J. Chromatogr., 1991, 541: 411

[94] Ketterer B. Biochem. J., 1965, 96: 372

[95] Haginaka J, Okazaki Y, Matsunaga H. J. Chromatogr. A, 1999, 840: 171

[96] Haginaka J, Takehim H. J. Chromatogr. A, 1997, 773: 85

[97] Haginaka J, Kagawa C, Matsunaga H. J. Chromatogr. A, 1999, 858: 155

[98] Livnah O, Bayer E A, Wilchek M, Sussman J L. Proc. Natl. Acad. Sci. USA, 1993, 90: 5076

[99]   Haque A, Stewart J T. J. Liq. Chromatogr. Relat. Tech., 1998, 21: 2675

[100] Oda Y, Ohe H, Asakawa N, Yoshida Y, Sato T, Nakagawa T. J. Liq. Chromatogr., 1992, 15: 2997

[101] Oda Y, Mano N, Asakawa N, Yoshida Y, Sato T. J. Liq. Chromatogr., 1994, 17: 3393

[102] Massolini G, Lorenzi E D, Ponci M C, Gandini C, Caccialanza G, Monaco H L. J. Chromatogr. A, 1995, 704: 55

[103] Norioka N, Okada T, Hamazume Y, Mega T, Ikenaka T. J. Biochem., 1985, 97: 19

[104] Lorenzi E D, Massolini G, Lloyd D K, Monaco H L, Galbusera C, Caccialanza G. J. Chromatogr. A, 1997, 790: 47

[105] Mano N, Oda Y, Ishihama Y, Katayama H, Asakawa N. J. Liq. Chromatogr. Relat. Tech., 1998, 21: 1311

[106] Jadaud P, Wainer I W. J. Chromatogr., 1989, 476: 165

[107] Felix G, Descorps V. Chromatographia, 1999, 49: 595

[108] Tomme P, Tilbeurgh H V, Pettersson G, Damme J V, Vandekerckhove J, Knowles J, Teeri T, Claeyssens M. Eur. J. Biochem., 1988, 170: 575

[109] Isaksson R, Pettersson C, Pettersson G, Jonsson S, Stahlberg J, Hermansson J, Marle I. Trends Anal. Chem., 1994, 13: 431

[110] Marle I, Erlandsson P, Hansson L, Isaksson R, Pettersson C, Pettersson G. J. Chromatogr., 1991, 586: 233

[111] Henriksson H, Jonsson S, Isaksson R, Pettersson G. Chirality, 1995, 7: 415

[112] Matsunaga H, Haginaka J. J. Chromatogr. A, 2016, 1467: 155

[113] Sanny C G, Hartsuck J A, Tang J. J. Biol. Chem., 1975, 250: 2635

[114] Haginaka J, Miyano Y. Anal. Sci., 1996, 12: 727

[115] Strandberg A, Nystrom A, Behr S, Karlsson A. Chromatographia, 1999, 50: 215

[116] Calleri E, Massolini G, Lubda D, Temporini C, Loiodice F, Caccialanza G. J. Chromatogr. A, 2004, 1031: 93

[117] Gotti R, Fiori J, Calleri E, Temporini C, Lubda D, Massolini G. J. Chromatogr. A, 2012, 1234: 45

[118] Liu Y, Wang F, Tan T W. Chirality, 2009, 21: 349

[119] Ong A L, Kamaruddin A H, Bhatla S, Aboul-Enein H Y. J. Sep. Sci., 2008, 31: 2476

[120] Long W S, Kamaruddin A, Bhatia S. J. Membr. Sci., 2005, 247: 185

[121] Lau S Y, Uzir M H, Kamaruddin A H, Bhatia S. J. Membr. Sci., 2010, 357: 109

[122] Hungerhoff B, Sonnenschein H, Theil F. Angew. Chem. Int. Ed., 2001, 40: 2492

[123] Lakshmi B B, Martin C R. Nature, 1997, 388: 758

[124] Lopez J L, Matson S L. J. Membr. Sci., 1997, 125: 189

[125] Wang Y J, Hu Y, Xu J, Luo G S, Dai Y Y. J. Membr. Sci., 2007, 293: 133

[126] Zhang Y P, Liu X T, Qiu S, Zhang Q Q, Tang W, Liu H T, Guo Y L, Ma Y Q, Guo X J, Liu Y Q. J. Am. Chem. Soc., 2019, 141: 14643

[127] Mano N, Oda Y, Ohe H, Asakawa N, Yoshida Y, Sato T. J. Pharm. Biomed. Anal., 1994, 12: 557

[128] Tan A T, Woodworth R C. Biochemistry, 1969, 8: 3711

[129] Williams R C, Edwards J F, Potter M J. J. Liq. Chromatogr., 1993, 16: 171

[130] Kirkland K M, Nielson K L, McCombs D A. J. Chromatogr., 1991, 545: 43

[131] Zhu B, Xue M Y, Liu B B, Li Q, Guo X J. J. Pharma. Biomed, Anal., 2019, 176: 112803

第19章 核酸适体

手性识别材料有两种不同的类别：① 常规手性识别材料[1]，即没有预见目标选择性的一类；② 具有特定选择性的手性识别材料，即有可预见识别对映体的一类。印迹高分子能预见性地识别模板分子，抗体能预见性地识别抗原，核酸适体也具有类似的性质。

核酸适体是一类新型的识别分子，能识别有机染料、氨基酸、多肽、蛋白质或各种药物等目标分子，是与相应配体专一性紧密接合的一类单链寡核苷酸序列，称为aptamer，它源于拉丁语aptus，即适合之意，一般由几十个核苷酸(20~60 nt)组成，可以是RNA或单链DNA(ssDNA)。核酸适体与各种配体的接合是基于单链核酸结构的空间构象的多样性，它可通过链内某些互补碱基间的配对以及静电作用、氢键作用等自身发生适应性折叠，形成一些稳定的三维空间结构，如发卡、假结、凸环、G四分体等[2]。

SELEX(systematic evolution of ligands by exponential enrichment)技术是体外筛选适体的基本方法，早在1990年美国的Tuerk和Ellington就分别从约含10^{15}种寡核苷酸分子的文库里筛选出RNA型寡核苷酸适体[3-5]，其总的思路是从通过组合化学的原理设计合成的随机寡核苷酸库(约10^{15}~10^{18}种核酸分子)中经多轮筛选和指数富集最终获得目标核酸适体，基本过程如图19.1所示[2,6]。

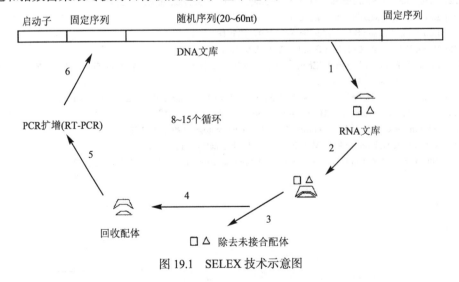

图 19.1　SELEX 技术示意图

　　首先，人工建立一个随机碱基数为 n 的单链寡核苷酸文库，该文库则含 4^n 个不同的寡核苷酸序列，目前常用的寡核苷酸随机序列含 30 左右的碱基，库容量达 $4^{30}(10^{18})$。随机序列的两端为固定序列，这些序列是随后 PCR 循环时接合引物所必需的。如果要筛选 RNA 适体，则 5′端引物里需包含一段 T7 启动子序列，它可识别 DNA 转录为 RNA 时所必需的 T7RNA 聚合酶，使随机 DNA 文库转录为随机 RNA 文库；DNA 或 RNA 随机库在特定缓冲体系下与靶分子温育，然后通过特定方法分离接合与非接合的核酸序列，分离出接合的 DNA 序列先经常规 PCR 再通过不对称 PCR 扩增出次级 ssDNA 库，进入第二轮筛选；而分离出接合的 RNA 序列需先经反转录 PCR(RT-PCR)再体外转录生成次级 RNA 库，进入第二轮筛选。在这个过程中，与靶分子高度特异接合的 ssDNA 或 RNA 分子呈指数级增长，解离常数逐渐下降，经过大约 8~15 轮筛选富集后，亲和力达到饱和，最终得到所需要的适体。

　　因此寡核苷酸适体是通过化学合成的，其具有反应时间短，成本低，可再生使用及纯度高的特点。而且，它还具有易改变自身排列顺序从而达到调节其选择性键合的优点。此外，其他分子还可以在其表面做位置精确的修饰[7]。

　　用以筛选适体的靶物质有蛋白质、多肽、糖、核酸、有机小分子、金属离子、细胞以及病毒颗粒等，理论上任何分子都能找到其相应的适体。当以纯的靶分子筛选，可得到多种特异的适体。这些适体具有高度的亲和力、特异性以及稳定性好等优点，利用这些适体就可以建立该分子的系列分离识别方法[8]。核酸适体于1995 年开始应用于分析化学中[9]，现在已经应用于流动血细胞记数[10]，生物传感器[11-14]，免疫测定[15]，毛细管电泳[16-18]，亲和色谱[19,20]。尤其是以适体作为识别材料在液相色谱，电色谱和毛细管电泳中的应用得到了重视[21]。

19.1　DNA 适体

　　通过控制核酸适体的立体选择性能对手性化合物目标分子得到有效的识别，利用 DNA 的三核苷酸 AAA、AAG、AGG、AGA、ACA、ACG、CCA、CGA、CCG、GCA、GCC、CGC、CCC、CGG 和 GCG 作为手性选择剂能够有效地识别D-和 L-氨基酸[22]。通过 SELEX 技术筛选出经过修饰后的 DNA 适体能高选择性地识别药物反应停中的(R)-构型，而对(S)-构型没有作用[23]。Williams 等[24]合成出DNA 的适体选择剂，它与 D-寡肽显示了较高的选择性亲和力而与 L-寡肽没有作用。

　　一个通过凝血酶筛选的G-四联体适体,含有15个碱基(5′-GGTTGGTGTGGTTG G-3′)，另一个适体包含有 20 个碱基(5′-GGTTTTGGTTTTGGTTTTGG-3′)，也是G-

四联体结构，如图 19.2 所示。利用两个 G-四联体的 DNA 适体共价键合到玻璃毛细管的内壁，能通过毛细管电泳来分离氨基酸 D-Trp 和 D-Tyr、外消旋体 D-Trp 和 L-Trp、多环芳烃的二元混合物[25]。

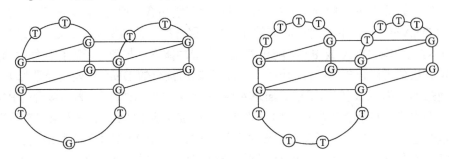

图 19.2　适体 1(左)和适体 2(右)的结构

该研究使用了三个不同的交联剂(图 19.3)，并且都将交联剂键合到玻璃毛细管的表面[26,27]，整个电泳分离过程在贝克曼电泳仪上完成，得到了好的分离结果。

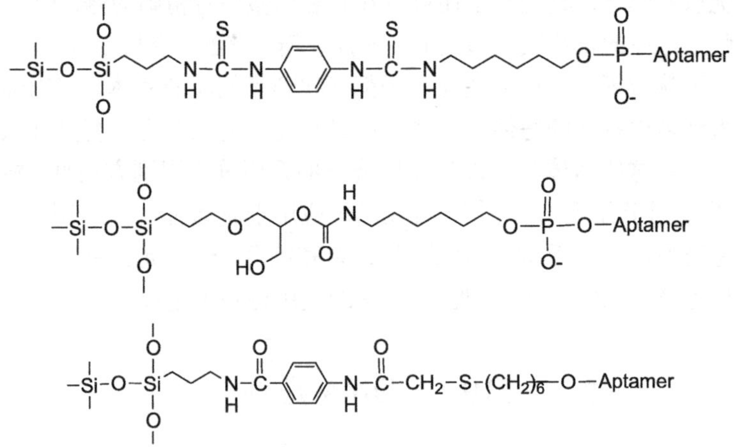

图 19.3　键合适体的毛细管柱示意图

由于这两种适体需要阳离子如 K+等才能形成 G-四联体的结构，所以在毛细管电泳分析的缓冲液中必须包含 K+等阳离子。

一个针对 L-色氨酸的 DNA 适体[28]的碱基序列为 5′-AGCACGTTGGTTA GGTCAGGTTTGGG TTTCGTGC-3′，利用毛细管胶束电动色谱，采用毛细管柱部分填充技术将该适体作为电泳溶液中的手性识别剂，成功地基线拆分了 D,L-色氨酸。电泳溶液中的胆酸钠用于手性胶束的形成能促进手性分离效率，缓冲溶液中的 Mg2+ 离子有利于活性适体的形成、Na+能促进适体折叠成稳定而紧凑的三级结构[29]。

DNA 适体的手性识别能力还被较系统地研究。Peyrin 团队[30]将碱基组成了

10 个适体采用部分充填技术作为毛细管区带电泳中的手性添加剂，用于 24 个芳香族手性分子的分离。这 10 个适体包括从无二级结构的同源核苷酸单链到双链、发夹和三叶草结构，结果表明所有的 10 个适体皆有不同程度的手性识别能力。在(亚)毫摩尔适体浓度条件下，有三个寡核苷酸序列的组合提供了约 20 个包括药物、毒品、氨基酸和核苷类外消旋体的手性拆分。

DNA 的适体也可作为高效液相色谱的一种特殊的手性固定相去识别手性化合物。如将一能选择性接合 D-多肽(精氨酸抗利尿激素)的 DNA 适体固载后进行手性识别[31]。该适体具有 55 个碱基(图 19.4)，其二级结构中有一个不对称的内部环，该结构是识别对映异构体 D-抗利尿激素的本质部分。固载前，在水溶性缓冲溶液(20 mmol/L 磷酸盐溶液, 25 mmol/L KCl，1.5 mmol/L $MgCl_2$ 调节 pH 7.6)中加入该适体于 70℃加热 5 min 复性，室温放置 30 min。将一根键合有 streptavidin 的灌注色谱柱先用约 20 mL 缓冲溶液冲洗，然后，在室温下将 29 nmol 的该适体溶液用泵在约 3 h 以 100 μL/min 的流速流过该柱，再用约 10 mL 缓冲溶液冲洗该柱。通过 280 nm 紫外光谱检测适体前后的差值可以计算该柱上的核酸适体的量值。该研究通过拆分抗利尿激素的外消旋体，讨论了适体手性固定相在拆分 D-多肽和 L-多肽时柱温、pH 和流动相的离子强度等因素对拆分的影响，并讨论了手性识别的机理。当该柱不用时，将其保存在 4 ℃的上述缓冲溶液中。

```
                    G A T A
5'-T C A C G T G C A T       G A C G G C G
                                         A
   A G T G C A C G T A G     G C T G C C G A
                       C     A
                       C     G
                       G     T
                       T     T
                       GTGTCG
```

图 19.4 适体的分子结构

图 19.5 表示的核苷酸和氨基酸衍生物的对映异构体也可利用 DNA 适体分别进行拆分[32]。所使用的两个核酸适体的碱基序列如下，ATTATA 和 TAATAT 序列被嵌入在 D-型腺苷寡核苷酸配基的 5′和 3′位末端：

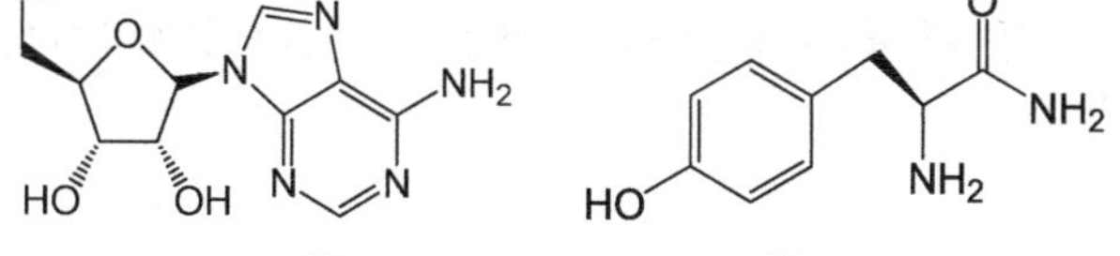

(a) (b)

图 19.5 D-型腺苷(a)和 L-酪氨酸酰胺(b)

D-型腺苷：5′-ATTATACCTGGGGGAGTATTGCGGAGGAAGGTATAAT；

L-酪氨酸酰胺：5′-AATTCGCTAGCTGGAGCTTGGATTGATGTGGTGTGTGAGTGCGGTGCCC

核酸适体的复性是通过其在缓冲溶液(20 mmol/L 磷酸盐缓冲液，25 mmol/L KCl 和 1.5 mmol/L MgCl$_2$，调整 pH 为 7.6，适体浓度为 80 µmol/L)中在 70 ℃ 加热 5 min、在室温下静置 30 min 后得到的。适体的固定是将 0.4 mL(腺苷手性固定相)或 0.2 mL(酪氨酸酰胺手性固定相)的适体分别同 1 mL 或 0.5 mL 的键合有 streptavidin 的灌注色谱填料在室温下混合 3 h，然后将没有被固定的适体用同一种缓冲溶液冲掉。适体的键合量通过在 260 nm 下的 UV 测定，每毫升的填料大约键合了 26 nmol 的适体量。

将适体固定相装入两根微径柱中(370 × 0.76 mm 空柱填入 D-腺苷适体固定相，250 × 0.76 mm 空柱填入 L-酪氨酸酰胺适体固定相)，将它们用于高效液相色谱。以缓冲溶液作为移动相，它们对各自的外消旋体的拆分获得了很高的对映体分离选择性，如 D-腺苷适体对腺苷外消旋体的分离因子达到了 3.5 左右，类似于报道的腺苷印迹柱对其的拆分。当长时间不用这根柱子时，微型柱被储存在 4 ℃ 的缓冲溶液中。

精氨酸抗利尿激素是一个具有 D-、L-构型的多肽，它能通过其分子结构中的硫和胍基使金纳米粒子聚集产生从红到蓝的颜色变化。碱基序列为 5′-TCACGTGCATGATAGACGGCGAAGCCGTCGAGTTGCTGTGTGCCGATGCACGTGA-3′ 的适体能识别精氨酸抗利尿激素的手性。因此，由该适体接合的金纳米粒子，能用于精氨酸抗利尿激素的对映体分光光度测定[33]。

一个(S)-布洛芬 DNA 适体的序列为 5′-SHACAGCGTGGGCGGTGTCGGATTTTCGAATGGATGGGGATG-3′)，一个 (R)-布洛芬的 DNA 适体的序列为 5′-SHGCGAACGACTTCATAAAATGCTATAAGGTTGCCCTCTGTC-3′。将(S/R)适体接合在金纳米粒子表面后，则布洛芬的对映体能导致金纳米粒子的聚集而产生颜色变化，其可以对布洛芬进行分光光度手性测定[34]，对(S)-、(R)-型的检出限分别达到了 1.24 和 3.91 pg/mL。

另外，将小牛胸腺 DNA 溶液与苯丙氨酸混合后通过聚丙烯腈中空纤维超滤膜，或者将 DNA 键合到纤维素膜上(图 19.6)，能分离苯丙氨酸外消旋体[35,36]。

将 DNA 键合到由相转化法制备的壳聚糖膜上分离苯丙氨酸的外消旋体，也能达到较好的手性识别效果[37]。

利用 DNA 还可进行碳纳米管的手性识别[38]，也可以将适体用于电化学的手性酪胺测试中[39]。

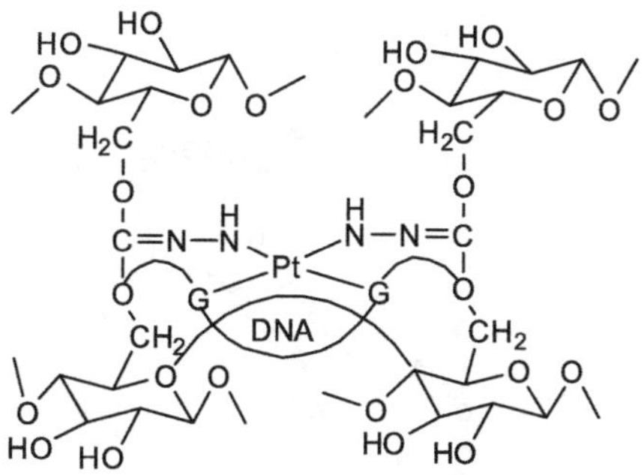

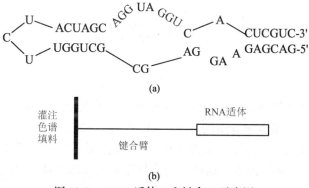

图 19.6 DNA 在纤维素膜上的固定

19.2 RNA 适体

Geiger 等[40]报道了 RNA 适体对 L-精氨酸的选择性接合具有高的对映体选择性。其他报道还有 RNA 适体能够一定程度识别分离 L-氨基酸和 D-氨基酸[41-43]。RNA 适体仍然被作为色谱手性材料识别不同的消旋体。E. Peyrin 等[44]分别将抗L-精氨酸的 L-RNA 适体和 D-RNA 适体用作手性固定相拆分精氨酸的外消旋体，该适体含有 44 个碱基，通过一个 biotin-streptavidin 键合臂连接在色谱支持体上，如图 19.7 所示。将该固定相装入一根微型柱(长度 340~370 mm，内径在 0.51~0.76 mm范围)，采用 25 mmol/L 的磷酸盐 + 25 mmol/L 的 NaCl + 5 mmol/L 的 MgCl$_2$(pH=7.3)为流动相，在 4~17 ℃的温度范围内，该柱对精氨酸显现出很高的手性识别特性。

图 19.7 RNA 适体(a)和键合(b)示意图

核酸适体除能分离相对应的外消旋体外，它们还能分离结构类似的化合物[45]。如图 19.8 所示的 L-RNA 适体对酪氨酸具有特殊的接合能力，其含有 63 个碱基，在 8 mmol/L Tris-HCl + 25mmol/L NaCl + 5 mmol/L MgCl$_2$(pH=7.3)的缓冲溶液作为流动相时，其对酪氨酸外消旋体及 11 个相似手性化合物具有很好的分离效果。

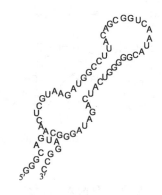

图 19.8 酪氨酸的 L-RNA 适体

利用核酸适体作为手性添加剂在毛细管电泳中也已研究。文献[46]探讨了使用抗精氨酸 RNA 适体作为毛细管电泳中的手性添加剂对精氨酸的外消旋体进行了拆分。抗精氨酸 RNA 适体是一个具有 53 个碱基的序列，图 19.9 是该适体的结构图。

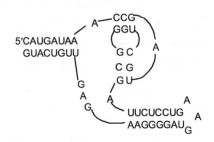

图 19.9 抗精氨酸 RNA 适体

精氨酸外消旋体的分离使用部分填充模型，手性分离展示了很高的对映体选择性。研究考察了温度对分离的影响，如上样量、柱效、峰形、保留因子等，实际的分离操作是在 50~60 ℃的高温下进行。在该温度下分离具有慢的吸附动力学，RNA 具有三种不同的构型，这些不同的构型是该核酸适体能够进行手性拆分的基础。

一个对精氨酸具有手性识别作用的 RNA 结构开关材料被设计，其由三条碱基链组成，其中之一接上了能识别精氨酸对映体的适体，另外两条碱基链分别标记上荧光生色团和荧光猝灭基团，当其与精氨酸作用时，通过测定其荧光强度，可以测出低至 0.1∶99.9 (L∶D)的精氨酸对映体的比值[47]。其作用原理示意如

图 19.10。

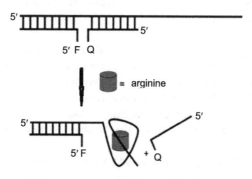

图 19.10　RNA 适体荧光开关示意图

F: 荧光官能团; Q: 猝灭官能团

参 考 文 献

[1]　施俊庆，段爱红，袁黎明. 分析试验室, 2017, 36: 643

[2]　谢海燕, 陈薛钗, 邓玉林. 化学进展, 2007, 19: 1026

[3]　Tuerk C, Gold L. Science, 1990, 249: 505

[4]　Ellington A D, Szastak J W. Nature, 1990, 346: 818

[5]　Robertson D L, Joyce G. Nature, 1990, 344: 467

[6]　Burgstaller P, Girod A, Blind M. Drug Discovery Today, 2002, 7: 1221

[7]　汪俊，江雅新，方晓红，白春礼. 物理, 2003, 32: 732

[8]　斯文·克卢斯曼. 核酸适配体手册: 功能性寡核苷酸及其应用. 屈锋等译. 北京: 化学工业出版社, 2013

[9]　McGown L B, Joseph M, Pitner J B, Vonk G P, Linn C P. Anal. Chem., 1995, 67: 663

[10]　Davis K A, Abrams B, Lin Y, Jayasena S D. Nucleic Acids Res., 1996, 24: 702

[11]　Stojanovic M N, Prada P D, Landry D W. J. Am. Chem. Soc., 2001, 123: 4928

[12]　Frauendorf C, Jaschke A. Bioorg. Med. Chem., 2001, 9: 2521

[13]　Jhaveri S, Rajendran M, Ellington A D. Nat. Biotechnol., 2000, 18: 1293

[14]　Potyrailo R A, Conrad R C, Ellington A D, Hieftje G M. Anal. Chem., 1998, 70: 3419

[15]　Drolet D W, Moon-McDermott L, Romig T S. Nat. Biotechnol., 1996, 14: 1021

[16]　Pavski V, Le X C. Anal. Chem., 2001, 73: 6070

[17]　Rehder M A, McGown L B. Electrophoresis, 2001, 22: 3759

[18]　German I, Buchanan D D, Kennedy R T. Anal. Chem., 1998, 70: 4540

[19]　Deng Q, German I, Buchanan D, Kennedy R T. Anal. Chem., 2001, 73: 5415

[20]　Romig T S, Bell C, Drolet D W. J. Chromatogr. B, 1999, 731: 275

[21]　Ravelet C, Grosset C, Peyrin E. J. Chromatogr. A, 2006, 1117: 1

[22]　Ravikumar M, Prabhakar S, Vairamani M. Chem. Commun., 2007, 392

[23]　Shoji A, Kuwahara M, Ozaki H, Sawai H. J. Am. Chem. Soc., 2007, 129: 1456

[24]　Williams K P, Liu X H, Schumacher T N M, Lin H Y, Ausiello D A, Kim P S, Bartel D P. Proc. Natl. Acad. Sci. USA, 1997, 94: 11285

[25]　Kotia R B, Li L J, McGown L B. Anal. Chem., 2000, 72: 827

[26]　Yuan L M, Ren C X, Li L, Ai P, Yan Z H, Zi M, Li Z Y. Anal. Chem., 2006, 78: 6384

[27]　Chang Y X, Zhou L L, Li G X, Li L, Yuan L M. J. Liq. Chromatogr. Relat. Tech., 2007, 30: 2953

[28]　Yang X J, Bing T, Mei H C, Fang C L, Cao Z H, Shangguan D H. Analyst, 2011, 136: 577

[29]　Huang R, Xiong W M, Wang D F, Guo L H, Lin Z Y, Yu L S, Chu K D, Qiu B, Chen G. Electrophoresis, 2013, 34: 254

[30]　Tohala L, Oukacine F, Corinne Ravelet C, Peyrin E. Anal. Chem., 2015, 87: 5491

[31]　Michaud M, Jourdan E, Villet A, Ravel A, Grosset C, Peyrin E. J. Am. Chem. Soc., 2003, 125: 8672

[32]　Michaud M, Jourdan E, Ravelet C, Ravel A, Grosset C, Peyyrin E. Anal. Chem., 2004, 76: 1015

[33]　Ren J T, Wang J H, Wang J, Wang E K. Chem. Eur. J., 2013, 19: 479

[34]　Ping J, He Z J, Liu J S, Xie X H. Electrophoresis, 2018, 39: 486

[35]　Higuchi A, Yomogita H, Yoon B O, Kojima T, Hara M, Maniwa S, Saitoh M. J. Membr. Sci., 2002, 205: 203

[36]　Higuchi A, Higuchi Y, Furuta K, Yoon B O, Hara M, Maniwa S, Saitoh M, Sanui K. J. Membr. Sci., 2003, 221: 207

[37]　Matsuoka Y, Kanda N, Lee Y M, Higuchi A. J. Membr. Sci., 2006, 280: 116

[38]　Tu X M, Manohar S, Jagota A, Zheng M. Nature, 2009, 460: 250

[39]　Challier L, Mavre F, Moreau J, Fave C, Schollhorn B, Marchal D, Peyrin E, Noel V, Limoges B. Anal. Chem., 2012, 84: 5415

[40]　Geiger A, Burgstaller P, Eltz H V D, Roeder A, Famulok M. Nucleic Acids Res., 1996, 24: 1029

[41]　Famulok M. J. Am. Chem. Soc., 1994, 116: 1698

[42]　Connell G J, Illangesekare M, Yarus M. Biochemistry, 1993, 32: 5497

[43]　Famulok M, Szostak J W. J. Am. Chem. Soc., 1992, 114: 3990

[44]　Brumbt A, Ravelet C, Grosset C, Ravel A, Villet A, Peyrin E. Anal. Chem., 2005, 77: 1993

[45]　Ravelet C, Boulkedid R, Ravel A, Grosset C, Villet A, Fize J, Peyrin E. J. Chromatogr. A, 2005, 1076: 62

[46]　Ruta J, Ravelet C, Grosset C, Fize J, Ravel A, Villet A, Poyrin E. Anal. Chem., 2006, 78(9): 3032

[47]　Null E L, Lu Y. Analyst, 2010, 135: 419

第四部分 多 孔 材 料

　　早在 1756 年人们就发现了沸石，它是一类含水的骨架型硅铝酸盐矿物，当其受到灼烧时，晶体中的水被赶出来，产生类似沸腾的现象，现已经发现的天然沸石矿物有 40 多种。1932 年 McBain 提出"分子筛"的概念，表示可以在分子水平上筛分物质的多孔材料，它的严格定义是指由 TO₄ 四面体通过共顶点连接而形成的具有规则孔道结构的无机晶体材料。沸石可以用作分子筛，甚至在分子筛中最具代表性。随着合成化学的飞速发展，多孔材料经历了从天然获取到人工合成，从传统的无机多孔材料到无机-有机杂化多孔材料、有机多孔材料的发展历程[1]。

　　传统无机多孔材料具有牢固的骨架和良好的稳定性，无机-有机杂化多孔材料和有机多孔材料的构筑都离不开功能有机配体，这使得它们的结构具有很好的可控性和易修饰性，这些多孔材料在手性识别方面各有自己的特长和优点。

第20章 金属-有机框架材料

18 世纪初德国人狄斯巴赫合成了第一个俗称普鲁士蓝的六氰合铁酸铁的配位聚合物，配位聚合物术语出现在 20 世纪 60 年代，配位聚合物是由金属离子或金属族与无机/有机配体通过配位键组装形成的化合物，而由有机桥联分子与金属离子/金属族形成的多孔配位聚合物通常被称为金属-有机框架材料[2](metal-orgamic frameworks, MOF)。在 1990 年前后，澳大利亚化学家 Robson 等[3]报道了一系列多孔配位聚合物的晶体结构。1995 年 Yaghi 等[4]合成出了具有稳定结构的 MOF，从此该领域开始了迅速的发展。现在大多数金属元素已经用于构筑 MOF，考虑到配位键的稳定性和有机配体的可设计性，羧酸根和吡啶类配体是合成这类材料的主流。其结构可以采用描述无机沸石拓扑结构的方法，将此类高度有序的结构抽象为拓扑网络，拓扑网络通常采用三字母符号进行标记，每一种三字符对应一种拓扑网。其合成方法包括普通溶液法、水(溶剂)热法、扩散法、固相反应等，且产物还可进一步后修饰。MOF 已经广泛地用于催化、吸附、微反应器、离子交换和复合功能材料等多方面的研究。2006 年 Chen 等[5]首先将 MOF 用于填充柱气相色谱研究，2007 年 Dirk 等[6]首先将 MOF 用于高效液相色谱固定相研究，2010 年严秀平、古志远等[7]首先将 MOF 用于毛细管气相色谱研究，Grzybowski 等[8]在单个毫米级的 MOF-5 晶体上实现了对有机染料的色谱分离。

手性 MOF 的合成主要有手性模板法、后修饰法以及直接法，其中直接法是当前最普遍的构筑方法。1999 年 Aoyama 等[9]用硝酸镉和非手性的 5-(9-蒽基)嘧啶合成出了光学纯的手性 MOF 后，手性 MOF 逐渐进入了人们的视野[10-13]。2007 年 Bryliakov 等[14]将手性[Zn$_2$(bdc)(L-lac)(dmf)]·DMF 晶体填充到一根 8mm 内径的玻璃柱中，以 DMF 与 CH$_2$Cl$_2$ 的混合液为洗脱液，以苯甲亚砜对映异构体为待测物，第一次证实了 MOF 手性拆分的可能性。2011 年袁黎明、谢生明等[15]将手性 MOF 第一次用于现代手性色谱技术，此后该技术得到了蓬勃发展。由于一些手性配体较难合成，手性 MOF 的相关报道只占 MOF 材料的 1%左右。目前较多报道的手性配体主要有氨基酸类、樟脑磺酸类、乳酸类、联萘类、联苯酚类、席夫碱类等。在手性识别材料与技术的研究中，笔者团队近 10 年来按照已有的文献报道进行了大量的手性 MOF 的合成，但终因一些手性配体难于合成而实用性差、一些 MOF 合成难于再现、一些手性 MOF 的产率太低、或者一些 MOF 的手性识别效果较低等多种原因，我们实验室成功率较高的是以氨基酸类为桥联和以樟脑磺酸类为桥联的两类 MOF 材料。除这两大类以外，也有部分其他类型的 MOF。

20.1 氨基酸类桥联配体

2011 年笔者团队[15]率先将手性 MOF 用于现代色谱手性固定相的研究。按照文献[16]合成了一种具有三维单手螺旋结构的手性 MOF 为[{Cu(sala)}$_n$]，配体 sala 是丙氨酸的衍生物 H$_2$sala=N-(2-hydroxybenzyl)-L-alanine。将此手性 MOF 用作毛细管气相色谱固定相，其能拆分 2-甲基-1-丁醇、1-苯基-1,2-乙二醇、苯乙醇、香茅醛、樟脑、丙氨酸、亮氨酸、缬氨酸、异亮氨酸、脯氨酸和苯基-琥珀酸这 11 个外消旋化合物或其衍生物，共涉及醇、醛、酮、有机酸和氨基酸五大类化合物。[{Cu(sala)}$_n$]材料还能对全戊基-β-环糊精气相色谱固定相的对映体选择分离具有促进作用[17]。[{Cu(sala)}$_n$]的合成[16]是：称 195 mg(1.00 mmol) H$_2$sala 和 24 mg(1.00 mmol) LiOH 加入到 10 mL 去离子水中，室温下搅拌 30 min，将反应物过滤，得到滤液。然后称取 200 mg(1.00 mmol)Cu(CH$_3$CO$_2$)$_2$·H$_2$O 溶于 10 mL 去离子水中，将此溶液加入到滤液中，静置，几分钟后有深绿色的晶体生成，用倾析法将晶体与液体分开，就得到一种具有单手螺旋结构的配位聚合物[{[Cu(sala)]$_2$(H$_2$O)}$_n$]，其在 115 ℃加热 3 h，单手螺旋结构失去水分子通过交联产生具有手性螺旋结构的[{Cu(sala)}$_n$]。

一种三维手性介孔的[(CH$_3$)$_2$NH$_2$][Cd(bpdc)$_{1.5}$]·2DMA，其中 bpdc=4,4′-二羧基联苯，该 MOF 的孔径达到 19.4~22.4 Å，这一通道是由平行的 8 条链螺旋连接而成的一个手性纳米孔道，呈六边形状。合成是将 0.3 mmol 的四水合硝酸镉(92 mg)、0.25 mmol 4,4′-联苯二羧酸(60 mg)和 0.45 mmol L-亮氨酸(59 mg)溶于 5 mL DMA 中，室温搅拌 30 min，转移到 25 mL 聚四氟乙烯衬套内密封于不锈钢反应釜中，在 140 ℃反应 2 天，冷却至室温。将得到的无色棒状晶体分别用 DMA、乙醚洗涤，室温下干燥后得产物 125 mg，产率约为 60%(基于 Cd 计算)[18]。将此晶体处理后制备成高效液相色谱手性柱，其对醇、酮、酚、有机碱、黄酮和胺类等不同类型的手性化合物具有较好的手性识别能力，第一次证实了 MOF 手性拆分的广泛实用性[19]，此前的 3 篇手性 MOF 用作液相色谱的工作仅能对苯甲亚砜[14]、苯乙醇[20]、亚砜类[21]外消旋体进行拆分。将[(CH$_3$)$_2$NH$_2$][Cd-(bpdc)$_{1.5}$]·2DMA 材料用于毛细管气相色谱手性柱的研究，也显示良好的手性分离能力[22]。随后唐波团队[23]报道以 N-(4-吡啶基甲基)-L-亮氨酸·HBr(HL)为配体合成的 {[ZnLBr]·H$_2$O}$_n$ 晶体作为高效液相色谱手性固定相可以拆分布洛芬、苯乙胺、安息香以及苯基-1-丙醇的外消旋体。

　　1.309 g 六水合硝酸钴(4.5 mmol)溶于 45 mL 蒸馏水，0.918 g 的 L-色氨酸 (4.5 mmol)和 0.819 g 的 1,2-二(4-吡啶基)乙烯(4.5 mmol)溶于 135 mL 甲醇，将两种 溶液混合于 250 mL 圆底烧瓶室温下搅拌 30 min，随后在 50 ℃反应 5 天，冷却至 室温，产物用母液和蒸馏水洗涤 3 次，并在丙酮中自然干燥，得到橙色粉末状 $\{[Co(L\text{-}trp)(bpe)(H_2O)]\cdot H_2O\cdot NO_3\}_n$ 晶体，产率约为 38%，其是具有二维手性层面 结构的 MOF[24]。将其用作 HPLC 手性固定相，在正相条件下能对 3-苄氧基-1,2- 丙二醇、DNB-亮氨酸、阿普洛尔、吲哚洛尔、盐酸普萘洛尔、1-(9-蒽基)-2,2,2- 三氟乙醇、3,5-二硝基-N-(1-苯乙基)-苯甲酰胺、1,2-二苯基乙二醇、华法林钠、奥 美拉唑和马来酸氯苯那敏 11 种外消旋化合物进行较好的拆分[25]。

　　作者团队[26]研究分别由 L-酪氨酸(L-Tyr)、L-组氨酸(L-His)、L-色氨酸(L-Trp)、 L-谷氨酸(L-Glu)和一些配体合成的 6 个手性 MOF 作为液相色谱固定相在正相条 件下也具有一定的手性分离能力。三维手性网状结构的 $[Zn(L\text{-}Tyr)]_n$(L-TyrZn)能拆 分 1,2-二苯基-1,2-乙二醇、吲哚洛尔、3-苄氧基-1,2-丙二醇、盐酸普萘洛尔、吡喹 酮、奥美拉唑和华法林；五重螺旋链形成的三维手性网状结 构 $[Zn_4(btc)_2(Hbtc)(L\text{-}His)_2(H_2O)_4]\cdot 1.5H_2O$(btc=均苯三酸)能拆分 DNB-亮氨酸、1,2- 二苯基乙二醇、奥美拉唑和 1-对氯苯基乙醇；二维手性层面结构的 $\{[Zn_2(L\text{-}Trp)_2(bpe)_2(H_2O)_2]\cdot 2H_2O\cdot 2NO_3\}_n$(bpe=1,2-二(4-吡啶基)乙烯)能拆分 1,2- 二苯基-1,2-乙二醇、DNB-亮氨酸、1-对氯苯基乙醇和奥美拉唑；均手性二维层状结 构的 $[Co_2(L\text{-}Trp)(INT)_2(H_2O)_2(ClO_4)]$(INT=异烟酸)能拆分 3-苄氧基-1,2-丙二醇、 1,2-二苯基-1,2-乙二醇、马来酸氯苯那敏、联糠醛、酮洛芬、氟比洛芬、氯胺地平 和盐酸普萘洛尔外消旋化合物；二维手性层结构的 $[Co_2(sdba)(L\text{-}Trp)_2]$(sdba=4,4'- 二羧基联苯砜)能拆分 3-苄氧基-1,2-丙二醇、1,2-二苯基乙二醇、联糠醛和 1,2-二 苯乙醇酮；三维手性波纹层面网络结构的 $[Co(L\text{-}Glu)(H_2O)\cdot H_2O]_n$ 能拆分 1,2-二苯 基乙二醇、3-苄氧基-1,2-丙二醇、阿普洛尔、吲哚洛尔、DNB-(R,S)-亮氨酸、华法 林、α-甲基苄基胺、马来酸氯苯那敏外消旋化合物。

　　一个由 Cu^{2+} 和 L-组氨酸衍生的链接剂(S)-3-(1H-咪唑-5-基)-2-(4H-1,2,4-三氮 唑-4-基)-丙酸((S)-HTA)生成的 $\{Cu((S)\text{-}TA)_2\}$ 为三维网络状的手性 MOF，其被报道 具有一个较宽范围的对映体选择性，作为 HPLC 的手性固定相能拆分 1-苯基乙醇、 安息香、反-2,3-二苯基环氧乙烷、黄烷酮，将其作为经典柱色谱的手性分离材料， 能对布洛芬、反应停药物进行毫克级的制备性手性分离[27]。

　　$\{[Co(L\text{-}Tyr)]_n$(L-TyrCo)$\}$ 是一种三维手性 MOF，其中 L-Tyr=L-酪氨酸，合成[28] 是：$Co(CH_3COO)_2\cdot 4H_2O$ 与 L-酪氨酸按 2∶1 的比例加入 20 mL 蒸馏水，并用 1.0 mol/L NaOH 溶液将其 pH 调节在 9~10 的范围内，混合物在 120~150 ℃下反应 1~3 天，最后冷却至室温，获得紫色晶体。将其作为固相萃取吸附剂填充到固相萃取柱中，对联萘酚手性化合物进行萃取分离。结果表明通过固相萃取后的洗脱液对映体总浓度(c)与固相萃取前的原料液对映体过剩值($e.e.$)之间具有较好的线性关系，能用于联萘酚样品的 $e.e.$ 检测，并与手性高效液相色谱方法的测定结果相比无明显误差[29]。

Cd(CH$_3$COO)$_2$·2H$_2$O(0.067 g，0.25 mmol)溶解在 4 mL 去离子水中，然后将L-硫代脯氨酸(0.075 g，0.56 mmol)溶解在 4 mL 去离子水中，将两者充分混合、搅拌、静置。半个月后，得到无色方块状晶体，经洗涤、抽滤、烘干得手性 MOF材料[Cd(LTP)$_2$]$_n$(LTP = L-硫代脯氨酸)[30]。用动态法涂渍到毛细管气相色谱柱内壁，再用静态法将全甲基-β-环糊精涂渍到毛细管柱内壁，则晶体[Cd(LTP)$_2$]$_n$能增强全甲基-β-环糊精的手性分离能力[31]。

陈兴国团队[32]将毛细管柱用3-环丙氧基丙基三甲氧基硅烷和亚氨基二羧酸处理内壁后，交替泵入 10 mmol/L 的 Zn(CH$_3$CO$_2$)$_2$·2H$_2$O 甲醇溶液和 10 mmol/L 的N-(4-吡啶甲基)-L-丙氨酸·HCl 水溶液，在毛细管内壁通过层层自组装的形式生长出均手性 3D 螺旋形 AlaZnCl，6 个胺性药物在该毛细管电色谱 MOF 柱上得到了手性拆分。

Ni$_2$(L-Asp)$_2$(bipy)(L-Asp=L-天冬氨酸，bipy=4,4′-联吡啶)的手性膜也被报道[33]。其是将 0.1 g 的 L-天冬氨酸(0.75 mmol)分散在 2 mL 甲醇(62.4 mmol)和0.2 mL 水(11.1 mmol)的混合溶剂中，然后加入 0.0586 g 的联吡啶(0.375 mmol)搅拌1 h。将该混合物与一块镍网放入有聚四氟乙烯内胆的压力反应釜中在 150 ℃加热48 h 后，取出用甲醇和水洗涤，80 ℃下干燥，最后在 150 ℃活化 10 h。该手性膜以压力为推动力可对 2-甲基-2,4-戊二醇的外消旋体进行拆分，且拆分效果受温度和压力的影响。另一种制备该手性膜的方法是采用球磨获得晶种后，通过浸渍，将晶种涂覆到陶瓷基膜上，然后进行二次生长形成该手性膜[34]。两种方法制备的手性膜对 2-甲基-2,4-戊二醇的拆分 $e.e.$ 值皆超过 30%。

在手性配体中，二肽是一类有吸引力的手性配体家族，可以用于合成手性MOF 材料。二肽可以利用氨基酸无限组合在一起，具有多种多样的结构和丰富的配位点容易与金属离子结合。尽管有许多肽可以使用，但是基于肽形成多孔 MOF的报道仍然比较少。笔者课题组[35]利用二肽的 MOF 作为手性固定相，制备了毛细管气相色谱柱，其对 30 种不同种类的化合物具有很好的拆分能力，具有很好的应用前景。该二肽 MOF[36]合成是：取 Co(OAc)$_2$·4H$_2$O(150 mg，0.6 mmol)、L-GG(L-GG=L-甘氨酸-谷氨酸，120 mg，0.6 mmol)于 50 mL 反应釜中，依次加入水(12 mL)和甲醇(12 mL)，在室温下搅拌 20 min，然后调节温度至 80 ℃并保持 2 h。自然冷却至室温后得到粉红色针状晶体，用无水甲醇洗涤、干燥，产率约为 74%。该 MOF 晶体不溶于有机试剂并且能够在水中长时间稳定存在。

除此之外，一个由三肽 Gly-L-His-Gly (GHG)为配体构建的 Cu(GHG)材料，被报道在固相萃取中显示出对麻黄碱较好的萃取能力[37]。还有研究显示，用手性氨基酸类对非手性 MOF 进行衍生，也可用于手性识别[38]和手性固膜的研究[39]。

20.2　樟脑类桥联配体

采用动态涂渍法制备以 Co(D-cam)$_{1/2}$(bdc)$_{1/2}$(tmdpy)(D-cam=D-樟脑酸、bdc=对苯二甲酸、tmdpy=4,4′-三亚基二吡啶)为固定相的毛细管气相色谱手性柱，该手性柱显示出了良好的手性拆分能力[40]。该 MOF 具有固有的三维均一手性网络、左手螺旋结构和旋光纯的手性配体。合成[41]是将 D-樟脑酸(0.1030 g)、对苯二甲酸(0.0801 g)、4,4′-三亚基二吡啶(0.0956 g)和 CoCO$_3$(0.1307 g)加入到 5 mL 去离子水中，放置于 50 mL 的反应釜中，在室温下搅拌 20 min，然后将反应釜密封，在 120 ℃下反应 5 天，冷却至室温，产物分别用一定量的去离子水和乙醇洗净，得到紫色晶体。将该手性 MOF 用作毛细管柱内壁的粗糙化材料，然后静态法涂渍全戊基-β-环糊精固定相，结果显示其对环糊精的手性拆分具有明显的促进作用[42]。[Co$_2$(D-cam)$_2$(tmdpy)]具有非穿插的原始立方体网状结构，并且含有 2D (4,4)均一手性层结构[43]。0.7205 g 的 Co(CH$_3$COO)$_2$·4H$_2$O，0.5854 g 的 D-樟脑酸，0.5750 g 的 4,4′-三亚甲基二吡啶和 0.3295 g 无水碳酸钾，混合在 50 mL 聚四氟乙烯衬套内，加入 23 mL 蒸馏水在室温下搅拌 20 min，随后将衬套密封在不锈钢的反应釜中，于 160 ℃下反应 6 天，最后冷却至室温获得红色晶体，用蒸馏水和无水乙醇分别清洗三次后干燥。将其作为高效液相色谱手性固定相时，其对 3-苄氧基-1,2-丙二醇、1-(1-萘基)-乙醇、3,5-二硝基-N-(1-苯乙基)苯甲酰胺、反-1,2-二苯环氧乙烷、吡喹酮和 Troger's 碱有不同程度的分离，该手性柱表现出了较好的重现性和稳定性[44]。将其作为毛细管电色谱的手性固定相可以拆分多个外消旋体[45]。Ni(D-cam)(H$_2$O)$_2$是结合了分子手性、手性螺旋和固有手性拓扑结构的三维开放骨架材料[41]，用其作为固定相涂渍毛细管气相色谱柱，其对手性化合物醛、有机酸、醇和氨基酸等显示出好的分离能力[46]。

Zn(NO$_3$)$_2$·6H$_2$O (0.2217 g)、D-(+)-樟脑酸 (0.1110 g)、Na$_2$CO$_3$ (0.0476 g)、4,4′-联吡啶 (0.0791 g)，以摩尔比 3∶2∶2∶2 混合在盛有蒸馏水 (8.7244 g) 的反应釜中搅拌 20 min 充分溶解，然后在 120 ℃下反应两天，反应产物缓慢冷却至室温，产物经离心洗涤、抽滤、干燥，获得约 89%产率的[Zn$_2$(D-cam)$_2$(4,4′-bpy)]$_n$无色晶体[47]。该晶体是通过纯对映体和联吡啶的交叉结合形成的六连接的双核金属簇网络聚合物，交替的 D-cam 配体和金属位点形成了螺旋链，左手螺旋和右手螺旋通过共同的双核金属团簇连接在一起。用该 MOF 制作涂层毛细管气相色谱柱，其能对一些手性化合物进行分离[48]。将其采用湿法装柱制备高效液相色谱手性柱，其能对醇类、酚类、酮类、醛类、胺类等 9 种手性化合物表现出较好的手性识别能力[49]。把该 MOF 材料用作开管毛细管电色谱手性固定相，其能拆分开二氢黄酮和吡喹酮，且具有较好的稳定性及重现性，其是第一篇将手性 MOFs 用作毛细管电色谱手性固定相的报道[50]，具有很好的理论意义与良好的应用前景。该 MOF 材料还被生长在表面被硅和氧化石墨烯包裹的磁珠外面用于手性分散固相萃取的研究[51]。笔者团队[52]将该 MOF 作为固相萃取吸附剂填充到固相萃取柱中，对联萘酚手性化合物进行萃取分离。通过固相萃取后的洗脱液对映体总浓度(c)与固相萃取前的原料液对映体过剩值($e.e.$)之间具有良好的线性关系，能用于手性化合物$e.e.$值的检测，且同高效液相色谱测定结果一致，展示出应用前景。另外将[Cu$_2$(D-cam)$_2$(4,4'-bpy)]晶体[47]填装液相色谱柱，有 6 个手性化合物得到了拆分[53]。在毛细管气相色谱柱内壁的聚(L-多巴胺)层上生长出 Cu$_2$(D-cam)$_2$(4,4'-bpy)或 Cu$_2$(D-cam)$_2$(dabco)晶体(dabco=1,4-二氮杂二环[2.2.2]辛烷)，该 MOF 可以促进手性拆分的效果[54]。将[Zn$_2$(D-cam)$_2$(dabco)]·DMF·H$_2$O 作为手性识别剂制备醋酸纤维素混合膜[55]，该膜对 D,L-对羟基苯甘氨酸分离的对映体过剩值为 42.4%。

使用 D-樟脑酸有机配体能合成一种具有钻石网络结构和左手螺旋通道的多孔手性 InH(D-cam)$_2$ 材料用作毛细管气相色谱手性固定相，也对外消旋化合物表现出良好的识别能力[56]。InH(D-cam)2 的合成[57]是：将 InCl$_3$/D-(+)-樟脑酸/EDA/DMF = 1/2/6/362 混合，在室温下搅拌 1 h，放置于 50 mL 的聚四氟乙烯反应釜中，然后将反应釜密封，在 100 ℃下反应 3 天，冷却至室温。用 InH(D-cam)$_2$ 用作毛细管柱内壁的粗糙化材料，然后静态法涂渍全戊基-β-环糊精固定相，制备涂敷型开管柱，此手性 MOF 对环糊精的手性拆分也具有促进作用[58]。

将等量的 D-樟脑酸(0.501 g, 2.5 mmol)和 Mn(NO$_3$)$_2$·4H$_2$O (0.452 g, 2.5 mmol)溶解于 DEF 和无水乙醇(DEF/C$_2$H$_5$OH, 17.139 g/8.826 g)的混合溶剂中，在 100 ℃下反应 48 h，冷却至室温，产物用一定量的乙醇洗净，得到黄色晶体[Mn$_3$(HCOO)$_4$(D-cam)]$_n$，产率为 86%[59]，晶体具有蜂巢状三维通道和均一手性的特征。将其作为固定相采用动态涂渍法制备毛细管气相色谱手性柱，此手性固定相对一些外消旋体显示良好的分离能力[60]。

一种以有机阳离子和手性阴离子为模板构筑的三维均一手性多孔[Cd$_2$(D-cam)$_3$]·2Hdma·4dma·2H$_2$O (dma = dimethylamine)的具体合成步骤是：将四水硝酸铬(0.1501 g)、D-(+)-樟脑酸(0.1050 g)和(S)-(+)-2-甲基哌嗪(0.0263 g)溶解于 DMF(1.8366 g)和无水乙醇(0.9524 g)的混合溶液中搅拌 20 min，将混合溶液转移至反应釜中在 100 ℃反应 10 天，冷却至室温后得到无色透明晶体[61]。笔者[62]筛选出约 5 μm 粒径的晶体进行湿法制柱得到手性柱，该柱对 9 种外消旋化合物实

现了手性分离，并对(±)-1-(1-萘基)-乙醇表现了突出的手性识别能力，分离度(R_s)
达到了 4.55。

为了解决 MOF 作为液相色谱手性固定相时其颗粒形状非球形、大小不均匀
造成色谱柱难于填充、柱效低的难题，笔者团队[63]利用界面聚合反应采取"网包
法"将纳米级的[Nd$_3$(D-cam)$_8$(H$_2$O)$_4$Cl]$_n$晶体颗粒固载在硅胶的表面，其不但具有
好的固载效果，而且得到了比单一 MOF 更好的手性分离能力。

20.3 其 他

除了氨基酸衍生物、樟脑酸配体合成的手性 MOF 外，还有一些配体的手性
MOF 也具有较好的手性识别作用，如第一个填装于玻璃柱进行液相色谱手性拆分
的[Zn$_2$(bdc)(L-lac)(dmf)][10](bdc=对苯二甲酸，L-lac=L-乳酸)是含有 L-乳酸手性配
体的 MOF。金万勤课题组[64]采用手性[Zn$_2$(bdc)(L-lac)(dmf)]制备手性无机固膜，
对手性甲基苯基亚砜的手性选择性达到 33% *e.e.*的分离效果，这是第一篇将手性
MOF 作为手性膜分离的研究。膜的制备包括两个步骤，第一步是种子生成过程：
将对苯二甲酸 (0.0156 g)、L-乳酸 (0.0092 g)和 DMF (30 mL) 混合搅拌 30 min，
然后加入一个内放 ZnO 多孔支撑片的含聚四氟乙烯内胆(45 mL)的不锈钢反应釜
中，在 110 ℃加热 12 h 后冷到室温，则得到表面长满[Zn$_2$(bdc)(L-lac)(dmf)]手性种
子层的 ZnO 多孔支撑片，用 DMF 洗涤后在 110 ℃干燥 2 h。第二步是生长：将表
面长有种子层的 ZnO 多孔支撑片放入装有 Zn(NO$_3$)$_2$·6H$_2$O(0.36 g)，L-乳酸
(0.0294 g)，对苯二甲酸(0.0498 g)和 DMF (30 mL)的含聚四氟乙烯内胆的反应釜中
在 110 ℃加热 12 h，冷到室温后在 ZnO 表面生成的膜用 DMF 洗涤，在 90 ℃干
燥 6 h 即得。刘虎威团队[65]仍然用[Zn$_2$(bdc)(L-lac)(dmf)]材料将其固载在磁珠表面
对甲基苯基亚砜进行"捕鱼"式手性固相萃取，3 min 内萃取得到 85.2% *e.e.*的甲
基苯基亚砜。该材料是将 0.1 g Fe$_3$O$_4$@SiO$_2$ 加到含有 Zn(NO$_3$)$_2$·6H$_2$O (10 mmol)、
对二苯甲酸(5 mmol)和 L-乳酸(5 mmol)的 DMF 溶液中超声 30 min，然后在 900
r/min 的磁搅拌下在 120 ℃反应 24 h，褐色晶体用 DMF、乙醇洗涤干燥后即得
Fe$_3$O$_4$@SiO$_2$-[Zn$_2$(bdc)(L-lac)(dmf)]产物。

以(*S*)-苹果酸和 4,4′-联吡啶为配体与醋酸铜通过溶剂热法可合成一种具有三
维手性网状结构的[Cu((*S*)-mal)(bpy)]$_n$，合成[66]为：称取 0.3 g 一水合醋酸铜
(1.5 mmol)，0.42 g (*S*)-苹果酸(3 mmol)和 0.23 g 4,4′-联吡啶加入 30 mL 甲醇/水(1：
1，体积比)充分搅拌溶解，于 100 ℃下反应 24 h。获得蓝色晶体用甲醇洗涤干燥
备用。将它用作高效液相色谱固定相，以高压匀浆法制成手性 MOF 柱，其对醇
类、酮类、酚类、胺类等 17 种外消旋化合物达到了良好的手性拆分[67]。

将[Ni(S-mal)(bpy)]$_n$[66]用作液相色谱手性柱，也对 6 种外消旋化合物表现出了手性识别能力[68]。还有报道[69]将以 L-苹果酸为配体的[Ni$_2$(mal)$_2$(bpy)]·2H$_2$O 材料生长在 Al$_2$O$_3$ 的多孔支撑体上制备出了具有手性皮层的无机膜。以(1R,2R)-1,2-环己烷二甲酸(H$_2$L)和 4,4'-联吡啶(bpy)配体生成的［Cu$_3$(HL)$_2$(L)$_2$(bpy)$_3$]·4H$_2$O 也能被制备成液相手性分离柱[70]。

0.301 g (1 mmol) 的 Zn(NO$_3$)$_2$·6H$_2$O 和 0.224 g (2 mmol) 异烟碱酸分别溶于 10 mL 的 DMSO 和 5 mL 的 DMSO 溶剂中，将两者混合并搅拌 30 min 充分溶解，将装有混合溶液的小烧杯置于混合了 10 mL 的三乙胺和 5 mL 乙醇的大烧杯里，封口静置一周长出无色针状晶体，得到手性 Zn(ISN)$_2$·2H$_2$O(ISN=异烟碱酸)，其是一种类石英、手性开孔材料，具有孔径大小约为 8.6 Å 的左手螺旋通道[71]。将其用作开管柱气相色谱手性固定相，也有一定的手性分离能力[72]。

一个四羧基桥连衍生的手性 1,1'-双-2-萘酚配体 (L) 与镉生成的[Cd$_2$(L)(H$_2$O)]·6.5DMF·3EtOH 被报道是一个对氨基醇类具有高手性选择性和灵敏度的荧光 MOF。该晶体的合成是将 CdCl$_2$ (0.95 mg, 5.2 mmol)、H$_4$L (2.0 mg, 2.6 mmol)、DMF (0.25 mL)、EtOH (0.25 mL)和 H$_2$O (80 μL)的混合物在 80 ℃加热 3 天，过滤后干燥得 1.49 mg 微黄色的晶体，产率 42%[73]。{[Zn(BDA)(bpe)]·2DMA}也是 1,1'-双-2-萘酚衍生物为手性配体的 MOF(BDA=(R)-1,1'-联萘-2,2'-二羟基-5,5'-二羧酸，bpe=反-双(4-吡啶基)乙烯)，将其作为液相色谱固定相，其对芳香醇和亚砜等具有较好的手性拆分能力[74,75]。崔勇团队[76,77]报道四羧酸桥连衍生的手性 1,1'-双酚衍生物与锰生成的 MOF 对一些胺具有选择性手性吸附和色谱手性分离性能，另一个四羧酸桥连衍生的手性 1,1'-双酚衍生物与镉生成的 MOF 对芳香醇和亚砜也具有手性识别作用。

0.250 g 的 4,4'-二苯醚二甲酸、0.200 g 的 In(NO$_3$)$_3$·2H$_2$O、0.50 g 的 H$_2$O、0.090 g 的 HNO$_3$ 和 3.5 g 的 DMF 在 120 ℃下反应 5 天，可得到淡黄色的晶体[In$_3$O(obb)$_3$(HCO$_2$)(H$_2$O)]·solvent(obb=4,4'-二苯醚二甲酸)[78]。将此 MOF 用作固定相分别独立填充、与硅胶混合填充制备出两种不同长度的手性毛细管电色谱填充柱，3 种手性化合物得到分离[79]。将该 MOF 分别用于毛细管气相色谱以及高效液相色谱手性柱的制备，皆表现出较好的手性分离能力[80]。像这种配体没有手性，但生成具有双螺旋结构的 MOF，还有被报道用于毛细管电色谱手性拆分的[81]。

总之，将手性 MOF 用作手性识别材料的研究方兴未艾[82]，一些研究表明手性 MOF 的孔径[83]、二维形态[84]、环境温度[85]等将影响识别能力。尽管如此，由于该领域的研究仍还很有限以及手性识别机理的复杂性，目前还未能较明确地总结出 MOF 的金属离子、配体、晶体结构、孔径、旋光大小等多种因素是怎样影响手性识别的。另外，MOFs 中金属元素具有较强的活性，一方面其使待分离物具有较大的手性分离因子，但另一方面也常常造成色谱峰的拖尾，造成色谱柱的柱效较低，影响对映异构体的分离测定[86,87]。而对于这些问题的解决，仍需要努力探索。

参 考 文 献

[1]　徐如人, 庞文琴, 霍启深. 分子筛与多孔材料化学. 2 版. 北京: 科学出版社, 2015

[2]　陈小明, 张杰鹏. 金属-有机框架材料. 北京: 化学工业出版社, 2017

[3]　Hoskins B F, Robson R. J. Am. Chem. Soc., 1989, 111: 5962

[4]　Yaghi O M, Li G, Li H. Nature, 1995, 378: 703

[5]　Chen B L, Liang C D, Yang J, Contreras D S, Clancy Y L, Lobkovsky E B, Yaghi O M, Dai S. Angew. Chem. Int. Ed., 2006, 45: 1390

[6]　Alaerts L, Kirschhock C E A, Maes M, Van der Veen M A, Finsy V, Depla A, Martens J A, Baron G V, Jacobs P A, Denayer J E M, De Vos D E. Angew. Chem. Int. Ed., 2007, 46: 4293

[7]　Han S B, Wei Y H, Valente C, Lagzi I, Gassensmith J J, Coskun A, Stoddart J F, Grzybowski B A. J. Am. Chem. Soc., 2010, 132: 16358

[8]　Gu Z Y, Yan X P. Angew. Chem. Int. Ed., 2010, 49: 1477

[9]　Ezuhara T, Endo K, Aoyama Y. J. Am. Chem. Soc., 1999, 121: 3279

[10]　Liu Y , Xuan W M, Cui Y. Adv. Mater., 2010, 22: 4112

[11]　谢生明, 袁黎明. 化学进展, 2013, 25(10): 153

[12]　Gu Z G, Zhan C H, Zhang J, Bu X H. Chem. Soc. Rev., 2016, 45: 3122

[13]　祁晓月, 李先江, 白 玉, 刘虎威. 色谱, 2016, 34: 10

[14]　Nuzhdin A L, Dybtsev D N, Bryliakov K P, Talsi E P, Fedin V P. J. Am. Chem. Soc., 2007, 129: 12958

[15]　Xie S M, Zhang Z J, Wang Z Y, Yuan L M. J. Am. Chem. Soc., 2011, 133: 11892

[16]　Ranford J D, Vittal J J, Wu D Q, Yang X D. Angew. Chem. Int. Ed., 1999, 38: 3498

[17]　谢生明, 刘虹, 杨江蓉, 艾萍, 袁黎明. 色谱, 2016, 34(1): 113

[18]　Hao X R, Wang X L, Qin C, Su Z M, Wang E B, Lana Y Q, Shao K Z. Chem. Commun., 2007, 44: 4620

[19]　Zhang M, Pu Z J, Chen X L, Gong X L, Zhu A X, Yuan L M. Chem. Commun., 2013, 49: 5201

[20]　Padmanaban M, Muller P, Lieder C, Gedrich K, Grunker R, Bon V, Senkovska I, Baumgartner S, Opelt S, Paasch S, Brunner E, Glorius F, Klemm E, Kaskel S. Chem. Commun., 2011, 47: 12089

[21]　Tanaka K, Muraoka T, Hirayama D, Ohnish A. Chem. Commun., 2012, 48: 8577

[22]　Xie S M, Zhang X H, Wang B J,　Zhang M, Zhang J H, Yuan L M. Chromatographia, 2014, 77: 1359

[23]　Kuang X, Ma Y, Su H, Zhang J, Don Y B, Tang B. Anal. Chem., 2014, 86: 1277

[24]　Mendiratta S, Usman M, Luo T T, Chang B C, Lee S F, Lin Y C, Lu K L. Cryst. Growth Des., 2014, 14: 1572

[25]　农蕊瑜, 孔娇, 章俊辉, 陈玲, 汤波, 谢生明, 袁黎明. 高等学校化学学报, 2016, 37: 19

[26]　Zhang J H, Nong R Y, Xie S M, Wang B J, Ai P, Yuan L M. Electrophoresis, 2017, 38: 2513

[27]　Ochoa M N C, Tapia J B, Rubin H, Lillo V, Cobos J G, Rico J L N, Balestra S R G, Barrios N A, Lledós M, Bara A G, Giménez J C, Adán E C E, Ferran A V, Calero S, Reynolds M, Gastaldo C M, Mascarós J R G. J. Am. Chem. Soc., 2019, 141: 14306.

[28]　Zhou B, Silva N J O, Shi F N, Palacio F, Mafra L, Rocha J. Eur. J. Inorg. Chem., 2012, 32: 5259

[29]　Zhang J H, Tang B, Xie S M, Wang B J, Zhang M, Chen X L, Zi M, Yuan L M. Molecules, 2018, 23: 2802

[30]　Dong L J, Chu W, Zhu Q L, Huang R D. Cryst. Growth Des., 2011, 11: 93

[31]　Yang J R, Xie S M, Liu H, Zhang J H, Yuan L M. J. Chromatogr. Sci., 2016, 54(9): 1467

[32]　Pan C J, Wang W F, Zhang H G, Xu L F, Chen X G. J. Chromatogr. A, 2015, 1388: 207

[33]　Kang Z X, Xue M, Fan L L, Ding J Y, Guo L J, Gao L X, Qiu S L. Chem. Commun., 2013, 49: 10569

[34]　Huang K, Dong X L, Ren R F, Jin W. AIChE Journal, 2013, 59: 4364

[35]　Li L, Xie S M, Zhang J H, Chen L, Zhu P J, Yuan L M. Chem. Res. in Chinese Universities, 2017, 33: 24

[36]　Stylianou K C, Gómez L, Imaz I, Escamilla C V, Ribas X, Maspoch D. Chem. Eur. J., 2015, 21(28): 9964

[37]　José N S, Ana I A G, Yolanda M M, Daniel R S, Dmytro A, Pilar C F, Matthew J R, Carlos M G. J. Am. Chem. Soc., 2017, 139: 4294

[38]　Zhao J S, Li H W, Han Y Z, Li R, Ding X S, Feng X, Wang B. J. Mater. Chem. A, 2015, 3: 12145

[39]　Chan J Y, Zhang H C, Nolvachai Y, Hu Y X, Zhu H J, Forsyth M, Gu Q F, Hoke D E, Zhang X W, Marriot P J, Wang H T. Angew. Chem. Int. Ed., 2018, 57: 17130

[40]　Xie S M, Zhang X H, Zhang Z J, Zhang M, Jia J, Yuan L M. Anal. Bioanal. Chem., 2013, 405: 3407

[41]　Zhang J, Chen S M, Zingiryan A, Bu X H. J. Am. Chem. Soc., 2008, 130: 17246

[42]　Liu H, Xie S M, Ai P, Zhang J H, Zhang M, Yuan L M. ChemPlusChem, 2014, 79(8): 1103

[43]　Zhang J, Emily C, Chen S M, Pham T H, Bu X H. Inorg. Chem., 2008, 47: 3495

[44]　Kong J, Zhang M, Duan A H, Zhang J H, Yang R, Yuan L M. J. Sep. Sci., 2015, 38: 556

[45]　朱鹏静, 陶勇, 章俊辉, 字敏, 袁黎明. 色谱, 2016, 34(12): 1219

[46]　Xie S M, Wang B J, Zhang X H, Zhang J H, Zhang M, Yuan L M. Chirality, 2014, 26: 27

[47]　Zhang J, Yao Y G, Bu X H. Chem. Mater., 2007, 19: 5083

[48]　Xue X D, Zhang M, Xie S M, Yuan L M. Acta Chromatogr., 2015, 27: 15

[49]　Zhang M, Xue X D, Zhang J H, Xie S M, Zhang Y, Yuan L M. Anal. Methods, 2014, 6: 341

[50]　Fei Z X, Zhang M, Zhang J H, Yuan L M. Analytica Chimica Acta, 2014, 830: 49

[51]　Ma X, Zhou X H, Yu A J, Zhao W D, Zhang W F, Zhang S S, Wei L L, Cook D J, Roy A. J. Chromatogr. A, 2018, 1537: 1

[52]　Tang B, Zhang J H, Zi M, Chen X X, Yuan L M. Chirality, 2016, 28: 778

[53]　Zhang M, Zhang J H, Zhang Y, Wang B J, Xie S M, Yuan L M. J. Chromatogr. A, 2014, 1325: 163

[54]　Gu Z G, Fu W Q, Wu X, Zhang J. Chem. Commun., 2016, 52: 772

[55]　艾萍, 张紫恒, 袁黎明. 膜科学与技术, 2018, 38(5): 84

[56]　Xie S M, Zhang X H, Zhang Z J, Yuan L M. Anal. Lett., 2013, 46: 753

[57]　Wang L P, Song T Y, Huang L L, Xu J N, Li C, Ji C X, Shan L, Wang L. Cryst. Eng. Comm., 2011, 13: 4005

[58]　Yang J R, Xie S M, Liu H, Zhang J H, Yuan L M. Chromatographia, 2015, 78: 557

[59]　Zhang J, Chen S M, Valle H, Wong M, Austria C, Cruz M, Bu X H. J. Am. Chem. Soc., 2007, 129: 14168

[60]　谢生明, 章俊辉, 袁黎明. 高等学校化学学报, 2014, 35, 1652

[61]　Zhang J, Liu R, Feng P Y, Bu X H. Angew. Chem. Int. Ed., 2007, 46: 8388

[62]　Zhang M, Chen X L, Zhang J H, Kong J, Yuan L M. Chirality, 2016, 28: 340

[63]　Zhang P, Wang L, Zhang J H, He Y J, Li Q, Luo L, Zhang M, Yuan L M. J. Liq. Chromatogr. Relat. Tech., 2018, 41(17-18): 903

[64]　Wang W J, Dong X L, Nan J P, Jin W Q, Hu Z Q, Chen Y F, Jiang J W. Chem. Commun., 2012, 48: 7022

[65]　Chang C L, Qi X Y, Zhang J W, Qiu Y M, Li X J, Wang X, Bai Y, Sun J L, Liu H W. Chem. Commun., 2015, 51: 3566

[66]　Zavakhina M S, Samsonenko D G, Virovets A V, Dybtsev D N, Fedin V N. J. Solid State Chem., 2014, 210: 125

[67]　胡聪, 李丽, 杨娜, 张紫恒, 谢生明, 袁黎明. 化学学报, 2016, 74: 819

[68]　Xie S M, Hu C, Li L, Zhang Z H, Fu N, Wang B J, Yuan L M. Microchem. J., 2018, 139: 487

[69]　Li Q Q, Liu G P, Huang K, Duan J G, Jin W J. Asia-Pac. J. Chem. Eng., 2016, 11: 60

[70]　李丽, 付仕国, 袁宝燕, 谢生明, 袁黎明. 分析测试学报, 2017, 36(12): 1439

[71] Sun J Y, Weng L H, Zhou Y M, Chen J X, Chen Z X, Liu Z C, Zhao D Y. Angew. Chem. Int. Ed., 2002, 41: 4471

[72] Zhang X H, Xie S M, Duan A H, Wang B J, Yuan L M. Chromatographia, 2013, 76: 831

[73] Wanderley M M, Wang C, Wu C D, Lin W B. J. Am. Chem. Soc., 2012, 134: 9050

[74] Tanaka K, Hotta N, Nagase S, Yoza K. New J. Chem., 2016, 40: 4891

[75] Tanaka K, Muraoka T, Otubo Y, Takahashi H, Ohnishi A. RSC Adv., 2016, 6: 21293

[76] Peng Y W, Gong T F, Zhang K, Lin X C, Liu Y, Jiang J W, Cui Y. Nat. Commun., 2014, 5: 4406

[77] Abbas A, Wang Z X, Li Z J, Jiang H, Liu Y, Cui Y. Inorg. Chem., 2018, 57: 8697

[78] Zheng S T, Bu J J, Wu T, Chou C, Feng P Y, Bu X H. Angew. Chem. Int. Ed., 2011, 50(38): 8858

[79] Fei Z X, Zhang M, Xie S M, Yuan L M. Electrophoresis, 2014, 35: 3541

[80] Xie S M, Zhang M, Fei Z X, Yuan L M. J. Chromatogr. A, 2014, 1363: 137

[81] Pan C J, Lv W J, Niu X Y, Wang G X, Chen H L, Chen X G. J. Chromatogr. A, 2018, 1541: 31

[82] Lu Y, Zhang H, Chan J Y, Ou R, Zhu H, Forsyth M, Marijanovic E M, Doherty C M, Marriott P J, Holl M M B, Wang H. Angew. Chem. Int. Ed., 2019, 58: 16928

[83] Gu Z G, Grosjean S, Bräse S, Wörll C, Heinke L. Chem. Commun., 2015, 51: 8998

[84] Guo J, Zhang Y, Zhu Y F, Long C, Zhao M T, He M, Zhang X F, Lv J W, Han B, Tang Z Y. Angew. Chem. Int. Ed., 2018, 57: 6873

[85] Bruno R, Marino N, Bartella L, Donna L D, Munno G D, Pardo E, Armentano D. Chem. Commun., 2018, 54: 6356

[86] Xie S M, Yuan L M. J. Sep. Sci., 2017, 40: 124

[87] Xie S M, Yuan L M. J. Sep. Sci., 2019, 42: 6

第 21 章　共价有机框架材料

共价有机框架材料(covalent organic frameworks，COF)是一类由有机单体通过共价键有序连接而成的晶状多孔材料[1]。该类材料是由 Yaghi 课题组于 2005 年率先应用拓扑原则设计合成出来的[2]。COF 在金属有机框架材料的基础上用共价键代替配位键，且碳、氧、硼和硅等轻质元素的组成使得材料的密度更低。其主要可分为：硼系列、三嗪类和亚胺类，其中亚胺类 COF[3]较含硼类 COF、三嗪类 COF 不仅具有较好的结晶度，并且可稳定存在于常用有机溶剂、水、甚至酸/碱溶液中。COF 的制备方法主要有溶剂热合成法、热回流法、离子热合成法、室温合成法、机械研磨合成法、微波辅助法和表面控制法等[4]。COF 也可分为二维层状结构和三维网络结构。近几年有许多功能化的 COF 材料被合成出来[5]，但具有手性功能的 COF 还很少[6]，已经被用于手性识别材料的则更少。

21.1　二 维 材 料

2D COF 的合成是基于不同对称性和分子尺寸的平面构筑基元相互连接，最终得到具有不同孔径、形状和尺寸的结构。

2015 年，Jiang 课题组[7]率先通过 "click" 反应(端炔与叠氮化物)进行后修饰制备了手性[(S)-Py]$_x$-TPB-DMTP-COF((S)-Py = (S)-2-(叠氮甲基)吡咯烷；TPB =三苯基苯；DMTP = 二甲氧基对苯二甲醛)，但其只用于了手性催化反应。Yan 课题组[8]采用 "bottom-up" 方法制备了 CTpPa-1，CTpPa-2 和 CTpBD 三种手性 COF 气相色谱柱，这是首次将手性 COF 原位生长在开管毛细管柱内壁制备的气相色谱手性柱。该CTpPa-1 柱对外消旋化合物 1-苯乙醇、1-苯基-1-丙醇、柠檬烯和乳酸甲酯表现出了较高的选择性和拆分能力，其探索了手性 COF 用作 GC 手性固定相的新思路。三个 COF 的合成是首先将 1,3,5-三甲醛间苯三酚(Tp)与(+)-二乙酰-L-酒石酸酐反应形成一个手性的功能单体 CTp，然后分别与 1,4-苯二胺、2,5-二甲基-1,4-苯二胺、对二氨基联苯缩聚分别生成了 CTpPa-1，CTpPa-2 和 CTpBD 三种手性 COF。CTpPa-1 的具体合成为 0.1 mmol 的 CTp-1 与 0.15 mmol 的 1,4-苯二胺在乙醇(18 mL)和四氢呋喃(2 mL)的混合溶剂中超声溶解 10 min，然后在氩气保护下在带有冷凝装置的三口瓶中在 80 ℃回流 4 h，得到黑红色的沉淀，将该沉淀用无水四氢呋喃和乙醇洗涤 3 次后在 120 ℃

下真空干燥 24 h 即得到 77.5 mg 的 CTpPa-1 框架材料(图 21.1)。

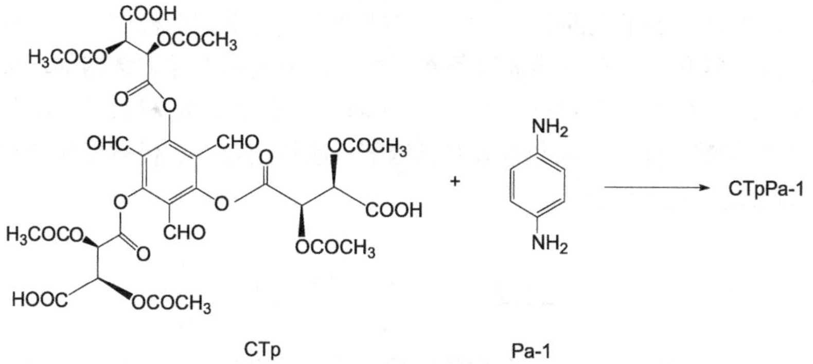

图 21.1　CTpPa-1 的合成[8]

Cui 团队[9]首次利用手性联萘酚二醛((R)-BINOL-DA，0.1 mmol)在 1.5 mL 乙醇中分别与四(4-氨基苯基)乙烯(TPE-TAM，0.05 mmol)和 0.5 mL 均三甲苯或三(4-氨基苯基)苯衍生物(iPr-TAM，0.067 mmol)和 0.3 mL 均三甲苯在 10 mL 的希莱克管中超声溶解 5 min，分别加入 9 mol/L 的醋酸 0.1 mL，然后在液氮环境抽气密封。取出希莱克管温度回到室温后，在 120 ℃下利用溶剂热反应 3 d，产品经热滤、二氧六环洗涤、100 ℃真空干燥 12 h，得到了两个亚胺连接的黄色粉末状的手性荧光 COF(图 21.2)，CCOF 7、CCOF 8 分别为四边形和六边形的二维层状结构，产率分别为 62%和 77%，它们在普通的有机溶剂中稳定。将该材料做成液态或膜状传感器，一些单帖类手性香料如 α-蒎烯的对映体会不同程度地对其荧光具有猝灭作用，其能对这些单帖类手性香料的对映体进行不同程度的识别。

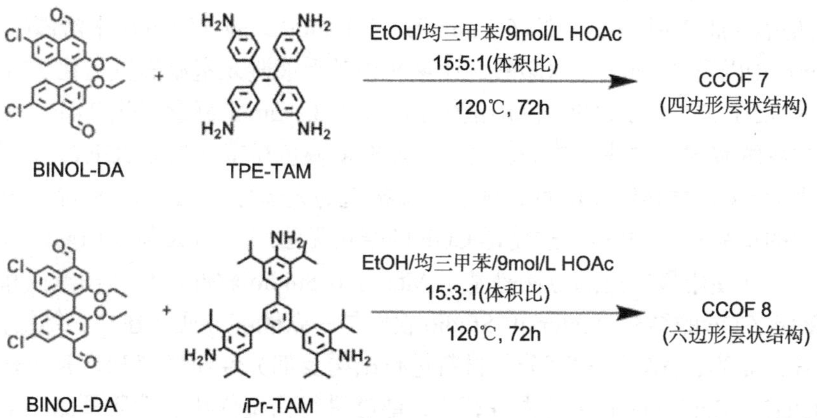

图 21.2　CCOF 7 和 CCOF 8 的合成[9]

由于 MOF 的多孔框架结构建立在金属有机配位作用的基础上，这种成键的本质和合成方法决定了大部分的 MOF 结构处于热力学的亚稳态，这类材料容易在湿气、酸、碱和一些有机溶剂等条件下配位键被破坏而导致结构的坍塌，限制了手性 MOF 材料在液相色谱中的应用。然而，大部分 COF 材料却具有超高的化学稳定性(在强酸、强碱、水和常规有机溶剂中能稳定存在，仍然能保持很好的结晶性)和易于功能化等特性。

21.2 三维材料

3D COF 的制备是基于 sp^3 杂化的碳原子中心或硅原子中心的四面体构型，将单体连接起来以形成扩展的网络结构。3D COF 相较 2D COF 拥有更大的网络内空间、更高的比表面积和更低的密度。

Cui 团队[10]首次将两个三维的手性 COF(CCOF 5 和 CCOF 6)用作 HPLC 固定相研究，1-(4-溴苯基)乙醇、1-苯基-1-丙醇、1-苯基-2-丙醇和 1-苯基-1-戊醇外消旋体皆可以在这两个手性 COF 柱上被拆分，流动相为正己烷：异丙醇=99：1，两个手性 COF 的晶体结构为拥有手性二羟基修饰通道的四重穿插金刚石型开放框架。CCOF 5 是利用溶剂热合成方法制备，将 0.05 mmol 四(4-氨基苯基)甲烷(TAM)与 0.05 mmol 的手性四醛衍生物[(R,R)-TTA，该四醛单体由手性的四芳基-1,3-二氧戊环-4,5-二甲醇衍生获得]在 1.5 mL 的无水 1,4-二氧六环中超声溶解后加入 6 mol/L 醋酸 0.2 mL，将盛有反应混合物的容器在液氮环境冷冻、抽气、密封后，在 120 ℃反应 72 h 得到白色的微晶固体，产物经过滤、洗涤、溶剂交换后真空干燥，产率大约 70%(图 21.3)。将 0.06 mmol 的 CCOF 5(以亚胺键为基准)加入 1 mL 二氧六环中，然后再加 2-甲基-2-丁烷(6.0 mmol)、3.3 mol/L 的 NaClO₂ 水溶液(0.1 mL，0.33 mmol)以及 0.6 mmol 冰醋酸，让这两相悬浮液避光室温静置氧化 24 h，然后再加入 3.3 mol/L 的 NaClO₂ 水溶液(0.1 mL，0.33 mmol)静置氧化 24 h，使其亚胺键转化成酰胺键，过滤、洗涤、真空干燥即得灰色粉末状的 CCOF 6，产率 91%。

因为 COF 材料结晶困难，现在文献报道的大部分 COF 都是粉晶，很难得到大尺寸的单晶 COF 材料，这使得 COF 的结构无法用单晶 X 射线衍射的方法进行解析。目前使用最广泛的方法是基于 Materials Studio 软件进行结构模拟和计算，从而确定 COF 的结构。Materials Studio 软件是一款能够方便地建立三维结构模型，并对各种晶体、无定形和高分子材料进行结构及部分性质模拟和计算的软件。基于 Materials Studio 内的多种先进算法，能够进行构型优化、性质预测、X 射线衍射分析，以及复杂的动力学模拟和量子力学计算。

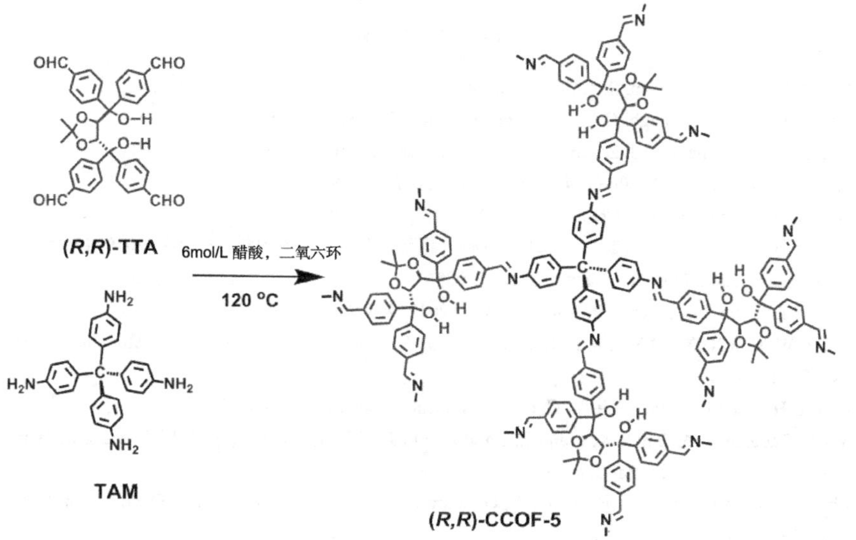

图 21.3　(R,R)-CCOF 5 的合成[11]

　　基于单体的长度和对称性，设计合成得到的 COF 会形成不同的二维或三维结构。目前报道的 COF 中，大多数为二维 COF，三维 COF 则鲜有报道。其中，二维 COF 常见的拓扑设计形式为"C2＋C2"、"C2＋C3"、"C3＋C3"和"C2＋C4"等。二维 COF 的结构模拟除了要考虑 COF 的二维拓扑结构，还要考虑其堆积方式。一般来说，二维 COF 常见的堆积方式为层层重叠堆积(eclipsed)和层层交错堆积(staggered)。对于三维 COF 来说，它们的拓扑结构理论上应该非常丰富，但目前仅有 ctn、bor、dia、pts、raa 和 scs 六种拓扑结构被报道。另外，不同的三维穿插数也会得到不同的三维 COF 结构。综合考虑拓扑结构和可能的堆积方式(穿插数)，并将可能得到的结构在 Materials Studio 软件中进行建模，经过动力学模拟和量子力学计算后，能够得到优化过的较为合理的 COF 结构模型。通过将模拟计算得到的结构的 PXRD 图谱，与实验得到的 PXRD 图谱进行对比，从而确定 COF 最有可能的结构。

　　2018 年，王为课题组建立了一种生长大尺寸单晶 COF 的方法，使得通过单晶 X 射线衍射技术在原子尺度的层面获得 COF 精确的结构信息成为可能[11]。除此之外，也有报道使用高分辨电子衍射进行 COF 的结构解析[12]。但因为这两种方法在使用过程中受到 COF 晶态的局限，适用范围较窄。由于目前较难得到确切的单晶结构，且可用来制备 COF 的化学反应种类较少，目前发表的手性 COF 材料就更少。作者认为利用 COF 材料的手性后修饰无疑具有积极的意义[13,14]，我们正在拭目以待该方向的发展。

参 考 文 献

[1] Ding S Y, Wang W. Chem. Soc. Rev., 2013, 42: 548

[2] Cote A P, Benin A I, Yaghi O M, et al. Science, 2005, 310(5751): 1166

[3] Segura J L, Mancheno M J, Zamora F. Chem. Soc. Rev., 2016, 45: 5635

[4] Waller P J, Gándara F, Yaghi O M. Acc. Chem. Res., 2015, 48: 3053

[5] Beuerle F, Gole B. Angew. Chem. Int. Ed., 2018, 57(18): 4850

[6] 李霞，张塞男，高佳，王志芳，喻琪，程鹏，陈瑶，张振杰. 中国科学: 化学, 2019, 49: 662

[7] Xu H, Gao J, Jiang D L. Nat. Chem., 2015, 7: 905

[8] Qian H L, Yang C X , Yan X P. Nat. Commun., 2016, 7: 12104

[9] Wu X W, Han X, Xu Q S, Liu Y H, Yuan C, Yang S, Liu Y, Jiang J W, Cui Y. J. Am. Chem. Soc., 2019, 141: 7081

[10] Han X, Huang J J, Yuan C, Liu Y, Cui Y. J. Am. Chem. Soc., 2018, 140: 892

[11] Ma T, Kapustin E A, Yin S X, Liang L, Zhou Z, Niu J, Li L H, Wang Y, Su J, Li J, Wang X, Wang W D, Wang W, Sun J, Yaghi O M. Science, 2018, 361: 48

[12] Zhang Y B, Su J, Furukawa H, Yun Y F, Gándara F, Duong A, Zou X D, Yaghi O M. J. Am. Chem. Soc., 2013, 135: 16336

[13] Yuan C, Wu X W, Gao R, Han X, Liu Y, Long Y T, Cui Y. J. Am. Chem. Soc., 2019, 141:20187

[14] Segura J L, Royuela S, Ramos M M. Chem. Soc. Rev., 2019, 48: 3903

第22章 多孔笼状材料

笼状化合物是具有三维结构，且为中空、笼状分子的统称。它包括无机、无机-有机、有机笼三大类。多孔笼状材料能形成晶体，笼状化合物通过弱相互作用堆积成有序多孔结构，其孔隙由笼内空腔和堆积贯通孔组成。笼状分子在大多数有机溶剂中都具有良好的溶解性，这不仅使得分子笼易于纯化，而且还便于制成相应的多孔薄膜材料和功能化器件。本章介绍的多孔笼状材料主要有两大类：一类是多孔有机笼(porous organic cages, POC)，其主要借助动态可逆共价键(如 C=N、B-O、C=C)来构筑形成一类纯有机笼状分子[1]；另一类是金属-有机笼(metal-organic cages，MOC)，也称配位笼，是由无机金属离子和结构匹配的有机构筑模块通过配位自组装形成的中空的金属-有机多面体[2]。

22.1 多孔有机笼

POC是由形状持久稳固并且具有永久分子内部空腔的三维有机笼状分子通过相对较弱的分子间作用力堆积组装形成的一种新型的多孔材料。笔者团队[3,4]最先将这类材料用于色谱手性识别中，研究表明其中的CC3-R是该类中目前最杰出的，它是一种具有三维钻石网络状手性通道的手性 POC [5]，由于其是由共价键生成的，常被简称为 CC(covalent cage)。将 CC3-R 与聚硅氧烷 OV-1701 溶于二氯甲烷中，采用静态涂敷的方法制备毛细管 GC 柱，有 50 多对外消旋体在该柱上得到了很好的拆分，其中包括手性一元醇、二元醇、胺、醇胺、酯、酮、醚、卤代烃、有机酸、氨基酸甲酯和亚砜等。将 CC3-R 手性柱与目前广泛使用的商品柱 β-DEX 120 和 Chirasil-L-Val 相比较，CC3-R 手性毛细管柱展现出的手性选择性明显好于全甲基-β-环糊精手性柱，更优于缬氨酰叔丁基氨的聚硅氧烷手性柱，具有很好的商业化应用前景。Cooper 团队[6,7]报道的合成方法(图 22.1)是：称取 1,3,5-均苯三甲醛 (1.0 g，6.17 mmol)于 250 mL 圆底烧瓶中，缓慢逐滴加入 20 mL 二氯甲烷和 20 μL 三氟乙酸作为催化剂，为了避免 1,3,5-均苯三甲醛快速溶解在二氯甲烷中，整个过程不需要搅拌。5 min 之后，再缓慢逐滴加入 20 mL 含(R,R)-1,2-环己二胺(1.0 g，8.77 mmol)的二氯甲烷溶液，滴加完毕后将烧瓶密封，室温下反应 3 天，圆底烧瓶侧壁有八面体状晶体生成，过滤，用乙醇/二氯甲烷(95：5，体积比)洗涤，干燥，得 1.2 g 固体产物。

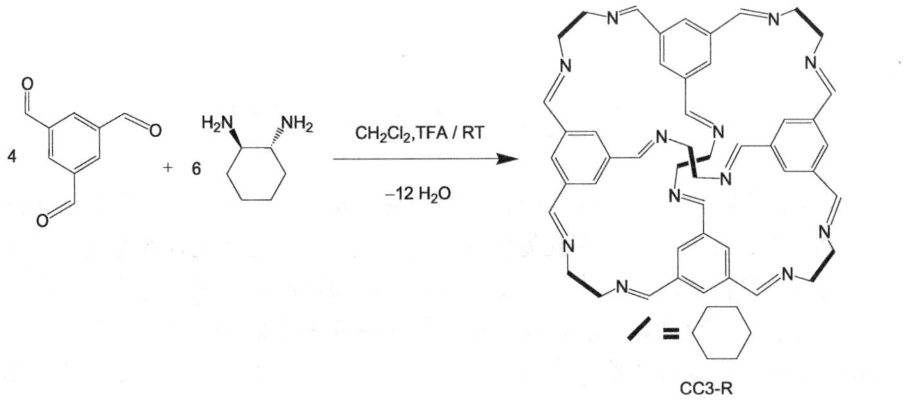

图 22.1　CC3-R 的合成。

将 CC3-R 用于开管柱电色谱的手性固定相，联糠醛、1,2-二苯乙醇酮、阿普洛尔能得到手性拆分[8]，并且对 1,2-二苯乙醇酮的分辨率 R_s 可达到 3.35。另外，外消旋体扁桃酸在该柱上也能被分离[9]。

李攻科团队[10]将 CC3-R 作为荧光手性传感器，分别成功地识别了苯乙醇以及苯丙醇的对映异构体。作者课题组将 CC3-R 等作为电位传感器的手性材料识别 2-氨基-1-丁醇[11,12]。还有将 CC3-R 用于气体分离膜研究的[13]，但未见其有手性拆分的内容。

笔者将与 CC3-R 孔尺寸、空腔大小和环境相似的手性 CC10 作为 GC 固定相进行了研究，它同样表现出了优秀的手性识别能力[14,15]。其是将聚硅氧烷 OV-1701 与 CC10 混合制备毛细管 GC 柱，在前面类似的实验条件下，有 40 多对不同类型的外消旋体化合物包括醇、醚、酮、酯、卤代烃、环氧化合物和有机酸在该柱上得到了很好的拆分。该柱与 β-DEX 120 商品柱和 CC3-R 手性柱具有互补作用。CC10 晶体的合成[16](图 22.2)是：称取(1R,2R)-1,2-二(4-氟苯基)-1,2-乙二胺(0.36 g，1.45 mmol)和 1,3,5-均苯三甲醛(0.16 g，0.98 mmol)于 50 mL 干燥的圆底烧瓶中，加入 5 mL 干燥的二氯甲烷和 0.25 g 活化的 4A 型分子筛，搅拌。几分钟之后，将 10 μL 三氟乙酸溶解在 3 mL 干燥的二氯甲烷中并逐滴滴加到上述混合液中，密封，氮气保护下室温反应 96 h。将反应液过滤，滤液逐滴滴加到 75 mL 乙腈中沉淀，离心得到白色固体。将白色固体以氯仿为溶剂采用索氏提取法提取，最后干燥得灰白色 CC10 固体 0.16 g，产率约为 35%。

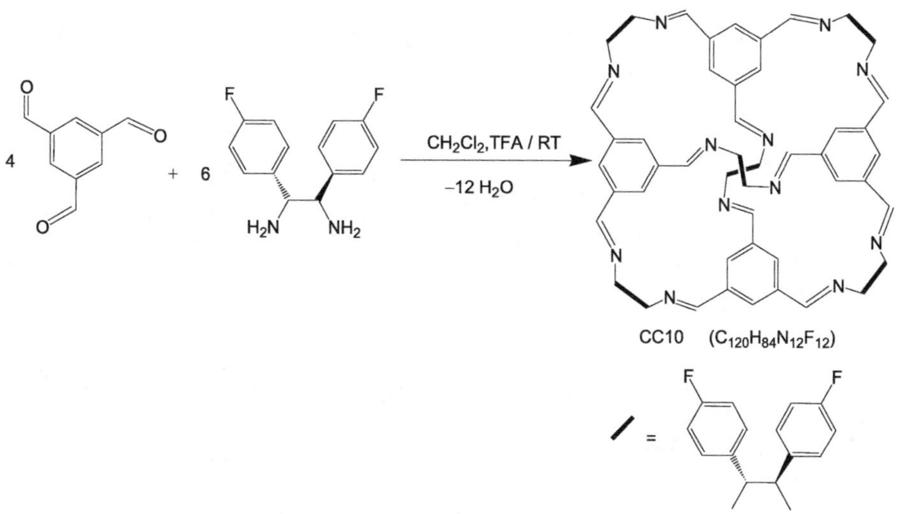

图 22.2 CC10 的合成

CC9 是由 1,3,5-均苯三甲醛与(R,R)-1,2-二苯基-1,2-乙二胺合成的，与 CC3-R 的孔尺寸、空腔大小也类似，其作为 GC 固定相也表现出了良好的手性识别能力[17]。

具有更大孔尺寸和内部空腔结构的分子笼可以容纳更大的客体分子，因而可以用于较大客体分子的识别。由三(4-甲酰苯基)胺与(R,R)-1,2-环戊二胺构筑的手性 CC5，其分子内部空腔大小约是以 1,3,5-均苯三甲醛为构筑模块的如 CC3、CC9 和 CC10 的 3 倍，孔窗口尺寸也相对较大，约为它们的 1.5 倍。将 CC5 作为固定相采用静态涂渍法制备的毛细管 GC 手性柱，其能拆分分子尺寸较大的外消旋化合物，如 N-三氟乙酰氨基酸异丙酯，它们在 CC3-R 柱上未能得到拆分[18]而在 CC5 柱上得到分离。三(4-甲酰苯基)胺和(R,R)-1,2-环戊二胺通过[4+6]环缩合反应合成 CC5 晶体[19](图 22.3)：称取三(4-甲酰苯基)胺(88 mg，0.27 mmol)于 100 mL 圆底烧瓶中并加入 33 mL 干燥的二氯甲烷使其溶解；再称取(R,R)-1,2-环戊二胺二盐酸盐(70 mg，0.40 mmol)到另一圆底烧瓶中，加入 33 mL 干燥的甲醇和三乙胺(80 mg，0.79 mmol)，搅拌反应 20 min 后将其沿烧瓶侧壁缓慢加入到上述三(4-甲酰苯基)胺的二氯甲烷溶液中，密封，室温下反应 7 天。圆底烧瓶内壁有八面体状晶体生成，过滤、收集晶体产物，并用二氯甲烷洗涤、干燥，得到 100 mg 白色固体产物。

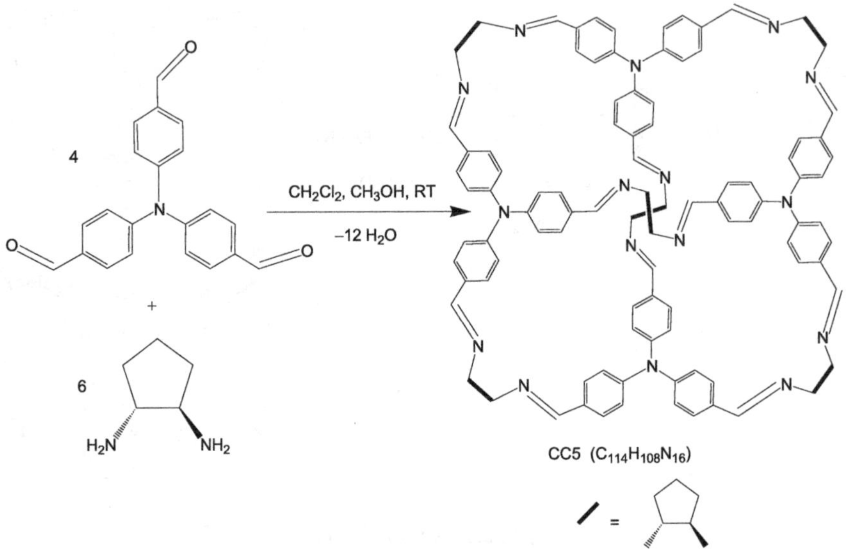

图 22.3　CC5 的合成

　　以(*S*,*S*)-1,2-二烷基-1,2-二胺与 1,3,5-三苯甲醛溶于氯仿溶剂中在三氟乙酸催化下，于 65 ℃发生[6+4]缩合反应 72 h，可以生成系列的烷基化的 CC[20]，但此时这些产品全变成了液体(图 22.4)。烷基化的 CC 也能作为 GC 手性固定相[21]，但手性拆分效果不如 CC3、CC10、CC9 等。目前，动态亚胺化学是构筑结构稳定的手性 POC 最有效、最简便的方法之一，但适合用此法合成手性 POC 的构筑模块也还很有限。

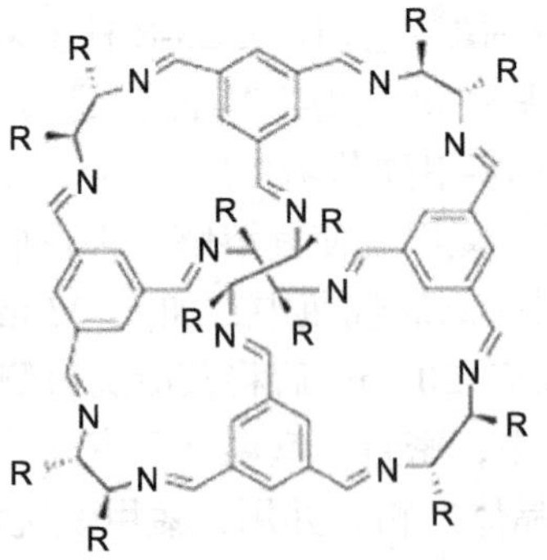

图 22.4　烷基化 CC 的结构

22.2 金属-有机笼

MOC 是基于金属离子或金属簇与结构匹配的有机构筑模块通过配位自组装形成的笼状分子，其可通过弱相互作用形成超分子晶体材料。利用金属离子-有机配体配位自组装的方式构筑 MOC 具有如下的特点：① 配位键的能量介于共价键和弱作用之间，此外配位作用具有方向性和可逆性，因而易于获得稳定的 MOC；② 由于可作为构筑模块的配体和作为节点的金属离子的多样性，可以设计合成出结构和性质多样的 MOC；③ 在 MOC 的自组装过程中，通过对配体的调整，更容易在分子水平上对目标配合物结构进行精准控制，可以方便引入特定的官能团；④ MOC 的合成过程简单、产率高。

崔勇团队[22]合成了一个新颖的手性四股螺旋笼 $[Zn_8L_4Cl_8]$，L 是一个对映体纯的吡啶衍生化的 Salan 配体。该金属-有机笼能对丙氨酸的不同对映体产生不同的荧光强度，并且能对 1-(甲磺酰基)苯、1-苯乙醇、1-苯丙醇和 1-苯乙胺的对映体产生不同的吸附作用。该研究是第一次将手性金属-有机笼做成荧光传感器。$[Zn_8L_4Cl_8]$的合成是：将 $ZnCl_2$(27.0 mg, 0.2 mmol)与溶于 DMF(1 mL)、THF(4 mL)和水(1 mL)混合溶剂中的对映体纯的 H_2L(51.5 mg, 0.1 mmol)置于一个 10 mL 的小瓶中，在室温下慢慢挥发三天后，得黄色的块状晶体，产物用甲醇洗涤后在 100 ℃真空干燥，产率 80%。

笔者团队[23]以纯手性大环配体(L)与 Zn^{2+}通过自组装合成了单一手性的MOC $[Zn_3L_2]$(图 22.5)，将其与聚甲基硅氧烷 OV-1701 混合溶于二氯甲烷中，采用静态涂渍法制备了毛细管 GC 手性柱。2-丁醇、2-戊醇、4-甲基-2-戊醇、表氯醇、表溴醇、甲基-3-羟基丁酸酯、乙基-3-羟基丁酸酯、1-甲氧基-2-羟基丙烷、1-甲氧基-2-丁醇、1,2-丁二醇、1,2-环氧基丙烷、扁桃酸的三氟乙酸基异丙酯衍生物外消旋体在该手性柱得到了拆分，并且$[Zn_3L_2]$柱所拆分的外消旋化合物有一半在商品柱 β-DEX 120 上未能获得分离。该材料的合成是将 $Zn(CH_3COO)_2 \cdot 2H_2O$ (0.1098 g, 0.50 mmol) 的甲醇(10 mL)溶液加到在搅拌下的含有大环 L(0.2840 g, 0.334 mmol)的甲醇(30 mL)溶液中，混合物回流 2 h，冷却，然后放入冰箱中过夜，得到黄色产品(0.194 g, 62 %)，将其在氯仿中重结晶后真空干燥备用[24,25]。最近，我们还将该材料用于毛细管电色谱的研究，一些外消旋体也能被拆分[26]。

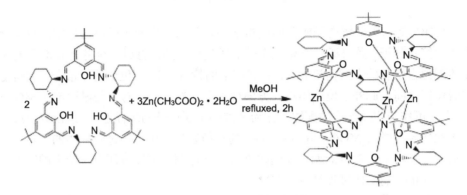

图 22.5　手性[Zn_3L_2]的合成

　　近来 Cui 团队[27]还合成了一个手性的金属有机环 Zn_6L_6，L 是手性 Salan 配体的吡啶衍生物，可近似地将该环看成金属有机笼的一种特殊形态。一些 α-羟基酸、氨基酸、胺、多巴胺等的不同对映异构体与该材料作用可产生不同的荧光，从而能进行手性识别。将 MOC 作为手性识别材料的研究才刚刚起步[28]，期待其在不远的将来有好的发展。

参 考 文 献

[1]　喻娜, 丁慧敏, 汪成. 化学进展, 2016, 28(12): 1721
[2]　Cook T R, Stang P J. Chem. Rev., 2015, 115: 7001
[3]　Zhang J H, Xie S M, Chen L, Wang B J, He P C, Yuan L M. Anal. Chem., 2015, 87: 7817
[4]　Yuan L M, Zhang J H. China Patent: ZL 201510050956.7, 2015-02-02
[5]　Chen L, Reiss P S, Chong S Y, Holden D, Jelfs K E, Hasell T, Little M A, Kewley A, Briggs M E, Stephenson A, Thomas K M, Armstrong J A, Bell J, Busto J, Noel R, Liu J, Strachan D M, Thallapally P K, Cooper A I. Nat. Mater., 2014, 13: 954
[6]　Tozawa T, Jones J T A, Swamy S I, Jiang S, Adams D J, Shakespeare S, Clowes R, Bradshaw D, Hasell T, Chong S Y, Tang C, Thompson S, Parker J, Trewin A, Bacsa J, Slawin A M Z, Steiner A, Cooper A I. Nat. Mater., 2009, 8: 973
[7]　Cooper A I. Angew. Chem. Int. Ed., 2011, 50: 996
[8]　Zhang J H, Zhu P J, Xie S M, Zi M, Yuan L M. Anal. Chim. Acta, 2018, 999: 169
[9]　田春容, 朱鹏静, 吕云, 何宇雨, 字敏, 袁黎明. 分析测试学报, 2019, 38(3): 318
[10]　Lu Z Y, Lu X T, Zhong Y H, Hu Y F, Li G K, Zhang R K. Anal. Chim. Acta, 2019, 1050: 146
[11]　Wang B J, Duan A H, Zhang J H, Xie S M, Cao Q E, Yuan L M. Molecules, 2019, 24: 420.
[12]　Duan A H, Wang B J, Xie S M, Zhang J H, Yuan L M. Chirality, 2017, 29: 172
[13]　Song Q L, Jiang S, Hasell T, Liu M, Sun S J, Cheetham A K, Sivaniah E, Cooper A I. Adv. Mater., 2016, 28: 2629

[14] Xie S M, Zhang J H, Yuan L M. Enantioseparations by Gas Chromatography Using Porous Organic Cages as Stationary Phase. Scriba G.K.E. (Editor). Chiral Separation. 3rd Edition. New York: Humana Press, 2019, 45

[15] Zhang J H, Xie S M, Wang B J, He P G, Yuan L M. J. Chromatogr. A, 2015, 1426: 174

[16] Bojdys M J, Briggs M E, Jones J T A, Adams D J, Chong S Y, Schmidtmann M, Cooper A I. J. Am. Chem. Soc., 2011, 133: 16566

[17] Xie S M, Zhang J H, Fu N, Wang B J, Chen L, Yuan L M. Anal. Chim. Acta, 2016, 903: 156

[18] Zhang J H, Xie S M, Wang B J, He P G, Yuan L M. J. Sep. Sci., 2018, 41: 1385

[19] Jones J T A, Hasell T, Wu X, Bacsa J, Jelfs K E, Schmidtmann M, Chong S Y, Adams D J, Trewin A, Schiffman F, Cora F, Slater B, Steiner A, Day G M, Cooper A I. Nature, 2011, 474: 367

[20] Giri N, Davidson C E, Melaugh G, Popolo M G D, Jones J T A, Hasell T, Cooper A I, Horton P N, Hursthouse M B, James S L. Chem. Sci., 2012, 3: 2153

[21] Xie S M, Zhang J H, Fu N, Wang B J, Hu C, Yuan L M. Molecules, 2016, 21: 1466

[22] Xuan W M, Zhang M N, Liu Y, Chen Z J, Cui Y. J. Am. Chem. Soc., 2012, 134: 6904

[23] Xie S M, Fu N, Li L, Yuan B Y, Zhang J H, Li Y X, Yuan L M. Anal. Chem., 2018, 90(15): 9182

[24] Sarnicka A, Starynowicz P, Lisowski J. Chem. Commun., 2012, 48: 2237

[25] Janczak J, Prochowicz D, Lewinski J, Jimenez D F, Bereta T, Lisowski J. Chem. Eur. J., 2016, 22: 598

[26] He L X, Tian C R, Zhang J H, Xu W, Peng B, Xie S M, Zi M, Yuan L M. Electropheresis, 2020, 41(1): 104

[27] Dong J Q, Tan C X, Zhang K, Liu Y, Low P J, Jiang J W, Cui Y. J. Am. Chem. Soc., 2017, 139: 1554

[28] Zhang J H, Xie S M, Zi M, Yuan L M. J. Sep. Sci., 2020, 43:134

第 23 章　无机介孔材料

介孔材料是孔径大小在 2~50 nm 范围内的一类多孔材料，具有高的比表面积和孔容量、孔径分布均一并且可调、物理化学性质稳定等特性。自从 1992 年第一次发现了介孔硅[1]之后，这种材料出现在很多科学研究领域。手性无机介孔材料是在无机介孔材料中引入手性，其在手性分离、不对称催化、选择性吸附、手性传感等领域具有潜在的应用价值，引起了科学家的广泛兴趣。但将有机手性分子固载到无机介孔材料上，手性源自于固载上去的有机分子的手性，而不是材料自身的孔结构或者是骨架结构所产生的手性[2,3]，将不包含在本章之内。

目前手性无机介孔材料主要有四种途径制备：一种是利用以手性表面活性剂为模板制备；另一种方法是利用手性高分子液晶为模板制备；第三种方法是利用非手性表面活性剂为模板，通过手性小分子诱导或印迹制备手性无机介孔材料；第四种方法是利用非手性表面活性剂为模板，通过严格控制合成过程中的搅拌速度并保持溶液中剪切力恒定的条件下组装制备。

23.1　高序手性介孔硅

2004 年 Che 等[4]首次以手性阴离子表面活性剂十四烷基-L-丙氨酸钠为模板，含氨基的硅烷化合物或含季铵盐的硅烷化合物作为助结构导向剂，四乙氧基硅烷为硅源，通过协同自组装合成了一种具有螺旋形貌和螺旋孔道的高序手性无机介孔硅材料(HOCMS)，随后许多具有螺旋孔道和螺旋形貌的手性无机介孔材料也被相继报道。近年来笔者团队[5]将聚硅氧烷 OV-1701 与研磨并筛选好的适宜大小颗粒的 HOCMS 制备成乙醇悬浮液，在一定氮气压力下缓慢压入毛细管柱中用动态涂敷法制备毛细管 GC 柱，结果有 15 个手性化合物在 HOCMS 涂敷的毛细管气相柱上得到不同程度的拆分，这些手性化合物是 3-丁烯-2-醇、香茅醛、2-甲基戊醛、沉香醇、氧化苯乙烯、乙酸二氢香芹酯、柠檬烯、2-氯丙酸、苯甘氨酸甲酯，以及 2-氨基-1-丁醇、苯甘氨酸、异亮氨酸、苏氨酸、天冬氨酸、缬氨酸的衍生物。该柱的突出优点是分离时间短、柱效较高、尤其能耐高温，特别适用于一些所需测试温度较高的物质。HOCMS 的合成是：在室温下，将手性阴离子表面活性剂 N-十四烷酰-L-丙氨酸(C14-L-AlaA，0.29 g，1 mmol)溶于去离子水(20.5 g)中搅拌

20 min。在剧烈搅拌条件下再往反应体系中加入 0.1 mol/L NaOH(8.5 g, 0.16 mmol)
搅拌 1 h。然后在 22 ℃搅拌下，将 1.50 g 四乙氧基硅烷(TEOS)和 0.26 g 的 N-三甲
氧基丙基硅烷-N,N,N-三甲基氯化铵(TMAPS，50%的甲醇溶液)的混合物加入到混
合体系中，20 min 后停止搅拌让反应在 22 ℃下静置 2 h，再将反应装置转移到 60 ℃
水浴中老化 15 h。离心、水洗，在 60 ℃下干燥。最后将干燥得到的产物放入马弗
炉，以 2 ℃/min 的速率升至 550 ℃，并在 550 ℃下保持 6 h 来去除模板得到
HOCMS。图 23.1 是笔者实验室按照文献[4]所合成的 HOCMS 材料的电镜图。

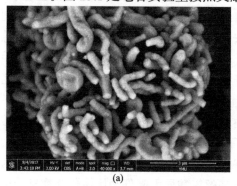 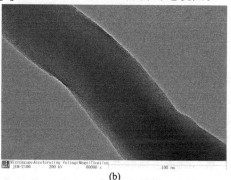

(a)　　　　　　　　　　　　　　　　　(b)

图 23.1　HOCMS 的电镜图

(a) SEM; (b) TEM

图 23.1 中材料具有六边形的螺旋外形结构，每根材料的内部还具有介孔通道。
由于该材料自带手性，仅由无机的二氧化硅组成，不含有机的手性分子，孔径具
有高度的有序性，因此该材料不仅具有良好的手性识别能力，尤其具有硬度大、
抗压、耐溶剂冲洗、手性识别能力持久等方面的突出优点。笔者团队[6]将该 HOCMS
材料用作高效液相色谱手性固定相的研究，包括醇类、酮类、胺类、醛类和有机
酸类等的 18 种手性化合物在该色谱柱上得到了不同程度的拆分，也显示出了良好
的手性识别能力。

我们参照文献[7]以(R)-(+)-苯甘氨醇为手性源，十二烷基硫酸钠(SDS)为非手性
表面活性剂，TEOS 为硅源，TMAPS 为助结构导向剂，合成一种具有多级孔道的
手性介孔硅，并将其作为气相色谱手性固定相，采用动态涂敷方法制备了毛细管
色谱柱并用于分离。实验结果表明，其对 17 个不同种类的外消旋体(包括醇类、
酯类、酮类、有机酸类、环氧烷类以及氨基酸衍生物)也显现出较好的手性识别能
力，该手性柱拆分时间短、柱效高、能耐高温，进一步证明该类手性介孔硅在气
相色谱手性分离上具有很大的应用前景[8]。将该材料用于高效液相色谱的手性固
定相，也具有良好的手性识别能力，相关数据笔者团队正在整理发表中。

23.2　手性液晶介孔硅

纤维素是由许多 D-葡萄糖结构单元组成的高分子多糖，棒状的纳晶纤维素在水中的悬浮液能自组装形成手性向列型液晶相，缓慢挥干溶剂后可获得具有彩虹色泽的纳晶纤维素薄膜并且内部具有左手螺旋结构。2010 年，MacLachlan 等[9]以硫酸水解纤维素类材料所得到的纳晶纤维素悬浮液为模板，四甲氧基硅烷或四乙氧基硅烷为硅源，通过缓慢挥发诱导自组装的方法制备了无支撑具有手性向列型结构的手性无机介孔材料；高温煅烧去除模板的过程并没有破坏纳晶纤维素悬浮液诱导组装所形成的手性向列型结构，这一介孔材料不但具有长程有序的左手螺旋结构，而且在其内部还有许多纳晶纤维素在多层次水平下印迹的手性纳米孔结构，且还有液晶材料的一些特性，被称为手性向列型介孔硅(CNMS)。笔者团队[10]将 CNMS 研磨成粉末后作为固定相制备了毛细管气相色谱手性柱，其对三氟乙酸苯基乙酯、香茅醛、三氟乙酸-2-氨基-1-丁酯、薄荷醇、三氟乙酰基蛋氨酸异丙酯、三氟乙酰基色氨酸异丙酯、三氟乙酰基谷氨酸异丙酯、三氟乙酰基异亮氨酸异丙酯、三氟乙酰基缬氨酸异丙酯、三氟乙酰基丝氨酸异丙酯外消旋体化合物显示出了较好的手性识别性能，与 β-DEX 120 商品柱和 Chirasil-L-Val 商品柱之间存在互补性，并且 CNMS 柱分离样品的时间较短。尤其可喜的是，CNMS 具有非常优秀的热稳定性，甚至能在 350 ℃以上作为手性固定相使用，因此其具有作为高温手性气相色谱的应用前景。CNMS 的合成方法[9]为：称取 10 g 粉碎的棉滤纸放于500 mL 的烧杯中，加入 87.5 mL 的质量分数 60%的硫酸水溶液在 60 ℃下搅拌水解 2 h，加入约 10 倍体积的去离子水稀释反应液终止水解反应，静置过夜。倾倒出上层清液，下层悬浮液离心，并用去离子水洗涤 3 次，洗涤过后的离心产物装入到截留分子量 12000~14000 的透析袋中透析数天，透析过程中不断更换透析液，直到透析液的 pH 在 2 h 内保持不变为止。将透析袋中的悬浮液取出，调节其 pH ≈ 2.4 并稀释成 4.5%的 NCC 悬浮液。取该悬浮液 10 mL 于 50 mL 烧杯中超声 10 min，加入 TMOS(0.60 mL，4.05 mmol)，室温搅拌大约 1 h 使其形成均一的悬浮液；以5 mL 每份滴到聚苯乙烯塑料容器中，待水分缓慢挥干后，便形成了具有彩虹色泽的手性向列型 NCC-硅复合膜。为了除去 NCC 模板，将制备的 NCC-硅复合膜按照 2 ℃/min 升温到 100 ℃，并在 100 ℃下保持 2 h，然后 2 ℃/min 升温至 540 ℃，并保持 6 h 进行高温煅烧处理。冷却至室温，便制得了 CNMS。图 23.2 是 CNMS 的截面 SEM，可以明显地观察到材料的向列型结构。

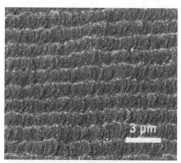

图 23.2　CNMS 的截面 SEM

　　我们实验室[11]还将该材料用于高效液相色谱手性固定相的研究，不幸的是其手性识别能力非常有限，但该分离柱却对芳烃类位置异构体具有很好的分离能力，且重复性很好。

　　从仿生的观点出发，我们从蟹壳中提取得到几丁质膜，用来作为模板，按照文献[12]制备仿生手性向列型介孔二氧化硅，进行手性拆分实验。实验结果表明，该液相色谱手性柱对特罗格尔碱、马来酸氯苯那敏、盐酸普萘洛尔、酮洛芬、氟比洛芬、1-苯基乙胺、氧化苯乙烯、1-苯基丙醇、2-苯基丙醛、佐匹克隆手性化合物有一定的手性分离效果[13]，该毛细管气相色谱手性分离柱对 1-甲氧基-2-丁醇、2-甲基戊醛、2-苯基丙醛、香茅醇、3-羟基丁酸甲酯、3-丁炔-2-醇外消旋体也有一定的手性拆分效果[14]。该材料的具体合成步骤为[12]：把螃蟹壳在 90 ℃下用 5%的 NaOH 溶液处理 6 h 后，将螃蟹壳中的绝大部分蛋白质和矿物质除去，收集碱处理过的螃蟹壳，用大量的去离子水冲洗。碱处理保留了蟹壳的原始形状和结构。然后从壳体的里层剥离出白色的几丁质膜，再在室温下用 0.1 mol/L 的 HCl 溶液对几丁质膜处理 2 h，以完全除去里面含有的矿物质，同也可以防止其发生降解，用去离子水彻底地洗涤，得到纯净的几丁质膜(chitin membranes，CM)。将吸了水的 CM 在 90 ℃下用浓的 NaOH 溶液(50%)处理 8 h 后，用去离子水充分的洗涤，得到去乙酰化的几丁质膜(deacetylated chitin membranes，DCM)。将 DCM 平整地铺开，用四甲氧基硅烷缓慢地滴加到 DCM 的表面，在室温下干燥 10 min，上述四甲氧基硅烷的负载和干燥过程重复 5 次，四甲氧基硅烷将 DCM 包埋起来。提前配置好 1 mol/L 的稀 HCl 溶液，将适量的稀 HCl 缓慢滴加到上述 DCM 上，DCM 上的四甲氧基硅烷发生剧烈水解，待水解完毕后，在室温下干燥 2 h，得到了二氧化硅/几丁质复合物。通过高温煅烧的方式除去复合物里的几丁质模板，以 5 ℃/min 的速度升温至 100 ℃，在 100 ℃下保持 4 h 后，再以 5 ℃/min 升温至 550 ℃，在 550 ℃下保持 6 h，自然冷却至室温，得到片状的仿生二氧化硅。将其研磨后浮选出所需尺寸大小的材料，即可供手性色谱柱的制备使用。

23.3 纳 米 材 料

具有纳米尺度结构特征的基本单元包括纳米粒子、线、管、孔道和薄膜，可以是无机、有机以及二者的复合物。在本节中，将无论是否具有介孔结构的手性无机纳米材料[15,16]只要具有手性识别特性的皆纳入介绍[17,18]。

1991 年碳纳米管(carbon nanotube，CNT)问世[19,20]，其由单层或多层石墨片围绕中心轴卷绕而成的无缝的、中空的、纳米级管状，有直形、弯曲、螺旋等不同外形。碳纳米管分为单壁碳纳米管和多壁碳纳米管，它们几乎不溶于任何溶剂，且在溶液中易聚集成束，妨碍了对其进行分子水平研究及操作应用。功能化可提高 CNT 的溶解度、有助于纯化[21]，并可引入新的性能。功能化的方法主要有共价功能化和非共价功能化。各种功能化方法得到的 CNT，具有良好的溶解性和分散性，使它可用于色谱、电泳等分离技术领域。笔者研究组已经应用高速逆流色谱制备性纯化单壁碳纳米管[22,23]，证实 CNT 不但能独立成为高效液相色谱的固定相[24,25]，还能在气相色谱中提高离子液体的色谱分离性能[26]，并能加强液相色谱中多糖类手性分离材料的手性识别能力[27]。

包括碳纳米管在内的一些碳纳米材料具有手性特征[28]。拆分手性碳纳米管[29]可以通过离心[30]、萃取[31]、色谱[32]等方法，其对映体纯度也能被测定[33]。目前将单一手性碳纳米管作为手性识别材料的还鲜有报道。

手性纳米金主要是金纳米粒子被手性剂包覆后所生成的材料[34-37]，但调控金纳米离子的排列或者积聚可以生成手性的金纳米族[38-41]。手性金纳米粒子用于手性分光光度分析的较多，例如采用以 L-酒石酸包覆的金纳米颗粒作为比色探针对 α-氨基酸的可见手性识别[42]。L-酒石酸包覆的金纳米颗粒的合成为：为了避免在合成过程中不必要的成核，以及金胶体溶液的聚集，实验过程中使用的所有玻璃器皿和磁性搅拌器棒都在王水中彻底清洗，在纯水中彻底冲洗，然后在使用前烘干。在室温避光下用 6 mg 的 $NaBH_4$ 还原 50 mL 0.04%的 $HAuCl_4$ 溶液 25 min，得到胶体金颗粒。然后将 1.4 mL 的 L-酒石酸(0.05 mol/L)溶液作为包裹剂加入上述溶液中再搅拌 15 min。所得溶液经过过滤，存放在冰箱(4 ℃)中以备使用。用紫外-可见光的比尔定律估算该溶液的浓度为 8.8 nmol/L，在 520 nm 处吸光系数为 2.7×10^8 L/(mol·cm)，金纳米粒子的尺寸为 13 nm。手性比色法是在一个 1.5 mL 的 Eeppendorf 管中连续加入 180 µL 的 L-酒石酸覆盖的 AuNPs(8.8 nmol/L)，120 µL 的 Britton-Robinson 缓冲液(0.04 mol/L H_3PO_4，0.04 mol/L HAc，0.04 mol/L H_3BO_3)，L-氨基酸或 D-氨基酸体积为 50 µL，水溶液为 50 µL，混合液在室温(约 20 ℃)下孵育 15 min。拍摄照片，记录紫外-可见光谱，L-氨基酸与 D-氨基酸产生截然不同的颜色。(R)-氨基酸由于与 L-酒石酸具有较强的作用可以使 L-酒石酸包覆的金纳米粒子集聚而产生蓝色，而(S)-氨基酸对该纳米粒子没有作用，因此其溶液仍为红色，原理可用图 23.3 表示。

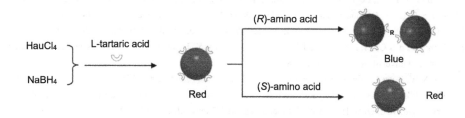

图 23.3　L-酒石酸包覆的金纳米颗粒识别手性氨基酸

类似的工作还有 L-酒石酸覆盖的金纳米粒子测定 L-西酞普兰[43]和扁桃酸[44]、柠檬酸覆盖的金纳米粒子测定手性色氨酸[45]、半胱氨酸覆盖的金纳米粒子测定手性色氨酸和组氨酸[46]、4-巯基苯甲酸覆盖的金纳米粒子测定手性丙氨酸[47]等。有些金纳米粒子还能用于手性吸附[48]。

银纳米族也能用于手性分光光度测定[49]，如水溶性超小银纳米团簇荧光在氨基酸手性识别中的应用[50]。首先，在试验中所有玻璃器皿皆用王水洗涤后，在剧烈搅拌下，将 AgNO₃(28.6 mmol/L，5 mL)的水溶液缓慢加入 L-谷胱甘肽(16.3 mmol/L，20 mL)的水溶液中。由于银的硫醇盐悬浮液的形成，该溶液变成白色超分子水凝胶。然后通过滴加 1 mol/L 的 NaOH 溶液来调节 pH，直到 pH 为 6.0 时，浊溶液变得无色透明。然后将混合物溶液在微波烘箱中加热 5 min。在室温下冷却，L-谷胱甘肽-AgNCs 在加入乙醇后沉淀，然后在 12000 r/min 离心收集，重复三次，将 L-谷胱甘肽-AgNCs 分散在 0.01 mol/L 的磷酸盐缓冲液中。其次，通过在 D-半胱氨酸(或 L-半胱氨酸)盐酸盐—水合物溶液中加入 1.2 倍物质的量的 NaHCO₃ 获得 D-半胱氨酸溶液。在手性分析研究中，35 μg/mL L-谷胱甘肽-AgNCs(950 μL)溶于不同 pH 的 0.01 mol/L 磷酸盐缓冲液中。将不同浓度的 L-半胱氨酸和 D-半胱氨酸(50 mL)与上述溶液分别混合。然后将其孵育 6 min，在石英比色皿中进行荧光测量(λ_EX=350 nm)，监测室温下 370~550 nm 的发射光谱。在本实验中，加入 L-半胱氨酸后，观察到一种明显的 L-谷胱甘肽-AgNCs 荧光猝灭现象。然而，在 L-谷胱甘肽-AgNCs 中添加 D-半胱氨酸对其荧光几乎没有影响，且在 0.025~50 mmol/L 浓度范围内，L-谷胱甘肽-AgNCs 的荧光猝灭效率与 L-半胱氨酸浓度成正比。该方法可用于半胱氨酸的手性定量测定，并可应用于部分的其他氨基酸。碲化镉量子点发光也能用于手性氨基酸等的识别研究[51]。

参 考 文 献

[1] Kresge C T, Leonowicz M E, Roth W J, Vartuli J C, Beck J S. Nature, 1992, 359: 710

[2] Thoelen C, Walle K V, Vankelecom I F J, Jacobs P A. Chem. Commun., 1999, 1841

[3] Wang L T, Lv M, Pei D, Wang Y L, Wang Q B, Sun S S, Wang H Y. J. Chromatogr. A, 2019, 1595: 73

[4] Che S A, Liu Z, Ohsuna T, Sakamoto K, Terasaki O, Tatsumi T. Nature, 2004, 429(6989): 281

[5] Li Y X, Fu S G, Zhang J H, Xie S M, Li L, He Y Y, Zi M, Yuan L M. J. Chromatogr. A, 2018, 1557: 99

[6] Peng B, Fu S G, Li Y X, Zhang J H, Xie S M, Li L, Lv Y, Duan A H, Yuan L M. Chemical Research in Chinese Universities, 2019, 35(6): 978

[7] Wu X W, Ruan J F, Ohsuna T, Terasaki O, Che S A. Chem. Mater., 2007, 19: 1577

[8] He Y Y, Zhang J H, Pu Q, Xie S M, Li Y X, Luo L, Chen X X, Yuan L M. Chirality, 2019, 31: 1053

[9] Shopsowitz K E, Qi H, Hamad W Y, MacLachlan M J. Nature, 2010, 468: 422

[10] Zhang J H, Xie S M, Zhang M, Zi M, He P G, Yuan L M. Anal. Chem., 2014, 86: 9595

[11] Zhang J H, Zhang M, He P G, Yuan L M. Anal. Method, 2015, 7(9): 3772

[12] Nguyen T D, Maclachlan M J. Adv. Optical Mater., 2015, 2(11): 1031

[13] 吕云, 付仕国, 田春容, 袁宝燕, 段爱红, 袁黎明. 化学通报, 2019, 82(2): 175

[14] 何宇雨, 李艳霞, 罗兰, 田春容, 普青, 袁黎明. 化学研究与应用, 2019, 31(3): 429

[15] Kumar J, Thomas K G, Liz-Marzán L M. Chem. Commun., 2016, 52: 12555

[16] Ma W, Xu L G, Moura A F D, Wu X L, Kuang H, Xu C L, Kotov N A. Chem. Rev., 2017, 117: 8041

[17] Duan A H, Xie S M, Yuan L M. Trends Anal. Chem., 2011, 30: 484

[18] Zhao L, Ai P, Duan A H, Yuan L M. Anal. Bioanal. Chem., 2011, 399: 143

[19] Iijima S. Nature, 1991, 354: 56

[20] Iijima S, Ichihashi T. Nature, 1993, 363: 603

[21] 蔡瑛, 严志宏, 字敏, 丁惠, 袁黎明. 化学进展, 2008, 20(9): 1391

[22] Cai Y, Yan Z H, Lv Y C, Zi M, Yuan L M. Chin. Chem. Lett., 2008, 19: 1345

[23] Cai Y, Yan Z H, Zi M, Yuan L M. J. Liq. Chromatogr. Relat. Tech., 2009, 32: 399

[24] Chang Y X, Zhou L L, Li G X, Li L, Yuan L M. J. Liq. Chromatogr. Relat. Tech., 2007, 30: 2953

[25] Zhang Z X, Wang Z Y, Liao Y P, Liu H W. J. Sep. Sci., 2006, 29: 1872

[26] Yuan L M, Ren C X, Li L, Ai P, Yan Z H, Zi M, Li Z Y. Anal. Chem., 2006, 78: 6384

[27] Chang Y X, Ren C X, Yuan L M. Chemical Research in Chinese University, 2007, 23(6): 646

[28] Fernandez-García J M, Evans P J, Filippone S, Herranz M A, Martín N. Acc. Chem. Res., 2019, 52: 1565

[29] 顾健婷, 邱松, 刘丹, 李红波, 金赫华, 李清文. 中国科学: 化学, 2015, 45: 361

[30] Green A A, Hersam M C. Adv. Mater., 2011, 23: 2185

[31] Ozawa H, Fujigaya T, Niidome Y, Hotta N, Fujiki M, Nakashima N. J. Am. Chem. Soc., 2011, 133: 2651

[32] Tanaka T, Urabe Y, Hirakawa T, Kataura H. Anal. Chem., 2015, 87: 9467

[33] Wei X, Tanaka T, Hirakawa T, Yomogida Y, Kataura H. J. Am. Chem. Soc., 2017, 139: 16068

[34] Song L, Wang S F, Kotov N A, Xia Y S. Anal. Chem., 2012, 84

[35] Li H B, Boussour I, Chen Q J, Chen X, Zhang Y L, Zhang F, Tian D M, White H S. Anal. Chem., 2017, 89: 1110

[36] Wei J J, Guo Y J, Li J Z, Yuan M K, Long T F, Liu Z D. Anal. Chem., 2017, 89: 9781

[37] Zheng G C, Bao Z Y, Juste J P, Du R L, Liu W, Dai J Y, Zhang W, Lee L Y S, Wong K Y. Angew. Chem. Int. Ed., 2018, 57: 16452

[38] Knoppe S, Dolamic I, Dass A, Bürgi T. Angew. Chem. Int. Ed., 2012, 51: 7589

[39] Wan X K, Yuan S F, Lin Z W, Wang Q M. Angew. Chem. Int. Ed., 2014, 53: 2923

[40]　Zhu Y F, Wang H, Wan K W, Guo J, He C T, Yu Y, Zhao L Y, Zhang Y, Lv J W, Shi L, Jin R X, Zhang X X, Shi X H, Tang Z Y. Angew. Chem. Int. Ed., 2018, 57: 9059

[41]　Lee H E, Ahn H Y, Mun J H, Lee Y Y, Kim M, Cho N H, Chang K, Kim W S, Rho J, Nam K T. Nature, 2018, 556: 360

[42]　Song G X, Zhou F L, Xu C L, Li B X. Analyst, 2016, 141: 1257

[43]　Tashkhourian J, Afsharinejad M, Zolghadr A R. Sensors and Actuators B, 2016, 232: 52

[44]　Song G X, Xu C L, Li B. Sensors and Actuators B, 2015, 215: 504

[45]　Zhang L, Xu C L, Liu C W, Li B X. Anal. Chim. Acta, 2014, 809: 123

[46]　Contino A, Maccarrone G, Zimbone M, Musumeci P, Giuffrida A, Calcagno L. Anal. Bioanal. Chem., 2014, 406: 481

[47]　Yuan L F, He Y J, Zhao H, Zhou Y, Gu P. Chinese Chemical Letters, 2014, 25: 995

[48]　Shukla N, Bartel M A, Gellman A J. J. Am. Chem. Soc., 2010, 132: 8575

[49]　Liu C W, Li B X, Xu C L. Microchim Acta, 2014, 181: 1407

[50]　Liu T, Su Y Y, Song H J, Lv Y. Analyst, 2013, 138: 6558

[51]　Shahrajabian M, Ghasemi F, Hormozi-Nezhad M R. Scientific Reports, 2018, 8: 14011